제 16 판

전기 · 전자 · 통신 · 자동화시스템 그리고 메카트로닉스를 위한

기초전기전자 + 전자회로실습

박종화 · 고수복 · 김용규
김우성 · 김종겸 · 권영훈 공저

B.C.Info

머리말

PREFACE

세상에 변하지 않는 것은 없다. 자연도, 사람도, 문화도 변한다. 어떤 것은 천천히, 어떤 것은 좀 더 빠르게 변하지만 기술은 아주 빠르게 변화한다. 빠르게 변하는 것은 그 자체가 생명의 유기체처럼 세포 분열도 하고 진화를 거듭한다. 사람들은 기술의 발달과정을 나무에 비유하기도 한다.

기계공학이란 이름의 기술이 분화하여 기계설계, 재료, 금속주조, 기계가공, 용접/판금/배관, 금형, 자동차, 조선해양, 항공우주, 로봇 등의 전문분야로 나누어지는데, 이런 것이 마치 나무 가지모양을 연상시키기 때문일 것이다.

기술의 진보가 분화의 반대 방향, 즉 통합 쪽으로 진행되는 경우도 많다. 그래서 가끔 기술을 문화에 비유하기도 하는데 결합과 조화를 통해 새로운 문화가 창조되는 것과 같기 때문일 것이다. 최근의 추세는 기술의 통합이다. 서로 다른 기술들이 결합하여 향상된 기능의 제품을 만들어 낸다.

자동차연구소에는 기계전공보다 전자, 컴퓨터, 디자인 전공자가 훨씬 많다. 기계가공이나 거대한 공장 제어도 센서와 컴퓨터 없이는 불가능하다. 최신의 센서 및 디지털 전자기술은 모든 분야에 결합되어 본래의 성능을 향상시키는데 기여한다. 이제 나 홀로 기술은 존재하지 않는다.

유능한 기계 기술자가 되려는 사람의 예를 들어본다면 운동역학을 깊이 있게 공부하는 것보다 시퀀스 제어를 이해하는 것이 더 중요할지 모른다. 본연의 기술습득은 물론이고 추가하여 PLC나 마이크로프로세서 공정을 설계하고 센서를 사용할 수 있어야 대접받을 수 있는 시대가 되었다. 이제 다기능 기술자에게 전기전자 기술이 남의 기술이 아니다.

20년 전에는 운전면허가 주요 이력의 하나였고, 10년 전에 e-메일을 사용하면 전문가였다. 지금은 어떠한가? 못하면 바보 취급받는다. 변화를 먼저 읽으면 선구자가 되고, 받아들이면 유능한 사람이 되지만 머뭇거리고 옛 생각만 하면 낙오자가 된다.

본 교재는 다기능 기술자들이 갖추어야 할 전기전자 기술을 실험실습을 통해 습득할 수 있도록 만들었다.

제1부에는 측정기를 비롯한 장비사용법과 각종 전자부품을 식별하고 특성을 이해하는 데 포인트를 두었다. 또 제2부에서는 다이오드, 트랜지스터, 사이리스터 등의 기본적인 반도체 회로를 취급하였고, 제3부에서는 다양한 직종들에서 선택적으로 실습할 수 있는 과제들을 나열하여 모두 두 학기에 걸쳐 사용할 수 있도록 하였다.

제3부의 예를 들면, 무접점 시퀀스를 이해하려면 논리회로 관련 과제를 선택하도록 권장한다. 센서 증폭회로를 이해하려면 연산 증폭기를, 액튜에이터(Actuator)를 구동할 필요가 있을 때에는 인터페이스 과제를 선택하면 좋을 것이다. 센서의 경우, 정도의 차이는 있어도 모든 직종에서 그 개념을 알아둘 필요가 있을 것이다.

무엇보다도 본 교재에서 취급하는 부품 소자들은 시장에서 구하기 쉬운 것들로 선정하였고, 규격표도 이 책 속에서 해결하도록 노력하였다. 여러분이 졸업 후 필드에 나가서도 참고 될만한 내용들은 부록으로 묶어 두었다. 전기, 전자, 데이터북의 "All in One"인 셈이다.

이 책을 통해 보다 능률적인 실험 실습이 되기를, 그리고 여러분 모두 전기 전자기술을 지닌 유능한 멀티 플레이어가 되시길 바란다.

저자를 대표하여 박종화

〈기초전기전자 + 전자회로 실습〉의 특징

1. 전기/전자/통신/자동화시스템/메카트로닉스 등에서 필요한 전기 · 전자 현장 기술들을 모두 포함하고 있으며 제1, 제2, 제3부 중 필요한 부분을 선택하여 실습할 수 있도록 하였다.

2. 실험실습에 앞서 관련이론을 제시, 이해를 돕도록 하였다.

3. 실습에 필요한 회로 및 부품은 현장에서 널리 사용하는 것을 채택하였고 실물사진, 도면 및 데이터시트를 첨부하여 실습의 편의를 도모하였다.

4. 제2부 이후의 응용과제에는 동작설명을 추가하였고 이를 통해 모방제작 또는 응용이 가능하도록 배려하였다.

5. 반도체 규격표를 부록으로 제공하여 자료집으로 활용할 수 있도록 하였다. (다이오드, 제너다이오드, 트랜지스터, SCR, TRIAC, 디지털IC 등)

6. 재미있으면서 실생활에 유용한 응용과제들을 합본 부록으로 추가하였다. 여섯 개의 회로들은 실습과제로 채택할 수 있고, 여가시간에 각자가 DIY로 만들어 실생활에 사용할 수도 있다.

1 기초전기 및 측정

VOM & DMM 후크미터
커패시터 판독 및 연결법
컬러코드 저항의 측정 & 연결법
DC전원장치
저주파발진기
10진 저항함
인덕터 변압기
감쇄기
자기와 전자력
옴의 법칙
기초전기이론
전력과 전력량
교류회로측정
오실로스코프
납땜법
전기안전

2 전력제어회로

SCR
UJT & PUT
IGBT
위상제어
PWM제어
Power MOSFET
TRIAC

반도체 및 응용회로

다이오드 정류회로
트랜지스터 증폭 및 스위칭 회로
안정화 전원회로
인터페이스 회로
발진 회로
FET & 증폭회로

3 LED

LED
고휘도 LED
Power LED
COB LED
세그먼트 표시기

논리

Diode논리
스위치 논리
IC Gate

태양광 발전

Solar cell
Solar Panel
독립형 태양광발전
시스템(PVG)

센서

자기센서
광센서
온도센서
근접센서

OPA

연산증폭기
검출&제어회로
인터페이스

4 합본 부록

멜로디 회로
sound 스위치
Touch스위치
초전센서응용 경보회로
램프 순차점등회로
새소리 발진기

차례
CONTENTS

제 1 부 기초 전기 및 측정실습

제 2 부 전자회로 실습 1

제 3 부 전자회로 실습 2 (논리 · 연산 · 센서회로)

합본부록 DIY Funnytronics

PART 1

기초 전기 및 측정실습

덴마크 풍력발전 단지(Middel grunden Wind Farm)

코펜하겐(덴마크) 미댈-그룬델 해안에 설치된 풍력발전단지(Wind Farm)
1기당 2MW, 총 40MW의 시설용량으로 2000년 1월 완공하였다.
코펜하겐 시 전체 전기사용량의 4%를 감당한다.

1. 멀티테스터

일반적으로 테스터라고 말하는 측정기는 멀티테스터(Multi-Tester) 또는 회로 시험기(Circuit Tester)의 준말로서 직/교류 전압, 직류전류 그리고 1Ω 이상의 저항을 측정할 수 있도록 만든 아날로그타입의 측정기를 말한다.

이 테스터는 가동 코일형 전류계를 기본 지시계로 하여 병렬저항(분류기)을 적절히 조합, 2.5mA, 25mA, 250mA의 전류측정 렌지를 가지며, 직렬저항(배율기)을 단계적으로 높여 2.5V, 12V, 50V, 250V, 1000V의 전압 렌지를 만든다.

명칭 : 회로 시험기(Circuit Tester) = [준말 : 테스터(Tester)]
= VOM(Volt Ohm Milliammeter)

측정대상 : (기본) 직류전압, 교류전압, 직류전류, 저항
(부가기능) 트랜지스터의 Hfe, Iceo측정, 다이오드 도통시험, 커패시터 및 코일의 간이 테스트, 앰프의 음량레벨 측정, 전기회로의 도통시험 등.

그림 1-1 멀티 테스터

1.1 아날로그 멀티테스터 각부의 기능설명

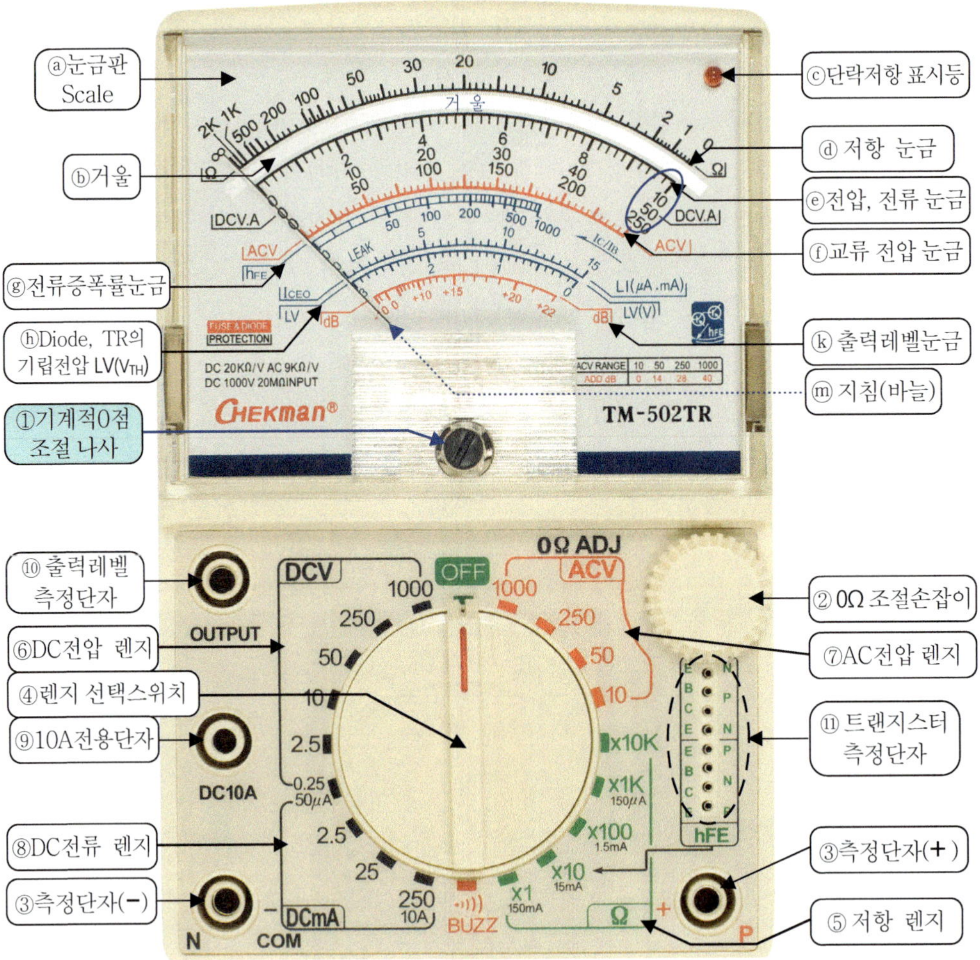

그림 1-2 멀티 테스터 각부의 명칭

눈금판(Scale) 속의 여러 가지 명칭들

ⓐ 눈금판 또는 Scale이라 한다.

ⓑ 거울(mirror). 측정하는 사람이 정확한 측정값을 판독하기 위해서는 관측자가 눈금판의 수직 상방에서 지침을 읽어야 한다. 거울은 이것을 도와주기 위해 설치해 둔 것이다. 바늘이 가리키는 눈금판을 읽을 때 관찰자의 눈으로 직접 보고 있는 지침과 거울에 비친 지침이 하나로 겹쳐져 보이는 위치에서 눈금을 판독해야한다.

ⓒ 단락저항 표시등. 저항을 측정할 때 ×1Ω 의 위치에서 단락 또는 10Ω 내외의 저항을 측정하면 전류계에는 100mA정도의 큰 전류가 흐른다. 이런 경우에 이 램프는 점등된다.

ⓓ 저항눈금. 저항값을 표시하는 눈금은 이 계기에서 유일하게 불평등눈금이다. 미터를 흐르는 전류는 저항의 크기에 반비례하므로 저항이 2배가 될수록 전류는 1/2로 반감되어가지만 영원히 제로가 되지는 않을 것이다.

ⓔ 직류 전압, 직류 전류의 눈금이다. 평등눈금이고 측정렌지에 따라 최대눈금(Full Scale)이 여러 가지 준비되어 있다.

ⓕ 교류 전압 눈금. 붉은 색으로 별도의 눈금을 사용하지만 직류전압과 차이가 없다.

ⓖ 전류증폭률(Hfe) 눈금이다. 트랜지스터를 측정하는 경우에만 사용하는데, 베이스 입력전류(Ib)에 비하여 켈렉터 출력전류(Ic)가 얼마나 큰지 그 비율을 나타낸다. 일반적인 트랜지스터의 전류증폭률은 100~200범위이다.

ⓗ 다이오드 또는 트랜지스터의 기립전압을 측정해 준다. 기립전압은 다이오드에 순방향전압을 걸었을 때 전류가 본격적으로 흐르기 시작하는 전압의 크기이다. 실리콘 다이오드 또는 트랜지스터의 PN접합에서 기립전압은 0.7V, 게르마늄 다이오드는 0.25V, 그밖에 적색 LED는 1.8V, 백색 고휘도 LED는 3V정도이다.

ⓚ 출력레벨 눈금. 이것은 오디오 앰프에서 출력이 얼마나 큰지를 데시벨(dB)단위로 표시해 주는 기능이다. 측정시 앰프의 출력단자에는 표준 600Ω 무유도저항기를 접속해야한다.

ⓜ 지침(바늘). 가동코일형 미터의 중심축에 바늘이 부착되어 있다. 미터에 감겨진 가동코일에 측정 전류가 흐르면 자장이 발생하고 이 자장과 영구자석의 자장 사이에 반발력이 생겨 가동코일뭉치를 회전시키도록 만들어져 있다.

조작판의 여러 가지 명칭들

① 기계적 0점 조절나사: 미터의 지침은 스프링으로 좌우평형이 유지된다. 또 측정시 미터의 지침은 자장의 힘에 의해 움직인다. 우리 지구는 어디든 지자기의 영향 속에 있기 때문에 이런 조건들 중 조금이라도 변동이 생기면 미터의 지침이 정확한 0점 위치를 벗어날 수 있다. 측정하기 전에 1자 드라이버를 이용하여 이곳을 조절해서 정확한 기계0점을 맞추어야 한다.

② 0옴 조절 손잡이(0Ω ADJ). 저항을 측정할 때 사용하는 조절기이다. 저항측정 시 먼저, 메인 스위치를 저항렌지 어딘가에 위치시키고, 측정단자의 두 끝부분을 서로 단락시키면 지침이 0옴의 위치를 가리켜야 한다. 만약 그러하지 않다면 이 손

잡이를 좌우로 움직여서 지침이 0옴 위치를 가리키도록 조절해야 한다. 특히 주의할 점은 '저항렌지를 바꿀 때마다 새롭게 0옴 조절을 해야한다.' 는 것이다.

③ 측정용 홀 단자(-)와 (+). 바나나 플러그를 삽입하는 단자 구멍. 측정신호가 이 단자를 통해 들어가고 나온다.

④ 렌지 선택 스위치. 메인 실렉터 스위치라고도 부른다. 측정대상과 범위를 선택한다.

크게, DC전압, DC전류, AC전압, 저항 등이 있고 중립코너에 버저와 OFF가 있다.

⑤ 저항 렌지. 보통 4개~5개 렌지로 구성된다. 1Ω 렌지에서 지침이 최대로 움직일 때 측정을 위한 전류가 150mA흐른다. 이 전류는 내장된 건전지(AAM 3V)가 공급하는데 전류량이 많을수록 배터리가 빨리 소모되기 때문에 신속히 측정을 끝내고 큰 저항 렌지 쪽으로 전환하는 것이 좋다. 예를 들어 1kΩ 렌지에서는 최대지침에서 흐르는 전류가 150μA에 지나지 않으므로 이런 정도로는 1~2년씩 사용하여도 배터리 소모를 염려할 필요는 없다.

⑥ DC전압 렌지. 가장 흔히 사용하는 기능이다. 전압을 측정하는 경우 내부저항을 알아둘 필요가 있다. 눈금판의 왼쪽 아래에 직류:20kΩ /V로 표기되어 있는데, 이것은 만약 10V렌지를 선택한 경우라면 내부저항은 10V×20kΩ /V=200kΩ 이 된다는 의미이다. 더 자세한 것은 '전압측정하기' 본문을 참고하기 바란다.

⑦ AC전압 렌지. 직류전압의 사용법과 거의 같다. 다만 교류전압을 측정할 때의 내부저항은 9kΩ /V로 직류 때 보다는 작다.

⑧ DC전류 렌지. 250mA이하의 직류전류를 측정하는 렌지 3개로 구성되어 있다. 이 전류계의 내부저항은 수Ω 이하로 매우 작아서 만약 전압원에 직접 연결하면 큰 전류가 흘러 미터가 즉시 파손되기 때문에 결선에 특히 주의하여야한다. 멀티테스터의 고장원인 중 90%가 이 렌지에서 발생하는데 대부분 퓨즈가 끊어지지만 가끔은 미터까지 손상되기도 한다.

⑨ 큰 직류전류를 측정할 경우에는 (+)쪽 바나나 단자를 뽑아서 이곳 10A 전용단자에 삽입하고 측정하면 최대 10A까지 측정할 수 있다.

⑩ 출력레벨 측정단자. 앰프의 출력신호 크기를 측정할 때 이곳을 통해 신호를 넣어준다. 앞의 눈금판 해설 ⓚ를 참고할 것.

⑪ 트랜지스터 측정단자들. 이 기능을 사용할 때는 메인 스위치를 저항 ×10Ω 렌지에 두어야 한다. 세로로 배치된 4개의 홀을 사용하는 방법은 다음과 같다.

a) 미국계 NPN 트랜지스터 CS9013은 핀 배치가 e-b-c순이므로 아래의 그림 1-3(a)와 같이 위쪽의 E-B-C에 맞추어 삽입하고

b) 일본계 PNP 트랜지스터 2SA1015는 핀 배치가 e-c-b순이므로 그림 1-3(b)와 같이 PNP블록 아래쪽의 E-C-B에 맞추어 삽입한다.

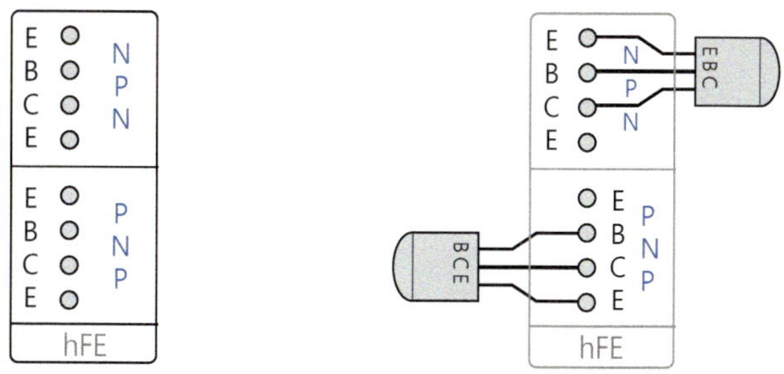

(a) Tr측정용 핀 홀의 배치 (b) 트랜지스터 삽입 예

그림 1-3 트랜지스터 측정의 보기

트랜지스터를 핀 홀에 정확히 삽입하면 전류증폭률에 비례하여 지침이 움직이는데, 눈금판에서 ⓖ: hFE(전류증폭률) 눈금을 읽으면 된다. 만약 지침이 풀 스케일의 50%만큼 움직였다면 전류증폭률은 200이다. 멀티테스터의 제품들 중에는 NPN 또는 PNP 표시 LED등이 점멸하는 경우도 있다.

기타 : 미터의 종류와 규격에 관한 표시들이다. ①의 말굽자석 모양은 가동코일형 계기를 뜻하고, ②번의 숫자는 클라스 등급(%)를 의미하는데 지시계기는 정밀도에 따라 0.5급, 1급, 1.5급, 2급, 2.5급 등으로 분류된다. ③번의 엎어진 'ㄷ' 자 모양은 측정기를 사용할 때 수평으로 뉘어 눈금을 읽으라는 뜻이다.

①	② 2.5	③
가동 코일형 계기	클라스 등급(%)	수평 설치 형

1.2 측정의 실제

1.2.1 저항의 측정

(1) 저항을 측정하는 순서는 다음과 같다.

① 기계적 영점을 조정한다.(작업시작 무렵, 하루에 한 번 정도)

② 임의의 렌지를 선택한다.(중간, ×1kΩ)

③ 측정리드 선끼리 접촉하고 0Ω손잡이를 조절한다.(②번 놉)

④ 피측정 저항기의 양단에 테스터의 리드 클립을 물려 접속하고 바늘이 가리키는 저항 값을 읽는다.

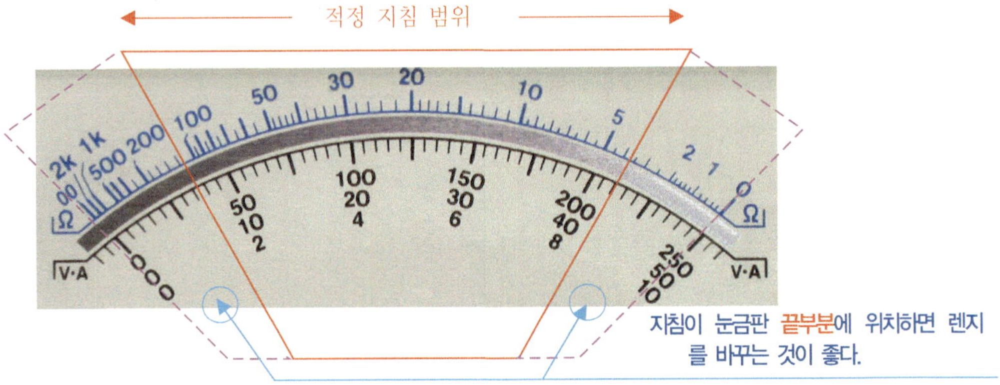

그림 1-4 저항측정시의 렌지선택요령

⑤ 눈금 값과 렌지의 배율을 곱하여 저항 값을 얻는다.

⑥ 바늘(지침)이 스케일의 양 끝부분에 치우치면 오차가 커지므로 렌지를 조정한다. 만약 렌지를 바꾸면 다시 0Ω 조절을 실시해야한다.

(2) 저항계의 스케일은 불평등 눈금이다.(저항값이 증가할수록 눈금은 조밀하다)

(3) 저항의 측정 렌지는 ×1Ω, ×10Ω, ×100Ω, ×1kΩ, ×10kΩ 등으로 세분되어 있다.

(4) 저항 10kΩ 렌지일 때 내부에서 9V전지가 연결되고, 그 밖의 렌지에서는 3V가 연결된다. 이 전지의 양극은 (-)측정단자에 연결된다.

(5) ×1Ω 렌지 옆에 150mA 등 전류값이 표기되어 있는데 이것은 해당 렌지의 지침이 최대(Full Scale)를 가리킬 때 미터에 흐르는 전류값을 나타낸다.

■ ×10Ω 렌지에는 15mA와 함께 다이오드(—▶|—) 표시가 있는데 다이오드나 트랜지스터의 내부저항 측정 시 이 렌지가 가장 적합하다.

(6) ×1Ω 렌지에서 0Ω 조정을 하여도 바늘이 우측 끝(0Ω)에 미치지 못할 때는 전지를 새것으로 교환해야 한다.

1.2.2 직류전압의 측정

(1) 직류전압은 보통 2.5V에서부터 1000V렌지까지 4~5단으로 구성되어 있다.

(2) 측정원의 전압을 예측할 수 없을 때에는 높은 전압 렌지에서 먼저 확인해 보고 낮은 전압 렌지로 옮겨가는 것이 안전하다.

(3) 전압의 눈금은 거울 아래에 배치된 DC 눈금을 풀 스케일 값에 맞춰 읽는다.

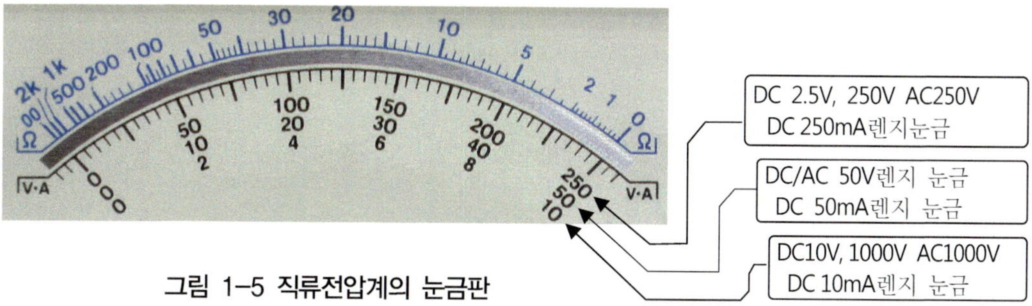

그림 1-5 직류전압계의 눈금판

(4) 전압계의 내부저항은 정밀도에 영향을 미치기 때문에 판독 가능성이 비슷하다면 높은 렌지를 선택함이 유리하다.

【 **Q** 】 : 직류전압 50V 렌지로 사용할 때 이 전압계의 내부저항은 ?
(단 내부 저항율= 20kΩ/V이다)

【 **A** 】 : 전압계의 내부저항= 20kΩ/V × 50V = 1000kΩ

(5) 측정오차 : 계기의 정밀도에 따른 오차나, 우연오차, 개인적 오차 외에도 피측정 회로의 임피던스 Za에 따라 오차가 발생할 수 있다.(측정임피던스 Za가 전압계 내부저항 Rm보다 아주 작을 때는 영향이 거의 없으나 측정임피던스가 크고, 내부저항이 작으면 오차가 크게 증가한다.)

【 **Q** 】 : TTL회로의 입력 쪽에 걸리는 전압을 측정하기 위해 DC 10V렌지로 그림과 같이 접속하였다. 얼마의 오차가 발생할까?(단 내부저항은 20kΩ/V이다.)

【 **A** 】 : 참값 2V가 측정기를 연결하는 순간 1.887V로 감소하여 5.66%의 오차가 발생한다. 그 이유는 그림 1-5에서 설명하고 있다.

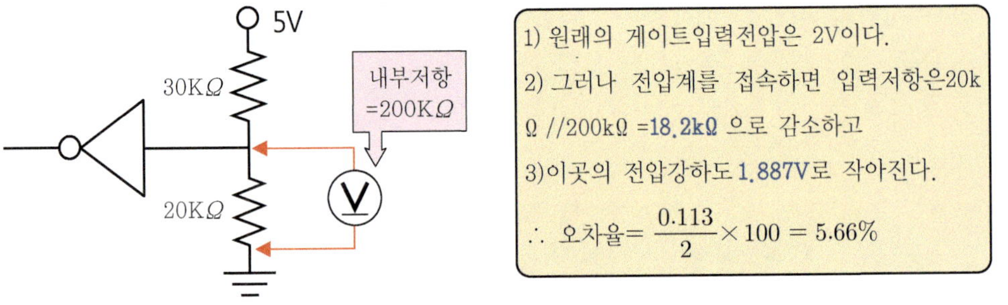

그림 1-6 내부저항에 의한 오차발생

1.2.3 직류전류의 측정

(1) 보통 2.5, 25, 250mA, 그리고 10A의 4개 측정렌지가 있고 기종에 따라 50μA렌지를 가진 제품도 있다

(2) 10A까지를 측정할 때는 별도로 지정한 '10A단자'를 사용한다.(그림 1-2의 ⑨번)

(3) 지시눈금은 거울 아래의 DC눈금을 렌지 숫자에 맞춰 읽는다.(DC전압 눈금과 같다)

(4) 테스터를 전압계, 저항계로 사용할 경우에는 측정의 실수(예를 들면, 다소 높은 전압의 인가 등)가 있어도 계기의 파손으로 이어지는 경우는 드물지만, 전류계 렌지에서 전압을 측정하는 경우 즉시 미터가 파손되는 위험이 있으므로 신중을 기하여야 한다.

(5) 아날로그 멀티테스터에서 교류전류의 직접 측정은 불가능하므로 저항을 사용한 간접 측정법을 사용하여야 한다.

■ 전류측정 지점을 끊고 1Ω 표준저항을 삽입한 후 이곳 '양단의 교류전압' 을 측정하여 읽은 전압이 곧 전류 값이 된다.($V = IR = I \times 1 = I$, 따라서 $V = I$)

1.2.4 교류전압의 측정

(1) 교류전압은 보통 10V~1000V까지의 4개 렌지로 되어 있다.

(2) 미터의 내부저항은 직류 때보다 낮아 모델제품의 경우 8kΩ/V이다.
기타의 측정요령은 직류전압의 경우와 같다.

(3) 눈금판을 읽을 때 AC1000, 250, 50V렌지에서는 직류측정시의 눈금판을 같이 사용하지만 AC10V렌지에서는 빨간색 눈금판을 읽어야한다.(그림 1-7 참조)

그림 1-7 교류 전압계(10V렌지)의 눈금

(4) 교류 측정 시 미터 지시는 평균값에 비례하지만 상용표시법인 실효값으로 환산하여 눈금을 표시한다. 그래서,

(5) 입력교류가 **사인파가 아닐 때는 측정오차가 발생한다.**

1.2.5 도통 테스트 기능

저항 측정 렌지 옆에 경음기호))) 가 있는데 이곳을 선택한 후 테스트 리드를 저항 측정 때와 같이 접속시키면 "삐" 소리로서 연결여부를 확인할 수 있다.

- 작업자가 눈으로 미터를 확인하는 대신 소리로 도통여부를 판단하는 기능이다.

1.2.6 트랜지스터 측정

(1) 그림설명 ⑪번은 트랜지스터 리드를 삽입하는 핀 홀들이다. PNP와 NPN을 잘 구별하여 삽입해야한다.

(2) 눈금판에서 LV로 표시한 눈금이 H_{fe} 즉, 트랜지스터의 전류 증폭률이다.

1.2.7 커패시터의 양부 판별

(1) 저항계 ×100Ω 또는 ×1kΩ 렌지에 두고, 리드를 커패시터 양단에 접속시키면 단락여부나 용량의 크기를 가늠할 수 있다.

(2) 그림 1-8과 같이 저항렌지에서 커패시터를 접속하는 순간 지침이 크게 움직였다가 원래상태로 복귀한다. 잠시 후 커패시터의 극성을 바꿔 접속하면 지침이 더 크게 움직인 후 복귀한다.

(3) 용량이 작을수록 높은 저항 렌지 쪽을 선택해야 한다.

(4) 지침이 0Ω을 가리키면 내부단락, ∞를 가리키면 단선

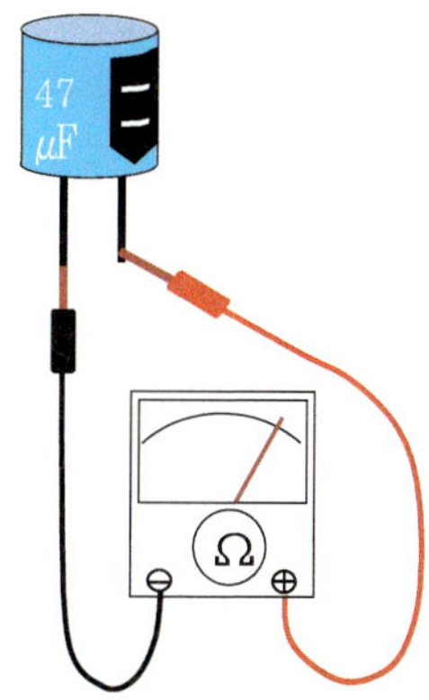

그림 1-8 커패시터의 간이 측정법

임을 알 수 있다.

1.2.8 테스터 정비하기

(1) 테스터 뒷면의 나사를 풀고 분해한다.

(2) 전지를 빼어 다른 테스터로 전압을 확인한다.(1.35V 이상이면 사용 가능)

(3) 전지는 ×1Ω 렌지에서 영Ω 조절이 안 되면 교환한다.

(4) 기계적 영점 조절이 잘 되는지 확인한다.
측정원에 연결되지 않은 상태(저항 렌지의 경우 개방상태)에서는 지침이 왼쪽 '0'의 위치에 있어야 한다. 이곳이 '기계적 0점'이다.

(5) 로터리 스위치의 회전축 부분에 윤활제(예를 들면 WD40)를 뿌려 부드럽게 한다.

(6) 스위치의 접점부분을 헝겊으로 깨끗이 닦는다.

(7) 전지함에 녹슨 부분이나 헐거워진 나사가 없는지 살핀다.

(8) 정비가 끝나면 뒤 뚜껑을 닫는다.

▣ 그 밖의 유의사항

· 퓨즈는 규격 제품을 사용한다.(일반적으로 500mA유리관 타입)

1.3 디지털 멀티테스터

디지털 멀티미터 중 현장에 많이 보급된 중 상위급 기종에 해당하는 플루크87V를 모델로 사용법을 설명한다.

아날로그 테스터는 눈금판을 판독하는 것에 약간의 숙달이 필요하지만 디지털 테스터는 표시창의 숫자를 읽기만 하면 된다. 그 대신 다양한 특수 기능들이 많기 때문에 이들 기능을 활용하려면 렌지선택은 물론이고 제공된 기능키들의 용도를 잘 알아둘 필요가 있다.

741

Function keys(특수 기능키)

Min/Max : 입력 값을 저장하고, 더 큰 값이 들어오면 경고음(Beep)이 울린다.

Peak MinMax : 모니터링 하는 신호에서 발생되는 간헐적 또는 일시적 펄스를 캡처한다. 매우 짧은 시간(micro sec)동안 가장 높은 값을 캡처한다.

Hold : 안정적인 측정값을 캡처하고 유지(기억)한다.

AutoHold : 측정을 캡처하고 신호음을 울리고 나중에 볼 수 있도록 디스플레이에서 측정을 잠근다. 새로운 안정적인 판독 값으로 자동 업데이트된다.

Yellow Button (기능버튼 OR Shift버튼) : 노란색 버튼은 다이얼 주위에 노란색 아이콘으로 표시된 보조기능을 선택할 때 누른다. (예: 온도 및 정전 용량 선택 시)

))) : 도통 측정시 경음(삐~)발생 선택

RELΔ : [비교측정모드] 기존 판독 값(Δ델타)을 기준값으로 저장하고 표시값을 0으로 리셋한다. 이후의 측정은 저장된 기준값과 비교하여 상대적인 크기로 표시한다.

Hz, % : 주파수 및 구형파의 듀티비 측정

Range : 수동 렌지모드로 전환되어 모든 렌지를 순환한다. 2초간 누르면 자동 렌지(Auto Range)선택모드로 복귀한다.

℃/℉ : 온도계측시 단위 선택

1.4. 아날로그와 디지털 멀티미터의 특징들

디지털 멀티미터는 다양한 기능을 가지며 정밀도에 따라 가격도 비싸다. 이에 비하여 아날로그 멀티미터는 전압, 전류 및 저항 등의 제한된 기능만을 가졌지만 잘 활용하면 기초실험에는 조금도 부족함이 없다. 경우에 따라서는 디지털계측기가 가질 수 없는 측정의 기능들이 있으니 잘 활용하기 바란다.

예를 들면, LED나 바오폴라 트랜지스터의 경우, 아날로그 멀티미터의 저항렌지를 바꿔가면서 측정해 보면 마치 '한의사가 진맥을 통해 혈행(血行)을 느끼는 것'처럼 아날로그 소자의 특성이 감지되는 것을 느낄 수 있다.

표 2 아날로그 및 디지털 멀티미터의 특징 비교

측정 항목		아날로그	디지털	비 고
1	다이오드의 양부판단(V_F측정)	○	○	
2	트랜지스터의 증폭율(β)	○	×	
3	C회로의 간이 용량	○	△	고급기종 중에는 용량 측정렌지를 가진 제품도 있음
4	L회로의 유도기전력(실험)	○	×	센터제로 스케일에서 가능
5	오디오 출력레벨	○	×	
6	전압 피크값	×	○	
7	측정값 기억(Holding)	×	○	
8	비교 측정하기	×	○	고급기종에서만 가능
9	온도, 주파수, 듀티비 등	×	○	고급기종에서만 가능 온도는 별도프로브 필요

그렇지만 정밀측정의 분야로 들어가면 디지털 멀티미터의 특징이 진가를 발휘한다. 온도, 주파수 및 구형파의 듀티비 측정기능은 물론이고 피크값 측정이나 전압의 비교측정 기능까지 제공된다. 다음은 디지털 멀티미터의 특징을 정리한 것이다.

1) 전압, 전류, 직류, 교류, 저항, 주파수 등 모든 분야의 측정이 가능하다.
2) 입력 임피던스가 높아 고임피던스 회로에서도 측정오차가 매우 적다.
3) 지자기에 의한 오차, 판독 오차 등 각종 오차가 현저히 줄어든다.
4) 저항 측정시 렌지마다 0옴 조정을 할 필요가 없다.
5) 렌지 선택이 잘못되어도 계기 파손으로 이어지지 않는다.
   ※ 최근의 디지털 멀티미터는 자동 렌지 선택기능이 있다.
6) 전압/저항단자와 전류단자가 분리되어 있기 때문에 사용에 유의해야 한다.
   ※ 전류렌지를 선택하고 전압단자에 리드가 연결되면 경보음이 울린다.

과제 번호	아날로그 멀티테스터 사용하기
1.1	
준비물	1. 멀티테스터 2. 직류전원장치 3. 리드선 4. 정밀저항 1Ω/1W, 10Ω 5. 히터 트랜스 6. 저항기

1. 테스터의 기능에 대하여

가. **(저항측정원리)**테스터 내부에 들어 있는 3V전지를 이용하여 피측정체(저항)를 통해 전류를 흐르게 하고, 그 전류의 크기를 측정함으로서 저항 값을 알아낸다.

☞ 전류는 저항의 크기에 반비례하므로 저항이 클수록 바늘은 작게 움직인다. 따라서 저항 값의 눈금은 쌍곡선의 비율처럼 커질수록 간격이 좁은 불평등 눈금이다.

나. **(레인지선택)**측정하려는 저항의 크기에 따라서 저항 측정 레인지(선택범위)도 바꾸어야 한다. 예를 들면 다음과 같은 레인지 선택을 추천한다.

1~100Ω : ×1Ω 레인지, 50~1kΩ : ×10Ω 레인지,

500Ω~10kΩ : ×100Ω 레인지, 5kΩ~100kΩ : ×1kΩ 레인지,

50kΩ 이상 : ×10kΩ 레인지

다. **(눈금판)**저항의 지시 눈금은 가장 위쪽에 있는 청색(또는 초록색) 눈금인데, 저항 값이 커질수록 눈금 간격이 조밀해지는 불균등 눈금이다.(저항이 커질수록 전류는 반비례하여 작아지므로)

라. **(측정법)**저항을 측정할 때는 테스터의 두 측정단자를 저항기의 양쪽 리드 선에 접촉한다. 그런데 정확한 측정을 위해서는 0[Ω]조정이 되어 있어야 한다.

마. **(0Ω조정법)**테스터 리드선끼리 서로 접촉시킨 상태에서 바늘이 저항 값=0[Ω]을 지시하도록 '0Ω조절 손잡이'를 돌려 맞춘다.

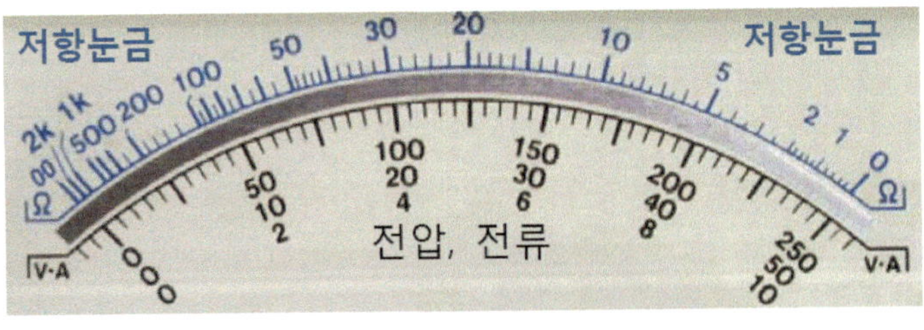

그림 1-9 테스터의 저항 눈금판

(전압/전류는 평등눈금, 저항은 불평등 눈금이다.)

2. 저항 측정하기

가. 다섯 개의 저항을 준비하고 각각의 저항을 측정한 다음 표 1-1에 기록하시오. 단, 10Ω은 ×1Ω렌지에서, 100Ω은 ×10Ω렌지에서, 1kΩ은 ×100Ω렌지에서 각각 측정한다.

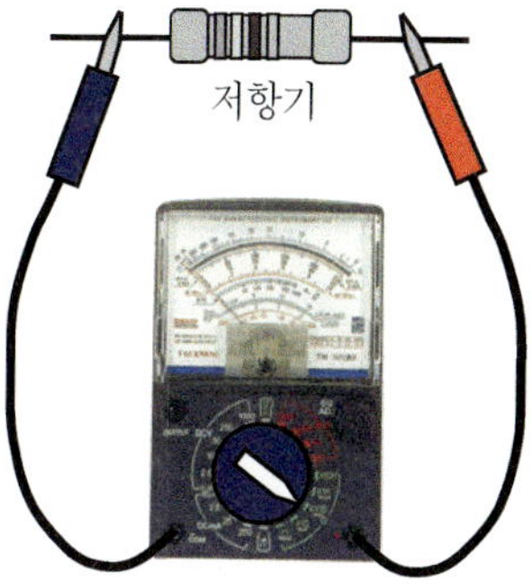

그림 1-10 저항 측정법

표 1-1 저항측정 결과 기록표

	컬러 코드				표시값	측정값1	오차(%)
1	갈	흑	흑	금	10Ω		
2	갈	흑	갈	금	100Ω		
3	갈	흑	적	금	1KΩ		
4	갈	흑	등	금	10KΩ		
5	갈	흑	황	금	100KΩ		

나. **(오차계산)** 오차율의 계산법은 다음과 같다.

$$\text{오차율 } \epsilon = \frac{M - T}{T} \times 100\,[\%] \qquad \{\ \text{M=측정값,} \quad \text{T=참값}\ \}$$

다. **(참고)** 저항기에 표시된 저항 값과 오차율은 25℃를 기준한 것이다. 그리고 탄소 피막 저항기는 가격이 저렴한 반면에 여러 가지 저항기들 중에서 가장 온도에 따른 저항의 변화율이 크다. 이에 비하여 금속피막저항기는 온도에 따른 저항율의 변동률이 낮을 뿐만 아니라 열잡음도 작아서 정밀급 회로에 사용된다.

라. RLC 미터로 저항을 측정한 다음, 테스터로 측정한 결과가 정확한지 비교하시오.

3. 직류전압 측정하기

가. 전압측정은 측정대상의 회로에 전압계를 병렬로 접속한다. 이때 테스터 리드의 극성은, 측정대상에 전류가 유입되는 쪽이 (+), 그 반대가 (-)극성이 된다.

나. DC50V렌지에서 직류전원장치의 출력전압을 측정해 본다.

① 그림 1-10과 같이 전원장치의 출력단자에 테스터리드를 접속한다.

② 전원장치의 전압을 0에서 30V까지 5V 간격으로 조절하면서 테스터로 측정한다.

③ 전원장치 표시전압과 테스터에 의한 측정값을 읽어 표 1-2에 기록한다.

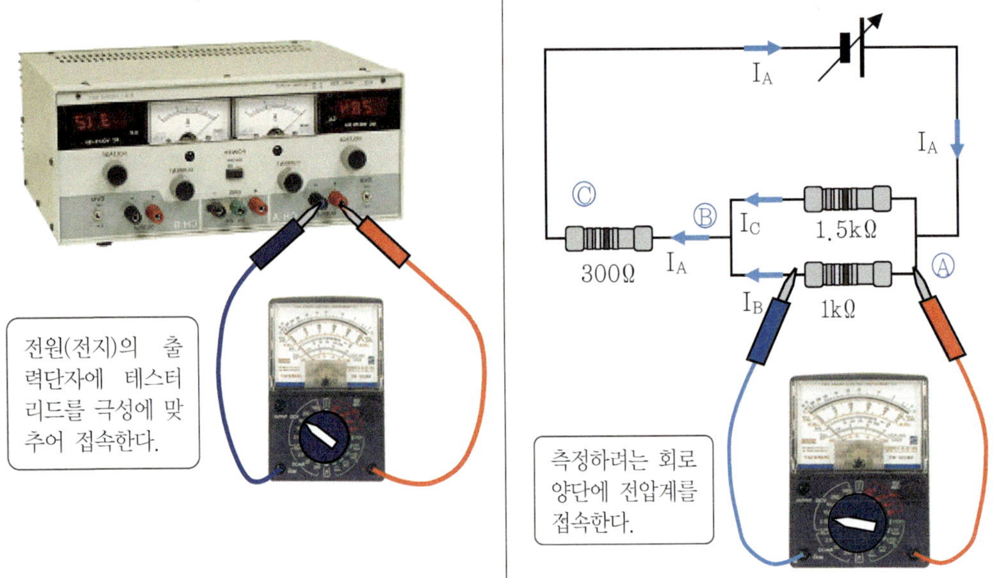

(a) 전압측정을 위한 회로연결

(b) 회로속의 전압 측정법

그림 1-11 전압 측정의 실제

표 1-2 전압측정 결과 기록표

전원장치의 출력전압	테스터의 전압 측정값	오차(%)
0V		
5V		
10V		
20V		
30V		

다. 브레드 보드에 그림 1-11과 같은 저항회로를 구성하고 직류 9V를 인가한 다음 테스터의 전압계(10V렌지)로 각 저항에 걸리는 전압을 측정한다.

표 1-3 전압측정 결과 기록표

전원전압 (단자 Ⓐ-Ⓒ)	1kΩ양단 (단자 Ⓐ-Ⓑ)	1.5kΩ양단 (단자 Ⓐ-Ⓑ)	300Ω양단 (단자 Ⓑ-Ⓒ)
9V			

라. 실험 결과로 알 수 있는 것

① 저항이 병렬로 접속되어 있으면, 각 저항 양단의 전압은 같다.

② 저항(부하) 전체에 걸리는 전압은 인가된 전원전압과 같다.

③ 300Ω에 걸리는 전압은 3V이므로 회로전류는 10mA이다.

$$\because I = \frac{V}{R} = \frac{3[\mathrm{V}]}{300[\Omega]} = 0.01\,[\mathrm{A}] = 10\,[\mathrm{mA}]$$

④ 1kΩ와 1.5kΩ 양단의 전압강하가 6V이므로 이들 두 저항의 합성저항은 600Ω임을 알 수 있다. 총 전류가 10mA인 것을 알았으므로 계산해 보면,

$$\because R = \frac{V}{I} = \frac{6\,[\mathrm{V}]}{10\,[\mathrm{mA}]} = 600\,[\Omega]$$

4. 직류전류 측정하기

측정목표 : 회로의 가지마다 흐르는 전류 I_A, I_B, I_C, I_D를 측정한다.

가. 브레드 보드를 이용하여 그림 1-12와 같이 회로를 구성한다.

나. 전원전압을 18V로 맞춘다.

다. a점을 끊고 전류계(25mA렌지)를 삽입하여 전류(I_A)를 측정한다.

마. 이상과 같은 방법으로 원하는 지점을 끊고 전류계를 삽입하여 각각의 전류 I_B, I_C, I_D를 측정하여 기록한다.(표 1-4)

바. 이론적으로 계산한 전류 값과 실제로 측정한 전류 값을 비교한다.

- 합성저항 $R_T = 300 + (1k\Omega // 1.5k\Omega) = 300 + 600 = 900\,[\Omega]$
- 총 전류 $I_A = \frac{V}{R_T} = \frac{18}{900} = 0.02A = 20mA$

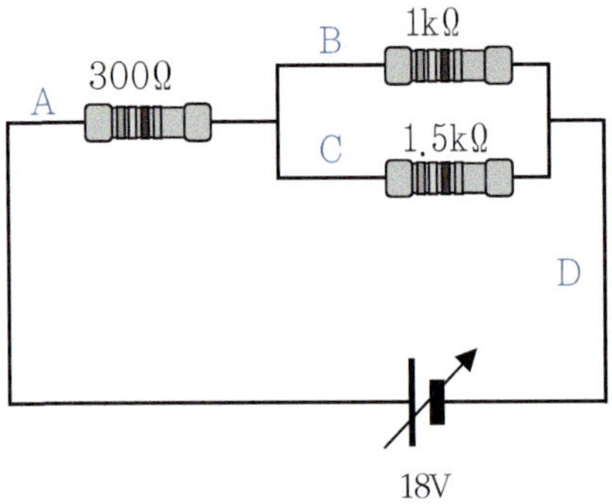

그림 1-12 전류측정 샘플회로

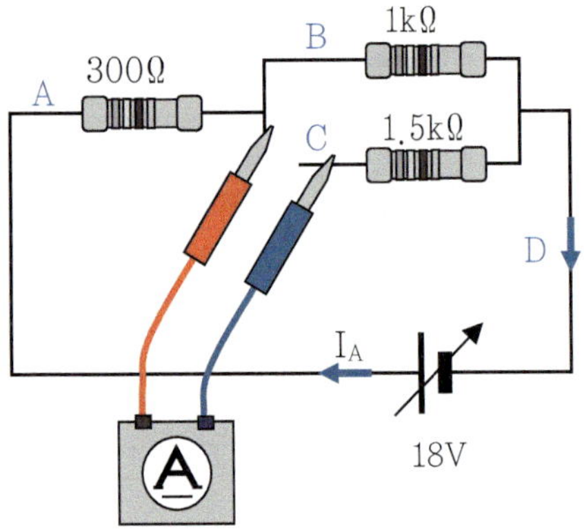

그림 1-13 지로 전류(Ic) 측정법

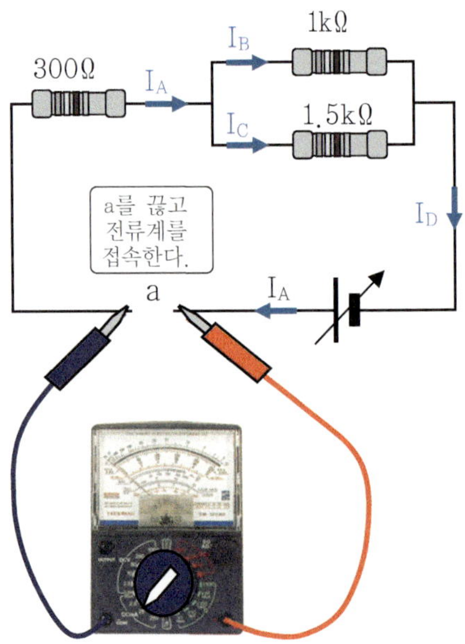

그림 1-14 전체 전류 측정법

표 1-4 전압측정 결과 기록표

측정지점 (저항)	저항양단의 전압강하	통과전류
A-B(300Ω)		
B-D(1KΩ)		
C-D(1.5KΩ)		
A-D(부하양단)	18V	20mA

표 1-5 전류측정 결과 기록표

측정점	기호	전류값	비 고
A	I_A		
B	I_B		
C	I_C		
D	I_D	20mA	

$$I_B = I_A \times \frac{R_C}{R_B + R_C} = 20 \times \frac{1.5}{2.5} = 12mA$$

$$I_C = I_A \times \frac{R_B}{R_B + R_C} = 20 \times \frac{1}{2.5} = 8mA$$

사. 저항양단의 전압강하를 측정한다.

- 테스터를 DC전압계-50V렌지로 바꾸고 저항 양단에 걸리는 전압강하를 측정하여 표 1-3에 기록한다.

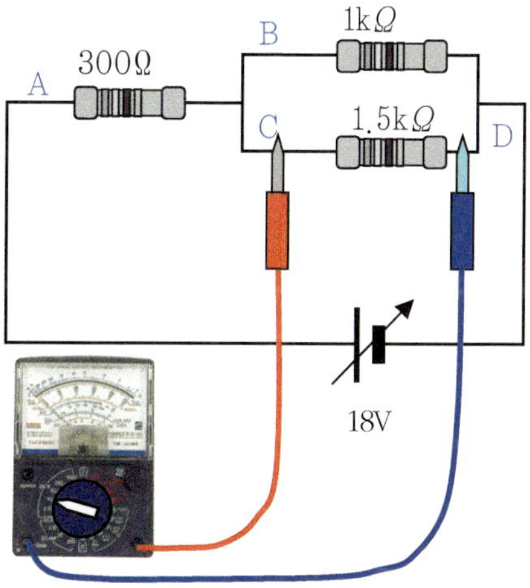

그림 1-15 전압강하(Vcd) 측정법

5. 교류전압 측정하기

가. 그림 1-16과 같이 측정용 회로를 구성한다.

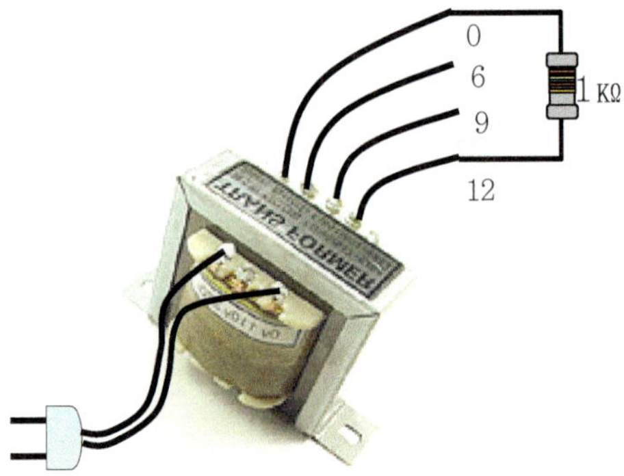

그림 1-16 교류측정을 위한 회로구성

나. 1차측을 220V 전원 콘센트에 삽입한다.

다. 데스디의 측정렌지를 AC 250V에 둔다.

라. 트랜스의 1차측 단자(0~220V)에 테스터 리드를 접속하여 교류전압을 측정한다.

마. 실렉터 스위치를 AC_10V 렌지에 맞춘다.

바. 트랜스 2차측 단자간의 전압을 측정한다.

(1) 0~6V 단자 간 전압 : ______

(2) 0~9V 단자 간 전압 : ______

사. 실렉터 스위치를 50V렌지로 돌린다.

(3) 0~12V 간 전압을 측정한다. : _______

표 1-6 교류전압 측정 결과

측정지점		선택렌지	측정값
차 : 0~220		AC 250	
2차	0~6V	AC 10	
	0~9V	AC 10	
	0~12V	AC 50	

6. 교류전원으로 커패시터 측정하기

커패시터와 AC전압계를 직렬로 연결하고 여기에 60Hz교류전원을 인가해서 전압계에 걸리는 전압의 비율을 보고 용량의 크기를 판단하는 간이 측정법이다.

교류전압계 10V렌지의 내부저항은 90kΩ, 커패시터 1㎌의 교류저항은 2.65kΩ 이다.

가. 아래의 그림 1-17과 같이 커패시터 측정을 위한 회로를 구성한다.

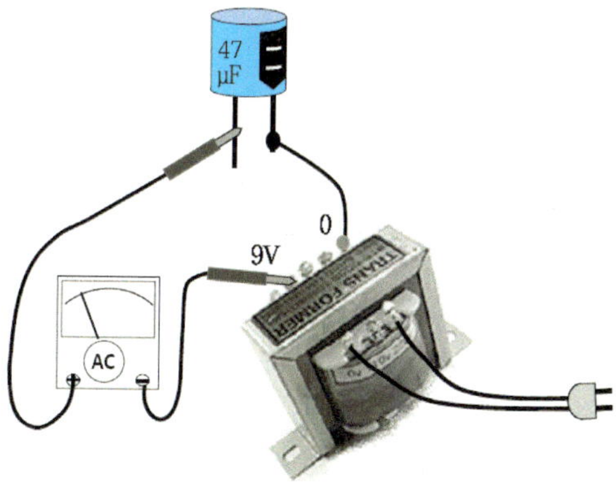

그림 1-17 교류전압계를 이용한 커패시터 측정하기

나. 테스터 AC10V렌지에서 전압계 눈금을 읽는다.

다. 커패시터를 바꾸면서 테스터의 눈금을 관찰한다.

① 47㎌ ② 1㎌ ③ 0.1㎌ ④ 0.01㎌

6. 저항계를 이용하여 커패시터 측정하기

이 방법은 저항계 내부의 3V전지 전압을 커패시터의 인가할 때 충전전류가 많이 그리고 오래 흐르는 것을 관찰하여 커패시터의 용량을 가늠할 수 있는 방법이다.

가. 테스터 저항 ×10Ω렌지를 선택한다.

나. 흑색 리드(내부전지의 +전극)를 커패시터 양극에 적색 리드(전지 -극)를 커패시터 음극에 접속한다.

다. 옴계 지침이 오른쪽으로 크게 움직였다가 서서히 왼쪽으로 복귀할 것이다.

라. 용량이 크면 ×1Ω렌지, 작을 땐 ×100Ω 또는 ×1kΩ렌지를 선택한다.

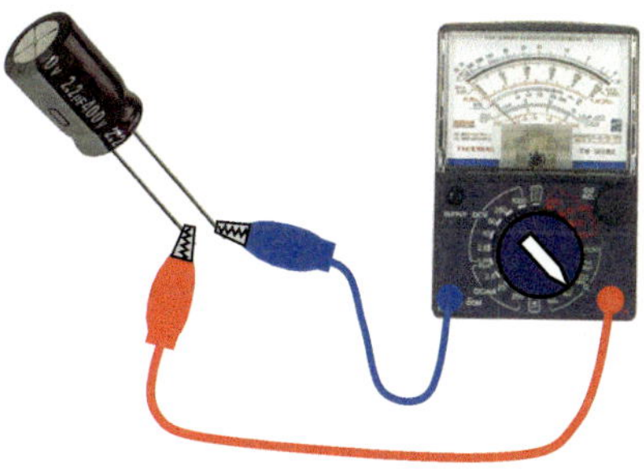

그림 1-18 저항계를 이용한 용량측정법

2. 저항기

원어: Resistor, 우리말: 전기 저항기, 약어: R, 단위: Ohm, Ω, kΩ(=10^3Ω), MΩ(=10^6Ω), 기호: 그림 1-18 참조

2.1. 저항기의 종류

전자부품 중 가장 많이 사용되는 부품으로 용도와 크기에 따라 여러 가지 종류가 있다.

2.1.1 탄소피막 저항

가. 세라믹 막대 표면에 흑연피막을 증착시킨 구조인데 저항 값은 탄소피막의 두께로 조절할 수 있다. 그러나 탄소피막을 너무 얇게 할 수 없기 때문에 그림에서와 같이 홈을 파서 전류가 흐르는 경로를 가늘고 길게 하면 저항 값을 수십, 수백 배 크게 만들 수 있다.(최소 0.1Ω에서 최대 10MΩ까지)

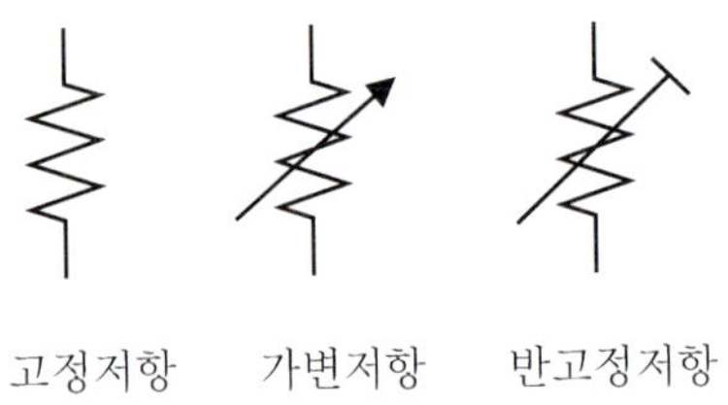

그림 1-19 저항기의 기호

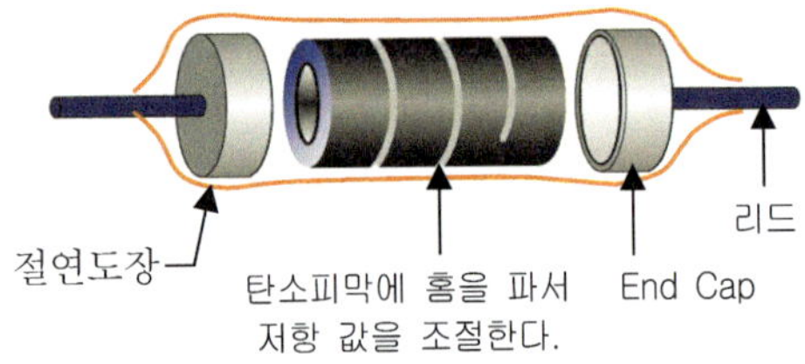

그림 1-20 탄소피막 저항기의 구조

나. 소용량 저항기에서 널리 사용된다.(열용량 : $\frac{1}{8}$W~1W, 오차 ±5% 제품)

다. 크기가 작아 저항 값을 컬러코드(Color Code) 방식으로 표기한다.

라. 가격은 싸지만 온도계수가 높고 잡음발생이 많은 단점이 있다.

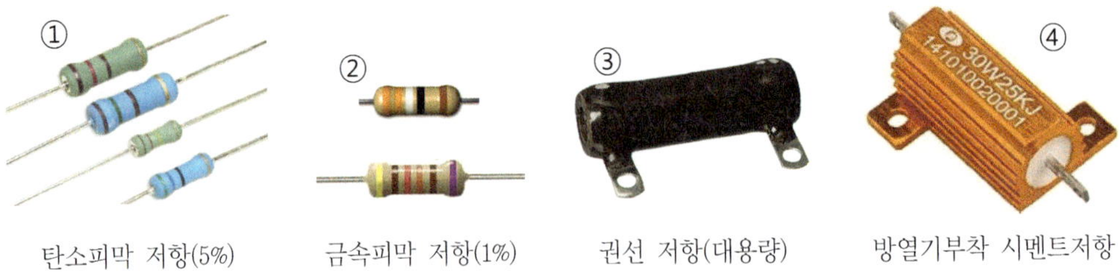

그림 1-21 여러 가지 저항기

2.1.2 금속피막 저항

탄소피막 대신 금속피막을 증착시킨 것만 다르고 모양과 제조방식은 위와 같다. 금속피막형 저항은 오차가 2% 이내인 정밀 급으로 제조되고, 잡음이 적다.

2.1.3 권선(winding) 저항기

10~50mm 정도의 도자기관에 니크롬 저항선을 감아 만든 발열용량이 큰 저항기로 2~100W 정도의 대용량이 많고, 10W 이상이 되면 저항선 위를 법랑으로 코팅한다.

2.1.4 시멘트(cement) 저항기

단단한 사각형 시멘트 틀 속에 저항재질을 압축해 넣어 만든 저항기로 2~10W 정도의 중간 용량형, 오차는 ±5% 제품이 많다. 그러나 저항기 외피에 알루미늄 방열기를 달면 10~100W의 대용량 제품도 만들 수 있다.

2.1.5 모울드(mould) 저항기

합성수지 원통 속에 저항재질을 압축해 넣고 양쪽 단자를 뽑은 저항으로 탄소피막형 보다 약간 크고, 오차는 5~10%, 용량은 ⅛W~최대 2W까지 제품이 있다.

2.1.6 어레이(Array) 저항기

디지털회로에는 버스 드라이버나 입출력 인터페이스에 8~16개의 동일한 저항이 사용되는 경우가 많다. 이러한 경우를 위하여 다수의 저항을 하나의 패키지에 넣어 만든 것을 어레이 저항 또는 네트워크(Network) 저항이라 한다.

(a) 8열 어레이저항의 외관

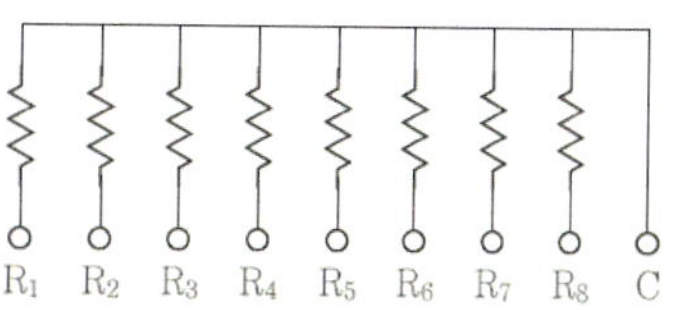

(b) 내부 접속도

그림 1-22 어레이 저항기

2.1.7 가변저항기와 전위차계

(1) 저항값을 조절하도록 만든 저항기를 가변 저항기(Variable Resistor:VR)라 하고, 이 중에서 회전각도에 비례하여 저항값이 정밀하게 변하도록 만들어진 것을

전위차계(=퍼텐쇼미터:Potentiometer)라 부른다.

참고로, 구미(歐美)등에서는 저항값 변화를 이용하여 전압을 조절하는 부품은 모두 '퍼텐쇼미터'라 부르고 드라이버로 조절하는 부품은 '트리머'라고 부른다.

(2) 음향기기 등에 사용하는 가변저항기는 약 270°의 범위에서만 움직인다. 그러나 퍼텐쇼미터의 다이얼은 10회전하도록 되어 있다. 또 퍼텐쇼미터는 회전각과 저항값이 정비례한다. 가변저항기의 경우, 손잡이의 회전각도에 대해 저항값이 지수함수 형으로 변하는 A형, 정비례하는 B형, 대수함수 형으로 변하는 C형 등이 있다.

(3) 스크류 드라이버로만 조절할 수 있는 가변저항기를 '반고정 저항기'(SVR=Semi Variable Resistor) 또는 '트리머(Trimmer) 저항기'라 한다.

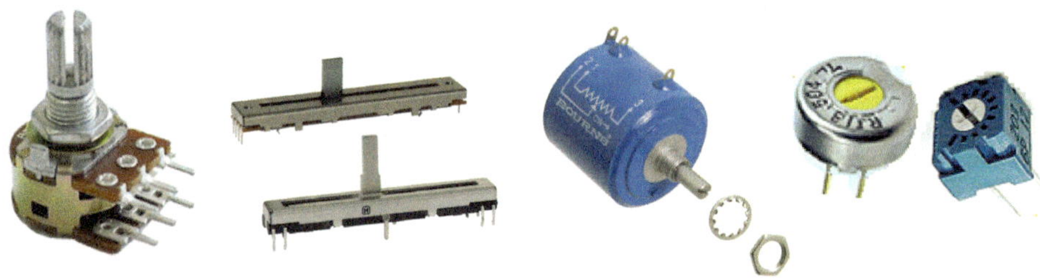

① 가변 저항기(VR) ② 슬라이드 식 가변저항 ③ 퍼텐쇼미터 ④ 반 고정 저항기

그림 1-23 여러 가지 가변 저항기

2.2 컬러코드에 의한 저항기의 표시법

2.2.1 컬러코드 표시법

가. 탄소피막형 등의 소형 저항기는 그 크기가 작아 값을 표시하기 곤란하므로 원형의 컬러 띠를 페인트로 칠해서 값을 표시하는 방식을 컬러코드 표시법이라 한다.

나. 탄소피막 저항기는 5% 오차의 4색띠 방식을, 금속 피막은 5색~6색 띠로 오차는 1~2%형 제품이 일반적이다.

표 1-7 컬러 코드에 관한 IEC 규정

색 Color	4색 저항기 →		제1수	제2수	제3수	허용 오차		6색 저항
	5색 저항기 →		제1수	제2, 3수	제4수 (배율)	영문 기호	(%)	온도계수 ppm/k[1)]
	Black	흑(黑)	-	0	$\times 10^0(=1)$			
	Brown	갈(葛)	1	1	$\times 10^1$	F	±1	100
	Red	적(赤)	2	2	$\times 10^2$	G	±2	50
	Orange	등(橙)	3	3	$\times 10^3$			15
	Yellow	황(黃)	4	4	$\times 10^4$			25
	Green	록(綠)	5	5	$\times 10^5$	D	±0.5	-
	Blue	청(青)	6	6	$\times 10^6$			10
	Violet	자(紫)	7	7				5
	Gray	회(灰)	8	8				
	White	백(白)	9	9				
	Gold	금(金)	-	-	$\times 10^{-1}$	J	±5	
	Silver	은(銀)	-	-	$\times 10^{-2}$	K	±10	

주1) ppm/k =온도가 1℃ 상승할 때 저항값의 100만분의 1배만큼 증가하는 비율

4색 저항의 판독 예				5색 저항의 판독 예					6색 저항의 판독 예					
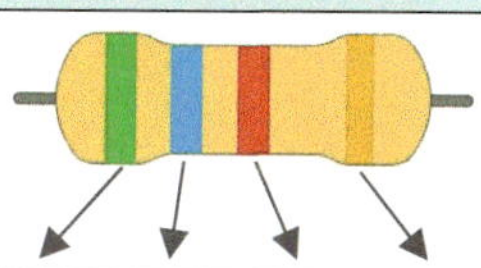				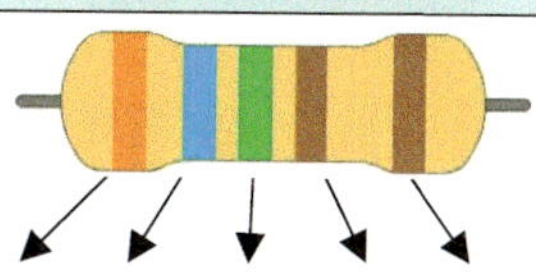					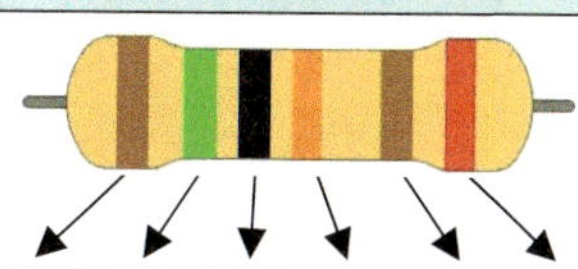					
1st	2nd	3rd 배율	4th 오차	1st	2nd	3rd	4th 배율	5th 오차	1st	2nd	3rd	4th 배율	5th 오차	6th 온도
록	청	적	금	등	청	록	갈	갈	갈	록	흑	등	갈	적
5	6	10^2	±5	3	6	5	10^1	±1	1	5	0	10^3	±1	50
5.6 kΩ ±5% 또는 5k6Ω ±5%				3.65kΩ ±1% 또는 3k65Ω ±1%					150kΩ ±1%, 50ppm/k					

다. 컬러밴드의 표시 예

각 밴드의 색깔은 표 1-7의 규정에서 정한 숫자 또는 오차를 의미한다. 아래의 그림 1-23에서 4색 저항기와 5색 저항기의 표시 예를 나타내었다.

라. E 시리즈

4색 저항은 E24 시리즈, 5색 저항은 E48 또는 E96 시리즈를 기준으로 제품화된다. E24 시리즈는 1에서 10까지의 한 디케이드(decade) 구간을 24등분하는 방법으

로 5%저항을 나타낼 때 적합하다. 또 E96 시리즈는 동일한 구간을 96등분하는 방법으로 오차 1%의 정밀저항을 나타낼 때 적합하다.

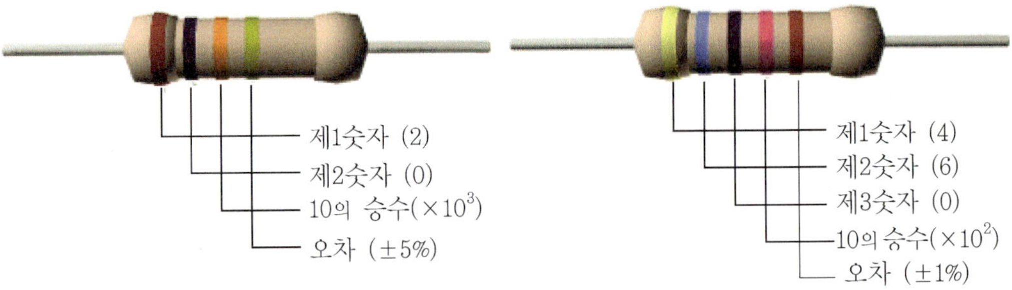

(a) 4색 컬러코드　　(b) 5색 컬러코드

그림 1-24　컬러코드 저항기의 표시 예

마. 저항 컬러코드의 기본단위는 Ω이고, 1000Ω 또는 10^3Ω을 1kΩ으로 표기한다.

바. 소수점 표시법

① 갈/록/적/금 = 1.5kΩ 또는 1k5Ω

② 등/백/금/금 = 3.9Ω 또는 3R9Ω

보기 문제 1

적 흑 등 황

제1, 2색 : 적 흑 = 20

제3색(배율): 등 = $\times 10^3$

저항값: 20×10^3 = 20,000Ω = 20kΩ

오차 : ±5%

보기 문제 2

황 청 흑 등 적

제1, 2, 3색 : 황 청 흑=460

제4색(배율): 등색 = $\times 10^3$

저항값: 460×10^3=460,000Ω=460kΩ

오차: ±2%

2.2.2　숫자코드 표시법

그림 1.24의 오른쪽 그림은 시멘트저항기이고 위쪽은 SMD의 일종인 칩 저항기이다. 이들 부품은 표면이 평면이어서 인쇄하기 쉽기 때문에 직접 저항 값을 표시하거나 숫자코드를 사용하여 표기한다.

그림 1-25 칩 저항기 & 칩 커패시터(좌), 시멘트 저항기(우)

가. 숫자코드의 표시 규칙

숫자코드의 규칙은 컬러코드의 규칙에서 컬러를 직접 숫자로 바꾸었다고 생각하면 된다. 4밴드 컬러 코드 저항기와 같이 처음 두 자리 숫자에 배율을 곱하면 저항 값이 된다. 단, 배율자리의 숫자(n)는 10^n을 의미한다.

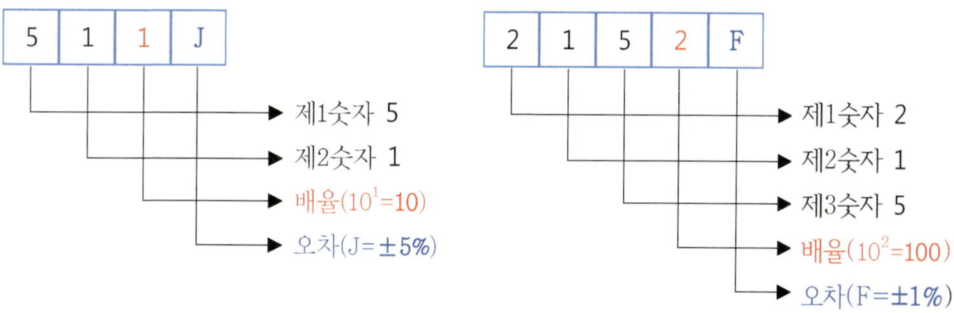

(a) 5%저항의 판독 예: 510Ω　　(b) 1%저항의 판독 예: 21.5kΩ

그림 1-26 숫자코드 저항기의 판독법

나. 오차는 문자로 나타내며 다음 중 한 가지를 사용한다.

K=±10%

J=±5%

F=±1%

다. 저항 값의 직접 표시

그림 1.23(b)와 같이 제품 표면이 넓을 때에는 모든 정보를 직접 인쇄한다.

이때 저항의 크기를 나타내는 방법에서 나라별로 차이가 있는데, 예를 들면 4.7Ω, 4.7R 그리고 4R7의 세 가지는 모두 같은 규격의 저항을 다르게 표기한 것이다. 또 1.5kΩ, 1.5kR 그리고 1k5Ω의 세 가지는 동일하다.

3. 축전기(커패시터)

원어: Capacitor/Condenser(구), 약어: C, 단위: F, ㎌=10^{-6}F, pF=10^{-12}F

3.1 축전기

커패시터(콘덴서)는 전기를 일시적으로 저장하는 역할을 하며 축전기(蓄電器)로 번역된다. 또한 직류를 차단하고 교류를 통과시키는 역할을 한다.

축전지(蓄電池=Battery)는 화학 에너지를 전기 에너지를 바꾸는 장치로, 그 원리가 축전기와는 근본적으로 다르며 저장 가능한 에너지도 커패시터에 비해 매우 크다.

3.2 유전체

커패시터는 마주보는 두 금속판 사이에 유전율이 높은 절연체를 삽입한 구조로 되어 있는데 이 유전체의 종류에 따라 세라믹(자기), 폴리필름(마일러), 오일 페이퍼(기름종이), 스치롤 커패시터 등으로 나뉜다.

3.3 커패시터의 종류

위의 일반형 커패시터의 용량은 구조상 한계 때문에 최대 1㎌를 넘지 못한다. 그런데 전극표면을 화학처리하고 전해질 유전체를 사용하면 정전용량이 수백 배 커진다. 이렇게 해서 만들어진 것이 탄탈 및 알루미늄 전해 커패시터이다. 전해 커패시터는 극성이 있고 내압은 일반형보다 낮다.(극성을 거꾸로 하거나 규격이상 전압을 가하면 폭발의 위험성이 있다.) 커패시터의 종류와 용도를 정리하면 다음과 같다.

(1) 세라믹, 스치롤 커패시터, 마이카(운모) 커패시터 : 고주파용

(2) 마일러, 오일페이퍼 : 저주파용

(3) 탄탈전해, 알루미늄 전해 커패시터 : 저주파용 및 전원리플 제거용

(4) 가변 커패시터 : 한쪽 극판은 고정하고, 다른 한쪽 극판을 손잡이로 회전시켜 용량값

을 변화시킬 수 있도록 만든 것. 라디오의 동조회로 등에 사용된다.

(5) 반고정 커패시터: 드라이버로 조정하는 가변 커패시터. 트리머 커패시터라고도 한다.

3.4 커패시터의 기호(왼편=구 KS, 오른편=신 IEC)

① 커패시터 ② 전해 커패시터 ③ 가변 커패시터 ④ 트리머 커패시터

그림 1-27 커패시터의 기호

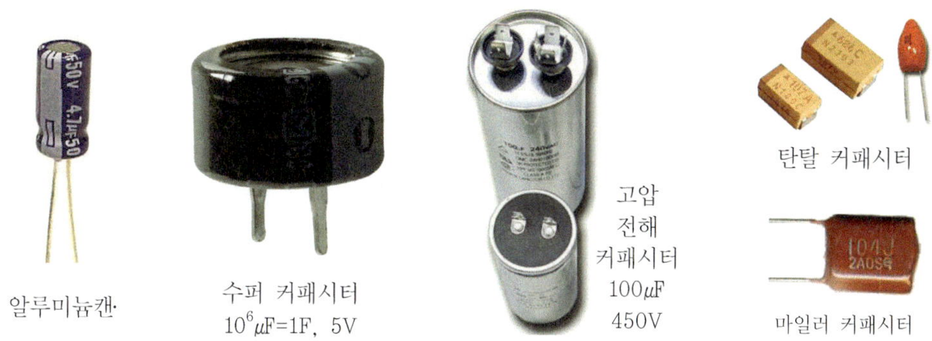

그림 1-28 여러 가지 커패시터

3.5 커패시터의 표기법

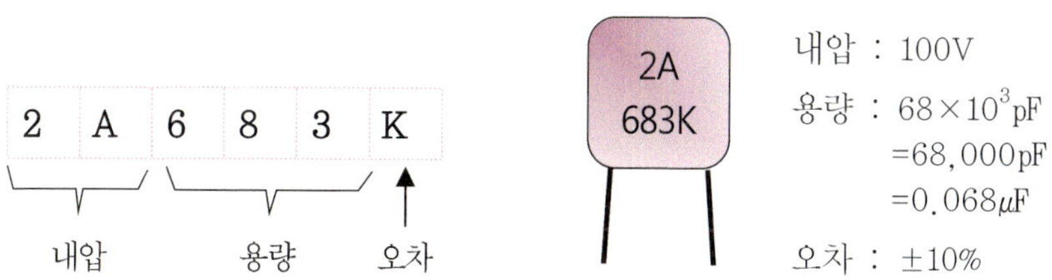

커패시터의 용량과 오차 그리고 내압(耐壓)은 주로 숫자와 문자에 의한 표기법을 사용한다. 앞(또는 위)쪽의 두 문자(2A)는 내압, 다음의 세 숫자(683)는 용량, 마지막의 영문자(K)는 오차를 의미한다.

내압 표기방식은 아래 표 (1)과 같고, 용량 표기방식은 표 (2)와 같다. 내압의 단위는 V, 용량의 단위는 pF(10^{-12}F)이다.

표 1-8 커패시터의 내압 코드

	A	B	C	D	E	F	G	H	J	K
0	1	1.25	1.6	2.0	2.5	3.15	4.0	5.0	6.3	8.0
1	10	12.5	16	20	25	31.5	40	50	63	80
2	100	125	160	200	250	315	400	500	630	800
3	1000	1250	1600	2000	2500	3150	4000	5000	6300	8000

보기 예) 내압코드가 2E로 표기되어 있다면 내압은 2.5의 10^2배=250V이다.

표 1-9 커패시터와 저항의 오차 코드

문자	B	C	D	F	G	J	K	M	N	V	X	Z	P
허용오차 ±%	0.1	0.25	0.5	1	2	5	10	20	30	+20 -10	+40 -10	+80 -20	+100 0

주) F는 칩저항과 금속피막저항, J는 탄소피막저항, K는 커패시터에서 가장 많이 사용한다.

보기문제 1] 세라믹 커패시터에 다음과 같이 표시되었을 때 용량과 내압 오차는 각각 얼마인가?(우측 그림 참조)

풀이]

내압 : 2H=500V

용량 : 47×10^2=4,700pF=0.0047㎌

오차 : ±10%

보기문제 2] 다음 규격의 마일러 커패시터를 찾으려 한다. 커패시터 표면에 어떻게 표기되어 있어야 하는가?

필요한 제품의 규격 : 내압=200V, 용량=0.1㎌, 오차 ±10%

풀이]

1) 내압 200V=2D,

2) 용량 0.1 ㎌ = 100,000 pF = 10×10^4 (pF)

이것을 커패시터 용량표시 형식으로 나타내면 104

3) 오차10%=K

∴ 답= 우측의 그림과 같다.

4. 코일(Coil)=인덕터(Inductor)

우리말 : 권선(捲線), 약어 : L 단위 : H(Henry), mH, μH

4.1 코일의 정의와 인덕턴스

코일이란 도선을 나선형으로 감은 것을 지칭하는 말인데, 직류전류에는 아무런 작용을 미치지 않지만 교류전류의 흐름을 방해하고 위상을 늦추는 작용을 한다. 코일의 특성을 나타내는 인수에 자기 인덕턴스 L과 상호인덕턴스 M이 있다.

L은 하나의 코일만 있을 때 해당되는 것으로 코일에 흐르는 전류가 1[A/s]의 비율로 변화할 때 이 변화를 억제하는 방향으로 1V의 기전력을 발생하는 경우의 자기 인덕턴스를 1H로 정하고 있다.

또 M은 두 코일 간에 작용하는 것으로 하나의 코일에 전류 변화가 생겼을 때 인접 코일에 유도기전력이 생기는 정도를 나타낸다. 예를 들면 1차 코일에 매초 1A의 비율(1A/s)로 전류가 변화할 때, 2차 코일에 1V의 기전력이 유도되면 두 코일간의 상호 인덕턴스는 1헨리(H)이다.

4.2 코일은 종류와 용도

(1) 안테나(동조) 코일 : 전파를 수신하거나 송신할 때 공진회로를 구성한다.

(2) 초크 코일 : 교류성분을 저지하고 직류로 평활시키는 용도

(3) 필터 코일 : 특정 주파수 대역만 통과시키거나, 걸러주는 역할

(4) 피킹 코일 : 특정 주파수 대역의 출력을 증강시키는 역할

(5) 발진 코일 : 교류진동을 발생시키는 용도. 커패시터와 함께 사용된다.

(6) 트랜스 : 1차측의 전압(전류)을 2차측으로 변압하여 전송하는 역할

(7) 전자(電磁) 코일, 계자(界磁) 코일: 전자석을 만드는 용도

4.3 코일의 철심 유무와 형태에 따른 분류

(1) 공심(空芯 : 철심이 없는 방식) 코일 :

굵은 구리선만을 감거나 또는 가는 구리선일 때 원통형 보빈에 감는다.

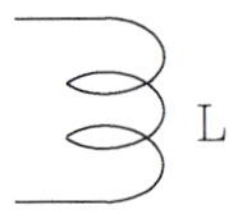

$$e = -L\frac{dI}{dt} \quad \cdots\cdots \text{(1-1)}$$

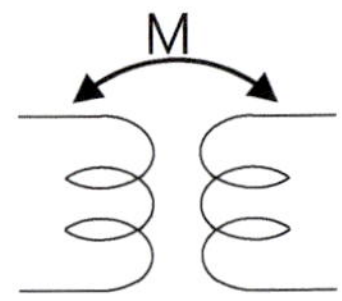

$$e = -M\frac{dI}{dt} \quad \cdots\cdots \text{(1-2)}$$

(2) 자심(磁芯) 코일 :

코일 내부에 자성체가 있으면 인덕턴스가 수십 배 증가하므로 큰 인덕턴스가 필요할 때 고주파에는 페라이트 철심을, 상용교류에는 규소강판을 사용한다. 또 자심의 종류와 형태에 따라 다음과 같이 분류한다.

(1) EI형 (2) 트로이덜(環狀)형 (3) 비스형 (4) 나사형 (5) 드럼형 (6) 포트형

4.4 인덕턴스의 표시법

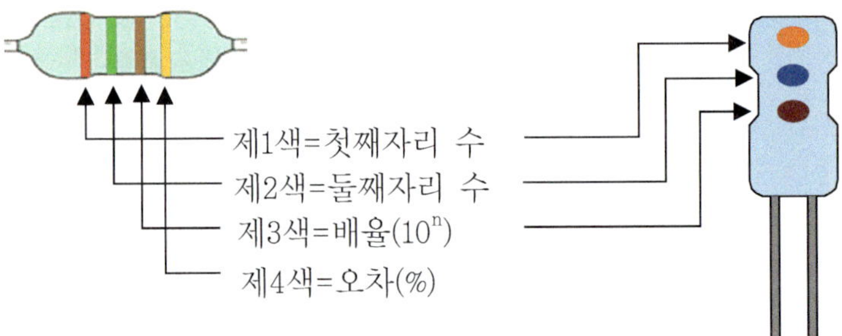

(a) 일자(Axial)형 (b) 원통(Round)형

그림 1-29 인덕턴스 표기법

피킹 코일, 필터 코일, 초크 코일의 경우 인덕턴스(L)값이 제품 표면에 컬러코드로 표기되어 있다. 읽는 방법은 컬러코드 저항기 표기법과 비슷한데 단위가 마이크로 헨리(μH)인 것만 다르다.

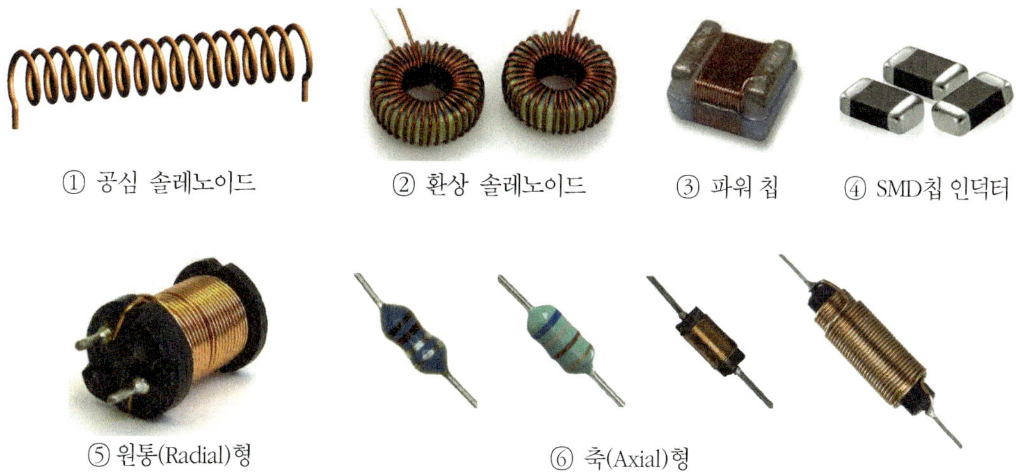

그림 1-30 여러 가지 인덕터 제품들

4.5 코일의 컬러코드 표기 규칙

표 1-10 인덕터 컬러코드 규칙

색(Color)	제1숫자	제2숫자	배율	오차(%)
Black	–	0	1	
Brown	1	1	10	
Red	2	2	100	
Orange	3	3		
Yellow	4	4		
Green	5	5		
Blue	6	6		
Violet	7	7		
Gray	8	8		
White	9	9		
Gold	–	–	10^{-1}	±5%
Silver	–	–	10^{-2}	±10%

보기문제]

다음 컬러코드를 보고 막대형 인덕터의 규격을 판독하시오.

제1색	2색	3색	4색
적색	록색	갈색	금색

풀이]

적색/록색=25

배율: 갈=×10

오차: 금=±5%

∴인덕턴스=250[μH]±5%

과제 번호	전기 전자 부품 판별하기
1.2.1	
준비물	1. 저항기 2. 가변 저항기 3. 반고정 저항 4. 커패시터 5. 바리콘 6. 트리머 커패시터 7. 피킹코일 8. 라인필터 9. 히터 트랜스

※ 4색 컬러코드 연습문제

다음 4색 저항기의 저항값과 허용오차를 판독하고 저항계를 이용하여 실제의 저항 값을 측정하시오.

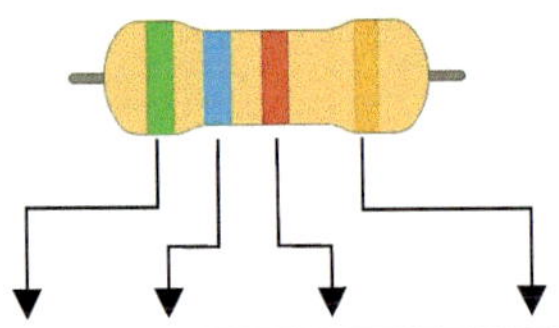

문제 번호 ↓					컬러코드 판독	실측값
1	갈	흑	등	금	10kΩ±5%	
2	황	자	금	금		
3	등	백	적	금		
4	회	적	갈	금		
5	록	갈	황	금		
6	적	흑	은	은		
7	갈	록	록	금		

※ 5색 컬러코드 연습문제

다음 5색 저항기의 저항 값과 허용오차를 판독하고 저항계를 이용하여 실제의 저항 값을 측정하시오.

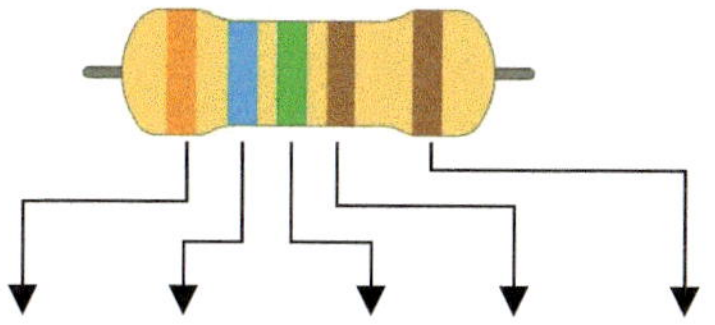

문제 번호 ↓

문제 번호						컬러코드 판독	실측값
8	갈	흑	록	갈	적		
9	적	록	록	적	갈		
10	황	자	록	흑	갈		
11	등	청	록	등	록		
12	록	갈	갈	금	적		
13	자	록	흑	황	갈		

※ 다음 시멘트 저항기의 오차는?

※ 다음 커패시터의 숫자코드를 보고 내압, 용량, 오차를 판독하시오.

문번 / 커패시터 표기 / 판독값	15.	16.	17.	18.	19.	20.
				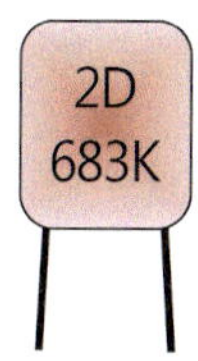	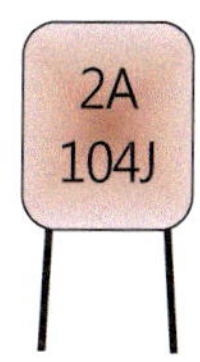	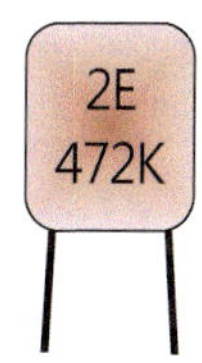
내압[V]		500				
용량[pF]		2200pF =0.0022μF				
오차[%]		±10%				

※ 다음 코일의 4색 컬러코드를 보고 인덕턴스 값과 오차를 판독하시오.

문제 번호 ↓	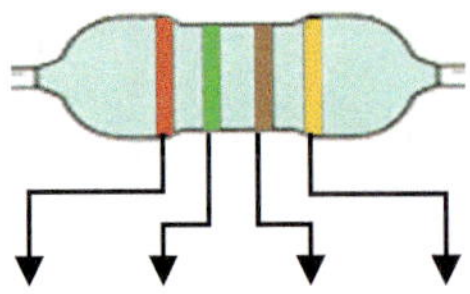				인덕턴스 값	오차(±%)
21.	갈	흑	갈	금		
22.	황	자	흑	금		
23.	청	회	갈	금		
24.	회	적	갈	은		
25.	록	갈	적	은	5,100μ H=5.1mH	10%
26.	적	황	흑	은		

※ 다음 코일 제품의 컬러코드를 보고 인덕턴스 값을 판독하시오.

문제 번호 ↓	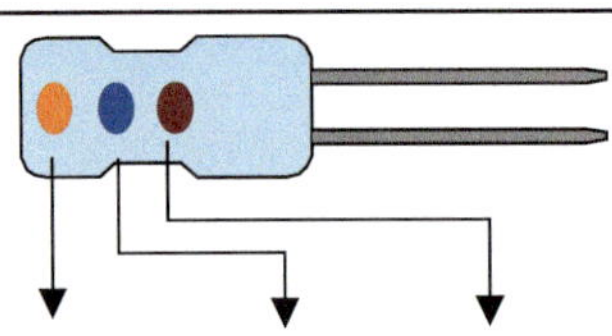			인덕턴스 값
27.	등	등	갈	330μH
28.	청	회	적	
29.	갈	흑	적	
30.	황	자	갈	

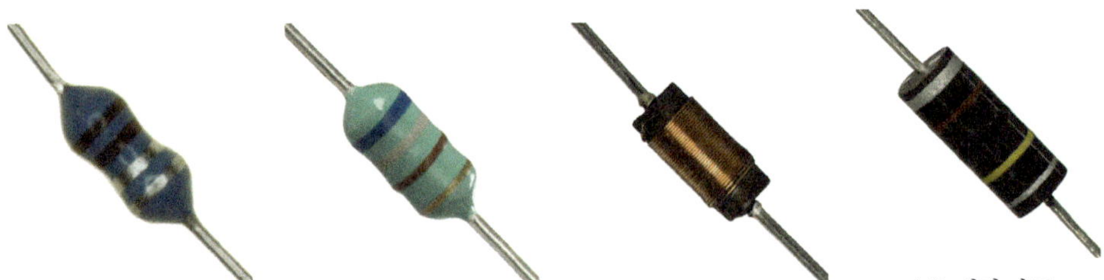

(a) 공심 0.22μH (b) 공심 680μH (c) 철심 6.8μH (d) 페라이트 100mH

그림 1-31 여러 가지 인덕터 제품들

5. 클램프 미터(일명 후크 미터)

전류와 쇄교하는 철심에서의 자기변화를 검출함으로서 교류 및 직류전류를 측정하는 장치를 클램프 미터(Clamp meter) 또는 후크 미터(Hook meter)라고 한다.

원래 전류를 측정하기 위해서는 선로를 끊고 측정기를 삽입해야 하지만 이 클램프 미터는 그림 1-32와 같이 ③번 손잡이 버튼을 눌러 ④번 갈고리(hook) 모양의 철심 집게를 열고 그 사이에 도선⑤를 넣고 후크를 닫은 다음 전류를 흘리면 측정이 이루어지는 편리한 측정기이다.

그림 1-32 클램프 미터

예전엔 아날로그 방식이었지만 최근에는 LCD 표시기를 가진 디지털 방식을 사용하면서 전압과 저항까지 측정하는 기능을 가지고 있다.

5.1 주요 측정 기능(실렉터)

1) 교류전류(수 10mA~수 100A) 2) 직류전류(수 10mA~수 100A)
3) 주파수(400Hz 이내) 4) 저항
5) 러시(Rush) 전류(스위치 ON 초기에 흐르는 돌입전류)

- 전류의 크기를 선택하는 레벨 실렉터는 없고 자동으로 선택된다.

5.2 측정 순서

1) ②번 실렉터(측정기능 선택 스위치)를 움직여 측정기능을 선택한다.
2) ③번 손잡이를 누르고
3) 전류가 흐르는 도선(⑤)을 갈고리(=Hook, ④) 속으로 집어넣는다.
4) ③번 손잡이를 놓아 갈고리(hook)를 닫는다.
5) ①번의 디스플레이에 나타난 표시결과를 읽는다.
6) 홀드(Hold) 단추를 누르면 측정결과를 일시정지(유지)할 수 있다.

<table>
<tr><td>과제 번호</td><td rowspan="2">DMM 및 Clamp Meter 사용하기</td></tr>
<tr><td>1.3.1</td></tr>
<tr><td>준비물</td><td>안정화 전원장치, DMM, Clamp Meter, Decade Resistor Box, 저주파 발진기(Function Generator),</td></tr>
</table>

1. 디지털 멀티미터(DMM) 사용하기

가. DC전압 측정

① 안정화전원장치의 출력전압을 디지털 멀티미터(DC200V 렌지)로 측정한다.

② 측정렌지를 DC20V에 두고 0~30V전압을 측정할 때 어떤 현상이 생기는지 확인하시오.

(탁상 형은 렌지 선택이 수동형, 휴대형은 자동형인 경우가 많다. 자동렌지 선택형인 경우는 실험 ②를 생략한다.)

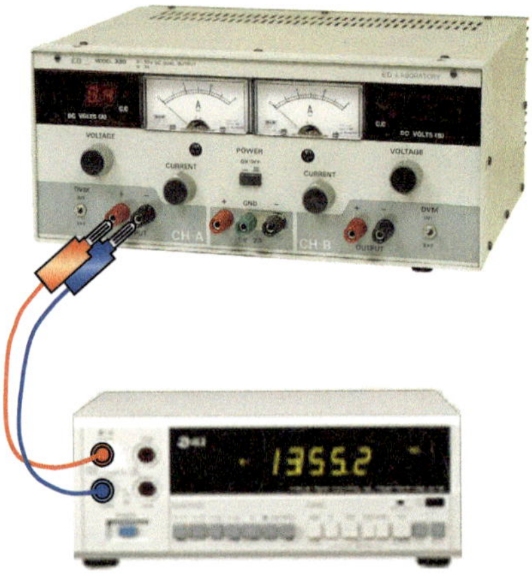

그림 1-33 DMM으로 전압 측정하기

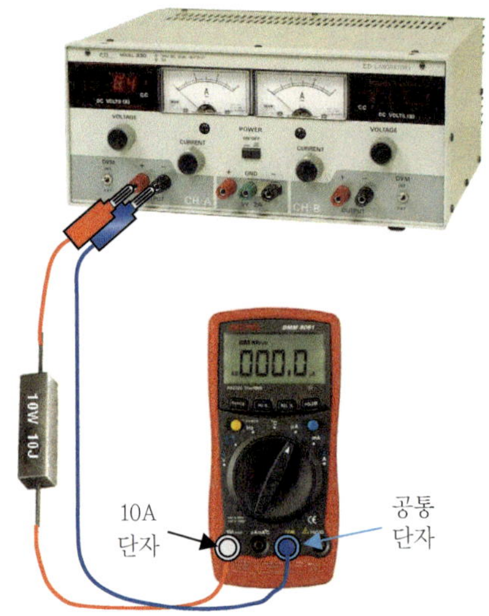

그림 1-34 휴대용 DMM으로 큰 전류측정하기(10A단자이용)

나. DC전류 측정

※ 10Ω 부하에 10V 전압이 가해질 때 1A의 전류가 흐르는지 측정해보자.

① 휴대용 DMM의 리드를 10A 전류 전용단자에 삽입한다.

② 그림 1-32와 같이 전류가 흐르는 선로를 끊고 그 사이에 DMM를 삽입한다. (전원 10V-저항 10Ω-DMM 전류 10A단자)

③ 전원장치의 스위치를 ON하고 표시기에서 전류 값을 확인한다.

④ 탁상용 DMM의 경우에도 10A전류 전용단자가 있고 측정방법도 위와 같다.

⑤ 저항을 100kΩ과 1MΩ으로 바꾸고 전류를 측정해 본다. 이와 같이 작은 전류일 때는 측정단자를 mA/μA단자로 옮긴다.

표 1-11 부하저항에 따른 전류와 렌지선택

10kΩ일 때의 최대전류	0~3mA
100kΩ일 때의 최대전류	0~0.3mA
1MΩ일 때의 최대전류	0~30μA

다. 교류전압의 측정

AC전압 측정법은 DC전압 측정과 비슷하다. 다만 극성에 신경 쓸 필요가 없다. 탁상형의 경우 측정렌지를 수동으로 선택하는 경우는 가능한 높은 렌지에서 확인측정해 본 다음 낮은 렌지 쪽으로 옮겨간다.

라. 교류전류의 측정

직류전류의 측정법과 같이 전류측정용 단자를 이용하고 회로를 끊고 전류계를 삽입하여 측정하는 등 모든 방법이 동일하다.

2. 클램프 미터로 전류 측정하기

가. 그림 1-34와 같이 교류 선로 한 가닥을 후크 미터 속에 넣고 전열기 부하에 흐르는 교류전류를 측정한다.

나. 그림 1-35와 같이 저항부하에 흐르는 직류전류를 측정한다. 이때 전압을 0에서 15V까지 변화시켜 본다.
(10V 1A이상은 과열의 위험이 있으므로 짧은 시간 이내에 측정을 마친다.)

다. 위와 같은 경우 전류 값이 표시기에 나타나면 HOLD 스위치를 눌러 결과를 저장하고, 전원장치의 스위치는 끈다.

그림 1-35 후크 미터에 의한 교류 전류 측정하기
(한 가닥의 선은 철심의 고리 안을 통과해야 한다)

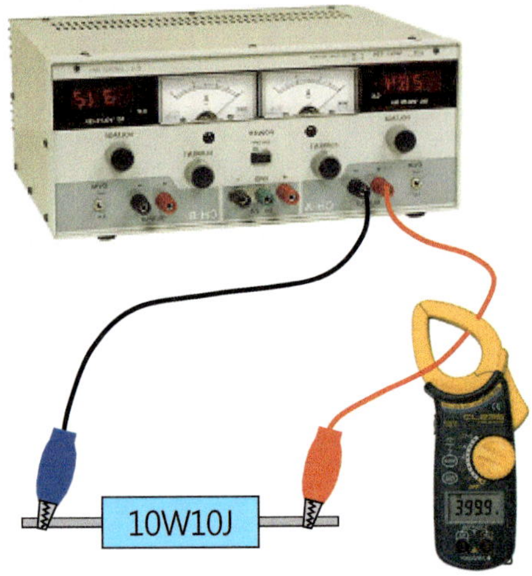

그림 1-36 후크 미터에 의한 직류 전류 측정하기

6. 직류 안정화 전원장치(DC Power Supply)

6.1 안정화 전원장치란?

가. 실험용 직류전원을 공급해 주는 장치. DC Regulated Power Supply의 우리말이다. 줄여서 'Power Supply' 또는 '안정화 전원' 등으로 부르기도 한다.

나. 안정화 전원에는 아날로그 방식과 스위칭 모드 방식의 두 가지가 있는데 전자는 효율을 낮으나 전압가변에 유리하고, 후자는 효율은 높으나 전압 가변이 곤란하기 때문에 고정전압이 필요한 장치에 주로 사용된다.

6.2 실험용 안정화 전원장치의 요구 성능

가. 장시간 사용에도 출력변동 없이 안정적이어야 한다.

나. 과부하 보호회로가 정확하게 동작되어야 한다.

다. 출력이 가변되고, 표시전압과 출력전압이 일치되어야 한다.

라. 전력 변환 효율이 높아야 한다.

6.3 안정화 전원장치의 명칭과 동작설명

그림 1-37은 아날로그 방식의 직류 전원장치로 최대 규격 30V 3A가 2개 채널에서 제공된다. 전면 패널에 보이는 각부의 명칭과 동작을 설명한다.

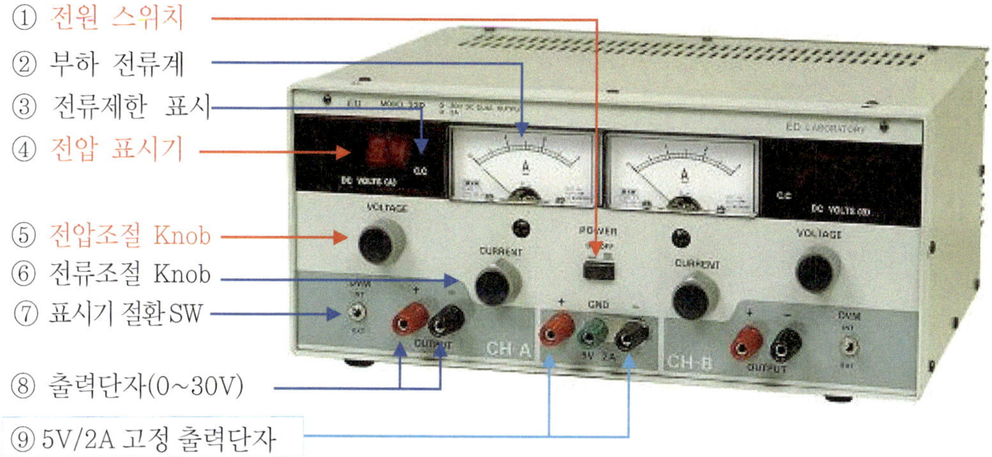

그림 1-37 직류 안정화 전원장치의 외관과 기능 설명

①번 전원 스위치: 장치 전체의 전원을 ON/OFF한다.

②번 부하전류계: 출력단자로 공급되는 전류의 세기를 표시한다.

③번 전류제한 표시등: 6번 스위치로 설정된 전류보다 더 큰 전류가 흐르면 전류제한회로가 동작하면서 이 램프가 점등된다.(Over Current Warning Lamp)
만약 부하전류가 설정 전류보다 아주 많이 흐르게 되면(거의 단락상태) 출력은 차단된다.

④번 전압표시기: 8번 출력단자로 나가는 전압을 표시한다. 분해능 0.1V

⑤번 전압조절 손잡이(Knob) : 좌측 끝은 0V, 우로 돌릴수록 높은 전압이 된다. 모델제품(ED330)의 경우 최소 0V~최대 30V까지 조절이 가능하다.

▪ 다른 모델제품의 경우, 전압조절을 두 개의 손잡이로 세밀하게 하는 경우도 있다.

Coarse 손잡이 = 대략적으로 전압을 설정한다.

Fine 손잡이 = 0.1V 부근까지의 세밀한 전압을 조절할 때 사용한다.

⑥번 전류조절 손잡이 : 우측 끝에 두 면 3A까지의 출력이 가능하고 3A 이상이면 보호회로가 작동하여 출력이 제한(Cut Off)된다. 손잡이를 중간에 두면 1.5A까지

출력 가능.

③번 전류제한 표시등 : 과전류 보호회로가 작동하게 되면 이 램프가 점등된다.

⑦번 DVM 표시기 절환 SW : 통상 INT.(내부)위치에 둔다. 표시기가 현재의 출력 전압을 지시한다.

EXT.(외부)쪽으로 내리면 전원장치 뒷면 단자를 통해 외부전압을 측정할 수 있는 디지털전압계가 되기도 한다.

⑧번 출력단자 : 전압조절이 가능한 출력 단자. 최대 출력전류는 3A까지이다.

☞ 5번 손잡이로 전압을 조절하고, 6번 손잡이로 전류 상한 값을 조절할 수 있다.

⑨번 5V전용 출력단자 : 디지털 회로 실험용 전용 출력단자.(예 : 5V 2A) 그림 1-39와 같이 이 단자가 오른편에 위치한 제품도 있다.

※ 전원 퓨즈 : 장치 뒷면에 퓨즈박스가 있다. 교체할 때는 동일 규격품을 사용해야 한다.

6.4 안정화 전원장치 사용요령

6.4.1 DC 30V 가변전원

필요한 전원전압이 0에서 30V까지 범위일 때 다음과 같은 요령으로 조작한다.

가. 부하를 연결하지 않은 상태에서 먼저 필요한 전압을 설정한다.

☞ ⑤번 Voltage손잡이를 우측으로 돌릴수록 전압 값이 높아진다.

나. 부하에 공급될 전류를 예상하고 다소 넉넉하게 전류 손잡이를 조절한다.

☞ ⑥번 Current손잡이를 우측 최대로 돌리면 설정전류는 3A가 되고, 12시 방향에 두면 1.5A가 된다.

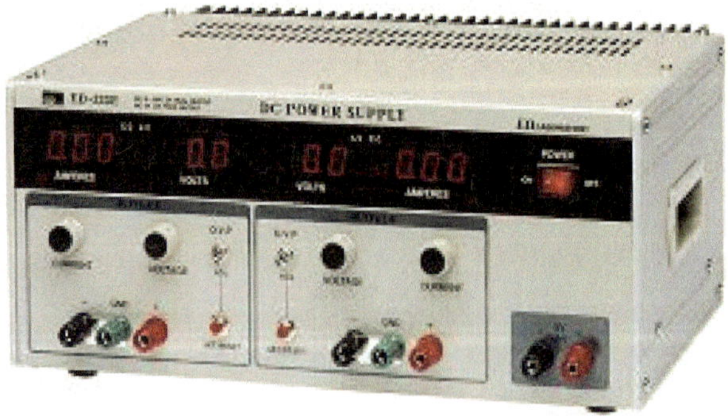

그림 1-38 디지털 방식 전원장치

다. 전원 스위치를 끄고 → 부하를 접속한 다음 → 전원 스위치를 다시 켠다.

6.4.2 2개 채널 DC전원을 양전원으로 사용할 때

연산증폭기는 ±15V의 양전원을 사용한다. 그림 1-40과 같이 접지를 기준으로 두 개의 전원을 직렬 연결하는 경우인데 이럴 때는 그림 1-41과 같이 접속한다.

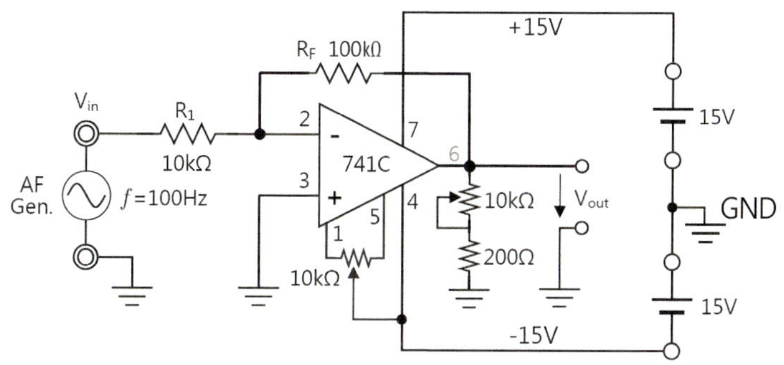

그림 1-39 연산증폭회로의 양전원 적용 예

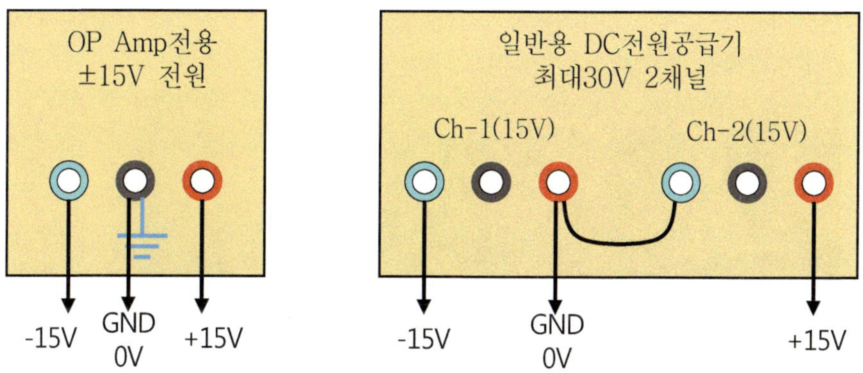

그림 1-40 전원공급기의 양전원 접속법

7. 10진 저항함(Decade Resistor Box)

실험을 위해 저항값을 변화시켜가면서 결과를 관찰해야 하는 경우가 많다. 이런 경우에 사용하는 장치가 10진 저항함이다. 그림 1-41과 같이 10개의 접점을 가진 로터리 스위치에 1Ω짜리 저항 10개를 그림처럼 직렬연결하면 1Ω 단위로 변하는 가변 저항기를 만들 수 있다. 같은 방법으로 10Ω, 100Ω, 1kΩ 저항을 이용하여 10단위, 100 단위 또는 1000 단위 Ω의 가변저항기를 만들 수 있고 이들을 직렬접속하면 최소 1Ω에서 최대 11,110Ω까지 1Ω 단위로 변화시킬 수 있다. 그림 **1-43**은 4단 10진 저항함의 실제 모습이다.

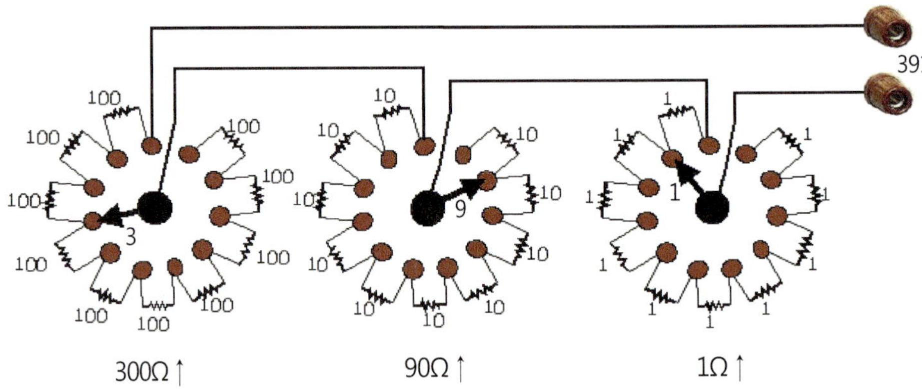

그림 1-41 10진 3단 저항함의 구조와 저항 설정 예

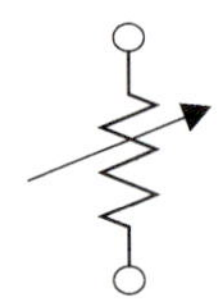

(a) 10진 가변 저항함의 기호

그림 1-42 4단 Decade Resistor Box

다이얼 눈금 읽는 법

(1) 10 저항함의 왼쪽 첫 번째 손잡이는 눈금판의 숫자에 배율 1kΩ을 곱한다.

(2) 왼쪽 두 번째 손잡이는 눈금판의 숫자에 배율 100Ω 또는 0.1kΩ을 곱한다.

(3) 왼쪽 세 번째 손잡이는 눈금판의 숫자에 배율 10Ω 또는 0.01kΩ을 곱한다.

(4) 가장 오른쪽 손잡이는 눈금판의 숫자에 Ω단위를 붙이거나 0.001kΩ을 곱한다.

8. 감쇄기(Attenuator)

고주파 또는 저주파 증폭기 실험에서 신호(Signal)의 강도를 조절할 때 사용하는 것이 감쇄기(Attenuator, 약어 : ATT)이다. 입력된 신호를 원하는 비율로 축소시켜 출력하기 때문에 감쇄기라는 이름을 붙였다.

그림 1-43 3단 감쇄기의 외관

감쇄율을 나타내는 단위는 데시벨(Decibel, 약어 : dB)이다. 어떤 감쇄기에 인가한 입력 전압보다 출력전압이 $\frac{1}{10}$로 줄어 나왔다면 이 감쇄기의 감쇄율은 −20dB이 된다.

$$\text{전압 감쇄율} \quad A_{tt} = 20\log\frac{V_{\text{in}}}{V_{\text{out}}}[dB] \qquad \cdots\cdots (1-3)$$

이와 같은 전압감쇄의 원리는 직렬저항의 분압작용을 이용하기 때문인데 입력저항이나 출력저항이 달라지면 감쇄비율에 영향을 미치기 때문에 입·출력 저항을 600Ω으로 가정하고 회로를 설계하였다. 따라서 정확한 감쇄비율을 얻기 위해서는 내부에 준비된 600Ω 부하저항을 사용하거나 바깥에서 600Ω을 달아주어야 한다.(INT←600Ω→EXT)

또 입력/출력의 감쇄비율이 100:1이면 −40dB, 200:1이면 −46dB, 1000:1이면 −60dB 등 지수함수에 비례한다.

표 1-12 감쇄비율과 '데시벨 감쇄비'

V_{in}/V_{out}	$\frac{1}{2}$	$\frac{1}{4}$	$\frac{1}{5}$	$\frac{1}{10}$	$\frac{1}{20}$	$\frac{1}{25}$	$\frac{1}{50}$	$\frac{1}{100}$	$\frac{1}{1000}$
dB표시 감쇄율	-6dB	-12dB	-14dB	-20dB	-26dB	-28dB	-34dB	-40dB	-60dB

그림 1-41과 같이 감쇄기는 10진 3단 로터리 스위치로 구성되어 있고 각 단의 배율은 각각 ×10, ×1, ×0.1이다.

9. 저주파 발진기(Audio Generator)

300kHz 이하의 교류신호를 발생시키는 장치. 초기에 주로 음향장치 실험용으로 사용되었기 때문에 20HZ~30kHz까지 출력되는 발진기를 오디오 발진기라 불렀으나 최근에는 전지기술의 발달로 고주파 영역에 해당하는 300kHz 이상까시 신호영역을 확대한 제품이 많이 출시되었다. 아래 그림은 일반적인 저주파 발진기의 기능을 설명한 것이다.

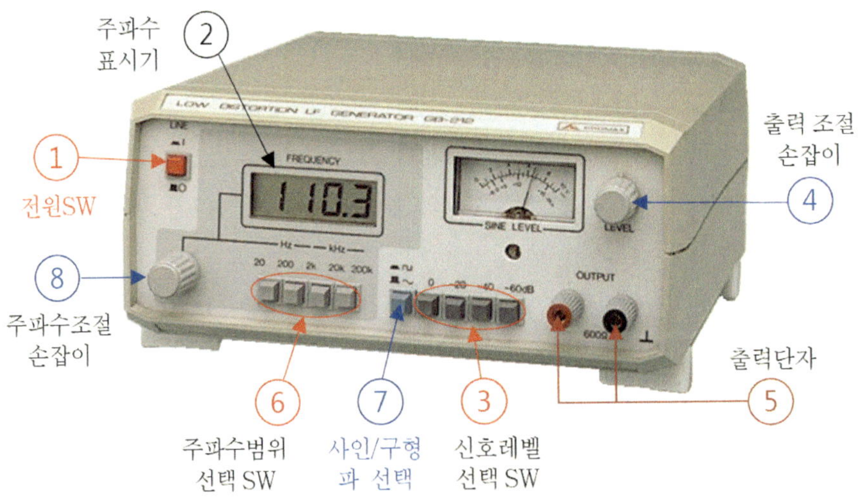

그림 1-44 저주파 발진기의 각 부 기능 설명

사용법 설명

①번 ⇒ 전원 스위치

②번 ⇒ 주파수 표시기

③번 ⇒ 주파수 레벨 선택 스위치로 전압으로 표시하는 경우와 데시벨(dB)로 표시하는 경우가 있다. 예를 들어 1V렌지를 선택(누름)하면 ④번 손잡이 조절에 따라 0에서~최대1V까지의 교류신호출력을 얻을 수 있다. 최대 1V출력을 데시벨로 나타내면 0dB이다. 아래 비교표를 참고하기 바란다.

전압크기 표시방식	1V	0.1V (100mV)	0.01V (10mV)	0.001V (1mV)
데시벨(dB) 표시방식	0 dB	-20dB	-40dB	-60dB

④번 ⇒ 출력신호 강도 조절 손잡이(필요시 오실로스코프나 레벨미터로 확인할 수 있다.)

⑤번 ⇒ 출력단자. 이곳을 통해 출력신호가 나온다.

⑥번 ⇒ 출력 주파수의 범위를 선택하는 스위치

⑦번 ⇒ 사인파/구형파를 선택하는 스위치

⑧번 ⇒ 주파수 조절 스위치 손잡이를 최소 위치에서~최대위치로 조절하면 중심주파수의 0.2배에서 5배까지 조절이 가능하다.(주파수 1kHz렌지에서는 200Hz~5kHz 범위의 주파수 조절이 가능하다.)

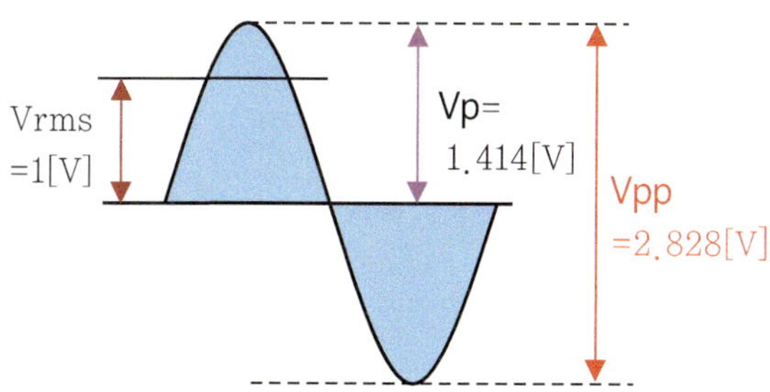

교류전압의 표시법

1[V] ☞ 실효값(일반적 표시법)
=1[Vrms] ☞ 실효값을 강조할 때
=1.414[V_P]☞ 사인파의 최대값(peak)
=2.828[V_{PP}] ☞ 사인파의 PP값
(pp=peak to peak=첨두값)
(pp값은 스코프 화면의 진폭으로 판독함)

※ **참고:** 저주파신호발생기의 부가적인 기능으로서 내부의 주파수 표시기를 이용하여 외부 신호의 주파수를 측정하는 기능을 가진 제품도 있다.

⑨ 번 「표시기 선택 SW」 를 눌러 EXT(외부 신호)을 선택한 후,
⑩ 번의 카운터 입력용 BNC잭에 시그널 프로브를 삽입하고 신호를 가하면,
② 번의 주파수 표시기에 측정결과(주파수)가 표시된다.

미니 용어 사전

Display : 표시기, 전자기기의 표시장치, 상품의 전시(展示), 「디스플레이」
Knob : 손잡이(조절기 등의 ~), 「놉」
Range : 범위(선택 스위치에서) 예) 「저항 10KΩ」 렌지
Audio : 음향(~기기, ~신호) <비교> Video : 영상(~기기, ~신호)
AF = Audio frequency = 저주파 또는 음성주파수 영역
RF = Radio frequency = 고주파
Decade : 10진의, 10진 구간 <비교> Binary : 2진의
DMM = 디지털 멀티미터(Digital Multi-Meter) 전압, 전류, 저항, 주파수 등을 모두 측정할 수 있다.
DVM : 디지털 전압계 (Digital Volt Meter)
KHz : 주파수의 단위(Kilo-Hertz: 1KHz=1,000Hz)
BNC잭 : 동축 케이블을 원터치로 결합하는데 사용하는 단자(암컷). BNC 플러그와 짝을 이룬다.
이것은 오실로스코프, 고주파 및 비디오 기기들의 신호 연결용으로 사용한다. (BNC Jack=그림→)

BNC Jack

과제 번호	기본 장비 사용하기
1.4.1	
준비물	2채널-안정화 전원장치, 10진 저항함, 저주파 발진기, 기록용 방안지

1. 안정화 전원장치의 전압출력 실험

가. 안정화 전원장치의 출력단자에 전압계를 접속한다. (그림 1-46)

나. 안정화 전원장치의 출력 손잡이를 0V에서 10V 단위로 높여갈 때 전압계의 지시 값을 확인하고 기록표에 기록한다.

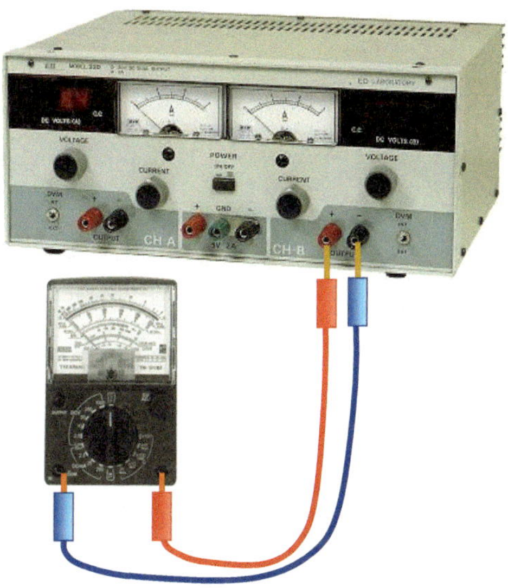

그림 1-45 직류 전원장치의 전압측정

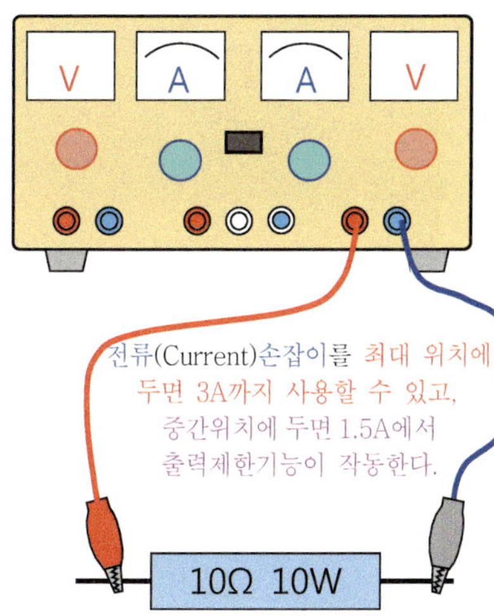

그림 1-46 전류제한 기능 측정회로

표 1-13 안정화 전원장치의 출력전압 측정기록

전원장치 표시전압[V]	측정 값[V]	오차(%)
0		
10		
20		
30		

2. 전류출력 제한기능 실험

가. 안정화 전원장치의 전압을 5[V], 전류 손잡이를 12시 방향 1.5[A]에 맞추고 10[Ω], 10[W]의 부하저항을 접속한다.(그림 1-47)

나. 전류계의 지시 값이 1.5A(전후)를 가리키는지 확인한다.

다. 안정화 전원장치의 출력전압을 서서히 증가시켜 15V 부근에 이르면 어느 순간부터는 손잡이를 돌려도 전압과 전류가 증가하지 않고 전류제한기능이 작동한다.(이때 CC램프가 점등된다.) 이 한계전압과 한계전류 값을 기록한다.

측정기 사용조건 전류손잡이 12시 방향=1.5A, 부하 : 10Ω 10W	한계 전압	
	한계 전류	

3. 양 전원(Dual-Supply) 이용하기

가. 전원장치의 양쪽 출력단자를 그림 1-47과 같이 접속한다.(부하저항 2kΩ은 선택사항)

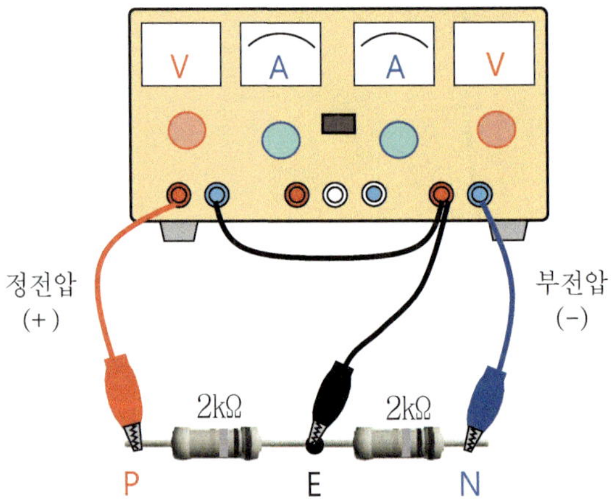

그림 1-47 양전원 장치를 이용을 위한 접속법

나. 직류 전원장치의 양쪽 채널 모두 15V가 표시되도록 전압을 조절한다.

다. 디지털 전압계를 이용하여 세 단자 P(+), E(공통:어스), N(−) 사이의 전압을 측정한다. 이때 전압계의 (−)전극은 항상 E(어스)쪽에 접속한다.

측정 위치	측정 결과(V)	비고
P-E 간 전압		측정기준은 공통(접지)단자
N-E 간 전압		

4. 10진 저항함 사용하기

가. 그림 1-48과 같이 10진 저항함의 왼쪽 두 단자와 저항계를 접속한다.

나. 10진 저항함의 다이얼을 임의의 위치에 돌려놓고 테스터 저항계의 지시 값과 비교한다.

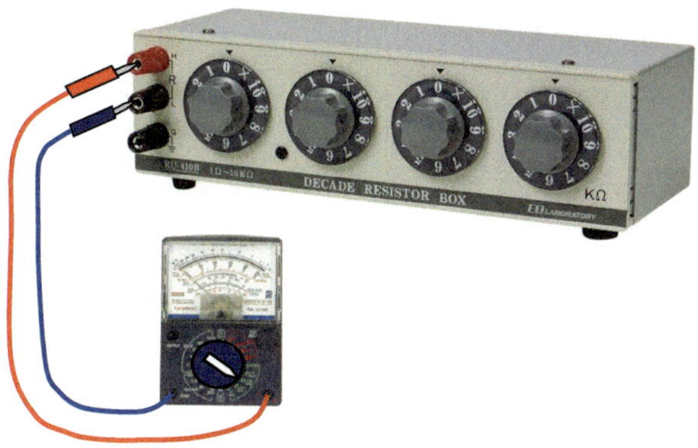

그림 1-48 10진 저항함과 저항계의 접속

표 1-14 10진 저항함의 저항값 측정하기

다이얼 위치				합계 저항값 [Ω]	실제 측정값 [Ω]
×1kΩ	×100	×10	×1		
0	0	5	1	51Ω	
0	1	2	5	125Ω	
5	6	2	0	5.62kΩ	

10. 기초 전기이론(Basic Electricity theorem)

10.1 원자, 전자, 양자

물질의 구성요소인 원자는 중심부(원자핵)에 양자와 중성자가 있고, 외곽 궤도에 전자가 돌고 있다. 전자의 질량은 양자에 비해 1,840분의 1밖에 되지 않는 소립자이지만 전하량은 양자와 같고 그 수도 동일하다. 따라서 외부에서 바라본 개개의 원자는 전기적으로 중성이다.

그러나 어떤 원인에 의해 바깥궤도를 돌던 전자가 이탈하면 이 원자는 (+)전기를 띈 전하 입자가 되고 집을 나간 전자가 절연체의 한 부분에 모여 있으면 정전기가 되고, 이들이 도선을 따라 흐름을 이루면 전류가 된다.

그림 1-49(b)와 같은 구리 원자는 마지막 궤도를 도는 전자가 하나이다. 이처럼 결속력이 약한 전자는 외부로부터의 조그만 충격이나 전자기 자극에 의해서도 쉽게 이탈된다. 이와 같은 전자의 이탈, 즉 이온화가 구리를 양도체로 만드는 이유이다.

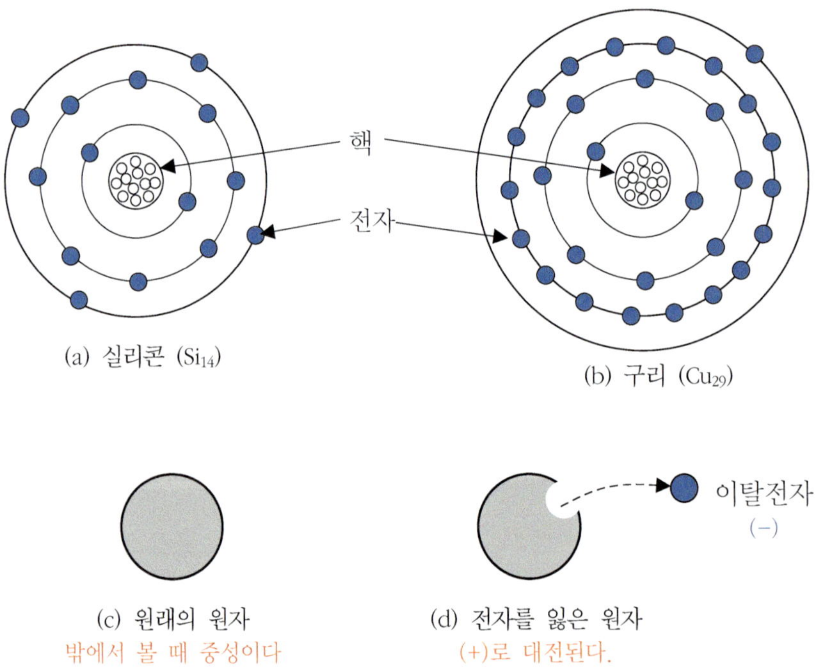

그림 1-49 원자의 구조

구속으로부터 벗어난 전자를 자유전자라 부른다. 그리고 전자를 잃은 원자는 중성상태에서 (-)가 빠져나갔으므로 (+)전기를 띠게 된다.

이와 같이 전자가 분리된다는 것은 한 쌍의 (+), (-) 대전체가 발생된다는 것을 의미하며 이온화(ionization)되었다고 표현한다.

10.2 전하, 전기량

물체가 대전(전기를 띄는 것)되면 "전하를 가졌다."고 말한다. 전하(electric charge)는 전기현상의 주체이며 (+), (-) 두 종류가 있다. 하나의 전자 알맹이도 전하이고, 구름의 정전기 덩어리도 전하이다. 전하가 도체를 연속적으로 이동하는 것이 동전기이다. 전하의 크기를 전기량이라고 부르고 수치화할 수 있다.

전기량의 기호 : Q, 단위 : [C] 쿨롬

전자 한 개의 단위 전기량 $e=-1.601\times10^{-19}[C]$이다.
따라서 1쿨롬의 전기량이 되려면 전자 6.246×10^{18}개가 모여 있어야 한다.

10.3 전류(electric Current)

전하의 흐름. 즉 전기를 띈 입자들이 연속적으로 이동하는 것을 전류(電流)라 한다.

전류의 기호: I, i 단위: [A], Ampere

전류의 세기는 다음 식으로 정의된다.

$$I = \frac{Q}{t} \qquad \cdots\cdots (1-4)$$

MKS단위를 적용하여 알기 쉽게 설명하면, 1[A]의 전류세기란 1[초]동안 1[C]의 전하가 통과할 때의 세기이다.

$$1[A] = \frac{1[C]}{1[\sec]} \qquad \cdots\cdots (1-5)$$

전자 1개의 절대 전기량은 1.601×10^{-19}[C]이므로 1A의 전류를 만들려면 도선을 통과하는 전자들의 수가 1초 동안 625경 개의 비율로 흘러야 한다는 것을 의미한다.

[문제] 전류 세기 1[μA]가 되려면 도선을 통과하는 전자의 수가 1초 동안 얼마이어야 하는가?

[풀이] 전류와 전기량의 관계식 $I = \frac{Q}{t}$ 에서

$$1\,[\mu A] = 10^{-6}[A] = \frac{10^{-6}[C]}{1[s]} = 10^{-6} \times \frac{1}{1.601 \times 10^{-19}} \fallingdotseq 6.25 \times 10^{12}\,[개]$$

답 : 6조 2500억[개]

10.4 전압(Voltage)

- 전류를 흐르게 하는 힘.
- 전기적 에너지 준위의 크기를 전위(電位), 전위간의 상대적 차이를 전위차(電位差), 전지나 발전기에서 생성되는 전압은 기전력(起電力)으로 부른다.
- MKS 단위계를 적용하여 전압을 정의하면, "두 점간을 1[C]의 전기량이 이동하여 1[J]의 일을 할 때 두 점간의 전위차는 1[Volt]이다."

$$V = \frac{W}{Q} \qquad \cdots\cdots (1-6)$$

$$1[V] = \frac{1[J]}{1[C]} \qquad \cdots\cdots (1-7)$$

전압의 기호 : E, V, v　　단위 : Volt, [V]

[참고] 전압의 영문기호는 일반적으로 직류에서는 E, 교류에서는 V, v를 사용한다. 또 대문자는 실효값, 소문자는 순시 값을 나타낸다. 또 전압 기호의 V와 단위 V가 같이 사용될 때는 이들을 구분하기 위해 단위는 [V]처럼 괄호 속에 표기한다.

11. 전기저항

저항=전류의 흐름을 방해하는 성질. 전기저항의 준말. 영어:(electric)Resistance

기호 : R, r　단위 : Ω, Ohm

저항기: 전류의 흐름을 조절할 수 있도록 만든 부품. 저항기에는 저항의 값과 소비전력의 한도를 표시한다. '제2절 저항기' 참조

전기를 잘 통하는 물질을 도체, 그렇지 않는 물질을 부도체(절연체)라 한다.
도체 : 은, 구리, 금, 알루미늄, 철, 아연, 흑연, 수은 등 금속성 물질
부도체 : 유리, 운모, 도자기, 고무, 나무 등
반도체 : 도체와 부도체의 중간물질(예: 4가 원소인 실리콘, 게르마늄)

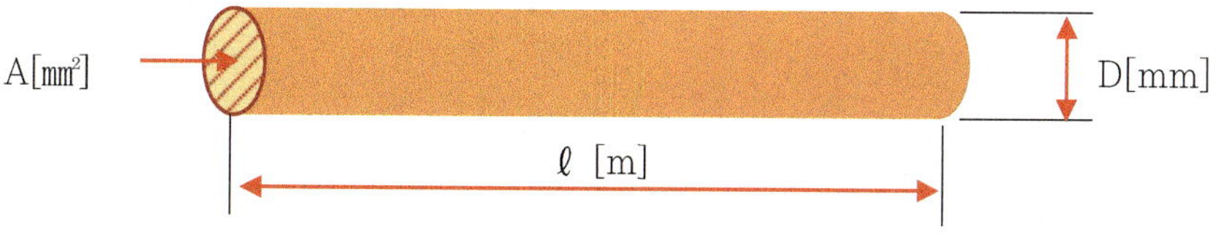

그림 1-50 도선의 저항 계산

A : 단면적 [mm^2]
ℓ : 길이 [m]
ρ: 비저항, 단위에는 표준단위와 실용단위가 있다.
표준단위: $\rho=$ [Ω m] 길이=m, 단면적=m^2
실용단위: $\rho'=$ [Ω ㎟/m] 길이=m, 단면적=mm^2

도선의 길이를 L[m], 단면적을 A[m^2], 비저항을 ρ[Ωm]라 할 때 이 도선의 저항 값 R은 다음의 식으로 표시된다.

$$R=\rho\frac{\ell}{A} \qquad \cdots\cdots (1-8)$$

단위계산 : $[\Omega m]\times\frac{m}{m^2}=[\Omega]$

그러나 실용적으로 길이의 단위는 m, 단면적의 단위는 ㎟를 사용하므로 이 경우에는 비저항의 단위로 $\rho'=[\Omega\ mm^2/m]$를 사용한다. 이때의 저항 계산식은 다음과 같다.

$$R=\rho'\frac{l[m]}{A[mm^2]} \qquad \cdots\cdots (1-9)$$

단위계산: $[\Omega \text{㎟}/m] \times \frac{[m]}{[\text{㎟}]} = [\Omega]$

표 1-15 도선의 재질에 따른 비저항

전선의 재질	비저항(ρ) [Ω ㎟/m]	전도도(κ) [m/Ω ㎟]	전선의 재질	비저항(ρ) [Ω ㎟/m]	전도도(κ) [m/Ω ㎟]
은(Au)	0.0167($\frac{1}{60}$)	60	철(Fe)	0.13	7.69
구리(Cu)	0.0178(=$\frac{1}{56}$)	56	망간(Mn)	0.43	2.33
금(Ag)	0.0214(=$\frac{1}{47}$)	46.6	니크롬(Ni-Cr)	1	1
알미늄(Al)	0.0278(=$\frac{1}{36}$)	36	탄소(C)	50 내외	0.02
텅스텐(W)	0.055	18.25	유 리	10^{18} 내외	10^{-18}

[예제] 구리도선의 직경(D)이 0.5mm이고, 길이가 25m이다. 이 선선의 저항값은 얼마인가?

풀이] 먼저 이 도선의 단면적을 구한다.

$$A = \pi r^2 = 3.14 \times \left(\frac{0.5}{2}\right)^2 = 0.196mm^2$$

구리의 비저항 ρ=0.0178[Ω㎟/m]과 단면적, 그리고 길이를 위의 공식에 대입하면

$$R = 0.0178 \times \frac{25}{0.196} = 2.27[\Omega]$$

단위계산

$$R = (\Omega mm^2/m) \times \frac{m}{mm^2} = \Omega$$

정답] 주어진 구리도선의 전기저항은 2.27[Ω]이다.

12. 옴(Ohm)의 법칙

전기회로를 구성하는 세 가지 요소인 저항과 전류 그리고 전압 사이의 관계를 나타내는 법칙으로 1827년 독일의 물리학자 게오르그 Ohm이 발견하였다.

전압의 세기를 E[V], 전류의 세기를 I[A], 저항의 크기를 R[Ω]이라 할 때 이들의 관계는 다음과 같다.

$$I = \frac{E}{R} \qquad \cdots\cdots (1-10)$$

$$1[A] = \frac{1[V]}{1[\Omega]} \qquad \cdots\cdots (1-11)$$

옴(Ohm)의 법칙 = 전기회로에 흐르는 전류(I)의 세기는 전압(E)에 비례하고 저항(R)의 크기에 반비례한다.

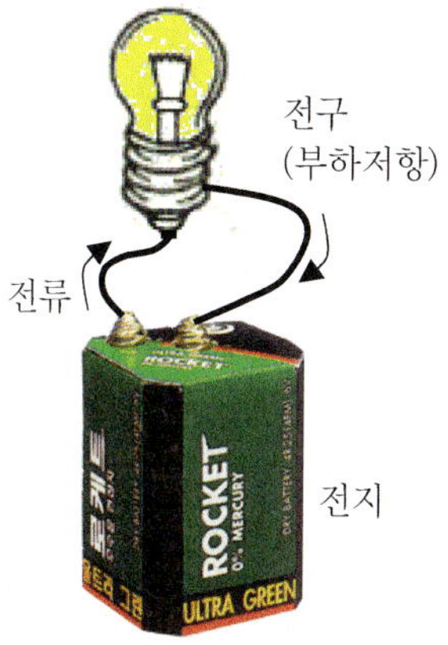

그림 1-51 실제 배선도

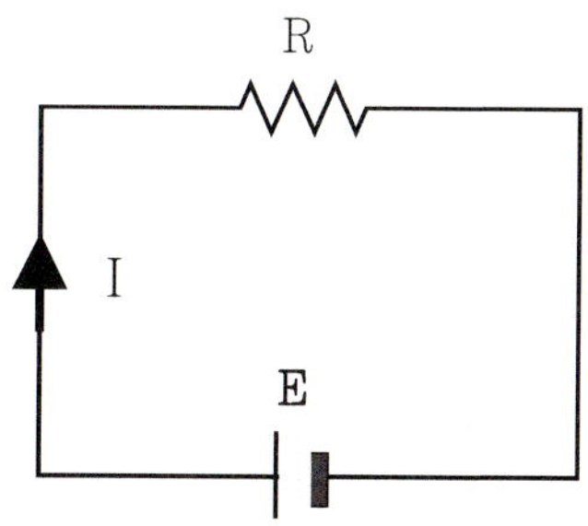

그림 1-52 전기 회로도

옴의 법칙은 전기회로에서 전류를 구하는 식으로 출발하였지만, 뒤집으면 미지의 전압을 알아낼 수도 있고, 저항의 크기를 구할 수도 있다.

① 저항 R에 전류 I가 흐를 때 저항 양단에는 이들 두 인수를 곱한 크기의 '**전압강하** IR'가 발생한다.

$$V_R = IR \qquad \cdots\cdots (1-12)$$

② 저항 R에 흐르는 전류와 저항 양단간의 전압강하 V_R를 알고 있을 때 **'저항 값'**을 구할 수 있다.

$$R = \frac{V_R}{I} \quad \cdots\cdots (1-13)$$

[예제 1] 6[V] 전지에 램프를 접속하고 전류를 측정하였더니 0.2A였다. 이 램프의 동작시 저항 값은 얼마인가?

풀이] 옴의 법칙을 변형한 공식 $R = \frac{V_R}{I}$에 대입하면 $R = \frac{6V}{0.2A} = 30\Omega$

정답] 램프가 가열중일 때의 저항 값은 30[Ω]이다.

[예제 2] 100[Ω]의 저항에 걸리는 전압을 Volt Meter로 측정하였더니 13.5V였다. 이 저항을 통하여 흐르는 전류의 크기는 얼마인가?

풀이] 옴의 법칙을 변형한 공식 $I = \frac{E}{R}$ 또는 $I = \frac{V_R}{R}$에 대입하면

$$I = \frac{13.5V}{100\Omega} = 0.135A = 135mA$$

정답] 저항을 흐르는 전류 값은 135[mA]이다.

각도와 저항은 비례하지 않는다.

(a) 음량조절용 가변저항

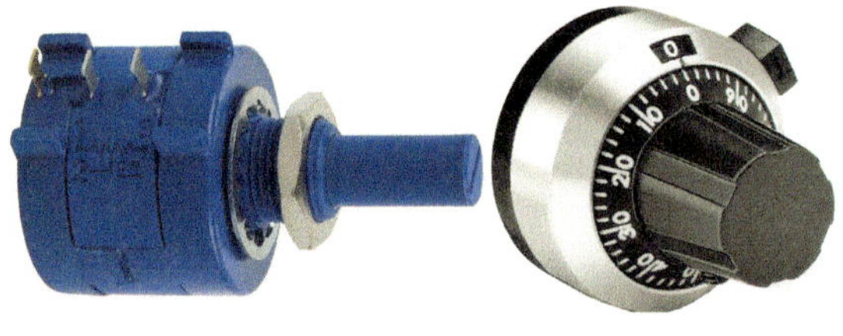

360° ×10회전하며 각도와 저항이 비례한다.

(b) 제어용 퍼텐쇼미터(오른쪽은 다이얼손잡이)

그림 1-53 퍼텐쇼미터의 종류

왼쪽은 음향기기에 사용되는 일반용. 오른쪽은 제어장치에 사용하는 정밀한 가변저항. 손잡이 1회전에 100개의 눈금이 표시되어있고, 다이얼을 10회전하면서 저항을 조절하도록 만들어졌다. 예를 들면 1kΩ전위차계의 경우 360° 회전에 100Ω, 1° 회전당 0.278Ω씩 변화한다.

13. 저항의 연결법

저항은 수도에서 물의 흐름을 제어하는 밸브의 역할과 같다. 또 밸브를 직렬로 설치하거나 병렬로 설치하여 다양하게 흐름을 제어하는 것처럼 전기회로에서도 저항을 직렬이나 병렬로 접속하여 사용할 수 있다.

13.1 저항의 직렬접속

저항을 한 줄로 연결하는 방법. 저항을 크게 하거나 전압을 분배할 때 사용한다.

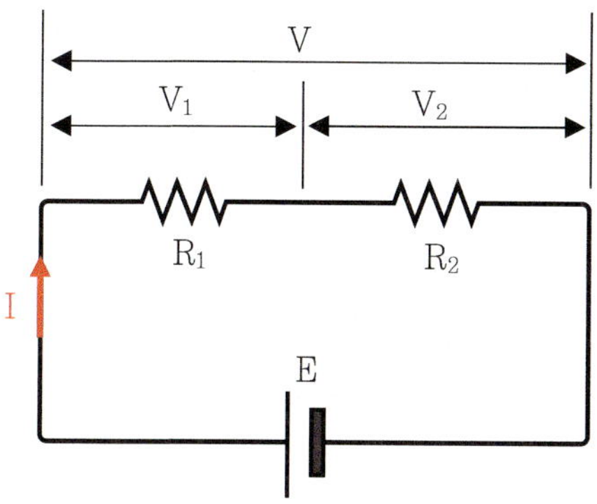

그림 1-54 저항의 직렬연결

I : 직렬회로의 전류(공통)

E : 인가전압

$V_1 = IR_1$: (R_1의 전압강하)

$V_2 = IR_2$: (R_2의 전압강하)

총 전압강하

$$V = V_1 + V_2 = IR_1 + IR_2$$

$$= I(R_1 + R_2) = IR_S$$

∴ 합성저항 $R_S = R_1 + R_2$

① 저항을 직렬로 접속할 때 합성 저항 값은 각 저항의 합과 같다.

합성저항 $R_S = R_1 + R_2 + R_3 + \cdots$ ...... (1-14)

② 저항을 직렬접속하면 각 저항에는 저항크기에 비례하는 전압 강하가 발생한다. 이 관계를 전압의 분배라 하는데, 분배전압의 크기는 전류의 크기에 관계없이 총 저항에 대한 각 저항의 비율에 따라 결정되다.

$$V_1 = \frac{R_1}{R_S} \times E_{전체\ 전압} \quad \cdots\cdots (1\text{–}15)$$

13.2 저항의 병렬접속

저항을 나란히 배치하고 각 단자를 공통으로 연결하는 접속법. 저항을 병렬접속하면 전체전류는 더 많이 흐르고, 전체저항은 줄어든다.

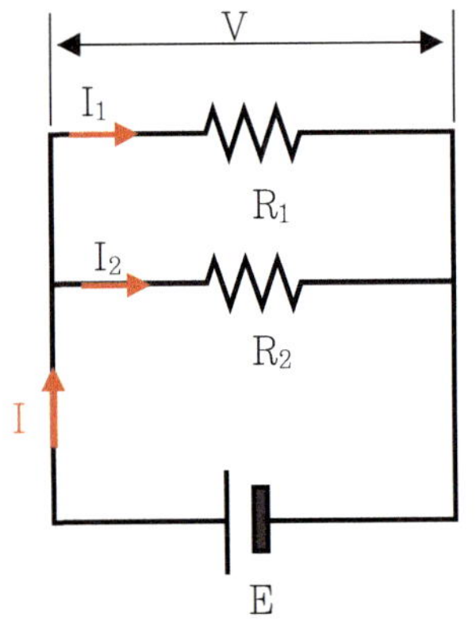

그림 1-55 저항의 병렬연결

$E = V$: 인가전압 = 전압강하(공통)

I : 총 전류

$I_1 = \dfrac{E}{R_1}, \quad I_2 = \dfrac{E}{R_2}$

$I = I_1 + I_2 = E\left(\dfrac{1}{R_1} + \dfrac{1}{R_2}\right) = E\dfrac{1}{R_P}$

∴병렬 합성 저항 $R_P = \dfrac{1}{\dfrac{1}{R_1} + \dfrac{1}{R_2}}$

① 저항이 2개 일 때 병렬 합성저항 $R_P = \dfrac{1}{\dfrac{1}{R_1} + \dfrac{1}{R_2}} = \dfrac{R_1 \times R_2}{R_1 + R_2}$ ...... (1-16)

② 저항의 병렬 접속시 각 저항에 흐르는 전류는 저항의 크기에 반비례한다.
전체전류를 I 라 하고 지로전류를 I_1, I_2[A]라 할 때,

$$I_1 = \frac{R_P}{R_1} \times I_{전체전류} = \frac{R_2}{R_1 + R_2} I \quad \text{...... (1-17)}$$

[보기문제] 그림 1-54와 같이 100Ω과 150Ω을 직렬로 연결하고 전압 5V를 공급하였다. 각각의 저항에 걸리는 전압과 전체 전류를 구하시오.

[풀이]

1) 합성저항: $R_S = R_1 + R_2 = 100 + 150 = 250\,[\Omega]$

2) 전압 분배관계:

100Ω과 150Ω에 걸리는 전압을 V_1, V_2라 할 때 각 저항에 분배되는 전압은

$$V_1 = \frac{R_1}{R_S} \times E_{전체\,전압} = \frac{100}{250} \times 5\,V = 2\,V$$

$$V_2 = \frac{R_2}{R_S} \times E_{\text{전체 전압}} = \frac{150}{250} \times 5\,V = 3\,V$$

[보기문제] 그림 1-55와 같이 100Ω과 150Ω을 병렬로 연결하고 전압 5V를 공급하였다. 각 저항으로 흐르는 전류와 전체 전류 그리고 합성저항을 구하시오.

[풀이1]

1) 합성저항 $R_P = \frac{R_1 \times R_2}{R_1 + R_2} = \frac{100 \times 150}{100 + 150} = \frac{15,000}{250} = 60\,[\Omega]$

2) 전체전류 $I = \frac{E}{R_P} = \frac{5\,V}{60\Omega} = 83.3\,[mA]$

3) 전류 분배관계:

100Ω과 150Ω에 흐르는 전류를 I_1, I_2라 할 때 각 저항으로 흐르는 전류는

$$I_1 = \frac{R_P}{R_1} \times I_{(\text{전체전류})} = \frac{60}{100} \times 83.3\,mA = 50\,mA$$

$$I_2 = \frac{R_P}{R_2} \times I_{(\text{전체전류})} = \frac{60}{150} \times 83.3\,mA = 33.3\,mA$$

[풀이2]

이 회로는 하나의 전원에 저항이 직접 연결된 간단한 회로이므로 지로전류를 먼저 구하고 합성전류를 구한 다음 전체저항을 구하는 것이 빠른 방법이다.

1) 지로전류 구하기

$$I_1 = \frac{E}{R_1} = \frac{5\,V}{100\Omega} = 50\,mA$$

$$I_2 = \frac{E}{R_2} = \frac{5\,V}{150\Omega} = 33.3\,mA$$

2) 전체전류

$$I = I_1 + I_2 = 50 + 33.3 = 83.3\,mA$$

3) 병렬 합성저항

$$R_P = \frac{\text{전압}}{\text{전류}} = \frac{E}{R_P} = \frac{5\,V}{83.3mA} = 60\,[\Omega]$$

<table>
<tr><td>과제 번호</td><td colspan="2" rowspan="2">옴(Ohm)의 법칙과 직류회로 측정</td></tr>
<tr><td>1.5.1</td></tr>
<tr><td>준비물</td><td>안정화 전원장치, 전류계</td><td>저항기(50Ω/1W, 100, 150Ω/0.5W, 200Ω, 500Ω, 1kΩ/¼W), 기록용 방안지, 리드</td></tr>
</table>

1. 옴의 법칙 실험하기

가. 실험회로를 구성한다.

그림 1-56은 가장 기본적인 전기회로이다. 이것을 옴의 법칙 실험용 회로로 바꾼 것이 그림 1-57이다. 실험회로와 같이 단자 1−2에 전원전압을 연결하고, 단자 3−4에 전류계를 연결한다.

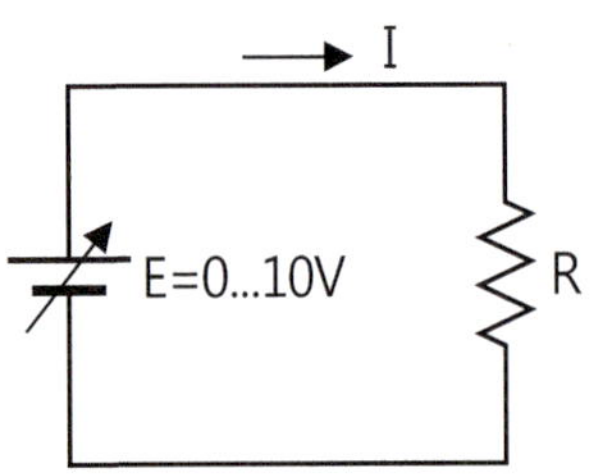

그림 1−56 기본 회로

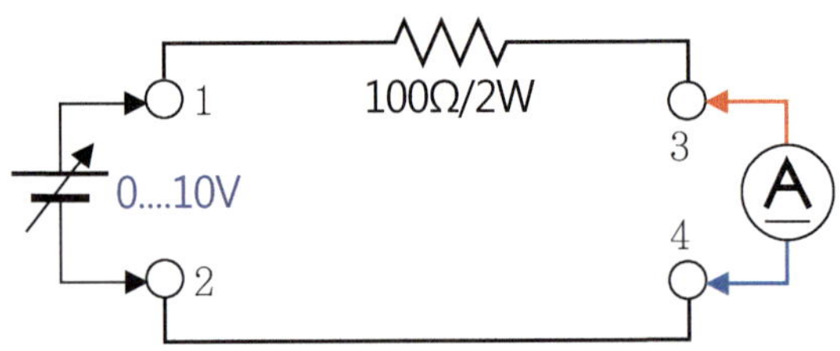

그림 1−57 옴의 법칙 실험회로

나. 공급 전압을 변화하면서 전류를 측정한다.

표 1-16에서 제시하는 바와 같이 공급 전압(E)을 2V씩 단계별로 높여갈 때마다 전류의 세기를 측정하여 표 1-16 측정전류(I_n) 칸에 기록한다.

다. 전압과 전류 측정값을 바탕으로 저항을 산출한다.

표 1−16에 기록된 측정결과를 이용하여 각각의 전압에서 E_n/I_n 관계를 계산하고 그 결과를 표의 마지막 줄에 기입한다. 예를 들면, 공급전압이 2V일 때 측정된 전류가 $20mA$라면, $E_n = 2V$, $I_n = 20mA$로 표시할 수 있으므로

$$R_n = \frac{E_n}{I_n} = \frac{2V}{20mA} = 100\,\Omega$$

과 같은 방법으로 저항을 계산할 수 있을 것이다.

표 1-16 전압과 전류의 관계를 측정한 결과표

공급 전압 (E_n)	초기 0	2	4	6	8	10	12	$[V]$
측정 전류 (I_n)	0							$[mA]$
$\frac{E_n}{I_n}$ 값 계산	0							$[\Omega]$

라. 측정결과를 그래프로 그린다.

표 1-16의 측정결과를 바탕으로 그림 1-58의 그래프를 완성한다.

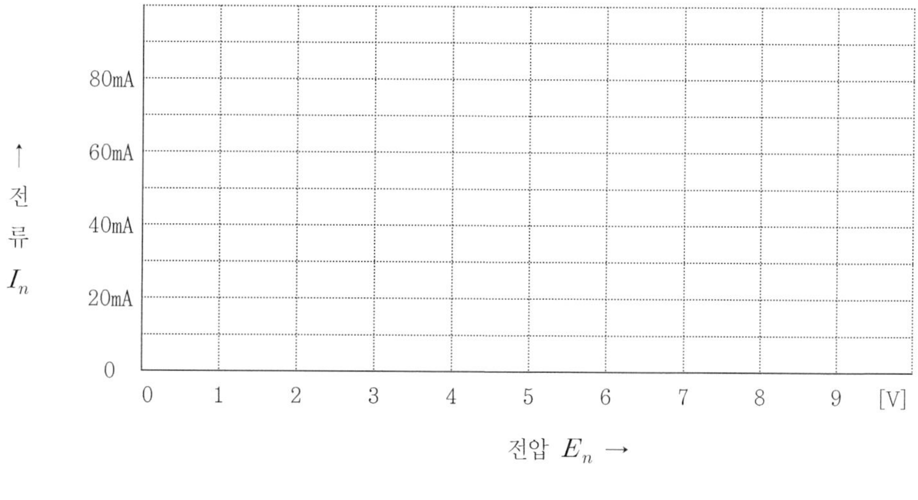

그림 1-58 전압과 전류의 관계

마. 결과를 검토한다.

이상의 실험 결과

(1) 곡선의 기울기가 직선을 나타내는지 확인한다. 직선은 비례 관계임을 증명한다.

(2) 기록표의 마지막 줄에서 얻은 저항값이 모두 동일한지 확인한다. 예를 들면, 각

측정단계에서 E_n/I_n 값이 100Ω±5% 이내로 일치한다면 옴의 법칙실험은 성공적이다.

(3) 위의 실험결과가 긍정이면 우리는 다음과 같은 결과를 확인할 수 있다.

$\frac{E}{I} = R$ [저항 값이 고정되어 있다면 '전압과 전류의 비'는 일정하다.]

(4) 위의 식을 대수적으로 전류 I에 관한 식으로 변형하면 다음과 같다.

$I = \frac{E}{R}$ [전류의 세기는 전압에 비례하고 저항에 반비례한다.]

(5) 또, 공급전압(E)과 저항의 강하전압($I \cdot R$)가 같음을 확인할 수 있다.

$E = IR$

2. 큰 전류 측정하기

- 전류를 측정할 때 주로 사용하는 장치는 멀티 테스터와 클램프 미터가 있다.
- 보통의 멀티테스터는 그림 1-60(a)와 같이 회로의 중간을 끊고 전류계를 삽입한다. 그러나 (b)와 같이 전압강하를 이용하는 방법도 있다. 그리고 **클램프미터**는 회로를 자르지 않고 갈고리 모양의 철심으로 전선을 감싸기만 하면 전류를 측정할 수 있기 때문에 전력선의 전류를 측정할 때 유용하다.
- 멀티 테스터에는 아날로그 방식과 디지털 방식이 있고, 이들은 기본적으로 200mA까지의 직류전류를 측정할 수 있고, 별도로 10A~20A의 큰 전류를 측정할 수 있는 '대전류 전용단자'를 가지고 있다.

가. 파워 저항기에 흐르는 전류를 측정하기 위해 그림 1-59와 같이 회로를 결선한다.

나. 테스터의 렌지 실렉터는 10A 위치에 둔다. 그리고 (+)쪽 리드 플러그를 뽑아 10A 전용단자에 꽂는다. (−)쪽 리드 플러그는 공통단자에 그대로 둔다.

다. 전원장치의 전압은 12V가 되게 맞추고, 전류제한 손잡이는 우측 최대에 둔다.

라. 이 상태에서 전류계의 지침은 몇 A를 가리키는가?

전압 12V, 저항 5Ω일 때의 전류: ______ A

마. 만약 전류(Current)손잡이를 중간정도(12시 방향≒약 1.5A)으로 옮기면 전류 측정값은 얼마가 되는가?

전류 한도를 1.5A로 제한할 때 테스터의 측정값: ______ A

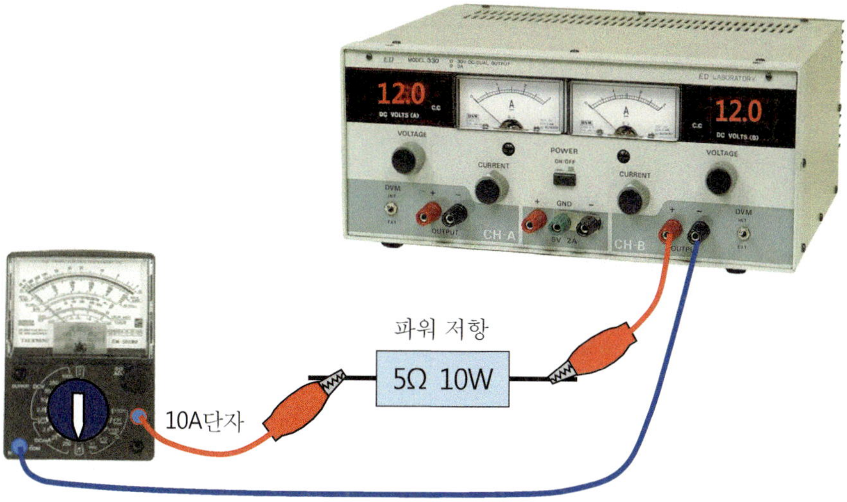

그림 1–59 10A 전용 단자를 이용한 전류 측정하기

3. 전압계를 이용한 전류 측정하기

옴의 법칙을 활용하면 전압계를 이용하여 전류를 측정할 수가 있다. 전류계 삽입을 위해 도선을 끊을 필요도 없다. 전문가들이 자주 쓰는 방법인데 그 원리는 다음과 같다.

가. 그림 1-61(a)는 전류계를 사용하여 전동기 부하 전류를 측정하는 전통적 방법이다.

나. 그림(b)는 저항 1Ω을 삽입하고 여기에 걸린 전압강하를 전압계로 측정하여 전류를 알아내는 방법이다. 이 경우 측정된 전압의 크기가 통과한 전류의 세기이다.

① 저항 R에 걸리는 전압강하 $V=IR$인데 R값이 1Ω이므로 결국 $V=I$이 되기 때문.

② 만약 전류가 크면 손실이 커지므로 저항을 0.1Ω으로 낮추고, 전류가 작을 때는 저항을 10Ω으로 높인다. 단, 10Ω을 쓸 경우 측정값을 10으로 나누고, 0.1Ω을 쓰면 10을 곱한다.

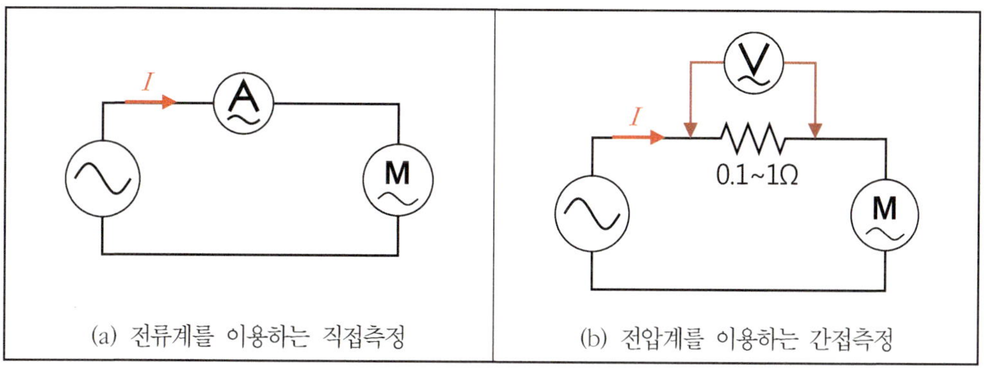

그림 1–60 전류를 측정하는 두 가지 방법의 비교

4. E24 시리즈 저항 규격 익히기

E24시리즈란, 예를 들면 허용오차 5% 저항의 경우 1Ω에서 10Ω까지의 한 디케이드 구간을 24등분하여 제작하는 방식을 말한다. 표 1-27을 기준으로 100Ω단위의 저항을

표 1-17 E24시리즈 규격표

E24												
E24	1.0	1.1	1.2	1.3	1.5	1.6	1.8	2.0	2.2	2.4	2.7	3.0
	3.3	3.6	3.9	4.3	4.7	5.1	5.6	6.2	6.8	7.5	8.2	9.1

'E24시리즈' 제품에 적용하여 100단위 저항제품을 나열하면 다음과 같다.

100, 110, 120, 130, 150, 160, 180, 200, 220, 240, 270, 300, 330, 360, 390, 430, 470, 510, 560, 620, 680, 750, 820, 910의 24종이다.

같은 방법으로 1kΩ단위의 저항을 나열하면

1k, 1.1k, 1.2k, 1.3k, 1.5k, 1.6k, 1.8k, 2k, 2.2k, 2.4k, 2.7k, 3k, 3.3k, 3.6k, 3.9k, 4.3k, 4.7k, 5.1k, 5.6k, 6.2k, 6.8k, 7.5k, 8.2k, 9.1kΩ의 24종이다.

5. 저항의 직병렬 접속하기

가. E24시리즈 저항, 소비전력 1/4W 규격을 아래와 같이 준비한다.

10Ω 5개, 100Ω 5개, 1kΩ 5개

나. 위 저항을 직렬 또는 병렬로 조합하여 '원하는 저항'이 만들어지게 하시오.

원하는 저항 값	직렬 또는 병렬연결 조합회로
20Ω 1/2W	(보기) 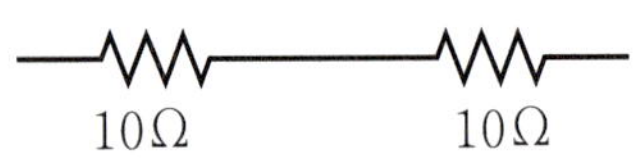
60Ω 1W	
125Ω 1/2W	
250Ω 1W	

14. 전력과 전력량

14.1. 전력과 전력량

전력은 단위시간당 소비되는 전기적 에너지이며 일률이라고도 함.
전력의 기호: P, 단위: [W]

$$P = \frac{W[J]}{t[s]} \quad \cdots\cdots (1-18)$$

$$P = VI = I^2R = \frac{V^2}{R} \quad \cdots\cdots (1-19)$$

P=전력, 단위:[W]
W=전력량 또는 일량, 단위:[J]
V=전압, 단위:[V]
I=전류, 단위:[A]

일률이란 단위시간 동안 일을 할 수 있는 능력이라는 뜻이다. 그리고 이 일률에다 시간을 곱하면 바로 '일한 량'(=일량)을 얻을 수 있고, 이것을 전기공학에서는 '전력량'이라고 한다.

일량 또는 전력량 $W[J] = Pt[Ws]$ ······ (1-20)

전력의 측정

부하에서 소비되는 전력을 알기위해 그림 1-61과 같이 전압과 전류를 각각 측정하여 서로 곱해주는 수동적인 방법이 있다. 그러나 배전반 등에는 그림 1-62와 같은 실용적인 전력계를 사용하는데, 이것은 내부에 전압코일과 전류코일이 있어 각각의 곱에 비례하는 구동력으로 지침이 움직이도록 설계되어있다.

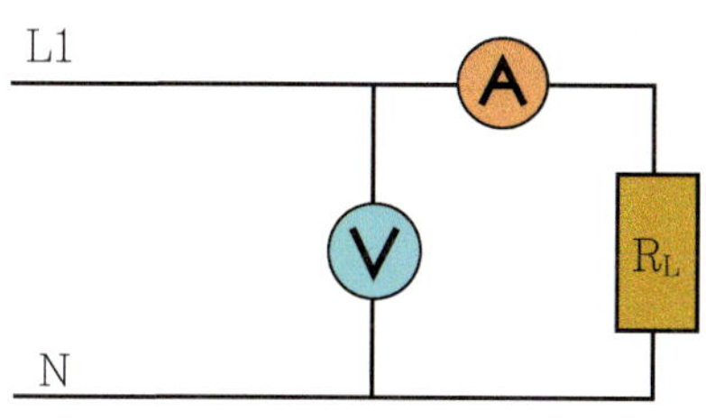

그림 1-61 전력 측정법(1)

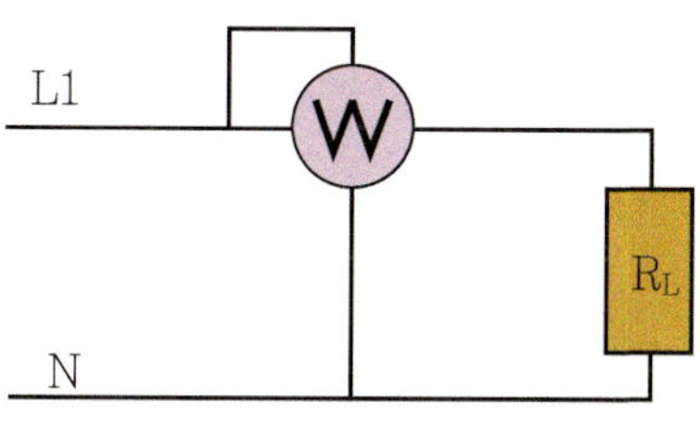

그림 1-62 전력 측정법(2)

14.2 전력량계(Watt · Hour Meter)

전력량을 측정하는 장치를 전력량계 또는 적산 전력계라 부르는데 가정용 전력량계의 경우 위쪽에 전압코일, 아래쪽에 전류코일, 중간에 알루미늄 회전 원반이 있다. 전류코일과 전압코일에서 발생되는 자계가 알루미늄 원반에서 와전류를 발생시키고 이에 의한 자계가 반발력을 일으켜 회전하는 원리로 동작한다. 그림 1-63은 가정용 적산전력계의 접속도이다. 단자 1-3번은 전류권선이고, 단자 2-4번은 전압권선이다. 1-4번 단자는 전력선 망에, 3-4번 단자는 부하선로에 각각 연결한다.

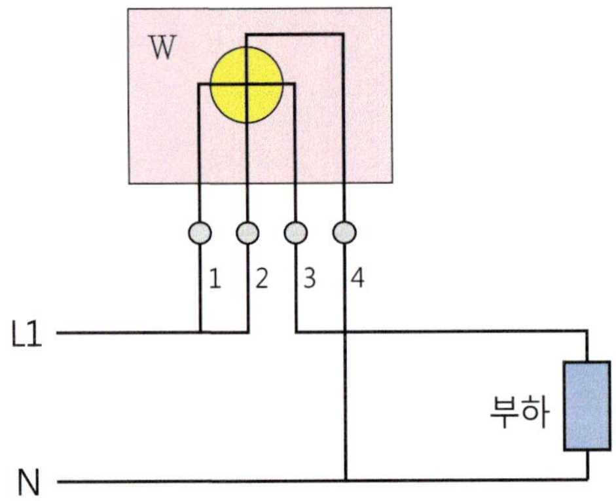

그림 1-63 전력량계의 단자 접속법

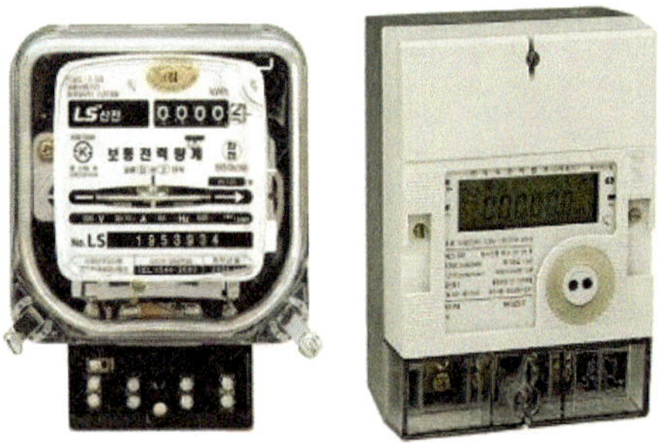

그림 1-64 기계/전자식 전력량계

가정용 전력량계의 원리는 전압과 전류의 곱에 비례하는 구동력이 알루미늄 원반을 회전하도록 고안되어 있다. 그리고 일정시간 단위로 회전수를 카운트하면 총 소비전력량을 얻을 수 있는 것이다.

$$W_p[KWH] = P[KW] \times t[H] \quad \cdots\cdots \ (1\text{-}21)$$

(전력량) (전력) (사용시간)

공학단위: **일량**[J] ↔ 실용단위: **전력량**[KWH]

3,600,000[J] = 1[KWH]

14.3. 전력량과 발열량

전류가 흐르면서 하는 일을 크게 세 가지로 나누면 열, 화학반응, 그리고 기계적 운동이다. 전류가 저항체를 통과하여 흐르면 기본적으로 열이 발생하는데 이 발열량의 크기는 전력의 크기와 시간의 곱에 비례한다. 즉, 부하저항 R에 전류 I를 t초간 흘리는 경우 이 부하에서 소비되는 전력량과 발열량은 다음과 같다.

- 전력 $P = V \cdot I = I^2 R$[W] …… (1-22)
- 전력량 $= P \cdot t = V \cdot I \cdot t$ [Ws] …… (1-23)

  시간 단위로 바꾸면 [Wh] 또는 [kWh]
- 발열량 $H = P \cdot t = I^2 R t$ [J] 또는 …… (1-24)

  $= 0.24\ P \cdot t$ [Cal] …… (1-25)

  $= 0.24\ I^2 R \cdot t$ [Cal] …… (1-26)

[예제] 2,000W정격의 커피포트에 10℃의 물 300ml을 담고 가열을 시작하였을 때 몇 분만에 끓기 시작할까? 단, 열효율은 75%라고 한다.

풀이]

1) 물 300ml의 온도가 90℃ 상승하는데 필요한 열량은

$90^{℃} \times 300^{CC} = 27{,}000$[Cal] ------------------(a)

2) 2,000W 히터에 의한 t[초] 동안의 발열량은

H = 0.24P·t×효율 = 0.24×1000×t×0.75 [Cal]-----(b)

(a), (b) 두 열량이 같아야 하므로

0.24×2,000×t×0.75 = 27,000----------------(c)

$$\therefore\ t = \frac{27{,}000}{360} = 75[\text{sec}] = 1\text{분 } 15\text{초}$$

답] 커피 세 잔 분량의 물을 끓이는데 1분 15초가 걸린다.

14.4 저항의 형태와 내열 용량

저항은 전류를 제한하기 위해 사용하는 부품이다. 그런데 그 저항에 전류가 통과하면 필연적으로 열이 발생한다.

저항기는 그 크기에 따라 감당할 수 있는 전력의 크기가 정해진다. 예를 들면 법랑 재질의 몸체에 니크롬선을 감아 만든 큰 권선 저항기라면 수10W의 소비전력을 감당할 수 있고, 직경 2.4φ에 길이 6mm인 탄소피막 저항기라면 1/4W에 머무른다.

고정 저항기의 내열 용량은 그 크기와 재질에 따라 정해진다. 피막형 저항은 구조상 2W 이하의 제품만 생산된다. 대용량 저항기(Wattage Resistor)는 시멘트 저항이나 권선 저항의 형태를 가진다.

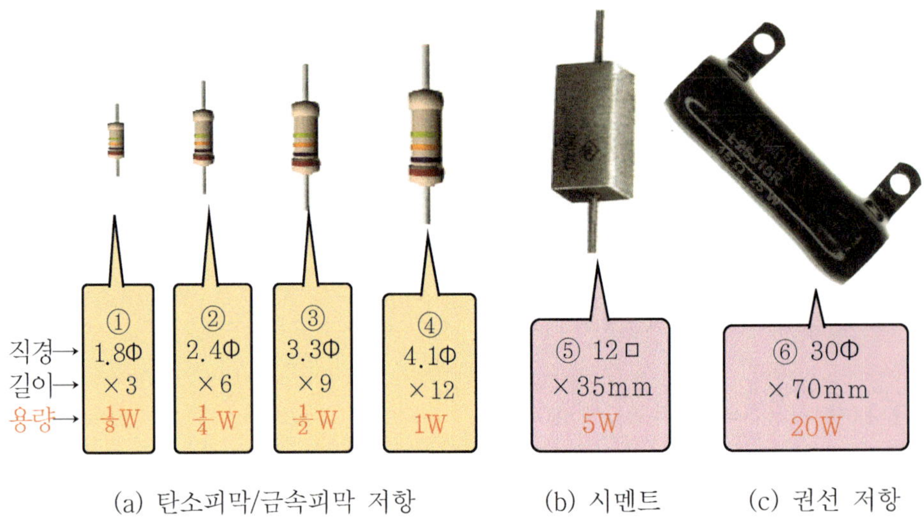

그림 1-65 저항의 형태와 전력 용량

- 시멘트 저항기: 시멘트 봉에 금속피막을 입히거나 저항선을 감고 다시 시멘트 하우징으로 성형한 저항기. 내열성이 강하다.[그림 1-65(b)]
- 권선 저항기: 세라믹 보빈위에 니크롬선을 감고 그 위를 법랑 재질로 피막을 입혀 만든 저항기. 내열성은 물론이고 온도, 잡음 특성 등이 우수하다.[그림 1-65(c)]

저항부하에 대한 최대 인가전압과 허용 전류

부하가 동력(모터)이나 음향(스피커), 화학반응(전지)으로 변환되는 경우에는 전력의 일부만 열로 변환되지만 저항부하에서는 소비전력 모두가 열로 바뀐다. 따라서 저항기의 내열 용량은 허용 최대 소비전력과 같고 제품에서는 정격전력으로 표기한다.

> (저항의)내열 용량 = 허용 최대 전력 = 정격전력(Rated Power)

허용 최대전압

저항 R에서 소비되는 전력은 인가된 전압 V의 제곱에 비례한다.

$$P = \frac{V^2}{R}$$

따라서 저항에 인가할 수 있는 최대전압은 다음 식으로 구할 수 있다.

$$V = \sqrt{PR}\ [V] \qquad \cdots\cdots (1-27)$$

허용 최대전류

저항 R에서 소비되는 전력과 전류관계식은 다음과 같다.

$$P = I^2 R$$

따라서 저항에 흘릴 수 있는 최대전류는 다음 식으로 구할 수 있다.

$$I = \sqrt{\frac{P}{R}}\ [A] \qquad \cdots\cdots (1-28)$$

아래의 표 1-18은 1/4W탄소 피막저항을 사용하는 경우에 인가할 수 있는 최대전압과 최대전류를 예시한 것이다. 저항값이 커질수록 더 큰 전압을 인가할 수 있다.

표 1-18 열용량 1/4W 탄소저항에 인가할 수 있는 허용 최대전압과 최대전류

저항	1Ω	10Ω	100Ω	1KΩ	10KΩ	100KΩ	200KΩ	관계식
허용전압	0.5V	1.6V	5.0V	15.8V	50V	158V	223V	$V = \sqrt{PR}$
허용전류	0.5A	158mA	50mA	15.8mA	5mA	1.6mA	1.1mA	$I = \sqrt{P/R}$

예제] 1/4W, 200KΩ 저항에 직접 가할 수 있는 전압은 몇 V까지인가?

풀이]

P=1/4W, R=200KΩ를 위식에 대입하면

$$V = \sqrt{PR} = \sqrt{\frac{200000}{4}} = \sqrt{50000} = 223.6[V]$$

정답] 최대 223.6[V]까지 가할 수 있다.

예제] 220V 전원으로부터 10mA의 전류가 흐르는 부하저항을 설치하려 한다. 이 부하저항의 크기와 열용량은 얼마로 해야 하는가?

풀이]

V=220[V], I=0.01[A]를 옴의 법칙에 넣으면 부하저항 R의 크기는

$$R = \frac{V}{I} = \frac{220}{0.01} = 22{,}000\,[\Omega] = 22\,[\mathrm{k}\Omega]$$

이 되고, 소비전력 또는 저항의 열용량은 다음과 같이 구할 수 있다.

$$P = \frac{V^2}{R} = \frac{220^2}{22000} = 2.2[W] \quad \text{또는}$$

$$P = I^2R = 0.01^2 \times 22000 = 2.2[W]$$

- 실장 설계용량은 이론 계산 값의 2배 이상으로 하는 것이 좋으므로

$$P' = 2P = 2 \times 2.2W = 4.4[W]$$

그런데 4.4W에 가장 가까운 규격품은 5W이므로

답] 부하저항 R=22[KΩ], 5[W]

[예제] 12V 전원을 사용하는 회로에서 다음과 같은 저항들이 사용될 예정이다. 각 저항의 규격(열용량)을 얼마짜리로 선정해야 좋을지 판단하시오.

[풀이] 예를 들면, 50Ω짜리 저항에 12V전압을 인가하는 경우, 소비전력을 계산해 보면 2.99[W]이다. 그러나 이 저항을 전자기기 속에 수납할 때는 장시간 발열과 주변 부품에 미치는 영향을 고려하여 계산용량보다 2배 이상의 큰 제품을 사용하는 것이 좋다.

표 1-19 인가전압 12V 조건하에서 저항값에 따른 열용량

전원전압 →	12V						비고
부하 저항 R →	50Ω	100Ω	330Ω	1kΩ	4.7kΩ	12kΩ	
계산 용량 P [W]	2.88	1.44	0.44	0.144	0.03	0.012	$P=\frac{V^2}{R}$
실장 용량 P'[W]	5	3	1	$\frac{1}{4}\sim\frac{1}{2}$	$\frac{1}{8}$	$\frac{1}{8}$	$P'=2P$

■ 실장용량: 상품화 된 규격품 중에서 계산된 용량의 2배 이상의 값으로 선정한다.

예를 들어, 100Ω 부하에 12V가 가해질 때 이 저항의 소비전력을 계산해보면 1.44W가 나온다. 그러나 전자기기 속에 들어갈 때는 계산 값의 2배인 2.88W 이상이라야 하므로 100Ω /3W제품을 선정해야 하는 것이다.

■ 열용량 제품의 규격 값[W]: 1/8, 1/4, 1/2, 1, 2, 3, 5, 10, 15, 20, 30, 50

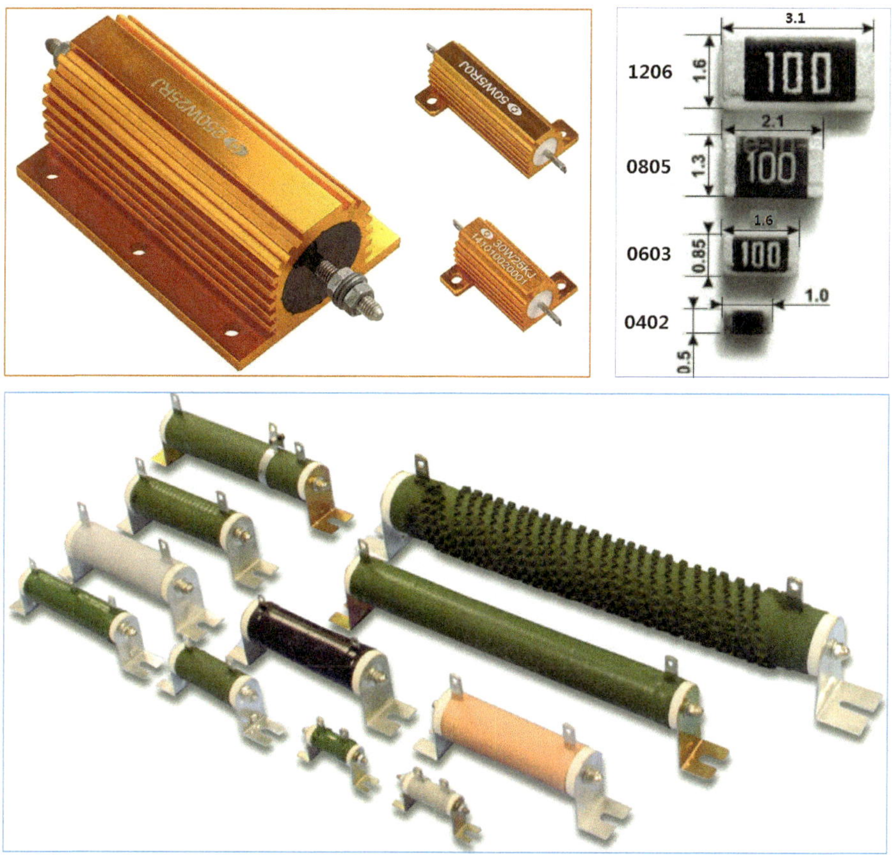

그림 1-66 여러 가지 규격의 저항 제품들

15. 전기와 자기(Electro Magnetism) 및 전자력

15.1 자석과 자기력

자석에는 두 개의 자극, 즉 N극과 S극이 있고, N극에서 나온 자력선은 공간 또는 다른 자성체를 거쳐 S극으로 되돌아온다.

같은 자극 사이에는 반발력이 작용하고, 다른 극성끼리는 흡인력이 작용한다.

자장이란 「자력의 힘이 미치는 영역」을 의미하고, 자장이 강할수록 자력선이 많은 것으로 정의한다. 그리고 자력선의 묶음을 자속(磁束)이라고 부른다.

자연 상태의 자석으로는 자철광석이 있고, 지구도 약하기는 하나의 거대한 자석이다.

15.2 자성체와 자화(磁化)

철, 니켈, 코발트 등 강력한 자력을 띌 수 있는 물질을 강자성체라 하고 거의 느끼지 못할 정도로 미미한 자성만을 지니는 물질을 상자성체, 미미하면서도 N극 쪽에 N극이 생성되는 특이체질을 반자성체라 부른다.

자화가 되는 원리는 분자 자석설로 설명된다. 강자성체, 예를 들어 초기의 연철 속에는 수많은 분자형태의 자석들이 자연 그대로 뒤섞여 있어 외부에서 보면 중성상태, 즉 전혀 자성을 가지지 않는다.

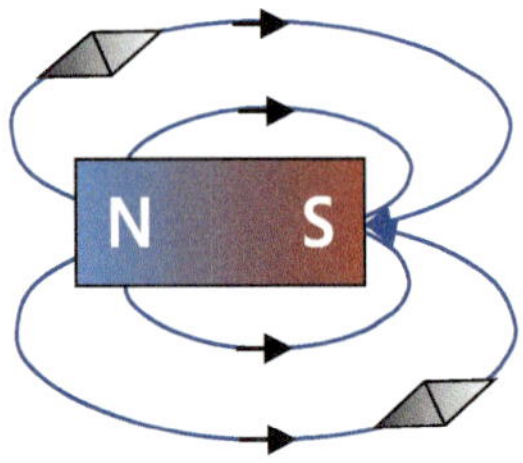

그림 1-67 자극과 자력선(자속)

(a) 자연 상태의 분자자석

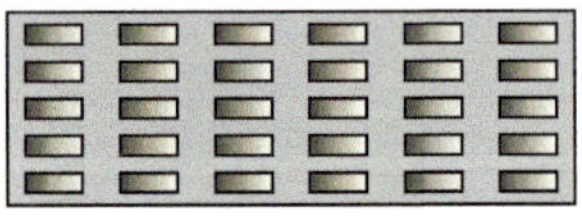

(b) 정돈된 분자자석

그림 1-68 분자자석 구조

만약 이 연철 둘레에 코일을 감고 전류를 흘려 강력한 자장을 가하면 이들 분자자석들은 한쪽방향으로 정렬되어 전자석이 되는 것이다.

그림 1-69(b), (c)와 같이 막대자석을 두 개로 쪼개면 독립된 두 개의 자석이 된다. (d)와 같이 반대로 두 자석을 단순히 붙여놓기만 해도 하나의 자석처럼 되

어 중간 접합부의 흡인력은 상실되는 것을 알 수 있는데 이런 현상들은 앞에서 말한 분자 자석설이 그대로 적용되는 것임을 알 수 있다.

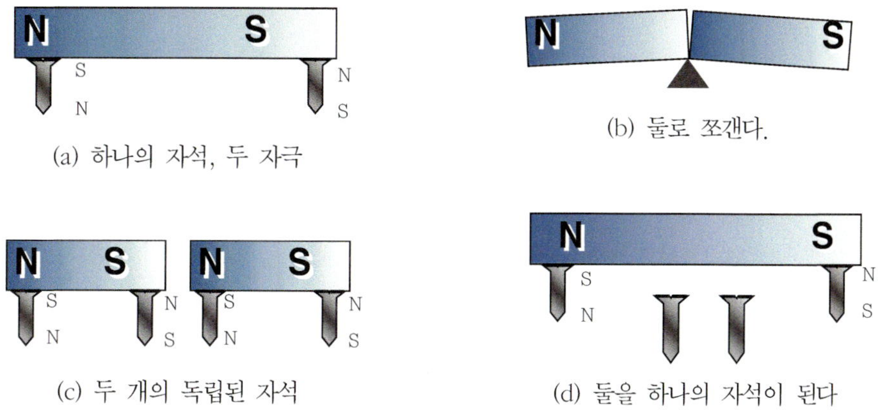

그림 1-69 자석의 분극과 자력

15.3 전기와 자기

전기(電氣)와 자기(磁氣)는 서로 뗄 수 없는 불가분의 관계에 있다. 전류가 흐르는 도선 주위에는 자력선이 발생되고, 반대로 도선이 자력선과 쇄교하면서 운동할 때는 전기가 발생한다. 이러한 원리를 응용한 장치들은 기계의 자동화와 전력분야에서 흔히 볼 수 있다. 간단한 전자석에서부터 홀센서, 릴레이, 전자(電磁) 리프트, 전자 브레이크, 전동기, 발전기 그리고 최근의 자기부상 열차까지 수없이 많다. 이런 과학적 원리들은 19세기 초 유럽에서 새로운 학문 '전기'에 관한 수많은 연구들이 행해지면서 원리와 법칙들이 밝혀지게 되었다. 그러한 연구의 주역들은 맥스웰(Maxwell), 암페어(Ampere), 비오 사바르(Viot-savart), 플레밍(Fleming) 등이었다. 과학계에서는 새로이 발견한 원리 또는 자연법칙에 대하여 발견자의 이름을 붙여서 부르고 있다.

15.4 전류가 흐르는 도선 주위의 자장(磁場)

도선에 전류가 흐르면 도선 주위에는 자장이 생기며 그 방향은 전류 방향에 따라 결정된다. 그림 1-70과 같이 전류가 화살 방향 앞으로 진행할 때 자력선 방향은 시계 방향과 같다.

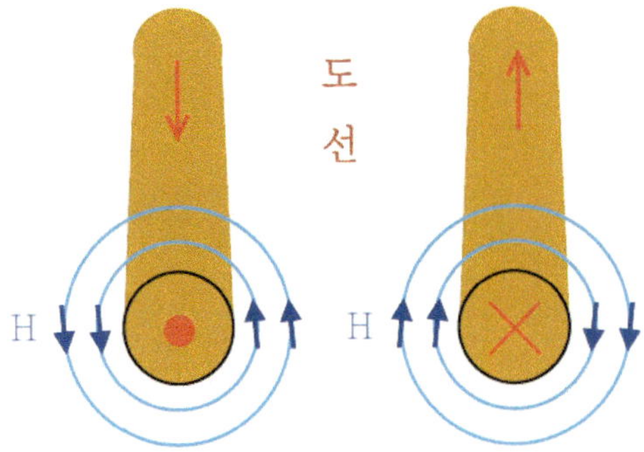

그림 1-70 전류와 자장의 방향관계

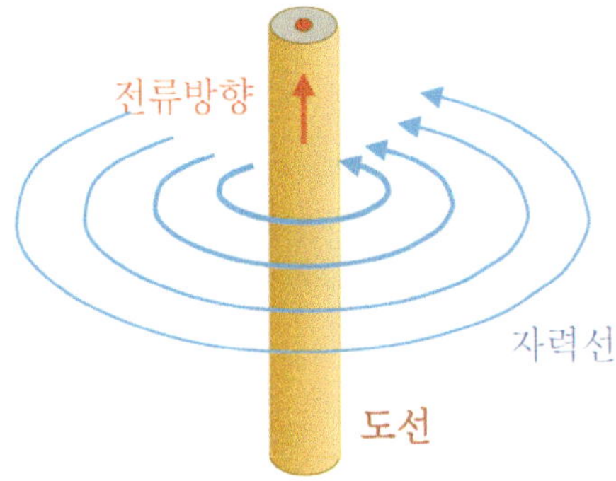

그림 1-71 전류에 의한 자장

15.5 앙페르의 오른나사 법칙

전류 방향과 자장 방향의 관계를 앙페르(Ampere)가 나사에 비유하여 알기 쉽게 설명하였기 때문에 '오른나사의 법칙'이라 부른다.(그림 1-72)

오른나사는 오른쪽으로 돌리면 앞으로 나간다. 여기서 나사의 전진 방향을 전류로, 오른쪽으로 움직이는 것은 자장으로 연결지어 생각하면 편리하다.

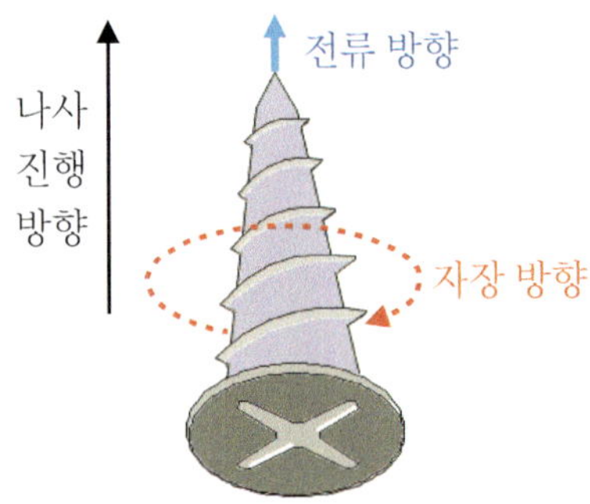

그림 1-72 오른나사의 법칙

15.6 오른손 법칙

코일에 전류가 흐를 때 그 내부에 발생되는 자장의 방향을 설명하는 법칙이다. 오른손 네 손가락은 원통을 감싸고, 엄지손가락은 이들과 수직되게 벌렸을 때, 네 손가락들이 가리키는 방향이 전류방향이고 '엄지 끝'이 자장방향이다.(그림 1-73)

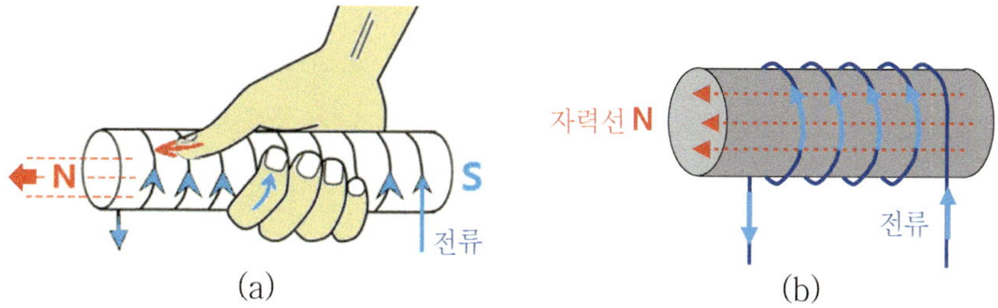

그림 1-73 오른손 법칙

15.7 자기회로의 몇 가지 정수와 그 관계식

전류가 흐르는 길을 도선이라 하는 것처럼 자력선이 흐르는 길을 자기회로라 한다.

투자율이 큰 물질, 예를 들면 철심으로 만들어진 자기회로는 자기저항이 적어 자속이 통과하기 쉽고 공기는 자기저항이 커서 자력선이 통과하기 어렵다.

(1) 기자력(起磁力)

기자력은 자력을 발생시키는 힘이다. 그림 1-74와 같이 철심에 코일을 감고 전류를 흘리면 코일의 감은회수(N)와 전류 세기(I)에 비례하는 기자력이 발생한다.

$$\text{기자력 } \Theta = NI\,[AT] \tag{1-29}$$

☞ N은 '횟수'로 무명수이다.

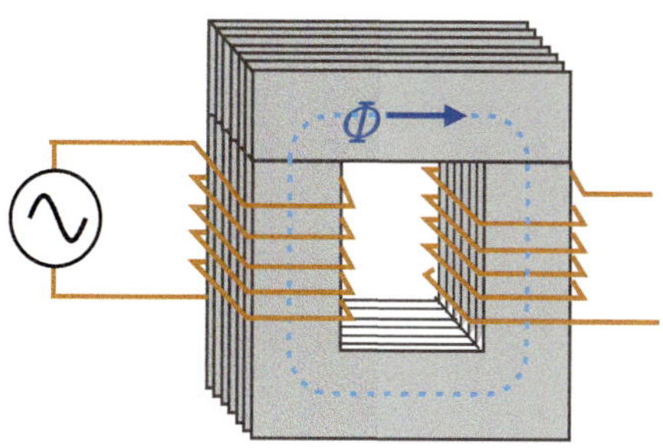

그림 1-74 기자력과 자속

(2) 자속(磁束)과 자속밀도

위의 그림처럼 코일에 전류가 흘러 기자력이 생기면 자력선이 흐른다. 그런데 이 자력선을 하나의 묶음으로 간주하여 자속이라 하고 기호는 Φ(파이), 단위는 Wb(웨버)이다.

자속밀도 B는 단위면적당 통과하는 자속의 세기를 말하며 단위는 테슬라(Tesla : T)와 가우스(Gauss : G)를 사용한다.

1T=10,000G

자속밀도 $B = \frac{\Phi}{A}$ ·········(1-30)

예) $\frac{1\,Wb}{1m^2} = 1[T]$

B=자속밀도[Wb/m^2] 또는 [T]
Φ=자속의 크기[Wb]
A=철심의 단면적[m^2]

· 크레인용 전자석의 자속밀도는 약 0.5~1[T]정도이다.
· 지자기의 자속밀도≒0.1G

(3) 기자력과 자장의 관계

길이 L[m]의 철심으로 된 자기회로에 Θ=NI[A]의 기자력이 가해지면 자속(Φ)이 흐르고, 자장(H)이 생긴다. 이들 관계를 보자.

(a) 자기회로 내의 자장의 세기 :

자장 $H = \frac{\Theta}{\ell} = \frac{NI}{\ell}[A/m]$ ········· (1-31)

단, L=자로의 길이[m]

(b) 철심을 통과하는 자속의 밀도 :

$B = \frac{\Phi}{A}[T]$ ········· (1-32)

또는 $B = \mu H = \mu_0 \mu_S H[Wb/m^2]$ ········· (1-33)

여기서 $\mu_0 =$ 진공속의 투자율,

$\mu_S =$ 철심의 비투자율

15.8 철의 자화

강자성체 금속에 자장을 가하면 자속밀도가 증가하면서 강력한 자석이 된다. 그러나 어느 한도에 이르면 더 이상 자속밀도가 증가하지 않고 포화되는 것을 볼 수 있다. 이 최대한도를 포화자속밀도(Bm)라 한다.

자석의 흡인력은 자속밀도에 좌우된다. 그리고 재질에 따라 포화자속밀도가 있어 더 이상의 자속밀도가 나오지 않는다. 고정련 전기강의 경우 Bm=1.4[T] 정도이다.

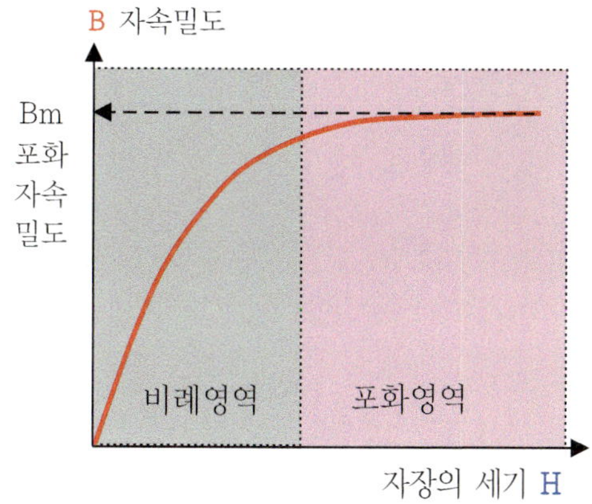

그림 1-75 철의 자화곡선

히스테리시스 특성

그림 1-75의 자화특성 실험을 확장하여 자장세기를 정(+) 방향과 부(−) 방향으로 교대로 변화시켰을 때 자속밀도의 변화를 나타낸 것이 그림 1-77의 히스테리시스 자화곡선이다. 작은 번호는 자장을 가하는 순서를 나타내는데 ① 처음 자장을 증가시켜 포화자속밀도에 이르게 한 후 ② 자장을 제로까지 감소시켜도 자속밀도는 상당한 세기로 남아있게 된다.(Br=잔류자속밀도)

이 잔류자속을 0으로 만들기 위해서는 자장을 반대방향으로 Hc만큼 가해 주어야 하는데 이 역자장을 보자력이라 한다.

이러한 순서를 따라 자장 대 자속밀도의 변화를 그려보면 자장이 증가할 때와 감소할 때의 자화 경로가 다르기 때문에 히스테리시스 자화곡선이라 부른다.

그리고 어떤 자성물질도 모두 히스테리시스특성이 있어 전기를 자기로, 다시 자기에서 전기로 변환할 때 비직선 찌그러짐이 발생한다. <그림 1-78>은 히스테리시스 특성의 세 가지 유형을 나타낸다. (a)는 강철, 영구자석의 경우와 같이 자장이 사라져도 잔류자속이 남는다. 루프의 면적이 클수록 우수한 영구자석의 재료가 된다. (b)는 연철과 같은 경우인데 공급되던 자장이 없으면 잔류자속도 거의 없다. 이 루프면적이 작을수록 좋은 변압기의 재료가 된다.

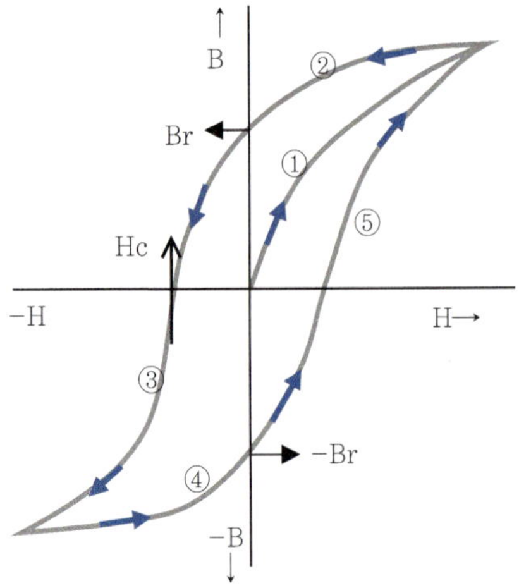

그림 1-76 히스테리시스 자화곡선

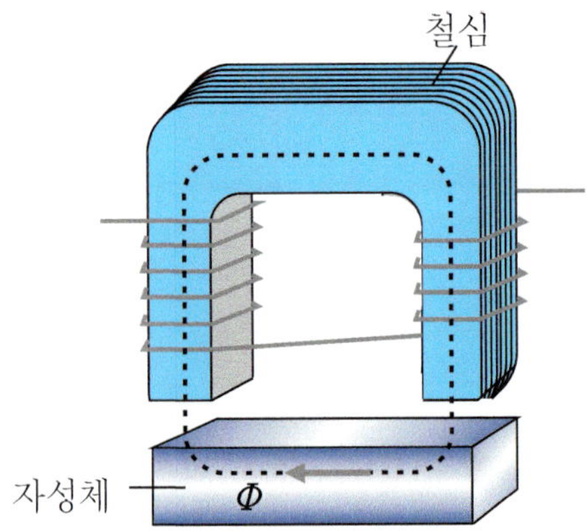

그림 1-77 U형 코어의 전자석

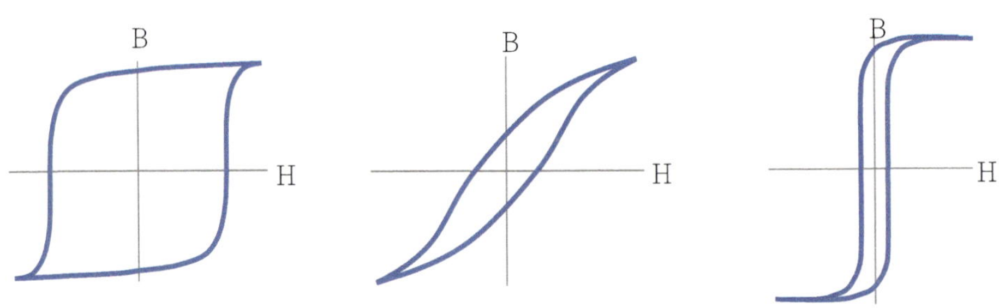

(a) 강 히스테리 특성
(영구자석)

(b) 저 히스테리 특성
(연철)

(c) 약자성체

그림 1-78 히스테리시스 특성의 여러 가지 유형들

15.9 투자율

자장과 투자율에 의해 자속밀도가 결정되는데 그 식은 다음과 같다.

$$B = \mu H = \mu_0 \mu_S H \qquad \cdots\cdots (1-34)$$

여기서 투자율이 자속밀도를 높이는 결정적인 변수가 된다. 이 투자율이 높을수록 동일한 자장에 대해서도 강한 자속밀도를 낼 수가 있는 것이다.

μ_0 : 진공중투자율 1.257×10^{-6}[Wb/Am]

μ_S : 자성체의 비 투자율(=진공투자율을 1로 하였을 때의 배율)

표 1-20 물질의 비투자율

구분	재질	비투자율
-	진공	1
상자성체	공기	1.0000004
	백금	1.00036
반자성체	물	0.899991
	은	0.999981
강자성체	철	〈6,000
	전기강	〉8,500
	연철 페라이트	〉10,000
	철-니켈합금	최대 300,000

15.10 전자석의 응용

철심에 코일을 감아 직류전류를 흘려주면 자석이 된다. 이 U자형 자석의 두 극은 N과 S극이 되어 근접한 다른 자성체를 강력한 흡인력으로 끌어당기게 된다.

전자석의 응용 예로는 ① 규모가 큰 철판이나 기계 구조물을 들어 올려 이동하는 전자크레인, ② 회전체의 축에 붙은 마찰원반의 한쪽 면을 전자석으로 만든 전자(電磁)식 클러치, ③ 선반 등에서 공작물을 고정시킬 때 전자척 ④ 그 밖에 릴레이나 전자밸브, 전자개폐기, 지시계기 등은 모두 전자력을 그 원리로 하고 있다.

15.11 자장속의 전류가 받는 힘

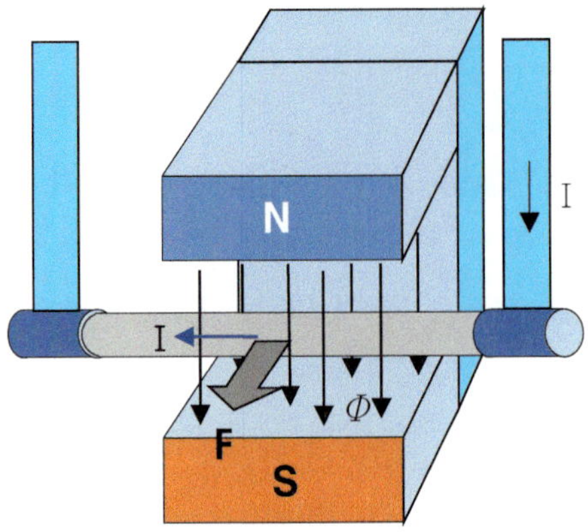

그림 1-79 자장 속에 전류가 흐를 때 받는 힘의 관계

자석 N-S극 사이엔 자장이 형성되어 있는 조건 속에 자속과 직각되게 도선을 매달고 전류를 흘리면 전류가 만드는 자장과 자석에 의한 자장의 상호작용으로 도선이 힘을 받는다. 이때 받는 힘의 방향은 플레밍의 왼손 법칙에 따르고, 이 힘의 크기는 다음과 같다.

$$F = BI\ell_n [\mathrm{N}] \qquad \cdots\cdots (1-35)$$

여기서 B=자속밀도[Wb/m2], I=전류세기[A], l=자장과 만나는 도선의 길이 그리고 n=도선이 여러 가닥일 때 그 개수를 각각 나타낸다.

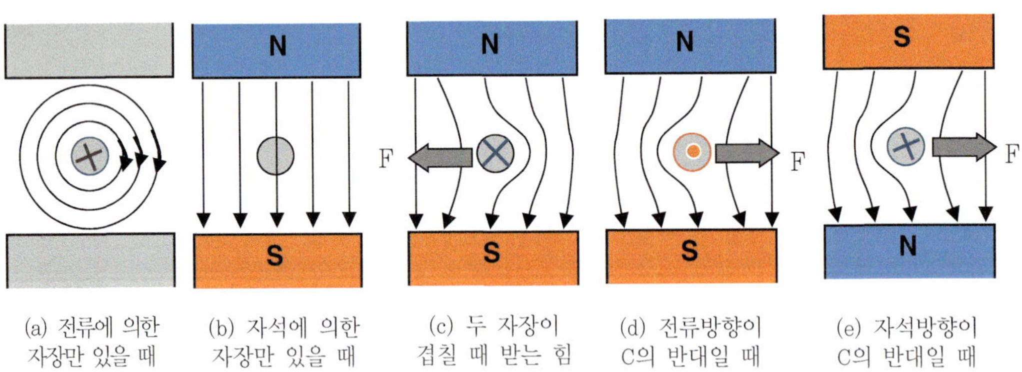

그림 1-80 자장 속에 하나의 도선이 놓인 경우 도선이 받는 힘(그림 1-79의 단면)

15.12 두 개의 대칭전류가 자장 속에서 받는 힘

그림 1-82와 같이 사각형의 도선에 전류를 흘리면 축을 중심으로 전류방향이 반대로 된다. 플레밍의 왼손법칙을 적용하면 위쪽 도선은 오른쪽으로, 아래쪽 도선은 왼쪽으로 힘을 받아 축을 중심으로 회전력이 생긴다.

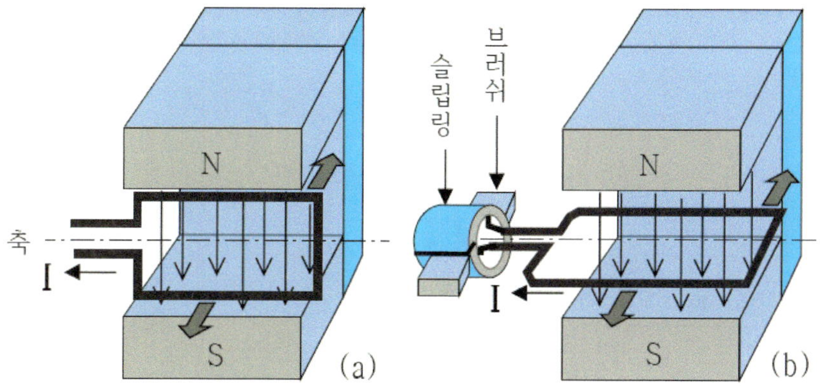

그림 1-81 (전동기 원리도)사각형 권선이 자장 속에서 받는 힘

그림 1-81(a)에서 도선이 수직위치에서 수평위치로 바뀌었을 때 더 이상 움직일 수가 없게 된다. 이때 (b)와 같이 슬립링을 달아 코일이 수평 중립위치에 놓일 때 전류를 반대로 흐르게 해주면 연속적인 회전력을 얻을 수 있다.

그림 1-82(e)는 사각코일 대신 철심에 코일을 감은 전기자를 배치한 것으로 전동기의 원리를 나타낸 것이다. [전동기 원리도]에서의 1회전 사각권선에 비해 $\mu_S N$배의 회전력을 얻을 수 있다.

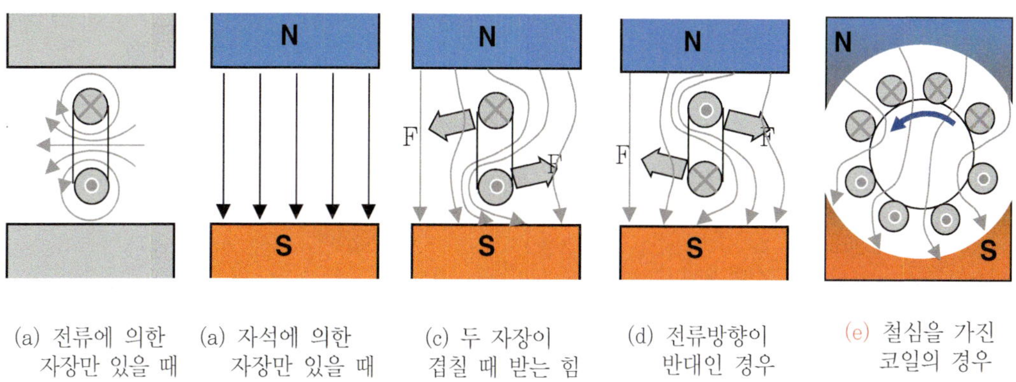

그림 1-82 사각권선의 회전력을 단면도로 나타낸 그림

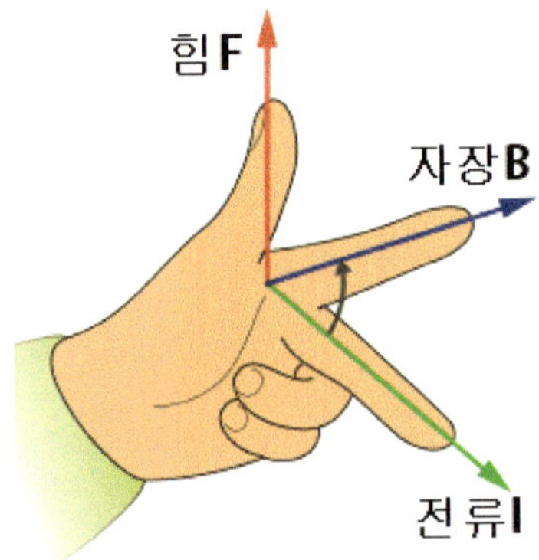

그림 1-83 플레밍의 왼손법칙(전동기 원리)

표 1-21 DC-Geared Motor의 정격 예

전원전압	24	Volt
전 류	0.4	Ampere
출 력	16	Watt
속 도	1~1000	RPM
토르크	0.6~30	Kgf-Cm
중 량	0.7	Kg

그림 1-84 DC Geared Motor (직류 감속 전동기)의 예

표 1-22 AC Motor의 정격 예

전원전압	220/380 440	Volt
주파수	60	Hz
출 력	750 1	W HP
역 율	0.7~0.9	
회전수(극수)	3600(2) 1800(4) 1200(6) 900(8)	RPM

그림 1-85 AC Geared Motor (교류 감속 전동기)의 예

16. 오실로스코프(Oscilloscope)

오실로스코프(Oscilloscope)란 **전압의 크기(파형)를 CRT 또는 LCD화면상에 전자빔의 화상으로 표시해주는 장치를 말한다.**

16.1 동작 원리

전자빔은 (-)전자의 묶음(束)이고, 이것이 진공 속을 이동하면 도선 없는 전류가 된다. 전자총을 나온 전자는 그리드에서 세기가 조절된 다음 가속전극을 지나면서 속도가 빨라지고 가늘게 다듬어진다. 편향전극은 수직편향과 수평편향으로 나뉘어 작용하는데, 수평전극에는 빔을 좌에서 우로 주기적으로 움직이기 위해 톱니파형의 전압이 가해진다.

지금 편향 전극 사이로 (-)전하의 전자빔이 통과하고 있을 때 수평전극에 (+)전압이 걸려있다면 전자빔은 (+)전극 쪽으로 편향(방향이 휘어짐)되어 형광면에 부딪힌다.

수직편향 전극에서는 측정하려는 전압 입력이 가해진다. 수직전극 위쪽의 전압이 (+)이면 전자빔이 위로, (-)이면 아래쪽으로 편향되어 형광면상에 밝은 휘선으로 나타난다. 편향거리 Δd는 수직전극에 가해준 입력전압(Vi)에 비례하기 때문에 화면상에서 편향거리를 읽어 입력전압을 알아낼 수 있는 것이다.

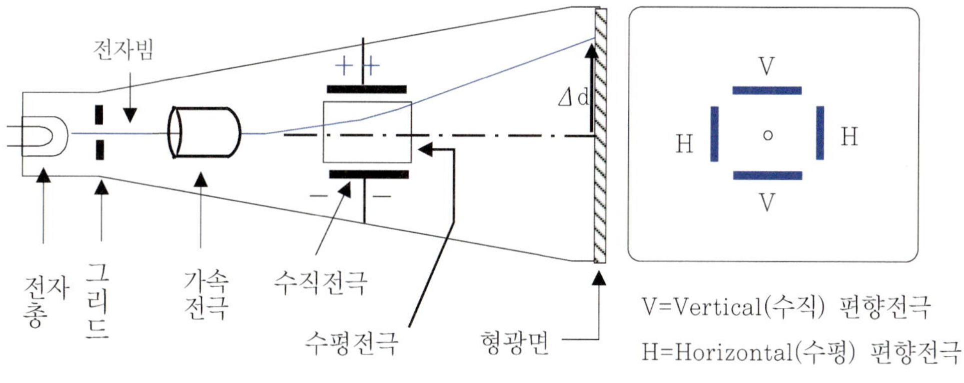

그림 1-86 오실로스코프의 원리도

물론 입력전압이 Zero이면 전자빔은 상하로 움직이지 않고 수평선상에서 좌우로만 진동하므로 한 줄의 직선으로 보이는데 이것을 직선 휘선, 즉 라스터(Raster)라 한다.

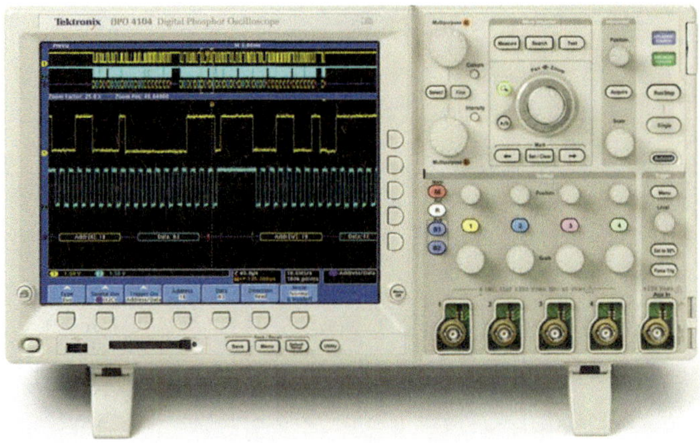

그림 1-87 멀티채널 디지털 오실로스코프의 외형

16.2 오실로스코프의 종류와 기능

(1) 회로방식

오실로스코프의 회로방식에는 아날로그 방식과 디지털 방식이 있다. 아날로그 식은 트랜지스터와 연산 증폭기들로 회로가 구성되고 표시기도 진공관으로 된 정전편향식 CRT를 사용한다. 응답이 빠른 장점은 있으나 무겁고 부피가 크며 측정자료의 기록에는 불리하다. 디지털 방식은 입력신호를 증폭한 다음 AD 변환하여 처리하고 LCD 화면에 표시한다. 작고 가벼우며 메모리 기능이 있어 편리한 반면 응답이 다소 늦다.

최근의 디지털 오실로스코프는 측정결과를 수치로 바꾸어 화면에 표시할 뿐만 아니라 저장 기능까지 있고 속도도 빨라서 아날로그방식을 완전히 대체하는 추세이다.

(2) 입력 채널수

몇 개의 신호입력단자를 가졌는지를 나타낸다. 2채널~4채널이 일반적이다.

(3) 대역폭(Bandwidth) :

입력신호를 감쇄 없이 처리할 수 있는 증폭기의 주파수 대역폭을 말한다. 보통 하한 주파수가 0Hz이므로 대역폭 주파수는 상한 주파수를 의미한다.

(4) 수직 감도

측정 가능한 최소 입력전압(눈금). 수직단자에 입력이 가해지므로 수직감도라 한다.

16.3 각 부의 명칭과 사용법

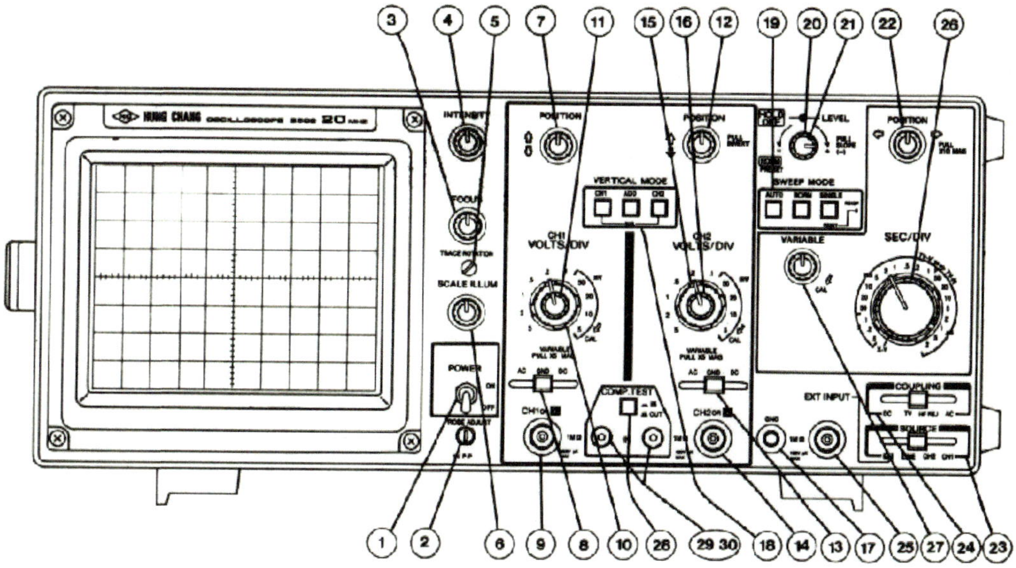

그림 1-88 오실로스코프의 각 부 명칭

① 전원 스위치 ② Calibration : 교정용 기준신호 단자 ③ Focus 초점조절 손잡이

④ Intensity 밝기조절 손잡이 ⑤ Trace Rotation 라스터의 수평 조절용 트리머

⑥ Scale Illumination 눈금판의 조명밝기 조절

⑦, ⑫ Position ↕ 라스터의 상하(수직) 위치 조절

⑧, ⑬ Signal Mode 측정신호의 선택(DC-GND-AC)

⑨, ⑭, ㉕ 입력단자(CH_A, B, C)

⑩ 전압감도 조절 손잡이(Volt/Div.) 수직 한 칸(1Cm)당 5V(좌회전 끝)에서 최소 5mV까지 (우회전 끝) 조절 가능.

⑪ 전압감도 미세조절 손잡이 (보통 때는 우측 끝에 둔다)

⑱ Vertical Mode (수직측 신호입력의 선택. ChA, ChB, ChA+B)

⑲ Sweep Mode (화면표현방식 선택, Auto, Manual 등)

⑳ Level (표시 가능한 신호의 레벨을 설정함)

㉒ Position ↔ 라스터의 좌우(수평) 위치조절

㉓ Signal Source 신호원 종류 선택SW

㉔ Coupling(신호와의 결합방법 선택SW) DC, AC 중에서 선택한다.

㉖ Sweep Time Selector(수평 소인시간 선택SW) 빔이 수평 한 칸(1Cm)당 이동하는데 걸리는 시간 (time/Div)

16.4 프로브(Probe)

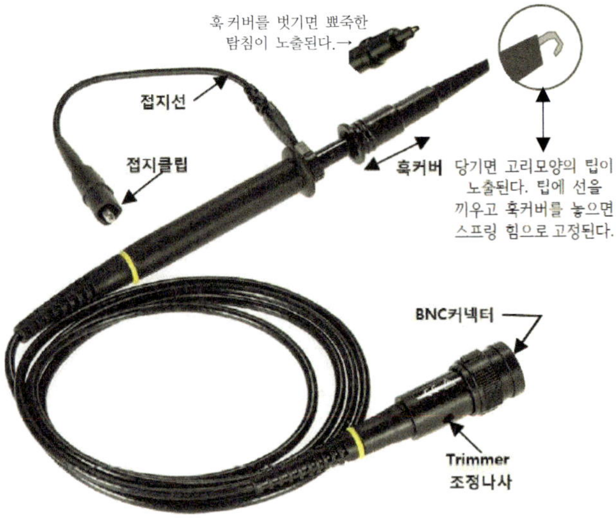

그림 1-89 프로브의 모양과 명칭

오실로스코프 장치와 입력 신호원을 연결시켜 주는 결합장치. 신호가 강할 때는 1/10로 분압하기도 하고, 임피던스를 정합시켜주기도 한다.

☞ 아래 그림과 같이 프로브 중간에 있는 트리머 커패시터를 조절하여 교정신호가 정확한 구형파가 되도록 임피던스를 조절한다.

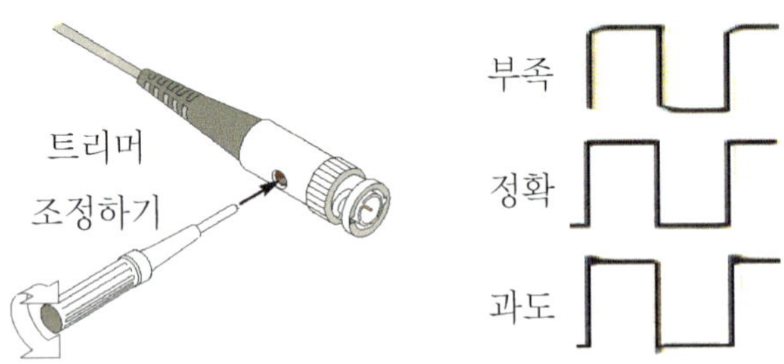

그림 1-90 구형파의 모양으로 조정상태를 판단한다.

16.5 측정의 실제

오실로스코프의 채널A 입력에 저주파 발진기의 신호를 넣었을 때 오른쪽의 그림과 같은 파형이 나타난다. 이 때

- 수직감도 조절 손잡이를 움직여 진폭이 화면높이의 ½~⅔ 내외가 되도록 한다.
- 수평소인시간 조절 손잡이를 움직여 그림 1-88처럼 화면에 2~3개 정도의 산이 표시되는 정도로 한다.
- 신호선택 모드는 보통 DC를 선택하며
- Sweep Mode는 Auto
- Vertical Mode는 ChA
- Level 손잡이는 중앙↑ 방향으로 둔다. 이상과 같은 조정 후에 관측된 파형을 통해 전압크기, 주기, 주파수를 읽는 법은 다음과 같다.

(1) 직류전압의 크기(Vd)

신호 선택을 GND 위치에 놓고 수평선 확인 후 DC 모드로 전환하여 기준선과 휘선사이의 레벨을 측정한다.

직류전압=칸수×수직감도[V/div]

[보기] 그림 1-91에서 수직감도가 2[V/div]이고, 직류전압의 파형높이(V_d)가 2.2[칸=div]일 때 전압크기는 2.2[div]×2[V/div]=4.4[V]가 된다.

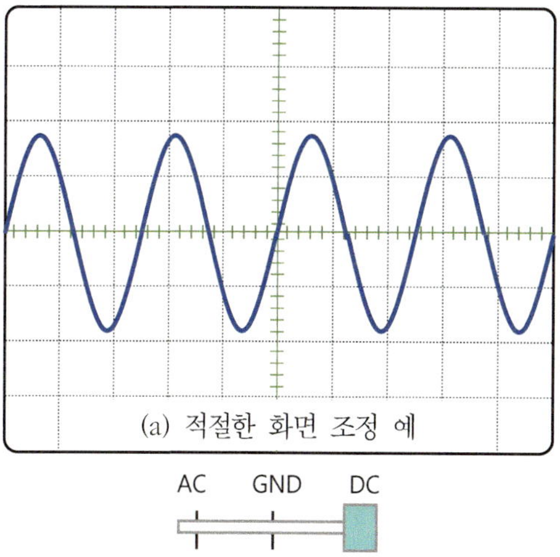

(a) 적절한 화면 조정 예

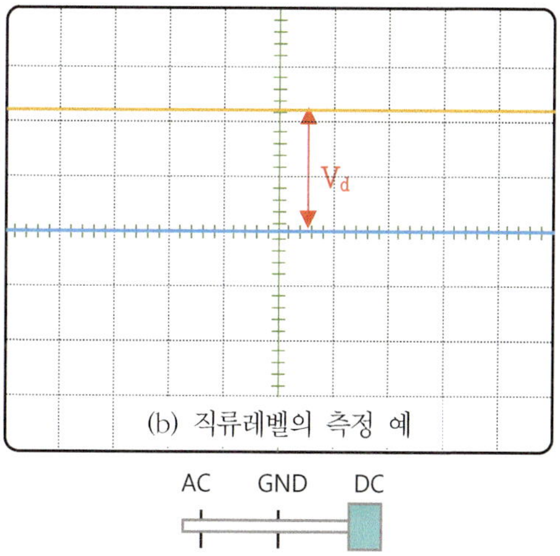

(b) 직류레벨의 측정 예

그림 1-91 교류 및 직류측정의 예

(2) 교류전압의 진폭(V_{pp})

화면에 보이는 파형의 산과 골의 수평연장선을 긋고 그 간격을 측정한다.
(V_{pp}=Voltage_peak to peak), (그림 1-93)

(3) 교류전압의 최대값(V_p)

V_{pp}의 반이 교류의 최대값이다.

$$V_p = \frac{V_{pp}}{2}$$

(4) 교류전압의 실효값(V 또는 V_{rms})

실효값은 최대값의 $\frac{1}{\sqrt{2}}$이므로 진폭 V_{pp}로부터 실효값(V)을 구할 수 있다.

$$V = \frac{V_{pp}}{2\sqrt{2}} = \frac{V_{pp}}{2.828} = 0.3535\,V_{pp}$$

(5) 교류의 주기(T)

화면에 관측된 교류파형에서 주기(T)는
'산과 산의 간격' 또는 '골과 골의 간격' 또는
'기준선 교차점과 다음 교차점 사이의 간격'
등을 측정함으로서 주기를 알 수 있다.

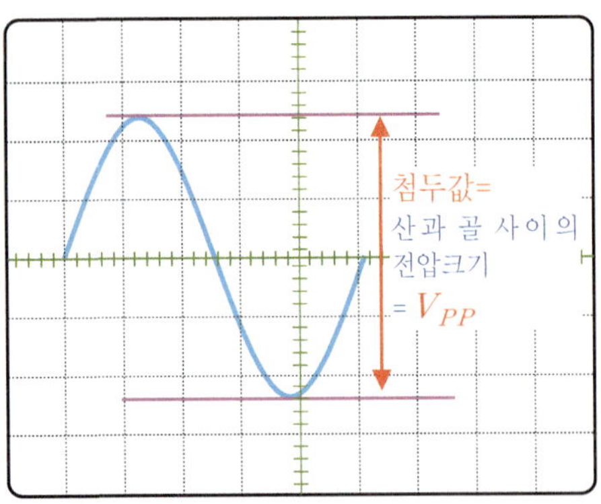

그림 1-92 교류전압의 진폭(V_{PP}) 측정

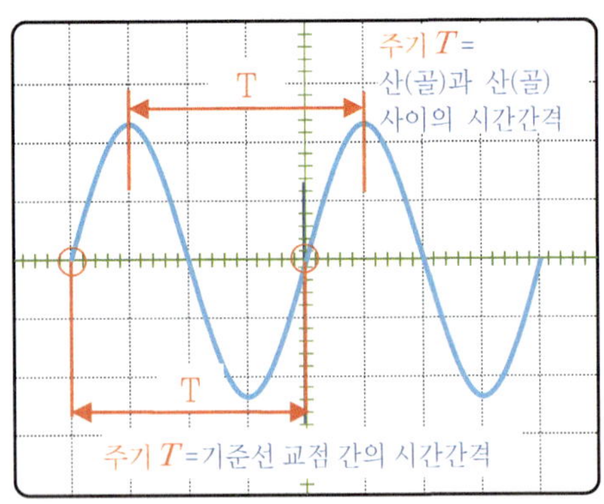

그림 1-93 교류의 주기(T) 측정

(6) 주파수의 측정

아날로그 오실로스코프의 경우 먼저 주기를 측정한 다음 그 역수를 취하여 주파수를 구할 수 있다.

$$주파수\ f = \frac{1}{T[s]}[Hz] = \frac{1}{T[ms]}[KHz] = \frac{1}{T[\mu s]}[MHz] \quad \cdots\cdots\cdots(1-36)$$

- 주기의 단위에 초[s]를 사용하면 주파수 단위는 [Hz]가 된다. 그러나
- 주기 단위를 [ms]로 하면 주파수는 [kHz]가 되고,
- 주기 단위를 [μs]로 하면 주파수는 [MHz]가 된다.

<table>
<tr><td>과제 번호</td><td rowspan="2">오실로스코프 사용하기</td></tr>
<tr><td>1.8.1</td></tr>
<tr><td>준비물</td><td>2채널-오실로스코프, 저주파 발진기, 기록용 방안지
저항기 100Ω/0.5W, 1K, 100KΩ, 커패시터 1㎌, 100㎌, 코일 100mH</td></tr>
</table>

1. 직류전압 측정하기

가. 오실로스코프를 다음과 같이 세팅한다.

① 입력모드 : CH1, DC

② 트리거모드 : Auto

③ 수직감도 : 5[V/Div]

④ 수평손잡이 : 1[mS/Div]

⑤ 기준선 : 1칸 높이(그림 참조→)

⑥ 입력 프로브 배율 : ×1

나. 직류전원장치의 출력단자를 스코프 채널 1 프로브와 연결한다.

다. DC 전원 전압을 5, 10, 15V 등으로 조절하였을 때 라스터(수평휘선)가 한 칸씩 이동하는지 확인한다.

라. 이상의 측정결과를 디지털 볼트미터(DVM)의 측정값과 비교한다.

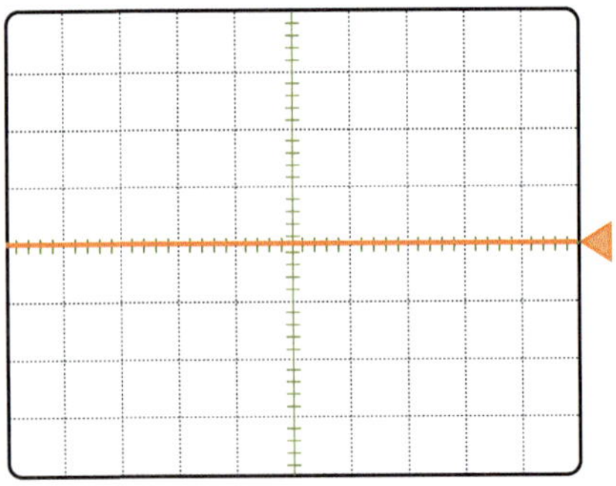

그림 1-94 DC 측정 기준선

표 1-23 직류전압 측정 결과

DC전압 [V]	스코프 측정값	DC전압 [V]	스코프 측정값
5		20	
10		25	
15		30	

2. 교류전압 측정하기

가. 저주파 발진기를 준비한다.

① 주파수 : 1kHz, 사인파, 무변조

② 출력전압 : 중간

나. 오실로스코프를 다시 세팅한다.

① 입력모드 : CH1, AC

② 수직감도 : 1[V/Div]

③ 기준선 : 중앙(4칸 높이)

④ 수평손잡이 : 0.5[mS/Div]

⑤ 입력프로브 배율 : ×1

다. 발진기 출력단자와 스코프의 입력 프로브를 접속하고 교류전압의 진폭을 측정한다.

교류전압진폭	[Vpp]

라. 진폭(PP값) 측정결과로부터 실효값 전압을 구한다. $V_{rms}=(V_{pp})\times\frac{1}{2}\times0.707$

실효전압	[V]

마. 발진기에서 -20dB 감쇄기 스위치를 눌러둔 상태에서 최대 출력전압을 측정한다.

바. 교류 전압계로 발진기의 전압을 측정하고 오실로스코프의 측정값과 비교한다.

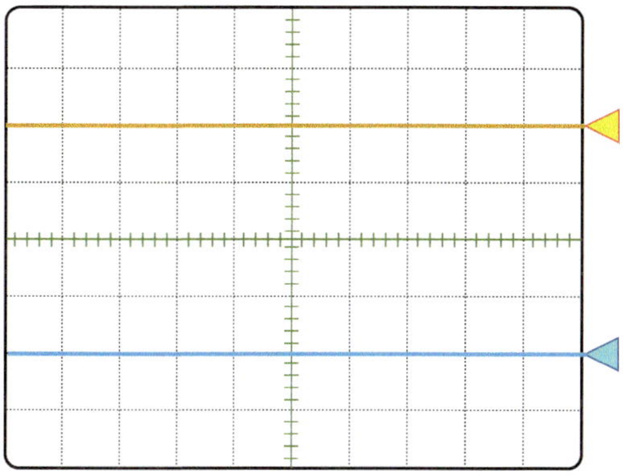

그림 1-95　2 채널 측정시의 기준선

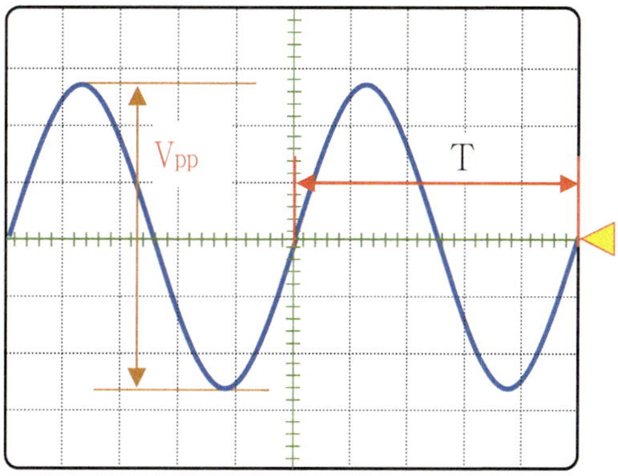

그림 1-96　AC 측정화면(Ch-A)

3. 주기 측정하기

가. 위의 발진기와 스코프 세팅을 그대로 유지한 상태에서 발진주파수를 1kHz로 한다.

나. 수평위치를 조절하여 화면 왼쪽 임의의 눈금 칸에 일치시킨다.

다. 화면에 교류파형 2~3 주기 정도가 표시되도록 '수평 소인시간 손잡이'를 조절한다.

라. 화면에서 한 주기의 칸 수를 읽는다.

마. 수평 소인시간을 곱하여 주기(T)를 구한다.

주기(T) = (산과 산 사이의 거리)
= (시작점과 시작점 사이의 거리)
= (골과 골 사이의 거리)

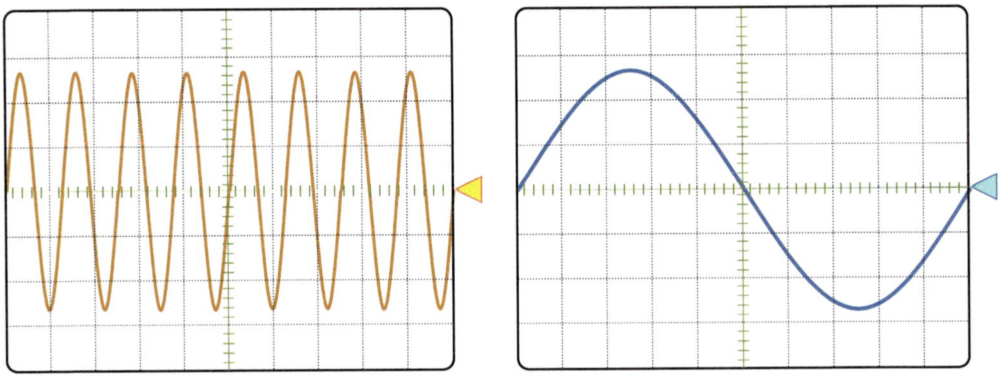

(a) 수평소인이 너무 조밀　　　(b) 너무 성김

그림 1-97　화면 조정이 잘못된 예

표 1-24　주기와 주파수 측정결과

Scope의 수평소인시간		① [mS/Div]
측정값	주기 T	② [Cm]
계산 결과	주기 T	③ [s]
	주파수(f)	④ [Hz]

4. 주파수 계산하기

앞 단계에서 측정한 주기로부터 주파수를 계산한다.

$$주파수\ f = \frac{1}{T}[Hz]$$

주기(T)의 단위(분모)가 [ms]이면 주파수는 [kHz]가 되고, T[μs]이면 주파수는 [MHz]가 된다.

5. 임의의 주파수 측정하기

두 명이 한 조가 되어 한쪽이 발진기를 조작하고 다른 한쪽이 오실로스코프를 움직여 주파수 알아맞히기를 한다.

표 1-25 주기로부터 주파수 계산하기

주기(T) 측정값(예)		주파수(f) 계산값(예)
0.05	[Sec]	$f = \frac{1}{0.05} = 20Hz$
	[mS]	
	[mS]	
	[μs]	

6. X-Y 그래프 모드 이용하기

증폭기의 특성을 그래프로 나타낼 때 입력을 X축에, 출력을 Y축에 나타낸다. 또 다이오드의 특성인 경우에는 전압을 X축에 전류를 Y축에 나타낸다. 오실로스코프에서도 이러한 기능을 XY 그래프 모드로 시현할 수 있다.

가. 오실로스코프를 다음과 같이 세팅한다.

① 동작모드 : XY (수평 손잡이의 왼쪽 끝에 표시되어 있다)

② 입력 : CH1=X,　CH2=Y

③ 좌표 조절 : 빔의 좌우(수평) 이동=Horizontal Position Knob ◎↔

빔의 상하(수직) 이동=CH2의 Position Knob ◎↕

④ X축 전압감도= CH1의 수직렌지=2[V/Div],
Y축 전압감도= CH2의 수직렌지=2[V/Div]

⑤ 위상반전 : CH2 → INVert ('CH2의 Position' 안쪽 손잡이를 Pull 위치에 둔다.)

⑥ 스위프 모드 : Auto

⑦ 기타 : 입력 커플링, 트리거 등 모두 XY모드에 둔다.

나. 발진기의 출력을 RC회로에 가하고 오실로스코프의 프로브를 저항과 커패시터의 X, Y 및 G단자와 접속하면 주파수는 같으나 위상이 다른 두 전압이 작용하여 다음과 같은 도형을 만들어 내는데 이것을 리사주 도형이라 한다.
그리고 이 리사주 도형의 기울기를 보면 위상각을 알 수 있다.

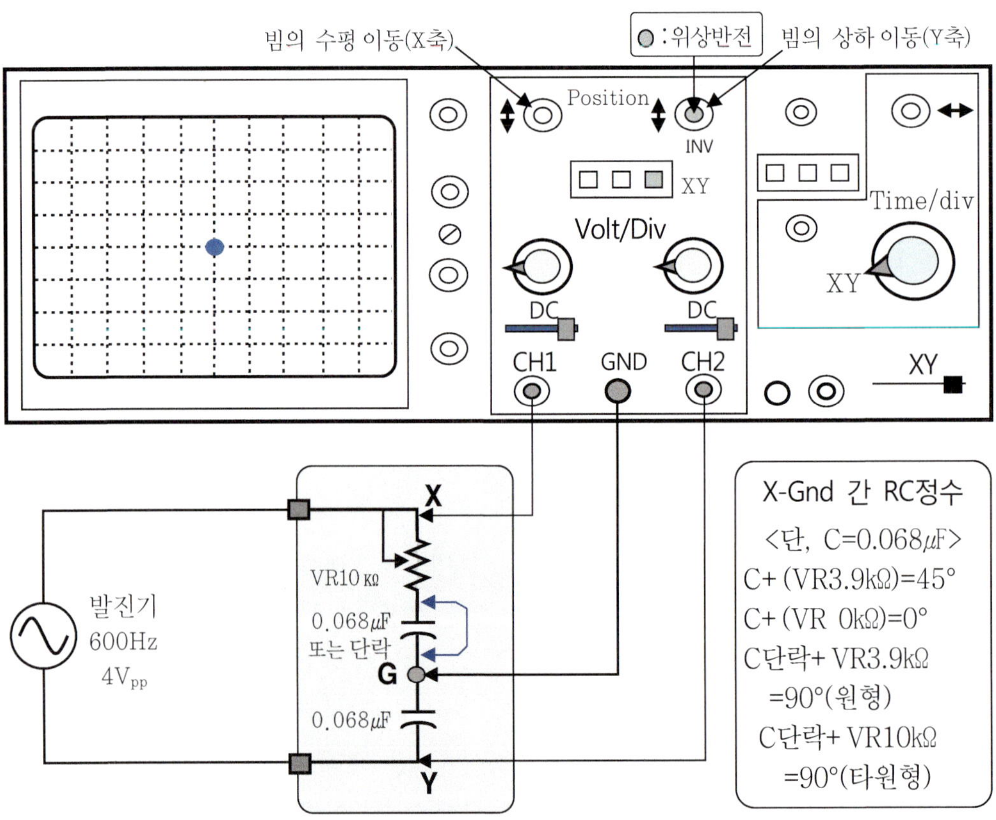

그림 1-98 XY모드를 이용한 리사주 도형 보기

다. 위상각 계산법

① 그림 1-99에서와 같이 리사주 도형의 수평 폭 A를 읽는다.(cm)

② 스크린의 X축과 리사주 도형이 만나는 두 점간의 거리 B를 읽는다.

③ 삼각함수로 위상각을 계산한다.

$$\theta = \sin^{-1}\frac{B}{A} \qquad \cdots\cdots (1-37)$$

④ 보기 : 가로 폭 A와 절점 간격 B의 비율($\frac{B}{A}$)에 따른 위상각의 관계는 아래 표 1-26과 같다.

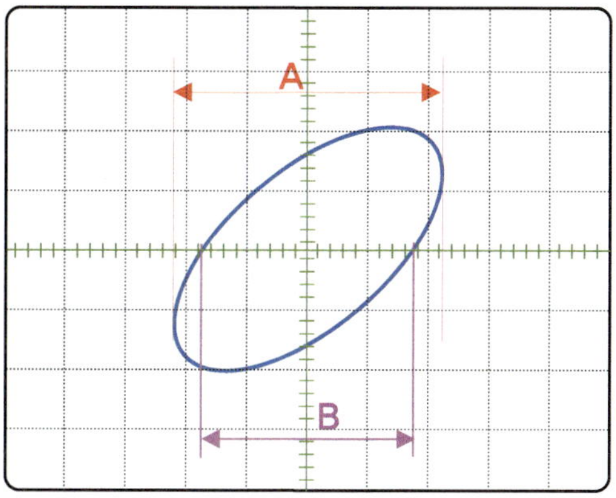

그림 1-99 리사주 도형의 위상각 계산법

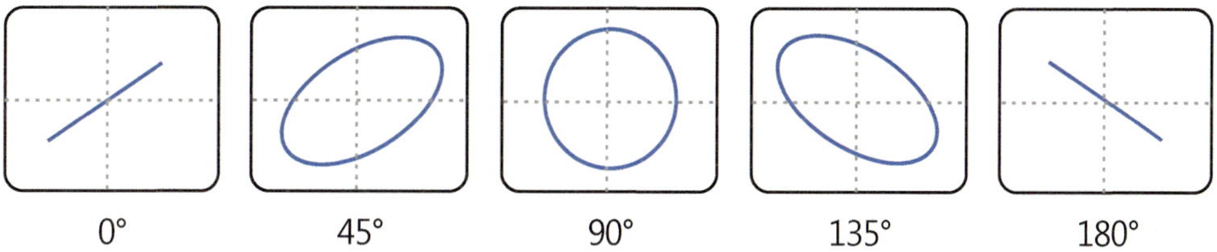

그림 1-100 리사주 도형과 위상각의 관계

표 1-26 타원형 리사주 도형에서 B/A 비율과 위상각 관계

B/A	0	0.174 (17.4%)	0.342 (34.2%)	0.5 (50%)	0.643 (64.3%)	0.766 (76.6%)	0.866 (86.6%)	0.94 (94%)	0.985 (98.5%)	1 (100%)
위상각	0°	10°	20°	30°	40°	50°	60°	70°	80°	90°

라. 60Hz교류 전원을 이용한 위상차 판별실험

① 히터 트랜스의 2차 측에 가변저항 5kΩ 저항과 1㎌ 커패시터 2개를 직렬로 접속한다. 이때 가변저항은 1번 단자와 2번 단자를 단락(쇼트)한다.

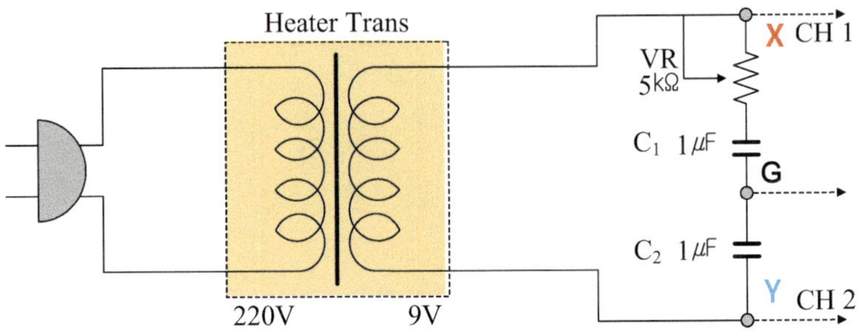

그림 1-101 교류전압을 이용한 리사주 도형 측정회로

② 측정점 X,Y 및 G를 오실로스코프의 CH1, CH2 및 GND단자와 연결한다.

③ 그림 1-99에 따른 XY보드 측정방법과 같이 RC회로의 위상관계를 측정한다. (그림 1-100과 표 1-26을 참조하여 위상각을 계산한다)

- VR=2.65kΩ, C1=:1㎌이면 45°
- VR=2.65kΩ, C1:단락이면 90°(원형)
- VR=5kΩ, C1=:단락이면 90°(타원형)

④ 아래쪽 커패시터 대신 인덕터(1H)를 달고 RL회로의 위상을 측정한다.

※인덕터의 용량(인덕턴스L)은 디지털 RCL미터로 측정할 수 있다.

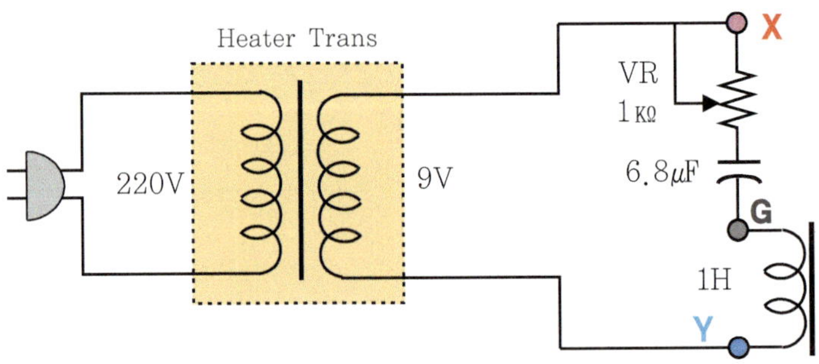

그림 1-102 인덕터를 사용한 리사주도형 보기 회로

- VR=377Ω, C=:6.8㎌, L=1H이면 135°
- VR=0Ω, C:6.8㎌이면 180°(직선, 실제로는 직선에 가까운 길쭉한 타원)
- VR=377Ω, C=:단락이면 90°(원형)

표 1-27 주파수에 따른 RCL의 임피던스 변화

주파수 조건 →		600Hz(발진기)	60Hz(전원)	비고
저항값(1k, 2.7k, 5kΩ)		변동 없음	변동 없음	
커패시터 (커패시터)	1㎌	265 Ω	2.7 kΩ	주파수에 반비례 용량에 반비례
	6.8㎌	37.7 Ω	377 Ω	
	0.068㎌	3.8 kΩ	37.7 kΩ	
인덕터(코일)	1 H	3.8 kΩ	377 Ω	주파수/용량에 비례

7. 디지털 오실로스코프를 이용한 X-Y 특성곡선 관찰하기

순서1: **CH1** 버튼을 누르고 X축의 기능을 설정한다.

① 대역제한: 20MHz를 선택한다.
② 전압감도: 보통
③ 프로브(배율): ×1
④ 반전(여부): OFF
이상과 같이 선택한다.

순서2: **CH2** 버튼을 누르고 Y축의 기능을 설정한다.

※하위 메뉴 ①, ②, ③, ④는 '채널1'에서와 같이 조정한다.

순서3: Ch1의 측정상태를 확인한다.

기준파형 출력단자(Calibration Out)에 Ch1 프로브의 탐침을 걸고 5V구형파가 화면에 정상적으로 표시되는지 확인한다.

※ 만약 수직, 수평의 조절이 잘되지 않아서 화상이 제대로 안보일 때는 **AUTO** 단추를 눌러 자동 설정에 맡긴다.

순서4: Ch2의 측정상태를 확인한다.

기준파형 출력단자(Calibration Out)에 Ch2 프로브의 탐침을 걸고 5V구형파가 화면에 정상적으로 표시되는지 확인한다.

순서5: **Display** 버튼을 누른다.

① **표시종류**: 버튼을 누를 때마다 '도트', '벡터'가 반복 표시된다. 우선 '도트'를 선택

- **도트** : 두 입력이 지시하는 점(dot)에 라스타가 표시되는 방식. 선명하지만 다소 산만한 느낌을 준다.
- **벡터** : 입력이 가리키는 점의 이동방향을 계산하여 선분 형태로 표시하는 방식. 부드럽지만 투박한 느낌을 준다.

② **지속기능** : 버튼을 누를 때마다 지속시간 1초, 5초, 무한대(∞), OFF(지속 없음)가 표시된다. 일단 'OFF'를 선택한다.

③ (표시)형식 : 'XY'를 선택한다.

④ (밝기)대비 : (실내의 경우라면) 50% 정도를 선택한다.

※ 추후 화상의 상태를 보아가면서 '벡터'를 선택할 수도 있고, 화상의 지속시간도 1초, 5초 또는 무한대를 선택할 수도 있다. 단; 인쇄 또는 메모리에 기록할 때는 'OFF' 또는 '1초 지속'이 가장 적합하다.

순서6: '그래프의 0점'을 맞춘다.

☞ 오실로스코프의 화면에서 정확한 특성곡선을 관찰하기 위해서는 XY좌표의 0점(기준점)을 눈금 선에 잘 맞추어야한다. 그 방법은 다음과 같다.

① Ch1, Ch2의 탐침을 기준파형 출력단자(Calib. Out)에 접속한다.

② Ch1와 Ch2의 수직감도 손잡이를 조절하여 각각 1[V/div]이 되게 한다.

☞ 실제 측정할 때는 입력전압의 세기에 따라 감도를 조절하면 된다.

③ Ch1의 위치조절(Position) 손잡이를 좌( )로 돌리면 라스터 빔(Raster Beam)의 위치가 왼쪽으로 움직이고, 우( )로 돌리면 오른쪽으로 이동한다.

④ Ch2의 위치조절(Position) 손잡이를 좌( )로 돌리면 빔의 위치가 아래쪽으로

움직이고, 우(↷)로 돌리면 위쪽으로 이동한다.

⑤ 두 채널의 위치를 조절하여 아래와 같은 파형이 되도록 한다.
특히 그래프를 그리는 라스터의 시작점은 XY 좌표상에서 1,1의 지점이 되도록 하는 것이 측정에 편리하다.

⑥ 이상으로 XY 커브-트레이스 기능을 사용할 준비가 완료되었다.

⑦ 측정 회로의 구성은 아날로그 오실로스코프의 경우와 같다.

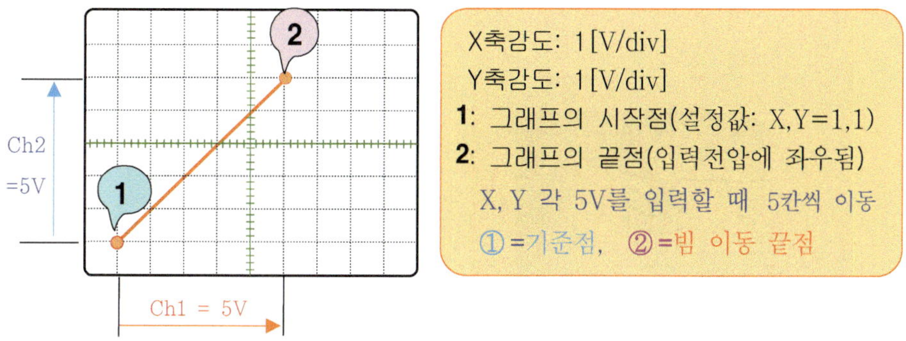

그림 1-103 Ch1과 Ch2에 각각 5V구형파를 입력할 때의 XY특성곡선

17. 변압기(Transformer)

17.1 변압기(Transformer)란?

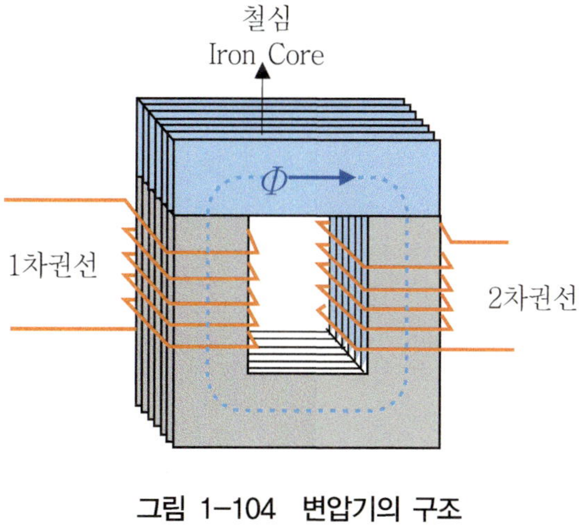

그림 1-104 변압기의 구조

교류 전력을 입력받아 동일한 주파수의 높은 또는 낮은 전압으로 바꾸어 출력해주는 것으로 에너지의 전송기능과 모양(크기)의 변형을 의미하는 두 단어의 합성어로 이루어졌다. (Trans+Former)

17.2 구조

□자형, 또는 日자형으로 된 규소강판을 적층하여 만든 철심에 1차와 2차로 나눠진 두 종류의 코일을 감은 모양

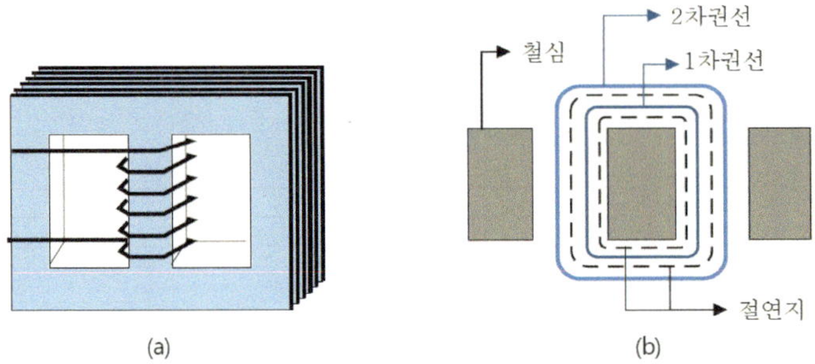

그림 1-105 EI형 철심을 사용한 강압 트랜스의 구조

17.3 기호

변압기의 ISO 기호는 그림 1-106(b, c)와 같으나 한국에서는 아직도 예전의 KS기호(a)가 널리 쓰이고 있다.

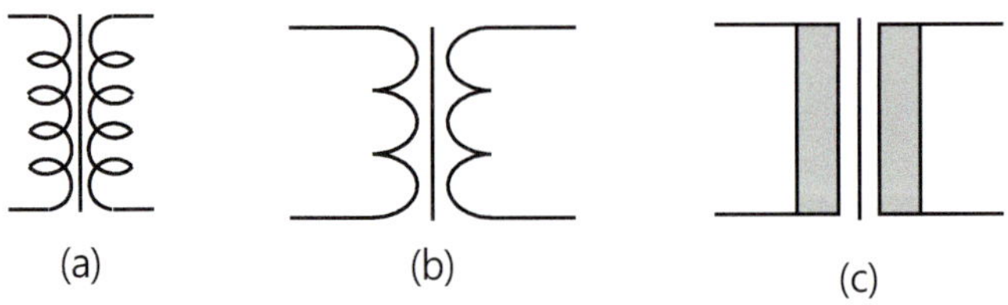

그림 1-106 변압기의 기호

17.4 철심(Iron Core)

상용교류의 경우 일반적으로 0.5mm 내외의 얇은 철심을 사용한다. 이런 박판을 쓰는 이유는 와류에 의한 손실을 없애기 위함이다.

이렇게 얇은 철판도 주파수가 수 10kHz 이상으로 높아지면 손실이 크게 증가하므로 분말형태의 철심인 페라이트 코어를 사용하고, 고주파 영역에서는 철심이 없는 공심(空芯)코어 변압기를 사용한다.

또 최근 전력용 변압기에서는 규소강판 대신 철심손실이 적은 아몰퍼스 메탈을 사용하기도 한다.

그림 1-107 변전소와 전력시스템

17.5 변압의 원리

1차 측에 입력된 교류전류에 의해 철심에 자속이 발생하고 이 자속은 2차측 코일을 관통하여 흐른다. 여기서

(1) 1차 전류 변화에 비례하여 자속이 변한다.

$$\Delta\Phi_1 \propto \Delta I_1 \propto \Delta_1$$

(2) 모든 자속은 1, 2차 코일과 쇄교한다.

$$\Delta\Phi_2 = \Delta\Phi_1 = \Delta\Phi$$

(3) 쇄교된 자속에 비례한 2차 기전력이 발생한다.

$$dV_2 = N\frac{\Delta\Phi_2}{\Delta t} \qquad \cdots\cdots (1\text{-}38)$$

(4) 따라서 2차측 전압은 1차측 전압에 비례한다. 만약 1, 2차측의 권선수가 같고 손실이 없다면 1차측의 공급전압과 2차측 유도기전력은 같은 크기가 된다.

17.6 손실과 효율

전압(전류) → 자속 → 전류(전압)의 변환과정에서 발생되는 손실은 다음과 같다.

① 도선의 저항에 의한 손실($P_r = I^2R$)

② 자력선 유출에 의한 손실

③ 철심의 자기저항에 의한 손실

④ 철심 속에서 와류손과 히스테리시스 손실

아무리 설계가 우수해도 변압기에서 어느 정도의 손실은 피할 수 없는데 대략 5% 정도가 손실되고 95% 효율로 전력변환이 가능하다.

17.7 변압기의 기전력에 관한 기본식

변압기의 치수와 최대자속밀도 그리고 주파수가 주어지면 1[V]당 권선횟수가 정해진다. 유도기전력 V_O는

$$V_O = 4.44BAfN[V] \qquad \cdots\cdots (1-39)$$

$$\therefore 1[\text{V}]\text{당 권수 } N_0 = N/V_0 = \frac{1}{4.44BAf}[\text{회}] \qquad \cdots\cdots (1-40)$$

여기서, B= 최대자속밀도[Wb/m²], A= 철심의 단면적[m²], f=주파수[Hz],

N = 코일의 권수[회], V_O= 유도전압[V]

1차측 전압, 권수로 계산하거나 2차측 전압, 권수로 계산하여도 결과는 같다.

17.8 전압, 전류, 임피던스와 권수의 관계

(1) $\frac{V_1}{V_2} = \frac{N_1}{N_2} = a$ …… (1-41)

[전압은 권수에 비례한다.]

(2) $\frac{I_1}{I_2} = \frac{N_2}{N_1} = \frac{1}{a}$ …… (1-42)

[전류는 권수에 반비례한다.]

(3) $\dfrac{Z_1}{Z_2} = \dfrac{V_1}{V_2} \times \dfrac{I_2}{I_1} = \dfrac{N_1^2}{N_2^2}$ …… (1-43)

[임피던스는 권수의 제곱에 비례한다.]

(4) $\sqrt{\dfrac{Z_1}{Z_2}} = \dfrac{N_1}{N_2}$ …… (1-44)

[임피던스의 평방근은 권수에 비례한다.]

(5) $P_1 \times \eta = P_2$ …… (1-45)

[1차전력×효율 = 2차전력]

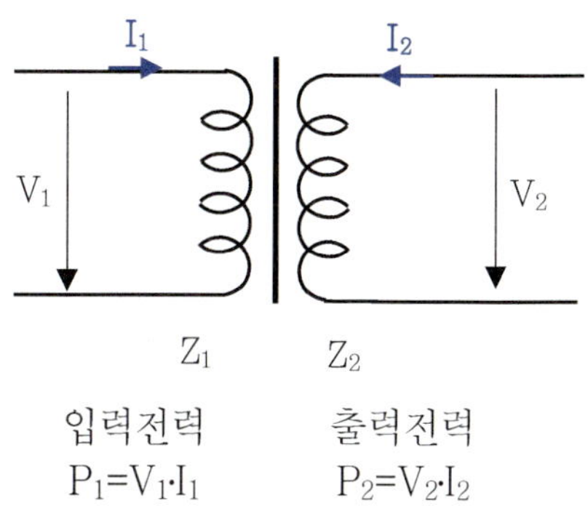

그림 1-108 변압기에서 전압, 전류 및 전력의 관계

[예제] 어떤 강압 트랜스의 1V당 권수가 5회로 계산되었다. 1차전압=220V, 2차측에는 15V 1A가 출력될 수 있게 하고 6, 9, 12V의 중간 탭을 가지도록 설계하시오.

[풀이] 1V당 권수가 5[회]이므로

(1) 1차측의 총 권수 $N_1 = 5 \times 220 = 1,100[T]$

(2) 2차측의 총 권수 $N_2 = 5 \times 16 = 75[T]$

(3) 같은 방법으로 6, 9, 12[V] 탭을 위한 권수를 구하면 :

$N_{(12\,V)} = 5 \times 12 = 60[T]$

$N_{(9\,V)} = 5 \times 9 = 45[T]$

$N_{(6\,V)} = 5 \times 6 = 30[T]$

[답] 1차측 권수=1,100[회]

2차측 권수=총 75[회] 중 30회, 45회, 60회가 되는 곳에서 탭을 인출한다.

(그림 1-109 참조)

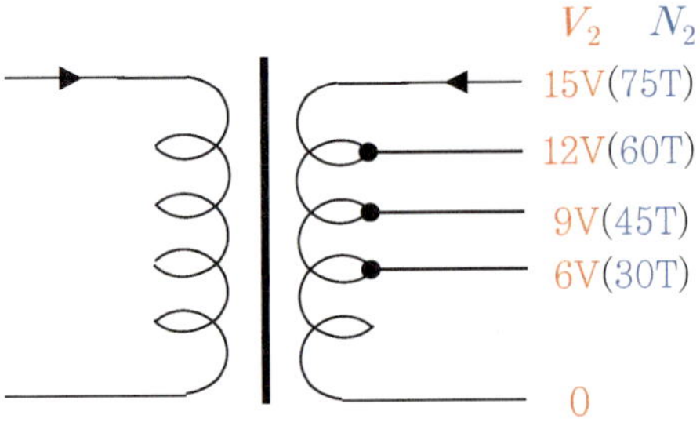

그림 1-109 변압기의 설계 결과

(a) 송수전용 3상 고압 변압기 (b) 주상 변압기 (c) 전자기기용

그림 1-110 여러 가지 변압기들

18. 교류회로(AC Circuits)

18.1 교류(AC : Alternating Current)

크기와 방향이 주기적으로 바뀌는 전압이나 전류. 대표적인 예를 들면:

가. 상용교류 : 전력 공급용 60Hz전원

나. 고주파(RF) : 방송이나 무선통신용, 레이더 등에 사용되는 30kHz 이상의 교류 신호. 이들은 용도와 주파수가 달라도 진동파형이 규칙적인 사인파이다.

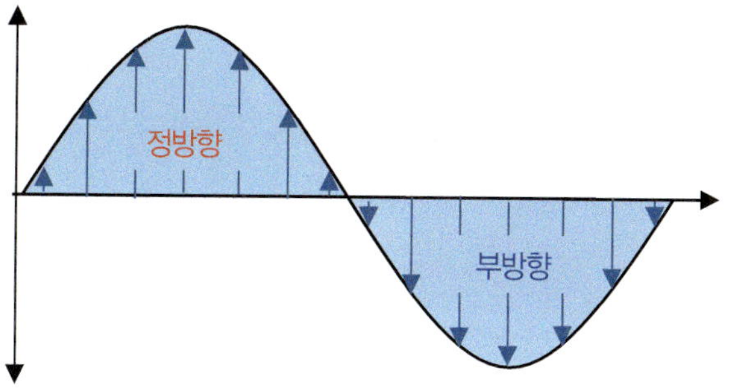

그림 1-111 교류의 크기와 방향

18.2 교류의 종류

파형의 형태와 규칙성에 따라 다음과 같이 분류된다.

(그림 1-112)

(a) 사인파

(b) 구형파

(c) 톱니파/삼각파

(d) 비정형파

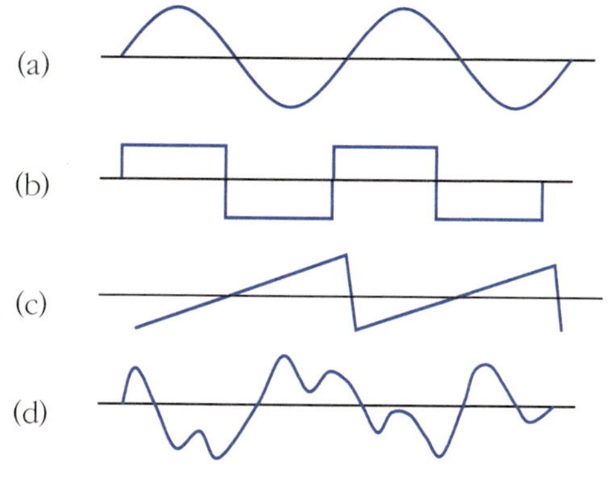

그림 1-112 교류의 여러 가지 형태

18.3 사인파의 발생 원리

그림 1-113은 발전기의 원리도이다. 사각권선(전기자)에서 축과 평행한 변을 a, 축과 직각인 쪽을 b라 하고, 전기자가 축을 중심으로 회전운동을 할 때 변 a가 자속과 쇄교하면서 기전력 e가 발생되며 그 크기는 다음 식과 같다.

$$e = Blv \sin\theta \, [V] \qquad \cdots\cdots (1-46)$$

그런데 자속밀도와 길이는 이미 정해진 크기이고, 속도까지 일정하게 운동하고 있다면 $Blv = V_m$로 바꾸어 표현할 수 있으므로

$$e = V_m \sin\theta \, [V] \qquad \cdots\cdots (1-47)$$

즉, 발전기의 최대기전력은 자속밀도, 코일의 크기 그리고 전기자의 회전 속도에 따라 정해지고, 순시 기전력은 운동중인 전기자의 각도(θ)에 따라 결정된다.

전기자가 기계적 각도 0°에서 반시계 방향으로 출발하여 1회전 할 때까지 발생되는 기전력을 나타낸 것이 [그림 1-114]이다.

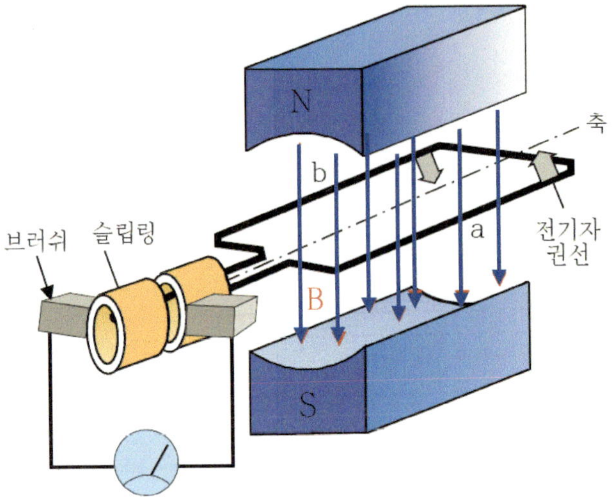

그림 1-113 교류발전기의 구조

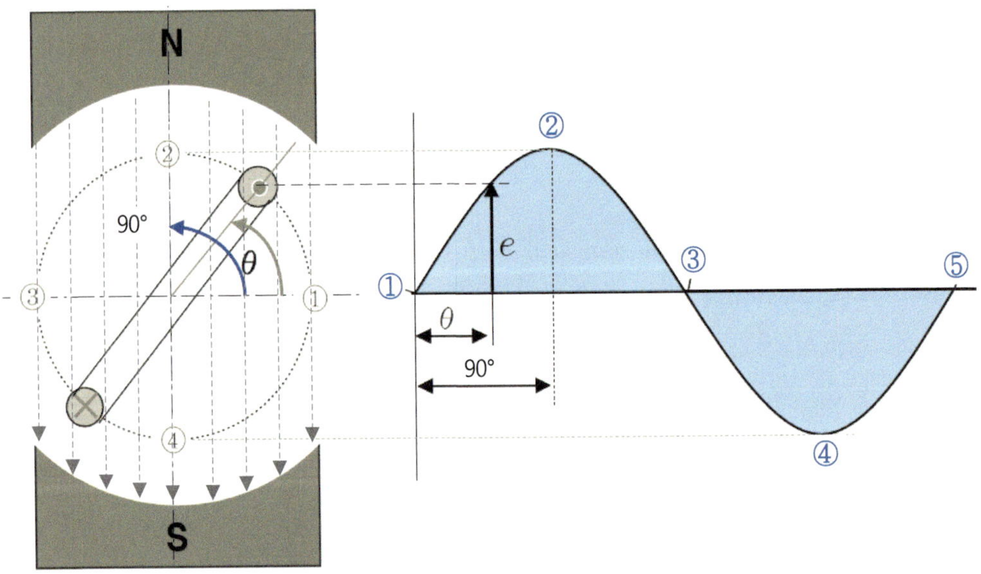

그림 1-114 전기자의 운동과 사인파교류

[그림 1-114]에서, ① 0[V]에서 출발한 기전력은 점차 증가 → ② 90° 위치에서 최대크기 → ③(다시 감소되다가)180°에서 Zero→ ④ 270°에서 (−) 최대크기 → ⑤ 360°에서 원위치(Zero)로 복귀한다. 이 곡선이 사인삼각함수의 변화와 같기 때문에 「사인파 교류」라 부른다.

18.4 사인파 교류의 성질

(1) 커패시터(콘덴서)는 정전용량을 가진 부품이다.

(2) 커패시터는 직류를 차단하고 교류는 통과시킨다.

(3) 커패시터(정전용량)에 교류전압을 가할 때 주파수가 높아질수록 용량 리액턴스가 작아지고 전류는 잘 흐른다.

$$\text{용량 리액턴스 } X_C = \frac{1}{2\pi f C} \qquad \cdots\cdots (1-48)$$

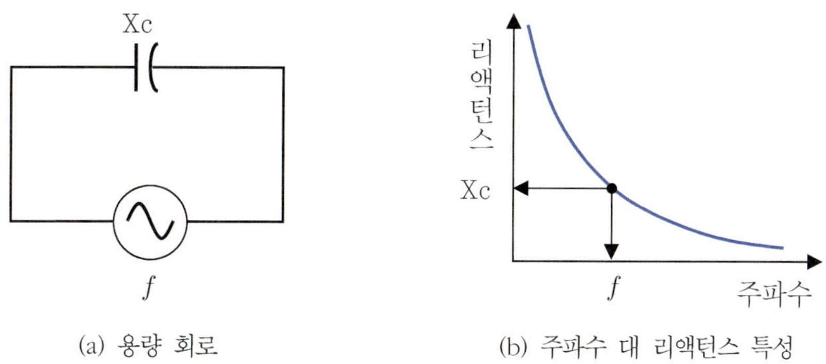

그림 1-115 용량 회로와 주파수 특성

(4) 커패시터를 통과하는 전류는 전압에 비해 90° 앞서간다.

(5) 코일(권선, 인덕터)은 인덕턴스를 가진 부품의 명칭이다.

(6) 코일에 교류전압을 가할 때 주파수가 높아질수록 코일의 유도 리액턴스가 커지고 전류는 흐르기 힘들다.

$$\text{유도 리액턴스 } X_L = 2\pi f L \qquad \cdots\cdots (1-49)$$

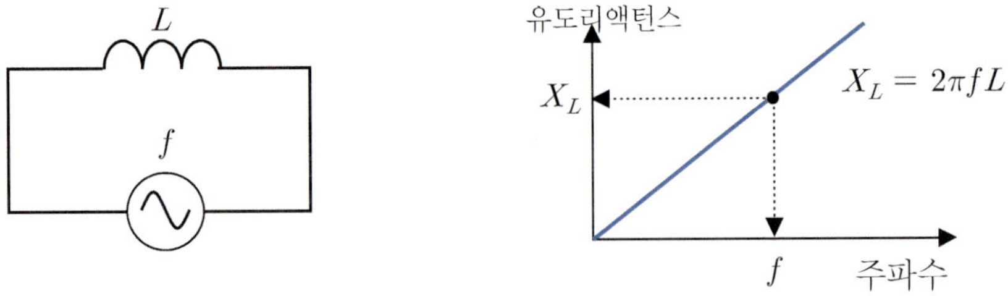

(a) 인덕턴스 회로　　　(b) 주파수 대 리액턴스 특성

그림 1-116 인덕턴스 회로와 주파수 특성

(7) 코일을 흐르는 전류는 전압에 비해 위상이 90° 늦다.

(8) 저항은 교류와 직류에 대해 동일한 작용을 한다.

(9) 인덕턴스와 정전용량은 정 반대의 전기적 특성을 가진다. 이것을 수식으로 나타낼 때 복소수 기호(j)을 붙이고 90°앞서면 (+), 90°느리면 (−) 부호를 붙인다.

$$90°\text{진상} = +jX_L, \quad 90°\text{지상} = -jX_C$$

(10) 인덕턴스(코일)과 커패시터를 함께 사용하면 합성 리액턴스는 서로 상쇄되어 작아진다.

(11) 인덕턴스(코일)과 커패시터의 리액턴스가 정확히 일치하면 합성 리액턴스는 0이 되어 전류가 최대로 흐르는 공진상태가 된다.

18.5 구형파 교류의 성질

구형파는 언뜻 보아 직류의 모양을 하고 있지만 기본 주파수보다 정수배 높은 수많은 사인파들의 합성체이다.(이들을 고조파라고 한다)

$$V = E + V_m \sin\omega t + \frac{1}{3} V_m \sin 3\omega t + \frac{1}{5} V_m \sin 5\omega t + \cdots \quad \cdots\cdots (1-50)$$

직류 (E), 기본파 ($V_m \sin\omega t$), 제3 고조파 ($\frac{1}{3} V_m \sin 3\omega t$), 제5 고조파 ($\frac{1}{5} V_m \sin 5\omega t$)

그리고 이 구형파를 공진회로에 통과시키면 수많은 고조파 중에서 하나의 사인파 교류만 얻을 수 있다.

18.6 공진회로

(1) 직렬공진회로는 유도리액턴스와 용량리액턴스가 서로 상쇄되어 0이 되면서 공급전류가 최대로 흐른다.(L과 C에 걸리는 전압은 최대, 위상은 반대이다.)

(2) 병렬공진회로는 유도전류와 용량전류가 서로 상쇄되어 임피던스가 무한대가 되고 전류는 최소가 된다.(L과 C에 흐르는 전류는 최대, 위상은 반대이다.)

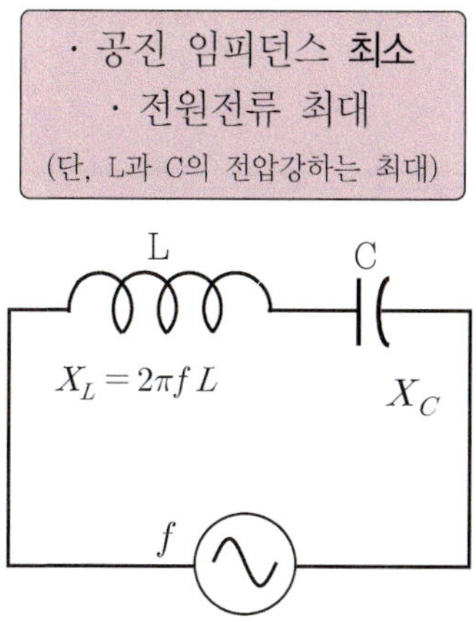

그림 1-117 직렬 공진회로

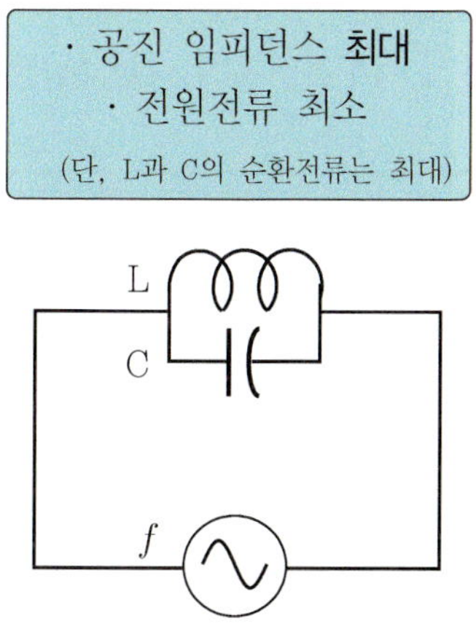

그림 1-118 병렬 공진회로

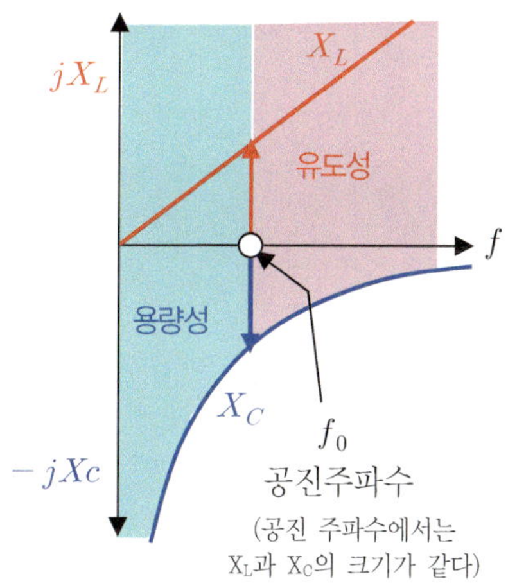

그림 1-119 직렬공진의 임피던스

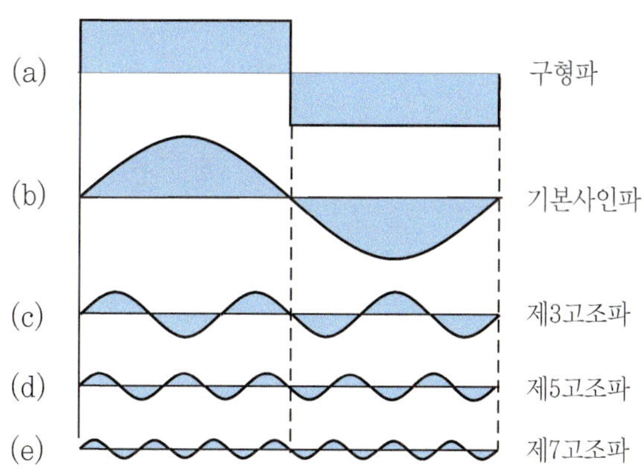

그림 1-120 구형파의 파형분석

과제 번호	R L C 교류회로 측정
1.10.1	
준비물	저주파 신호 발생기, DMM, 기록용 방안지, 5kΩVR 저항기 100Ω /0.5W/1K, 100K, 커패시터 1μF, 100μF, 코일 100mH

1. 그림 1-119와 같이 측정회로를 구성한다.

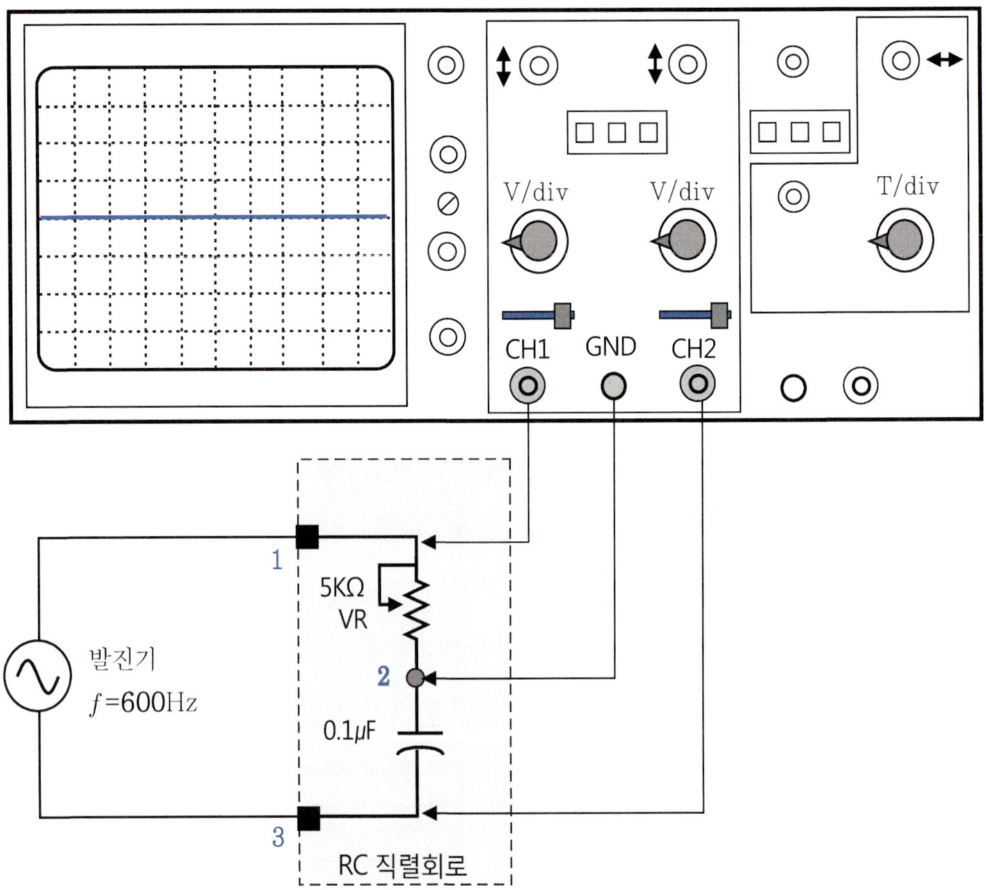

그림 1-121 RC 위상 측정을 위한 발진기와 오실로스코프의 접속

가. 발진기는 다음과 같이 설정한다.

① 주파수: 600Hz, ② 출력: 5Vpp, ③ 변조: 없음, Offset : Zero

나. 오실로스코프는 다음과 같이 설정한다.

① 동작모드 : 듀얼모드, ② Trigger: Auto, ③ Ch1= 1[V/Div]

④ Ch2= 1[V/Div], ⑤ 라스터 위치 = 수평 중간

⑥ Position : CH2=Invert 모드

2. RC회로를 측정한다.

가. RC회로의 단자 1, 3번에 발진기를, 단자 1, 2, 3번에 오실로스코프를 연결한다.

나. 오실로스코프의 각 채널 수직감도를 보기 적당하게 조절한다.

다. 저항에 걸린 전압(V_R)과 커패시터에 걸린 전압(V_C)을 측정한다.(VR 중간위치)

디. V_R과 V_C의 위상각을 확인한다.

라. 가변저항 5kΩ을 조절하는데 따라 전압크기와 위상각이 변화하는지 확인한다.

표 1-28 RC직렬회로의 전압파형과 위상

R-C 값	파형 관찰	위상각
VR 최대(5㏀) C=0.1μF		
VR 중간(2.5㏀) C=0.1μF		
VR 최소(0㏀) C=0.1μF		

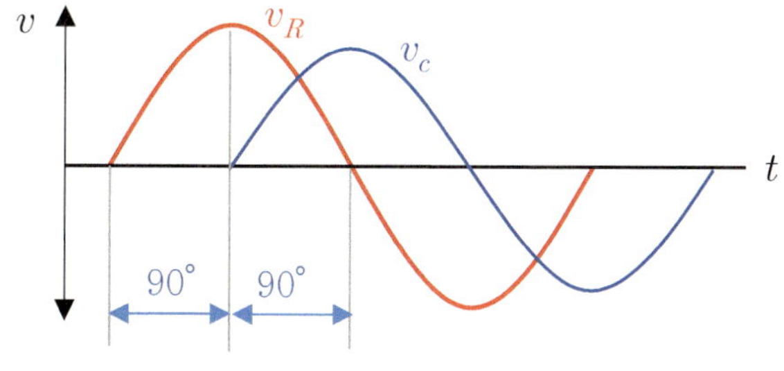

그림 1-122 전압-전류의 위상관계

3. RCL회로를 측정한다.

가. **그림 1-124**와 같이 위상측정을 위한 회로를 조립한다.

나. 발진 주파수는 5,0300Hz로, 신호의 크기는 $2V_{pp}$로 조절한다.

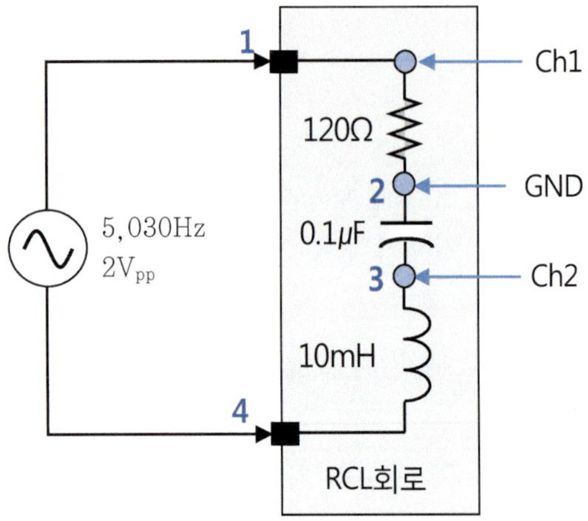

그림 1-123 RCL 측정 1단계

다. 오실로스코프의 채널1, 2를 이용하여 저항R, 커패시터 C에 걸리는 전압 V_R, V_C를 측정한다. (그림 1-123 ↑)

라. **그림 1-124**에서 커패시터 C, 코일 L에 걸리는 전압 V_c, V_L 을 측정한다.

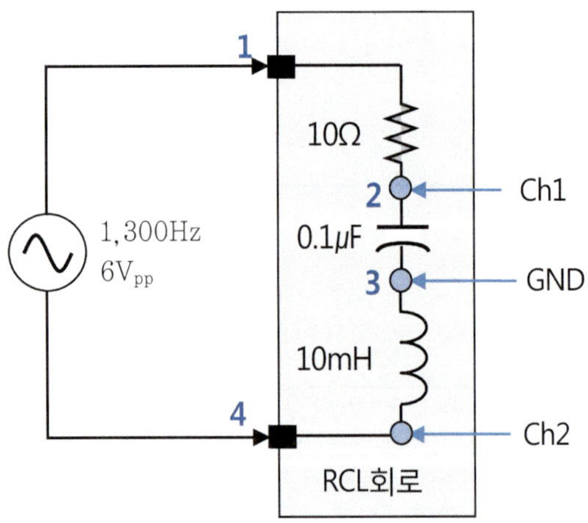

그림 1-124 RCL 측정 2단계

마. **그림 1-125**에서 단자 1-4번 사이의 전원전압(V_{in}), 단자 2-4번 사이의 합성 리액턴스전압($V_C + V_L$)을 동시에 측정하고, 이어서 인덕터에 걸린 전압(V_L)도 측정한다.

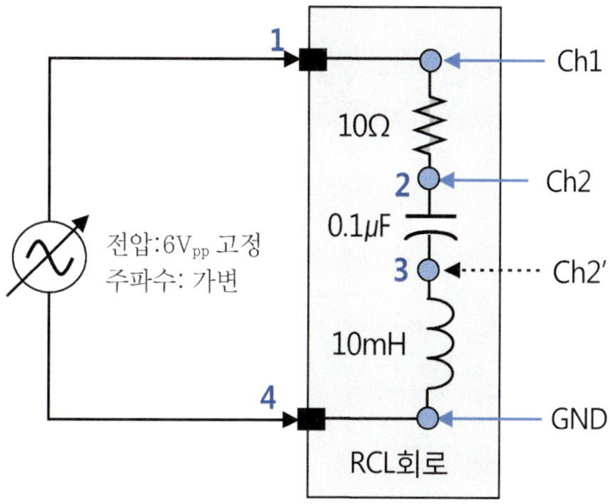

그림 1-125 LC 직렬공진 측정하기

바. 측정결과를 다음 표 **1-29**에 기록한다.

사. 공진주파수 확인 : 발진기의 주파수를 미세 조절하여($V_C + V_L$)의 합성전압이 0V에 가장 근접한 주파수를 찾는다.(그림 1-125)

표 1-29 RCL회로 측정결과

회로	측정 항목	측 정 값		위상각
1-123	다. 저항과 커패시턴스 전압강하	V_R= [V]	V_C= [V]	
1-124	라. 저항과 인덕턴스 전압강하	V_R= [V]	V_L= [V]	
1-125	마. 전원전압과 (합성 리액턴스) 전압강하	V_{in}= [V]	($V_C + V_L$)= [V]	
	마. 전원전압과 인덕턴스 전압강하	V_{in}= [V]	V_L= [V]	
1-125	공진 주파수(f_0)	[Hz]		

4. 저역통과여파기(LPF)를 측정한다.

가. 그림 1-126과 같이 회로를 구성한다.

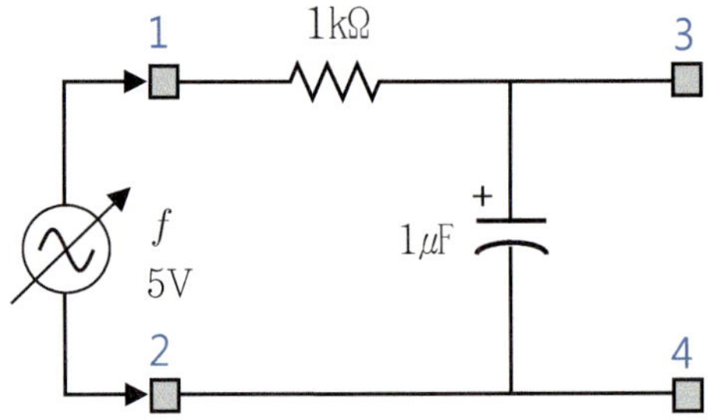

그림 1-126 저역통과 필터

나. 발진기의 사인파 신호를 단자 1-2에 가하였을 때 단자 3-4에 나타난 출력 파형의 크기를 오실로스코프로 관찰한다.

다. 표 1-30과 같이 입력 주파수를 점차 높여갈 때 출력의 크기를 측정하고 기록한다.

표 1-30 LPF의 측정결과

입력 주파수 [Hz]	10	20	50	100		200	500	1k
출력전압 [V]	≒5V				3.5V			

라. 출력이 최댓값(5V)의 0.7배 되는 곳의 주파수(f_c)를 찾는다.

마. 차단 주파수(f_c)는 다음의 식과 일치하는지 확인한다.

$$f_C = \frac{1}{2\pi RC} \qquad \cdots\cdots (1-51)$$

5. 적분회로를 측정한다.

가. 위의 저역통과여파기를 그대로 사용하고 다만 발진기의 파형을 구형파로 바꾼다.(그림 1-127)

나. 구형파의 주파수를 점차 높은 주파수로 변화시킬 때 출력파형은 어떻게 변해 가는지 확인하고 기록한다.

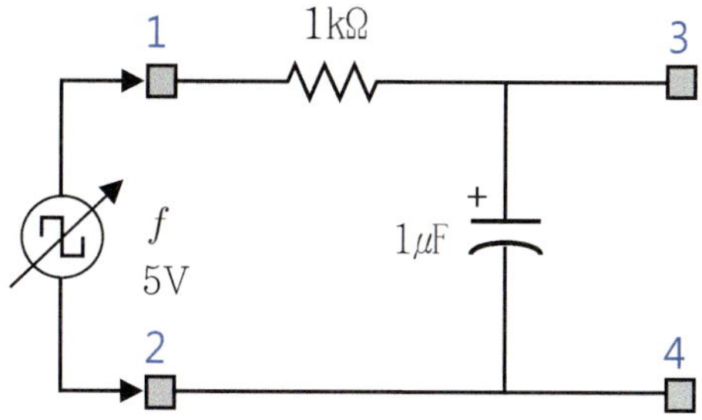

그림 1-127 적분 회로

표 1-31 적분회로의 입출력 파형 기록

주파수	출력 파형	주파수	출력 파형
20Hz		50Hz	
160Hz		500Hz	

☞ 점선을 입력파형으로 간주하고 이에 동기 시켜 출력파형을 그린다.

6. 고역통과여파기(HPF)를 측정한다.

가. 그림 1-128과 같이 회로를 구성한다.

나. 발진기의 사인파 신호를 단자 1-2에 가하였을 때 단자 3-4에 나타난 출력파형의 크기를 오실로스코프로 관찰하고 표 1-32에 기록한다.

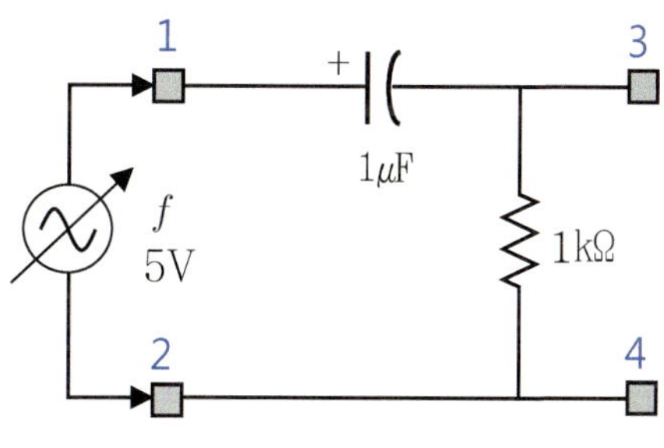

그림 1-128 고역통과

표 1-32 HPF의 측정결과

입력 주파수 [Hz]	10	20	50	100		200	500	1k
출력전압 [V]					3.5V			≒5V

다. 표 1-32와 같이 입력 주파수를 점차 높여갈 때 출력의 크기를 측정하고 기록한다.

라. 출력이 최댓값(5V)의 0.7배 되는 곳의 주파수(f_C)를 찾는다.

마. 차단 주파수(f_C)는 다음의 식과 일치하는지 확인한다.

$$f_C = \frac{1}{2\pi RC} \qquad \cdots\cdots (1-52)$$

7. 미분회로를 측정한다.

가. 위의 고역통과 여파기를 그대로 사용하고 다만 발진기의 파형을 구형파로 바꾼다.(그림 1-129)

나. 구형파의 주파수를 점차 높은 주파수로 변화시킬 때 출력파형은 어떻게 변해 가는지 확인하고 표 1-33에 기록한다.

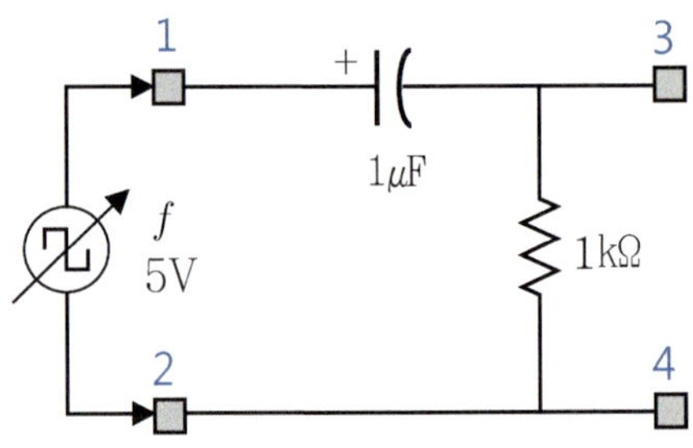

그림 1-129 미분 회로

표 1-33 미분회로의 입출력 파형 기록

주파수	출력파형	주파수	출력파형
20Hz		50Hz	
160Hz		500Hz	

☞ 점선을 입력파형으로 간주하고 이에 동기 시켜 출력파형을 그린다.

그림 1-130 폴리에스텔 필름(마일러) 커패시터

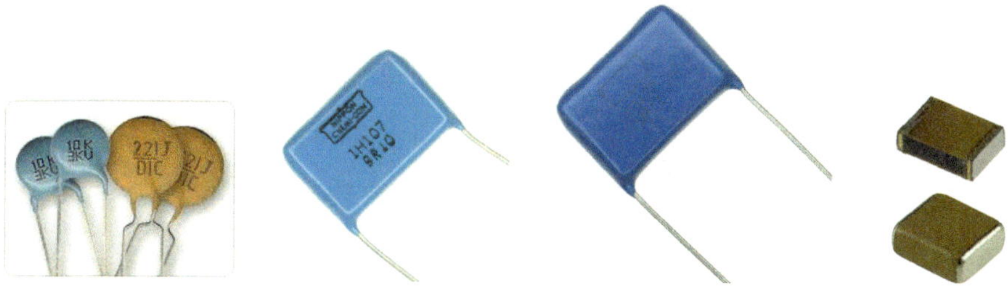

(a) 10~220pF (b) 100㎌ 50V (c) 470㎌ 16V SMD칩 커패시터 (d) 100㎌ 6.3V

그림 1-131 세라믹 커패시터

19. 납땜에 관한 여러 가지 상식

납땜(Soldering)이란 납(또는 그 합금)을 녹여 금속과 금속을 접합시키는 것으로 전자회로를 조립하는 데는 필수적인 작업공정이다. 용접에 납을 사용하는 이유는 용융점이 낮고 여러 금속과 친화성이 좋아 접합이 잘되는 성질이 있기 때문이다.

최근에는 환경규제가 강화되면서 납을 포함하지 않은 땜납소재, 예를 들면 주석과 아연의 합금을 사용하여 전자제품을 조립하는 경향이 있다.

19.1 땜납의 성분과 녹는 온도

납땜의 소재는 납과 다른 금속과의 합금으로 구성되어 있고 그 구성 비율에 따라 융점과 경도가 달라진다. 일반적으로 전자회로 기판에 사용되는 땜납은 주석(Sn)이 50%, 납이 46.43%, 구리 등 기타 금속이 미량 혼합되어 있다.

(주석+납) 성분의 땜 납

명 칭	성 분 [%]					녹는점 [℃]	적용 대상
	Sn	Sb	Fe	Cu+As+Ni	Pb		
주석25땜납	25	1.7	0.05	0.1	73.15	257	철, 구리 등
주석35땜납	35	2.3	0.07	0.15	62.48	237	아연(합금) : 불꽃 용접
주석50땜납	50	3.3	0.09	0.18	46.43	200	철, 구리 등 전자기기
주석60땜납	60	3.2	0.1	0.2	36.5	185	정밀기기
주석90땜납	90	1.3	0.1	0.2	8.4	219	철, 구리, 통조림

RoHS 땜납

명 칭	성 분 [%]			녹는점 [℃]	비 고
	Sn	Ag	Cu		
주석 100	100	-	-	232	RoHS(유해물질 제한지침)에 적합한 친환경 땜납재료.
주석-은3	97	3	-	221	
주석-은-구리	96.5	3	0.5	220	

경금속용 아연-알미늄-주석 땜납

명 칭	성 분 [%]				녹는점 [℃]	적용 대상
	Sn	Zn	Al	Cd		
Sn-Zn60	40	60	-	-	320	순 알루미늄, 케이블
Al-Zn56	-	56	4	나머지	320	경금속 케이스
Sn-Zn40	59	39	-	-	260	순 알루미늄, 미세선(0.2㎜Ø)

19.2 실납과 플럭스(송진)

앞에서 본 땜납 소재는 실납의 형태로 감아서 사용한다. 선의 굵기는 1~1.6㎜Ø 정도이고, 중심부에 0.5Ø 정도의 송진이 들어있다. 이 송진은 납보다 먼저 녹아서 모재의 표면을 청결히 해주고 납땜이 되고 난 후에는 납의 표면에 얇은 피막을 형성하여 산화를 방지하는 플럭스의 역할을 한다.

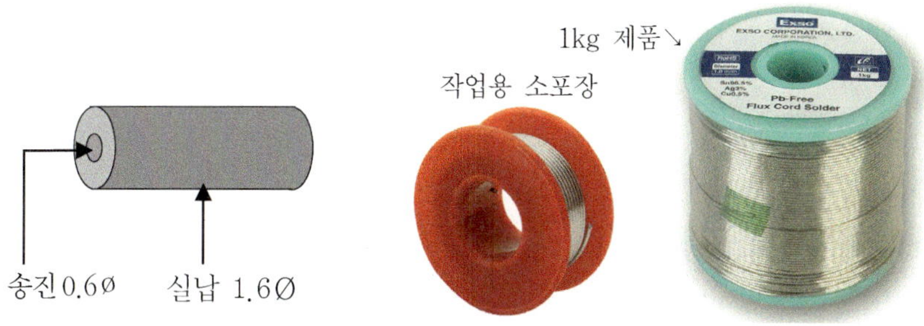

(a) 실납 확대도　　(b) 실납 제품

그림 1-132 실납의 구조와 소포장

19.3 납땜 도구들

납땜을 위한 도구들에는 전기인두, 온도조절기, 인두 거치대, 스펀지, 인두 클리너, 그리고 납 흡입기 등이 있다.

(a) 일반용　　(b) 권총인두(순간가열)　　(c) 산업용(대용량)

그림 1-133 여러 가지 납땜인두들

(1) 전기인두

전기인두는 작업 용도에 따라 여러 가지 종류가 있다. 그림 1-133의 (a)는 장시간 작업에 적합한 일반용 막대인두이다. 20~30W 용량이 많고 과열이 예방되는 세라믹 히터도 있다. (b)는 순간 가열이 가능한 권총형 인두이다. 스위치를 당기는 순간 가열되어 즉시 납땜을 할 수 있다. 이것의 몸통은 철심변압기이기 때문에 무거워서 장시간 작업에는 불편하다. (c)는 산업용 대용량(100~300W)인두이다. 양철판이나 동판용접을 하는 데 주로 사용하기 때문에 끝부분이 평편하게 된 것이 좋다.

그 밖에 휴대용 가스 인두기가 있는데, 뒤쪽에 달린 조그만 탱크에 가스를 충진하고 뾰족한 노즐을 통해 가스가 나오면 용접기처럼 불을 켜서 납땜을 할 수 있다.

(2) 전기인두 온도 조절기

고급의 온도 조절기는 전기인두와 한 조를 이루고 있다. 이 전기인두에는 온도센서가 달려있고 여기서 얻어진 온도신호를 조절기에 되먹임 하여 설정온도에 맞도록 자동제어 한다. 온도조절기는 보통 200~450℃ 범위의 온도를 설정할 수 있다.

IC와 같이 납땜 온도를 지켜야하는 경우에는 꼭 온도조절기가 달려있는 전기인두를 사용해야한다.

그림 1-134 온도조절기 세트

그림 1-135 인두 클리너와 페이스트

(3) 인두 받침대와 물수건(해면 스펀지)

안전을 위하여 인두 받침대는 꼭 사용해야한다. 인두 끝이 더러워질 때마다 면 재질의 물수건 또는 해면 스펀지로 인두 끝을 닦으면 청결한 납땜을 할 수 있다.

해면 스펀지는 물을 먹으면 부풀어 오르는데, 수세미처럼 다공질로 되어있어 오염물질을 잘 흡수하고 열에도 강하다. 물로 세척하면 오래 오래 사용할 수 있다. 또 인두 클리너는 일종의 철수세미이다. 오염된 인두 끝을 클리너 통에 찔러 넣고 문지르면 오물이 떨어져 나간다.

(4) 납땜 흡입기와 흡입 테이프

납 흡입기는 납땜이 잘못되었거나 부품을 해체할 때 납을 녹여 빨아내는 도구이다. IC기판 작업 등에서는 녹은 납을 구리세선(細線)으로 흡수하여 제거하는 방법도 사용한다. 그림 1-136(b)와 같이 'Solder-Wick'이란 이름으로 판매한다.

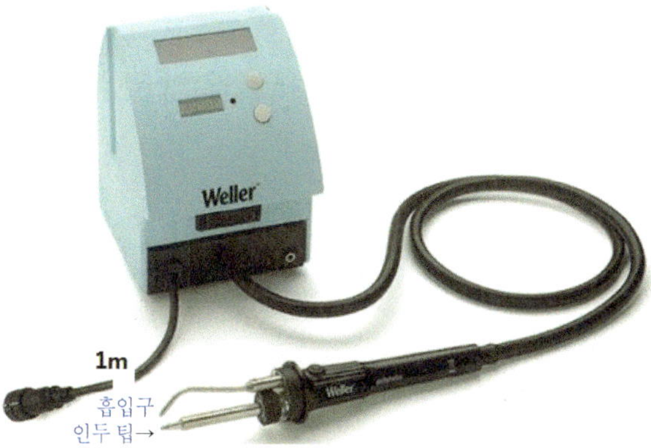

(a) 공압식 납 흡입기

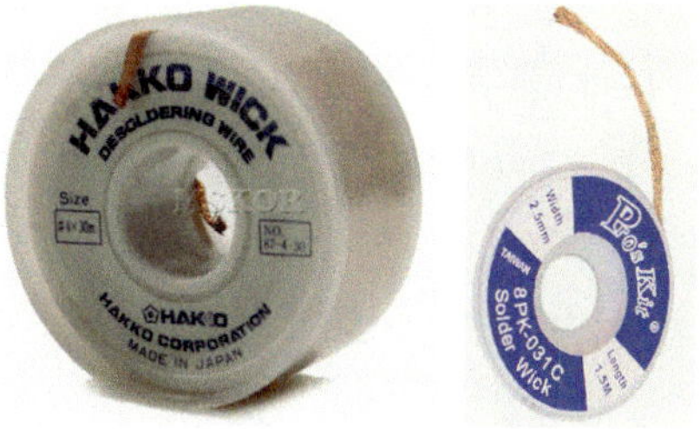

(b) 납 흡입용 구리세선 테이프

그림 1-136 납땜 보조 도구들

(5) 납땜 페이스트

납땜할 모재가 녹이 슬어있거나 오물이 묻어있을 때 페이스트를 바르고 가열하면 납땜이 잘된다. 그러나 산성성분이 들어있기 때문에 금속을 부식시킬 수 있으므로 납땜 후에는 남아있는 페이스트를 깨끗이 닦아내야 한다.

요즘의 전자 부품은 납땜이 용이하도록 주석도금이 되어있고, 전자회로기판에는 송진이 도포되어 있기 때문에 페이스트를 칠하지 않아도 예열만 충분히 하면 납땜이 잘 된다. 실내에서 페이스트를 사용하면 작업자의 폐 속에 독성이 강한 페이스트 증기가 들어갈 위험이 있으므로 배기시설이 없는 옥내에서는 피해야 한다.

19.4 납땜의 비결

(1) 온도

올바른 납땜의 첫째 비결은 온도조절이다. 납의 용해온도보다 인두 끝이 50~60℃ 정도 높은 것이 적당하다. 예를 들면 Sn60%의 주석땜납은 융점이 185 ℃이므로 인두온도는 240℃ 또는 그 이상에서 납땜이 잘 된다.

그러나 연속 납땜의 경우에는 다소 온도를 높게 하는 것이 작업의 속도를 빠르게 하는데 유리하다.

(2) 청결

인두 끝은 송진 찌꺼기로 항상 더러워지기 쉽다. 따라서 두세 점의 납땜 작업이 끝나면 물수건(스펀지)에 인두 끝을 닦아 청결을 유지하는 것이 좋다. 찌꺼기가 눌어붙어있으면 클리너(철 수세미)로 비벼서 털어낸다.

(3) 속도

납이 녹은 상태에서 오랫동안(약 3초 이상) 열을 받으면 송진이 타면서 찌꺼기를 남긴다. 송진 보호막이 없어지면 납은 쉽게 산화하여 변색되고 인두에 들어붙기 때문에 깨끗한 납땜이 될 수 없다. 적량의 납이 녹으면 신속히 납과 인두를 후퇴시켜야 하는데 이 타이밍이 숙달의 관건이다.

19.5 납땜의 5단계

납땜작업을 그림 1-138과 같이 다섯 단계로 분해하여 설명할 수 있다.

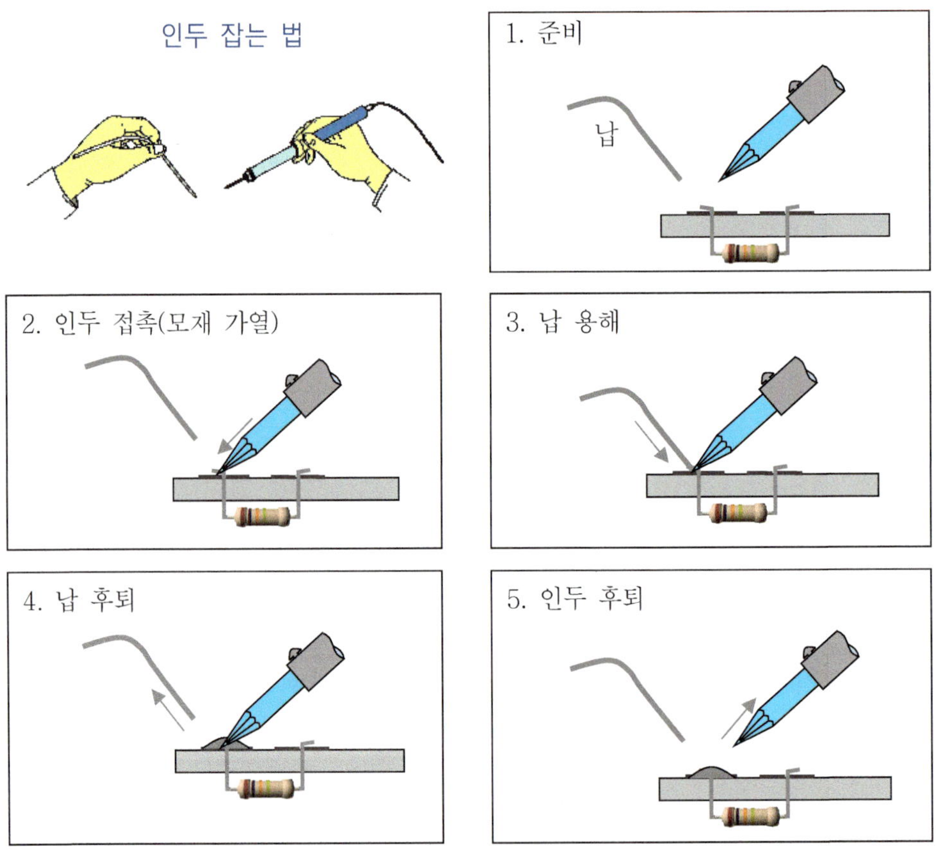

그림 1-137 납땜의 5단계

제 1 단계 : [준비] 인두와 납을 모재(母材=기판) 위에 위치시킨다.

제 2 단계 : [모재 가열] 인두를 모재에 접촉하고 예열한다.(압력을 가해 누른다.)
2~3초 동안 가열 하여 모재가 예열되면 송진 녹는 것이 보인다.

제 3 단계 : [납 용해] 납을 인두의 끝부분에 찌르듯이 들여 밀고 녹인다.
납이 녹아 동박면 전체에 골고루 퍼지는 것을 확인한다.

제 4 단계 : [납 후퇴] 적량의 납이 녹을 것을 확인하면 즉시 납을 후퇴한다.
(납 후퇴와 거의 동시에)

제 5 단계 : [인두 후퇴] 인두를 후퇴하여 준비 위치로 들어 올리면 한 점의 납땜작업은 완료된다.

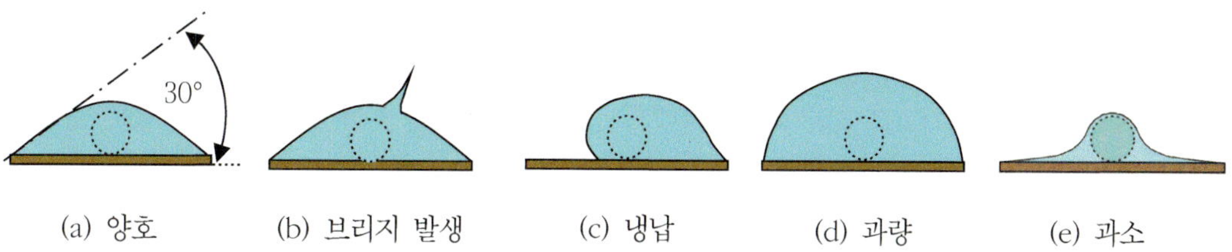

그림 1-138 여러 가지 납땜의 확대 보기

과제 번호	납땜하기
1.11.1	
준비물	전기인두(25W), 인두받침, 해면 스펀지, 땜납(Sn50~60%), 줄(중목), 만능기판, 단선(0.4φ), 10색 연선(0.1/17), 샌드페이퍼

1. 작업 공구를 준비한다.

① 실습 준비물을 사용 위치에 정돈한다.

② 인두 끝을 손질한다.

줄이나 사포(샌드페이퍼)를 이용하여 인두 끝의 오물을 제거하고 납을 입힌다. 이때는 반드시 물수건 또는 해면 스펀지를 옆에 두고 작업한다.

③ 온도 조절기가 있으면 280~300℃ 정도에 맞춘다.(센서가 없는 조절기는 '중간'위치에 둔다)

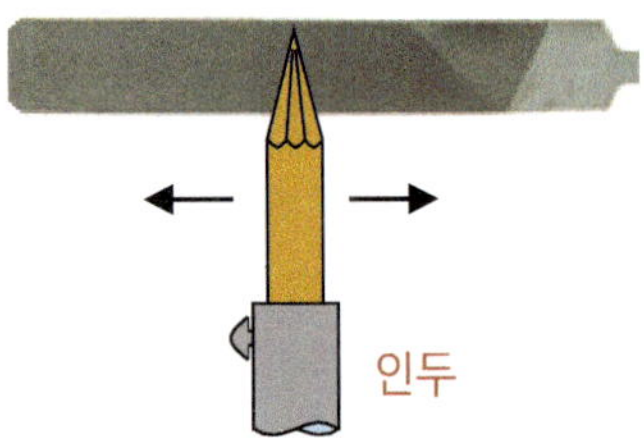

그림 1-139 인두 끝 손질하기

2. 선재를 준비한다.

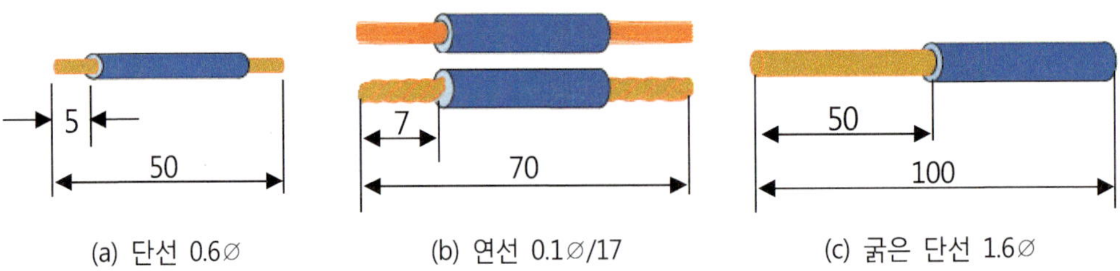

그림 1-140 납땜 재료로 사용될 선재들

① 단선(0.4Ø)을 5cm 길이로 자르고 양 끝의 피복을 5㎜씩 벗긴다.(a)
② 10색 연선을 7cm 길이로 자른 후 양끝 피복을 7㎜씩 벗긴다.(b)의 위
③ 벗겨진 연선가닥의 끝을 잡고 피복 부를 돌리면 새끼처럼 꼰다.(b)의 아래
④ 옥내배선용 단선을 10cm 길이로 자른 후 한쪽의 피복을 5cm 벗긴다.(c)

3. 기판 납땜을 연습한다.

가. 부품 조립 연습하기

손질해 둔 단선(0.4Ø)을 부품으로 생각하고 'ㄷ'자로 굽혀서 기판에 삽입하여 조립한다. 이때 조립의 순서는 다음과 같다.

① 삽입 : 그림 1-141-①처럼 단선을 홀에 삽입한다.
② 굴곡 : 약 15°의 앙각으로 리드를 눕힌다.
③ 절단 : 동판의 범위 내, 홀 중앙으로부터 약 2*mm* 길이로 자른다.
④ 납땜 : 납땜한다. 납땜의 순서와 요령은 [그림 1-137]을 참고한다.

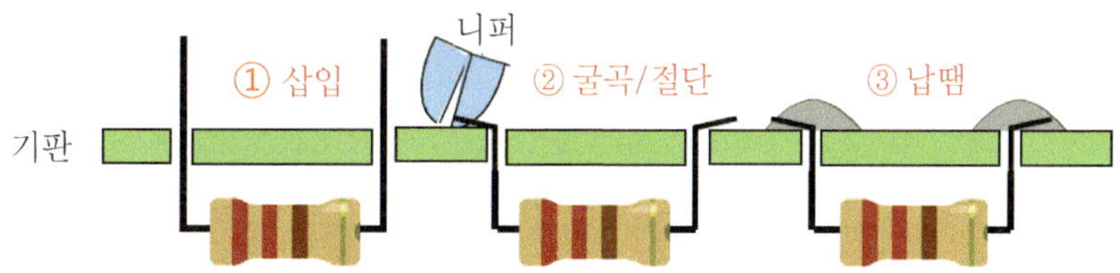

그림 1-141 부품 조립(납땜) 요령

4. 단선 배선 및 납땜하기

가. 그림 1-142와 같은 만능기판에 직경 0.4Ø 단선을 'ㄹ'자 형태로 배선하는 연습을 한다. 이때의 배선과 납땜요령을 정리하면,

나. 그림 1-143과 같이 배선의 시작점 ①에서 홀에 선을 끼우고 ②번처럼 구부린 다음 ③번처럼 납땜한다.

다. 그림 1-142의 예와 같이 배선의 시작점, 끝점, 굴곡 점에는 반드시 납땜을 해야 한다.

라. 직선배선 구간에서는 한 칸 건너 징검다리 식으로 납땜한다.

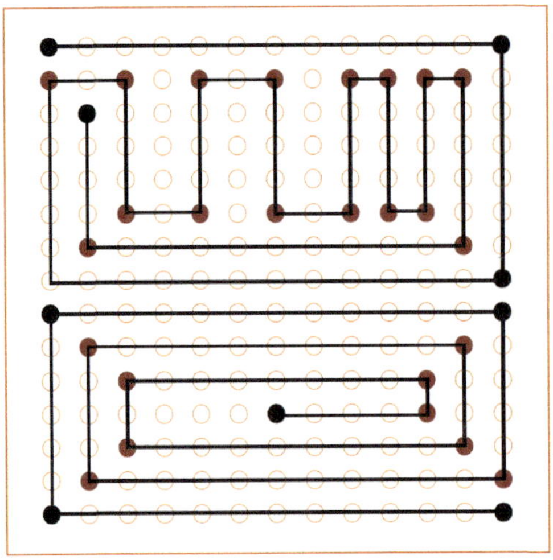

그림 1-142　단선으로 납땜하기

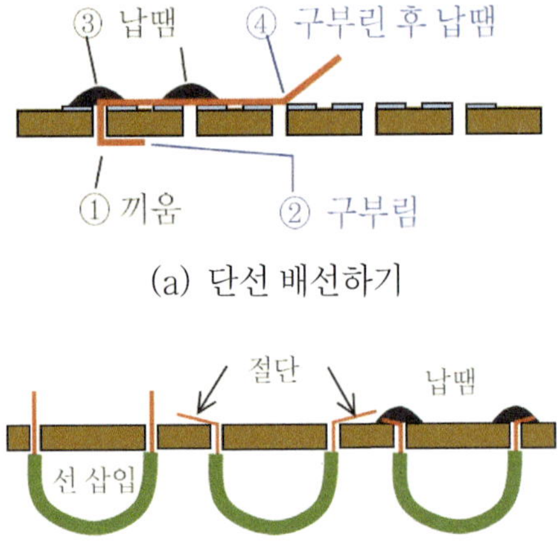

(a) 단선 배선하기

(b) 연선 배선하기

그림 1-143　단선 및 연선 배선

5. 연선 배선 납땜하기

단말처리가 된 연선을 이용하여 반능기판에 납땜 연습을 한다.

가. 연선의 양끝을 꼰 다음

나. 납을 입힌다.(2~3초간 선 끝에서 인두열을 가한 다음 인두 끝에 납을 녹여 연선 쪽으로 확산시킨다. 이렇게 하는 작업은 '단말처리'라고 부른다.)

다. 기판의 홀에 연선의 단말처리 부분을 삽입하고 굴곡-절단-납땜의 순서로 진행한다.(그림 1-143 참조)

6. 단자 납땜 연습하기

기판이 아닌 곳에서 부품간의 배선, 기판의 터미널에서 외부로 인출되는 배선 등은 연선으로 배선하는 것이 원칙이다.

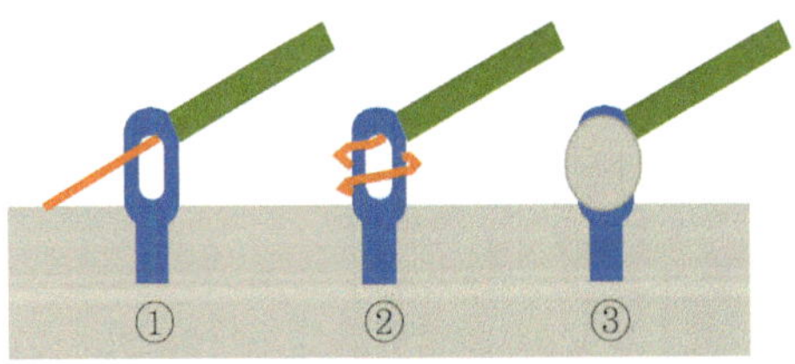

그림 1-144　단자접속과 납땜

가. 단자에 연선 납땜하기

단자의 구멍에 연선을 삽입하고 한 바퀴 이상 감은 다음 납땜한다.

나. 단자에 굵은 전선 납땜하기

단자의 구멍에 전선을 삽입하고 한 바퀴 감은 다음 납땜을 한다.
(롱노즈 플라이어를 사용한다.)

7. 전선의 트위스트 접속하기

1mm 이상의 굵은 단선을 접속할 때 주로 사용하는 방법이 트위스트 접속이다.

가. 준비한 1.6~2mmØ 단선 동선 2개를 그림 1-145의 (a)와 같이 X자 형태로 맞댄다.

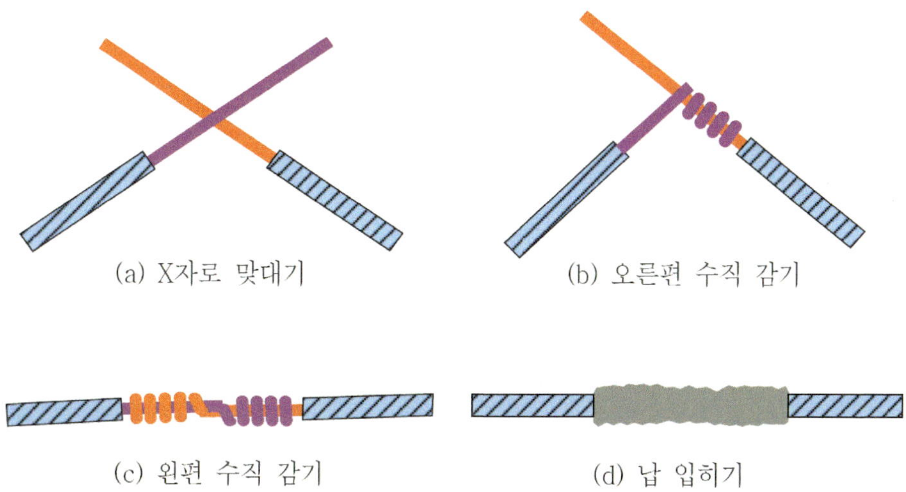

그림 1-145 전선의 트위스트 접속

나. 피복부를 양손으로 잡고 두 전선을 X자 형태로 꼰다.(2바퀴)

다. 공구를 이용하여 양쪽 선의 끝을 수직으로 다섯 번씩 감고 직선이 되도록 손질한다.

라. 피복이 벗겨진 부분에 인두로 납을 입힌다.(이런 곳의 납땜에는 권총형 인두나 산업용 대용량 인두가 능률적이다.)

20. 전기 안전

20.1 누전(漏電)

누전이란 전기가 정상적 통로(전기회로)에서 새어나와 주위의 다른 물체, 예를 들면 금속이나 습기 있는 물체를 통하여 흐르는 것을 말한다.

일반적으로 누전현상이 일어나는 경우는 전선이나 전기장치를 둘러싼 절연 보호막이 노후 되거나 손상을 받아 제 역할을 못하기 때문이다. 예를 들어 세탁기 속의 전기회로를 보면, 전동기와 센서, 전자제어회로 그리고 이들을 연결하는 전기 배선 등이 있다. 만약 오래된 세탁기가 진동과 습기 또는 이물질들로 인하여 전기회로의 일부분이 금속케이스에 닿는다면, 전력선의 전류 일부가 바닥 습기를 통하여 누전이 될 수가 있는 것이다.

누전 현상 중 최악의 상황은 합선(合線)이다. 옥내에서 절연되어야 할 두 가닥의 선로가 서로 붙어버리는 현상인데 용접과도 같은 순간적인 과열로 십중팔구는 화재로 연결된다.

우리나라의 연간 화재발생 건수의 34% 12,300건이 전기화재이고 이중 74%가 합선으로 인한 것이라 한다.(2000년 통계)

20.2 감전(感電)

전류가 인체를 관통하여 흐르고 그로인해 충격을 느끼는 상태를 감전이라 한다.

아주 낮은 전압을 인체에 가하면 흐르는 전류의 량이 작아서 감전의 느낌이 없다. 예를 들면 건전지나 랜턴용 6V 배터리의 양쪽 전극을 손으로 만져도 전혀 감각이 없다. 그러나 220V 전력선에는 살짝만 건드려도 짜릿한 충격을 경험할 수 있다. 이러한 위험한 전기적 충격을 전격(電擊)이라고 말한다. 전격에는 두 가지 종류가 있는데,

첫째는 높은 전압에 의한 충격이다. 전류는 제로에 가깝게 작아도 높은 전압으로 인해 짜릿한 충격은 매우 강하다. 예를 들어 겨울철 스웨터를 벗을 때 경험하는 정전기는 5,000볼트를 넘는다. 그러나 감각적 충격 이상의 사고는 없다. 이 정전기는 에너지양이 적어 전류 값이 거의 제로이기 때문이다.

둘째는 큰 전류에 의한 충격이다. 큰 전류가 인체를 통하면 화상을 입거나 신경계의 마비를 초래할 수 있다. 특히 심장을 관통하면 심장마비와 같은 치명적 손상을 끼칠 수 있으므로 특별한 주의를 요한다. 이러한 전격은 전력선에 감전이 될 때 주

로 발생한다. 한 손이 전력선에 닿아도 다행히 바닥에 습기가 없을 때는 앞서의 전압성 충격만 받지만 손발에 습기가 많을 때는 전압과 전류에 의한 충격을 동시에 받게 된다.

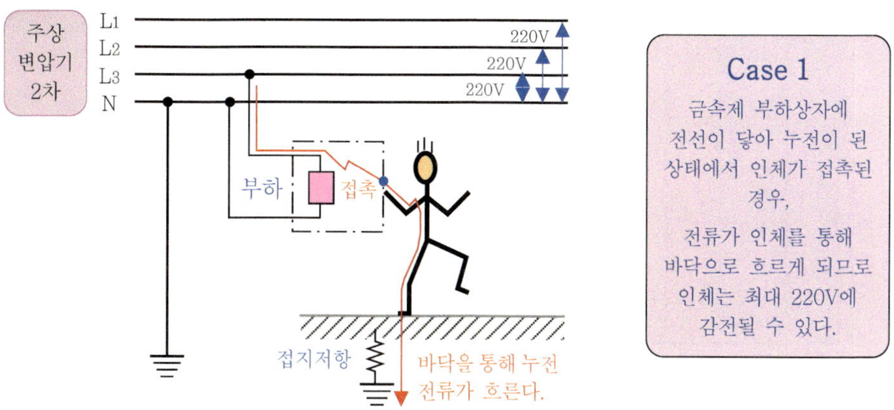

그림 1-146 접지가 안 된 경우 : 감전 가능

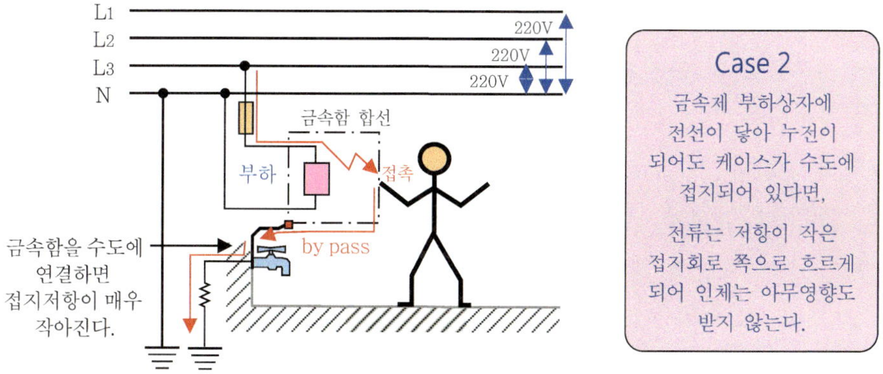

그림 1-147 접지가 된 경우 : 감전 예방

20.3 전류의 세기와 감전 피해의 관계

인체가 감전되어 심장 쪽으로 전류가 흘렀을 경우는 다른 신체부위보다 충격과 손상이 심하다. 다음 그림 1-148은 심장 쪽으로 관통하는 전류의 크기에 따른 감전 손상의 정도를 나타내고 있다.

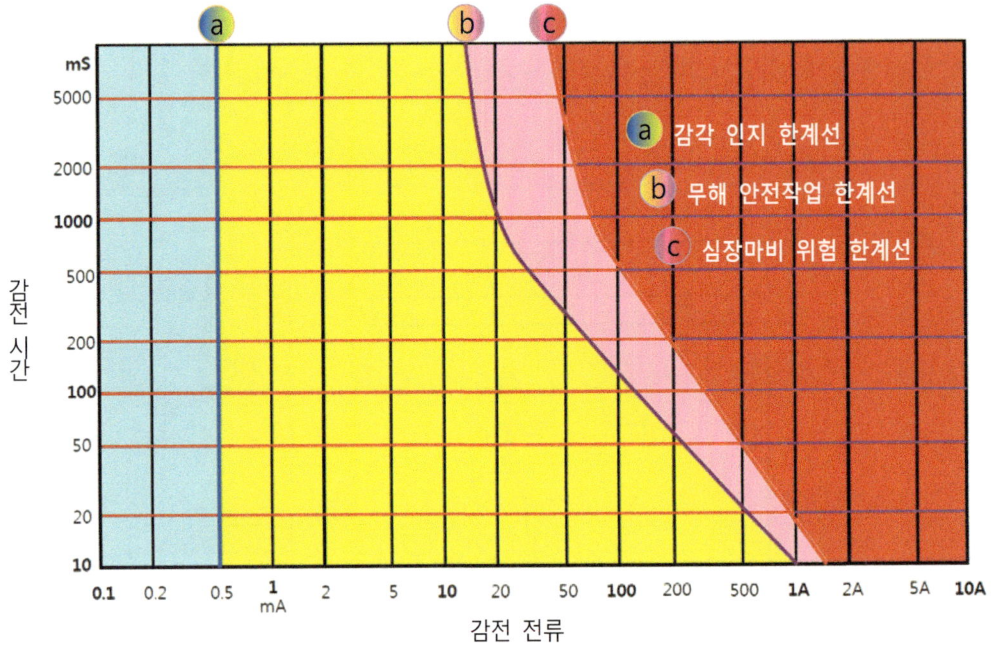

그림 1-148 감전전류에 따른 인체 반응 곡선

전류의 크기가 클수록 손상정도는 커지지만 감전시간도 중요한 변수이다. 50mA의 전류에 1초 이상 길게 감전되는 경우보다 200mA 전류에 10ms(1/100초) 감전이 상대적으로 더 안전할 수 있음을 보여준다. 그러나 일반적으로 50mA 이상의 전류는 심장마비를 일으키는 매우 위험한 한계 값이고, 1mA 이하는 위험성이 없는 안전 영역에 속한다.

벼락에 감전되는 경우 그 전류는 매우 크다. 그러나 번개의 통전시간은 수 μs로 매우 짧기 때문에 생각보다는 사망에 이르는 경우가 적은 특징을 나타낸다.

20.4 인체의 저항과 감전 가능성

인체 내부는 염분, 전해질과 수분 등이 많아 전기저항이 300Ω 정도로 낮다. 그리고 손과 금속이 접촉할 때의 피부저항은 2,500Ω 정도, 발이 신발과 접촉하는 부분의 저항은 1,500Ω 정도, 신발과 지면 사이의 저항은 700Ω 내외가 되어 합계 4,700Ω이 된다.

(a) 가정1 : 만약 한 손이 220V 전력선에 닿았을 경우 인체를 관통하여 흐르는

$$전류 = \frac{전원전압}{총저항} = \frac{V}{R} = \frac{220\,[V]}{4,700\,[\Omega]} = 44\,[mA]$$

· 그림1의 전기안전 곡선에 의하면 44[mA]는 통전시간이 0.5[초] 이상일 때 매우 위험한 감전피해가 예상된다.

(b) 가정2 : 만약 인체일부가 고압선에 닿았을 경우

시가지를 흐르는 송전선로의 전압은 3,300[V], 전철에 사용되는 전압은 24,000[V], 시외로 연결되는 송전선로는 300,000[V]가 넘는다. 이러한 고압에서는 비록 높은 저항체라도 근접하고 있을 때는 절연파괴현상을 일으키면서 큰 전류가 흐르기 때문에 아무리 신발을 신고 바닥이 건조하여도 엄청난 전격과 함께 큰 전류가 흘러 화재 또는 사망사고로 이어질 수 있다.

20.5 전기설비를 통한 감전의 예방법

(1) 세탁기, 냉장고, 전자레인지, 전동기 등 전기기기들은 금속 외함에 설치된 접지단자를 통해 수도관이나 금속배관 접지단자에 접속한다.

(2) 노출된 전선이나 코드선 등의 절연상태를 점검하고 노화된 부분은 교체한다.

(3) 누전 차단기의 동작을 정기 또는 수시로 점검한다.(전자 개폐기 또는 차단기의 수동 스위치 아래에 빨간색 단추가 있는데 이것을 누르면, 정상적인 경우 회로가 차단된다.
(시험이 끝나면 수동 스위치를 밀어 올려 'ON'상태에 둔다.)

(4) 전기시설의 공사는 전기공사기사 자격이 있는 기술자 또는 정식 공사 면허 업체에 의뢰하여 행한다.

20.6 안전 작업을 통한 감전 예방법

(1) 전기 작업 시에는 손을 건조하게 하고, 가능한 작업화를 착용한다.
(젖은 손, 맨발 작업은 절대로 피해야 한다.)

(2) 전기 선로 작업 시, 검전(檢電) 드라이버나 테스터를 이용하여 높은 전압이 걸린 쪽과 접지된 선로를 확인한다.
(3) 왼손은 고무장갑을 끼고 작업을 보조하고, 가능한 오른 손으로 작업을 수행한다.
(4) 전기 초보자는 두꺼비집을 열고(개폐기를 내리고) 전기 선로작업을 한다.
(5) 고압선로 작업은 반드시 전기안전 또는 공사면허 소지자에게 맡긴다.

20.7 그 밖의 전기 사고

전기사고는 직접 전기에 접촉되는 감전 외에도 아크, 스파크 및 전열에 의한 전기화상과 전기성 안염 등이 있다.

전기사고는 대부분 전기에 관한 지식의 부족, 취급자 부주의가 원인이 되어 발생하며 취급자가 올바른 전기지식을 가지고 세심한 주의로 올바른 취급을 하게 되면 전기사고는 막아낼 수 있다.

20.8 전기재해방지의 기본자세

(1) 일반사항

가) 위험표지가 있는 장소에는 가까이 하거나 손을 대지 말아야 한다. 또 관계자 이외에는 변전소, 전기실험실 등에 들어가지 않아야 한다.
나) 취급책임자 외는 스위치, 변압기, 전동기 등의 전기기계장치에 손대지 않는다. 자기의 부상뿐만 아니라 동료 근로자에게 부상을 시키는 일이 많다.
다) 전등의 코드를 못, 쇠붙이에 걸지 않는다.
라) 젖은 손, 맨발로 직접 전기기기나 배선 등에 닿지 않아야 한다. 발바닥이 젖어 있거나 징을 박은 구두를 신고 있을 때에도 위험하다.
마) 전구에 종이, 헝겊을 싸매지 않는다.
바) 전기기계·기구의 청소는 스위치를 끄고 하여야 한다.
사) 수리는 반드시 전기담당 직원에게 의뢰한다.
아) 피복절연전선이라도 고열이나 습기로 절연불량이 되는 경우가 있으니 주의해야 한다.

(2) 스위치 취급

가) 스위치의 덮개를 개방한 채 두어서는 안 된다. 감전을 당할 수 있고, 퓨즈가 튀었을 때 화상의 염려가 있으며, 인화물질이 있을 때는 화재의 위험도 있다.

나) 스위치 상자 속이나 근처에 물건을 두지 않는다.

다) 퓨즈는 규정치를 사용하며 교체는 담당자가 한다.

라) 스위치의 개폐는 우측 손으로 하며 좌측 손은 그 이외의 것, 특히 금속에 닿지 않도록 한다.

마) 스위치의 개폐는 완전하게 한다. 불확실한 접촉 시에는 스파크에 의해 화상을 입거나 진동으로 불시에 스위치가 개폐되는 위험이 있다.

바) 작업종료 후 또는 정전 시에는 반드시 스위치를 끈다.

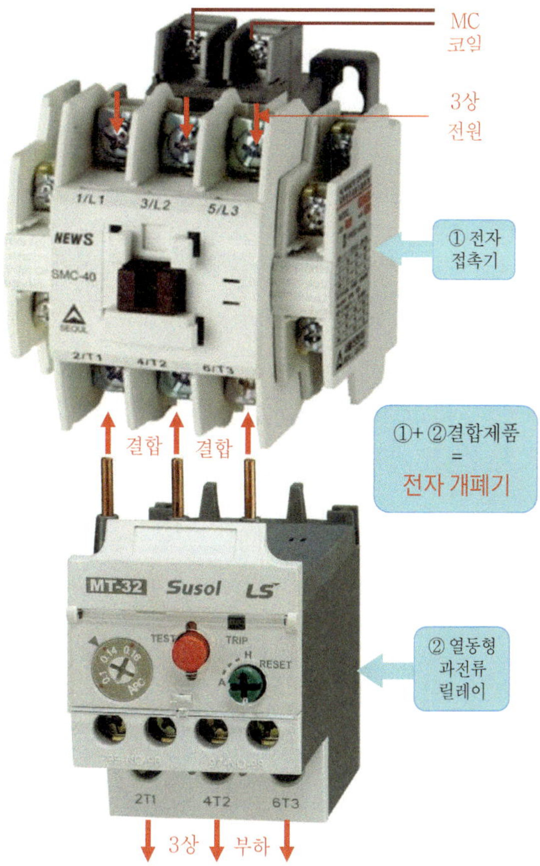

그림 1-149 전자 개폐기

사) 스위치를 넣을 때는 작동되는 기계 주위의 안전을 확인하고 상호연락 등을 한다.

아) '위험'표지나 『고장수리중』 표지판이 걸려 있는 스위치에는 절대로 손대지 않는다.

(3) 접지의 중요성

전기드릴 등 전동공구나 이동식 전동기기는 반드시 접지를 한다. 접지 없이 운전하면 공구의 상자나 모터의 프레임에 누전되었을 때 감전을 당하는 경우가 있다.

특히 전동공구는 손에 쥐고 작업하기 때문에 감전 위험이 크다.

(4) 기타사항

가) 고압전선, 변압기 등 고압전기 설비에 가까이 하지 않는다. 고압선 근처에

서 작업하거나 금속파이프, 앵글 등 긴 물건을 취급할 때에는 신체나 파이프 등이 고압충전 부분에 닿지 않도록 주의한다.

나) 전기기기나 배선 등에서 감전이나 전기화재 등의 사고가 발생한 경우에는 다음과 같이 처치한다.

① 먼저, 작업장 요소에 설치된 비상차단 스위치(Emergency Switch)를 눌러 전원을 차단한다. 만약 이것이 없을 때는 사고가 발생된 부하 스위치를 끈다. 해당 부하 스위치가 눈에 뜨이지 않으면 배전반의 메인 스위치를 내린다.

② 스위치를 끌 수 없을 때에는 건조한 목재, 대나무 등으로 피해자를 끌어 낸다.

③ 응급구호 요령에 의거 환자를 구호한다.

④ 회사내 안전부서 또는 119에 신고한다.

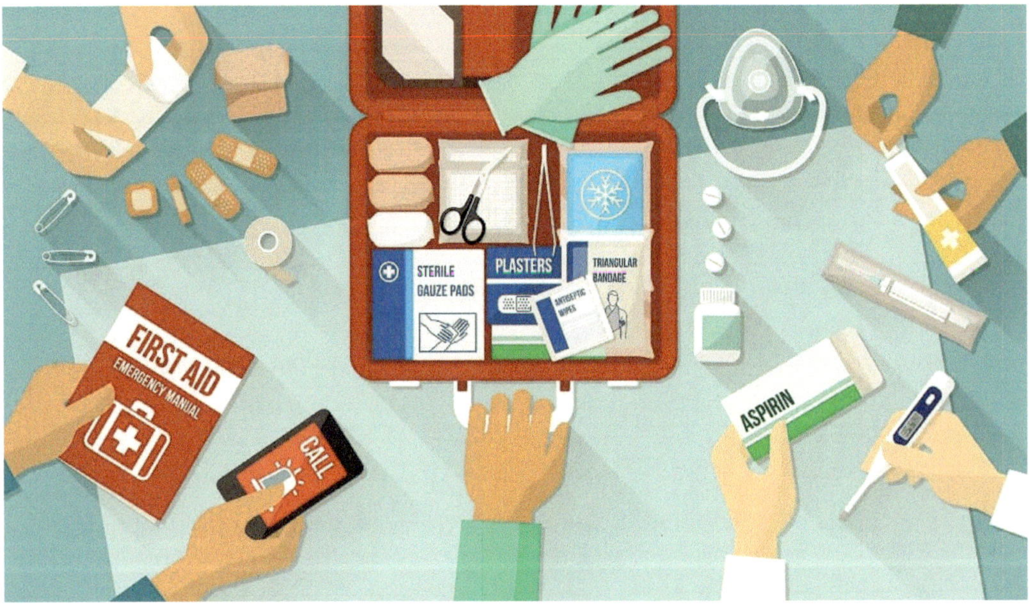

그림 1-150 구급상자 필수품(First Aid Necessities)

PART 2

전자회로 실습 1

허블 망원경(Hubble Space Telescope, HST)

1990년에 발사되어 현재도 가동 중인 지구 최대의 천체망원경이다.

지구 저궤도 540km 상공에서 하루 15회 선회하면서 고해상도 천체사진을 촬영하여 지구로 보내오고 있다. 구경 2.4m의 반사망원경으로 가시광, 적외선 및 자외선 영상을 모두 촬영할 수 있다.

2.1 다이오드(Diode)

1. 개요

다이오드란 두 개의 전극을 가지고 전류를 한쪽으로만 흐르게 하는 소자이다. 초기의 2극 진공관을 다이오드라 불렀으며, 반도체로 만들어진 셀렌 정류기, 실리콘 정류기 등도 모두 다이오드의 일종이다.

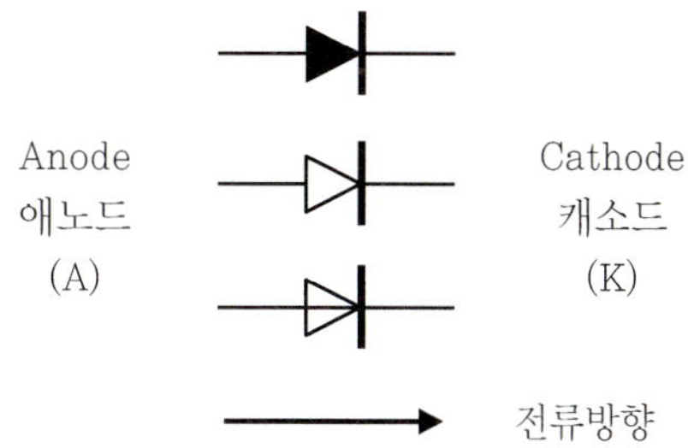

그림 2-1 다이오드 기호와 전류방향

2. 작용

다이오드는 전류를 한 쪽으로만 흐르게 하는 정류 작용을 한다. 즉, 순방향으로 접속되면 ON, 역방향으로 접속되면 OFF 되는 두 가지 동작을 가진다. 이것을 이용하면 교류를 직류로 바꿀 수 있으며, 고주파 속에서 음성신호를 검파해 내거나 컴퓨터회로에서 논리연산을 수행하기도 한다.

3. 원리와 구조

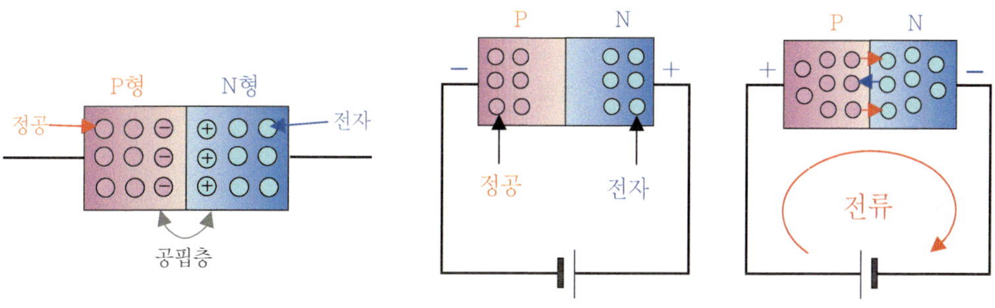

(a) PN 접합의 초기상태 (b) 역 바이어스 (c) 순 바이어스

그림 2-2 다이오드의 원리도

가. 다이오드는 그림 2-2(a)와 같이 P형과 N형 반도체의 접합으로 구성되어 있다. P형에는 정공, N형에는 전자가 풍부하게 존재한다. 이 두 반도체가 접합되면 경계면에 가까이 위치한 전자와 정공은 경계를 넘어 상대편으로 확산되어 침투한다. 이렇게 경계를 넘으면서 만난 전자와 정공은 서로 결합하여 소멸되고 빈자리만 남게 된다.

나. P형 반도체에서 정공이 빠진 빈자리는 (-)전하를 띠게 되고, N형 반도체에서 전자가 빠진 빈자리는 (+)전하를 띠게 된다. 이렇게 좁은 경계면 전후에 생겨난 +-전하로 인해 경계면에서 멀리 떨어진 전자나 정공이 경계를 넘어가기는 더욱 힘들어지게 된다. 그래서 이 중간의 완충지대를 공핍층이라 부르고 경계면 양쪽의 전하를 공간전하, 그리고 이 전하로 인해 생긴 전위차를 확산전압이라 부른다.

다. 그림 2-2(b)의 역방향 접속에서, 정공은 (-)전압에 이끌리고, 전자는 (+)전압에 이끌려서 접합부(경계면)에는 전하가 존재하지 않고 따라서 전류가 흐르지 못한다.

라. 그림 2-2(c)의 순방향 접속일 때는 정공은 (+)전압에 밀리고, 전자는 (-)전압에 밀려 접합면에 도달한다. 접합면 부근에서 만난 전자와 정공은 서로 결합하여 소멸되고 전원으로부터 새로운 전자와 정공이 계속 공급되기 때문에 전류흐름은 지속된다.

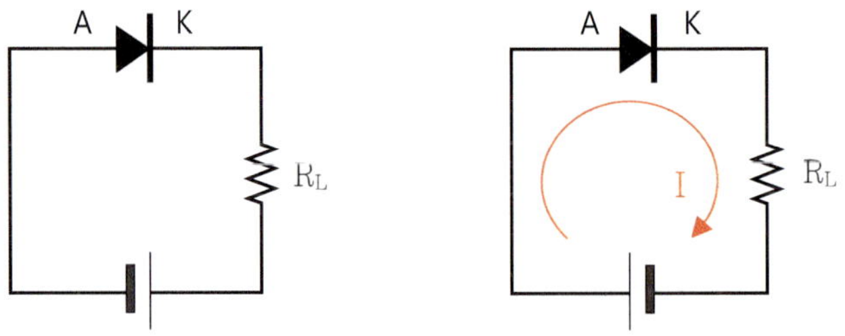

(a) 역방향 (b) 순방향

그림 2-3 다이오드 회로

마. 그림 2-3은 다이오드의 역방향 및 순방향 접속의 예를 나타낸 것이다.

양극(애노드:A)에 +전압이 가해지도록 전지를 연결하면 순방향 접속이 되어 전류가 흐르지만 이와 반대로 접속되면 전류가 흐르지 않는다.

4. 다이오드의 종류

다이오드는 소재나 용도에 따라 여러 가지 종류로 나뉜다.

가. 정류 다이오드(Rectifier Diode)

교류를 직류로 만드는 데 사용하는 다이오드. 가장 많이 사용하는 일반형으로 기본 소재는 주로 실리콘으로 만들어지며 용량은 1A에서 1000A까지 다양하다.

나. 스위칭 다이오드(Switching Diode)

일반적인 정류 다이오드에 비해 용량은 적으나 동작 속도가 빠르다.

다. 고주파 다이오드(RF Diode)

빠른 동작속도 낮은 접합용량 우수한 잡음특성 등 고주파에 알맞게 고안되었고, 용도에 따라 다음의 세 가지가 있다.

(1) Band switching Diode (2) PIN Diode (3) Varicap Diode

라. 정전압 다이오드(Zener Diode)

전기회로에서 부하 전류가 변화해도 일정한 전압을 유지할 수 있는 다이오드. 기능적으로 세분하면 정전압 다이오드와 전압 표준 다이오드로 나눌 수 있다.

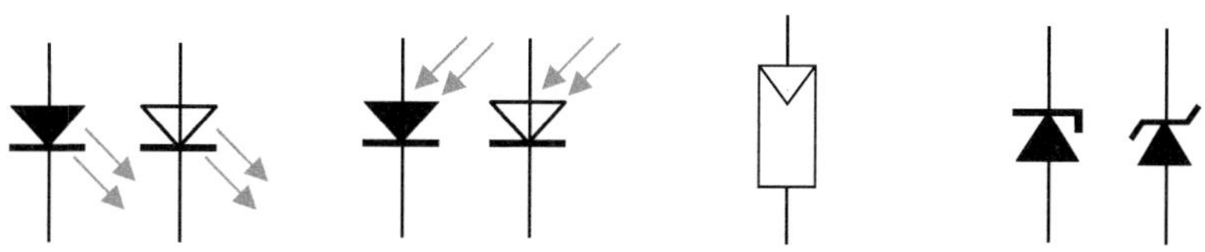

(a) 발광 다이오드 (b) 포토 다이오드 (c) 솔라 셀 (d) 제너 다이오드

그림 2-4 여러 가지 다이오드의 기호

마. TVS Diode(Transient Voltage Suppressor)

정전기나 유도부하 스위칭, 혹은 유도방전에서 발생하는 전기적 충격으로부터 회로를 보호하기 위해 사용하는 소자이다. 배리스터 다이오드라 부르기도 한다.

바. 발광 다이오드(LED, Light Emitting Diode)

전류가 접합면을 통과할 때 빛이 발생되는 다이오드. 가시광인 적, 록, 황, 청색 및 백색 발광 다이오드와 적외선 발광 다이오드가 있다. 고휘도 발광다이오드의 경우 소비 에너지에 대한 발광효율이 높아 형광등을 대체할 차세대 조명장치로서 주목받고 있다.

사. 포토다이오드(Photo Diode)=수광 다이오드

빛을 전기로 변환시키는 다이오드. 적외선, 가시광선, 자외선용으로 나뉜다.

아. 솔라 셀(Solar Cell)

빛을 전기로 바꾸는 원리는 포토다이오드와 같지만 넓은 면적으로 태양 에너지를 전력으로 바꾸어 실용화할 수 있게 만든 것을 솔라셀이라 한다. 10×10cm의 면적당 대략 0.5V×3A의 전력이 얻어진다. 또 이런 솔라 셀 36장을 패널 형태로 조립하면 약 53W 출력의 솔라 모듈이 된다.

자. 기타 특수 다이오드

① 레이저 다이오드 : 반도체 접합면에서 파장과 위상이 일정한 지속광을 발생시킨다.

② 터널(에사끼) 다이오드 : 순방향에서 부성저항 특성을 지니고 있어 고주파 특성이 좋고 터널 다이오드와 LC(코일, 커패시터)만으로도 발진회로를 구성할 수 있다.

5. 제품의 형태

가전기기에 사용되는 대부분의 다이오드는 PVC패키지의 소형제품이 많다. 그러나 전력용 다이오드(=대용량 다이오드)는 대체로 크고 금속 하우징으로 만들어져있다.

그림 2-5(a)는 가장 일반적인 플라스틱 다이오드이며 굵기가 2,5Φ인 제품의 전류용량은 1A, 5Φ제품은 3A이다.

스위칭, 제너, 검파 다이오드 등 소용량의 다이오드는 대개 그라스 패키지로 되어있다. 검은 줄띠가 있는 쪽이 캐소드 전극이고 상세한 특성은 몸체에 인쇄된 식별 문자로 판별할 수 있다.(부록 참조)

5A이상 용량이 커지면 패키지가 금속으로 만들어진다. 열 방출을 쉽도록 하기 위해서이다. 또 방열판에 고정하기 쉽도록 몸체가 나사로 되어있는데 이들은

(a) 2-Way 다이오드

(b) 메탈 패키지 20A급

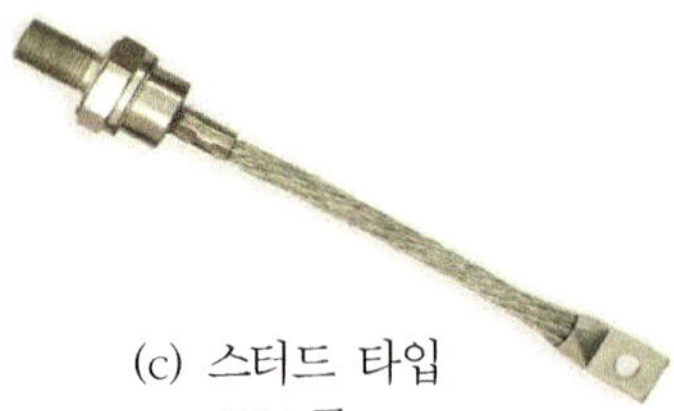

(c) 스터드 타입 50A급

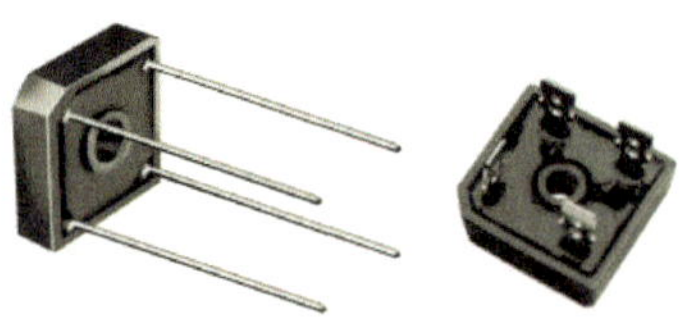

(d) 브리지 다이오드

(e) Disc 다이오드 (수100A대용량)

그림 2-5 각종 다이오드↑↓

(f) 플라스틱 몰드 타입

(g) SMD 타입

(h) Power Chip Diode

전류용량이 다소 큰(10~20A) 정류 다이오드에서 흔히 볼 수 있다. 정격전류까지 안전하게 사용하기 위해서는 반드시 방열판을 부착해야 한다.

그림 (c)는 메탈 패키지의 일종으로 Stud Type이라고 부르는데 전류용량이 대략 50~300[A]에 달한다. 그림 (e)는 정류 다이오드 중에서 가장 용량이 큰 제품형태로서 Disc Type이라고 부른다. 평균적으로 내압 1200V에 전류용량 800A 정도이다.

그림 (a), (b), (c), (e)와 같은 금속 소재 패키지의 경우 애노드와 캐소드의 극성을 주의해서 설치해야 한다. 나사가 있는 몸체가 캐소드인 방식(CK)[1]과 그 반대 방식(CA)[2]이 있다. 3상 반파 정류회로에서는 CK 타입을, 브리지 정류회로에서는 두 가지 방식이 모두 사용된다. 그림 (d)는 전파 정류회로에 사용되는 4개의 다이오드를 하나의 패키지 속에 조립한 것으로 브리지 다이오드라 부른다. 가운데 구멍은 방열판을 부착하기 위한 나사구멍이다.(1.5A~최대 10A)

〈그림 2-6〉은 발광 다이오드(LED)이다. 전류가 흐르면 빛이 발생되는데 소재에 따라 빛의 색이 결정된다. 파장이 550[nm] 부근이면 초록, 720[nm] 부근이면 적색, 1100[nm] 부근이면 적외선(IR)이 된다.

(a) 5φ, 3φ 유색 LED

(b) 조명용 백색 LED

(c) Power chip LED

그림 2-6 발광 다이오드(LED)

1) CK = Common Cathode(공통 캐소드) 방식
2) CA = Common Anode(공통 애노드) 방식

표 2-1 범용 다이오드의 규격표

1N4000 시리즈	1N4001	4002	4003	4004	4005	4006	4007	–
내압(V)	50	100	200	400	600	800	1000	–
정격전류	1 [A] 							
1N5400 시리즈	1N5401	5402	5403	5404	5405	5406	5407	5408
내압(V)	50	100	200	300	400	600	800	1000
정격전류	3 [A] 							

6. 테스터에 의한 다이오드의 간이 측정법

측정렌지 선택
저항 ×10R
또는
'다이오드 표시'가 있는 렌지

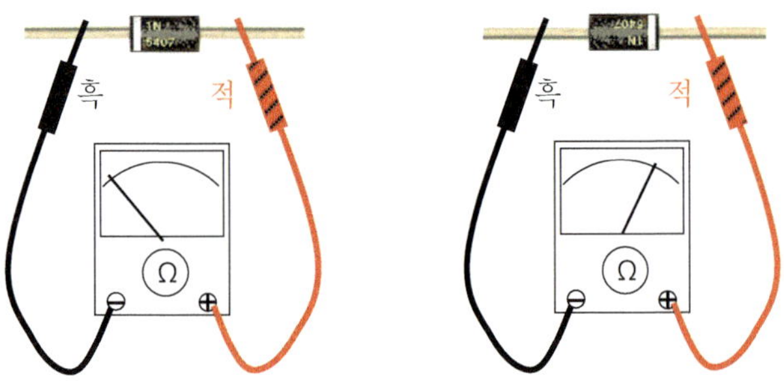

(a) 역방향 접속 (b) 순방향 접속

그림 2-7 테스터에 의한 다이오드 양부 판별

아날로그 테스터의 저항렌지 ×10R은 내부에 장착된 3V 전원으로부터 최대 15mA까지의 전류의 흘릴 수 있어 순방향 특성을 가늠하기 좋다.

그림 2-7과 같이 다이오드 양단에 테스터 리드를 접촉했을 때 (a) 역방향이면 불통이고, (b) 순방향이면 도통되어 지침이 80% 정도 움직인다. 또 테스터의 눈금판 아래쪽에 다이오드의 순방향 전압(LV)눈금을 읽으면 0.7V 전후가 될 것이다.

TIP : 아날로그 테스터를 사용한 반도체 측정 요령

아날로그 테스터로 저항이나 반도체를 측정하는 경우를 오른쪽 그림 2-8에 나타내었다.

내부에 들어있는 전지의 (+)극에서 출발한 전류가 ⊖측정단자를 거쳐 피측정체를 지나 ⊕단자로 들어간다. 계속해서 배율저항, 0Ω조절기 그리고 가동코일 미터를 지나 전지의 (-)극으로 들어가 회로를 완성한다.

피측정체의 저항이 커서 전류가 작게 흐르면 지침은 조금 움직여 저항값이 큼을 표시한다. 반대로 피측정체의 저항이 작으면 통과하는 전류가 많고 미터는 크게 움직일 것이다.

만약 피측정체가 다이오드나 트랜지스터, SCR 등과 같이 극성을 가졌다면 전지로부터 전류가 흐를 수 있도록 방향을 맞추어야 한다. 즉, 흑색 리드를 애노드에, 적색 리드를 캐소드에 각각 연결해서 순방향으로 연결해야 내부저항이나 순방향 벌크저항 등을 측정할 수 있다.

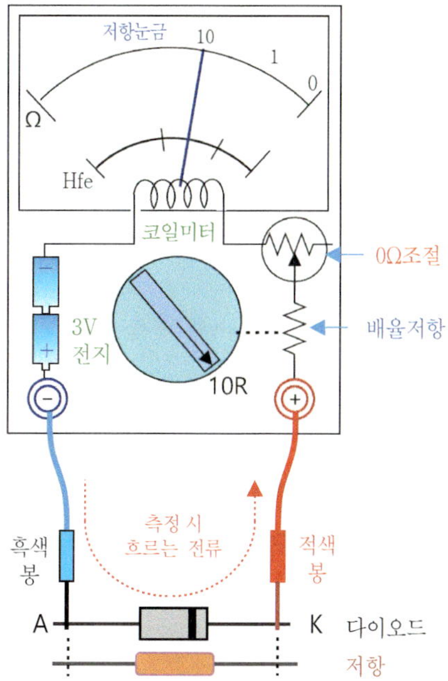

그림 2-8 테스터의 내부구조와 다이오드 측정 시의 방향성

7. 전력손실과 방열처리

다이오드의 순방향 전압 강하값을 V_f 순방향 전류값을 I_f라 하면 전력손실 P_d는

$$P_d = V_f \cdot I_f$$

로 계산되고 이 전력손실은 모두 열로 바뀌어 소자의 온도를 상승시킨다.

예를 들어 도통 평균전류가 10A이고 애노드-캐소드간의 전압강하가 0.9V인 다이오드의 전력손실은 $P_d=0.9\times10=9$[W], 즉 초당 9W의 비율로 손실전력이 모두 열로 변하여 방출되므로 확실한 방열대책이 강구되지 않으면 접합부가 고열로 손상되어 사용할 수 없게 된다. 이때 사용하는 방열판들이 라디에이터처럼 날개가 많이 달린 구리판이나 알루미늄 판재이다.

그러나 유리나 플라스틱 패키지 또는 칩 다이오드의 경우는 정격 전류가 작아서 방열판이 필요치 않다.

과제 번호	다이오드 특성 측정	
2.1.		
준비물	오실로스코프 테스터(아날로그) DMM	히터트랜스(220-9V), 저항기(100Ω /2W, 1kΩ /$\frac{1}{4}$W), 다이오드 1N4007, 1N4734, 1N60 LED(적, 록), 고휘도 LED(백)

1. 테스터(VOM)를 이용하여 다이오드 저항을 측정한다.

가. 테스터를 저항 ×10R 레인지에 놓고 0Ω 조정을 한다.

나. 준비한 세 가지 다이오드를 각각 순방향, 역방향으로 접속하여 테스터의 지시값을 읽고 표에 기록한다.

다. 테스터를 ×1R레인지로 바꾸고 0Ω 조정을 한 후 위의 (나)항 측정을 반복한다.

라. 역방향 저항을 측정할 때는 가장 높은 제항레인지를 선택한다.

표 2-2 VOM으로 측정한 다이오드 저항 기록표

다이오드의 종류			VOM	
			×10R 레인지	LV눈금
정류	1N4004 (1A / 400V)	순방향		
		역방향		
고주파 스위칭	1N4148 (150㎃ / 100V)	순방향		
		역방향		
쇼트키 배리어 SBD	1N5819 (3A / 40V)	순방향		
		역방향		

2. 디지털멀티미터(DMM)를 이용하여 다이오드 저항을 측정한다.

DMM은 측정레인지를 자동 또는 반자동으로 선택해 준다. 역방향 저항을 측정할 때는 가장 높은 제항레인지를 선택한다.

표 2-3 DMM으로 측정한 다이오드 저항 기록표

다이오드의 종류			다이오드 렌지	DMM 저항렌지
			(다이오드 기호)	×20kΩ
정류	1N4004 (1A / 400V)	순방향		
		역방향		
고주파 스위칭	1N4148 (150mA / 100V)	순방향		
		역방향		
쇼트키 배리어 (SBD)	1N5819 (3A / 40V)	순방향		
		역방향		

3. 순방향 전압-전류 특성실험

다이오드에 순방향 전압을 인가할 때 전압과 전류와의 관계를 측정하는 실험이다.

가. 그림 2-9와 같이 실험회로를 구성한다.

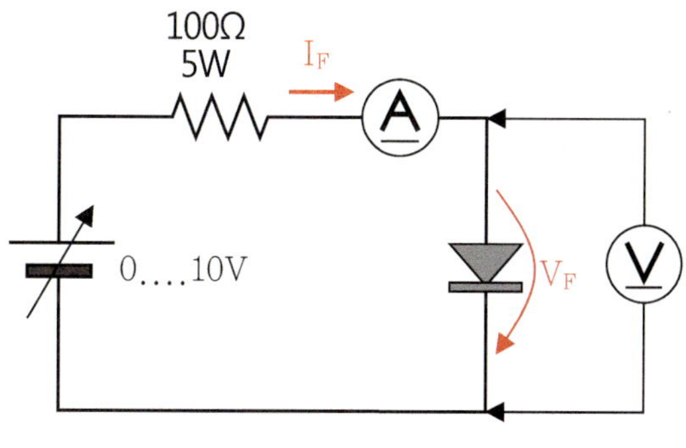

그림 2-9 다이오드 특성실험도

나. 전원전압을 높여가면 0.5V 정도부터 전류가 흐르기 시작한다. 이때부터 주의 깊게 천천히 전압을 높여 전류값(I_F)이 표 2-4와 같게 될 때마다 다이오드 양단에 걸리는 전압(V_F)을 측정하여 표 2-4에 기록한다.

표 2-4 정류 다이오드 1N4004의 특성실험 기록표

순방향 전압(V_F)	0.6V	0.7V	0.75V	0.8V
순방향 전류(I_F)				
변화율	$\Delta I_F =$		$\Delta I_F =$	
	$\Delta V_F =$		$\Delta V_F =$	
벌크저항 계산	$R_B = \frac{\Delta V_F}{\Delta I_F} =$		$R_B = \frac{\Delta V_F}{\Delta I_F} =$	

다. 측정과 기록이 끝나면 전류변화율과 전압변화율을 계산하여 기입한다.

☞ ΔV_F는 순방향 전압의 증가분, 예를 들면 0.6에서 0.7까지의 증분은 0.1V이다.

☞ ΔI_F는 순방향 전압이 증가할 때 전류의 증가 값이다.

라. 다이오드의 내부저항(벌크저항)을 계산한다.

마. 이와 같은 방법으로 스위칭 다이오드와 쇼트키다이오드의 특성을 측정한다.

표 2-5 스위칭 다이오드 1N4148의 특성실험 기록표

전류(I_F)	예정	1mA	3mA	10mA	30mA
	실제				
전압(V_F)					
변화율		$\Delta I_F =$		$\Delta I_F =$	
		$\Delta V_F =$		$\Delta V_F =$	
벌크저항		$R_B = \frac{\Delta V_F}{\Delta I_F} = \frac{(\quad)}{(\quad)} = (\quad)$		$R_B = \frac{\Delta V_F}{\Delta I_F} = \frac{(\quad)}{(\quad)} = (\quad)$	

표 2-6 쇼트키 배리어 다이오드 1N5819의 특성실험 기록표

전류(I_F)	예정	5mA	20mA	75mA	300mA
	실제				
전압(V_F)					
변화율		$\Delta I_F =$		$\Delta I_F =$	
		$\Delta V_F =$		$\Delta V_F =$	
벌크저항		$R_B = \frac{\Delta V_F}{\Delta I_F} = \frac{(\quad)}{(\quad)} = (\quad)$		$R_B = \frac{\Delta V_F}{\Delta I_F} = \frac{(\quad)}{(\quad)} = (\quad)$	

4. 오실로스코프(X-Y 모드)에 의한 다이오드 특성측정

가. 그림 2-10과 같이 측정회로를 구성한다.

나. 다이오드 양단, 그리고 저항 양단에 붙은 X, G, Y의 번호대로 프로브를 연결한다.
단자 X=ChA, 단자 G=접지(공통), 단자 Y=ChB

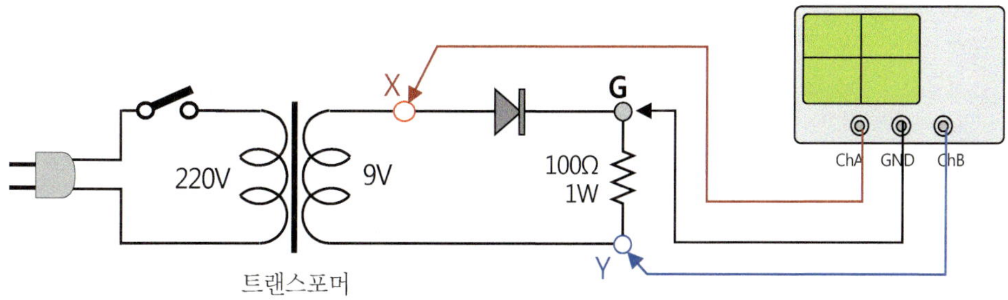

그림 2-10 오실로스코프에 의한 다이오드 특성 측정회로

다. 오실로스코프는 다음과 같이 조정한다.

(1) 동작모드 : X-Y 모드 (2) 입력결합 : DC모드

(3) 수평감도(X축=Ch1의 눈금렌지) : 1V/Div

(4) 수직감도(Y축=Ch2의 눈금렌지) : 2V/Div

(5) Y축(=Ch2)의 위치조절 손잡이를 뽑아 역상모드로 둔다.(Pull=INVert mode)

라. 위와 같이 오실로스코프가 X-Y 모드로 들어가면 화면에는 수평 한 줄의 라스터는 사라지고 하나의 점이 표시된다. 이 점의 상하 위치 조절은 Ch2의 수직 위치 조절(↕)손잡이를 이용하고, 좌우 위치 조절은 수평 위치 조절(↔)손잡이를 이용한다.

마. 전원 스위치를 닫고 오실로스코프 화면의 파형을 관찰 기록한다.

(1) 다이오드에 가해지는 전압(V_F)는 화면상에서 X축의 크기에 대응하고,

(2) 다이오드에 흐르는 전류I_F는 Y축(저항단자전압 : V_R)에 대응한다.

$$V_R = I_F \cdot R \qquad \therefore\ I_F = \frac{V_R}{R}$$

즉, Y축에서 판독한 전압(V_R)을 100Ω으로 나누면 전류값을 구할 수 있다.

Y축의 1[Cm]눈금은, 전압감도 2[V/Cm]에서 전류로 환산하면 20[mA]이다.

바. 기립전압(Threshold Voltage) 부근의 상세한 특성을 관찰하기 위해서는 수평전압감도를 1V/Div에서 0.5V/Div렌지로 낮추어 보는 것이 좋다.

(렌지를 바꾸면 휘점의 0점 조정을 다시 확인한다.)

사. 화상이 깨끗하게 정리되면 그림 2-13의 그래프용지에 옮겨 그린다.

아. 메모리 스코프 또는 디지털 스코프인 경우에는 '프린트 기능'으로 화상(Screen Picture)을 저장한 다음 출력하여 보고서에 첨부한다.

자. 출력 그래프에서 다이오드의 기립전압을(V_{TH}) 확인한다.

차. 다른 종류의 다이오드로 바꾸어 접속하고 (다)항 이후의 실험을 반복한다.

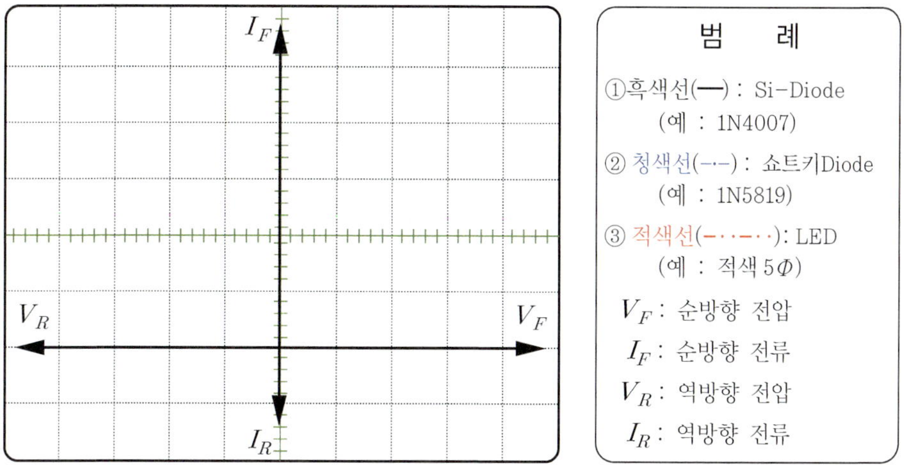

그림 2-11 다이오드의 전압-전류 특성 그래프

표 2-7 다이오드의 기립전압 측정결과

확인	다이오드 종류	형명	
✔	실리콘 정류 다이오드	1N4007	
	쇼트키다이오드	1N5819	
	LED(일반형)	적색	
	LED(고휘도)	백색	

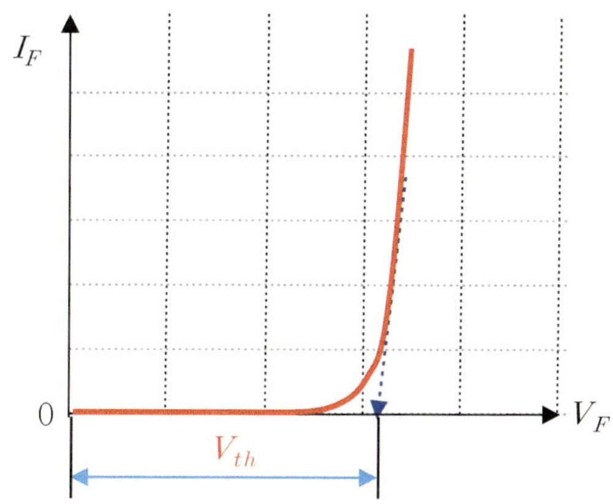

그림 2-12 기립전압(V_{th})의 정의

(V_{th}=특성곡선의 '직선구간의 접선 연장선과 X축이 만나는 지점의 전압크기)

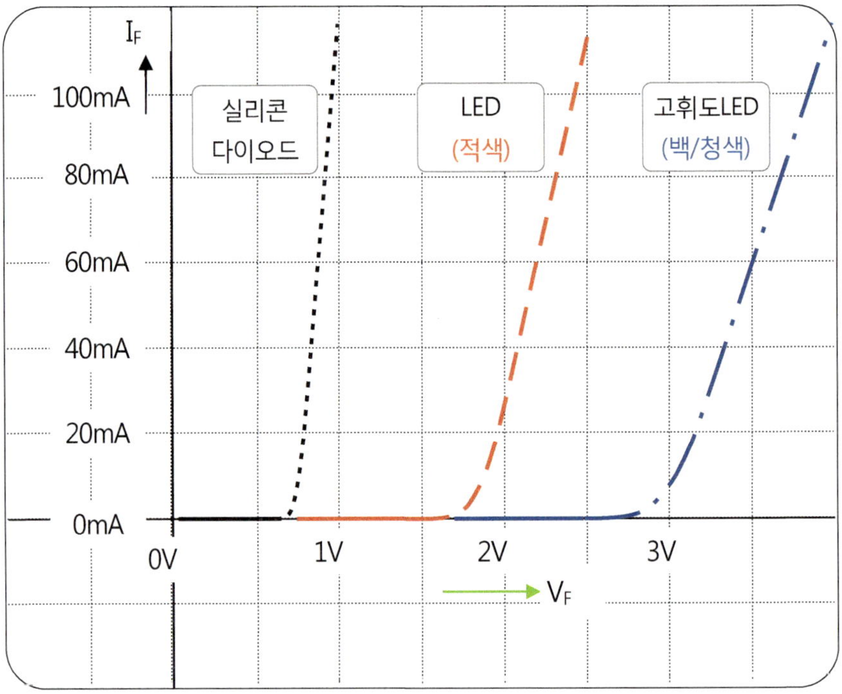

그림 2-13 각종 다이오드의 기립전압 특성곡선 비교

2.2 정류회로

1. 반파 정류회로

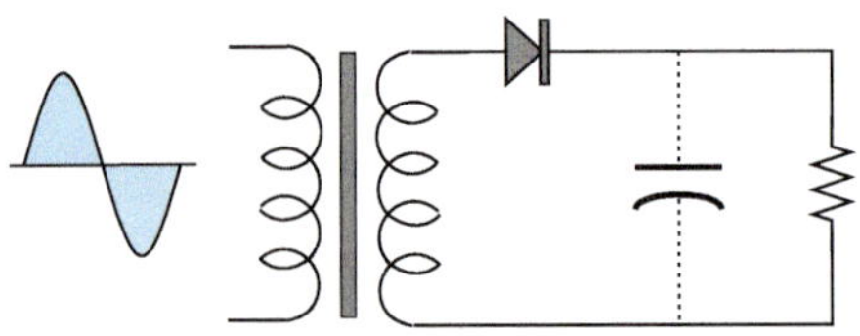

그림 2-14 반파 정류회로

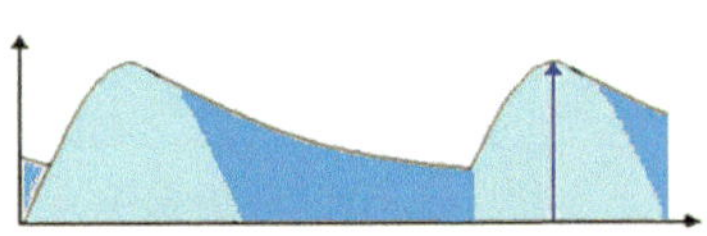

그림 2-15 반파 정류회로의 출력파형

교류의 한쪽 파형만을 이용하는 정류회로이다.

특징 : ① 회로가 간단하다.

② 리플이 크다.

③ 작은 소비전력 회로에 가끔 사용한다.

반파 정류회로의 요약

평활전의 직류평균값 $V_d = 0.45\,V$

평활전의 리플율=96%

다이오드 역내전압 $V_{DRM} = 2\sqrt{2}\,V$

리플 주파수 $f_r = 60[Hz]$

2. 트랜스포머 전파 정류회로

중간 탭이 있는 트랜스포머를 이용하여 교류의 양파를 모두 사용하는 정류방식이다.

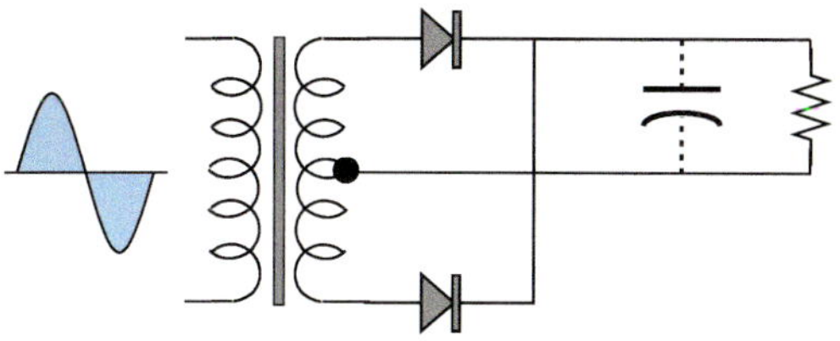

그림 2-16 트랜스 중간 탭을 이용한 전파정류회로

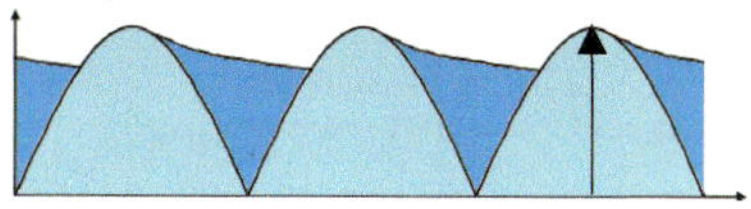

그림 2-17 전파 정류회로의 출력파형

특징 : 반파정류회로보다 리플이 작으나, 가격이 비싸고 변환효율이 나쁘다.

(옛날)진공관이나 반도체 가격이 비쌀 때 사용했던 회로 방식

트랜스 전파 정류회로의 요약

평활전의 직류 평균값 : $V_d = 0.9V$

평활전의 리플율 = 48%

다이오드 역내전압 $V_{DRM} = 2\sqrt{2}\,V$

리플 주파수 $f_r = 120[Hz]$

3. 브리지(Bridge) 정류회로

다이오드 4개를 이용하여 교류의 양파를 모두 사용하는 정류 방식이다.

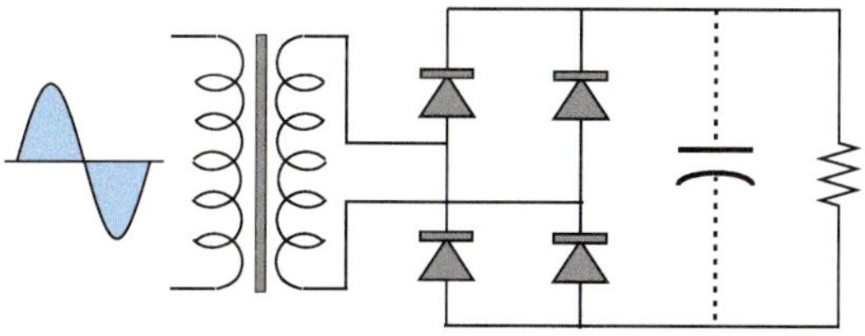

그림 2-18 브리지 정류회로

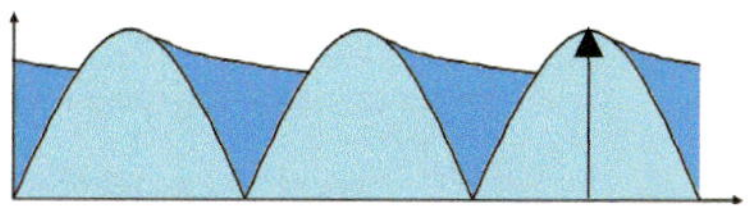

그림 2-19 브리지정류회로의 출력파형

특징 : 트랜스 효율이 높고 경제적이어서 220V 이하의 저압회로에 가장 많이 사용하는 방식.(220V 부하에는 트랜스 없이 직접 정류하여 사용한다.)

브리지 전파 정류회로의 요약

평활전의 직류 평균값 $V_d = 0.9V$

평활전의 리플률 =48%

다이오드 역내전압 $V_{DEM} = \sqrt{2}V$

리플 주파수 $f_r = 120[Hz]$

4. 3상 반파 정류회로

가. 중성선이 있는 성형(Y)결선 3상전원의 반파만을 이용하는 정류회로이다.

특징 : 회로는 간단하나 리플율이 비교적 높다.(일반적으로 3상 전력회로는 평활회로를 사용하지 않기 때문에 리플함유율이 부하에 미치는 영향을 고려해야 한다.)

3상 반파 정류회로의 요약

평활전 직류 평균값 $V_d = 1.16V$

다이오드 역내전압 $V_{DRM} = 2.44V$

리플 주파수 $f_r = 180[Hz]$

평활전의 리플률 $\gamma = 18.3\%$

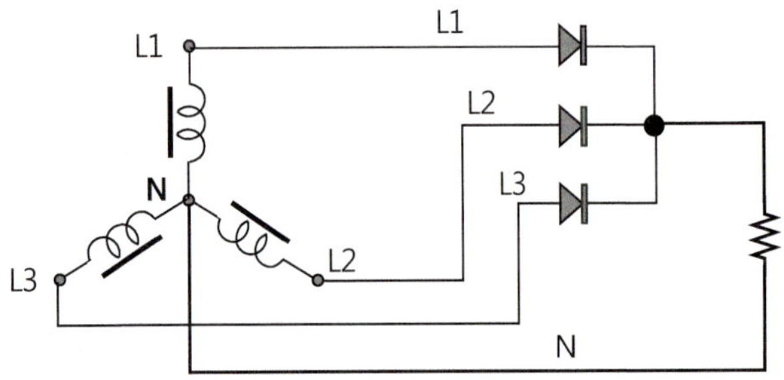

그림 2-20 3상 반파정류 파형

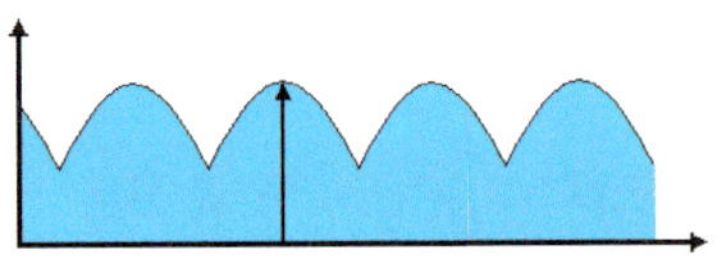

그림 2-21 3상 반파 정류파형

5. 3상 전파 정류회로

6개의 다이오드를 사용하여 3상전원의 양쪽 파형을 모두 이용하는 정류방식.

특징: 회로는 복잡하나 리플률이 적어서 직류에 가까운 출력파형을 얻을 수 있다.

- 도금이나 전기분해, 제련 공장 등 대규모로 직류전력을 소비하는 곳에서는 3상 전파 정류회로를 사용한다. 자동차의 얼터네이터(Alternator=3상 교류 발전기)에도 브리지 정류기가 붙어있다.

3상 전파 정류회로의 요약

평활전의 직류 평균값 : $V_d = 1.35V$

다이오드 역내전압 $V_{DRM} = 1.42V$

리플 주파수 $f_r = 360[Hz]$

평활전의 리플률 $\gamma = 4.2\%$

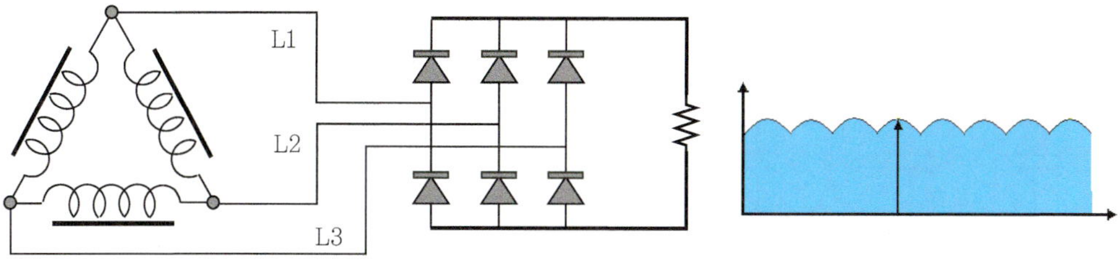

3상 정류회로는 리플률이 4.8%로 낮기 때문에 평활회로를 붙이지 않는다. 특히 자동차에선 배터리 충전용이므로 평활의 필요성은 없다.

그림 2-22 3상 브리지 정류회로와 출력파형

그림 2-23 자동차의 3상 교류발전기(Alternator)

2.2.1 평활회로(여파회로)

정류회로를 거친 전류는 교류의 곡선을 그대로 간직한 채 단지 방향만을 한 쪽으로 정(整)한 것이기 때문에 직류라기보다는 맥류(脈流)라 하는 것이 정확한 표현이다.

여기에 R, L, C소자를 이용하여 완전한 직류에 가깝게 만들어 주는 회로를 평활회로(Smoothing Circuit), 여파회로 또는 필터(Filter)회로라 한다.

1. 평활회로의 종류

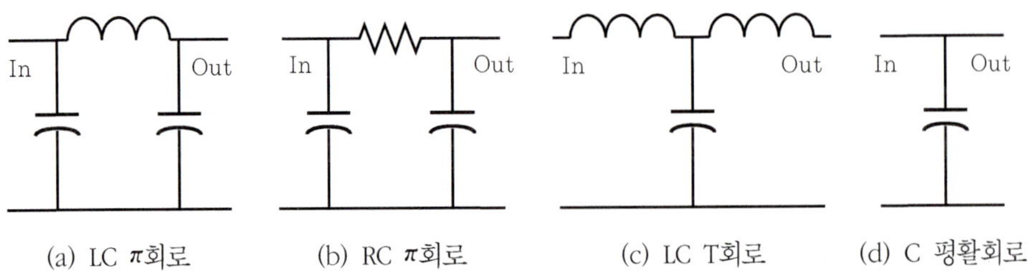

그림 2-24 평활회로의 종류

가. 그림(a)의 LC π 회로는 주로 고주파회로 분야에서 활용이 많이 사용하는 회로로서 주파수 선택성이 예민하다. 진공관 앰프회로에서도 사용되었으나 초크 코일이 평활의 효과는 좋으나 무겁고 부피가 크며 험 잡음의 원인이 되어 지금은 잘 쓰지 않는다.

나. 그림(b)는 초크 대신 저항을 사용한 회로이다. 비용은 감소하였으나 저항에서의 전압강하로 출력단자전압이 낮아지는 단점이 있다.

다. 그림(c)의 LC-T회로의 여러 가지 특징은 (a)와 대동소이하다.

라. 그림(d)의 커패시터만을 사용한 평활회로는 현재 가장 널리 사용하는 회로이다. 비록 저항이나 초크코일의 도움을 받지 못하지만 충분히 큰 용량의 전해 커패시터를 사용함으로서 리플(ripple:맥동성잡음)을 제거할 수 있기 때문이다.

2. 정류 및 평활회로의 결합

<그림 2-25>는 정류회로를 통과한 맥류를 파이(π)형 CR 평활회로를 사용하여 직류로 만들어 주는 회로이다.

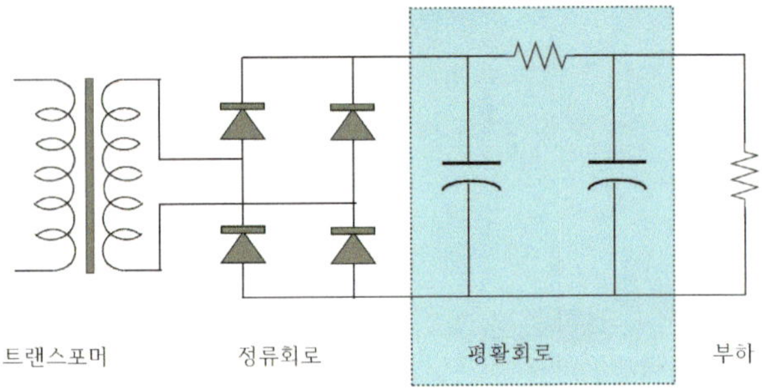

그림 2-25 정류회로와 평활회로의 결합

3. 정류회로와 평활회로의 품질

정류전원의 품질을 나타내는 지수로는 전압 변동율과 리플 함유율이 있다. 일반적으로 전원장치들은 부하전류가 많아지면 부품이나 선로의 전압강하 등으로 인해서 출력전압은 낮아지고 맥동성 잡음(리플)은 증가하는 등 전원의 품질은 저하한다.

가. 전압변동률

부하가 연결되지 않을 때 전원장치의 최대출력전압을 V_0라 하고 최대부하가 걸릴 때의 출력전압을 V_L이라 하면 전압변동률은 다음과 같다.

$$\text{전압 변동률 } VR = \frac{V_o - V_L}{V_L} \times 100[\%] \quad \cdots\cdots (2\text{-}1)$$

나. 리플 함유율

평활회로가 리플을 감소시키는 기능은 있지만 부하전류가 증가할수록 출력전압 저하와 동시에 리플 잡음도 증가한다. 정류회로의 직류 평균 출력전압을 V_{dc}라 하고, 그 속에 포함된 교류전압의 실효값을 V_{ac}라 하면 리플 함유율은 다음과 같다.

$$\text{리플 함유율 } \gamma = \frac{V_{ac}}{V_{dc}} \times 100[\%] \quad \cdots\cdots (2\text{-}2)$$

VR : Voltage Regulation(전압 안정도)
V_o : 무부하시의 출력단자 전압
V_L : 부하 운전시의 출력전압
V_{ac} : 직류 속에 포함된 교류의 실효값
V_{dc} : 평균 직류 출력전압

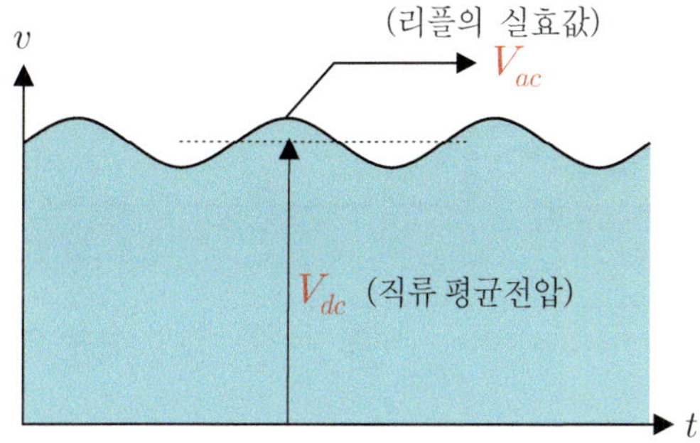

그림 2-26 직류출력에 포함된 리플

나. 전압 변동률과 리플률은 0에 가까울수록 좋다.

다. RLC 평활만으로는 전원품질에 미달하는 경우가 많다. 이런 경우 자동으로 일정한 전압을 유지해주는 안정화전원회로(정전압장치)를 사용한다.(다음 과제에서 다룬다)

[예제] 어떤 공장의 공급전압을 측정해 보았더니, 작업량이 가장 적을 때의 전압은 385[V]이었고, 전체운전 중의 전압은 370[V] 이었다. 전압변동률은 몇 %인가?

[풀이] 작업량 최소시를 무부하 상태로 본다면 V_o=385[V]이다. 그리고 최대부하시의 전압 V_L=375[V]를 각각 전압 변동률 공식에 대입하면,

$$VR = \frac{V_o - V_L}{V_L} \times 100 = \frac{385 - 370}{370} \times 100 = 4.05\%$$

∴ 전압변동률은 4.05%이다.

과제 번호	정류회로 및 평활회로 실험	
2.2.		
준비물	오실로스코프, 테스터, DMM	히터트랜스(220-9V), 1N4007, 부하저항(10Ω/10W, 100Ω/2W), 전해 커패시터(10, 100, 470, 1000㎌)

1. 반파 정류회로의 동작을 시험한다.

가. 그림 2-27과 같이 반파정류회로 실험회로를 구성한다. 2차측 교류전압은 9V가 되게 하고 부하저항은 500Ω을 연결한다.

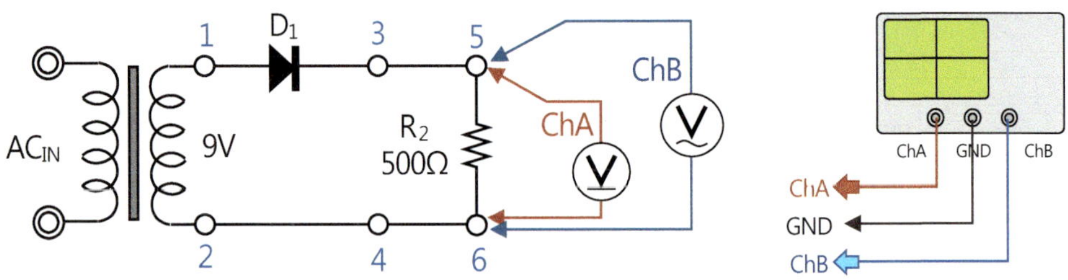

그림 2-27 반파 정류 실험회로

나. 단자 1-2의 교류전압을 측정한다.

다. 단자 5-6에서 직류전압과 교류 리플전압을 동시에 측정한다.

☞ 오실로스코프를 이용하면 직류전압의 평균값과 교류의 리플전압을 간단히 측정할 수 있다. ChA는 DC 평균값(AVG), ChB는 AC 실효값(RMS)을 선택한다.

표 2-8 반파정류회로 측정결과

부하 500Ω C= 개방	입력 단자 1-2	교류 전압 $V_{AC(rms)}$	[V]
	출력 단자 5-6	직류 전압 $V_{DC(av)}$	[V]
		리플 전압 $V_{AC(rms)}$	[V]

다. 출력전압의 측정 결과로부터 리플 함유률을 계산한다.

$$\text{리플률(1)} \quad \gamma = \frac{V_{AC(rms)}}{V_{DC(av)}} \times 100\,[\%] = \frac{(\qquad)}{(\qquad)} \times 100 = (\qquad)\%$$

라. 오실로스코프 ChA를 사용하여 단자 1-2의 교류 신호파형을 관측하고, ChB를 사용하여 단자 5-6에서 출력파형을 관측한다. 위의 두 가지 파형측정 결과는 그림 2-28의 오실로그람 기록지에 스케치해 넣는다.

☞ 교류 파형은 검은색, 반파 정류 파형은 빨간색을 사용한다.

> 오실로스코프의 설정은 다음과 같이 한다.
> - 입력신호결합: ChA=DC, ChB=AC
> - 트리거 기준: ChA
> - 수직 감도: 5[V/Div],
> - 수평 소인속도: 5[ms/Div]

그림 2-28
반파정류회로의
출력파형(1)
(부하=500Ω,
커패시터는 없음)

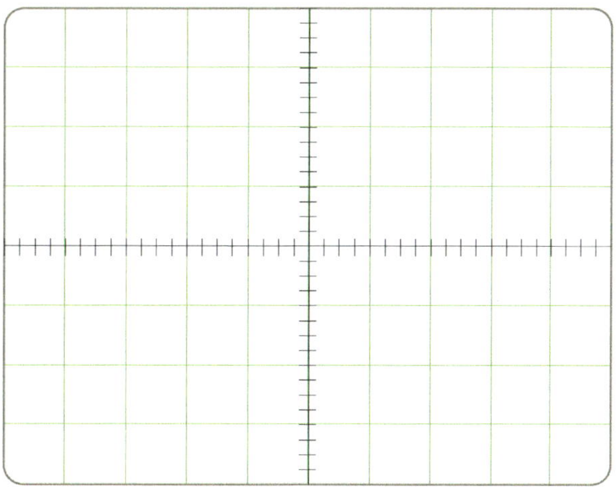

2. 평활회로의 동작을 시험한다.

가. 그림 2-29의 단자 3-4에 평활 커패시터 470㎌를 삽입한다.

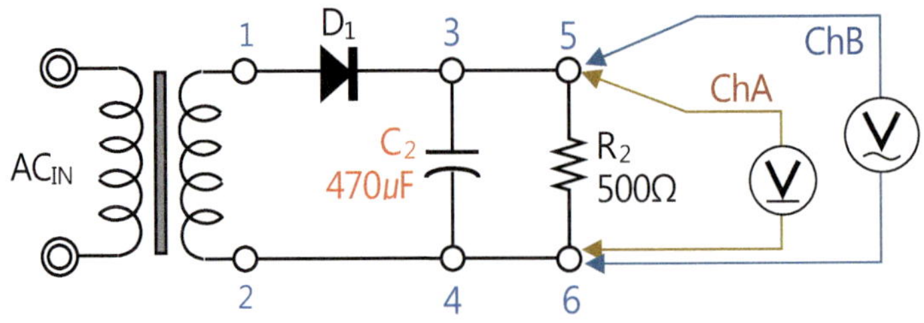

그림 2-29 반파 정류회로(2)

나. 전압, 전류계 또는 오실로스코프를 이용하여 출력단자의 전압을 측정한다.

☞ 프로브의 연결과 측정기의 설정은 전 단계와 같다.

표 2-9 평활회로의 효과 측정결과

부하 500Ω C=470μF	단자 5-6 채널 A	직류 전압 $V_{DC(av)}$	[V]
	단자 5-6 채널 B	교류 리플전압 $V_{AC(rms)}$	[V]

다. 470μF, 500Ω 부하 조건에서 리플률을 계산한다.

$$\text{리플 함유률(2)}\ \gamma = \frac{V_{AC}}{V_{DC}} \times 100\,[\%] = \frac{(\quad)}{(\quad)} \times 100 = (\qquad)\%$$

라. 오실로스코프로 DC출력과 리플의 모양을 관찰한 다음 그림 2-30에 기록한다.

☞ 오실로스코프로 DC출력을 측정할 때는 DC결합, 리플전압을 확대하여 관찰할 때는 AC결합으로 설정하고 감도는 높게 설정한다. (수직감도= 0.5V/div)

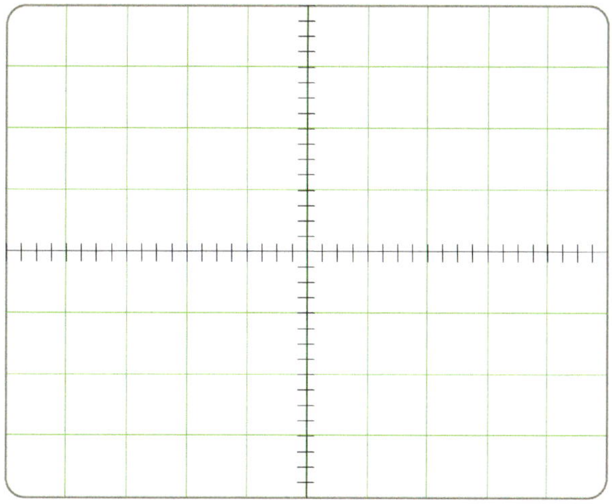

그림 2-30 반파정류회로의 출력파형(2) (부하=500Ω, C=470μF)

3. 부하와 리플의 관계를 실험한다.

가. 부하저항을 200Ω으로 바꾸어 설치한 다음 출력단자 5-6에서 직류전압과 교류 리플전압을 측정한다.

표 2-10 200Ω 부하의 출력측정결과

C=470μF 부하 200Ω	채널 A	직류 전압 $V_{DC(av)}$	[V]
	채널 B	리플전압 $V_{AC(rms)}$	[V]

나. 470μF, 200Ω 부하 조건에서 출력의 리플률을 계산한다.

$$\text{리플 함유률(3)}\ \gamma = \frac{V_{AC}}{V_{DC}} \times 100\,[\%]\ \ \frac{(\quad)}{(\quad)} \times 100 = (\qquad)\%$$

다. 오실로스코프로 직류출력과 리플의 모양을 관찰한 다음 그림 2-31에 기록한다. ChA= DC, 수직감도: 5[V/div], ChB= AC, 수직감도: 0.5[V/div]

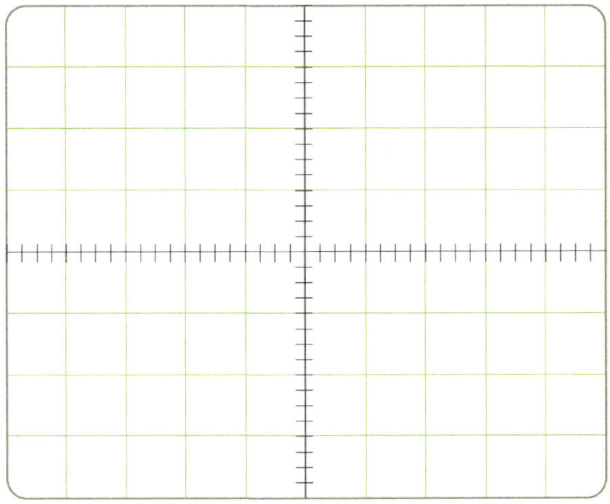

그림 2-31 부하 증가 후의 출력파형(3) (C=470㎌, RL=200Ω)

4. 평활 커패시터와 리플의 관계를 시험한다.

가. 부하 200Ω 조건에서 평활커패시터 470㎌를 제거하고 2,200㎌를 삽입한다.

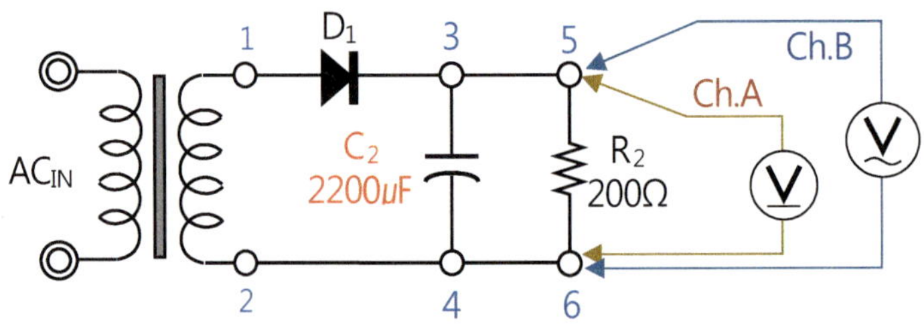

그림 2-32 반파 정류회로(3)

나. 출력단자 5-6에서 평활된 직류 출력전압과 교류 리플전압을 측정한다.

표 2-11 대용량 C=2,200µF 평활회로의 출력

부하 200Ω, C=2,200µF	채널 A	직류 전압 $V_{DC(av)}$	[V]
	채널 B	리플 전압 $V_{AC(rms)}$	[V]

13. 부하 200Ω, C=2,200µF에서 평활 커패시터에서 리플 함유률을 계산한다.

리플 함유율(4) $\gamma = \frac{V_{AC}}{V_{DC}} \times 100\,[\%] = \frac{(\quad)}{(\quad)} \times 100 = (\qquad)\%$

14. 오실로스코프로 리플 모양을 확대하여 관찰하고 그림 2-33에 기록한다.

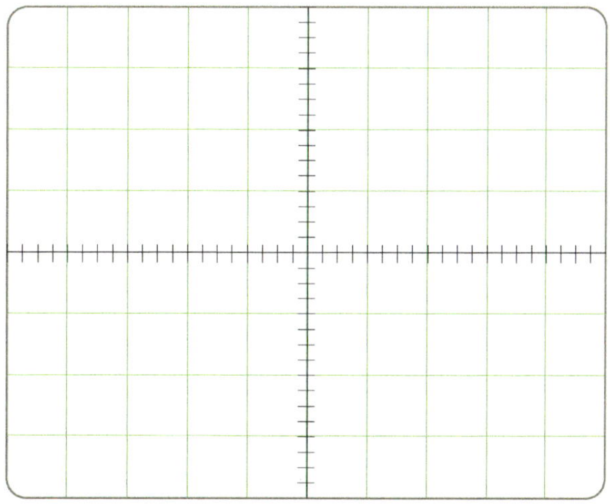

그림 2-33 용량 증가 후의 평활회로 출력파형 (부하=200Ω, C=2,200μF)

6. 부하-정전용량-리플의 관계를 정리한다.

표 2-12에 부하의 크기 및 커패시터의 용량에 따른 리플률의 크기를 빈칸에 기입하고 그 관계를 비교해 보시오.

표 2-12 부하의 크기와 정전용량에 따른 리플의 크기 비교

리플 / 용량 / 부하 저항	리플 함유율(%)		
	C 없음	작은 용량 C=470μF	큰 용량 C=2,200μF
작은 부하(R_L=500Ω)			
큰 부하(R_L=200Ω)			

2. 단상 브리지 정류회로 실험

그림 2-34와 같이 브리지 정류회로를 조립하고 부하저항 1㏀을 연결한다.

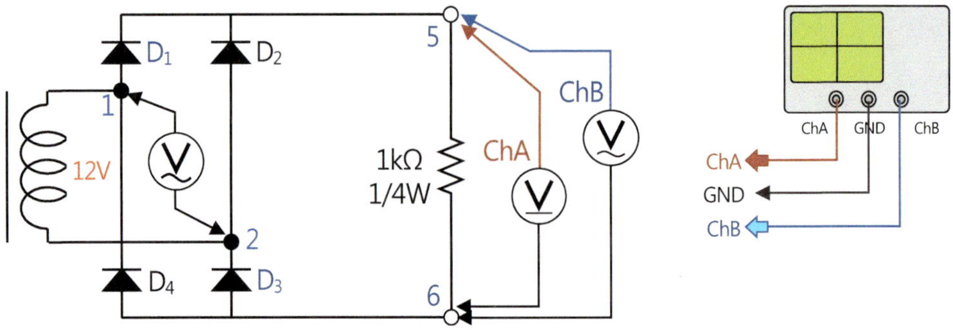

그림 2-34 단상 브리지 정류회로

가. 오실로스코프를 이용하여 단자 1-2에서 입력 교류전압을 측정한다.

나. 오실로스코프를 이용하여 단자 5-6에서 직류전압과 교류 리플전압을 동시에 측정한다.(ChA는 직류전압, ChB는 교류전압을 측정한다.)

표 2-13 단상 브리지 정류출력의 측정 결과

부하=1kΩ C= 개방	입력 단자 1-2	교류 전압 $V_{AC(rms)}$	[V]
	출력 단자 5-6	직류 전압 $V_{DC(av)}$	[V]
		리플전압 $V_{AC(rms)}$	[V]

다. 리플률을 계산한다.

$$\text{리플 함유률(1)}\ \gamma = \frac{V_{AC}}{V_{DC}} \times 100\,[\%] = \frac{(\quad)}{(\quad)} \times 100 = (\qquad)\%$$

라. 단자 1-2의 교류 파형과 단자 5-6에서 정류된 파형을 관찰하고 그림 2-35의 오실로그람 기록지에 스케치한다.

☞ 오실로스코프로 출력전압을 측정할 때는 DC결합, 리플전압을 확대하여 관찰할 때는 AC결합으로 설정한다. (수직감도= 0.5V/div)

오실로스코프의 설정

- 입력신호결합: ChA=DC, ChB=AC
- 트리거 기준: ChA
- 수직 감도: ChA=ChB=5[V/div],
- 수평 소인속도: 5[ms/div]

☞ 교류 파형은 검은색, 전파 정류 파형은 빨간색을 사용한다.

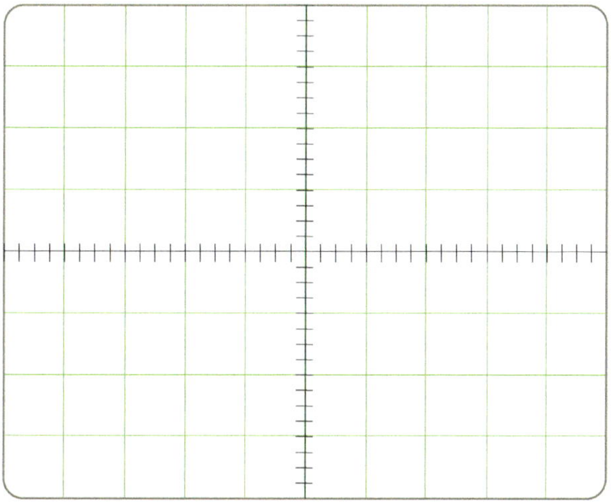

그림 2-35 브리지정류회로의 출력파형 기록(1) (부하=1kΩ, C=없음)

2. 커패시터의 평활작용 시험하기

가. 단자 3-4에 평활커패시터 470μF를 연결한다.

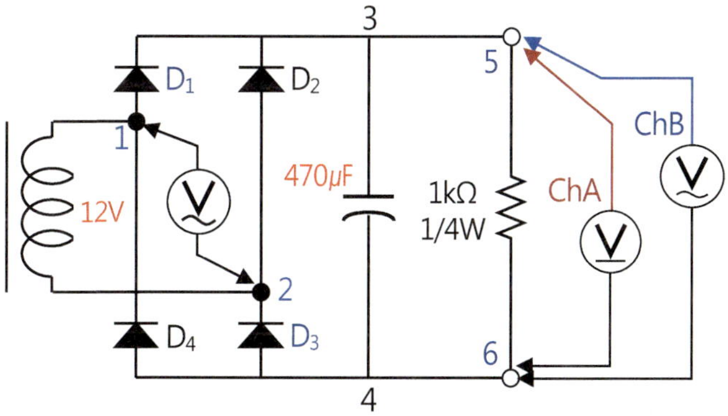

그림 2-36 단상 브리지 정류회로

나. 오실로스코프를 이용하여 단자 5-6에서 직류전압과 교류 리플전압을 동시에 측정한다.

부하= 1kΩ C= 470μF	직류 전압 $V_{DC(av)}$	[V]
	리플전압 $V_{AC(rms)}$	[V]

다. 리플률을 계산한다.

$$\text{리플 함유률(2)}\ \gamma = \frac{V_{AC}}{V_{DC}} \times 100\,[\%] = \frac{(\quad)}{(\quad)} \times 100 = (\qquad)\%$$

라. 오실로스코프로 DC출력과 리플의 모양을 관찰한 다음 그림 2-37에 기록한다.

그림 2-37 브리지정류회로의 출력파형 기록(2) (부하=1kΩ, C=470μF)

출력파형 기록(3) (부하=220Ω, C=470μF)

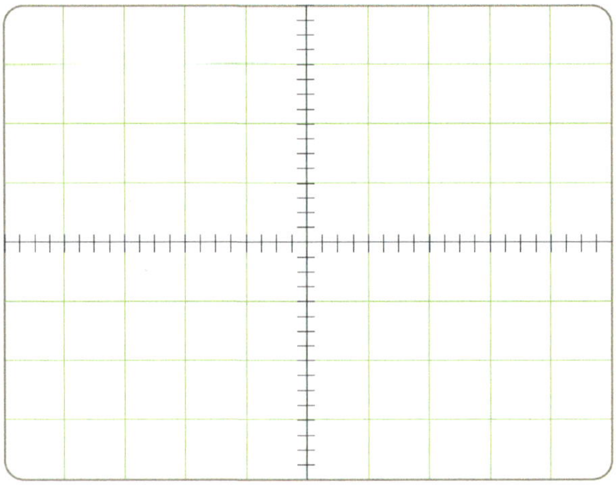

3. 부하와 리플의 관계 시험하기

가. 부하저항을 200Ω 으로 교체한다.

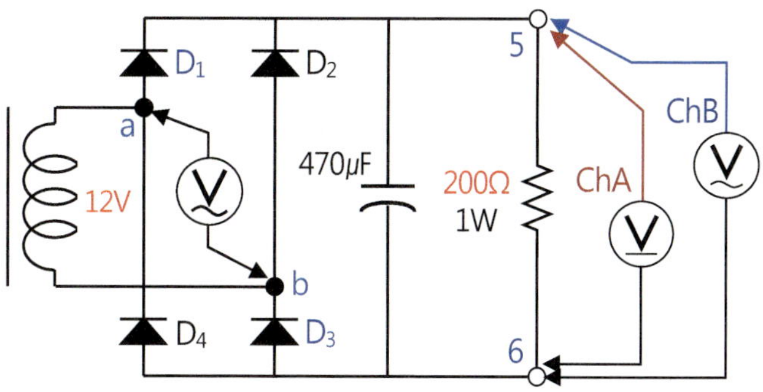

그림 2-38 단상 브리지 정류회로

나. 오실로스코프를 이용하여 출력단자 5-6에서 직류전압과 교류 리플전압을 동시에 측정한다.

부하 200Ω C= 470μF	직류 평균값 V_{DC}	[V]
	리플의 실효값 V_{Ripple}	[V]

다. 리플률을 계산한다.

$$\text{리플 함유률(3)}\ \gamma = \frac{V_{AC}}{V_{DC}} \times 100\,[\%] = \frac{(\quad)}{(\quad)} \times 100 = (\qquad)\%$$

라. 오실로스코프로 DC출력과 리플의 모양을 관찰한 다음 그림 2-37 아래 쪽에 기록한다.

3. 평활 커패시터와 리플의 관계 시험하기

가. 평활 커패시터 470μF를 제거하고 2,200μF를 설치한다.

나. 출력단자 5-6에서 직류 출력전압과 교류 리플전압을 동시에 측정한다.

부하 200Ω C= 2,200μF	직류 평균값 V_{DC}	[V]
	리플의 실효값 V_{Ripple}	[V]

다. 리플률을 계산한다.

$$\text{리플 함유율(4)}\ \gamma = \frac{V_{AC}}{V_{DC}} \times 100\,[\%] = \frac{(\quad\quad)}{(\quad\quad)} \times 100 = (\qquad\quad)\%$$

라. 오실로스코프로 DC출력과 리플을 확대 관찰한 다음 그림 2-39에 기록한다.

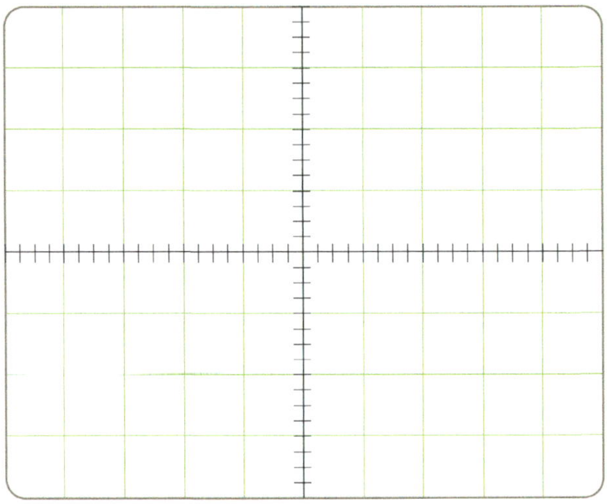

그림 2-39 브리지정류회로의 출력파형 기록(4) (부하=200Ω, C=2,200μF)

4. 부하-정전용량-리플의 관계를 정리한다.

표 2-14에 부하의 크기 및 커패시터의 용량에 따른 리플률의 크기를 빈칸에 기입하고 그 관계를 비교해 보시오.

표 2-14 부하의 크기와 정전용량에 따른 리플의 크기 비교

리플 / 용량 / 부하 저항	리플 함유율(%)		
	C 없음	작은 용량 C=470μF	큰 용량 C=2,200μF
작은 부하(R$_L$=1kΩ)			
큰 부하(R$_L$=200Ω)			

2.3 안정화 전원회로

1. 준 안정화 전원이란?

그림 2-37은 교류에 직류를 얻는 일반적인 정류전원회로의 블록도이다. 이와 같은 회로는 출력단자전압이 일정하지 않기 때문에 '준 안정화 전원장치'라고 말한다.

- 전압불안정의 이유는 부하전류가 증가할수록 트랜스와 선로의 전압강하가 커지고, 평활회로의 리플이 증가하기 때문이다. 그리고 가정으로 공급되는 교류전압은 하루 중 10% 정도는 변동된다.

따라서 이런 전원회로는 정밀도가 요구되지 않는 소형 라디오, 안마기, 소형 DC 모터구동회로 겸 간이 충전기 등에 사용된다.

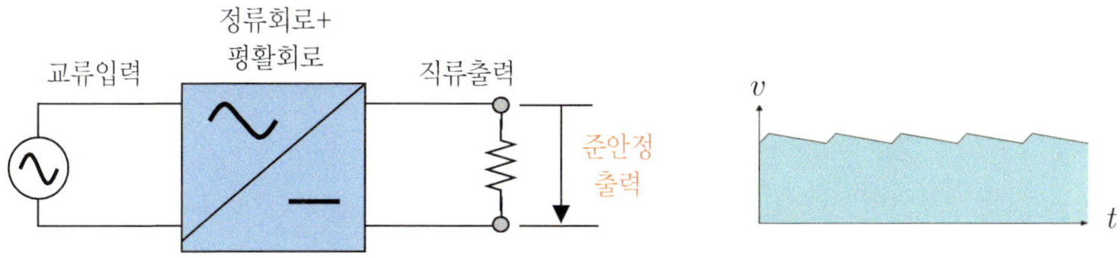

그림 2-40 준 안정화 전원장치의 블록도와 출력파형

2. 안정화 전원회로(Regulated Power Supply)

그림 2-41은 위의 단점을 개선한 '안정화 전원회로'이다.

평활회로를 거친 다음 제너 다이오드나 트랜지스터회로 또는 전용 IC를 사용하여 자동적으로 일정한 전압을 출력하도록 고안되었다.

- 최근에는 정전압 IC의 가격이 대폭 하락하여 디스크리트 소자를 사용하여 조립하는 것보다 IC 회로가 더 경제적이고 안전한 동작을 보장한다. (과열, 과부하 보호기능이 추가되었다.)

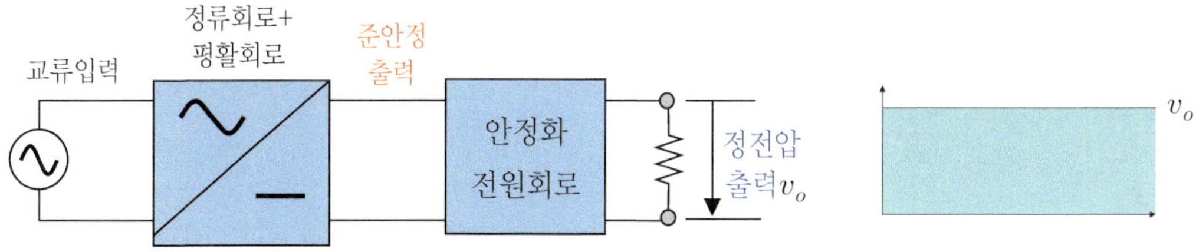

그림 2-41 안정화 전원장치의 블록도와 출력파형

3. 실용적인 안정화 전원회로들

게이트 IC 한두 개 만을 사용할 수 있는 소용량 회로에서부터 수 100W의 디지털 회로를 동작시킬 수 있는 대용량의 안정화 전원회로까지 여러 방식이 있다.

가. 병렬 제너 다이오드 정전압회로

그림 2-42는 표준형 게이트 IC 1~2개와 LED 1~2개까지는 사용할 수 있는 소용량의 간이 정전압회로이다. 이 회로의 출력전압은 제너전압(Vz)과 같다

입력전압은 출력보다 3~5V 이상 여유 있게 가하고, 출력(부하)전류는 50mA 이내로 한다. 그리고 보조저항 R의 크기는 다음 식의 범위 내에서 결정한다.

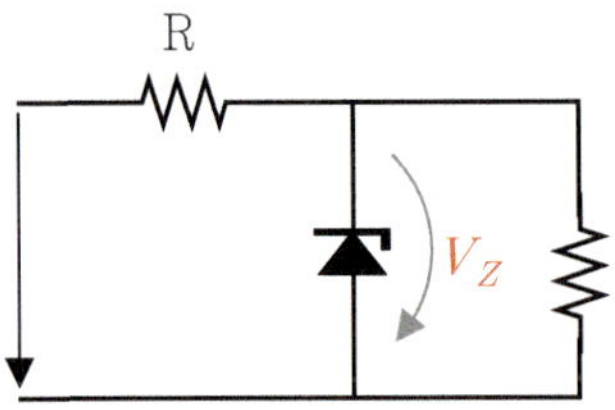

그림 2-42 제너 다이오드 정전압회로

$$R_{min} = \frac{V_{1(max)} - V_Z}{I_{Z(max)} + I_{L(min)}} \fallingdotseq \frac{V_{1(max)} - V_Z}{I_{Z(max)}}$$

$$R_{max} = \frac{V_{1(max)} - V_Z}{I_{Z(min)} + I_{L(max)}} \fallingdotseq \frac{V_{1(max)} - V_Z}{I_{Z(max)}}$$

단, I_Z : 제너전류, I_L : 부하전류

나. 직렬 트랜지스터 제어 정전압회로

(1) 그림 2-43의 회로는 트랜지스터를 전압제어에 사용한 정전압회로로서 제너형에 비하여 안정도와 출력용량이 향상되었다.

(2) 제너전압은 출력보다 0.6V 높은 규격을 선정해야 하고, 입력전압은 출력전압보다 적어도 2V이상 높게 가해 주어야 한다. 그렇다고 너무 높은 입력전압을 가하면 손실이 증가한다.

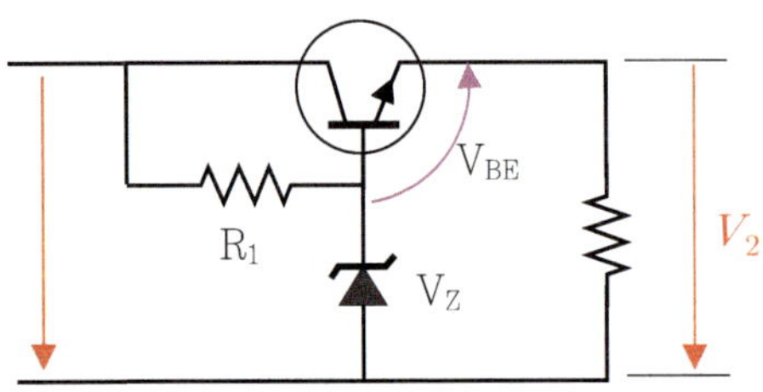

그림 2-43 직렬 TR 제어방식 정전압회로

출력전압 $V_2 = V_Z - V_{BE}$

- 출력은 제너전압보다 0.6V 낮다.

출력TR의 손실전력

$$P_{TR} = I_L(V_1 - V_2)$$

- 출력TR의 손실전력(열손실)은 부하전류와 입력전압이 높을수록 증가한다.

(3) 적합한 트랜지스터는 최대 컬렉터 전류가 200mA이상이고 최대 컬렉터 소비전력이 500mW이상, 전류 증폭률(h_{FE})이 100이상이면 좋다.

[권장TR : S9013, 2N2222, KSC1008, 1009, KSC2316, 2N2102 등 부록 참조]

(4) 출력전류는 100[mA] 내외까지 사용할 수 있다.

다. IC 안정기(3단자 레귤레이터)

(1) 그림 2-44는 전압제어의 성능을 획기적으로 향상시킨 IC형 정전압회로로서 내부에 수 10개의 트랜지스터를 집적회로로 구성하였으며 사용법도 매우 간단하며 과부하, 과열, 단락으로부터 보호받도록 설계되어있다.

(2) 78시리즈라는 이름으로 발매되고 있는 IC안정기의 종류는 표 2-11와 같이 전압과 출력용량에 따라 수십 가지나 된다.

(3) 78 다음의 두 자리 숫자는 출력전압을 나타낸다.(예: **7812**의 출력전압은 12V)

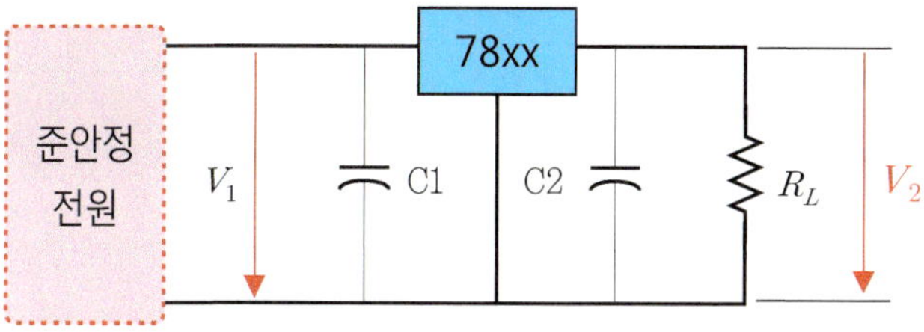

설계 조건

입력전압 $V_1 \geq (V_2+2)[V]$

⊙입력전압은 최대 35V까지

$C_1,\ C_2 = 0.33\mu F \sim 0.1\mu F$

그림 2-44 3단자 안정기를 사용한 정전압회로

표 2-15 3단자 정전압 IC의 일람표

정(+) 출력형	부(-) 출력형	최대 출력전류 및 조건
7805	7905	7833 : 3.3V, 1A
7806	7906	78, 79 시리즈 : 1A (TO-220) 78M, 79M 시리즈 : 500mA (TO-220) 78L, 79L 시리즈 : 100mA (TO-92) 78H05, 79H05 : 5V, 3A (TO-3) 7805CK, 7905CK : 5V, 3A (TO-3) LM12, LM323 : 5V, 3A (TO-3) 최대출력은 무한대 방열판을 사용하는 조건임 LM1117S-3.3V, LM1117S-5V (첨가숫자에 따라 전압이 정해짐)
7808	7908	
7809	7909	
7810	-	
7812	7912	
7815	7915	
7818	7918	
7824	7924	

(4) 이 IC를 사용하는 데는 지켜야 하는 몇 가지 규칙이 있다.

① 반드시 방열판을 사용하여야 한다.

· 방열판이 없으면 규격의 1/5정도 출력밖에는 사용할 수 없다.

② 입력전압(V_1)은 출력(V_2)보다 2V이상 높게 해야 하고 최대 35V까지 가할 수 있다.(메이커에 따라서 다소의 차이는 있다.)

③ 입력과 출력 쪽에 노이즈제거용 마일러 커패시터(0.1㎌)를 달아준다.

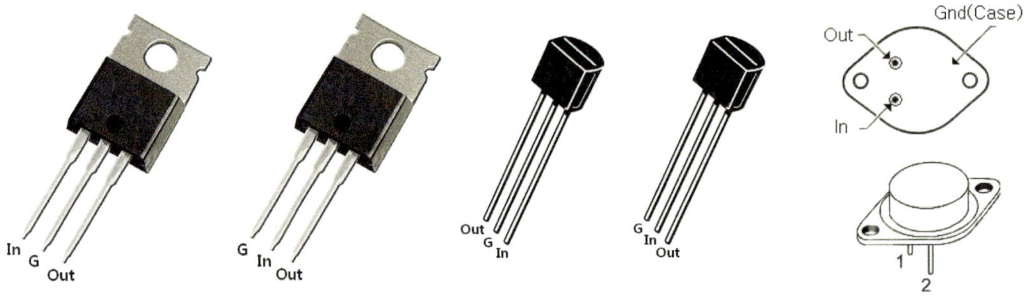

(a) 78×× (b) 79×× (c) 78L×× (d) 79L×× (d) 78H××

그림 2-45 3단자 레귤레이터의 핀 아웃

4. IC를 이용한 가변 안정화 전원회로

가. 위의 3단자 안정기와 전기적 특성은 비슷하나 전압을 조절할 수 있도록 설계된 것이 LM317(1A)과 LM337K(3A)이다.

나. 최저 1.25V에서부터 최대 38V까지 조절이 가능하다.

다. 입력전압(Vin)은 출력전압보다 2V이상 높아야 한다.

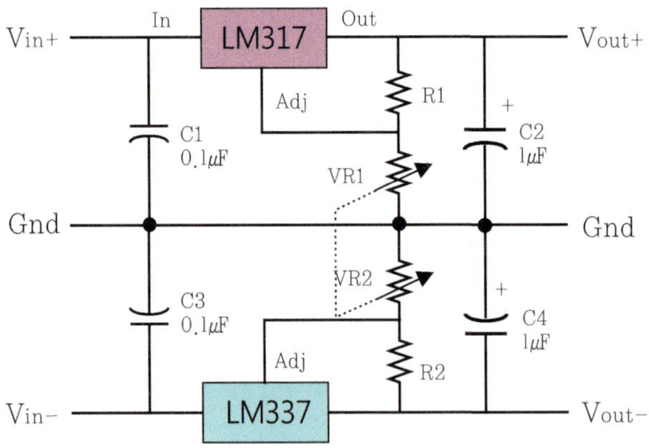

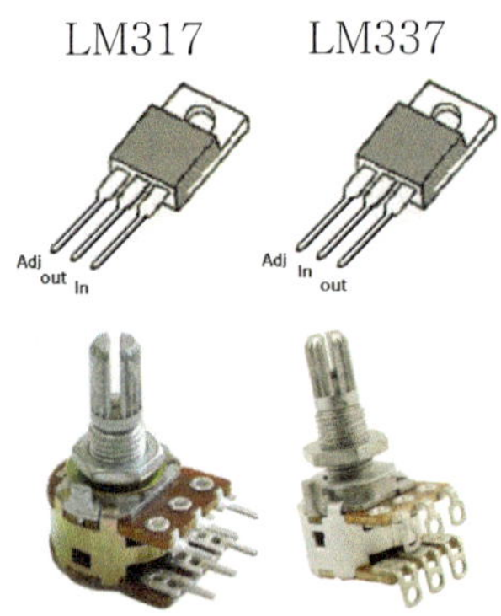

2련 가변 저항기

그림 2-46 가변 정전압 전원회로

라. 접지선 위쪽은 정(正)출력, 그 아래는 부(負)출력이다. 각각 별도로 사용할 수도 있고 양쪽을 동시에 사용할 수도 있다.

마. 가변저항 5㏀을 조절하면 최소 1.25V, 최대 27V까지 조절이 가능하다.

바. 2련 연동VR을 사용하면 정부(+, -) 전압을 동시에 조절할 수 있다.

설계 요령

출력전압 $V_{out} = 1.25\left(1 + \frac{VR_1}{R_1}\right)$

1A용량 : R_1=240Ω , VR_1=5㏀(B)

3A용량 : R_1=120Ω , VR_1=2.5㏀(B)

■ LM317과 LM337은 대칭 구성

5. 스위칭 레귤레이터 방식 전원장치(SMPS)

가. 지금까지의 직류 정전압회로는 여러 가지 장점에도 불구하고 몇 가지 단점, 즉 트랜스를 사용하고 전력손실이 많은 것들이 흠이다. 이를 개선하여 전력손실을 줄이고 제품의 크기도 작게 만든 것이 스위칭 방식 정전압회로이다.

■ 소비전력 규모가 큰 디지털 장치, 예를 들면 컴퓨터나 자동제어장치 등은 대부분 스위칭 레귤레이터를 사용한다.

나. 스위칭 방식의 동작은 다음과 같다.

(1) 비교회로가 출력전압과 목표전압을 비교한다.

(2) 출력이 입력보다 낮으면 스위치(S1)를 닫는다.

· TR이 ON되고 입력전원이 출력으로 전달되어 커패시터 C에 충전된다. 이때 출력은 상승한다.

(3) 이 충전전압이 목표값(기준전압)을 넘어서는 순간 S_1을 연다.

· 공급전원은 차단되고, C의 전하가 소비되면서 출력전압은 다시 낮아진다.

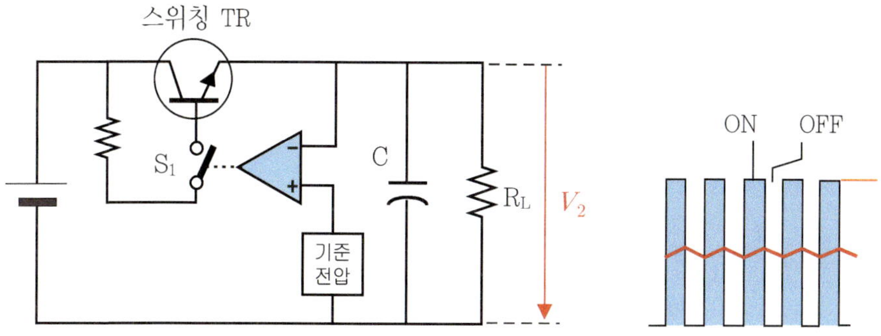

그림 2-47 스위칭 방식 정전압회로의 원리도

(4) 순서 (1)의 비교로 돌아간다. 이상의 과정을 아주 빠른 속도로 반복 수행하면 출력전압은 목표값에 일치하는 직류가 된다.

· 1초당 100,000회 이상 ON, OFF를 반복한다.(스위칭 주파수 $f_s \geq 100\,\text{kHz}$)

(5) 제어 트랜지스터(또는 MOS-FET)는 ON 아니면 OFF 상태이기 때문에 전력 소비가 매우 작아 85% 이상의 효율을 가진다.

(손실전력 $P = I^2R$에서 트랜지스터가 ON일 때는 내부저항(R)이 제로이고, OFF일 때는 전류(I)가 제로이기 때문에 항상 손실전력(P)은 0이다.)

(6) 그림 2-46은 산업용 또는 민수용으로 많이 사용되는 스위칭 방식 안정화 전원장치(SMPS)들이다.

a) 그림 (a)는 데스크탑 PC용 파워 팩(Power package)이다.
b) 그림 (b)는 노트북용 SMPS전원장치로 출력전압은 19V이다.
c) 그림 (c)는 LED램프용 전원장치로 방수형 구조에 출력전압은 12/24V이다.
d) 그림 (d)는 오픈보드 타입의 저가형 SMPS이다. 출력은 원하는 규격을 다양하게 구할 수 있다.

(a) PC용 전원팩

(b) 노트북용 19V SMPS

(c) LED전등용 SMPS

(d) 소용량 SMPS

그림 2-48 여러 가지 스위칭 방식 전원장치(SMPS)들

과제 번호	안정화 전원회로 실험	
2.3.		
준비물	오실로스코프, 직류 전원장치, DMM	히터 트랜스, 1N4733, 1N4734, C509, D288, LM7805, LM337, LM317, WO4G, VR5㏀

[실험 Ⅰ] 제너 조정기의 특성실험

가. 그림 2-49와 같이 제너 조정기 실험회로를 구성한다.

이 회로는 반파정류회로와 제너 조정기가 결합된 회로이다.

단자 (1-2)에는 교류 9V를, 출력단자(7-8)측에는 부하저항 510[Ω]을 접속한다.

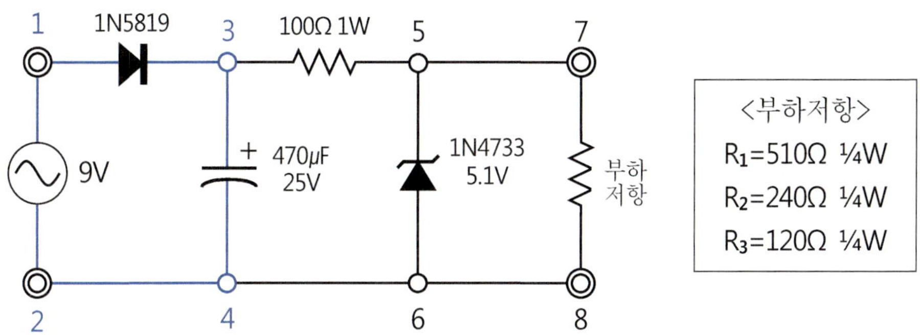

그림 2-49 제너 조정기(정전압 회로)

다. 단자 3-4에서 직류전압(DCV)과 교류 리플전압(ACV_{RMS})을 측정한다.

☞ 오실로스코프의 ChA와 ChB를 이용하여 DC전압과 AC리플을 동시에 측정할 수 있다. 이때 DC와 AC값은 RMS로 설정한다.

라. 단자 5-6에서 직류전압(DCV)과 교류 리플전압(ACV_{RMS})을 측정한다.

마. 부하저항을 240Ω으로 바꾸고 단자 3-4와 단자 5-6에서 직류전압(DCV)과 교류 리플전압(ACV_{RMS})을 측정한다.

바. 부하저항을 120Ω으로 바꾸고 단자 3-4와 단자 5-6에서 직류전압(DCV)과 교류 리플전압(ACV_{RMS})을 측정한다.

사. 이상의 측정 결과를 표 2-16에 기록하고 출력의 리플률을 계산한다.

표 2-16 제너 조정기 측정결과 기록표

부하조건 \ 측정값 \ 위치	단자 3-4(평활된 전압)		단자5-6(제너조정된 출력)		
	DCV	ACV(리플)	DCV	ACV(리플)	리플률[%]
R_1 = 510Ω					
R_2 = 240Ω					
R_3 = 120Ω					

리플률의 계산식은 다음과 같다.

$$\text{리플률 } \gamma = \frac{V_{AC}}{V_{DC}} \times 100\,[\%] = \frac{(\quad)}{(\quad)} \times 100 = (\qquad)\%$$

[질문1] 부하의 크기와 직류출력의 크기, 리플의 크기는 어떤 관계인가?

[실험 II] 제너 폴로어 안정기회로

1. 그림 2-50과 같이 제너 폴로워 정전압회로를 만들고 입력(1-2)에는 직류전원장치를, 출력(3-4)측에는 부하저항(510Ω)을 접속한다.

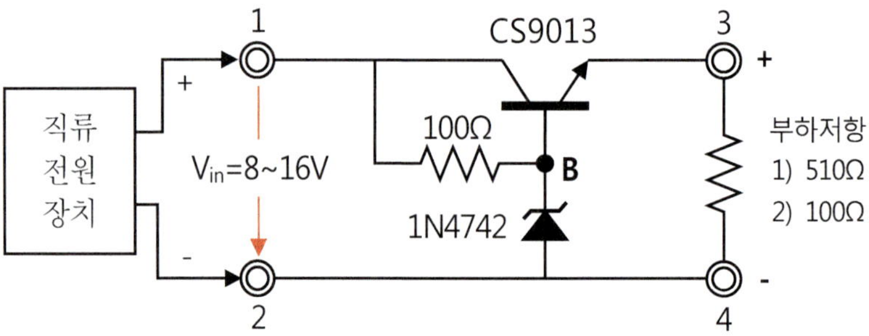

그림 2-50 제너 폴로어 안정기

2. 입력전압 변동에 대한 출력전압을 측정한다.
   가변전원을 이용하여 입력전압을 8V에서부터 16V까지 변화시킬 때 안정기의 출력전압은 어떻게 나타나는 지 측정하고 표 2-17에 기록한다.

표 2-17 제너 폴로어 안정기의 출력전압

입력전압	8V	10V	12V	14V	16V
출력전압 (부하 510Ω)					

3. 각 위치별 전위 측정하기

부하 100Ω이 연결되고 입력전압 12V를 인가한 상태에서 제너 다이오드와 이미터-베이스 전압 그리고 출력전압을 측정한다.

표 2-18 제너 폴로워 안정기의 동작 전압

측정 위치 →	제너 양단 V_Z	베이스-이미터 V_{BE}	출력 V_{Out}
전압 값 [V]	5.56	0.63	4.93

4. 부하 안정률 측정하기

1) 입력전압 12V를 인가한 상태에서, 부하를 바꿀 때마다 출력전압을 측정한다.

표 2-19 부하 안정률 측정

입력전압	출력 전압				
	R_L=개방	R_L=500	R_L=200Ω	R_L=100Ω	R_L=50Ω
12V					
부하 안정률[%]					

2) 위 측정 결과를 이용하여 부하 안정률을 계산한다. 계산식은 다음과 같다.

$$\%\ 부하\ 안정률\ RR = \frac{(무부하시\ 전압) - (부하시\ 전압)}{(부하시\ 전압)} \times 100 = \frac{V_{NL} - V_L}{V_L} \times 100\,[\%]$$

(단, V_{NL}: 무부하시 단자전압, V_L: 부하시 단자전압)

[실험 III] 3단자 IC 정전압회로-고정전압

1. 그림 2-51과 같이 IC 방식 정전압회로를 만들고 입력(1-2)에는 직류전원장치를, 출력(3-4)측에는 부하저항(100Ω)을 접속한다.

> ■ 본회로는 5V출력의 IC를 사용하였으나, 다른 전압출력이 필요한 경우, 또는 다른 실습조와 다른 출력을 실험을 원할 경우 해당 출력의 IC를 사용하시오.
>
> ☞ IC는 방열판에 부착하여야만 최대출력을 보장할 수 있다.

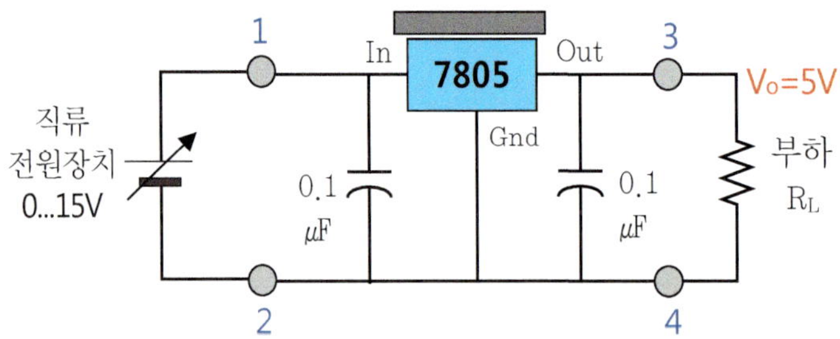

그림 2-51 3단자 안정기 실험회로

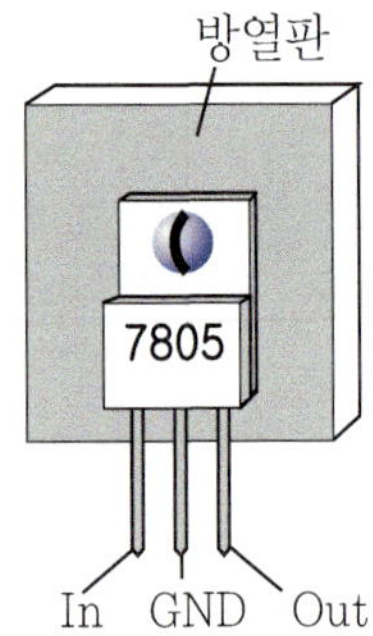

2. 전원장치로부터의 공급전압을 점차 높여갈 때 정전압회로의 출력전압(단자 3-4)은 어떻게 변화하는지 측정 기록한다.

표 2-20 3단자 안정기의 입력전압-출력전압 특성 기록표

입력 전압(V_{in})	6V	7V	9V	11V	13V	15V
출력 전압(V_{out})						

3. (위의 측정결과에서)정전압 출력을 유지할 수 있는 입력전압의 범위는?

4. 부하 안정률 측정

1) 부하를 개방한 상태에서 입력전압 9V를 공급하고 이때 출력전압을 측정한다.

부하 개방 때의 출력전압(V_{NL}) = ① ( ) [V]

2) 부하를 모두 달고 출력전압을 측정한다.

전 부하 때의 출력전압(V_{FL}) = ② ( ) [V]

3) 부하 안정률(LR: Load Regulation)을 계산한다.

$$Load\,R. = \frac{V_{NL} - V_{FL}}{V_{FL}} \times 100\% = \frac{①(\quad) - ②(\quad)}{②(\quad)} \times 100 = (\quad)\%$$

5. 전력선 안정률 측정

1) 부하저항 10Ω을 연결한다.

2) 입력전압을 8V로 공급할 때와 20V로 공급할 때의 출력전압을 각각 측정한다.

입력 8V일 때의 출력전압(V_{LL}) = ③ (　　　) [V]

입력 20V일 때의 출력전압(V_{HL}) = ④ (　　　) [V]

단, 입력 20V에서는 많은 열이 발생하기 때문에 신속하게 측정해야 한다.

3). 전력선 안정률(LR: Line Regulation)을 계산한다.

$$Line\,R. = \frac{V_{HL} - V_{LL}}{V_{LL}} \times 100\% = \frac{(\quad) - (\quad)}{(\quad)} \times 100\% = (\quad)\%$$

6. 부하 단락시험

1) 전원공급기의 전류용량을 2A 이상으로 크게 조절한다.

2) 아날로그 전류계를 FS=10A렌지로 설정하고 측정 준비를 한다. 그런 다음 전류계의 측정 리드를 부하단자에 연결하여 전류계 눈금을 확인한다. 이때의 단락전류와 단락전압은 얼마인가?
(전류계 내부저항은 거의 0이므로 전류계를 연결하는 것은 '단락'과 같다.)

단락전류 = ______[A],　단락전압 = ______[V]

3) 단락을 해제하고 출력전압을 측정한다. IC 안정기는 손상되지 않고 정상 동작하는가?

단락 해제 후의 전압: = ______[V]

7. 과열 셧-다운 시험

1) 안정기 IC의 방열판을 제거한다.

2) 입력전압은 12V를 준비하고 출력단자에는 별도의 부하저항 10Ω을 연결한다.

3) 입력전원을 공급하고 출력전압을 관찰한다.
4) IC안정기가 과열되면 셧-다운될 것이다. 몇 초 후, 또는 몇 ℃에서 출력전압이 사라지는가?

IC 안정기의 셧-다운 온도: (   ) [℃]

또는 출력 0V로 셧-다운되는데 걸리는 시간: (   )초

5) 안정기가 셧-다운되면 전원과 부하를 차단하고 안정기가 냉각되기를 기다린다.
6) 안정기가 충분히 식으면 다시 전원을 공급한다. 이때 출력전압이 회복되는가?

다시 운전할 때 안정기 출력전압: (   ) [V]

[실험 IV] 가변 안정화 전원장치

1. 그림 2-52와 같이 듀얼 가변 정전압회로를 조립한다.
   ☞ 2련 가변저항의 연결은 그림 2-53을 참고하시오.

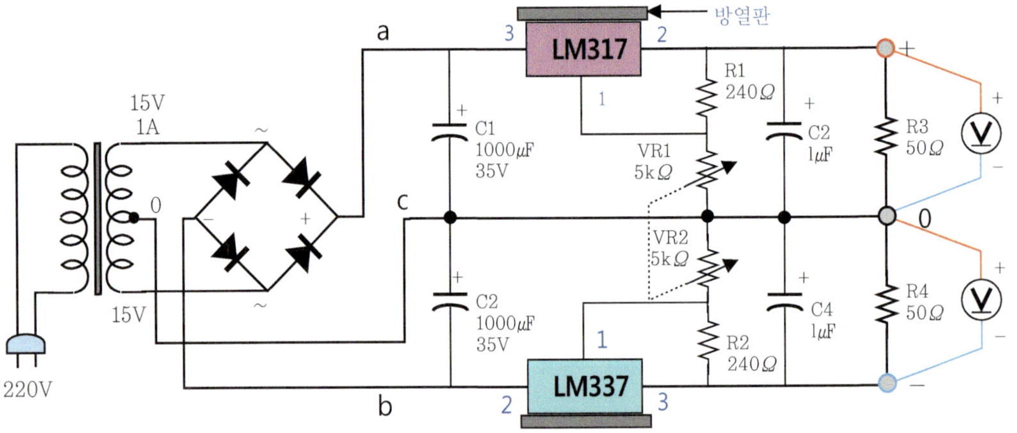

그림 2-52 가변 정전압 전원회로

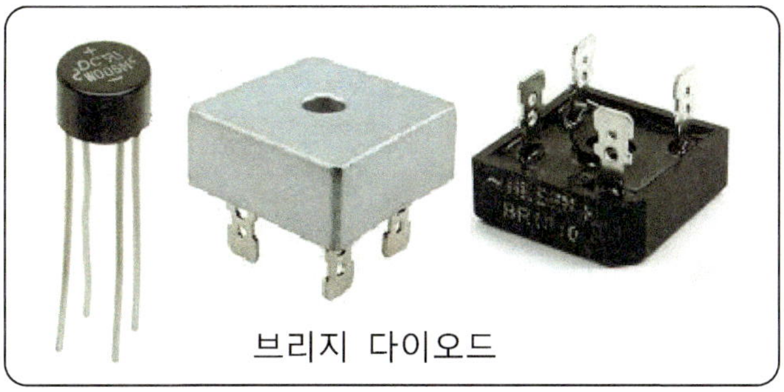

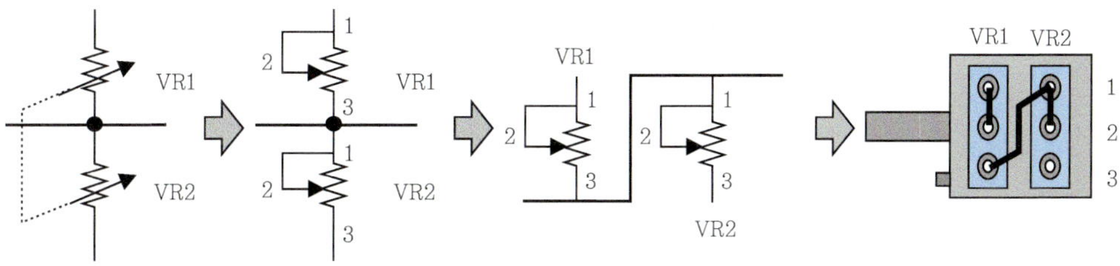

그림 2-53 2련 가변저항(퍼텐쇼미터)의 연결법

나. 가변저항의 위치를 최대위치에 둔다. 그리고 부하저항은 아직 연결하지 않는다.

다. 전원을 연결하고 3단자 안정기(IC)의 입력전압을 측정한다. (a-c & b-c)

라. 두 출력단자의 전압을 확인한다. 정상적으로 출력이 확인되면 가변저항의 위치를 최소위치로 변경하고 출력전압을 확인한다.

(1) 회로 시험기를 사용할 때는 전압계의 극성에 주의한다.

(2) 디지털 전압계(DMM)를 사용하면 리드를 바꾸지 않아도 극성까지 표시해주기 때문에 편리하다.

표 2-21 가변 정전압회로의 측정결과(개방 부하 상태)

트랜스포머의 2차 전압		AC : [V]
입력전압	정(LM317) a-c	DC : [V]
	부(LM337) b-c	DC : [V]
출력전압	정(+) 출력 [V]	최소~최대 : ( )~( )
	부(−) 출력 [V]	최소~최대 : ( )~( )

마. 다시 가변저항을 조절하여 출력전압을 5V에 맞춘다. 그리고 부하저항 10Ω을 연결할 때의 출력전압을 측정한다. 그리고 이를 이용하여 전압 안정률을 계산한다.

개방부하 출력전압	부하 10Ω일 때 출력전압	전압 안정도
5V		

바. 부하 10Ω에서 출력전압에 포함된 리플전압의 크기를 측정한다. 교류전압계를 이용하여도 좋고, 오실로스코프를 이용하여도 좋다.

리플전압(실효값): (   ) [mV]

리플률 : (   ) %

2.4 트랜지스터(Transistor)

1. 트랜지스터의 구조와 기호

트랜지스터는 그림 2-54와 같이 N형과 P형 반도체를 샌드위치 모양으로 접합한 구조로 되어있고, 각각의 단자를 이미터, 베이스, 컬렉터라 부른다.

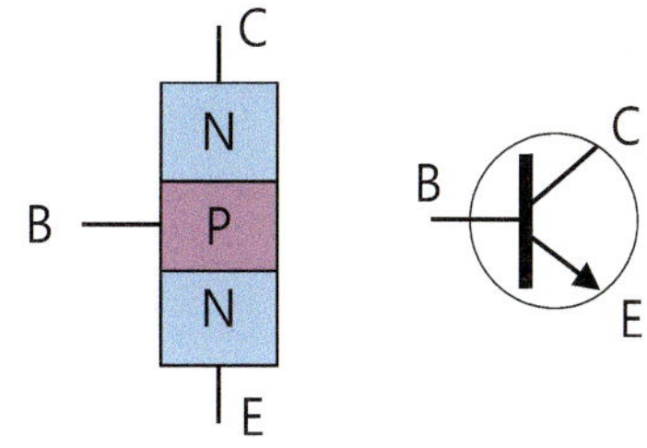

그림 2-54 NPN TR의 구조와 기호

명칭	기호	원어	의 미
이미터	**E**	Emitter	전자의 유입(방출)구
베이스	**B**	Base	중간 기층(基層)
컬렉터	**C**	Collector	전자의 출구(모음)

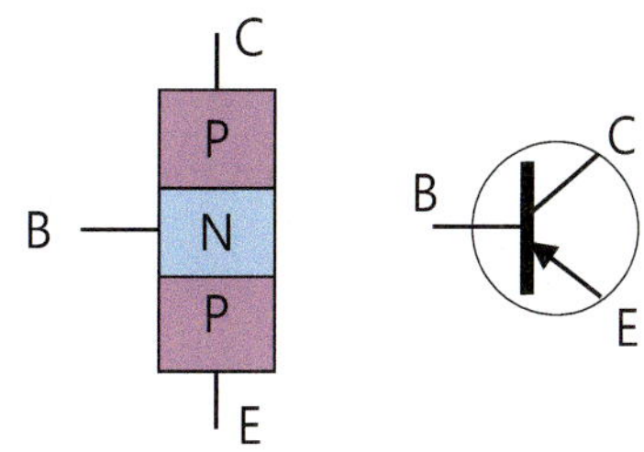

그림 2-55 PNP TR의 구조와 기호

2. 트랜지스터의 다이오드 등가회로

트랜지스터를 등가적으로 분석하면 이미터-베이스간 접합과 베이스-컬렉터 접합은 각각 하나의 다이오드와 같다.

따라서 NPN TR의 경우 베이스(B)에서 이미터로, 또는 베이스에서 컬렉터 쪽으로만 전류가 흐른다.

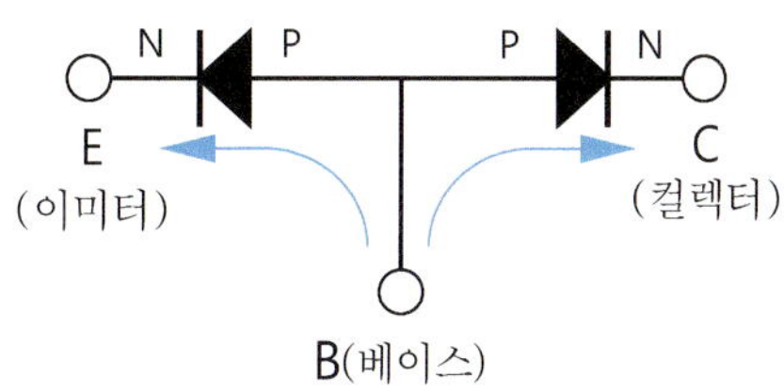

그림 2-56 NPN TR의 등가회로

3. 트랜지스터의 증폭원리

가. 트랜지스터의 기본회로

트랜지스터가 올바른 증폭작용을 하기 위해서는 바이어스 공급용 전원과 컬렉터에 가해주기 위한 전원이 필요하며 이들 전원의 접속법은 여러 가지가 있으나 원리 설명에 적합한 베이스 접지방식을 모델로 설명한다.

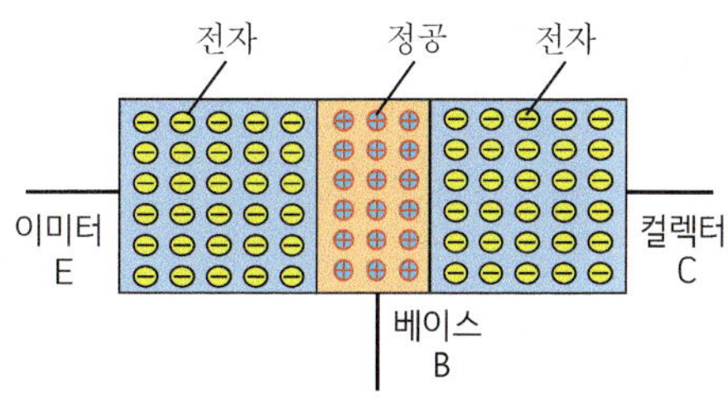

그림 2-57 NPN형 트랜지스터의 초기상태

나. 트랜지스터의 초기 상태

트랜지스터에 전원이 연결되지 아니한 초기 상태의 내부 상황은 다이오드의 초기 상태와 유사하다. PN접합 경계부근은 공간전하와 공핍층이 형성되어 있고 전류의 흐름은 없다.

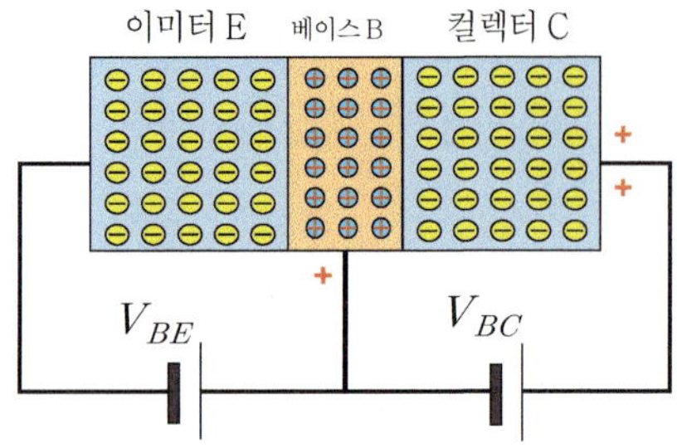

그림 2-58 NPN TR의 바이어스

다. 바이어스 전원의 연결

그림 2-58과 같이 전원을 연결한다. 전압V_{BE}에 의하여 B→E 방향으로 순방향 전류가 흐르고 그 반대 방향으로 전자가 흐르게 된다.(그림 2-59) 트랜지스터 원리는 이 전자의 운동을 이해하는 데서 시작된다.

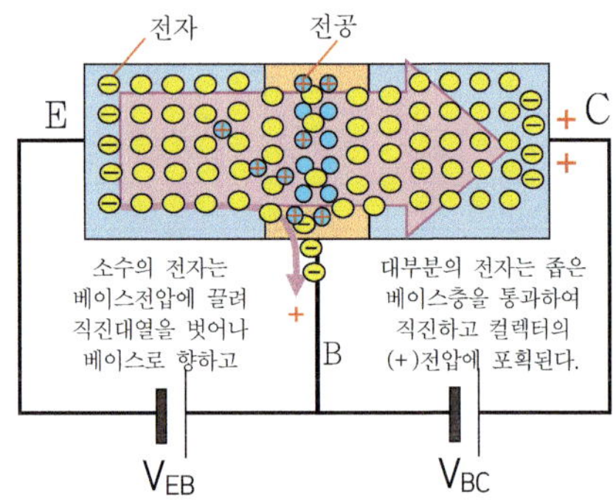

그림 2-59 베이스와 컬렉터로 분기하는 전자의 흐름

라. 전자의 운동 습관

이미터를 출발한 전자가 가속을 받아 베이스 층으로 진입하는데 실제로는 베이스층이 매우 얇아 가속전자가 미처 방향을 바꾸기 전에 베이스층을 지나쳐 컬렉터층으로 진입하고 이곳의 (+)전압에 포획되어 전류가 형성된다.(베이스 전압보다 컬렉터 전압이 높기 때문)

즉, 이미터에 주입된 전자의 99% 정도가 베이스를 통과하여 컬렉터로 향하고 1% 내외의 소량만 베이스로 흡수된다. 그리고 트랜지스터의 구조에 따라 이 비율도 정해진다.(그림 2-60)

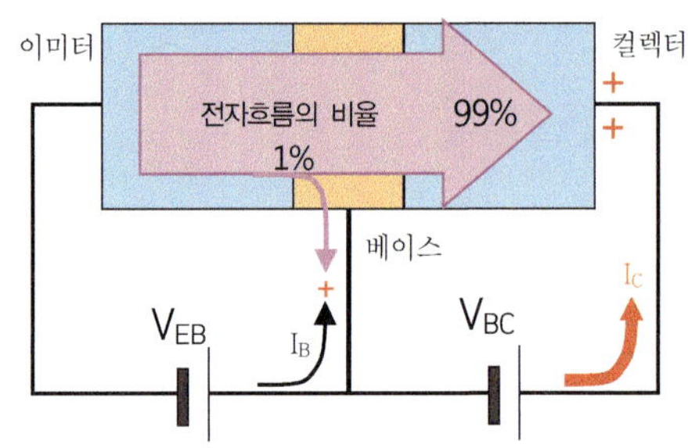

그림 2-60 분기되는 전자의 비율은 접합구조에 따라 결정된다.

마. 트랜지스터의 구조와 전자분배

트랜지스터의 실제모양은 원리도에서 본 사각형 샌드위치 모양이 아니다. 알로이형을 예로 들면 그림 2-61과 같다.

그림 2-61 알로이 합금 트랜지스터

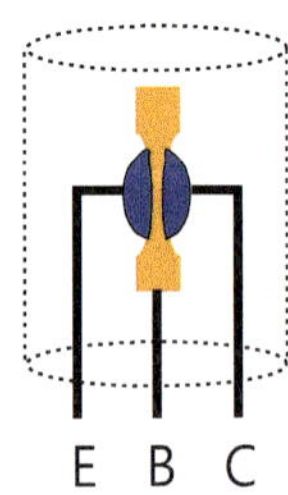

P형 베이스의 허리 양쪽에 N형 반도체를

고온에서 증착시키면 베이스층의 양쪽에서 N형 불순물이 스며들어 베이스는 수 미크론 정도로 얇아지게 된다.

이와 같은 구조에 따라 베이스로 흐르는 전자의 양 1%를 조절함으로서 컬렉터로 향하는 전자의 흐름 99%를 조절할 수 있다는 것을 알게 되었는데 이것이 증폭이다.

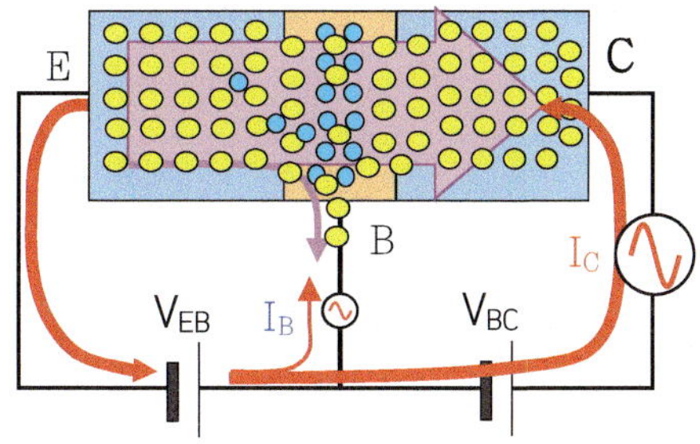

그림 2-62 소수의 베이스전류(I_B)를 제어하면 컬렉터 전류(I_C)가 변한다.

바. 베이스 접지 증폭회로

베이스 전류와 컬렉터 전류의 비가 1:99일 때 이미터 전류와 컬렉터 전류의 비는 1:0.99이다.

베이스 접지 증폭회로는 그림 2-63과 같이 베이스를 공통단자로 하고 입력은 이미터에 넣고, 출력은 컬렉터에서 얻는 다. 이 회로의 전류 증폭률 α는 I_C/I_B로 정의할 수 있고 그 크기는 0.98~0.998 정도이다.

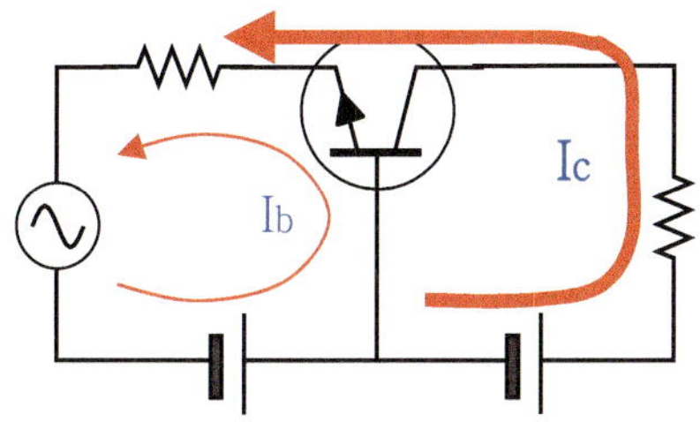

그림 2-63 베이스접지 증폭회로

베이스 접지 증폭회로의 특성 예

입력전류 Ib	0.1mA	출력전류 Ic	0.099mA
입력저항	1kΩ	출력저항	100kΩ
입력전압	0.1V	출력전압	9.9V

증폭하려는 신호전류(i_s)를 이미터 전류(I_E)에 중첩시켜 흐르게 하면 컬렉터 전류는 입력의 0.99배 증폭된 전류신호를 얻어 언뜻 증폭이 되지 않아 보이지만 컬렉터 내부저항이 크기 때문에 큰 부하저항을 달 수 있고 따라서 큰 출력전압을 얻을 수 있기 때문에 전압증폭이 가능하다.

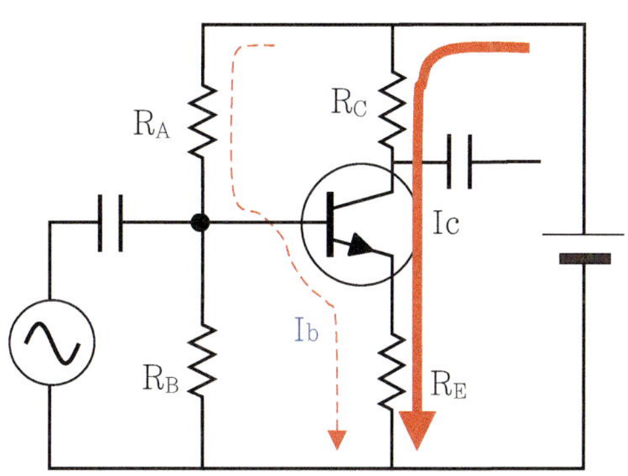

그림 2-64 이미터 접지 증폭회로

사. 실용적인 바이어스 회로

앞서의 베이스 접지 증폭회로는 바이어스를 위해 전원을 두 개씩 사용하고 전류 증폭률이 낮은 불편함이 있다.

이를 개선한 회로가 그림 2-64이다. 하나의 전원으로 베이스와 컬렉터에 바이어스 전류를 공급하고 이미터를 공통으로 사용하는 회로이다.

먼저 베이스 전류는 R_A와 R_B의 전압분배에 의해 베이스에 전압 V_B가 걸리게 하고 이에 의해 베이스 전류 I_B를 흐르게 한다.

아. 바이어스전류와 신호전류

그림 2-64와 같은 회로에서 각 부의 전류를 분석해 나타낸 것이 그림 2-65이다.

먼저 베이스에 충분한 바이어스 전류를 흘리게 해 놓고 신호전류를 이에 중첩되어 흐르게 한다. 그러면 베이스 전류는 그림 2-65(c)와 같이 (+)전류의 범위 내에서 변하게 되고 컬렉터 전류는 이것의 β 배 증폭되어 흐르게 된다.

자. 전류 증폭률 β

이미터 접지 증폭기에서 베이스 전류와 컬렉터 전류의 비율을 전류 증폭률이라 하고 기호는 β 또는 H_{FE} 또는 h_{fe}로 표시한다.

$$\text{전류 증폭률 } \beta = \frac{I_C}{I_B} \quad \cdots\cdots\cdots\cdots\cdots \ (2-3)$$

일반적으로 β 값은 50~500 범위이다.

4. 트랜지스터의 종류와 패키지

트랜지스터는 극성, 출력, 주파수에 따라 표기법이나 외관(패키지)이 달라진다.

가. 컬렉터에 (+)전압이 가해지는 것은 NPN형이고 그 반대인 것이 PNP형이다.

나. 패키지가 클수록 출력도 커진다.

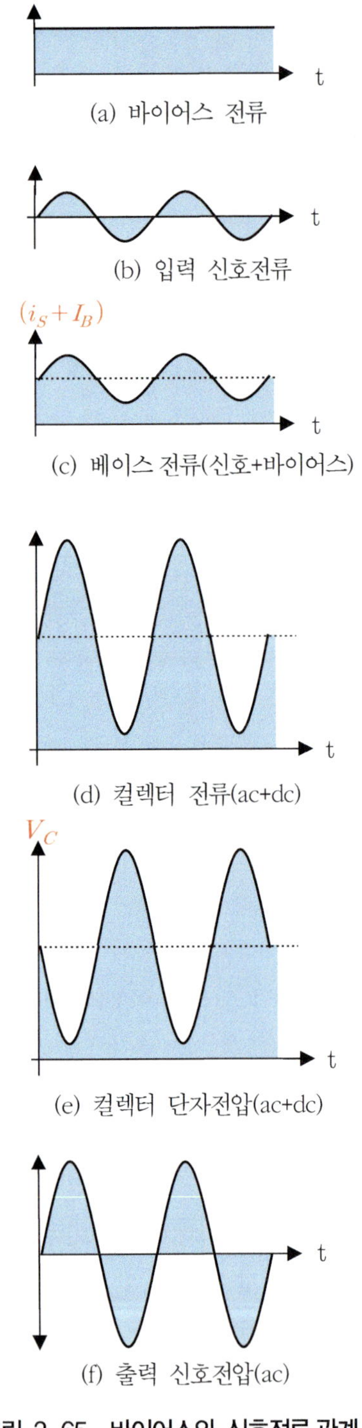

그림 2-65 바이어스와 신호전류 관계

TO-92형은 500mW 이하의 소출력으로 방열판이 필요 없다. TO-18은 캔 타입으로 플라스틱보다는 열방출 효과가 좋다.

TO-220형은 패키지 뒷면이 금속편으로 되어있고 방열판을 달 경우 10~20W까지의 출력을 얻을 수 있다.

TO-3형은 대출력 TR로 메탈패키지로 되어있고 컬렉터가 금속외피에 접속되어 있다. 방열판을 달면 30~100W 정도까지 얻을 수 있다.

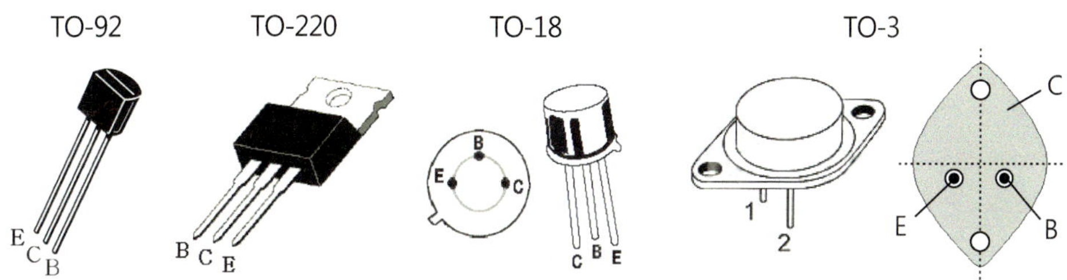

그림 2-66 트랜지스터의 종류와 패키지 모양

5. 트랜지스터의 표기법

트랜지스터 명칭 표기법은 나라별로 다소의 차이가 있다.

가. 미국식의 예

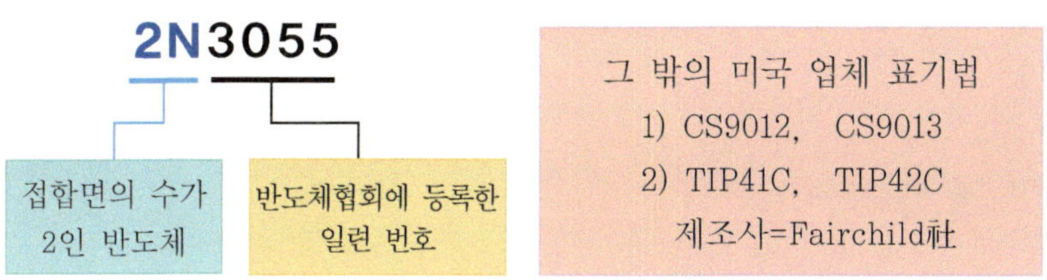

나. 일본식의 예

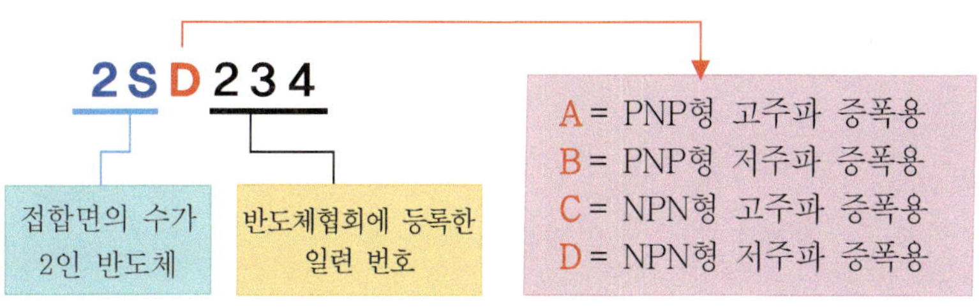

보기) 2SA562, 2SB576, 2SC1000, 2SD288

그 밖의 트랜지스터 표기법 :

2SK30A : 접합형 FET

3SK56G : MOS FET

다. 유럽식의 예

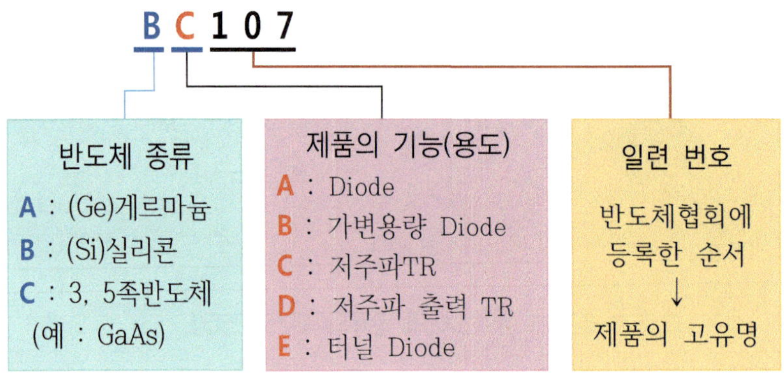

표 2-22 제품의 용도별 기호

기호	제품 종류	기호	제품 종류
F	고주파 트랜지스터(RF Tr.)	R	SCR
H	자기장 센서(Magnetic sensor)	S	스위칭 트랜지스터(Switching Tr.)
K	홀발전기(Hall Generator/open)	T	대전력 제어 정류기(Power SCR)
L	고주파 출력석(RF power Tr.)	U	전력스위칭 트랜지스터(Power SW-Tr.)
M	홀발전기(Hall Generator/close)	X	다이오드 어레이 (Diode Array)
P	수광소자(Photo sensor)	Y	전력 다이오드(Power Diode)
Q	발광소자(Lighting Devices)	Z	제너 다이오드(Zener Diode)

6. 트랜지스터의 응용

가. 신호의 증폭

미약한 전기신호 입력을 크게 증폭하여 출력하는 회로를 증폭기(Amplifier)라 한다. 증폭기의 가장 큰 조건은 출력이 입력에 비례해야 한다는 것이다.

음성 및 영상신호를 증폭하는 전축, 라디오, TV 등에 이용된다.

나. 스위칭

트랜지스터의 입력에 아주 작은 신호, 예를 들면 0.6V 이하의 전압이 가해지면 증폭기는 차단상태에 머물고, 다소 많은 입력전류(5mA 내외)를 가하면 TR은 포화상태가 되어 출력단자 C-E 사이가 단락(short)된 것 같은 효과를 일으킨다. 이 두 동작은 마치 스위치가 OFF, ON 되는 것과 같기 때문에 '스위칭 동작'이라 한다. 트랜지스터를 스위칭회로로 동작케 하면 '무접점 스위치'가 된다.

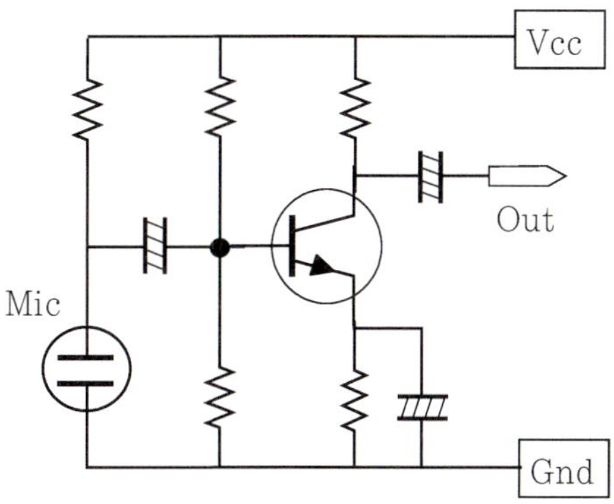

그림 2-67 선형 증폭기의 예

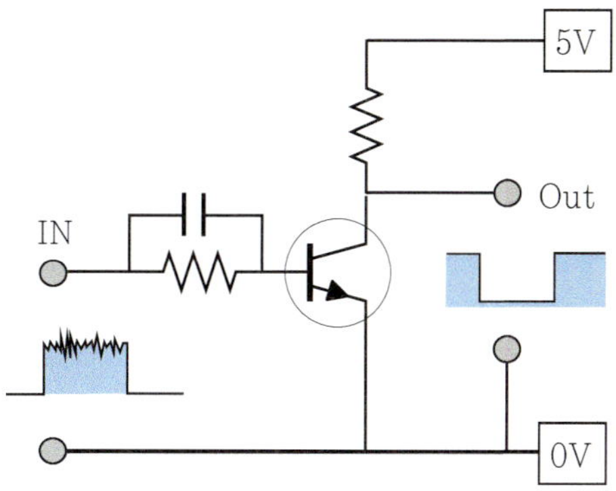

그림 2-68 스위칭회로의 예(인버터)

다. 논리회로에의 이용

TTL과 같은 IC들은 그 회로가 모두 트랜지스터로 구성되어있다. 바이어스 없이 입력을 고(high) 저(low)의 두 가지 상태로만 처리하는 포화형이 대부분이지만 바이어스 전류를 항상 흘려주는 비포화형(고속도형)도 있다.

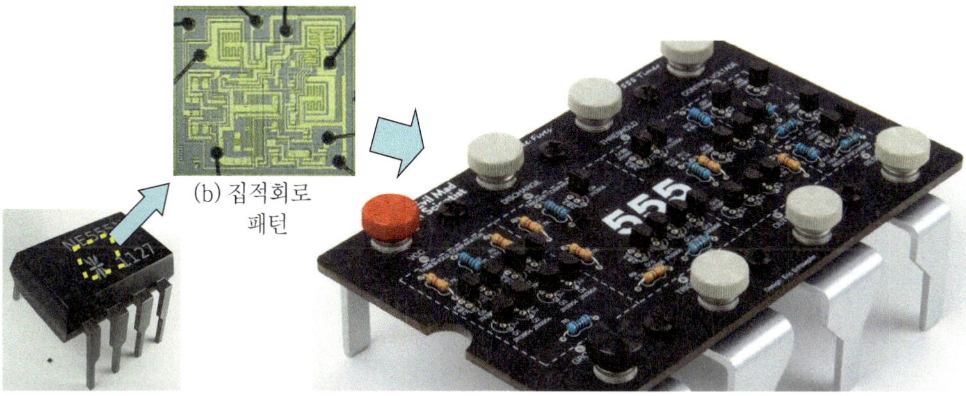

(a) IC555 (c) 저항, 커패시터, 트랜지스터 등을 사용해서 만든 등가회로

그림 2-69 9핀 타이머 IC와 동일한 기능의 트랜지스터회로

과제 번호	트랜지스터 특성실험	
2.4.1		
준비물	테스터, 전류계, 오실로스코프	2SC1815, 2N3904(NPN), 2N2907A(PNP), TIP31P(NPN), TIP32P(PNP), 1N4148

1. 트랜지스터 특성실험

가. 그림 2-70 또는 2-71의 두 회로 중 하나를 선택하여 회로를 구성한다.

- 그림 2-70은 전류계를 사용하는 방법이고, 2-71은 오실로스코프를 사용하는 방법이다.

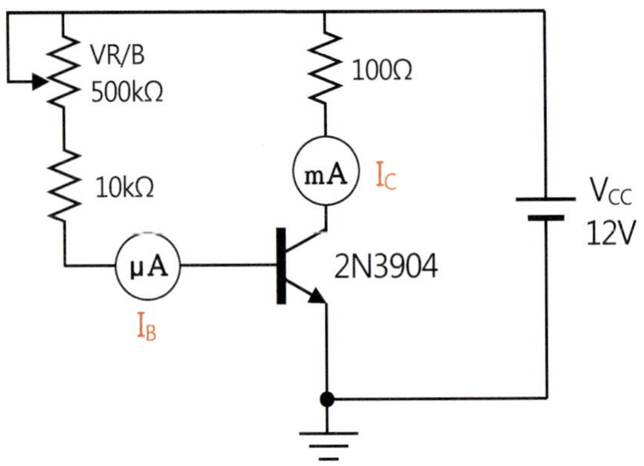

그림 2-70 전류증폭률 측정회로(1)
(전압 전류계를 사용하는 방법)

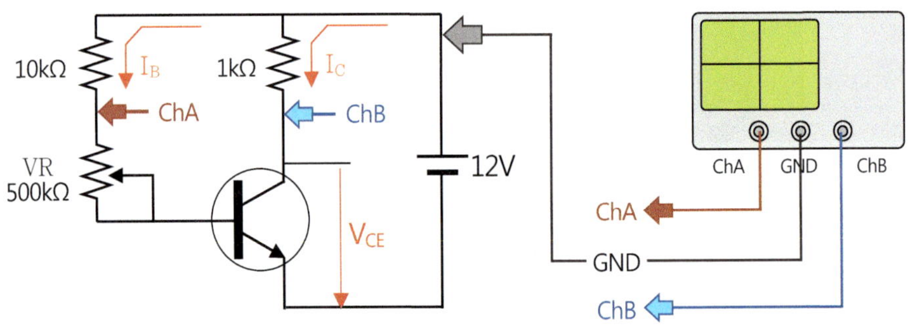

그림 2-71 전류증폭률 측정회로(2)
(오실로스코프를 사용하는 방법)

다. 가변저항을 조절하여 I_B를 0, 30μA, 50μA에서 100μA 등으로 증가시켜갈 때 출력전류 I_C의 변화를 측정하고, 전류증폭률도 계산한다.

(10㏀에 30μA가 흐를 때 0.3V의 전압이 걸린다. 1㏀에 1V가 걸리면 1mA가 흐른 것이다.)

라. 트랜지스터를 출력 트랜지스터 TIP31C로 바꾸어 한 번 더 측정한다.

표 2-23 전류이득 측정결과 기록표-1 (2N3904)

I_B [mA]	0.03	0.05	0.1	0.2	0.41	0.82
I_C [mA]						
전류이득(β_{dc})						

표 2-24 전류이득 측정결과 기록표-2 (TIP31C)

I_B [mA]	0.03	0.05	0.1	0.2	0.41	0.82
I_C [mA]						
전류이득(β_{dc})						

2. 트랜지스터 특성 직시회로(Curve Tracing Circuit) 관찰하기

「1편-제8과제」에서 배운 오실로스코프의 X-Y그래프 기능을 이용하면 「전류증폭 특성」을 그래프 형태로 직접 확인할 수 있다.

가. 아래의 그림 2-73과 같이 특성곡선 직시회로를 구성한다.
나. 오실로스코프의 기능을 XY 모드로 전환하고, X:Y=8:6지점에 0점을 옮긴다.
다. 아래 그림과 같이 트랜지스터 회로와 오실로스코프의 프로브를 접속한다.
라. 오실로스코프는 다음과 같이 조절한다.

(1) Time/Div (수평손잡이) → XY모드
(2) Volt/Div (수직손잡이) X축 : 2[V/Div], Y축 : 2[V/Div]
(3) Signal Source → DC (4) Sweep Mode → Auto
(5) 기타 : XY 모드

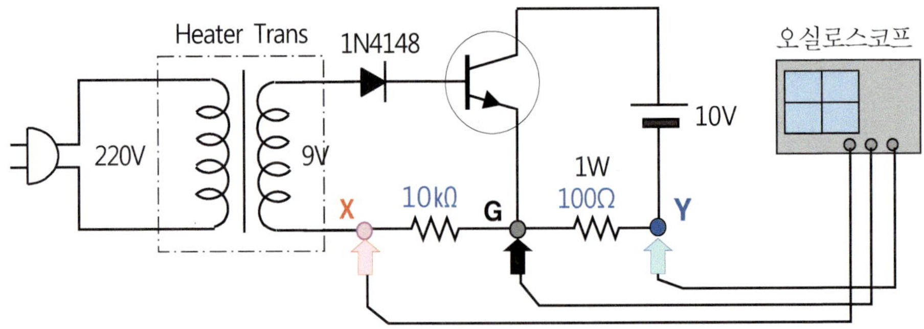

그림 2-73 X-Y 그래프 직시를 위한 오실로스코프 결선도

시험용 NPN 트랜지스터의 예	시험용 PNP 트랜지스터의 예
고주파 증폭용 2N3904, 2SC1815	고주파 증폭용 2N3906, 2SA1015
저주파 출력용 2SD234, TIP31C	저주파 출력용 2SA1011, TIP32C

라. 측정회로 쪽에 전원을 가하고 오실로스코프를 관찰한 후 파형을 스케치하여 기록한다.(두 종류의 트랜지스터를 실험하고 그래프 (a)와 (b)에 각각 기입한다.)

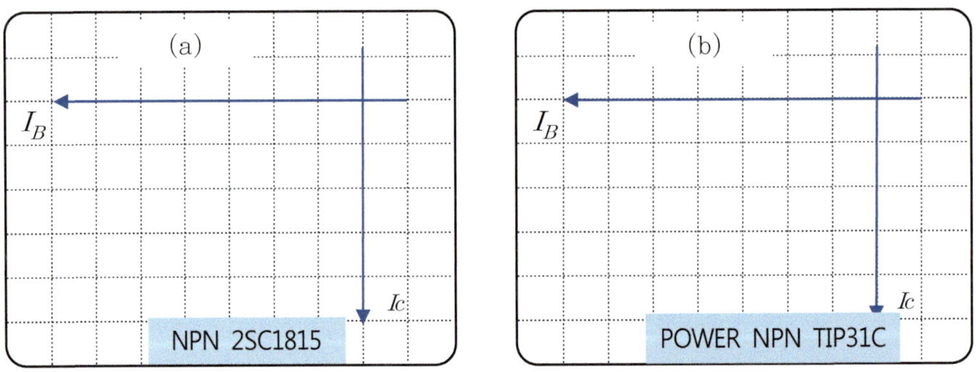

그림 2-74 X-Y 모드를 이용한 NPN 트랜지스터의 특성곡선($I_B - I_C$ 특성)

마. 화면의 X축 눈금 1칸(1Cm)은 베이스 전류 0.2mA에 해당한다.($\because I_B = \frac{2V}{10k\Omega}$), 그리고 Y축 눈금 1칸(1Cm)은 컬렉터 전류 20mA에 해당한다.($\because Ic = \frac{2V}{100\Omega}$)

바. PNP형 트랜지스터의 특성 측정

(1) NPN TR의 측정회로를 PNP형 TR 측정용으로 바꾸려면 그림 2-73의 측정회로를 아래 그림 2-75와 같이 변경하여 스코프와 접속한다. 변경 요령은 「유극성 부품의 방향은 모두 반대」로 접속하면 된다.
※ 유극성 부품의 예 : 트랜지스터, 다이오드, 전원전압(10V)

(2) 0점 좌표의 위치를 X:Y=2:2 로 옮긴다.

(3) 그리고 이 경우 오실로스코프의 그래프 화면은 1상한에 표시된다.

(4) X축의 눈금 1칸은 베이스 전류(I_B) 0.2mA를, Y축 1칸은 컬렉터 전류(Ic) 20mA를 각각 나타낸다.

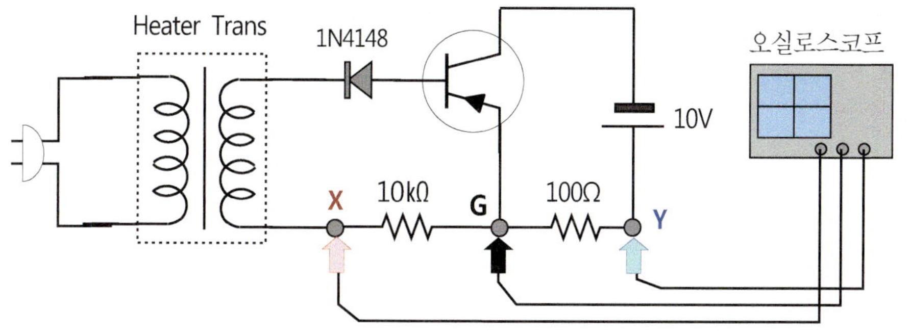

그림 2-75 PNP형 트랜지스터의 특성곡선 직시회로

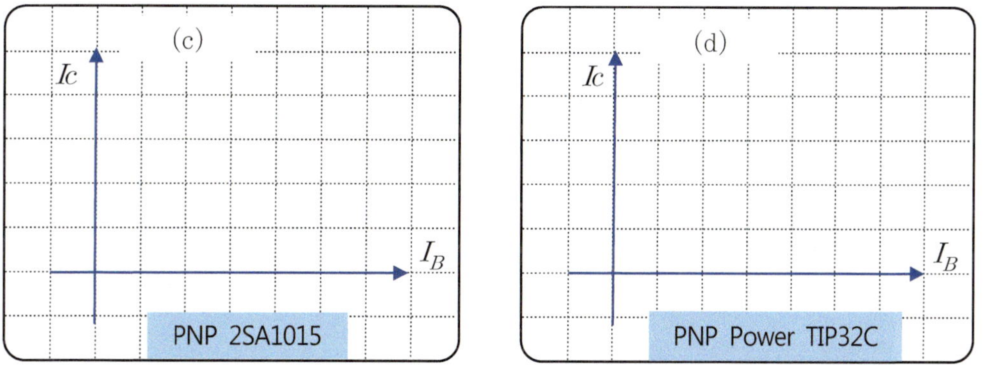

그림 2-76 X-Y 모드를 이용한 PNP 트랜지스터의 특성곡선($I_B - I_C$ 특성)

X-Y 직시법으로 관측한 TR 특성곡선($I_B - I_C$)의 보기

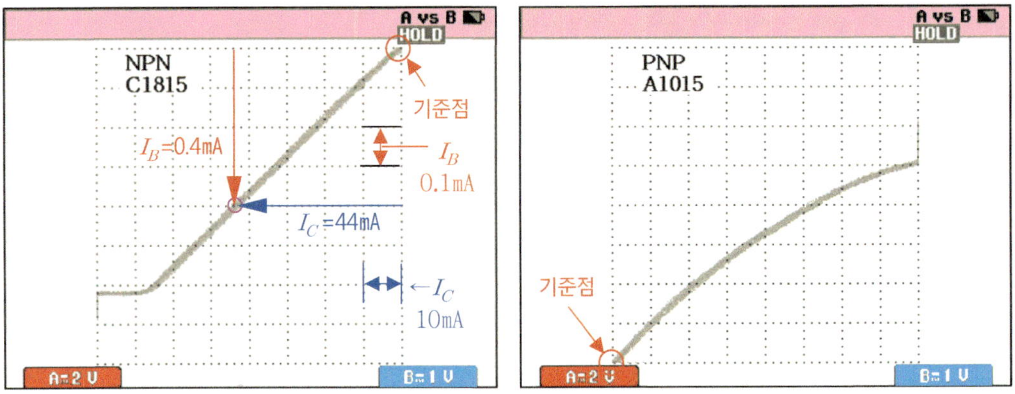

그림 2-77 오실로스코프에 의한 X-Y 특성측정 회면

주1) 채널 B=X축=입력 Ib ⇒ 1눈금당 0.1mA ($\because\ I_B = \frac{V_x}{R_b} = \frac{1V}{10k\Omega} = 0.1mA$)

채널 A=Y축=출력 Ic ⇒ 1눈금당 10mA ($\because\ I_C = \frac{V_y}{R_c} = \frac{1V}{100\Omega} = 10mA$)

주2) X축을 채널A에 배치하는 것이 일반적인 오실로스코프의 사용법이고, 교재에서도 표시되었으나, 본 실험에 사용된 휴대형 Scope(모델명 : Fluke-199C)는 채널 A, B 배치가 바뀌어져 있다. 그래서 일반 스코프에서와 동일한 그래프가 되도록 X축을 채널 B 프로브에 접속하였음을 참고하여 주시기 바랍니다.

그림 2-77의 그래프에서 I_B, I_C 그리고 전류증폭률 판독하기

1) 세로방향 한 칸은 0.1mA이므로 A지점까지의 베이스전류 I_B=0.1mA×4칸=0.4mA

2) 가로방향 한 칸은 10mA이므로 A지점까지의 컬렉터전류 I_C=10mA×4.4칸=44mA

3) 전류증폭률 $\beta = \frac{I_C}{I_B} = \frac{44\,mA}{0.4\,mA} = 110$

3. 회로 시험기(Tester)에 의한 간이 테스트

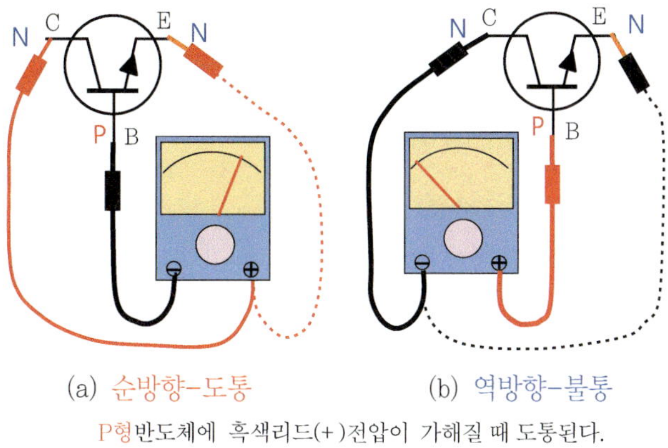

그림 2-78 NPN형 TR의 도통시험

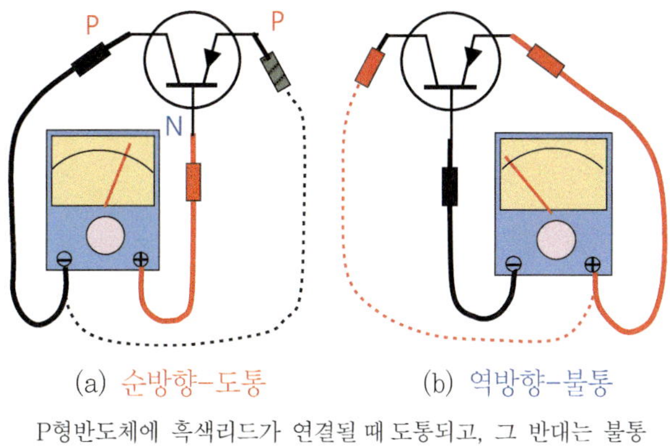

그림 2-79 PNP형 TR의 도통시험

앞서와 같이 오실로스코프를 활용한 트랜지스터 특성실험법은 제품을 개발하거 본격적인 연구를 할 때 필요하다. 그러나 장비와 시간이 없을 때나 현장에서 테스터 하나만으로 트랜지스터의 양부를 신속히 판단해야 할 때는 다음과 같은 방법을 활용할 수 있다.

가. 트랜지스터 측정을 위한 테스터의 준비

(1) 아날로그 타입의 테스터에서 저항 ×10Ω 렌지를 선택한다.

(2) 0Ω 조정을 한다.

나. NPN형 트랜지스터의 도통시험

(1) 테스터의 흑색리드를 베이스에, 적색리드를 이미터(또는 컬렉터)에 접속하면 테스터의 지침은 75% 정도 도통을 가리킨다. [그림 2-78(a)]

(2) 적색리드를 베이스에, 흑색리드를 이미터(또는 컬렉터)에 접속하면 테스터의 지침은 전혀 움직이지 않는다.

다. PNP형 트랜지스터의 도통시험

(1) 테스터의 적색리드를 베이스에, 흑색리드를 이미터(또는 컬렉터)에 접속하면 테스터의 지침은 75% 정도 도통을 가리킨다.
[그림 2-79(a)]

(2) 흑색리드를 베이스에, 적색리드를 이미터(또는 컬렉터)에 접속하면 테스터의 지침은 전혀 움직이지 않는다.

라. 전류증폭률(h_{FE}) 측정하기

테스터 기종에 따라서는 전류 증폭률(h_{FE})을 측정할 수 있는 기능이 제공된다. 이런 기능이 있는 경우 다음의 순서대로 측정한다.

(1) 실렉터 S/W를 h_{FE}렌지에 둔다.(h_{FE}렌지가 없을 때는 저항×10Ω렌지선택)

(2) 0Ω 조정을 한다.

(3) 트랜지스터를 삽입한다.(NPN과 PNP, 그리고 E, B, C단자를 잘 확인한다.)

(4) h_{FE} 눈금을 읽는다.

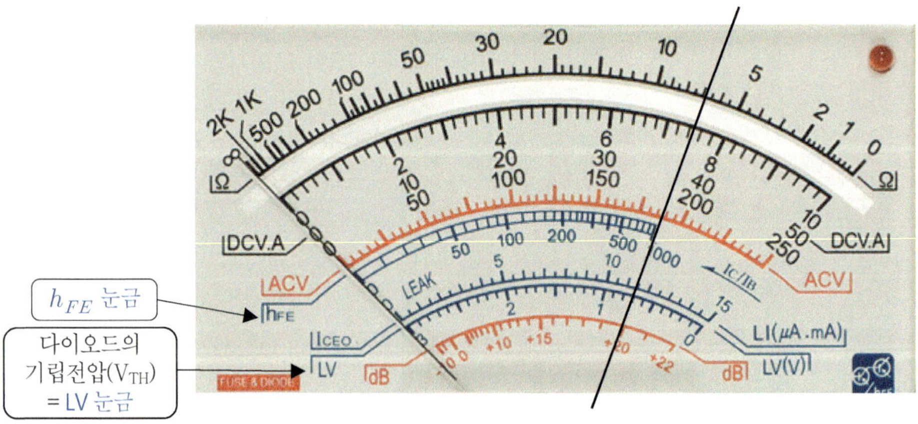

그림 2-80 아날로그 테스터의 눈금판

마. 다이오드의 기립전압(순방향 전압강하) 측정하기

저항측정의 방법처럼 측정렌지를 TR측정 렌지(없을 때는 ×10Ω 렌지)로 옮겨두고 다이오드의 순방향으로 리드를 접속하면 바늘이 도통방향으로 움직인다. 이때 눈금판의 아래쪽에 LV로 표시된 눈금이 다이오드의 '기립전압', 즉 '순방향전압'이다.

<그림2-80>의 예에서 바늘이 LV눈금의 0.7위치에 머물러 있다. 이 눈금의 단위는 [V]이므로 기립전압은 0.7V임을 알 수 있다.

다음 몇 가지 다이오드를 준비하고 각각의 기립전압을 측정해 보시오.

표 2-25 각종 다이오드의 기립전압 측정 결과

측정 대상	기립전압 (LV 눈금) [V]	측정 대상	기립전압 (LV 눈금) [V]
1N4004		적색 LED	
1N5819		백색 LED	
1N5404		1N4148	

과제 번호	트랜지스터 증폭기 실험	
2.4.2		
준비물	오실로스코프 디지털 멀티미터	2N3904, 콘덴서 마이크, TIP31C, 10㏀, 3.6㏀, 2.2㏀ 100㏀, 1㏀, 22㎌ 0.033㎌

Ⅰ. 공통 이미터 증폭기

1. 그림 2-81과 같이 공통 이미터 증폭기 실험회로를 구성한다.

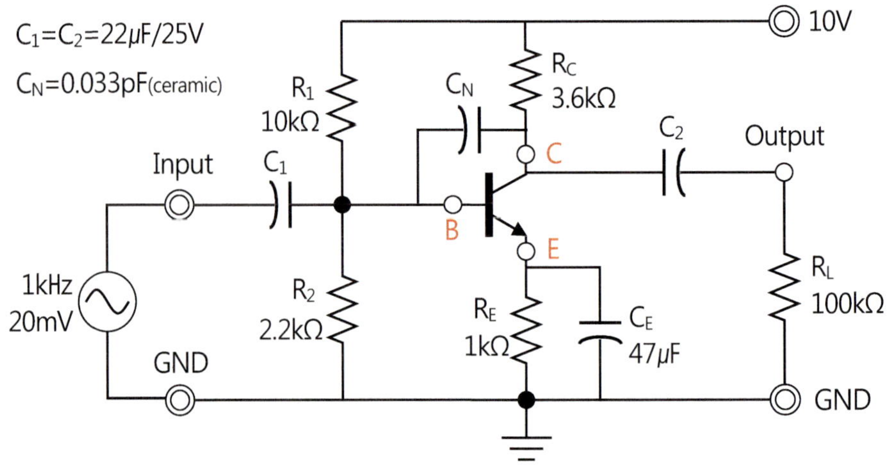

그림 2-81 공통 이미터 증폭기

2. 디지털 멀티미터로 트랜지스터의 각 단자전압을 측정한다.

표 2-26 이미터 증폭기의 단자전압 측정 결과

측정 위치	전원전압 Vcc	이미터 전압 V_E	베이스 전압 V_B	컬렉터 전압 V_C
측정 값				
예상 값	10V	1.1V	1.8V	6.0V

3. 입력단자에 발진기를 연결하고 주파수는 1kHz, 신호출력은 $20mV_{pp}$로 설정한다. (단, 디지털 오실로스프 표시창에서는 실효값 $10mV_{rms}$로 설정한다.)
4. 출력단자에 오실로스코프를 연결하여 출력파형의 크기를 측정한다.

입력신호의 크기: 20 mV_{pp} 또는 10 mVrms

출력신호의 크기: (   ) V_{pp} 또는 (   ) mVrms

5. 증폭기의 전압이득을 계산한다.

전압이득은 출력전압을 입력전압으로 나누어 구한다.

전압이득 $A_v = \frac{V_{out}}{V_{in}} = \frac{(\quad\quad)V}{(\ 0.02\ )V} = (\quad\quad)$배 또는 (dB)

6. 입력단자에 콘덴서 마이크를 연결하고, 출력단지에는 오실로스코프를 연결한다. 그리고 마이크에 음성 또는 노래소리를 입력하고 출력파형을 관측한다.

II. 2단 RC결합 증폭기

1. 그림 2-82와 같이 2단 RC결합 증폭기회로를 구성한다.
   ▶함수발진기를 입력단자에 연결하고 주파수는 1kHz, ⓐ점에서 사인파 크기20 mV_{PP} 또는 10 mV_{rms} 되도록 설정한 다음 출력은 OFF상태로 둔다.
   ▶스위치 S_1은 차단(OFF)하고 초단의 출력점 T_1에 오실로스코프를 연결한다.

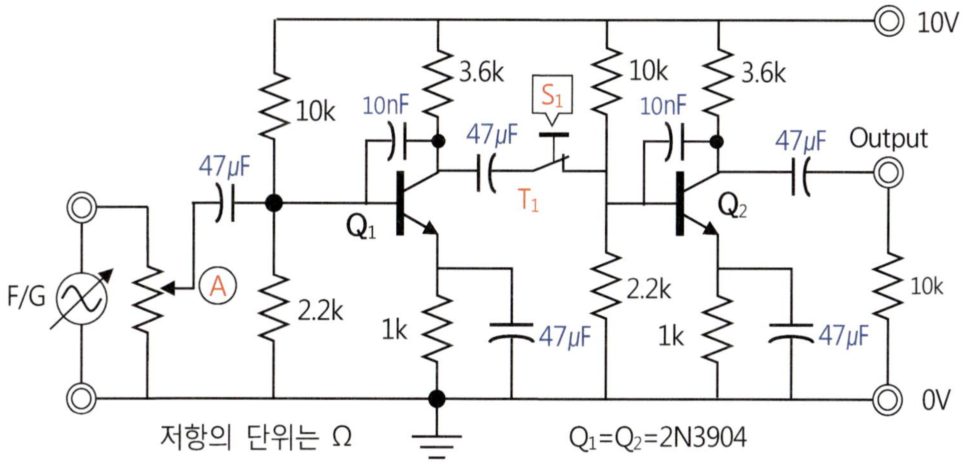

그림 2-82 2단 RC결합 증폭기 실험회로

2. 바이어스 점검: 증폭회로에 전원을 공급하고, 두 트랜지스터의 직류전위를 측정한다.

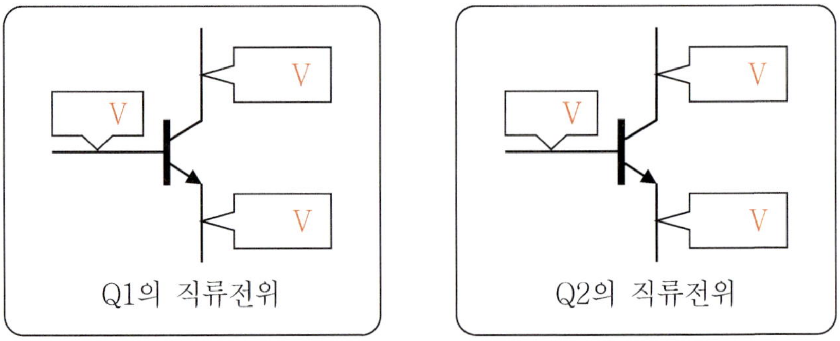

그림 2-83 트랜지스터에 걸리는 직류전압 측정하기

위의 측정결과 각 트랜지스터(2N3904)에 걸리는 베이스-이미터 전압(V_{BE})이 0.65~0.7V 범위에 들면 증폭기의 바이어스는 정상으로 공급된다는 증거이다. 만약 이 범위를 크게 벗어난다면 회로가 잘못 연결되었는지를 확인해 보기 바란다.

3. 초단 출력 측정
   a) 함수발진기의 출력은 ON으로 바꾸고 T1에서 출력신호를 측정하시오.

      초단 컬렉터의 출력전압(v_{c1}) = ____ V_{pp}

   b) 초단 증폭부의 전압이득을 계산한다.

      초단의 전압이득 $A_{v1} = \dfrac{v_{c1}}{v_{in}} = \dfrac{(\qquad)}{20mV} =$

4. 1단과 2단의 결합

   S1을 닫으면 2단 RC결합 증폭기가 된다. 이 상태에서 제2단의 출력단자(Output)에서 신호의 파형을 관찰하고 그림 2-84에 스케치하시오.

5. 위의 결과에서 파형이 클램프되는 것은 증폭기의 이득에 비해 신호입력이 과대하다는 의미이다. 따라서 입력신호의 크기를 이전보다 훨씬 작게 인가해야할 것이다. ⓐ점의 입력신호 레벨을 2mVpp로 낮추고 제2단의 출력을 측정하시오.

   제2단의 출력단자에서 측정한 출력전압 : (v_{out}) = ____ V_{pp}

   제1단의 컬렉터(T1)에서 측정한 출력전압 : (v_{c1}) = _____ V_{pp}

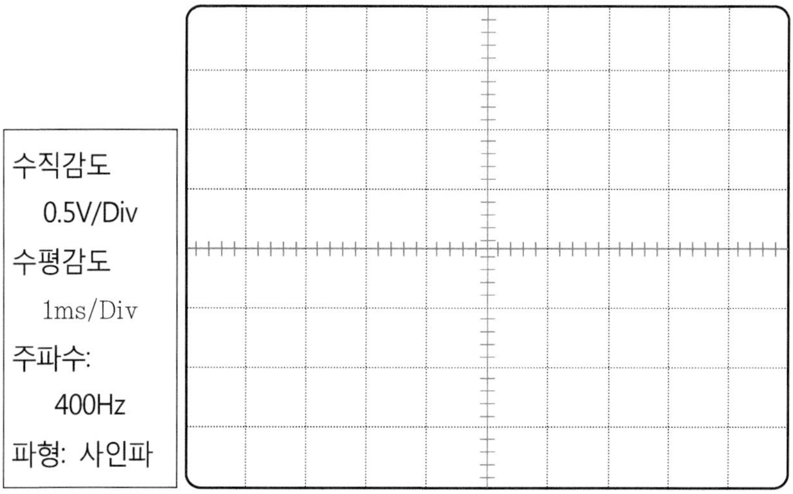

그림 2-84 2단 RC결합증폭기의 출력 파형

6. 2단 증폭기의 전압이득을 계산한다.

출력전압(v_{out})을 입력전압(v_{in})으로 나누면 전압이득이 된다.

$$2단\ 증폭기의\ 전압이득\ A_v = \frac{v_{out}}{v_{in}} = \frac{(\quad V)}{2\,mV} =$$

7. 주파수 변동에 따른 출력 측정

발진기의 주파수를 40Hz, 100Hz, 400Hz, 1kHz, 4kHz 그리고 10kHz로 바꿀 때마다 출력의 크기를 측정하고 결과를 기록한다.

표 2-27 RC결합 2단 증폭기의 주파수 응답 기록표

주파수 [Hz]	40	100	400	1k	4k	10k
출력전압 [V]						

Ⅲ. 되먹임 증폭기

1. 2단 RC결합 증폭기를 일부 수정하여 2단 되먹임 증폭기 회로를 구성한다.
  (초단의 이미터 저항과 되먹임 저항만 달라졌다.)
  ▶발진기는 1kHz의 사인파를 선택하고, 출력은 최소레벨로 설정한 다음 대기한다.

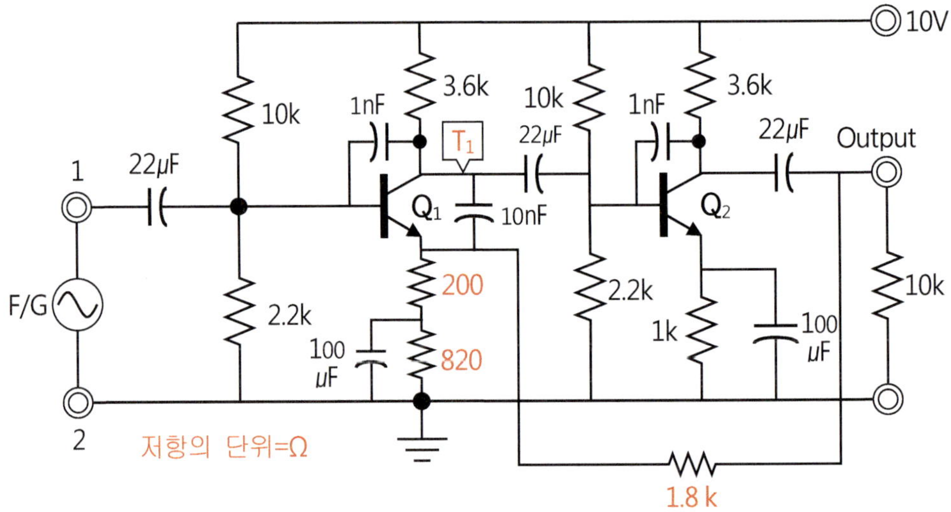

그림 2-85 2단 되먹임 증폭기

2. 함수발진기를 사인파, 신호레벨 $0.1V_{PP}$를 설정한다. 또 출력단자에 오실로스코프 프로브(CH B)를 연결한다.

주파수 응답 측정

3. 함수발진기의 주파수를 표 6.7-1과 같이 조절하면서 주파수응답을 측정한다.(되먹임 률 10%의 되먹임이 걸린다. β=200/(1,800+200)=0.1=10%)

표 2-28 되먹임 증폭기의 주파수 응답 기록표

주파수 [Hz]		40	100	400	1k	4k	10k
출력전압 [V]	되먹임 없음 2단RC결합 증폭기						
	되먹임 저항 $R_F=1.8k\Omega$						

4. 주파수 응답곡선 그리기

표 2-28의 측정결과를 그림 2-86의 주파수 응답그래프에 점으로 나타낸 다음 추세선으로 연결하여 곡선을 완성하시오.

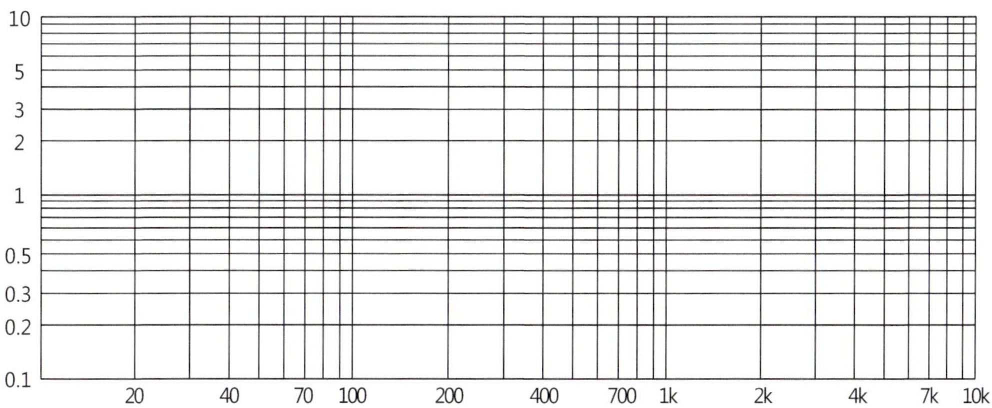

그림 2-86 되먹임 증폭기의 주파수응답 곡선

5. 되먹임 증폭기의 이득 비교

되먹임증폭기의 이론적인 전압이득과 실제의 측정결과를 비교해보자.

1) 되먹임 없을 때 증폭기의 원래이득(A_{vo})이 크면 되먹임 후의 이득은 다음과 같은 간편식으로 나타낼 수 있다.

되먹임 증폭기의 전압이득 계산식 $A_{vf} = \dfrac{A_{vo}}{1+BA_{vo}} \fallingdotseq \dfrac{1}{B} = \dfrac{1}{0.1} = 10$

2) 되먹임 증폭기의 되먹임률

■ 되먹임 있을 때 $B_{max} = \frac{200ohm}{200ohm + 1.8k} = \frac{1}{10}$ 또는 10%

3) 전압이득의 계산값과 측정값 비교

되먹임 조건	전압 이득
되먹임 없을 때 (그림 2-80)	
되먹임 있을 때 (그림 2-83)	
	계산값 $A_{vf} \fallingdotseq \frac{1}{B} = \frac{1}{0.1} = 10$

2.5 트랜지스터 스위치

1. 개요

전기회로를 연결하거나 차단하는 장치를 스위치라 한다.

가전기기, 조명기기와 같이 전기장치가 동작속도와는 무관할 때 수동식 스위치를 사용한다. 그러나 산업용 장치들은 전류용량이 크거나, 자동화된 동작이 필요하기 때문에 계기용 스위치(릴레이)를 사용한다.

2. 스위치의 분류

스위치는 접점(Contact)의 유무에 따라 유접점 스위치와 무접점 스위치로 나눌 수 있다. 그 중에서 수동 스위치는 낮은 전압이나 작은 전류의 단속에만 사용한다.

높은 전압이나 큰 전류를 단속하는 접점에는 불꽃(spark)으로 인한 화상이나 감전의 위험이 크기 때문에 계기용 스위치를 사용해야 한다.

(a) 텀블러 SW (b) 푸시버튼 SW (c) 비상차단 SW

그림 2-87 여러 가지 수동 스위치

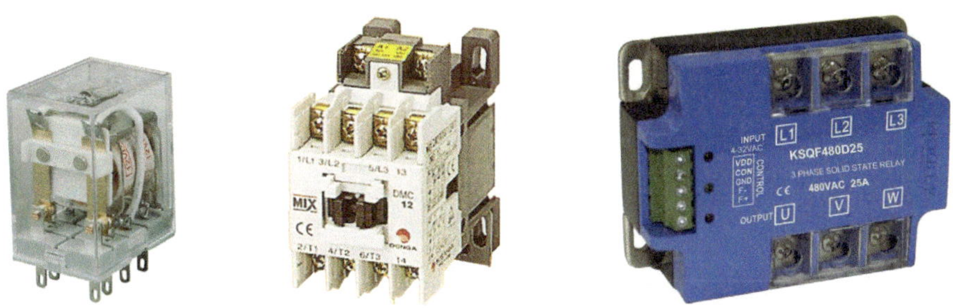

(a) 제어용 릴레이 (b) 전자 접촉기(MC) (c) SSR(반도체 릴레이)

그림 2-88 여러 가지 계기용 스위치

- 스위치
  - 유접점 SW
    - 수동 스위치 : 텀블러, 푸시버튼, 토글, 비상SW 등
    - 계기용 스위치 : 릴레이(제어용/MC), 차단기(MCCB)
  - 무접점 SW (=반도체 SW)
    - 트랜지스터 스위치 : 접합형(BJT), MOS FET, IGBT
    - 사이리스터 : SCR, Triac, GTO, SBS

3. 무접점 스위치(전자 스위치)

무접점 스위치란 구리도체의 접촉 여부로 전류를 단속하는 대신 반도체의 포화동작과 차단동작을 이용하여 반도체의 저항을 0Ω과 무한대(∞)로 만듦으로서 접점 스위치의 기능을 대신하는 것이다.

접점이 없는 반도체 스위치는 불꽃방전 현상이 없고, 동작속도가 빛의 속도로 빠른 장점이 있다. 그러나 규격을 초과하여 사용하면 열이나 전기적 충격에 손상될 수 있는 약점도 가진다.

아래 그림 2-89는 수동 접점, 릴레이 접점, 그리고 반도체 스위치를 비교하여 설명한 것이다. (a)의 수동접점으로는 큰 부하를 구동할 수 없다. 이의 대안이 (b)의 릴레이 회로이다. 수10mA, 경우에 따라서는 100mA정도의 전류로 릴레이를 여자하면 밀폐된 공간속의 커다란 계기용 접점으로 대전압, 대전류를 안전하게 ON, OFF할 수 있다.

(c)의 트랜지스터 스위치의 경우, 제어회로의 명령신호로 수 V 또는 수십 mA를 인가하면 대형 릴레이를 사용할 때와 같은 규모의 큰 부하를 구동할 수가 있다.

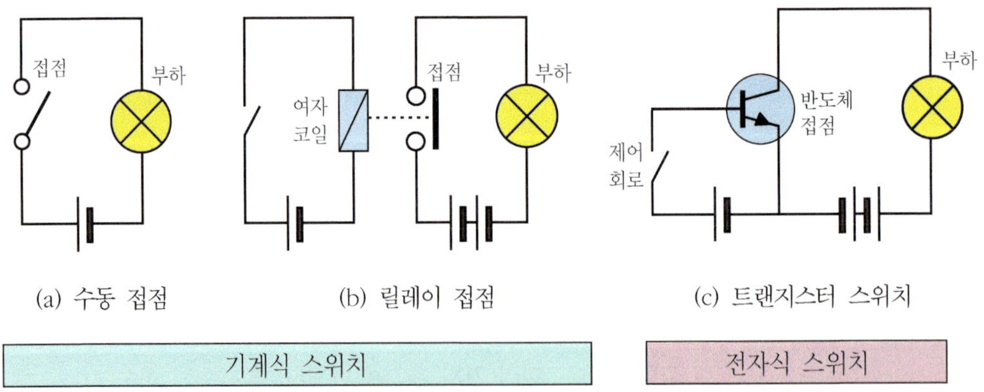

그림 2-89 접점 스위칭회로와 무접점 스위칭회로

과제 번호	트랜지스터 스위칭회로 실험	
2.5.		
준비물	테스터(DMM) 직류전원장치	2N3904, TIP31, TIP32, LED, Bar LED(12V) 1N4148, DC Motor(12V),

[실험 I] 트랜지스터 스위칭회로

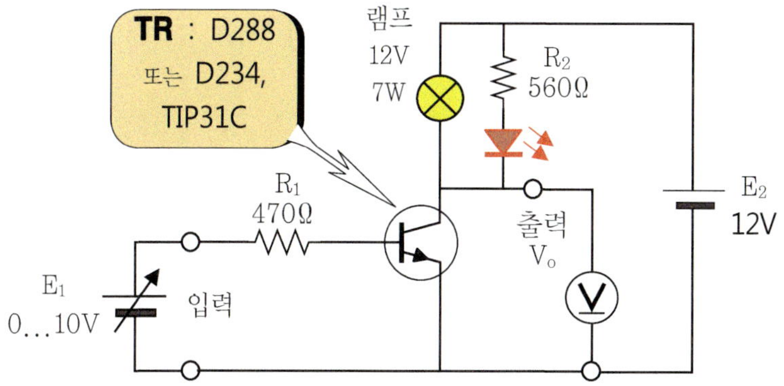

TR의 핀 아웃

그림 2-90 트랜지스터 스위칭회로

가. 그림 2-90과 같이 실험회로를 구성한다.

> ■ 참고 : 도통(ON)과 차단(OFF)의 정의
> 트랜지스터가 도통되면 내부저항이 작아지고 출력단자(C-E)전압도 낮아진다.
> '트랜지스터의 출력전압' 이 전원전압의 10% 이하로 떨어지면 트랜지스터는 도통(ON), 90% 이상이 되면 차단(OFF)상태라 정의한다.

나. 입력전압(E_1)을 아래 표 2-29와 같이 단계적으로 높여갈 때 각각의 출력전압을 측정, 표에 기록하고 그림 2-91의 그래프에 나타내시오.

표 2-29 스위칭회로의 입출력 측정결과

입력 [V]	0	0.5	0.75	1	2	4	6	8
출력 [V]								
상태판단 [ON/OFF]								

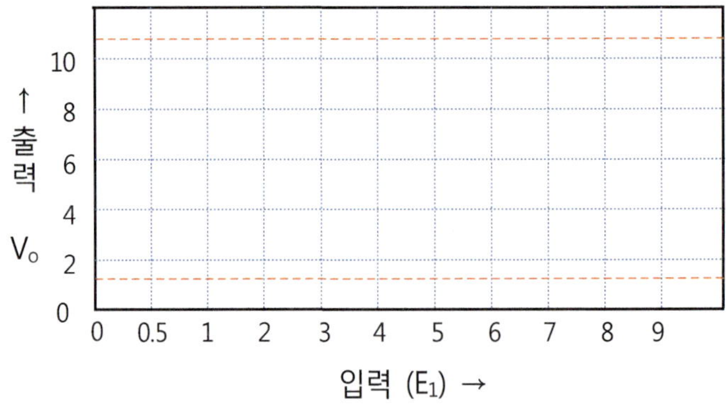

그림 2-91 트랜지스터 스위칭회로의 입출력 특성

다. 출력전압이 전원전압의 10%지점(1.2V)과 90%지점(10.8V)에 대응하는 입력전압은 각각 얼마인지 확인하고 다음 질문에 답하시오

(1) 도통에 필요한 입력전압 = ______[V] 이상

(2) 차단에 필요한 입력전압 = ______[V] 이하

[실험 II] 트랜지스터 스위칭회로-2

부하전류가 수A 이상이거나 부하전력이 수 10W에 달하는 대출력 스위칭회로에는 두 개 이상의 트랜지스터를 사용한다. 종단(終端)의 Q_2를 Power Transistor라 하고 그 앞단 Q_1을 Driver Transistor라 부른다. 이렇게 하면 전류증폭도가 약 10,000배 가까이 되어 매우 작은 입력전류로도 큰 부하전류를 제어할 수 있다.

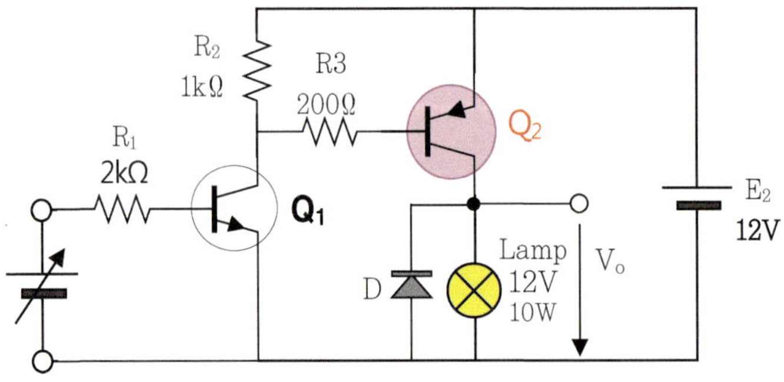

그림 2-92 대출력 트랜지스터 스위칭회로

트랜지스터
Q_1 : **2N3904**
Q_2 : TIP32C(+H.S)
Diode : 1N4148
사용 가능한 부하
① Lamp
② 권선저항
10Ω /10W
③ DC모터
(12V/10W)

가. 그림 2-92와 같이 2단 스위칭회로를 구성한다.

나. 부하에는 단순한 저항보다 램프나 모터 등이 동작실험이나 관찰에 유리하다.

다. 입력 단자측에 연결된 전원장치의 전압을 서서히 높여갈 때 출력측의 램프 점등상태와 출력전압을 측정, 표 2-30에 기록하고 그림 2-93에서 그래프로 그려보시오.

라. 출력전압 10%지점(1.2V)과 90%지점(10.8V)에 대응하는 입력전압은 각각 얼마인지 확인하고 다음 질문에 답하시오

(1) 도통에 필요한 입력전압 = ______[V] 이상

(2) 차단에 필요한 입력전압 = ______[V] 이하

마. 조절하는 입력대신 건전지 2개와 수동 스위치를 사용하여 개, 폐하여도 부하가 ON, OFF 되는지 확인하시오.

표 2-30 2단 스위칭회로의 입출력 측정결과

입력 [V]	0	0.7.	1	2	3	4	5	6	8	10
출력 [V]										
상태판단 [ON/OFF]										

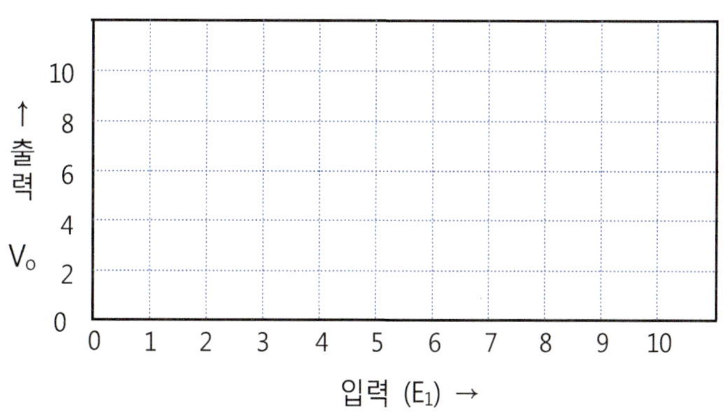

그림 2-93 2단 트랜지스터 스위칭회로의 입출력 특성

2.6 전계 효과 트랜지스터(FET)

1. FET란?

Field Effect Transistor, 즉 '전계효과 트랜지스터' 의 준말이며 단극(Unipolar)반도체이다.

기존의 바이폴라(Bipolar) 트랜지스터는 '전류제어형 증폭소자'이지만 FET는 부전압에 의해 형성된 '전계가 전류를 제어'하는 '전압제어형 증폭소자'이다.

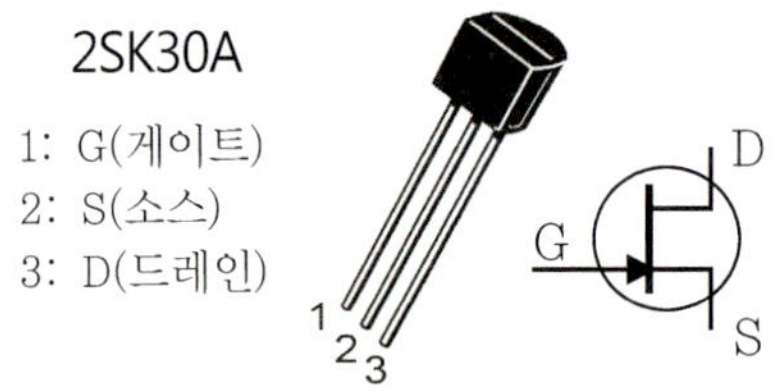

2. 동작원리

가. PN접합에서의 공핍층

그림 2-94는 PN접합 반도체에 역전압이 가해질 때 경계면 부근에 공핍층이 생기는 원리를 보여준다. N형 속의 전자는 +전계에 이끌리고, P형 속의 정공은 −전계에 이끌려서 경계선 부근은 전류를 흘리는데 필요한 캐리어가 존재하지 않게 되는데 이 공간을 공핍층이라 부른다.

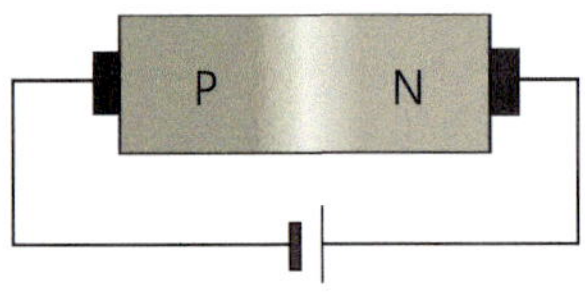

그림 2-94 PN접합 사이의 공핍층

나. 채널의 형성

그림 2-95는 N채널 FET의 보기이다. N형 반도체의 허리 양쪽에 P형을 접합시켰다. 이 N형을 통하여 전류가 흐르기 때문에 N채널이라 부른다. P형 전극에는 아무 전압도 가하지 않은 채로 채널 양단측, 드레인(D)과 소스(S)간에 전압을 가하면 보통의 도체와 같이 전류가 잘 흐른다. 이 경우는 접합면 부근의 좁은 공핍층을 제외하고 채널 면적 전체가 도전체 역할을 하기 때문이다.

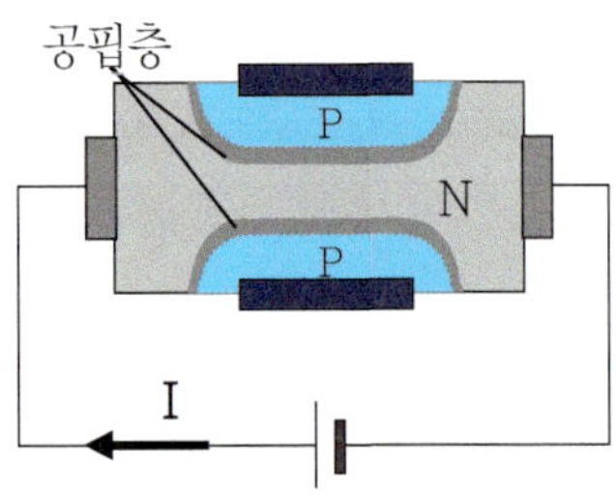

그림 2-95 바이어스 없는 N채널 FET
(공핍층은 엷고 채널은 넓다=전도도 높음)

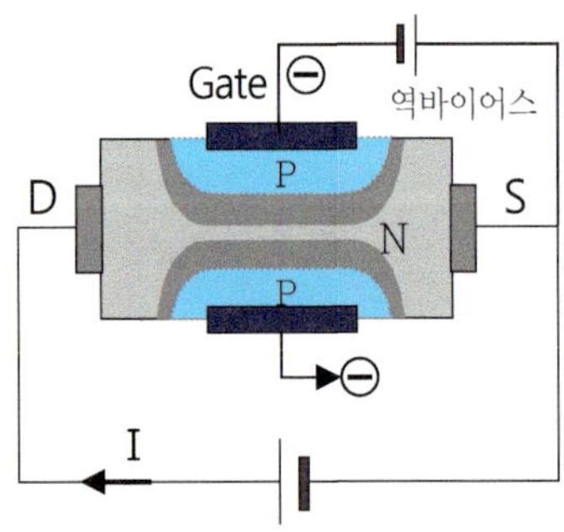

그림 2-96 역 바이어스 된 N채널
(공핍층 확장으로 채널은 좁고 전도도는 낮다)

· Source=공급원 ⇒ 전자가 공급되는 단자

· Drain=방출구⇒전자가 흘러나오는 단자

다. 역바이어스 전압과 공핍층의 넓이

그림 2-96과 같이 채널 양쪽의 P형 반도체를 묶은 다음 N채널에 대해 (−)전압을 가한다. 그러면 이 반도체 접합은 역바이어스되어 공핍층은 확대되고 채널은 더욱 좁혀져 전류가 흐르기 힘들다. 그리고 역바이어스 전압이 더욱 깊어지면 채널이 막혀 전류가 흐를 수 없다.(그림 2-97)

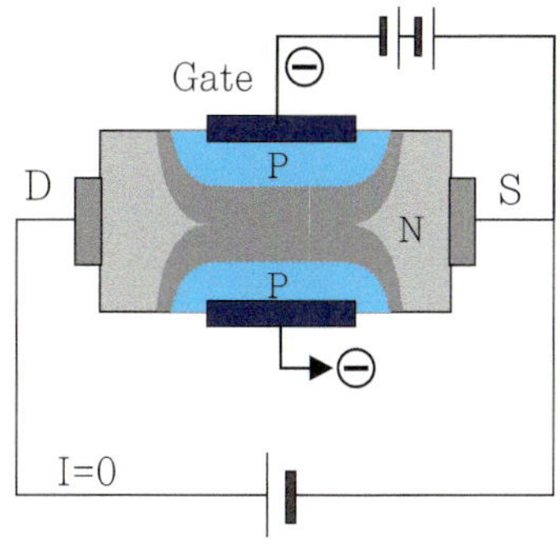

그림 2-97 깊은 역 바이어스의 경우
(채널이 막혀 전류가 흐르지 못함)

라. 실제의 FET 구조와 동작(1)

그림 2-98은 반도체 확산공정기술을 이용하여 만든 접합형 FET의 단면구조이다. P형 속에 U자형의 N채널을 형성시켜 하부의 서브스트레이트 전극은 위쪽의 게이트전극과 접속하여 둔다.

바이어스 없는 상태에서는 채널이 넓게 확보되어 드레인에서 소스 쪽으로 전류가 쉽게 흐를 수 있다.

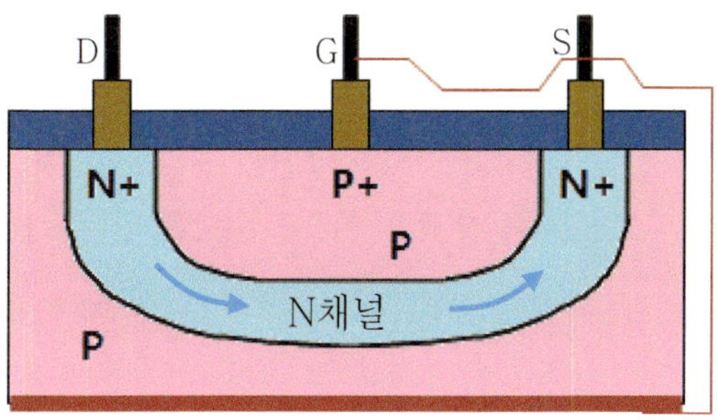

그림 2-98 실제의 접합형 FET 구조(동작1)
(드레인과 소스 사이의 N채널로 전류가 흐른다.)

마. 동작(2)–깊은 역바이어스 조건

그림 2-99와 같이 소스에 대해 게이트를 (−)전압으로 하면 N-P경계면에는 공핍층이 생기고 그만큼 채널은 좁아 좁아지고 D-S사이의 저항이 커져서 전류는 흐르기 어려워진다.

여기서 V_{GS}는 역방향 바이어스 전압이기 때문에 이 전압으로 인해 전류가 흐르지 않는다. 다이오드가 역 바이어스되면 전류가 흐르지 않는 것과 같은 이치이다.

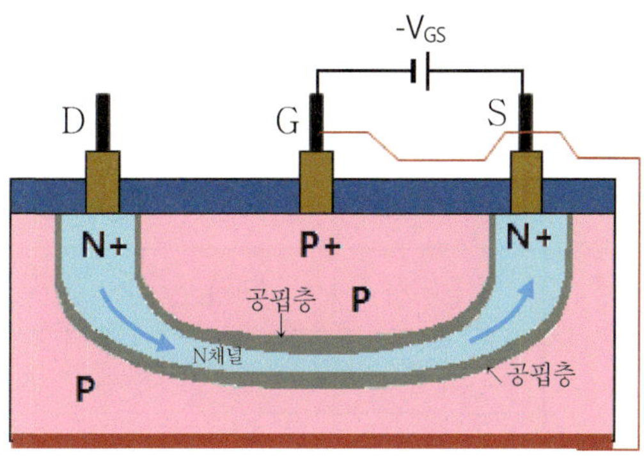

그림 2-99 깊은 역바이스 상태 (동작2)
(공핍층은 확대되고 채널폭은 좁아져 전류가 흐르기 힘들다)

과제 번호	접합형 FET의 특성 실험	
2.6.1		
준비물	오실로스코프, 직류전원장치, DMM(전압, 전류계)	MPF102, 2N5457, 10㏀, 100Ω

Ⅰ. 도통 시험하기

1. 브레드보드에 JFET를 삽입 고정한다.
2. 아날로그 테스터의 경우 ×100Ω 렌지, 디지털 멀티미터의 경우 다이오드 레인지를 선택한다.
3. 드레인-소스, 게이트-소스, 게이트-드레인 사이의 저항값을 측정하여 표 2-31에 기록한다.
   ☞ 적색은 (+)극, 청색은 (-)극의 리드이다.
4. **주의**: FET는 입력임피던스가 매우 높기 때문에 정전기의 영향을 매우 많이 받는다. 인체에 존재하는 정전기가 테스트 리드를 타고 FET에 전달되면 측정할 때마다 저항값이 달라질 수 있다. 이에 대한 몇 가지 대책을 참고하여 측정하면 좋은 결과를 기대할 수 있다.

   대책1) 정전방지 작업대를 사용한다.
   대책2) 정전 방지 스프레이를 작업대와 측정기에 뿌린다.
   대책3) FET의 각 단자를 금속도체로 단락한 다음 저항을 측정한다.

표 2-31 단자 간 저항 측정결과

측정위치	드레인-소스 간		게이트-소스 간		게이트-드레인 간	
극성	D → S	S → D	G → S	S → G	G → D	D → G
측정값(Ω)						

II. V_{GS}-I_D 특성실험

1. 그림 2-100과 같이 JFET 특성실험을 위한 회로를 조립하시오.

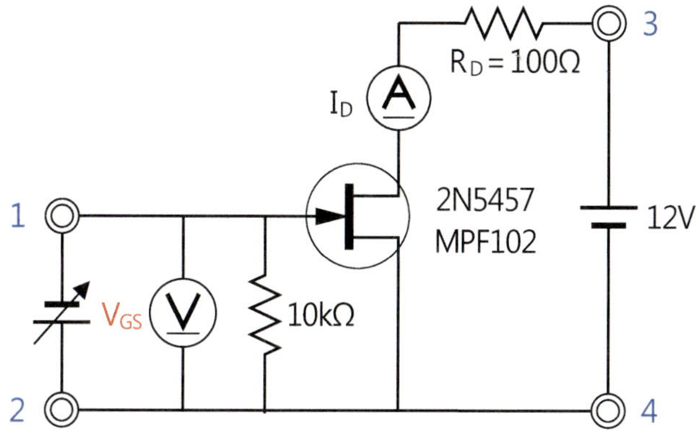

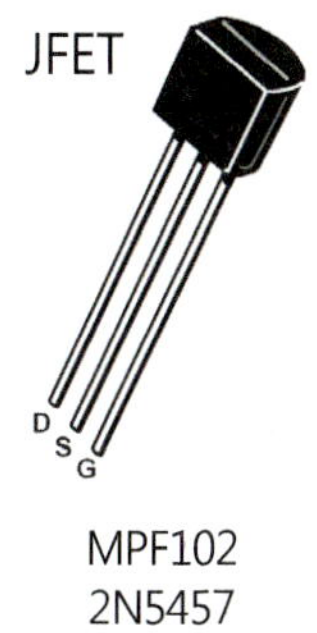

그림 2-100 V_{GS}-I_D 특성실험도

가. 단자 3-4에 연결하는 드레인 공급전압은 12V 고정전원을 이용하고, 단자 1-2에 연결하는 게이트전압(V_{GS})은 가변 전원장치를 사용한다.

나. 게이트전압(V_{GS})은 부극성임에 유의하시오. 그리고 이 전압(V_{GS})의 크기는 가변 전원장치의 표시값을 이용해도 무방하다.

2. 초기상태, V_{GS}=0V일 때 흐르는 드레인 전류를 측정하여 표 2-32에 기록한다. ⇒이 값이 I_{DSS}이다.

3. 표 2-32와 같이 게이트전압($-V_{GS}$)을 조절하고 그때마다 드레인 전류(I_D)를 측정한다.

표 2-32 입력전압 Vs 출력전류 측정결과

게이트 전압	V_{GS} [V]	0	−0.5	−1.0	−1.5	−2.0	−2.5	−3.0
드레인 전류	I_D [mA]							
비고		↑ I_{DSS}						↑ V_{GSoff}

※ 입력전압(-V_{GS})을 계속 낮추면 드레인전류(I_D)가 0이 되는 순간이 온다. 이때의 전압이 게이트 차단전압 V_{GSoff}이다.

※ 게이트 차단전압은 FET의 특성에 따라 −2.1V가 되기도 하고 −3.3V가 될 수도 있다. -2.0V 이후의 단계는 상황에 따라 학생들이 직접 도표에 게이트 전압값을 기입하시오. 예를 들어, 차단전압이 −3.3V이면 게이트전압 빈칸에 −2.5V, -3.0V 그리고 −3.3V를 기입하고 각각의 드레인 전류를 기록한다.

4. 측정결과를 보고 다음 질문에 답하시오.

1) 초기상태 V_{GS}=0V일 때 흐르는 '드레인전류(I_{DSS})'는 얼마인가?

답: I_{DSS} =______[mA]

2) 드레인 전류(I_D)를 흐르지 못하게 하는 게이트-소스 차단전압(V_{GSoff})은 몇 V인가? (참고: I_D=10nA이하이면 0으로 본다.)

답: V_{GSoff} = ________[V]

5. 표 2-32의 결과를 이용하여 그림 2-101의 V_{GS}-I_D 특성곡선을 완성하시오.

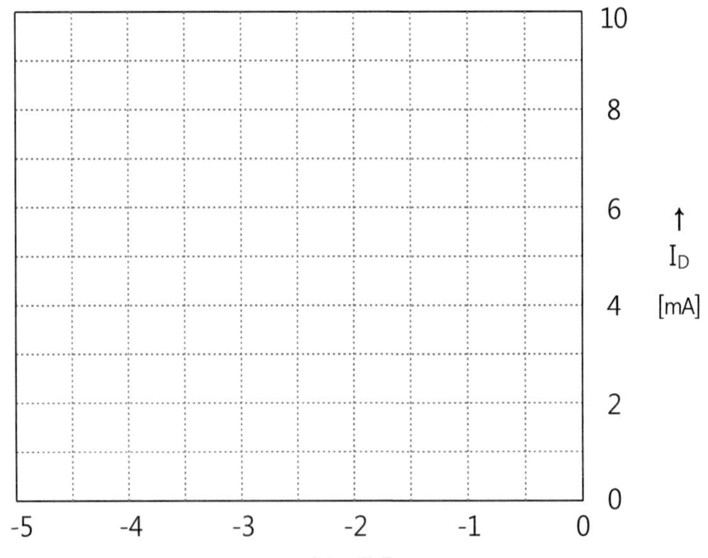

그림 2-101 V_{GS}-I_D 특성곡선

6. 그림 2-101의 특성곡선에서 V_{GS}의 어떤 범위에서 드레인 전류가 직선적으로 변하는가?

답: V_{GS} 기준 (   )~(   )V 구간에서 드레인 전류가 직선적으로 변한다.

공통 소스 증폭회로

공통 소스 증폭기는 FET증폭기에서 가장 널리 사용되는 회로 방식이다.
소스 단자가 접지되는 회로방식이며, 바이폴라 트랜지스터의 공통 이미터 증폭기와 비슷하다.

1. 동작설명

그림 2-102은 공통 소스 증폭기의 기본회로이다. 전압 분배기로 바이어스를 공급하며, 소스 저항과 병렬로 연결된 바이패스 커패시터는 교류회로에서 0Ω 저항으로 동작한다.
입력된 신호전압은 게이트와 소스 전극 간에 작용하여 드레인 전류를 제어한다. 드레인 전류는 드레인 저항을 통해 흐르면서 신호전압과 반대되는 위상의 증폭된 전압이 드레인 단자와 접지 사이에 나타나며, 커패시터를 거치면 교류신호만 얻을 수 있다.

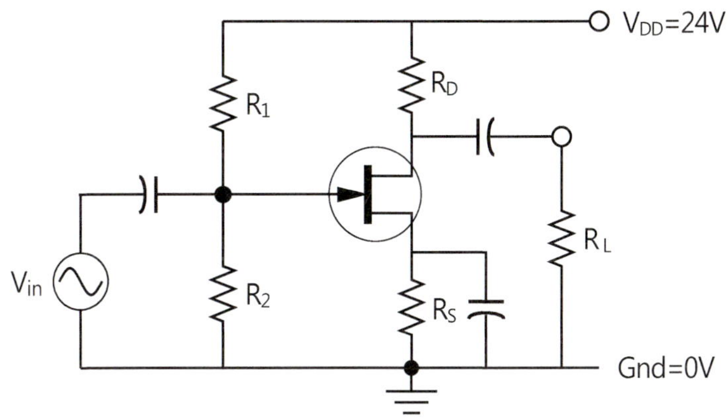

(a) 기본회로 구성

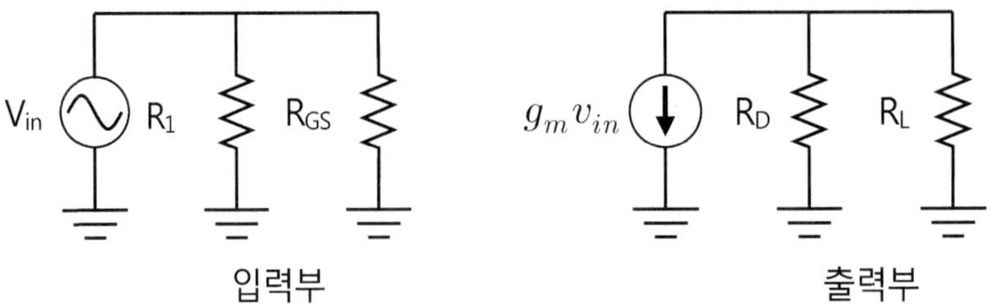

(b) 교류 등가회로

그림 2-102 공통 소스 증폭 회로

2. 전압이득 구하기

출력부의 교류 드레인 저항은 R_D와 R_L의 병렬 합성값이다.(등가회로 참조)

$$r_d = R_D \parallel R_L \quad \cdots\cdots (2\text{-}3)$$

출력전압은 전류원과 교류저항의 곱($v_{in} \cdot g_m \cdot r_d$)이다. 따라서 전압이득은 다음과 같다.

$$A_v = \frac{V_{out}}{V_{in}} = \frac{v_{in} g_m r_d}{v_{in}} = g_m r_d \quad \cdots\cdots (2\text{-}4)$$

공통 소스 증폭기의 전압이득은 '전달컨덕턴스와 교류 드레인저항의 곱'과 같다.

보기문제

그림 2-103에서 JFET의 $g_m = 5{,}000\,\mu S$이고 입력전압은 50mV이다. 출력전압은 얼마인가?

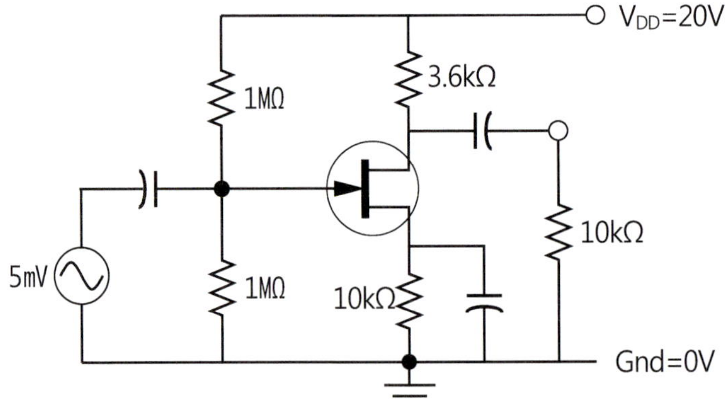

그림 2-103 문제도: 공통 소스 증폭기

<풀이>

1) 교류 드레인 저항을 구한다.

$$r_d = R_D \parallel R_L = 3.6k \parallel 10k = 2.65k\Omega$$

2) 전압이득을 구한다.

$$A_v = g_m r_d = 5{,}000\mu S \times 2.65k\Omega = 13.3$$

3) (입력)×(이득)으로 출력전압을 구한다.

$$v_{out} = v_{in} A_v = (50mV) \cdot (13.3) = 665mV$$

과제 번호	공통 소스 증폭기 회로 실험	
2.6.1		
준비물	DC전원장치, DMM 오실로스코프, 마이크	MPF102, 1MΩ , 5.6kΩ , 2.2kΩ

Ⅰ. 바이어스 실험

1. 그림 2-104와 같이 접합형 FET MPF102를 사용하여 자기바이어스회로를 구성하고 각 단자에 걸리는 직류전위를 측정하시오,

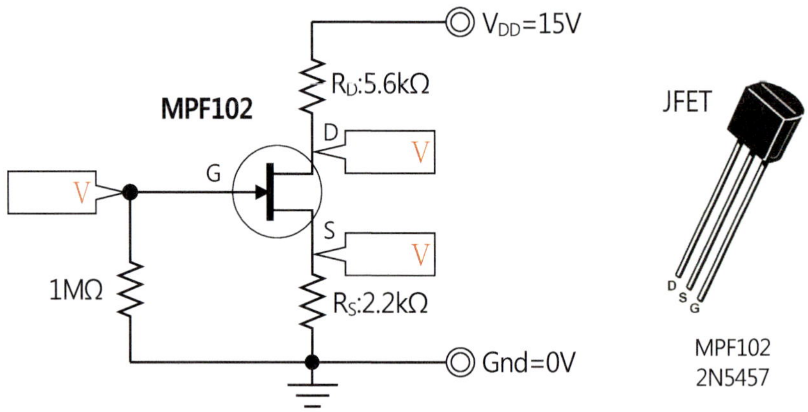

그림 2-104 자기 바이어스회로의 전압레벨 측정

1) 게이트-소스 바이어스 전압(V_{GS})은 얼마인가?

$V_{GS} = (\qquad)$ [V]

2) 드레인-소스 전압(V_{DS})은 얼마인가?

$V_{DS} = V_D - V_S = (\qquad)$ [V]

2. 소스 전압(V_S)을 이용하여 드레인 전류(I_D)를 계산하시오.

$$I_D = I_S = \frac{V_S}{R_S} = (\qquad) \text{ [mA]}$$

3. 바이어스 조정

1) 드레인-소스 전압(V_{DS})의 기준 = 전원전압의 40~45%

만약 드레인-소스 전압(V_{DS})이 기준값보다 크면 소스 저항값을 낮추고, 기준값보다 작으면 소스 저항값을 높인다.

2) 게이트 저항(R_G)100kΩ과 3MΩ으로 바꾸어 달 때 드레인-소스 전압

R_G=100kΩ일 때 V_{DS}= (   ) [V]

R_G=3.3MΩ일 때 V_{DS}= (   ) [V]

3) 게이트 저항이 바이어스 전압에 영향을 미치지 않는 이유는?

답: 게이트저항에는 전류가 흐르지 않는다. 따라서 전압강하가 생기지 않고 게이트-소스전압도 영향을 받지 않으므로 드레인 전류는 변하지 않는다.

II. 공통 소스 증폭기 조립하기

1. 그림 2-105와 같은 공통 소스 증폭기 회로를 구성한다.

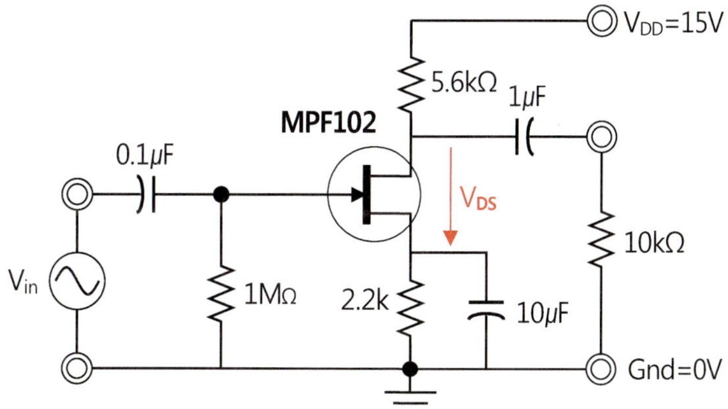

그림 2-105 공통 소스 증폭회로

2. 입력단자에는 저주파 신호발생기, 출력단자에는 오실로스코프를 접속한다.
3. 그림 2-106과 같이 입력측에 저주파 발진기를 접속하고 출력전압을 측정한다.

☞ 발진 주파수=1kHz, 신호크기 = 0.4Vpp 또는 0.2Vrms

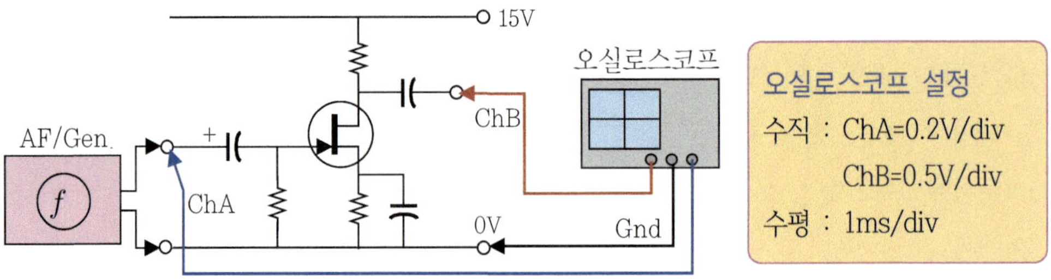

그림 2-106 전압 증폭도 측정을 위한 결선도

표 2-33 입력과 출력전압의 측정 결과

측정 항목	① 입력전압 [V_{PP}] 또는 [V_{RMS}]	② 출력전압 [V_{PP}] 또는 [V_{RMS}]	③ 전압이득(A_v)
측정 결과			$A_v = \frac{②}{①} =$

※ 측정하는 전압의 단위는 사용하는 계측기의 종류에 따라 진폭(PP값) 또는 실효값(RMS)을 선택해서 사용할 수 있다.

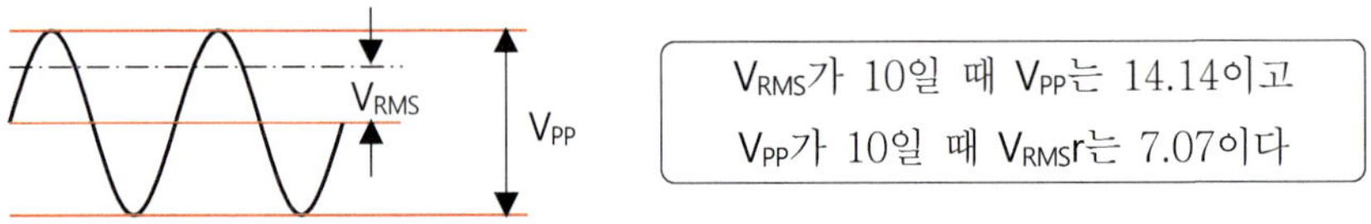

4. 입력신호의 크기를 서서히 높여갈 때 찌그러짐 없는 최대출력의 진폭은 얼마인지 확인해 보시오.

무왜 최대출력전압: (　　) [V]

5. 입력단자에 일렉트레트 콘덴서마이크를 달고 출력단자에는 오실로스코프를 연결한 다음 마이크에 음성을 입력하고 스크린의 출력파형을 관찰한다.

2.7.1 MOS FET(산화물반도체-전계효과 트랜지스터)

1. 공핍형 MOS FET의 구조

MOS FET의 Gate는 채널 반도체와 붙어있지 않고 아주 얇은 산화실리콘 절연막에 의해 분리되어 있다. 그리고 공핍형인 경우, 드레인에서 소스까지는 N채널로 연결되어 있다. N채널 아래쪽은 P형의 보조전극이 소스전극과 연결되어있다.

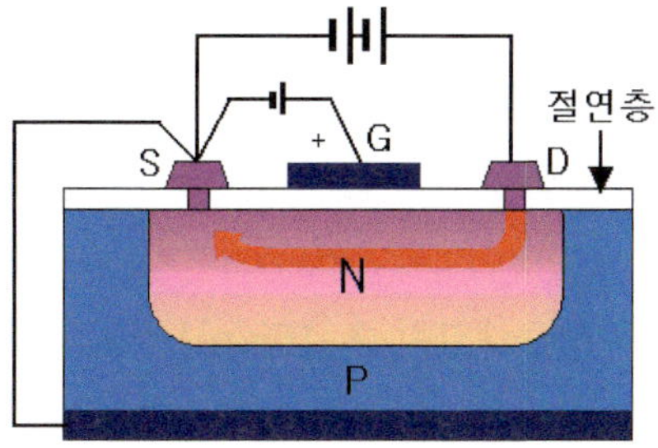

(a) Gate가 (+)일 때 : 채널에는 전자가 풍부하고 전류가 잘 흐른다.

동작 1 [그림 2-107(a)]

Gate에 (+)전압이 걸리거나 0전위로 되어 있으면 N형 채널에는 전자가 풍부하게 존재한다. 이때 드레인-소스 간에 전압을 가하면 전류가 잘 흐르게 된다.

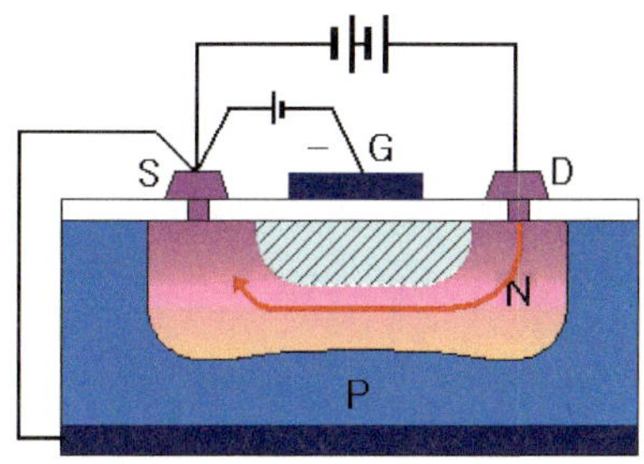

(b) Gate가 (-)일 때 : 게이트 아래에 공핍층이 생겨 채널이 좁아진다.

동작 2 [그림 2-107(b)]

보조전극(P형)에 (+)전압, Gate 전극에 (-)전압을 걸면 Gate 절연층 아래 부분의 전자가 밀려나가서 공핍층이 형성된다. 따라서 N채널은 좁아지고 전류가 흐르기 어려워진다.

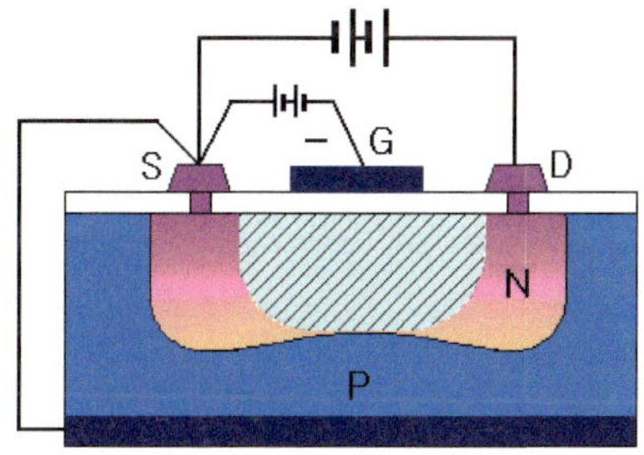

(c) Gate가 깊은(-)일 때 : 공핍층이 확대되어 채널이 막힌다.

동작 3 [그림 2-107(c)]

보조전극(+)과 Gate 전극(-) 사이의 전압이 커지면 공핍층은 더욱 확대되어 채널이 거의 닫히는 상태에 이르게 된다. 이때는 물론 드레인에서 소스로 전류가 흐를 수 없다.

그림 2-107 감소형 MOSFET의 원리

2. 증가형 MOS FET의 구조

증가형 MOS FET는 드레인과 소스는 각각 N형 반도체로 독립되어 P형 반도체(보조전극) 속에 형성되어 있고 나머지는 공핍형과 같다.

동작 1 [그림 2-108(a)]

게이트가 소스(기준전위)에 대해 (-)이거나 0전위로 되면, 드레인-소스간은 마치 PN접합 다이오드가 역바이어스된 것과 같은 모양이 된다. 즉, N형 주위에는 공핍층이 생기고 드레인 전류는 흐를 수 없다.

동작 2 [그림 2-108(b)]

게이트에 (+)전압이 걸리면 V_{GS}에 의한 전장의 영향으로 절연막 아래쪽에 전자가 몰려 N채널을 형성한다. 따라서 드레인에서 소스로 전류가 흐를 수 있다.

동작 3 [그림 2-108(c)]

게이트에 깊은 (+)전압이 걸릴수록 N채널의 폭도 비례하여 두터워진다. 따라서 드레인에서 소스간 내부저항은 거의 제로에 가까워지고 전류는 최대한으로 흐를 수 있다.

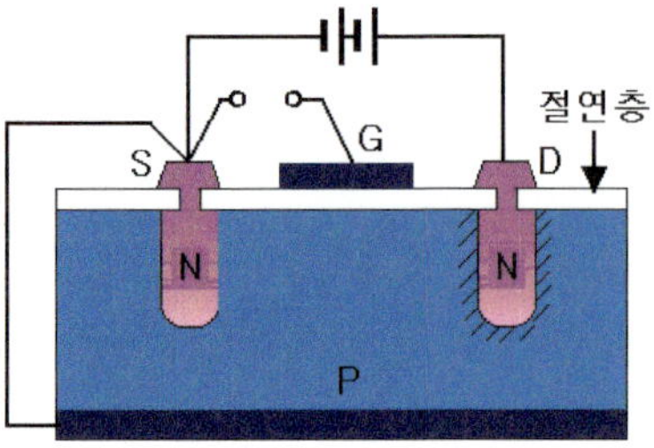

(a) Gate가 0전위일 때 : D-S 전극간은 다이오드의 역Bias처럼 전류가 흐를 수 없다.

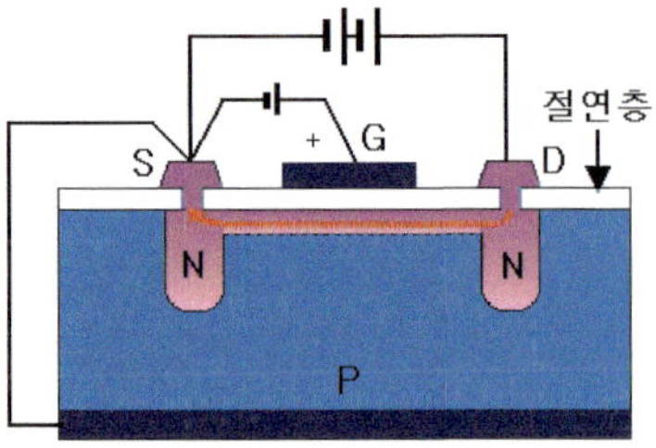

(b) Gate에 (+)전압이 걸리면 : 절연막 아래쪽에 전자가 몰려 N채널을 형성하고, 전류가 흐를 수 있다.

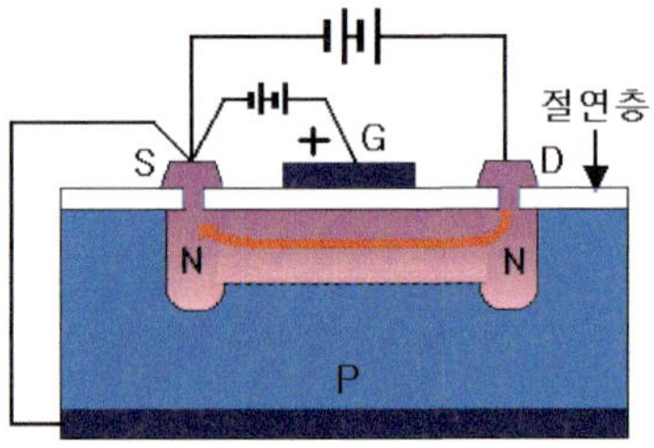

(c) Gate의 (+)전압이 커지면 N채널의 폭이 두터워지고, 전류는 쉽게 흐른다.

그림 2-108 증가형 MOSFET의 원리

과제 번호	증가형-MOSFET 특성실험	
2.6.1		
준비물	DC전원장치, DMM 오실로스코프, 마이크	MPF102, 1MΩ , 5.6kΩ , 2.2kΩ

1. 그림 2-109와 같이 E-MOSFET회로를 구성하시오.

   ☞ 디지털 멀티미터는 저항계를 선택하고 스위치(SW)는 개방상태로 둔다.

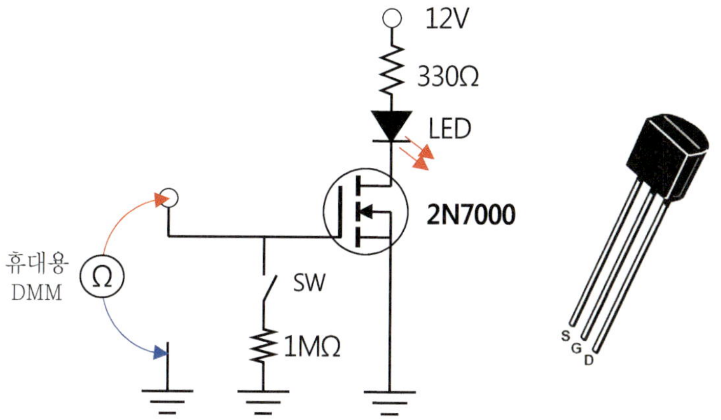

그림 2-109 E-MOSFET의 입력저항 시험

2. 휴대용 디지털 멀티미터의 (+), (-) 테스트 리드를 게이트와 접지단자에 약 1초 이내로 접촉한다. 이때 LED램프의 동작은 어떻게 되는가? (만약 디지털 멀티미터가 준비되지 않으면 5V전원을 사용하여도 좋다.)

   답: ________________________

3. 램프가 점등되었을 때 약 30초를 기다린다. 그 시간 이후의 LED 동작은 어떤가?

   답: ________________________

4. 디지털 멀티미터의 (+), (-)리드를 반대방향으로 접촉할 때 LED 동작은 어떤가?

   답: ________________________

5. 1MΩ 쪽 스위치(SW)를 닫은 후, 다시 디지털 멀티미터의 (+), (-)리드를 처음과 같은 방향으로 1초 동안 접촉하면 LED는 어떻게 동작하는가?

답: ______________________________

6. '게이트가 개방된 상태'에서는 '짧은 입력'만으로도 점등상태가 유지되고, 게이트가 '1MΩ 저항으로 접지된 상태'에서는 점등상태가 유지되지 않는 이유는 무엇인가?

답:

II. V_{GS}-I_D 특성실험

1. 그림 2-110 또는 2-111과 같이 E-MOSFET 특성실험 회로를 구성한다. (실험의 편의를 위해 두 회로 중에서 하나를 선택한다. 전자는 전압계와 전류계를 사용하고, 후자는 오실로스코프를 사용한다. 숙달이 되면 후자가 더 편리할 것이다.)

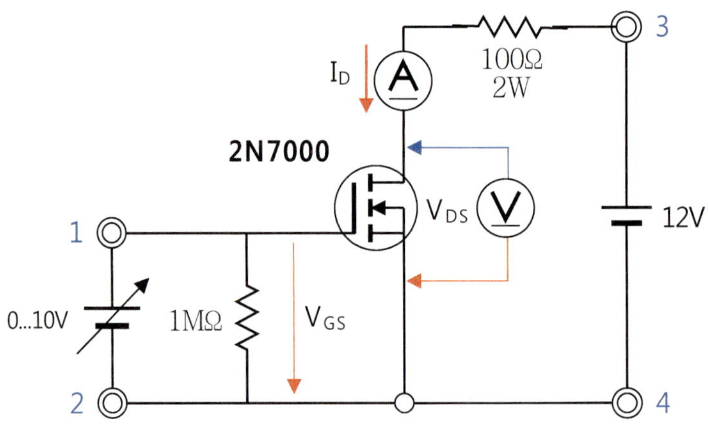

그림 2-110 전압, 전류계를 사용한 특성실험 회로

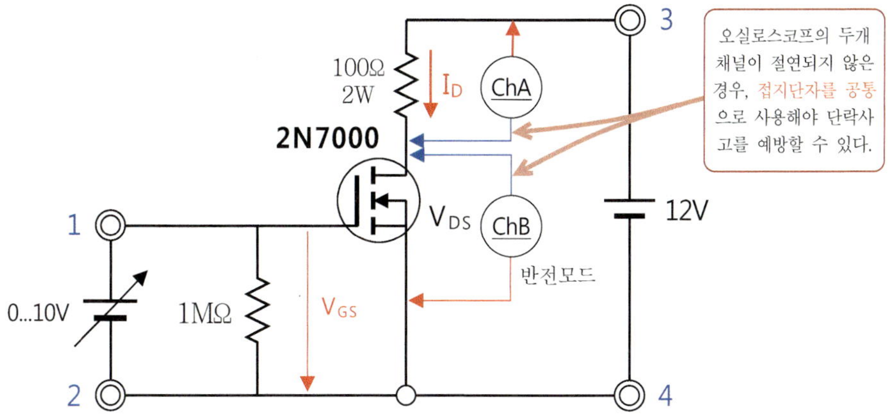

그림 2-111 오실로스코프를 사용한 특성실험 회로

1) 단자 1-2번에는 직류전원장치를 연결하고, 3-4번 단자에는 고정전원 12V를 연결한다.

참고: 오실로스코프는 전압측정 장치이지만, 저항값을 알고 있을 경우, (전압강하)를 (저항값)으로 나누면 통과한 전류를 구할 수 있기 때문에 매우 유용한 측정방법이다. 그리고 저항의 오차가 1%라면 오실로스코프 이용한 전류 측정의 오차는 2% 이내이다.

2) 오실로스코프를 이용한 측정의 경우, 채널A는 100Ω양단에 연결하고 채널B는 드레인-소스에 연결한다. 이와 같이 두 개 파형을 동시에 관찰할 때는 프로브의 극성에 유의해야 한다. 두 측정점의 중간인 드레인에 스코프의 접지선을 연결하고 채널 B를 반전 모드로 설정하면 B의 파형도 정상적인 전압극성으로 표시된다.

오실로스코프 설정
Ch A → Vert.: 5[V/div], DC, Ch B → Vert.: 5[V/div], DC
공통: Time=1[ms], Trig.=ChA

2. 단자 1-2 사이에 연결된 입력전압을 1V에서 10V까지 단계적으로 높여갈 때마다 드레인-소스간 전압(V_{DS})과 드레인 전류(I_D)의 크기를 측정하여 표 2-34에 기록한다.

표 2-34 E-MOSFET 2N7000의 특성실험 결과 기록표

게이트 전압 V_{GS} [V]	0V	2V	3V	4V	5V	6V	8V	10V
100Ω의 전압강하 V_R [V]	0V							
드레인 전류 $I_D = \frac{V_R}{R}$ [mA]	0mA							
드레인 전압 V_{DS} [V]	12V							
계산으로 구하는 $R_{DS(ON)} = \frac{V_{DS}}{I_D}$ [Ω]	-							
계산으로 구하는 전달 컨덕턴스 $= \frac{I_D}{V_{GS}}$ [mS]	-							

※ 100Ω의 전압강하에 10을 곱하면 드레인 전류(mA)가 된다.

4. 드레인 전류(I_D)와 드레인 전압(V_{DS})을 이용하여 드레인 도통저항 $R_{DS(ON)}$ 계산하기

드레인 도통저항 $R_{DS(ON)} = \frac{V_{DS}}{I_D} = (\qquad)$ [Ω]

5. 게이트전압(V_{GS})과 드레인전류(I_D)를 이용하여 전달 컨덕턴스를 계산하기.

전달 컨덕턴스의 단위는 S 지멘스이지만 값이 작아서 mS 또는 μS 단위를 사용한다.

전달 컨덕턴스 $g_m = \frac{I_D}{V_{GS}} = (\qquad)$ [mS]

2.7.2 Power-MOS FET

1. Power MOS FET의 구조

그림 2-112(a)의 V형 단면은 사실 원통형 다층 반도체의 중앙에 패인 원뿔형태의 골짜기이다.

원뿔면의 경사진 절연막 안쪽에는 게이트 금속막이 붙어있고 절연막 바깥에는 소스(N), 보조전극(P) 그리고 드레인층(N/N+)이 순서대로 자리 잡고 있다.[그림 2-112(a)]

동작 1

(1) 기본 동작은 증가형 MOS FET와 같다. 게이트가 0전위이면 PN 접합면은 역바이어스 되어 드레인 전류가 흐르지 못한다.(a)

(2) 게이트에 (+)전압이 걸리면 전장의 영향으로 절연막 밑에는 전자가 모여 N채널을 형성하고 드레인에서 소스 쪽으로 전류가 흐를 수 있다.(→그림 b)

동작 2

(1) V_{GS}가 10V 정도로 높아지면 채널은 넓어지고 전류는 수 10A까지 흐른다.

(2) 이런 V형 구조는 전류통로를 입체적으로 넓힘으로서 도통저항을 매우 작게(예를 들면 5mΩ정도) 만들 수 있어 전력손실이 적은 스위칭을 가능케 한다.

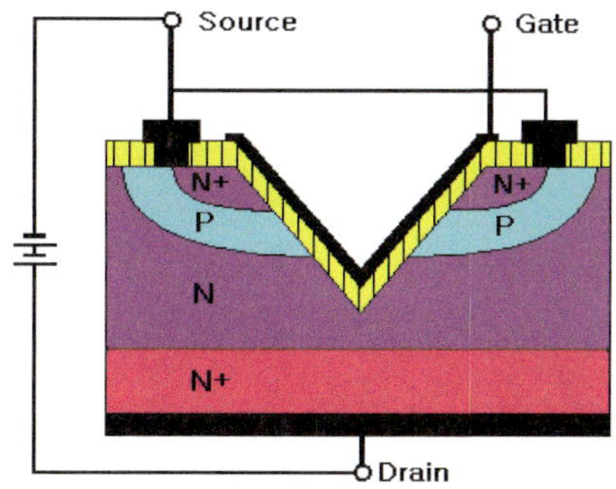

(a) VMOS FET의 구조
(증가형 MOS FET의 원뿔형 입체구조)

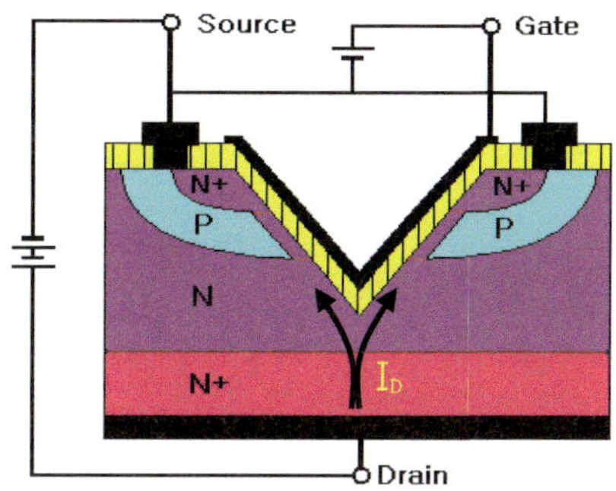

(b) 동작(1) Gate에 +전압이 걸리면 피막 밑에 전자가 모이고 채널이 형성되어 I_D가 흐른다.

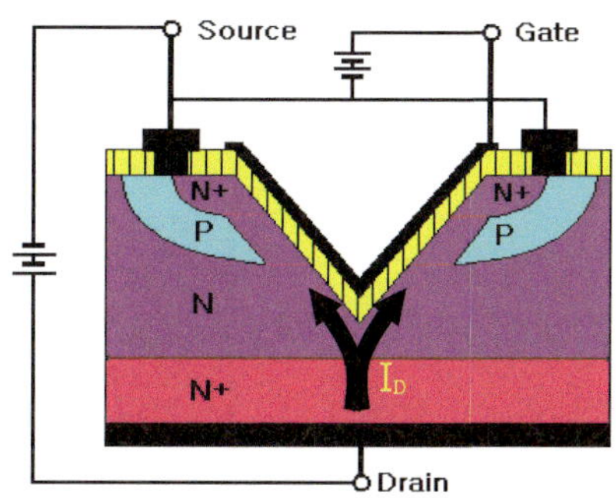

(c) 동작(2) Gate의 +전압이 커지면 채널이 더 넓어지고 I_D가 포화될 만큼 흐른다.

그림 2-112 Power MOS의 구조와 동작

2. V-MOS FET의 특징

가. V-MOS FET는 대전력제어에 적합하기 때문에 흔히 Power MOS FET라 부른다.

나. V-MOS FET는 전압제어형 전력소자이다. 대부분 게이트 입력 8V에서 완전 도통이 가능하며 입력전류는 거의 제로이다. 그리고 디지털 신호(+5V)만으로 대전력제어가 가능하도록 설계된 제품도 있다.

(참고로 바이폴라 트랜지스터를 사용하여 30A의 부하를 스위칭하려면 수 10mA의 입력전류가 필요하다.)

다. 용량 확장을 위한 병렬운전이 용이하다.

V-MOS FET는 정온도 계수의 특성을 가지고 있어 열폭주 현상이 없다. 따라서 동일한 규격의 V-MOS FET 제품 두 개 이상을 병렬로 접속하여도 균형이 무너지거나 열폭주 현상이 발생하지 않기 때문에 용량을 손쉽게 늘일 수 있다.

그림 2-113은 Power MOS IRFP250의 입출력 특성곡선이다. 그림에서 채널이 열리기 시작하는 V_{GS} 문턱전압은 4V이고 또 V_{GS}=10V에서 순간 최대전류가 100A 이상 흐를 수 있음을 보여준다.

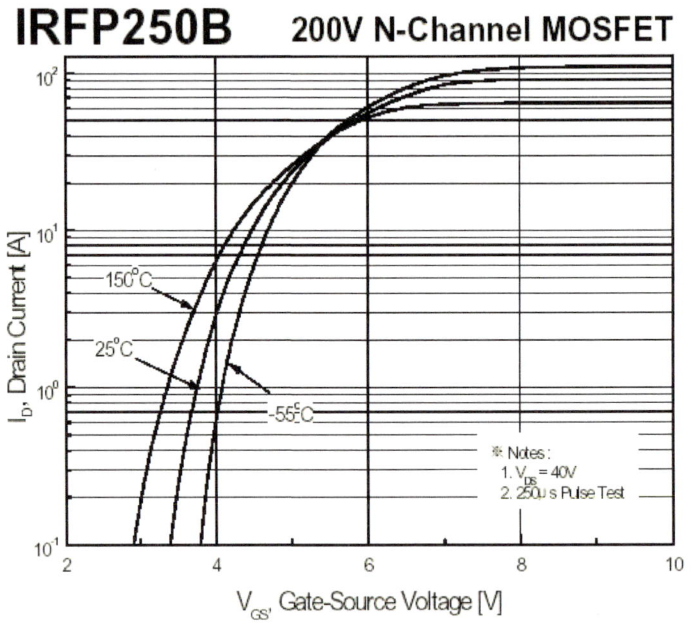

그림 2-113 V-MOS FET의 V_{GS}-I_D 특성곡선 예

<table>
<tr><td>과제 번호</td><td colspan="2" rowspan="2">Power-MOS FET 실험</td></tr>
<tr><td>2.6.1</td></tr>
<tr><td>준비물</td><td>DC전원장치,
오실로스코프</td><td>IRF2807, VR10㏀, Bar LED(12V), CdS(9Φ), LED
부저(12V), 도어스위치 세트, 2N3904, SVR 50㏀</td></tr>
</table>

[실험 I] Power-MOS FET 특성실험

1. 아래의 두 회로 중 하나를 선택하여 파워 MOS FET 특성실험 회로를 구성하시오.

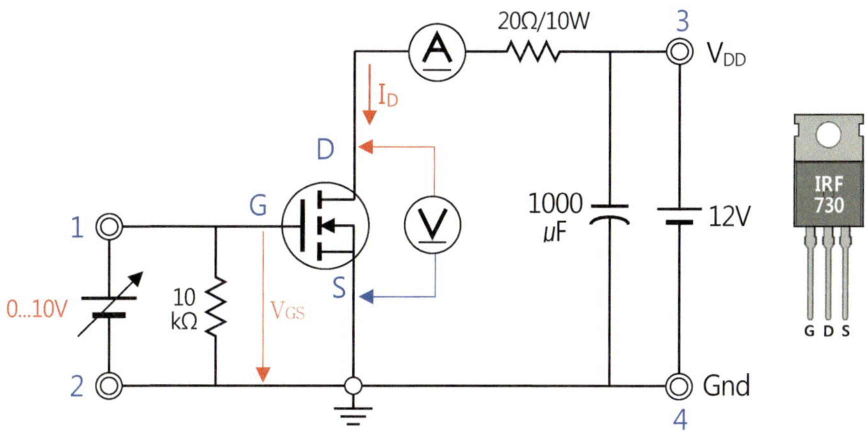

그림 2-114 전압, 전류계를 사용하는 Power MOSFET 특성 실험회로

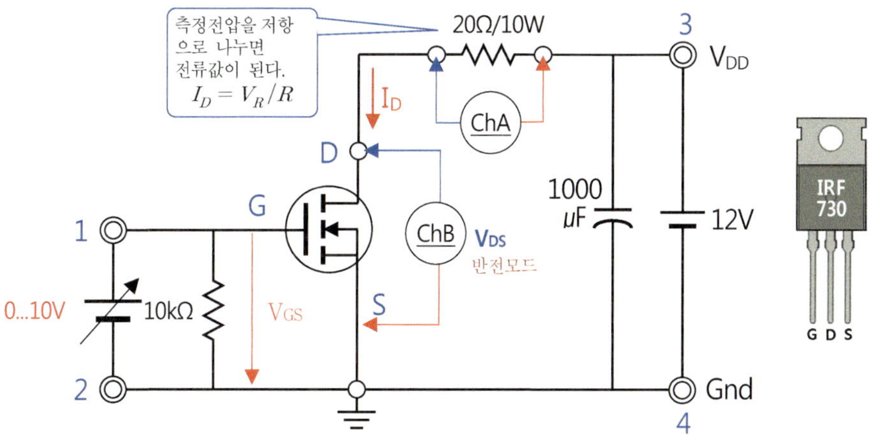

그림 2-115 오실로스코프를 사용하는 Power MOSFET 특성 실험회로

2. 입력신호의 인가방법과 전압파형 측정 방법은 앞의 증가형 MOSFET실험과 동일하다.

3. 입력전압(V_{GS})을 표 2-35와 같이 증가시킬 때 게이트-소스 전압(V_{GS})과 드레인 전류(I_D)의 변화를 측정하여 표에 기록한다. 이때 오실로스코프의 파형을 관측하는 방법은 앞의 과제와 같다.

표 2-35 Power MOS FET 특성실험 결과 기록표

게이트 전압 V_{GS} [V]	0V	2V	3V	4V	5V	6V	8V	10V
드레인 전류 I_D [mA]								
드레인-소스 전압V_{DS} [V]								
$V_{GS(th)}$ & $V_{GS(ON)}$								

3. 측정결과표를 보고 다음 물음에 답하시오.

1) 드레인 전류가 흐르기 시작하는 '게이트 문턱전압'은 몇 V인가?

$V_{GS(th)}$ = (　　　) [V]

2) 드레인-소스 전압이 최저에 도달하면 채널이 완전히 열린 상태이다, 그리고 이때의 드레인-소스 전압을 $V_{DS(ON)}$으로 표시한다. 실험결과 이 전압은 몇 [V]인가? 그리고 이때의 게이트전압은 몇 [V]인가?

$V_{DS(ON)}$ = (　　　) [V] @ $V_{GS(ON)}$ = (　　　) [V]

☞ 기록표의 맨 아래 빈칸에 $V_{GS(th)}$와 $V_{DS(ON)}$의 위치를 ↑화살표로 표시하시오.

4. 측정결과를 바탕으로 그림 2-116 파워 MOS FET 특성곡선을 완성하시오.

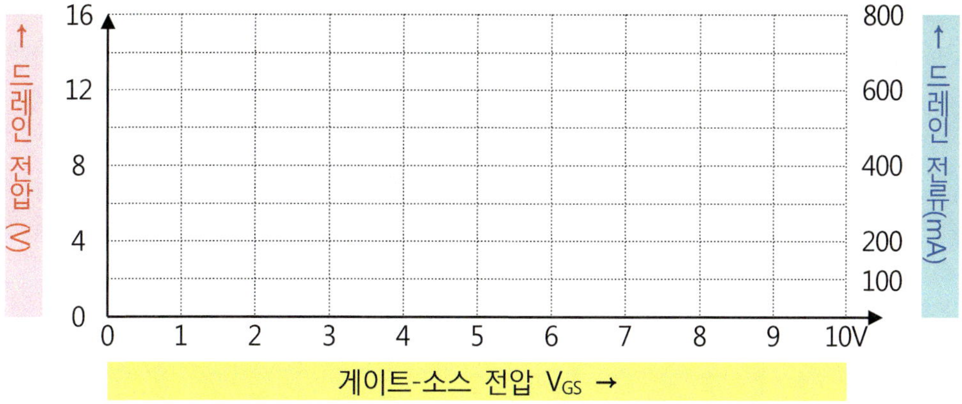

그림 2-116 Power MOS FET의 특성곡선

[실험 II] Power MOS FET의 스위칭 실험

1. 그림 2-117과 같이 Power MOSFET 스위칭회로를 조립하시오.

☞ 부하에는 관찰에 편리한 램프를 사용한다.(Car Lamp 또는 LED Lamp)

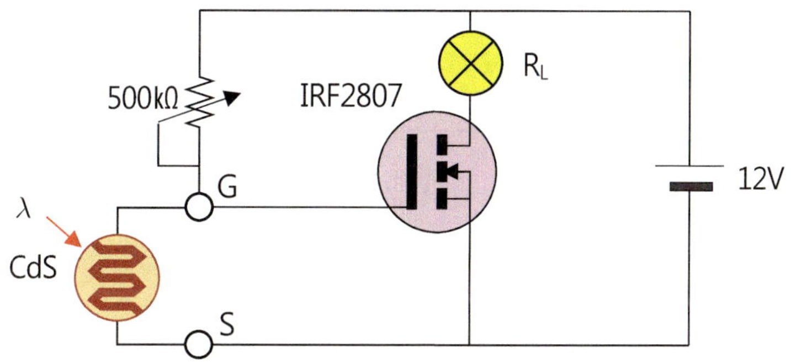

그림 2-117 Power MOS FET의 스위칭 실험(1)

MOS FET소자에서 차단영역과 포화영역의 두 상태만을 이용하는 회로이다.
CdS가 강한 빛을 받으면 저항이 낮아지고 500kΩ과의 상대비율에 따라 게이트에는 차단전압 이하가 걸려서 FET스위치는 차단상태가 된다.
반대로 CdS에 가해지는 빛이 없으면 내부저항은 1MΩ이상으로 커지고 게이트전압은 8V이상으로 높아져 FET스위치는 도통 상태가 된다.

2. CdS에 햇볕이나 조명 불빛을 쪼이고, 마우스 패드 등으로 빛을 차단해 보시오. 이때 빛을 쪼일 때 램프가 꺼지고, 빛을 가릴 때 램프가 켜지면 빛 스위치회로는 정상으로 동작하는 것이다. 문제가 없다면;

3. 빛을 가리고 G-S 단자간의 전압(V_{GS})과 출력전압(V_D)을 측정한다.

   V_{GS} = (　　　) V,　V_D = (　　　) V

4. 강한 빛을 쪼인 상태에서 G-S 단자간의 전압과 출력전압을 측정한다.

   V_{GS} = (　　　) V,　V_D = (　　　) V

5. 직렬저항 500㏀을 대신하여 반고정 저항기를 삽입하고, 그 저항값을 조절하면 전등이 켜지고 꺼지는 밝기의 경계를 조절할 수 있을 것이다. 각자 시도해 보시오.

6. 실험회로를 아래 그림 2-118과 같이 변경한다.

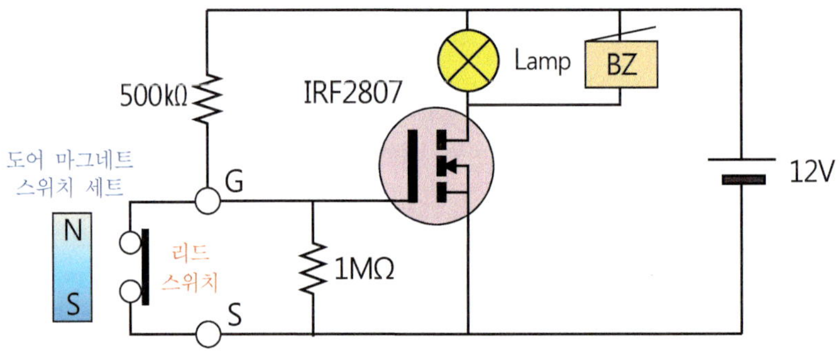

그림 2-118　Power MOS FET의 스위칭 실험(2)

☞ 도어용 마그네트 스위치 세트가 없다면 유리관 리드 스위치, 택트(tact.)스위치 또는 푸쉬-버튼 스위치 등으로 대체하여도 무방하다.

7. 도어용 마그네트 스위치 세트는 아래 그림과 같이 ⓐ리드 스위치와 ⓑ자석의 두 부품이 결합된 제품으로서 도난 경보용으로 만들어 진 것이다. 설치요령은 고정된 문턱에는 리드 스위치를 달고, 움직이는 문에는 자석을 단다. 문이 닫힌 상태에서 이 두 부분이 가까이 마주 보도록 한다.

그림 2-119 도어 마그네트 스위치 세트

8. 문이 닫히면 자석과 리드 스위치가 근접하여 리드 스위치가 붙는다. 이것은 단자 G-S가 단락된 것과 같으므로 FET스위치는 OFF된다.
9. 만약 문이 열리면 자석이 멀리 이동하게 될 것이고 리드 스위치는 떨어지게 된다. 이로 인해 전원전압이 500㏀을 거쳐 그대로 게이트에 걸리므로 FET는 도통된다.
9. 자석을 스위치가까이 또는 멀리 움직이면서 램프의 동작을 지켜보시오. 이제 이 회로를 도난 경보용으로 사용하고 싶다면 램프와 병렬로 버저(Buzzer)를 달면 된다.
10. 측정 : 리드 스위치가 ON, OFF 될 때 게이트와 드레인 전압을 측정하시오.

리드 스위치 ON일 때, V_{GS}= ______ [V], V_{DS}= ______ [V]

리드 스위치 OFF일 때, V_{GS}= ______ [V], V_{DS}= ______ [V]

[실험 3] MOSFET 응용회로 조립하기

이 회로는 트랜지스터를 이용한 멀티 바이브레이터 회로와 MOS FET 스위칭 회로를 결합한 응용회로로서 조명기의 밝기를 제어하거나 DC모터의 속도를 제어하는 데 사용할 수 있다.
제어원리는 스위칭의 속도 또는 펄스폭의 유지 간격을 조절하는 것인데 전문용어로 PWM(Pulse Width Modulation)제어라 부른다.

1. 그림 2-120와 같이 PWM제어 조명제어회로를 조립한다.

여러 가지 응용가능한 회로 중에서 우선 조명제어를 목표로 조립한다. 회로정수는 도면에 표시된 대로 따르면 되고 C_1, C_2는 0.1㎌를 사용한다.

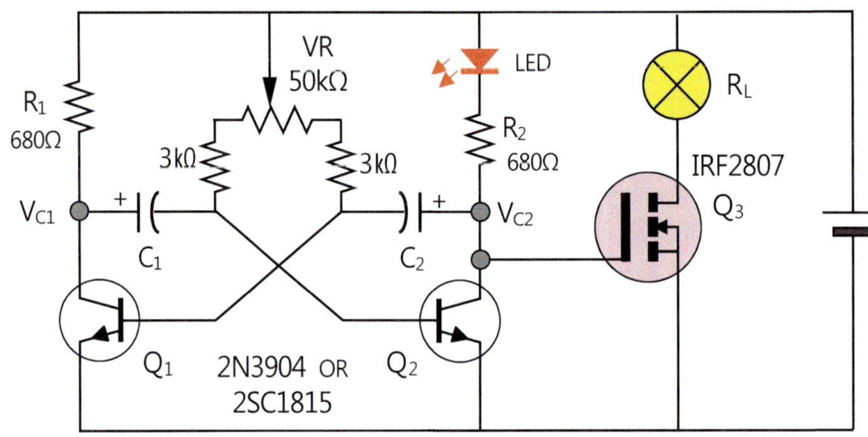

그림 2-120 스위칭 응용-PWM제어회로

표 2-36 용도에 따른 회로정수 선택 안내

용도 \ 회로정수	VR	C_1	C_2	부하(R_L)	Q_3 Power MOSFET
① 디머(조명제어)	50㏀	0.1㎌	0.1㎌	백열등, LED스트립	IRF2807(10A) IRF730(10A)
② 속도제어				DC Motor	
③ 깜박이, 경보기	10㏀	100㎌	100㎌	백열등, LED, 부저	

2. 조립이 완료되면 부하를 연결하고 전원 12V를 투입한다. 곧바로 조명이 켜지고 LED도 점등될 것이다.

3. 가변저항을 조절하면 조명은 최소 밝기에서 최대 밝기까지 연속적으로 변할 것이다.
4. 이제 이 조절의 비밀을 알고 싶다면 오실로스코프를 이용하여 V_{C1} 또는 V_{C2}의 파형을 관찰해 보기 바란다. V_{C2}의 전압이 "H"일 때 램프는 점등되고 "L"인 순간에는 소등된다. 점등과 소등의 사이클이 매우 짧아서 우리 눈은 그 점멸을 느끼지 못하지만 긴 시간 동안 점등의 유지기간이 길고 소등의 유지기간이 짧다면 발광량이 많아질 것이고 우리 눈은 밝게 느껴질 것이다.

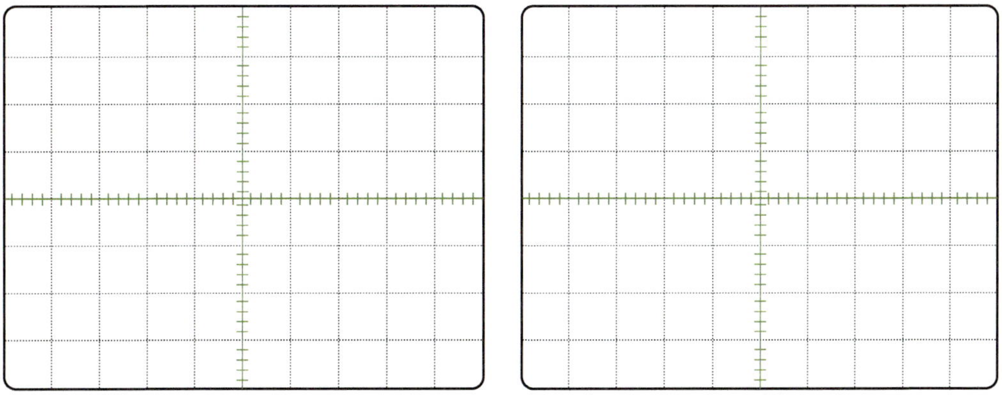

(a) 밝을 때의 파형 (b) 어두울 때의 파형

그림 2-121 PWM 제어파형(측정점= V_{C2})

4. 2단계 : DC모터 속도제어 실험

조명의 밝기 제어가 성공적이라면 이제 직류 전동기를 조명기와 바꾸어 설치하고 속도제어가 이루어지는지 실험해보시오.

5. 3단계 : 깜박이(Winker)와 경보기 회로 실험
   가. 가변저항과 커패시터를 위의 표와 같이 바꾸어 조립하고 부하에는 처음 사용한 램프를 그대로 사용한다. 이렇게 정수값을 바꾸는 이유는 점멸 주기를 수 ms에서 0.9초 내외로 길어지도록 하기 위함이다.
   나. 가변저항을 중간 위치에 둔다.(점멸 주기를 같도록 하기 위함.)
   다. 전원을 투입하면 램프는 0.45초 동안 ON, 0.45초 동안 OFF, 즉 0.9초 주기로 점멸을 반복할 것이다. 점멸 주기를 계산하는 공식은 다음과 같다.

$T = \underbrace{0.69 R_A C_1}_{\text{Lamp ON}} + \underbrace{0.69 R_B C_2}_{\text{Lamp OFF}}$ 만약 RC값이 같다면, 주기 $T = 2(0.69RC)$이다.

여기서 R_A는 가변저항 중심에서 C_1 접속점까지의 저항이고, R_B는 그 반대편 저항이다. 그리고 C_1과 R_A의 곱에 상수 0.9를 곱하면 방전시상수가 된다. 그런데 이 멀티 바이브레이터는 좌우 대칭이므로 $R_A = R_B = R$, $C_1 = C_2 = C$로 표시하면,

$$T = T_{ON} + T_{OFF} = 0.69\,RC + 0.69\,RC = 2(0.69\,RC)$$

이 되고 이 식에 저항과 커패시터의 크기를 대입하면

$$T = 2\,(0.69 \times 8k \times 100\mu F) = 1.38 \times 8 \times 10^3 \times 100 \times 10^{-6} = 1.1\,[s]$$

즉 점멸주기 약 1.1초의 결과를 얻을 수 있다. 이 시간을 길게 하려면 저항(VR)이나 커패시터의 값을 크게 하고 짧게 하려면 그 값을 작게 조정한다.

6. 두 램프의 점멸주기를 측정한다.

초시계 또는 스마트폰을 이용하여 LED가 10번 점멸할 동안 걸린 시간을 측정하여 10으로 나누면 정확한 점멸 주기를 확인할 수 있다.

실제로 측정한 점멸 주기 = (　　　　　) 초

참고: MOSFET 제품을 구매할 때 고려해야 할 스펙 중에서 가장 중요한 세 가지가 있다. 그것은 드레인-소스간 내압(V_{DSS})과 최대 드레인 전류(I_D), 그리고 도통저항(R_{DSON})이다. 앞의 두 개 특성은 클수록 좋고, 도통저항은 작을수록 성능이 좋고 값도 비싸다.

아래의 표 2-37에서 보듯이 스위칭 소자로서 트랜지스터의 시대는 끝나고 파워 MOSFET가 그 역할을 대체하게 되었다.

표 2-37 트랜지스터와 파워 MOSFET의 성능 비교

소자 / 비교항목	트랜지스터 TIP31C		MOSFET IRF2807	
최대 전류	3A		82A	
최대 전압	100V		75V	
도통 저항	-		13mΩ	
전력 손실	P_C=40W		P_D=230W	

2.7.3 IGBT(절연게이트 바이폴라 트랜지스터)

1. 구조와 동작원리

절연게이트 바이폴라 트랜지스터는 종래의 트랜지스터와 MOSFET의 두 가지가 합쳐진 반도체이다. 그림 2-122(b)의 등가회로에서 보듯 입력신호가 들어가는 곳은 MOSFET의 게이트이다. 그래서 입력특성은 온전히 MOSFET를 닮아 높은 입력임피던스를 가지며 5~10V의 전압으로 출력을 구동한다. 그리고 출력 쪽은 PNP트랜지스터의 구조와 같다. FET의 드레인 전류는 트랜지스터의 베이스전류가 되고 이것이 이미터 -컬렉터를 도통시킨다.

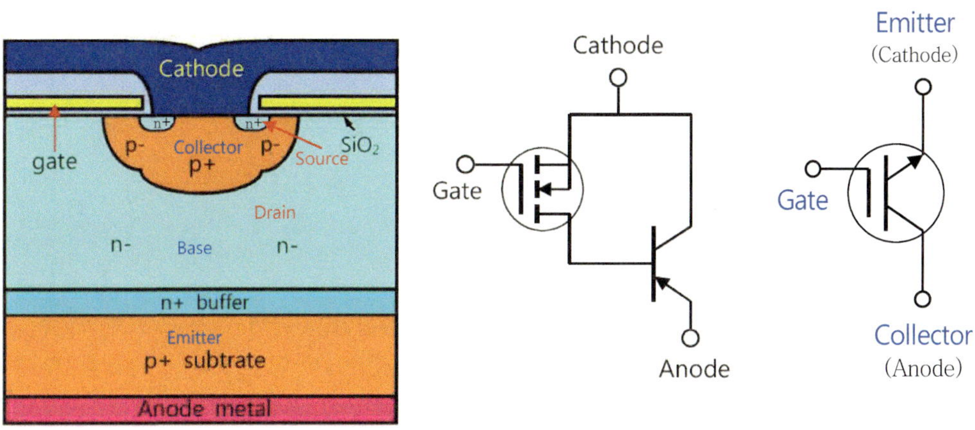

(a) 칩 단면도 (b) 등가회로 (c) 기호

그림 2-122 IGBT의 원리도

2. IGBT의 특징

IGBT가 가지는 주요 특성들을 요약하면 다음과 같다.

가. 내압이 높은 전력 소자

IGBT는 기본적으로 내압이 높은 소자이다. 적은 비용으로도 수천V 내압은 가진 IGBT소자를 구입할 수 있으며, 도시철도나 고속철도의 전동차모터를 제어하는 소자가 IGBT이다.

나. 컬렉터-이미터 포화전압(Vce(sat))과 스위칭 속도

스위칭 속도가 빠른 IGBT는 Vce(sat)이 크고 스위칭 속도가 느린 IGBT는

Vce(sat)이 작다.

다. 온도특성

IGBT의 입력 특성은 MOSFET, 출력 특성은 바이폴라 트랜지스터와 유사하기 때문에 온도 특성이 복합적이다. 저속, 낮은 Vce(sat) IGBT의 경우에는 바이폴라와 비슷한 온도 계수를 갖고 고속, 높은 Vce(sat) IGBT의 경우에는 MOSFET과 유사한 온도 계수를 갖는다. 따라서 병렬 운전을 설계할 때는 신중한 고려가 필요하다.

3. IGBT 특성표 판독법

가. 게이트 문턱전압 $V_{GE(th)}$

게이트가 열려 드레인 전류를 흐르기 시작하는 전압. '드레인 전류의 흐름' 기준은 1mA이다.

나. 컬렉터-이미터 파괴전압 VB_{CES}

게이트-이미터를 단락한 상태에서 C-E간 전압을 높여갈 때 항복에 이르는 전압.

다. 컬렉터 차단전류 I_{CES}

게이트-이미터를 단락한 상태에서 컬렉터에 규정전압을 가한 경우 흐르는 전류

라. 컬렉터-이미터 포화전압 $V_{CE(sat)}$

충분히 큰 게이트-이미터전압(V_{GE})을 가할 때 'C-E 간에 걸리는 포화전압'이다.
이 전압이 크면 스위칭 손실이 증가하기 때문에 낮을수록 유리하다.

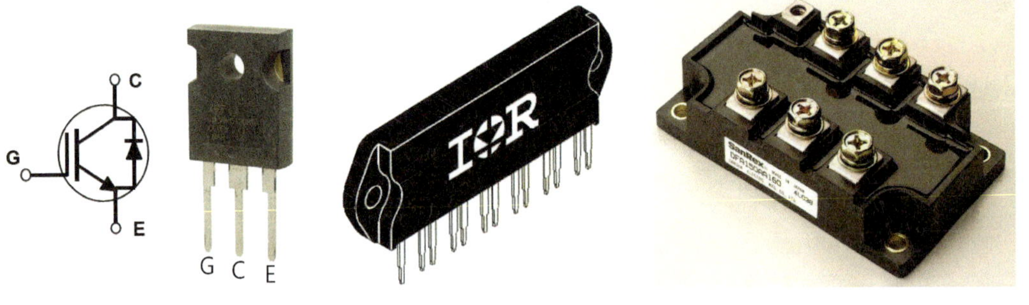

(a) Symbol (b) TO-3PN (c) Module제품(3상) (d) Module제품(단상)

그림 2-123 IGBT 제품의 종류

4. 전력소자들의 비교

지금까지 소개한 전력 소자들의 전기적 특성들을 서로 비교하면 표 2-38과 같다.

표 2-38 전력용 소자의 특성 비교

소자	트랜지스터	IGBT	MOSFET
구동 방식	전류 구동	전압 구동	전압 구동
구동 전력	크다	적다	적다
입력 임피던스	작다	크다	크다
구동 회로구성	복잡	간단	간단
출력부 도통저항	작다	작다	(크다) ~ (작다) (V-MOSFET)
스위칭 속도	느리다	중간	빠르다
스위칭 손실	크다	보통	작다
내압(동작전압)	낮다	높다	중간
기타(용도)	선형증폭, 스위칭	스위칭	스위칭, 선형증폭

과제 번호	IGBT 실험	
2.7.2		
준비물	DMM 오실로스코프	IGBT(FGH80N60FD2TU) NE555, CdS(9Φ), 1N4148 Bar LED(12V), 0.1㎌, 100㎌, SVR(10㏀, 100㏀)

[실험 I] IGBT 특성실험

1. 그림 2-124와 같이 IGBT 실험회로를 구성하시오.

IGBT는 정(+)의 입력전압으로 전력을 제어한다. 입력특성은 Power MOSFET와 같고 출력은 대출력 트랜지스터와 비슷하지만 내압이 높다.

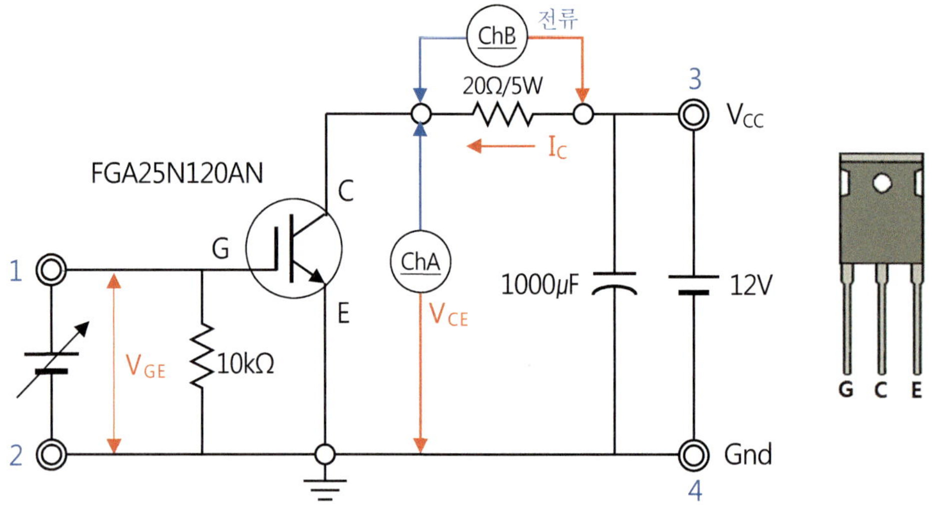

그림 2-124 IGBT의 V_{GE}-I_C 특성실험도

2. 게이트 입력전압을 0V에서 10V까지 단계적으로 증가할 때 컬렉터전류(I_C)와 컬렉터전압(V_C)을 각각 측정하여 기록하시오.(표 2-39)

☞ 채널B에서 측정한 전압크기를 20Ω으로 나누면 컬렉터 전류가 된다.

표 2-39 IGBT의 입출력 특성 기록표 @V_{CC}=12[V]

게이트전압 V_{GE} [V]	0V	1V	2V	3V	4V	5V	6V	8V	10V
컬렉터전류 I_C [A]									
컬렉터전압 V_C [V]									
$V_{GS(th)}$ & $V_{GS(ON)}$									

3. 위의 실험결과를 보고 아래 질문에 답하시오.

가. 드레인 전류가 흐르기 시작하는 입력전압($V_{GS(TH)}$)은 몇 V인가?

$V_{GE(TH)}$ = (　　　) V　→ 여기서부터 게이트가 열리기 시작한다.

나. 출력전압(V_D)을 포화상태로 만드는 입력전압($V_{GE(ON)}$)은 몇 V 부터인가?

$V_{GE(ON)}$ = (　　　) V　→ 이 전압에서 V_{CE}는 최소가 된다.

[실험2] IGBT 응용회로

1. 그림 2-125와 같이 IGBT를 이용한 스위칭 실험회로를 조립하시오.

> 이 회로에서 NE555는 PWM 스위칭 신호를 만든다. 현재의 회로정수로 주파수 300Hz, 듀티비 7~94% 범위 내에서 조절이 가능하며, 이 신호로 IGBT를 스위칭 제어한다. IGBT의 컬렉터에는 어떤 종류의 DC부하도 사용할 수 있으며 충분한 크기의 방열판만 달아 준다면 최대전압 600V, 전류용량 80A의 부하까지 감당할 수 있다.

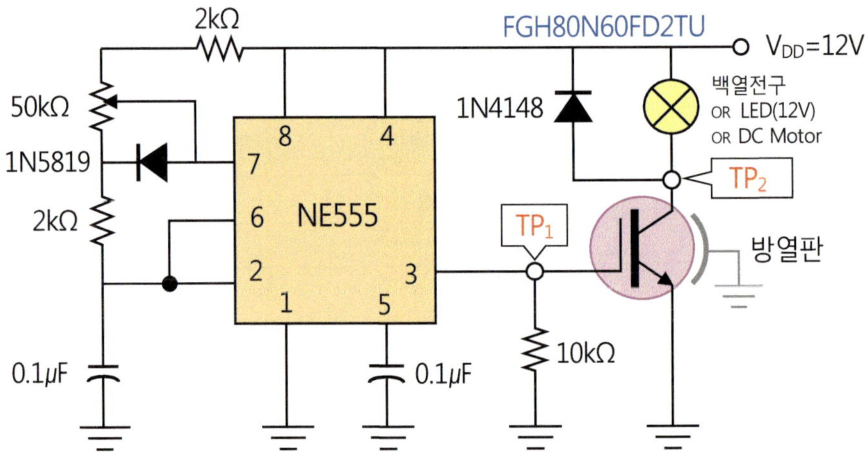

그림 2-125 IGBT를 사용한 스위칭 실험회로

2. 조립이 완료되면 부하를 연결하고 전원 12V를 투입한다. 조명기라면 밝기를 불문하고 점등될 것이다.
3. 가변저항을 조절하면 조명은 최소 밝기에서 최대 밝기까지 연속적으로 변할 것이다.
4. 오실로스코프를 이용하여 T_{P1}또는 T_{P2}의 게이트와 컬렉터 파형을 관찰해 보시오. T_{P1}의 전압이 "H"일 때 램프는 점등되고 "L"인 순간에는 소등된다.

   또 T_{P2}의 측정결과는 T_{P1}의 측정결과와는 반대가 되는지도 확인해 보시오.

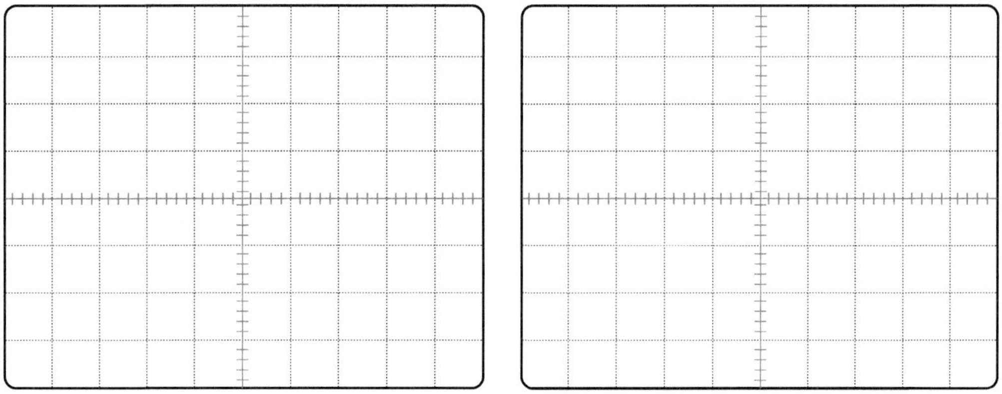

(a) 게이트 파형(측정점=T_{P1}) (b) 컬렉터 파형(측정점=T_{P2})

그림 2-126 IGBT의 입출력 파형

5. 오실로스코프 측정을 통해 다음을 확인하시오.
   가. 최소 밝기에서 듀티비 : (   )%
   나. 최대 밝기에서 듀티비 : (   )%
   다. 중간 밝기(듀티비=50%)에서 구형파 발진 주기 : (   ) ms

2.8.1 SCR(실리콘 제어 정류기)

1. 개요

SCR은 한쪽방향으로만 전류를 흘리는 정류소자라는 점에서는 다이오드와 같으나, 별도로 준비된 게이트에 직류 또는 펄스신호를 입력하는 순간부터 도통되는 것이 다르다. 게이트에 가해주는 이 신호의 입력 타이밍을 조절함으로서 전력 공급을 제어할 수 있기 때문에 제어 정류소자(Silicon Controlled Rectifier)라 부른다.

2. 내부구조와 등가회로

SCR의 내부구조는 그림 2-127과 같이 세 개의 접합면을 가진 PNPN 4층 구조이다.

SCR의 반도체 접합구조를 단순하게 나타낸 것이 그림 2-128(a)이다. 이것을 분해해 보면 (b)와 같이 두개의 트랜지스터가 결합된 모양이다.

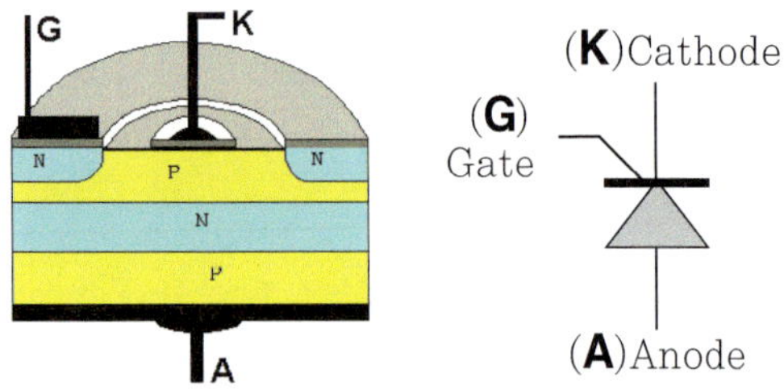

(a) SCR의 구조　　(b) SCR 기호

그림 2-127 SCR의 구조와 기호

아래쪽의 NPN을 TR1, 위쪽의 PNP를 TR2라 하면 (c)의 등가회로로 나타낼 수 있다.

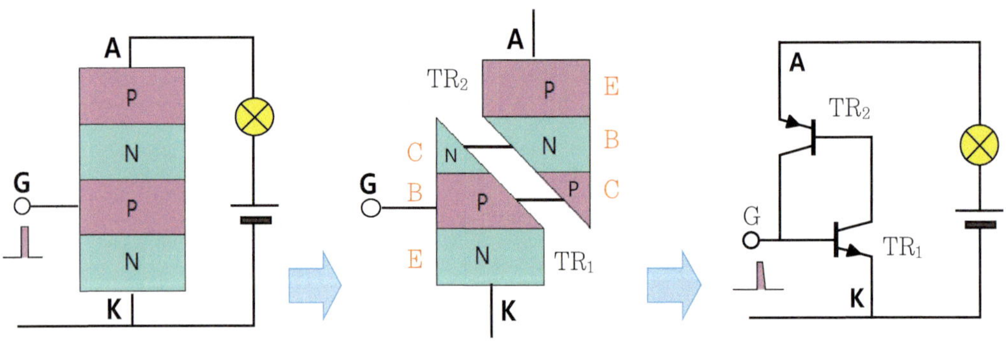

(a) SCR의 원리도　　(b) 접합의 분해도　　(c) SCR의 등가회로

그림 2-128 SCR의 원리도와 등기회로

3. 동작 원리

가. 등가회로로부터 SCR의 동작을 보자. 그림 2-129에서, 게이트에 펄스신호(I_G)를 가하면 이것이 Q_1의 베이스 전류가 되어 Q_1을 도통시킨다.

나. Q_1의 컬렉터 전류가 ②번 통로를 따라 흐른다. 이 전류는 Q_2의 베이스 전류가 되어 Q_2를 도통시킨다.

다. Q_2의 증폭된 컬렉터 전류가 ③번 통로를 따라 흐르면서 다시 Q_1이 도통, ④번 전류가 유도된다.

라. 즉, 최초의 입력이 Q_1을 ON 시키면 계속해서 Q_2가 ON되고 다시 Q_1도통으로 이어져 연쇄도통이 유지된다.

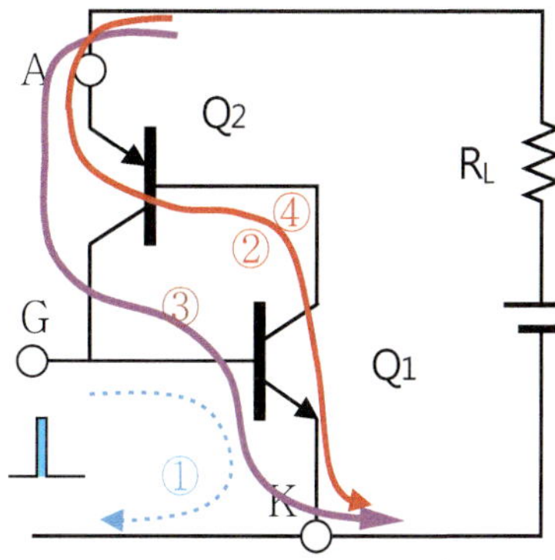

그림 2-129 SCR의 동작 분석

4. SCR의 동작을 멈추게 하는 법

짧은 펄스 한 개로 SCR은 도통되며 전원이 공급되는 한 도통은 지속된다. SCR의 도통을 멈추게 하는 방법은 다음과 같다.

가. 전원을 잠시 차단한다.

나. 애노드와 캐소드 간을 단락한다.

다. 애노드와 캐소드 간에 역전압을 가한다.

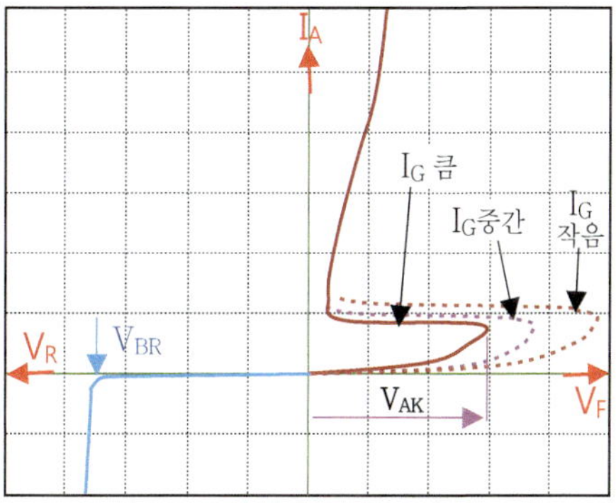

그림 2-130 SCR의 특성곡선

5. SCR의 동작 특성

I_G를 파라미터로 하고 애노드-캐소드 전압을 증가시킴에 따른 애노드 전류의 변화상태를 오실로스코프로 관찰하면 그림 2-124와 같다. 애노드 전류가 작으면 상당히 높은 V_{AK}에서 도통이 되고 전류가 크면 수[V]의 낮은 전압에서도 도통된다.

SCR을 선정할 때 중요한 것은 SCR을 점화(트리거)시키는 데 필요한 신호크기 V_{GT}, I_{GT} 그리고 최대전류, 최대 역전압 등이다. 아래에 몇 가지 제품의 규격을 소개한다.

표 2-40 SCR의 규격

제품명	트리거전압 V_{GT}	트리거전류 I_{GT}	최대 애노드 전류	최대 역내전압	비고
2P4M	0.8V	200μA(max)	2A	400V	고감도
TYN612	0.8V	1.5~5mA	12A	600V	범용
GG25AA60	3V	40mA	25A	600V	범용

6. SCR에 의한 교류 제어

전원전압이 교류인 경우 하나의 입력 펄스에 의한 제어는 전원의 (+)반주기 동안만 유효하다. 그림 2-131에서 임의의 시점 t_1에서 입력펄스가 게이트에 인가되면 SCR은 도통되고 전압에 비례한 전류가 흐르게 된다. 여기서 주기의 시작점에서 도통 개시지점까지의 각도를 제어각, 부하에 전력이 공급되는 기간을 전류 유통각이라 한다.

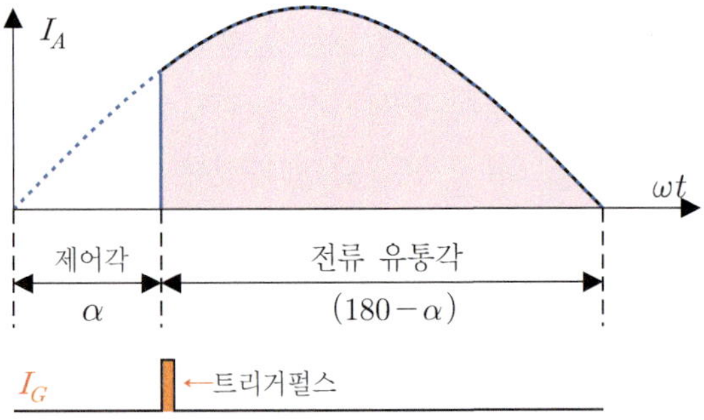

그림 2-131 교류의 위상제어 용어

7. SCR의 제품 패키지

SCR은 전력용량과 내압에 따라 여러 가지 모양의 제품 패키지가 있다.

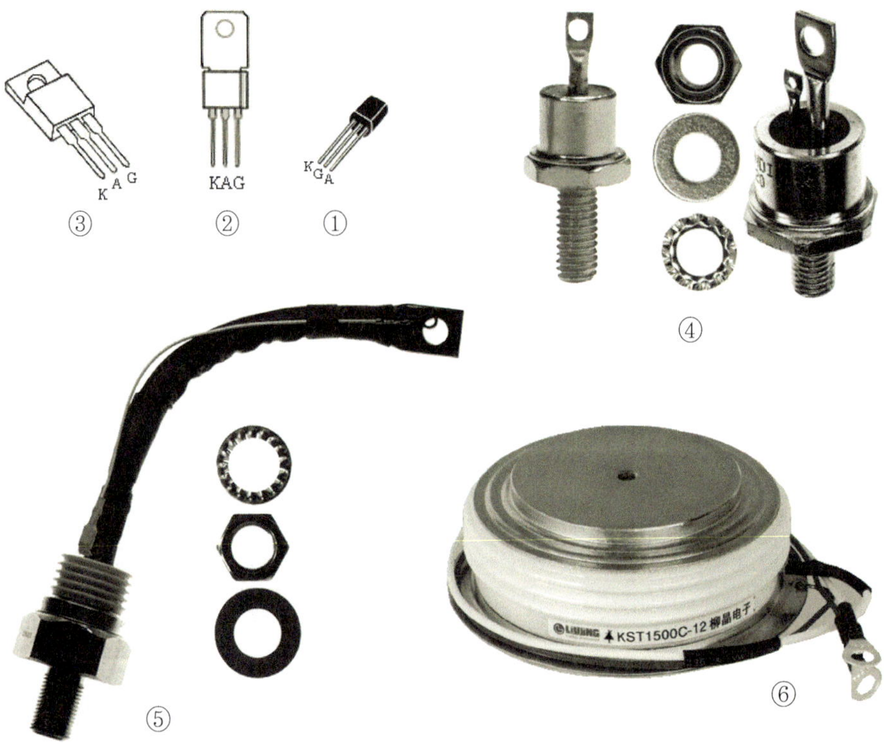

그림 2-132 여러 가지 SCR 제품 패키지

① TO-92 타입의 경우는 전류 용량이 100mA 정도인 신호제어용 SCR이다.

② TO-202 타입은 2~4[A] 정도, ③ TO-220 타입은 4~10A까지, ④ 메탈 파워 패키지는 20~30A, ⑤ 좀 더 큰 Stud 타입은 30~70A, ⑥번의 디스크 타입은 1000A 짜리 용량도 있다.(굵은 선은 A-K, 가는 선은 Gate신호선이다.)

주의할 것은 SCR을 포함한 모든 반도체 제품은 원칙적으로 무한대 방열판을 사용한다는 전제하에 작성된 규격이므로 반드시 규격의 방열판을 사용하고 최대정격의 70%선에서 운전하는 것이 바람직하다.

2.8.2 트라이액(TRIAC)

1. 개요

트라이액은 교류전력 제어용 반도체 소자로서 P게이트형 SCR과 N게이트형 SCR 두 개를 역병렬로 접속한 구조로 되어있다.

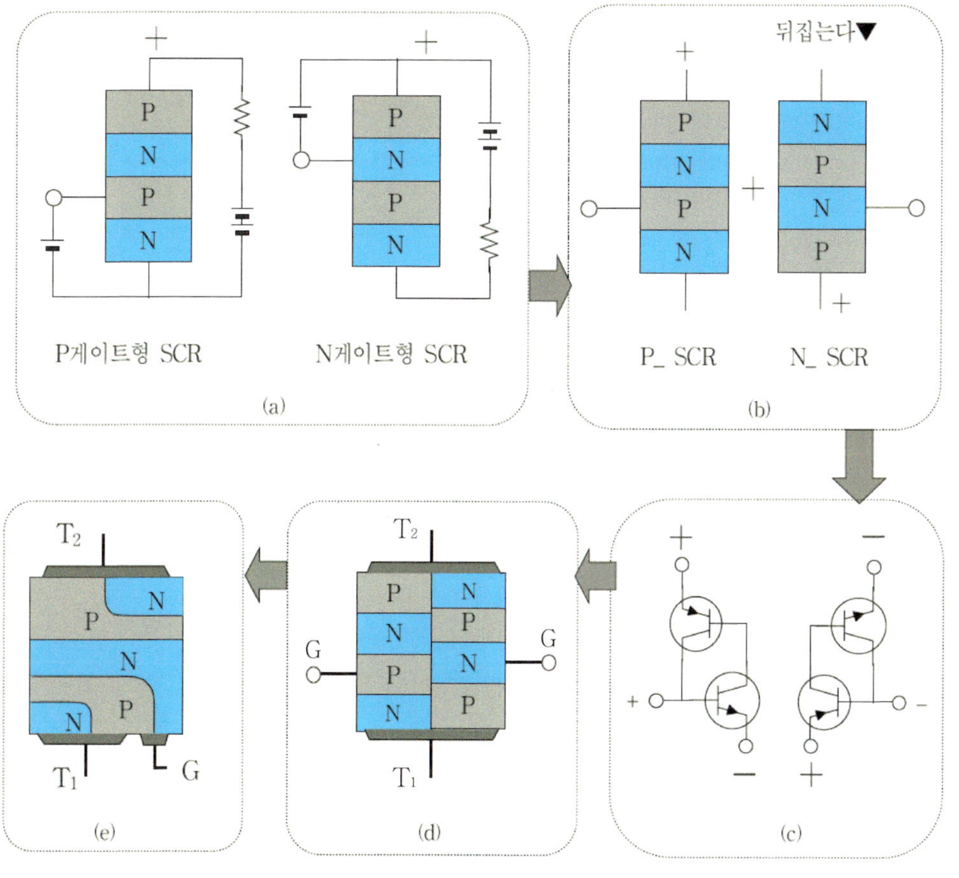

그림 2-133 트라이액의 구조와 원리도

2. 트라이액의 기호

트라이액에서 부하전류의 통로가 되는 두 단자를 T_1, T_2라 부르기도 하고, 애노드라는 의미를 빌려 A_1, A_2라 부르기도 한다.(그림 2-134)

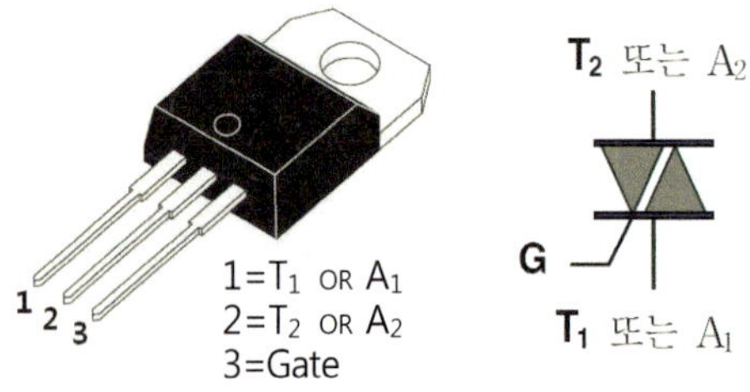

그림 2-134 트라이액 제품과 기호

3. 트라이액의 제품 패키지

트라이액의 제품 패키지는 SCR과 거의 같다. 100mA급의 초소형으로부터 수 10A까지의 디스크리트 제품은 SCR과 동일하다. 트라이액은 구조적인 특성으로 인해 50A이상의 제품은 만들지 않는다.

4. 트라이액에 의한 교류 위상제어

RC 직렬회로에 의한 위상천이와 다이액이라는 트리거 발생소자를 결합함으로서 간편하고 실용적인 위상제어 회로가 구성된다.(그림 2-135)

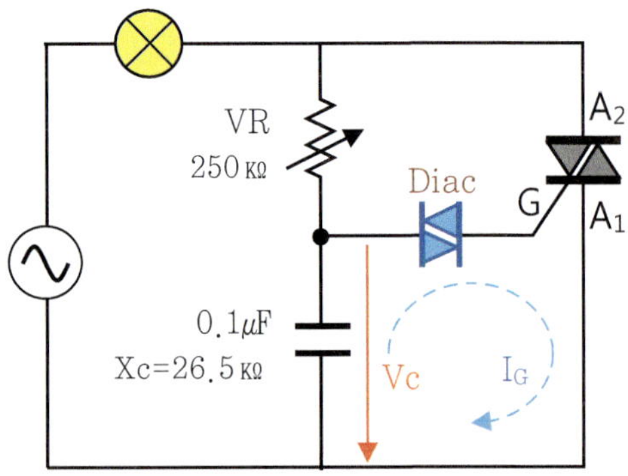

그림 2-135 위상제어 기본회로

다이액(diac)은 4층 접합 다이오드이며 평상시 차단상태에 있다가 일정 레벨 이상의 전압(DB30의 경우35V)이 가해지면 순간적으로 도통되어 트라이액을 도통시킨다.

5. 동작원리 분석

가. R이 아주 작을 때($R \ll X_C$)

커패시터 양단 전압(Vc)은 전원전압과 거의 같고, 위상차도 0°에 가깝다. 전원전압이 상승하여 30V 내외가 되면 '다이액 도통→게이트 전류(I_G) 흐름→트라이액 도통' 의 순서로 동작하여 부하에 전원을 공급한다. 따라서 전원상승의 초

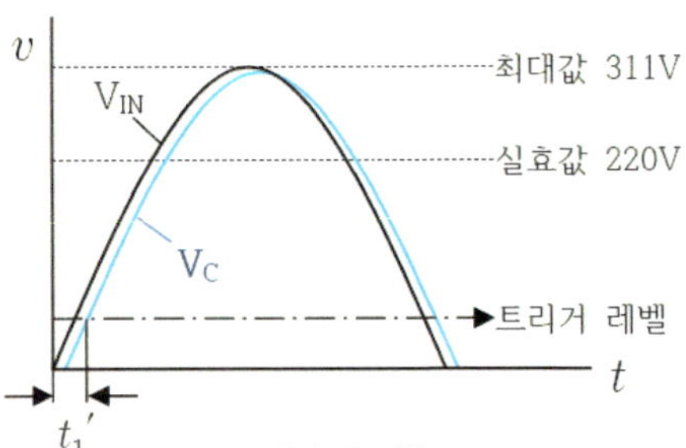

(a) $R \ll X_C$

[V_C 위상은 조금 늦고 도통각 t_1'은 약 15°]

기(t_1)부터 트라이액이 도통되어 99% 정도의 전력이 부하에 공급된다.

나. R과 X_C가 같을 때[그림2-136(b)]

R=26.5㏀, Xc=26.5㏀으로 같은 크기일 경우에는 입력전압과 커패시터 양단의 전압 위상차는 -45°가 된다.

그림(b) 이 상태에서는 45°보다 약간 늦은 시점(t_2)에서 트라이액이 도통되어 약 75%의 전력이 부하에 공급된다.

다. R이 매우 클 때

R=200㏀, Xc=26.5㏀일 때 합성 임피던스(Z)=202㏀이 되고 $Vc_{(max)}$= 41V, 위상차 φ =-82°가 된다. 이것을 그림으로 나타내면 그림(c)와 같다.

커패시터측 전압위상은 전원측에 비해 82°가 늦고 그 크기도 최대 41V에 지나지 않기 때문에 트리거 레벨에 도달하려면 t_3지점까지 늦추어진다.

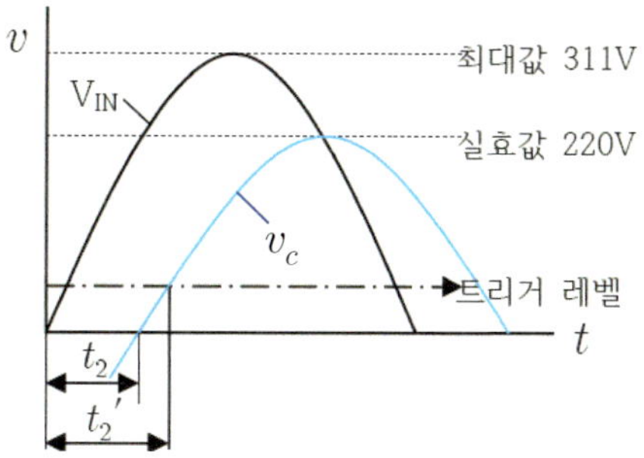

(b) R=Xc
[V_C 위상은 45°늦고 도통각t_2'은 약 50°]

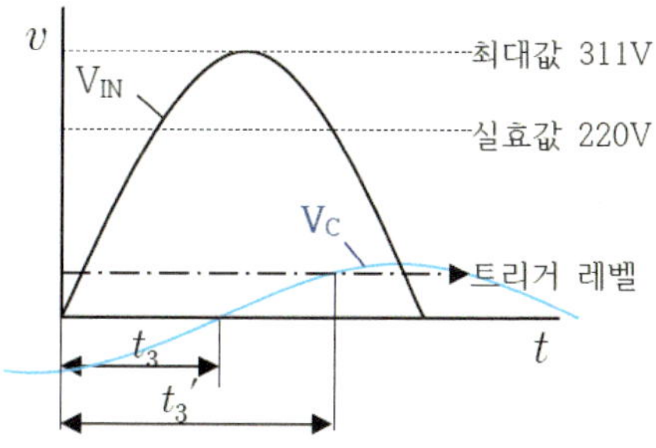

(c) R≫Xc
[V_C위상은 약80°늦고 도통각t_3'은 약 135°]

그림 2-136 위상 제어회로의 동작분석

제어각 130° 부근에서 트라이액이 도통되어 약 10%의 전력이 부하에 공급된다.

이상과 같이 R과 C의 비율을 바꾸고 이에 따라 트리거 순간의 위상을 제어함으로서 부하에 공급되는 전력을 손쉽게 조절하는 것이 '위상제어(Phase control)' 이다.

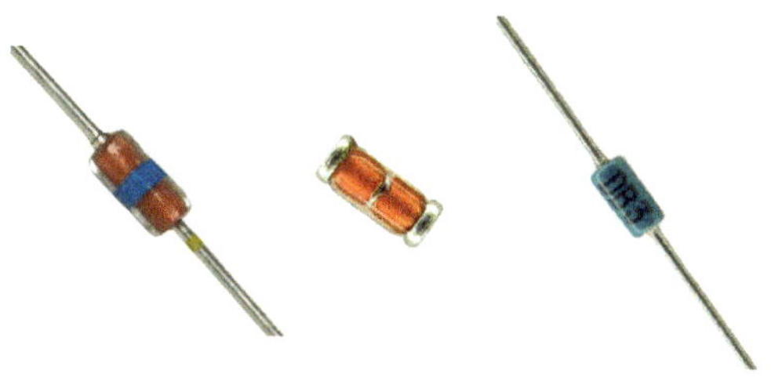

그림 2-137 다이액의 외형(무극성 소자)

과제번호	SCR/TRIAC 특성실험
2.8.1	
준비물	오실로스코프, 테스터(아날로그), DMM
	히터 트랜스(220-12V), 저항(100Ω2W, PBS(SPDT), SVR500Ω) 2P4M, TYN408, BTA06, BCR10, Bar LED(12V7W), Car Lamp(10W)

1. 작업준비를 한다.

가. 오실로스코프를 교정한다.(수평 트레이스, 수직감도, 프로브 매칭)

나. 테스터 : 기계적 0점을 조정한다. 배터리를 점검한다.

2. SCR과 TRIAC의 규격표(Data Sheets)를 확인한다.

☞ 제조사의 인터넷 사이트를 방문하여 데이터시트를 확인하거나,

☞ www.alldatasheet.com을 방문하여 데이터시트를 확인한다.

3. 회로 시험기로 SCR의 양부를 확인한다.

가. 도통저항 확인

아날로그 테스터를 저항 ×10Ω렌지에 놓고 SCR의 단자간 순방향 전압강하 크기를 측정하여 표 2-41에 기록하시오.

표 2-41 멀티 테스터에 의한 SCR 도통 테스트

테스터 리드	2P4M		TYN-408	
흑색 - 적색	아나로그	디지털	아나로그	디지털
G - K				
K - G				
A - K				
K - A				

아날로그 또는 디지털 테스터로 저항이나 다이오드를 측정할 때 리드의 연결방법이 다른 점에 주의해야한다.
디지털 테스터는 적색 리드를 애노드 또는 N형 반도체에 접촉해야 순방향 전류가 흐른다.
아날로그 테스터는 그와 반대로 캐소드 또는 P형 반도체에 접속해야 순방향 전류가 흐른다.

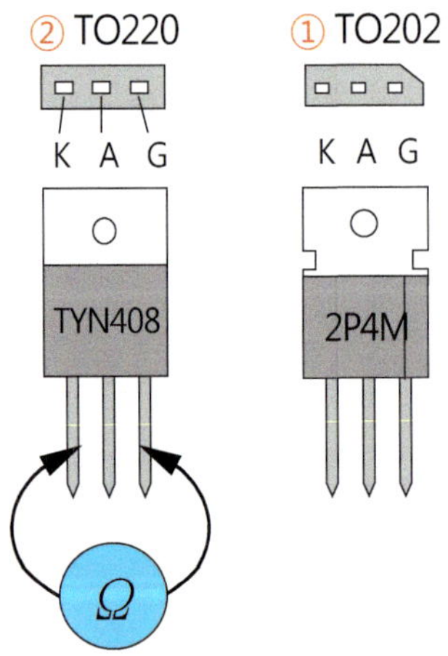

그림 2-138 SCR의 도통저항

나. 점화동작 확인

① 아날로그 테스터를 ×1Ω렌지에 놓고 측정리드는 악어클립 달린 것으로 준비한다.

② SCR 캐소드(K) 단자에 테스터 적색 집게를, 애노드(A) 단자에 테스터의 흑색 집게를 물린다.

③ 금속도선 등으로 SCR의 애노드(A) 단자와 게이트(G) 단자를 잠시 단락시킨 후 뗀다.

④ 테스터의 지침이 오른쪽으로 많이 움직여 SCR이 도통된 채 유지됨을 확인할 수 있다.

⑤ 전류용량이 큰 SCR은 유지전류가 크기 때문에 ×1Ω렌지에서 동작확인이 가능하지만 감도가 높은 SCR은 ×1Ω렌지에서는 물론이고 ×10Ω렌지에서도 확인할 수 있다.(고감도 제품=2P2M)

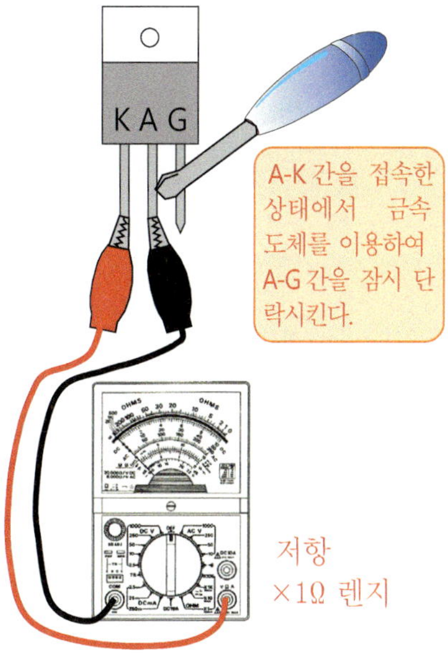

그림 2-139 SCR의 점화동작 시험

4. SCR의 특성실험

가. 그림 2-140과 같이 SCR 실험회로를 조립하시오.

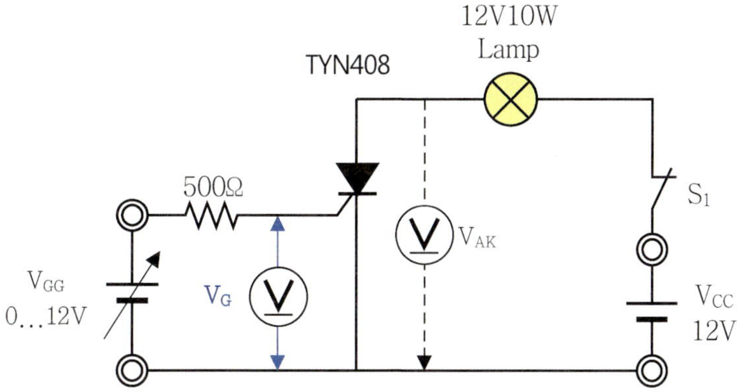

그림 2-140 SCR 특성실험 회로

나. 가변 전원장치의 전압(V_{GG})을 0V에서부터 점차 높여가다가 램프가 점등되는 순간의 게이트전압과 애노드전압을 측정하시오. 이때의 전압을 각각 게이트 트리거 전압 V_{GT}, 애노드 포화전압 $V_{A(Sat)}$이라 부른다.

① 입력 전원전압 V_{GG} = ( )V

② 트리거 전압 V_{GT} = ( )V

③ 애노드 포화전압 $V_{A(SAT)}$ = ( )V

☞ 정확한 전압측정을 놓쳤다면 입력 전원을 0V로 후퇴하여 다시 시작해야한다.

다. 트리거 전류의 산출

입력전원전압은 V_{GG}이고 트리거 전압은 V_{GT}라면 그 차이는 저항 500Ω의 전압강하로 나타날 것이다. 따라서 트리거 전류는 다음으로 알 수 있다.

$$I_T = \frac{V_{GG} - V_{GT}}{500\Omega}\,[A] \quad \text{또는} \quad I_T = \frac{V_{GG} - V_{GT}}{0.5\,k\Omega}\,[mA]$$

위의 트리거 전류식에 5항의 측정결과 ①, ②를 대입하여 실험에 사용한 SCR의 트리거 전류를 구하시오.

④ 트리거 전류 I_{GT} = ( ) mA

제품의 분류 : SCR제품은 출력전류, 즉 애노드전류의 최대정격이 얼마나 큰가에 따라 분류할 수 있다. 최대전압 수 1000V, 최대전류 수 100A 규격의 제품은 초대형 제품군으로 분류한다. 100A전후이면 대형급, 30A전후이면 중형급, 10A이하면 소형, 1A이하면 초소형으로 방열판도 필요하지 않다.
그리고 부하 전류의 규모가 커질수록 트리거 전류도 증가한다. 중형이면 수10mA, 소형이면 수mA, 초소형의 경우에는 수 10㎂의 트리거 전류만으로 트리거가 가능하다.

표 2-42 SCR의 정격(제조사의 Data sheet에 따름)

품명	최대전압	최대전류	트리거전류	패키지
BT169D	400V	0.5A	0.5V, 50㎂	SOT223
5P4M	400V	5A	1.5V, 10mA	TO-220
CS35-12	1200V	69A	1.5V, 100mA	TO-208AC

라. 트리거 이후의 동작

SCR이 도통된 후 게이트 전압을 0[V]로 낮출 때 램프의 상태는 어떤가?

변화 없다 = ON 유지 (　　)　　변화 있다 = OFF (　)

마. 만약 V_G= 0[V]인 경우에도 램프가 계속 점등을 유지한다면, SW_1을 잠시 열었다가 다시 닫는다. 램프는 어떻게 되나?

계속 켜져 있다(　)　꺼진다(　)

바. SCR의 도통유지 전류 I_{AH} 측정하기

(1) 그림 2-142와 같이 유지전류 측정회로를 조립한다.
(전류계는 전원장치의 전류표시기를 이용한다.)

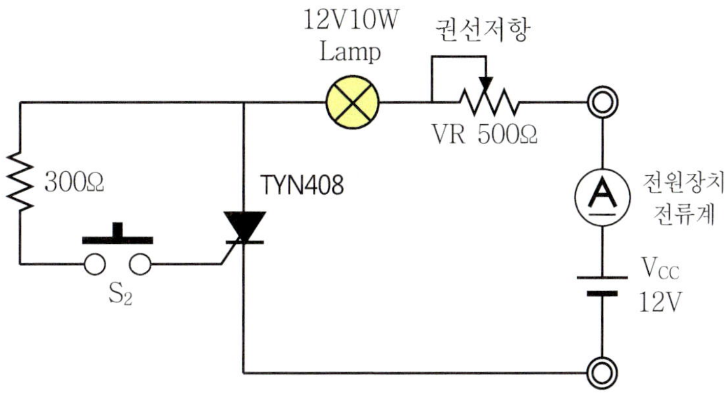

그림 2-142　SCR의 유지전류 측정회로

(2) 부하측 전압을 12V에 맞추고 가변저항(VR)은 최소위치에 둔다.

(3) S_2를 잠시 눌러 SCR을 도통상태로 만든다.

(4) VR의 저항값을 서서히 증가시키면 부하전류와 램프의 밝기가 줄어든다.
계속해서 부하전류를 줄여 가면 어느 순간 도통이 해제되고 전류는 더 이상 흐르지 않게 된다. 마지막까지 도통을 유지해 주던 전류가 유지전류(I_{AH})이다.

도통유지 전류 I_{AH} = ______[mA]

(5) 만약 가변저항을 최대로 늘려도 SCR의 도통이 해제되지 않을 때는 전원전압을 낮추어서 문제를 해결해보시오.(유지전류 측정에 전압은 상관이 없다.)

(6) 용량이 큰 SCR은 유지전류도 크고, 용량이 작은 SCR은 유지전류도 작다.
10A용량의 SCR은 유지전류가 30~50mA내외이다.

5. 테스터에 의한 TRIAC의 양부 확인

테스터를 저항 ×10Ω렌지에 놓고 TRIAC의 단자간 순방 전압강하(LV) 크기를 측정하여 표 2-43에 기록하시오.

표 2-43 TRIAC의 도통 테스트

테스터 리드	제품 1	제품 2	제품 3
흑색 - 적색	TLC226B	BTA06-600C	BTA12-600C
G - T_1			
T_1 - G			
T_1 - T_2			
T_2 - T_1			

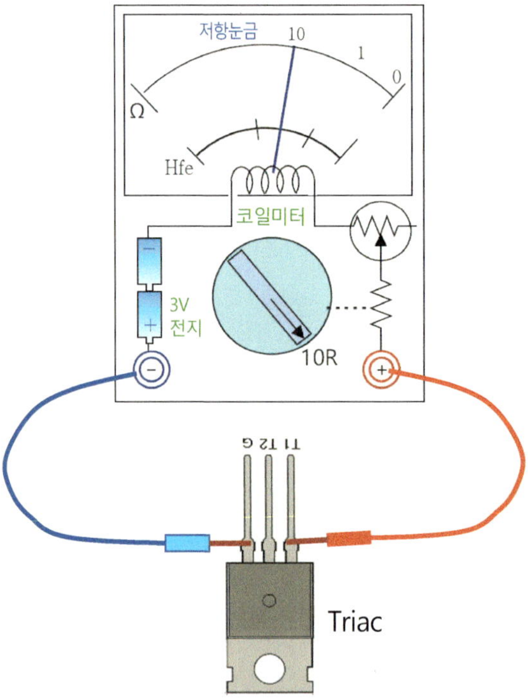

그림 2-143 TRIAC의 도통시험

6. TRIAC의 DC 특성실험

가. 그림 2-145와 같이 트라이액 특성실험회로를 조립하시오.

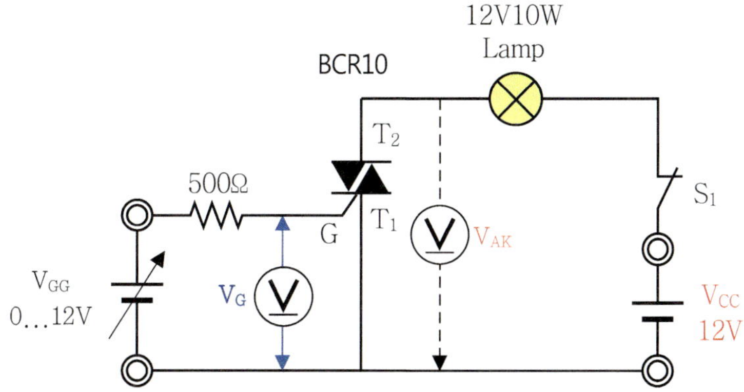

그림 2-145 TRIAC 특성실험 회로

나. 가변 전원장치의 전압(V_{GG})을 0V에서부터 점차 높여가다가 램프가 점등되는 순간의 게이트전압과 애노드전압을 측정하시오. 이때의 전압을 각각 게이트 트리거 전압 V_{GT}, 애노드 포화전압 $V_{A(Sat)}$이라 부른다. V_{GG}는 전원장치의 출력전압 표시값이다.

① 입력 전원전압 V_{GG} = (　　)V

② 트리거 전압 V_{GT} = (　　)V

③ 애노드 포화전압 $V_{A(SAT)}$ = (　　)V

☞ 일단 트리거가 이루어지면 V_G표시값이 약간 교란되므로 변하기 직전의 전압을 읽어야한다. 판독에 실패하면 입력전압을 0V부터 다시 시작해야한다.

다. 트리거 전류의 산출

입력전원전압은 V_{GG}이고 트리거 전압은 V_{GT}라면 그 차이는 저항 500Ω의 전압강하로 나타날 것이다. 따라서 트리거 전류는 다음으로 알 수 있다.

$$I_T = \frac{V_{GG} - V_{GT}}{500\Omega}[A] \quad \text{또는} \quad I_T = \frac{V_{GG} - V_{GT}}{0.5k\Omega}[mA]$$

위의 트리거 전류식에 5항의 측정결과 ①, ②를 대입하여 실험에 사용한 Triac의 트리거 전류를 구하시오.

④ 트리거 전류 I_{GT} = (　　　) mA

라. 트리거 이후의 동작

트라이액이 도통된 후 게이트 전압을 0[V]로 낮추면 램프의 상태는 어떤가? 해당 칸에 체크(ㅁ)하시오.

ㅁ.변화 없다=ON 유지,　　ㅁ.변화 있다=OFF

마. 만약 V_G= 0[V]인 경우에도 램프가 계속 점등을 유지한다면, 부하전원 스위치 S_1을 잠시 열었다가 다시 닫는다. 이때 램프는 어떻게 되는가?

ㅁ.계속 켜져 있다.　　ㅁ.꺼진다.

바. 트라이액의 도통유지 전류 I_{AH} 측정하기

(1) 그림 2-146과 같이 유지전류 측정회로를 조립한다.
(전류계는 전원장치의 전류표시기를 이용한다.)

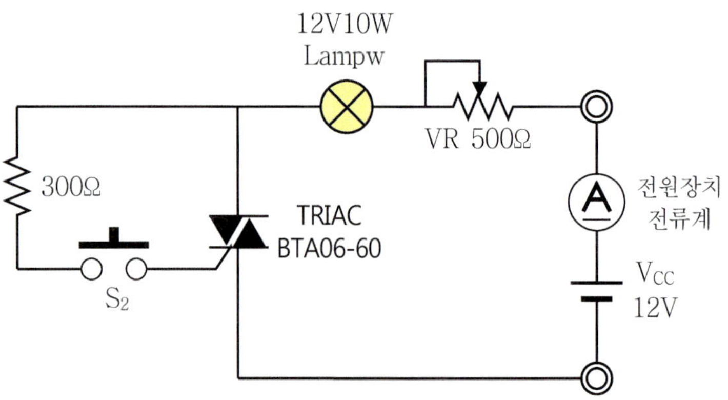

그림 2-146 트라이액의 유지전류 측정회로

(2) 부하전원을 12V에 맞추고 가변저항(VR)은 최소위치에 둔다.

(3) S_2를 잠시 눌러 SCR을 도통상태로 만든다.

(4) VR의 저항값을 서서히 증가시키면 부하전류와 램프의 밝기가 줄어든다.
계속해서 부하전류를 줄여 가면 어느 순간 도통이 해제되고 전류는 더 이상 흐르지 않게 된다. 마지막까지 도통을 유지해 주던 전류가 유지전류(I_{AH})이다.

⑤ 도통유지 전류 I_{AH} = ______[mA]

(5) 만약 가변저항을 최대로 늘려도 트라이액의 도통이 해제되지 않을 때는 전원 전압을 낮추어서 문제를 해결해보시오.(유지전류 측정에 전압은 상관이 없다.)

7. TRIAC의 AC 특성실험

가. 그림 2-145의 실험회로를 그림 2-147로 변경한다.(부하전원을 교류로 바꾼다)

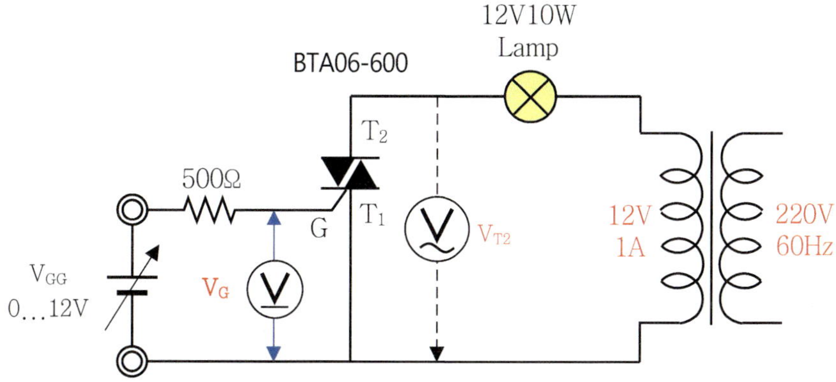

그림 2-147 TRIAC의 교류 특성실험

나. 입력측 전원전압(V_{GG})을 서서히 증가 시키면 어느 순간 트라이액은 도통되고 램프가 점등될 것이다. 점화 개시전압(V_{GT})과 애노드2의 포화전압을 측정하시오.

⑥ 입력 전원전압 V_{GG} = (　　　)V

⑦ 트리거 전압 V_{GT} = (　　　)V

⑧ 애노드2의 포화전압 $V_{T(SAT)}$ = (　　　)V

다. TRIAC 도통 후 V_G를 0[V]로 낮추면 램프의 점등상태는 어떤지 체크(√)하시오.

ㅁ.변화 없다=ON 유지,　　　ㅁ.변화 있다= Turn-OFF

라. 위의 결과에 대한 이유를 설명하시오.

게이트 전압이 없어지면 동통이 유지되지 않는 이유:

마. 입력 전원(V_{GG})의 극성을 바꾼 다음, 위의 '나'와 같은 방법으로 점화특성을 실험한다.

⑨ 입력 전원전압 V_{GG} = (　　　)V

⑩ 트리거 전압 V_{GT} = (　　　)V

과제 번호	SCR 응용회로 실험	
2.8.2		
준비물	DMM 오실로스코프	히터 트랜스(220-13.2V), TYN406, BCR10, 2P4M, 리드 스위치, 부저(12V), 램프(12V)

[실험 1] 경보기 회로

1. 그림 2-148과 같은 하차 알림회로를 조립하시오.

이 회로는 시내버스에서 볼 수 있는 하차 알림 표시등이다. PBS(S1)는 병렬로 여러 개 설치되며, 이 중 하나를 누르면 SCR에 충분한 게이트전류가 공급되고 SCR은 도통되며 점등은 계속 유지된다. 뒷문이 열리면서 S2를 터치하는 순간까지.

스위치 S_1=NO형 PBS, 스위치 S_2=NC형 PBS, Lamp=Bar LED블록

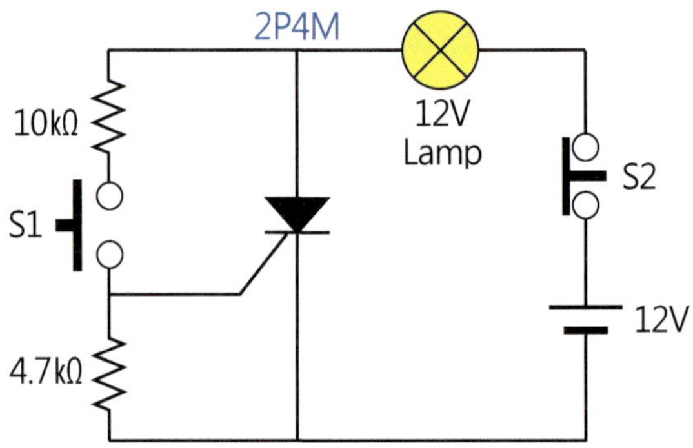

그림 2-148 하차 알림회로

2. 동작을 시험한다.

가. 스위치 S1를 누를 때 램프의 상태는?

☐ ON(점등) ☐. OFF(소등)

나. 점등된 상태에서 스위치 S2을 누른다면 램프의 상태는?

☐ ON(점등) ☐. OFF(소등)

3. 도난 경보기로 개조한다.

가. 출입문에 사용하는 리드 스위치 한 쌍과 버저를 추가하여 도난경보기를 만든다.

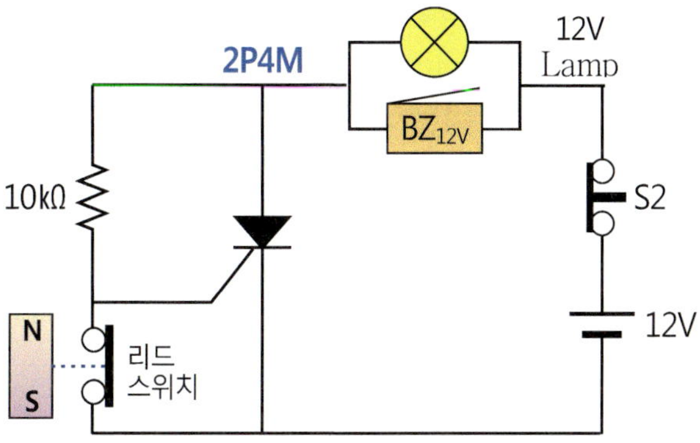

그림 2-149 도난 경보회로

나. 동작시험을 한다.

(1) 자석을 멀리하면(문이 열리면) 리드 스위치가 개방되어→게이트 전류 공급→SCR 도통→버저와 램프가 켜진다.

(2) 경보기를 멈추려면 스위치 S2를 누른다.

※ 실제 도난경보기에서 스위치 S2는 보이지 않는 장소에 설치해야한다.

다. 단선 경보기: 위 회로에서 리드 스위치를 제거하고 그 구간을 가느다란 단선으로 연결해 두고 그 선로가 끊기면 부저가 울리게 할 수 있다.

4. 하차 알림회로에 타이머-버저를 추가한다.

그림 2-150과 같이 원 샷 타이머와 버저를 추가해 보시오.

<동작> 승객이 S1을 누르면 램프는 (계속)점등되고 버저는 0.5초 동안만 울린다. 정류장에 도착, 뒷문에 연동된 S2가 열렸다 닫히면 회로는 초기상태로 돌아간다.

※ 타이머 지속시간 $T_m = 1.1(R_t C_t) = 1.1(47 \times 10^3 \times 10 \times 10^{-6}) = 0.52[s]$

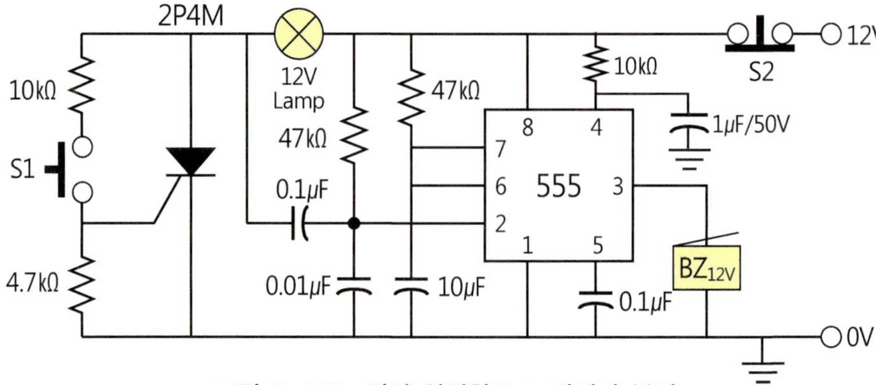

그림 2-150 하차 알림회로 + 타이머 부저

<table>
<tr><td>과제 번호</td><td colspan="2" rowspan="2">교류전력 제어회로 실험하기</td></tr>
<tr><td>2.8.3</td></tr>
<tr><td>준비물</td><td>DMM,
오실로스코프</td><td>BTA06, TYN406, DB3, 1N4004, 가변저항(250kΩ),
마일러 0.1μF(4개), AC코드, 1P콘센트</td></tr>
</table>

[실험 1] 트라이액 위상제어 회로

1. 그림 2-151과 같이 트라이액을 이용한 위상제어 회로를 조립하시오.

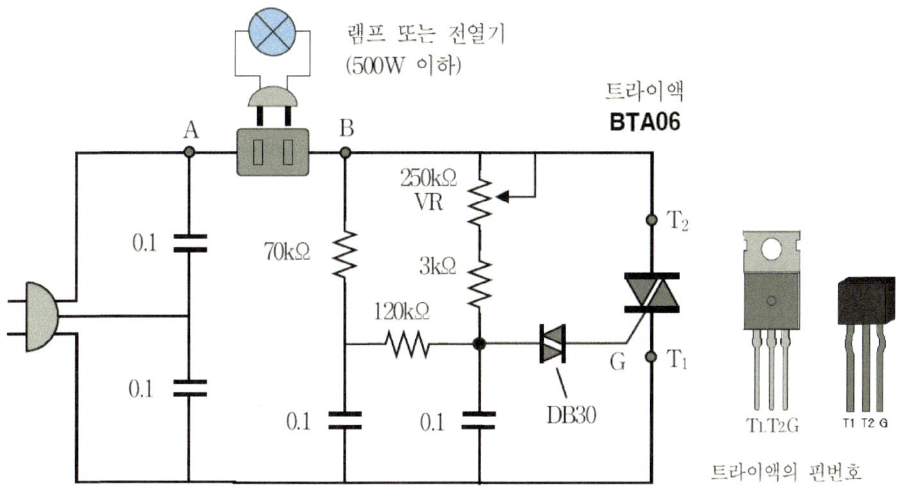

그림 2-151 TRIAC 위상제어 회로

주1) 커패시터는 스치롤필름(마일러)형, 단위=μF, 내압=250V
주2) 저항은 5% $\frac{1}{4}$W
주3) 트라이액은 반드시 방열판에 부착할 것.

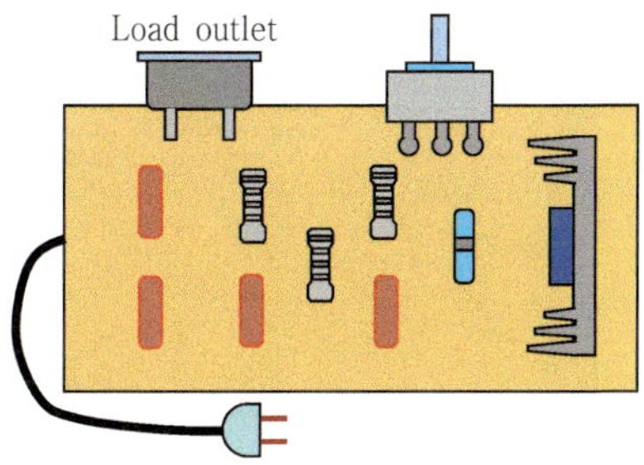

그림 2-152 부품의 배치 예

2. 부하단자에 백열등을 삽입하고 교류전원을 연결한다.

3. 가변저항의 왼쪽 끝에서 전구는 소등되고, 오른쪽 끝으로 돌리면 최대 밝기로 조절되는지 확인한다. 위와 같이 동작이 확인되면;
4. 동작상태를 오실로스코프로 확인한다.
   가. 오실로스코프의 Ch-A는 측정점 X에 접속하고 Ch-B는 측정점 Y에 접속한다. 또 두 프로브의 접지단자는 측정점 G에 공통으로 접속한다.→그림 2-153 그리고 Ch-B는 '반전(Invert)' 모드로 설정한다.

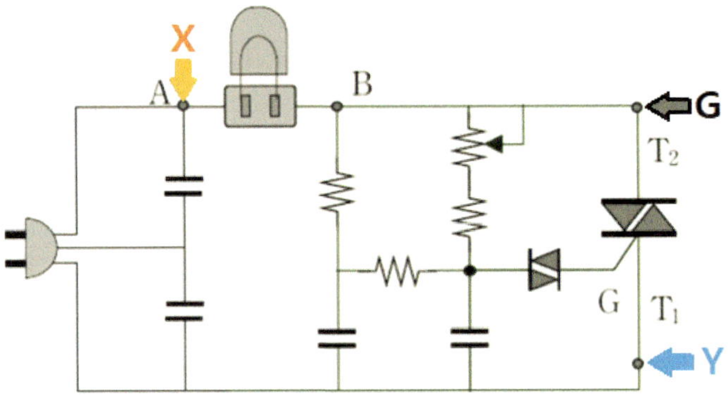

그림 2-153 파형측정을 위한 프로브 접속 방법

   나. 램프의 밝기가 10%, 50%, 그리고 90% 밝기일 때 오실로스코프의 전압파형을 관찰하고, 그림 2-155에 기록하시오.

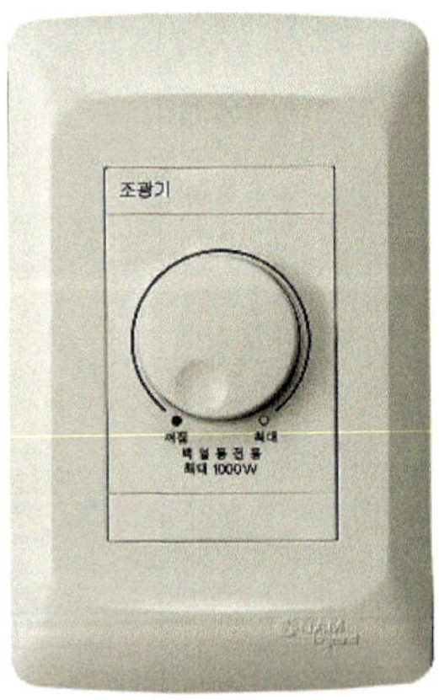

그림 2-154 백열등 조광기
(트라이액 위상제어로 만듬)

(1) 10% 밝기일 때

부하양단 전압 $V_{(A-B)}$

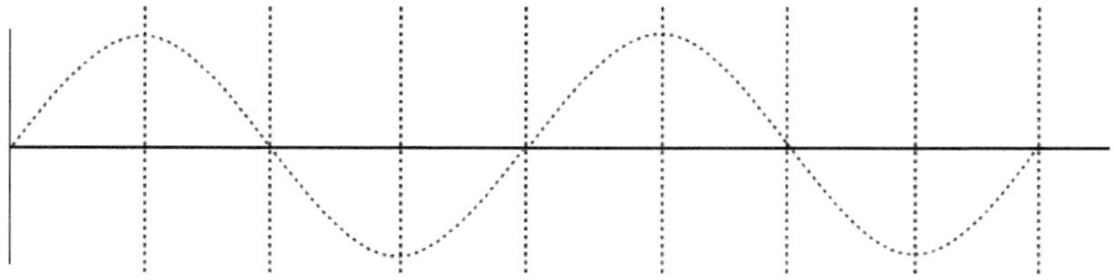

트라이액 전압 $V_{(T1-T2)}$

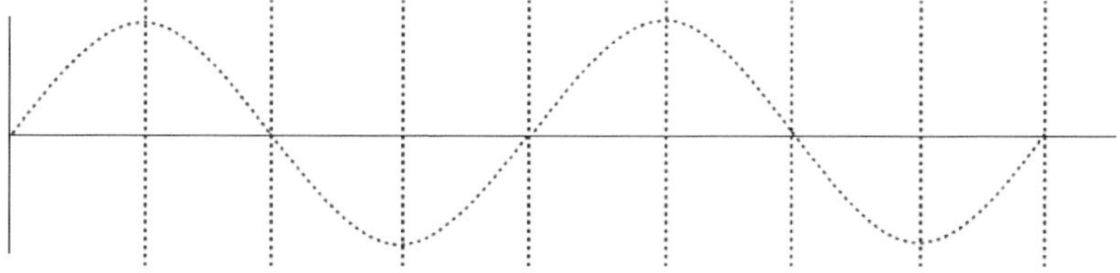

(2) 50% 밝기일 때

부하양단 전압 $V_{(A-B)}$

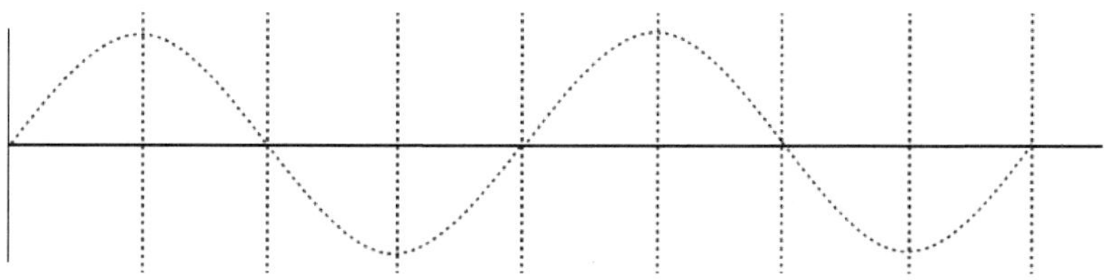

트라이액 양단 $V_{(T1-T2)}$

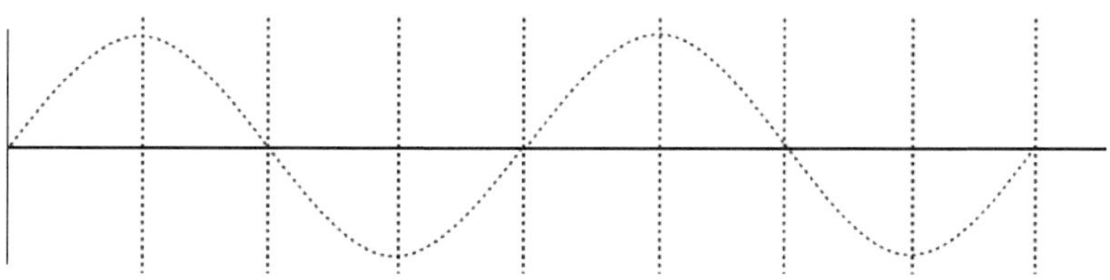

(3) 90% 밝기일 때

부하양단 전압 $V_{(A-B)}$

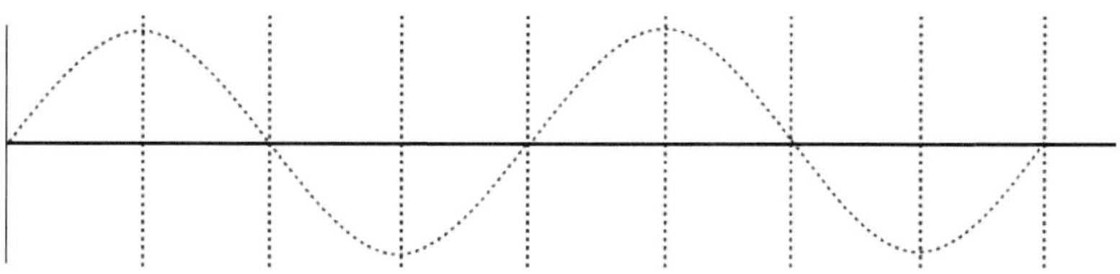

트라이액 전압 $V_{(T1-T2)}$

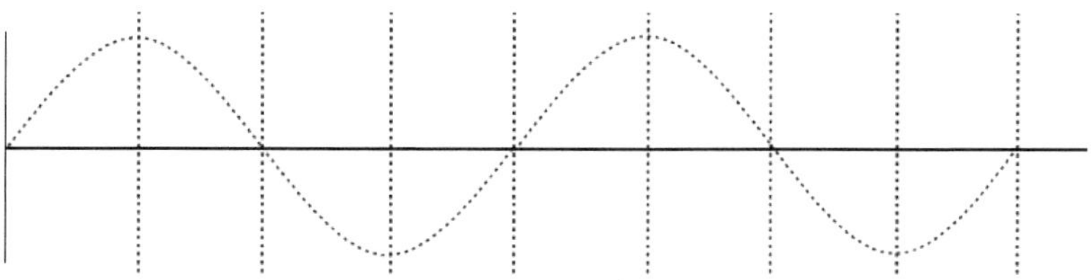

그림 2-155 오실로스코프로 측정한 위상제어 출력파형

[실험 2] SCR 위상제어 회로

SCR은 DC 또는 한쪽방향의 교류 제어에만 사용할 수 있는데 이것을 두 개 사용하여 교류 위상 제어를 하는 회로이다. 트라이액은 회로가 간단하기는 하나 정·역이 다소 비대칭인데 비하여 SCR은 완벽한 대칭제어가 가능하여 전력제어장치에 사용한다.

1. 그림 **2-156**과 같이 SCR을 이용한 위상제어회로를 조립하시오.

주1) 커패시터의 단위=[μF], 내압=250[V]
주2) 저항은 5% $\frac{1}{4}$[W] 단위는 [Ω]
주3) SCR 2개를 하나의 방열판에 부착할 때는 전기적으로 절연 처리 할 것

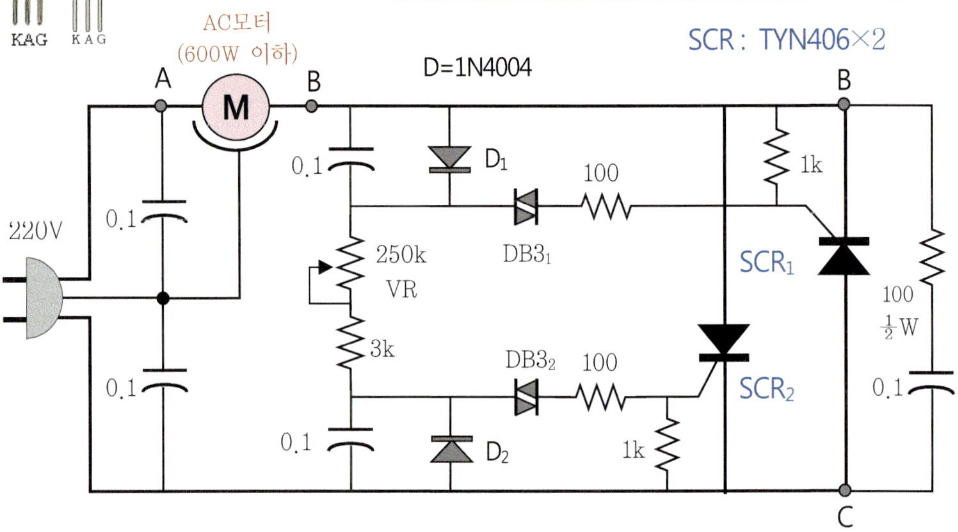

그림 2-156 SCR에 의한 교류모터 속도제어 회로

2. [동작시험] : 동작시험을 위하여 먼저 60W 정도의 백열등 부하를 접속한다.
3. 전원을 공급하고 가변저항을 돌려본다. 손잡이의 왼쪽 끝 부분에서 전구는 소등되고, 오른쪽 끝에서 최대 밝기로 조절된다면 정상이다.

   가. 가변저항을 조절할 때 최대밝기는 가능하여도 완전 소등은 안 된다. 그 이유는 무엇인가?

   답 : ______________________

   나. 손잡이를 오른쪽으로 돌리기 시작하여 중간 정도부터 점등이 시작된다면 그 이유는 무엇인가?

   답 : ______________________

4. 동작 상태를 오실로스코프로 확인한다.

가. 오실로스코프의 X축(ChA)은 A(부하)에 접속하고 Y축(ChB)은 D점(SCR의 애노드)에 접속한다. 그리고 두 프로브의 접지단자는 측정점C에 접속한다. →(그림 2-157 참조) 그리고 이때 ChB는 '반전 모드'로 설정한다.

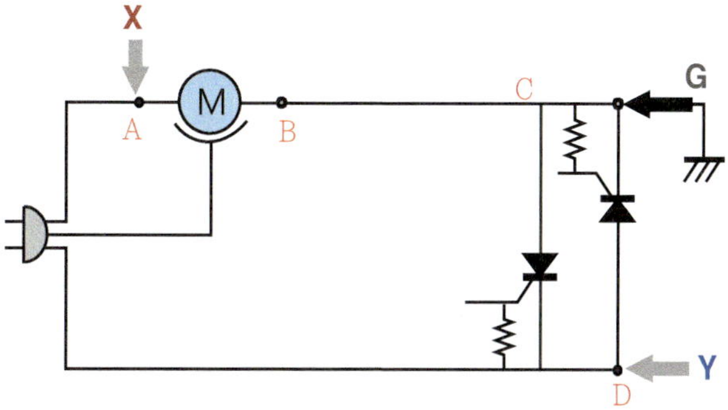

그림 2-157 파형관측을 위한 프로브 접속법

다. 램프의 밝기가 10%, 50% 그리고 90% 밝기일 때 오실로스코프로 관측한 전압파형을 기록한다. (그림 2-159)

라. 백열등 동작시험이 완료되면 AC 모터를 접속하여 속도제어가 되는지 확인하시오. (AC 모터의 예 : 실습용 단상유도 전동기($\frac{1}{2}$마력), 선풍기, 헤어드라이어, 믹서, 가정용 진공청소기 등)

그림 2-158 Solar Car 경주대회에서 주행 중인 전기자동차

(1) 10% 밝기일 때

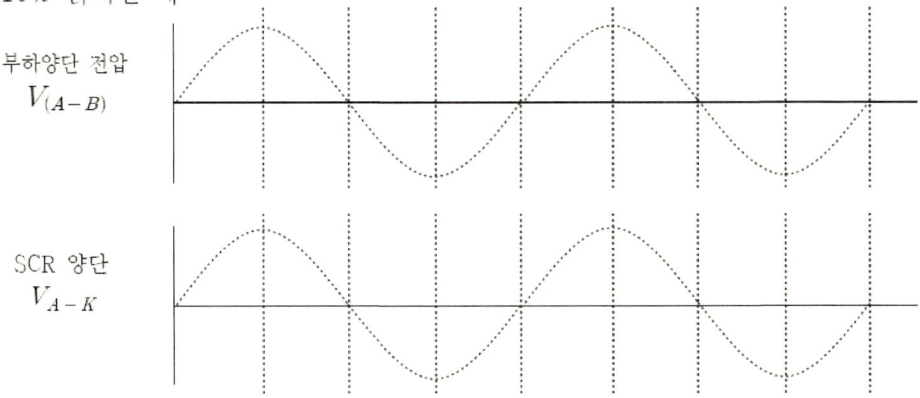

(2) 50% 밝기일 때

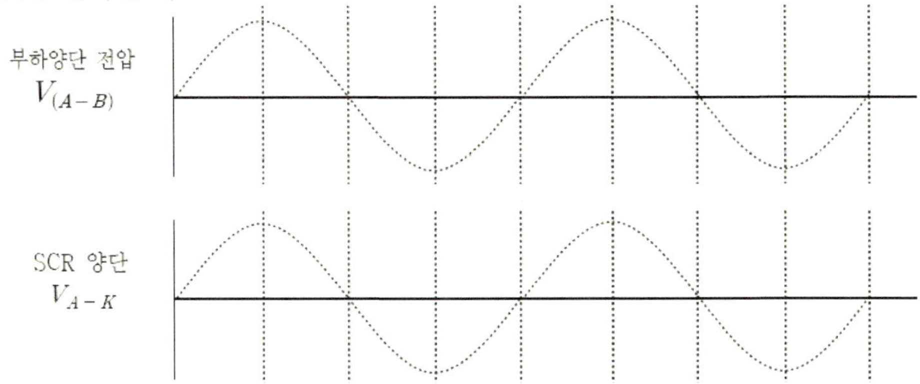

(3) 90% 밝기일 때

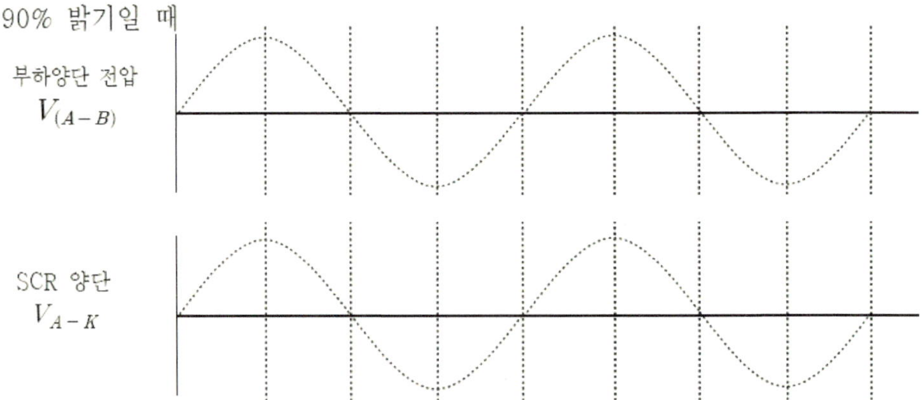

그림 2-159 오실로스코프로 관측된 위상제어 출력파형

2.9 여러 가지 전기 파형

교류전기의 파형에는 여러 가지가 있다. 대개는 주기적인 진동을 반복하는데 가장 대표적인 것이 사인파 교류이다. 자연계 속의 진동들을 전기 파형으로 바꾸어 보면 대부분 사인파 교류파형이 된다.

1. 사인파 교류

발전기에서 전기자(Amateur)가 회전하면서 만들어 내는 기전력은 정현 삼각함수에 비례하기 때문에 '사인파 교류'라는 이름이 붙었다.(그림 2-160)

LC 공진회로와 트랜지스터 증폭기를 이용하면 인위적으로 사인파를 만들 수 있다.

[사용 예] : 상업용 교류 전력, 유무선 전기통신, 음향 및 초음파 분야, 의료분야, 자연적인 기계적 진동

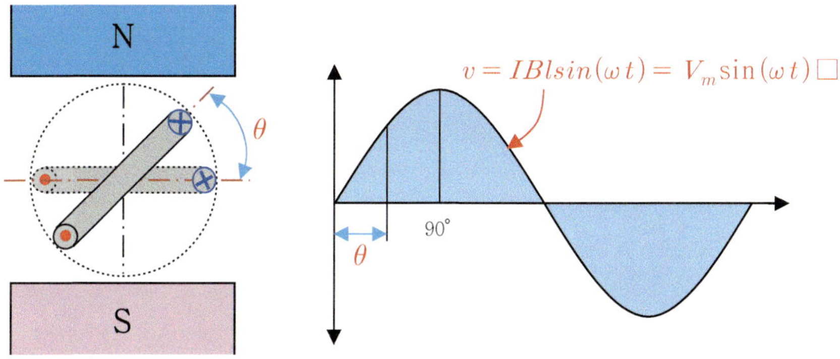

그림 2-160 사인파 교류의 발생 원리

2. 톱니파

직선적으로 증가하다가 급속히 하강하는 모양의 파형을 톱니파(Saw tooth)라고 부른다.

[사용 예] 텔레비전의 수직 및 수평주사 신호, 오실로스코프의 수평주사 신호 등

3. 삼각파

서서히 증가하다가 같은 비율로 감소하는 파형. 도형적으로는 삼각형과 비슷하다.

[사용 예] 기계의 제어, PWM 파형변환

4. 구형파

구형(丘形) 즉, 사각의 모양을 하고 있는 파형으로 직류형과 교류형이 있다.

이 구형파 속에는 수많은 사인 고조파가 포함되어 있기 때문에 공진회로에 구형파 교류를 통과시키면 사인파를 선택해 낼 수 있다.

[사용 예] 디지털 (논리)신호, 스위칭, PWM, 고주파 및 초음파 진동발생

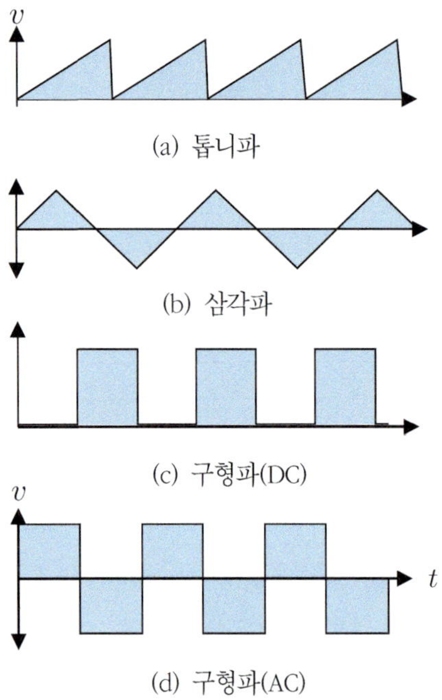

그림 2-161 여러 가지 전기파형

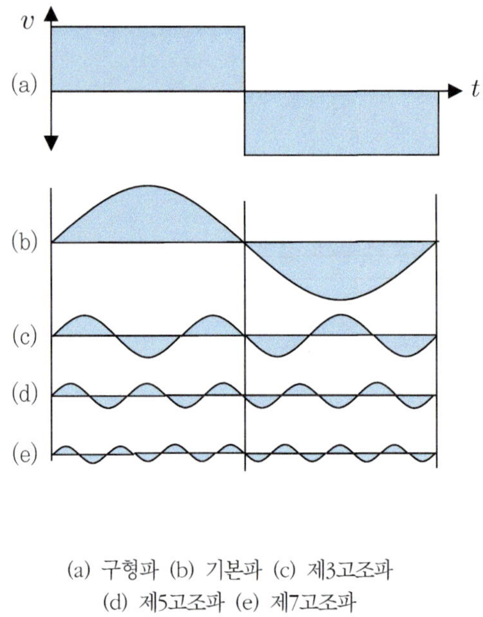

그림 2-162 구형파의 파형분석

5. 펄스파, 임펄스파

한 주기 중 지속시간이 짧은 전기신호를 펄스(pulse)라 하고 그 중에서 단발성 펄스를 임펄스(impulse)라 부른다. 펄스는 단위시간 당 변화량이 큰($\delta v/\delta t$) 전기신호이다. 불꽃 방전회로를 이용하여 만들 수도 있지만 전자회로에서는 UJT나 PUT 등을 이용하여 손쉽게 만들 수 있다. 그림(c)는 레이더에서 사용하는 전파펄스이다

[용도] : 레이더 신호, 사이리스터의 점화, 고압발생 회로 등

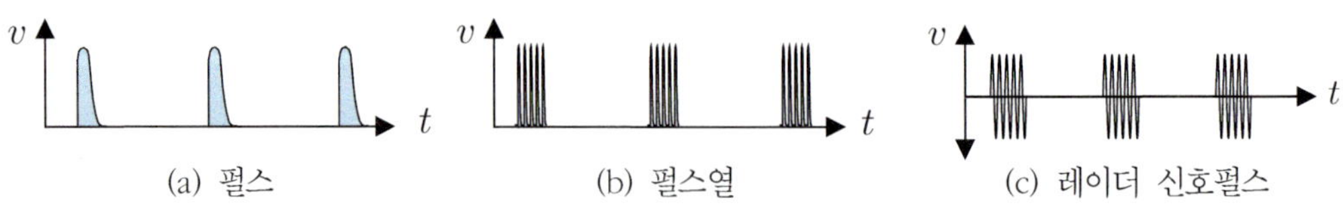

그림 2-163 펄스(pulse) 파

6. 타이머 IC NE555

커패시터의 충전과 방전을 이용하여 「무안정 바이브레이터」 또는 「단안정 바이브레이터」를 만들 수 있는 IC가 NE555이다. 아래와 같이 외부의 회로를 구성하는데 따라 「무안정」 또는 「단안정」이 될 수 있다.

가. 무안정 멀티바이브레이터 회로(Free running M.V.)

아래와 같은 회로에 전원을 연결하는 순간부터 일정한 주기의 구형파를 발생한다. 이러한 구형파 신호는 컴퓨터의 클럭신호에서 도로의 깜박이까지 사용범위가 무수히 많다.

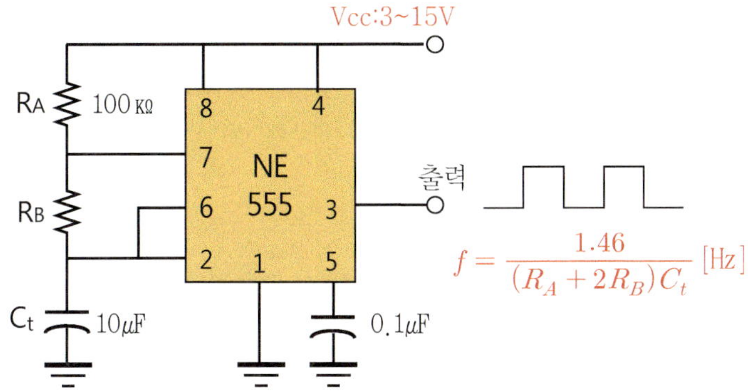

그림 2-164 무안정 멀티바이브레이터

나. 단안정 멀티바이브레이터(One shot M.V.)

입력단자(2번 핀)에 (-)형 트리거 펄스를 가해주는 순간부터 일정시간(시상수) 동안 "H" 신호가 발생되는 회로로 흔히 '원 샷 멀티바이브레이터'라고 부른다.

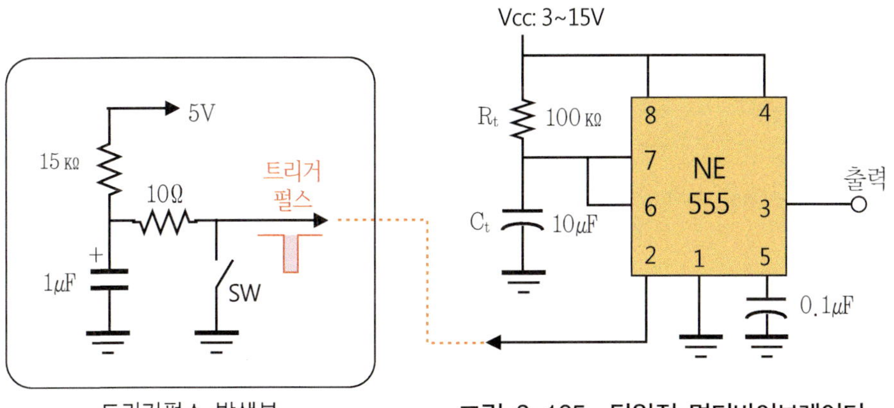

그림 2-165 단안정 멀티바이브레이터

과제 번호	파형발생 회로 실험하기	
2.9.		
준비물	DC전원장치, 전압계(DMM) 오실로스코프	C1815, CD4011, NE555, SVR(500Ω , 5㏀, 25㏀ 250㏀, 500㏀), UJT(2N4871), μA741, 전해커패시터 (0.001μF, 0.1μF, 1μF, 10μF, 100μF)

[실험 1] 이상 발진기 실험

교류가 R_1-C_1직렬회로를 통과하면 C_1의 전압위상이 60° 늦어진다. 늦어진 이 전압은 두 번째 R_2-C_2직렬회로 가해지고 그곳에서 C_2전압은 또 늦어진다. 세 번째 R_3-C_3직렬회로를 거치면 마지막 단 C_3전압은 처음보다 180° 늦어져 베이스입력이 된다. 그리고 이것이 증폭되면 컬렉터 출력은 반전되어 0° , 즉 공진의 조건이 되어 연속진동이 가능해진다.

그런데 이런 180° 위상 지연은 특정한 주파수(f_0)에서만 가능하다. $f_0 = \frac{\sqrt{6}}{2\pi RC}$ [Hz]

1. 그림 2-166과 같은 사인파 이상발진회로를 조립하시오.

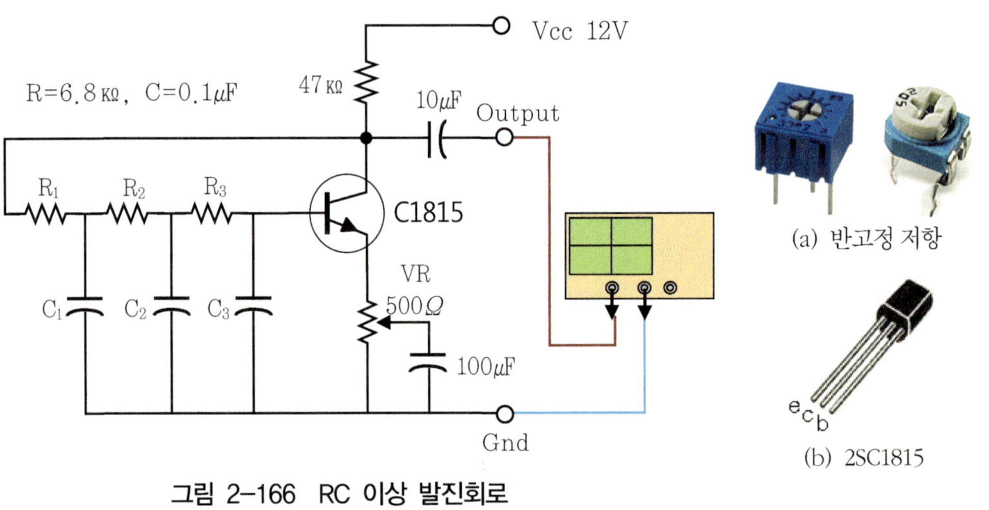

그림 2-166 RC 이상 발진회로

2. 출력단자에 오실로스코프를 접속하고 전원 12V를 가한다.
3. VR 500Ω을 조절하여 사인파가 출력되도록 하시오.

출력이 나타나지 않으면 회로의 이상 유무를 확인하고 고장을 수리하시오.

4. 출력파형을 그림 2-167에 기록하시오.
5. 파형을 보고 주기를 판독하시오.

   주기 $T=(\qquad)[ms]$

6. 주파수를 계산하시오.

   주파수 $f=\dfrac{1}{T[ms]}=(\qquad)[kHz]$

7. 이론적인 주파수 계산값과 실제 측정의 결과를 비교하시오.

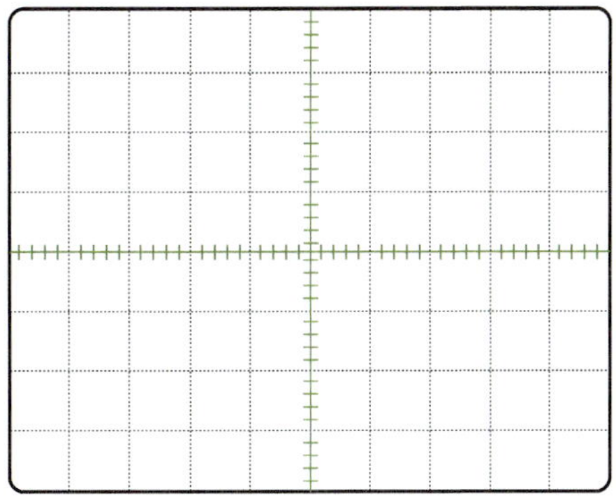

그림 2-167 출력파형의 기록

표 2-30 주기와 주파수의 측정 결과

주기 측정값	
주파수 측정값	
계산식 $f_0=\dfrac{\sqrt{6}}{2\pi RC}[Hz]$	

그림 2-168 주파수 카운터

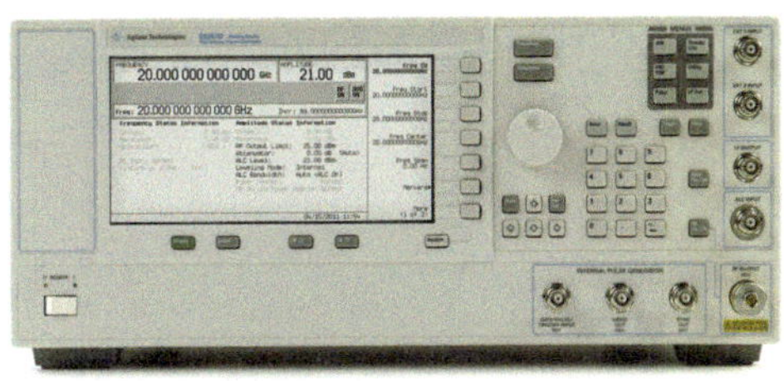

그림 2-169 고주파 신호발생기

[실험 2] 구형파 발진회로 실험

1. 그림 2-170과 같은 구형파 발진회로를 조립하시오.

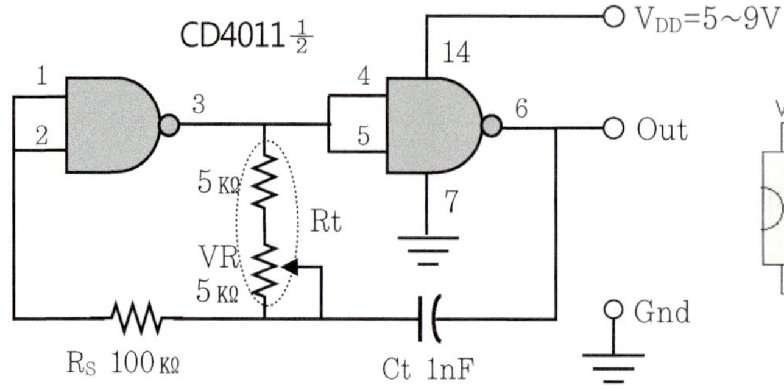

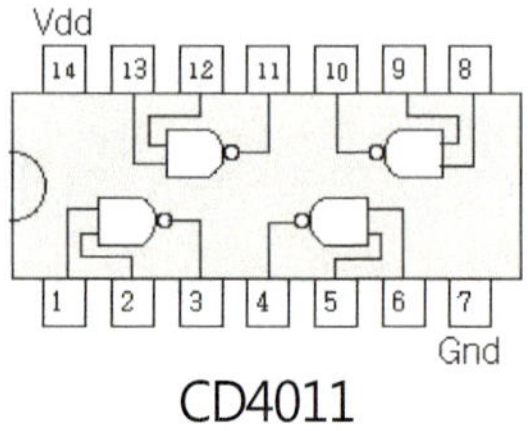

그림 2-170 CMOS 구형파 발진회로

주의: CMOS IC는 정전기에 노출되지 않도록 정전 스펀지 또는 호일에 싸서 보관한다.

2. 전원을 가하면 출력단자에 구형파가 나타나는지 오실로스코프로 관찰한다.

3. 가변저항(5kΩ)을 조절하면 주기가 변화되는지 확인하시오. 또 가변저항 최대위치에서 측정한 결과를 기록하시오. →

4. 위의 단계가 확인되지 않으면 회로 조립에 이상이 있으므로 고장을 수리하고 재시도하시오.

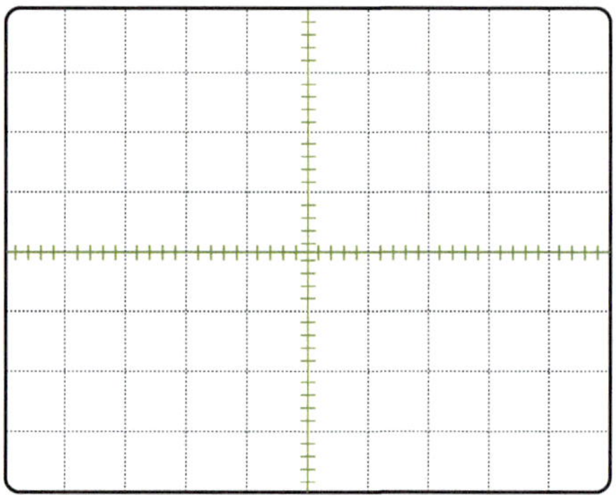

그림 2-171 출력파형 기록(VR 최대점)

5. 가변저항을 최소위치에 두고 주기를 측정하시오.

VR 최소에서의 주기(T_1) :

6. 가변저항을 최대위치에 두고 주기를 측정하시오.

VR 최대에서의 주기(T_2) :

표 2-44 측정결과 기록표

VR 최소값		VR 최대값	
주기 측정값(T_1)		주기 측정값(T_2)	
주파수 측정값(f_1)		주파수 측정값(f_2)	
주파수 계산값		주파수 계산값	
주기 : $T=kRC$ 단, $R_s \gg R_t$인 경우 $k \fallingdotseq 2.2$	주파수 계산식 $f=\dfrac{1}{T}=\dfrac{1}{2.2RC}$	〈보기〉 R_t=7.5㏀, C_t=0.001㎌ $T=16.5[\mu s]$, $f=60.6$[㎑]	

[실험 3] NE555를 사용한 구형파 발진회로 실험

NE555는 타이머IC이다. 회로 구성에 따라 단안정 또는 무안정 멀티바이브레이터를 만들 수 있다. 이 회로는 무안정 멀티회로로서 구형파를 만들며, 6번과 7번 단자 사이의 저항(R_B)을 조절하면 주기를 조절할 수 있다.

1. 그림 2-172와 같은 NE555를 사용한 구형파 발진회로를 조립하시오.

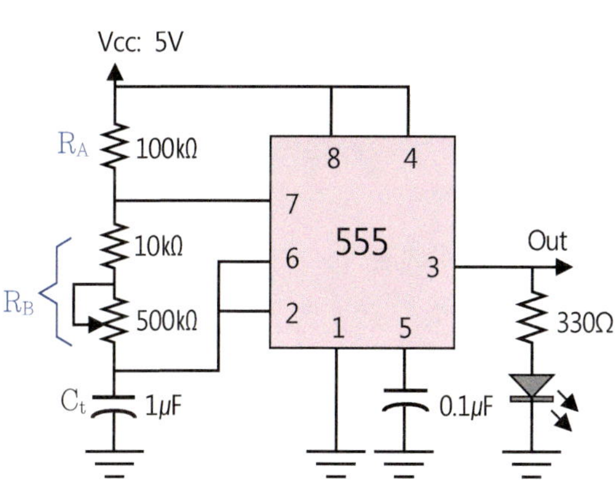

그림 2-172 무안정 멀티바이브레이터

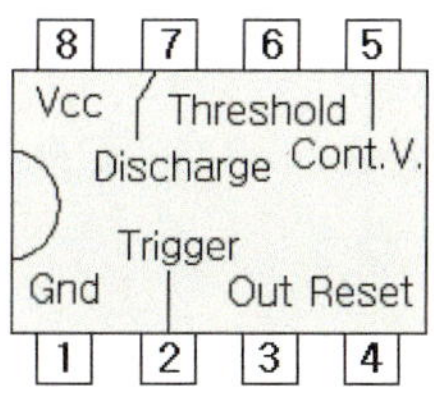

Vcc : 3~18V
최대출력 : ±200mA
리셋 핀(4)의 동작 :
"H"=Run(정상동작)
"L"=리셋(Stop)

$$f=\frac{1.46}{(R_A+2R_B)C_1}[\text{Hz}]$$

"H" 주기

$$T_H \fallingdotseq 0.69(R_A+R_B)C_t$$

"L" 주기

2. 전원 5V를 가하면 LED램프가 깜박이면서 점등되어야 한다. 만약 점등되지 않으면 회로접속에 이상이 있으므로 문제를 해결한 후 다음으로 가시오.

3. 가변저항 VR5000kΩ을 최대~최소로 바꾸면서 각각의 발진주기를 측정하시오.

VR=최대(500 kΩ) 조건에서	VR=최소(0 kΩ) 조건에서
LED ON주기 : ______ [mS]	LED ON주기 : _____ [mS]
LED OFF주기 : ______ [mS]	LED OFF주기 : _____ [mS]

4. 위의 VR=최소(0kΩ) 조건에서 오실로스코프를 이용하여 3번 핀의 출력파형을 관찰하고, 오른쪽 스크린(그림 2-174)에 기록하시오.

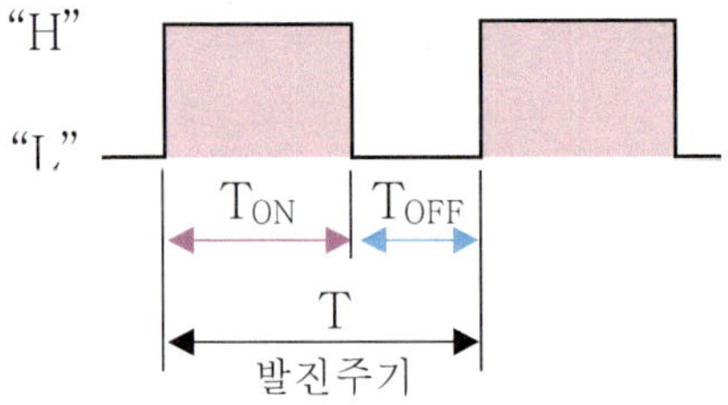

그림 2-173 구형파 주기의 정의

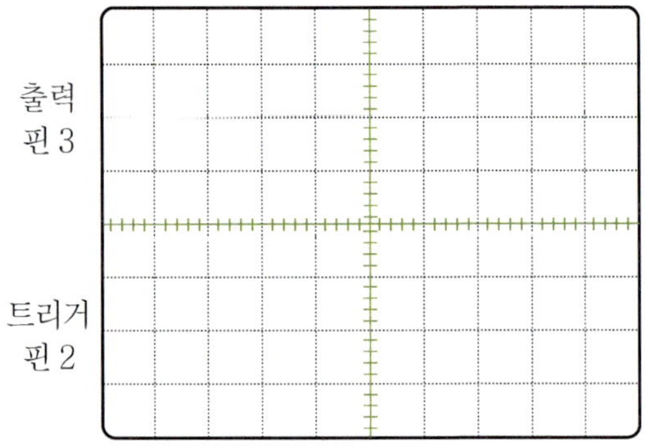

그림 2-174 무안정 MV의 파형 기록

5. IC 2번 핀에 오실로스코프를 접속하여 파형을 관찰하고, 그림 2-174 출력파형 기록지에 함께 기록하시오.

6. NE555의 4번핀을 5V라인에서 분리하여 아무 곳에도 접속하지 않을 때와 접지단자에 연결할 때 어떤 동작에는 어떤 변화가 있는가?

- 4번 단자를 개방할 때: ______________________

- 4번 단자를 접지할 때: ______________________

7. 전원전압을 10V로 높이면 5V일 때에 비하여 동작에는 어떤 변화가 있는가?

[실험 4] NE555를 사용한 단안정 멀티회로 실험

단안정 멀티 바이브레이터는 (2번 단자에)하나의 부 펄스를 입력하면 3번 출력단자에서 하나의 긴 ON출력을 얻을 수 있다. 그래서 원 샷 멀티(One shot Multivibrator)회로라고 부르기도 한다. 출력펄스의 길이(지속시간=단안정주기)는 RC시상수에 비례한다.

1. 그림 2-175와 같은 단안정 멀티바이브레이터를 조립하시오.

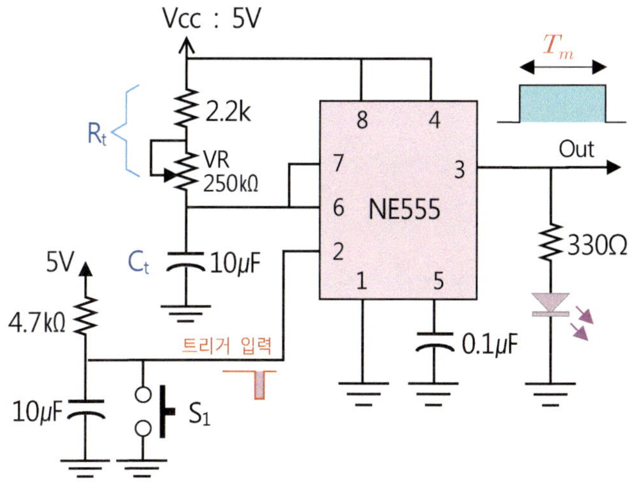

단안정 펄스의 주기

$T_m = 1.1\, R_t\, C_t$

<설계조건>

$3\text{M}\Omega \geq R_t \geq 1\text{k}\Omega$

$C_t \geq 500\text{pF}$

그림 2-175 단안정 멀티바이브레이터(MMV)

2. 가변저항 VR250kΩ을 최대로 조절한 다음 전원 5V를 가한다.

3. 트리거 발생용 푸시버튼 스위치(S_1)를 짧게 누른다. 그러면 출력표시등(LED)이 ON 되었다가 설정시간(약 3초)이 지나면 OFF 되어야 한다. 이 동작이 되지 않으면 회로접속에 이상이 있으므로 고장 수리 후 재시도하시오.

4. 스위치를 순간부터 LED 램프가 ON 상태를 유지하는 시간(T_m=단안정 주기)을 측정하시오.

T_m (이론 계산값) =	T_m (측정값) = [초]

5. 출력이 ON 되어있는 상태에서 스위치를 눌러 트리거 신호를 중복해서 입력해보시오. 동작에는 어떤 변화가 있는가?

   출력발생 중의 트리거 입력시: ______________________

6. 가변저항을 점차 줄여가면서 단안정 주기를 관찰하시오.
7. 스위치를 누르기 전과 누를 때 2번 단자의 전압은 얼마인지 측정하시오.

IC 단자(2)전압	대기상태일 때	[V]
	S_1을 누를 때	[V]

[실험 5] 톱니파 발생회로 실험

톱니파란 전압의 크기가 비스듬히 상승하다가 수직으로 하강하는 모습이 '톱날'의 모양을 닮았기 때문에 붙여진 이름이다. 주로 RC직렬회로에서 커패시터에 충전되는 전압을 갑자기 방전시키는 방법으로 얻는데, 이 회로는 C_1충전전류가 트랜지스터를 통해 일정하게 공급되기 때문에 C_1양단 전압이 직선적으로 상승하는 이상적인 톱니파가 된다.

1. 그림 **2-176**과 같이 톱니파 발생회로를 조립하시오.

   Q1=2N2907 또는 2SA1015, UJT=2N4871 또는 2SH25

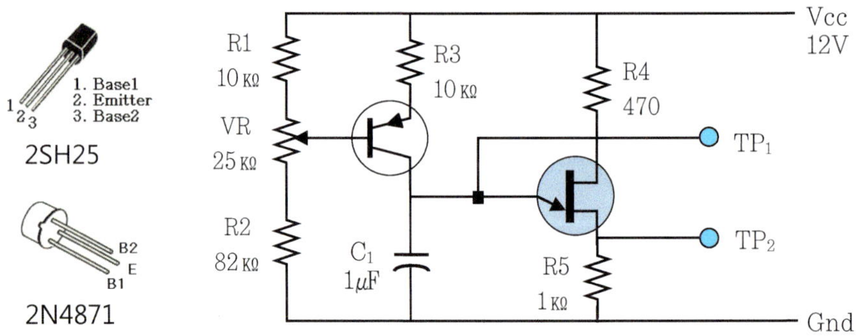

그림 2-176 톱니파 및 펄스파 발생회로

2. 가변저항 25kΩ을 중간 위치에 두고 TP_1, TP_2의 출력파형을 오실로스코프로 각 각 관찰하고, 그림 **2-177**에서 그래프로 기록하시오.

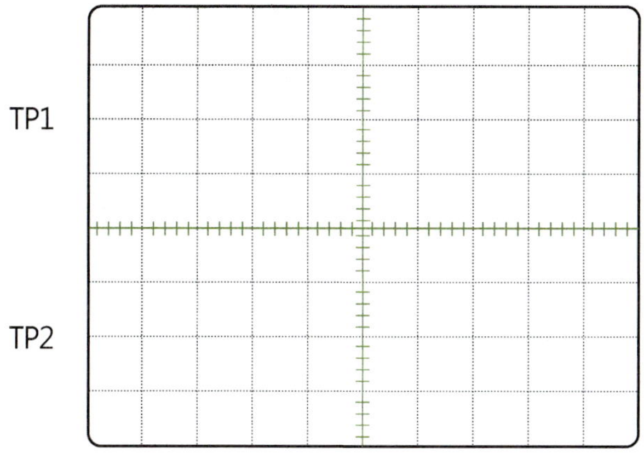

그림 2-177 톱니파 발생회로의 출력파형

3. 만약 톱니파의 주파수를 실험의 결과보다 더 높거나 낮게 하고 싶을 때 어떻게 하여야 하는지 생각해 보라.
   - 실제로 부품을 교환하여 실험한 후 결과를 보고서에 포함하시오.

4. 이러한 톱니파 발생회로는 어떤 용도에 사용되는지 조사하시오.

[실험 6] 빈 브리지 발진회로 실험

빈 브리지(Wien Bridge) 발진기 : OP Amp증폭기의 출력을 두 개의 경로를 통해 입력에 되먹임한다. 하나는 A-C-B의 저항 경로이고, 다른 하나는 C_1, R_1, C_2, R_2,를 통한 임피던스 경로인데 이 회로들의 결합을 'Wien브리지' 라 부른다. 만약 저항쪽 경로의 분압비를 2:1로 설정한다면 폐루프 이득은 3이 된다. 이제 오른쪽 경로에서 C와 R값이 서로 같을 때 특정주파수에서 직렬부의 임피던스와 병렬부의 임피던스 비율은 2:1이 되고 위상천이도 없다. 따라서 (+)단자로 들어가는 신호의 전달율은 1/3이 되어 특정 주파수에서 합성 폐루프 이득은 1이 되어 안정된 사인파가 출력된다.

안정성을 확보하기 위해서 저항열의 1kΩ을 백열전구로 대체하면 PTC역할을 하기 때문에 안정도가 향상된다.

1. 그림 2-178과 같은 빈 브리지 발진기를 브레드 보드에 조립하시오.

   $C=C_1=C_2=10nF$, $R=R_1=R_2=10k\Omega$

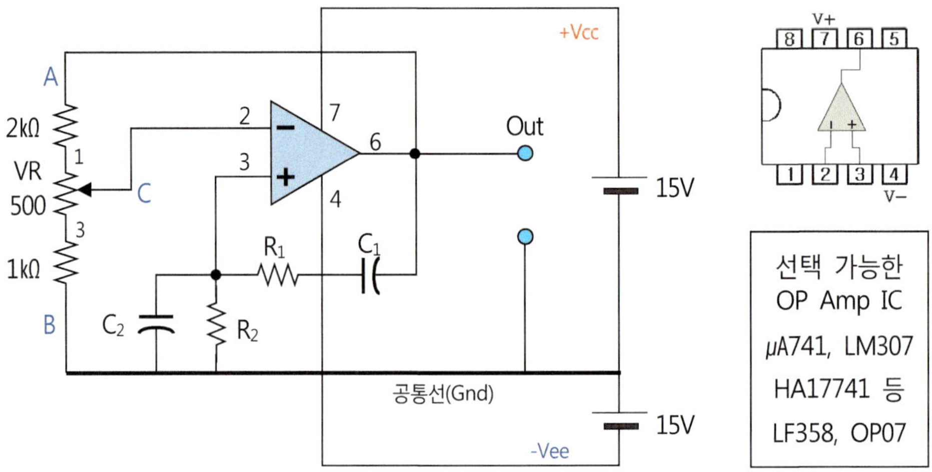

그림 2-178 빈 브리지(Wien Bridge) 발진기

발진 주파수를 구하는 공식

$$f_o = \frac{1}{2\pi RC}[\mathrm{Hz}]$$

단; $R_1 = R_2 = R$, $C_1 = C_2 = C$

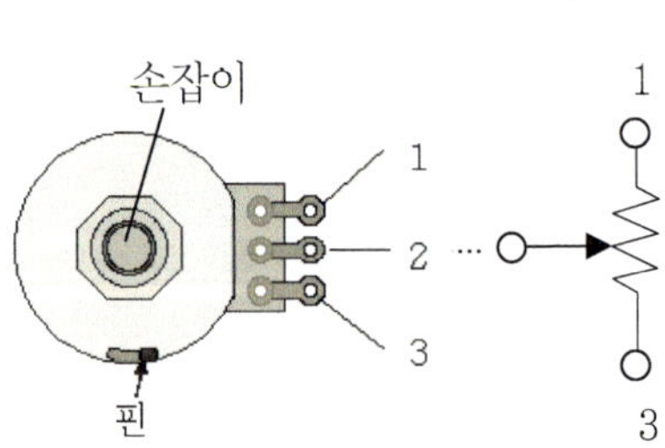

그림 2-179 가변저항의 단자명칭

2. 전원 공급기의 전압을 양쪽 모두 15V에 맞추어 연결하고 스위치를 내려둔다. 그리고 가변저항은 중간 위치에 둔다.
3. 전원 공급기의 스위치를 올린다.
4. 오실로스코프를 출력단자(Out-Gnd)에 접속하고 발진 신호의 파형을 관찰한다. 이때 가변저항(500Ω)을 조절하여 출력파형이 깨끗한 사인파가 되도록 하시오.
5. 사인파가 확인되면 화면에서 주기를 확인하시오.

   주기 : ________[ms]

6. 주파수를 계산하시오. ($f_o = \frac{1}{T}$ 또는 $f_o = \frac{1}{T_{(mS)}}$[kHz])

   주파수 : ________[Hz]

7. 사인파 조정이 완료된 발진기의 출력파형을 아래의 오실로그램에 기록하시오.

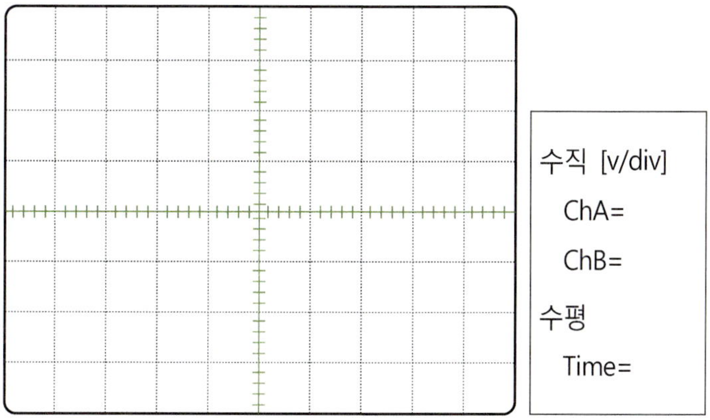

그림 2-180 빈 브리지 발진기의 출력파형

8. 전원을 내리고 측정점 A–C 사이의 저항값, 측정점 C–B 사이의 저항을 각각 측정 하시오.(단, 측정 전에 IC를 소켓에서 분리하여 둔다.)

   R_A = A–C간 저항값 = ________ , R_B = B–C간 측정값 = ________

9. 위의 측정값을 다음 식에 대입하였을 때 그 결과가 얼마인가?

$$A_v = 1 + \frac{R_A}{R_B} = (\qquad\qquad)$$

10. 회로속의 두 커패시터 값을 0.1㎌로 바꾸고, 출력신호의 주파수를 측정하시오.

   C=0.1㎌일 때의 발진 주파수 : ________[Hz]

빈 발진기(Wien Oscillator): 이 발진기는 독일의 물리학자 Max Karl Werner Wien(독일 발음:[vi: n], 1866.12.25.~1938.2.22.)에 의해 1891년 개발되었다. 원래는 RC회로의 임피던스를 측정하는 실험을 하던 중 브리지회로의 차동전압을 되먹임하면 발진을 생성할 수 있음을 발견하게 되었다. 그는 이 발진기에서 저항열의 아래쪽(그림 2-172의 1kΩ 위치)은 꼬마 백열등을 사용하였는데, 이 경우의 동작은 다음과 같다. 만약 발진출력이 증가하면, 되먹임 증가 → 전구 양단의 전압 증가 → 발열 증가 → 전구 저항 증가 → 전압강하 증가 → 음되먹임량 증가 → '출력 감소'.
또 출력이 줄어드는 경우에는 꼬마전구의 발열, 저항 및 전압강하 감소 → 음되먹임량 감소 → '출력 증가'로 작용한다. 즉 출력이 자동으로 안정되는 효과가 있는 것이다.

과제 번호	인터페이스 회로 실험하기	
2.10.		
준비물	DC전원장치 DMM	IRF2807, 2N3904, 2N2907, CD4011, CdS(9Φ), SVR500kΩ, Bar LED(12V), 4N25, 2P4M, RB34, 1N5235(6.8V), 2SA1015, 히터트랜스(220-12V)

Ⅰ. 전력 인터페이스 실험1

1. 그림 2-181과 같이 전력부하를 구동하는 인터페이스 회로를 조립하시오.

◎ 회로A는 CdS센서가 빛의 밝기를 검출하여 어두울 때 램프부하를 구동하는 회로이다.

동작개요: 빛이 어두워지면 CdS저항 증가→ 전압강하 증가→ 트랜지스터 도통→ MOSFET 도통→램프 점등으로 이어진다. VR_1로 점등 경계점을 조절할 수 있다.

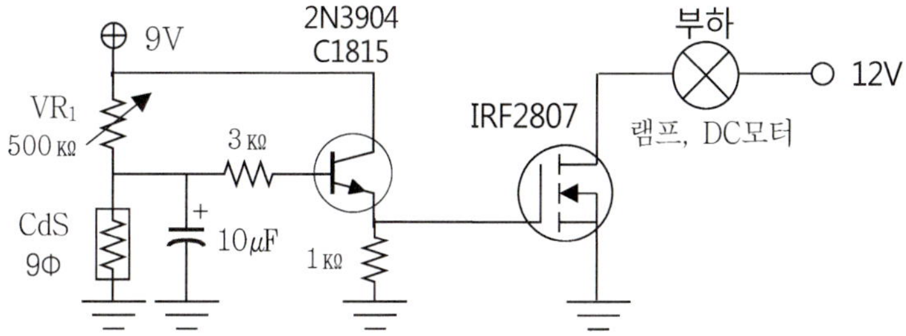

그림 2-181 전력 인터페이스 실험회로(회로A)

◎ 회로B는 NAND Gate를 이용하여 PWM파를 만들어 깜박이를 구동하는 회로이다.

동작개요: CMOS-무안정 멀티에서 충방전 통로를 분리하여 ON-OFF주기를 조절할 수 있도록 하였다. CMOS의 전류출력이 작아도 MOSFET를 구동하기엔 충분하다.

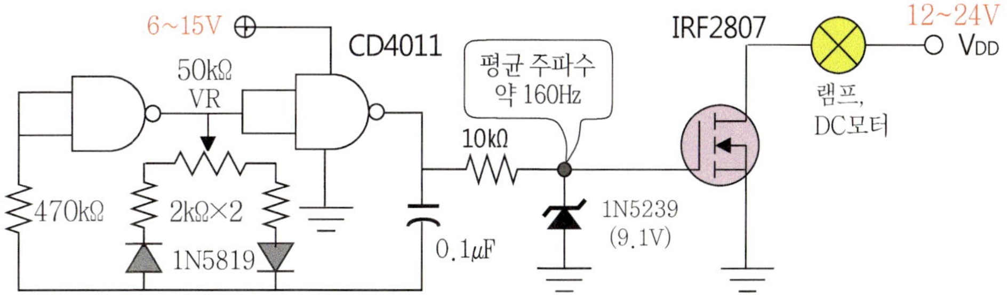

그림 2-182 전력 인터페이스 실험회로(회로B)

2. (회로A) CdS에 가해지는 빛을 가릴 때 램프가 점등되는 지 확인하시오.

가. 마우스 패드 또는 손수건으로 CdS에 가해지는 빛을 조절해보시오.

나. 가변저항 VR1을 조절하여 점등되는 어두움의 정도를 조절해보시오.

3. (회로B) 가변저항을 조절하여 점등 상태를 기록하시오.

	측정조건	출력전압(실효값)	PWM출력파형 스케치
표 2-45 **램프출력전압 측정결과**	VR 최소		
	VR 중간		
	VR 최대		

II. 전력 인터페이스 실험2

1. 그림 2-183과 같이 포토커플러를 이용한 광전 인터페이스 회로를 조립하시오.

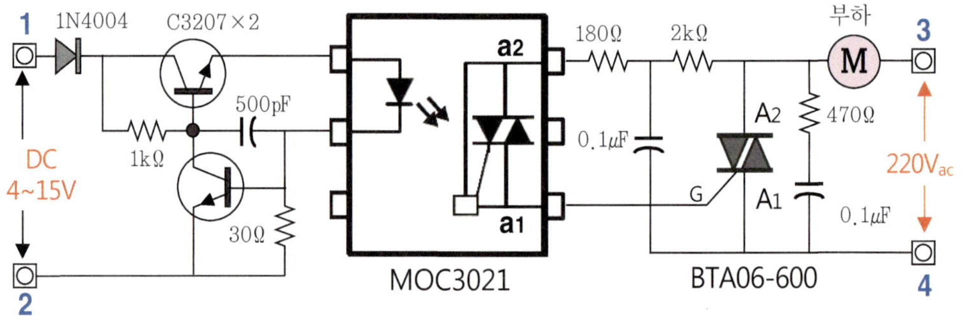

그림 2-183 포토다이리스터를 이용한 AC Motor 구동회로

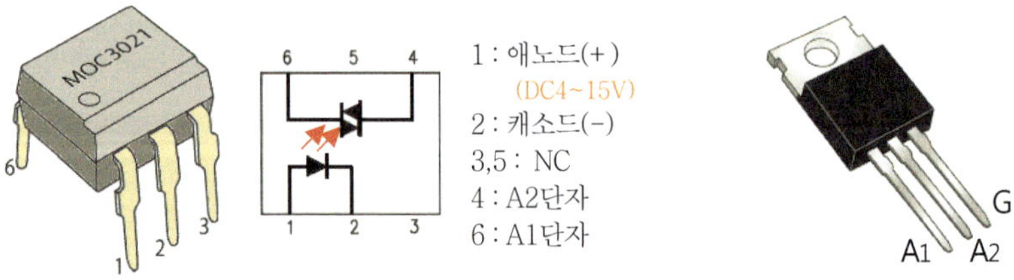

이 회로는 로직레벨 정도의 DC입력으로 220V부하를 ON-OFF제어하는 스위칭회로이다. 입력단의 두 트랜지스터는 정전류회로를 구성한다. MC3021의 1차측 LED에 흐르는 전류가 20mA까지만 흐르도록 해 준다.

LED가 빛을 발하면 포토사이리스터가 도통되고 그 전류가 메인 트라이액 BTA06의 게이트를 점화하여 부하를 구동한다. 메인 소자가 6A의 전류까지 감당할 수 있으니 DC부하 1.2KW, AC부하 600W까지 사용할 수 있다. 단, 방열판 부착은 필수.

가. 포토사이리스터(MC3021)는 IC소켓을 사용하여 조립한다.

나. 포토사이리스터는 MC3021외에도 MC3023, MC3041 등 대체품을 사용할 수 있다.(규격표는 확인하실 것)

다. 메인 전력소자(BTA06)는 부하의 전류용량과 전원전압보다 2배정도 큰 것이면 어느 제품이든 사용가능하다.

라. 용량이 큰 부하일 경우는 전력소자(BTA06)에 방열판을 부착하여야 한다.

2. 실험회로의 단자 3-4에 부하를 연결하고 220V 전원을 인가한다. 220V전원이 불안한 경우 AC24V 전원에 24V부하(AC솔레노이드 밸브 또는 24V백열등)를 연결하고 실험하여도 좋다.
3. 입력단자 1-2에 DC 2, 3, 4, 5V 등으로 전압을 높여갈 때 부하의 점등상태를 확인하고 아래 표 2-46에 기록하시오.

표 2-46 입력전압 대 부하동작 여부

입력전압		2V	3V	4V	5V	10V
동작상태	입력전류 1-2					
	부하동작 3-4					

4. 실험실에 절연저항계가 있다면, 입력단자 1, 2번과 부하단자(3, 4번) 사이의 절연저항을 측정하여 보시오. 메거가 없다면 디지털 테스터의 저항계로 측정해도 좋다.

절연저항 측정결과 : ________[Ω]

※ 이 회로는 검출 및 제어부와 전원부가 빛으로만 결합되기 때문에 전기적으로는 완전한 절연상태이다. 따라서 위의 측정결과는 ∞로 표시되어야 한다.

PART 3

전자회로 실습 2 (논리·연산·센서회로)

최초의 컴퓨터 에니악(ENIAC)

1946년 2월 펜실바니아 대학의 모클리, 에커트 교수가 제작한 전기식 컴퓨터. 18,000개의 진공관과 1,500개의 릴레이가 사용되었고 소비전력은 1,500KW에 달하였다.

3.1 스위치(접점)로 만드는 논리회로

1. 논리(Logic)란?

논리(論理)란 주어진 명제(命題)를 이치에 맞게 따져서 '참'과 '거짓' 중의 한 가지 결과를 얻어 내는 과정 또는 그에 관한 학문이다.

'디지털공학'은 현대의 기술이지만 그 이론적 바탕은 3천여 년 전 그리스 시대에 유행하였던 논리학에서 유래하였다.

2. 논리식

가. 명제가 많아지고 복잡하면 서로의 관계를 따지기가 곤란해진다. 이런 문제를 해결하기 위하여 문장으로 표현된 논리관계를 식으로 표현한 것이 논리식이다.

나. 논리식에서 각각의 명제를 기호 A, B, C로 대신하고 이것을 논리변수라 부른다. 또 명제들의 연산결과는 기호 X, Y, Z 등으로 대신한다.

다. 논리변수 또는 결과는 "거짓" 또는 "참"으로 나타나는데 각각을 "0"과 "1"로 기호화한다.

라. 논리연산을 위하여 논리변수와 논리연산자를 이용하여 만든 논리식을 논리대수 또는 불대수라 한다.

마. 어떠한 논리식도 입력과 출력이 "0"과 "1"로만 나타나기 때문에 이를 '2진 논리' 또는 '스위칭 논리'라고도 말한다.

바. 우리가 논리식을 배우는 이유는 스위치로 구성된 시퀀스 제어회로나 논리회로로 구성된 디지털(컴퓨터)회로를 해석하기 위함이다. 이 분야 연구

> Logic = 논리(학) = 論理(學)
> True = 참 = 眞
> False = 거짓 = 僞
> 명제: 논리적 판단이 가능한 서술(문장)
> (옳은 예 : "시내버스는 현금이 아니어도 승차할 수 있다.")
> (틀린 예 : "저 꽃은 아름답다.")

표 3-1 대수식과 논리식의 비교

대수식	논리식
Algebra	Logic Algebra =Boolean Algebra
$Y = .aX + b.$ $Y = \sqrt{2}X + 5$ 변수X, 상수a, b는 모든 수가 대입될 수 있고 결과는 0에서±∞까지이다.	$Z = A \cup (B \cap C)$ $Z = A + B \cdot C$ 변수 A, B, C에는 0 또는 1만이 대입될 수 있고 결과도 0아니면 1이다.
용어의 예 : 함수(Y는 X의 함수이다) 상수 : $\sqrt{2}$, 5 변수 : X=모든 수	용어의 예 : 논리함수 X는 논리변수 B와 C의 곱이다. 참= "1" 거짓= "0"

의 선구자는 George Boole(1815~1864 : 영국)이다.

3. 부울 대수식의 예

가. 논리합

$X = A + B$

나. 논리곱

$X = A \cdot B$

다. 부정

$X = A'$ 또는 $X = \overline{A}$

표 3-2 논리표현과 스위치회로의 비교

논리 표현	논리식	스위칭 회로
두 개의 변수 중 하나만 만족 되면 결과는 "참"이다	X=A+B	두 스위치 중 하나 이상 ON 되면 출력이 "1" 되는 회로.
두 개의 변수가 모두 만족되어야 결과는 "참"이다.	X+A·B	두 스위치가 모두 ON 되어야만 출력이 "1"되는 회로.
변수 A의 부정	$X=\overline{A}$	출력은 입력의 반대
두 변수 중 한쪽만 참일 때 결과는 참이다.	$X=A \oplus B$	두 스위치 중 한쪽만 ON일 때 출력이 "1"되는 회로

표 3-3 스위치회로의 논리 구성 예

논리합의 예	• 버스의 하차 알림 스위치는 병렬접속이다(OR회로) • 화재경보기의 센서회로는 병렬로 접속된다.(OR회로)
논리곱의 예	• 안전을 위한 장치에는 모든 스위치가 직렬 접속되어있다.(AND회로) 예1) 전원 스위치 : 변전실-배전반-선반/모터(AND회로) 예2) 프레스의 작동 스위치 2개는 직렬접속이다.(Foot and Hand Switch)
부정의 예	• 비상 차단 스위치(누르면 끊어지는)→NOT기능
배타적 논리합의 예	• 대문과 현관의 2개소 전등 스위치(3로 스위치)→배타적논리합 회로 • 출입구 3개소의 전등 개폐 스위치(4로 스위치)→배타적논리합 회로

표 3-4 여러 가지 스위치 및 접점의 기호

	수동 접점					계기용 접점			
	a 접점		a / b	b 접점		a 접점		b 접점	
수평 도면 수직 도면	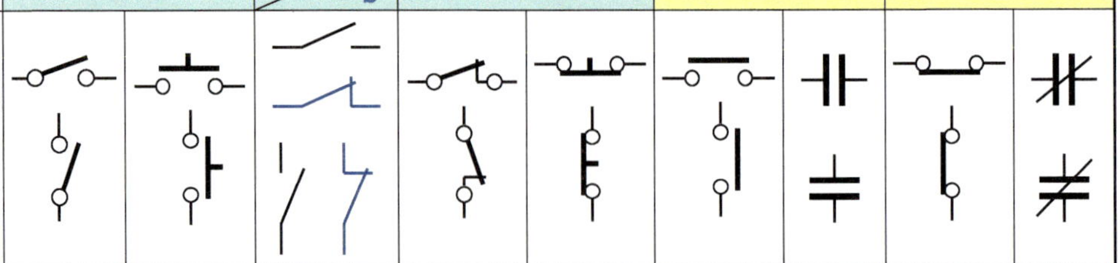								
비고			IEC symbol				래더도		래더도

4. 접점회로, 논리기호 및 논리식 일람표(표 3-5)

명 칭	스위치 회로	시퀀스 회로 (래더도)	논리기호		논리식
			MIL	ISO/IEC	
OR회로 논리합 회로	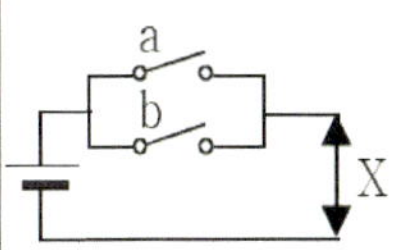	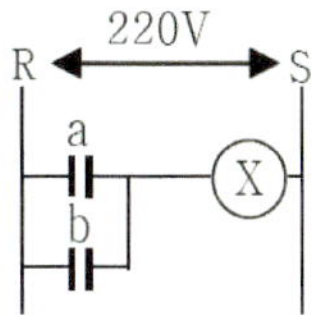	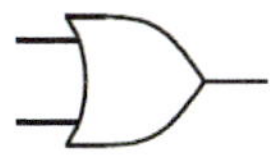	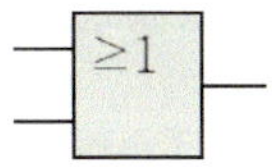	$X=A+B$
AND회로 논리곱 회로	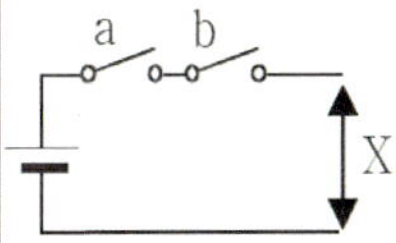	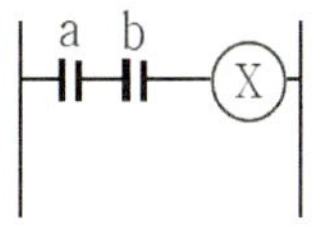	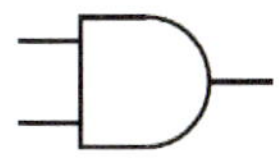	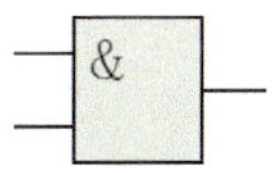	$X=A\cdot B$
NOT회로 부정 회로	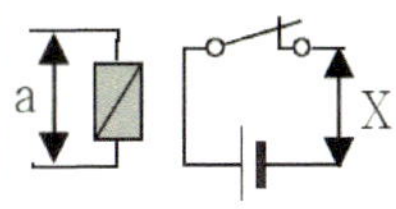	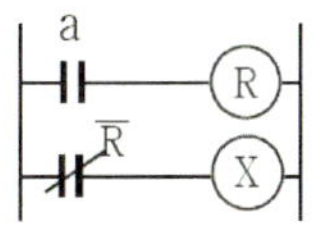	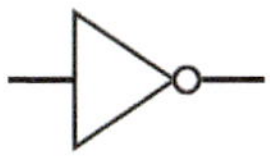	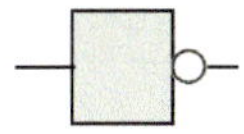	$X=\overline{A}$
NOR회로 논리합 부정	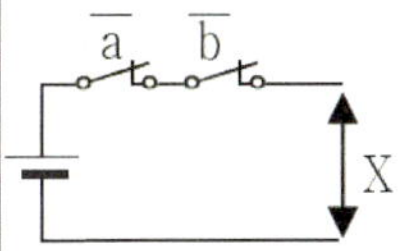	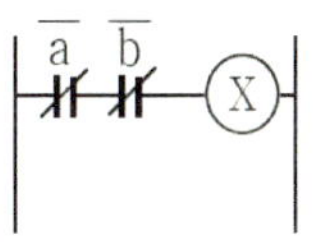	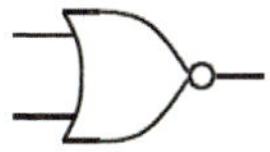	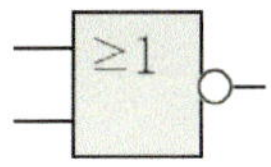	$X=\overline{A+B}$ $=\overline{A}\cdot\overline{B}$
NAND회로 논리곱 부정	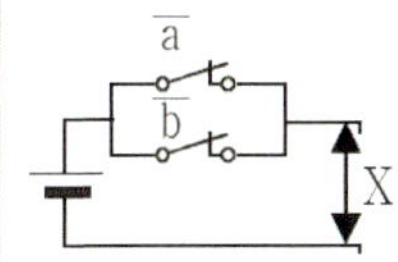	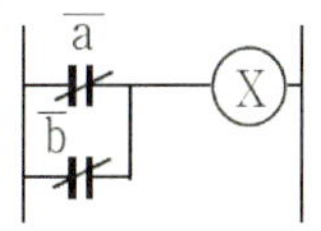	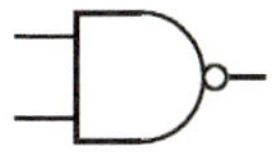	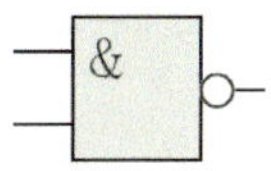	$X=\overline{A\cdot B}$ $=\overline{A}+\overline{B}$
Ex-OR 배타적 논리합	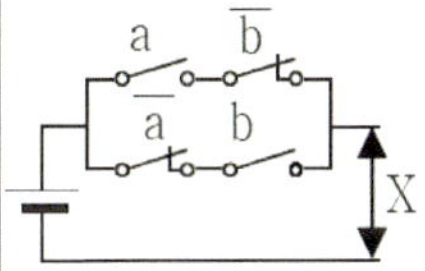	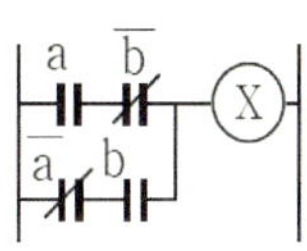	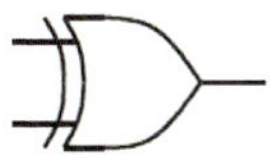	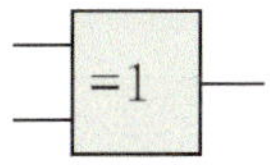	$X=A\oplus B$
Ex-NOR 배타적 논리합 부정	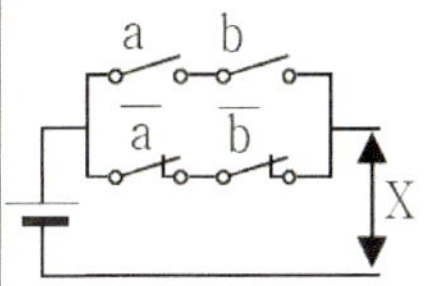	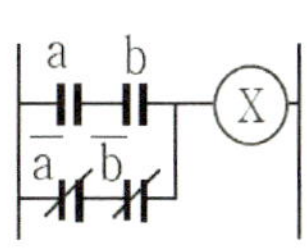	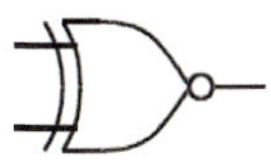	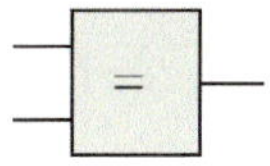	$X=\overline{A\oplus B}$

<table>
<tr><td>과제 번호</td><td rowspan="2" colspan="2">접점 논리회로 실험</td></tr>
<tr><td>3.1.1</td></tr>
<tr><td>준비물</td><td>직류전원장치
DMM</td><td>스위치(SPST, SPDT), 토글스위치, LED램프(12V, 7W),
LED(적/5Φ),</td></tr>
</table>

1. 스위치에 의한 AND논리를 실험한다.

가. 그림 3-1과 같이 스위치와 램프부하를 접속한다.

(a)와 (b)는 논리적으로 같지만 부하를 LED로 사용할 때의 보기이다.

스위치는 푸시버튼 스위치, 택트 스위치, 마이크로 스위치 등 어떤 것을 선택해도 좋다.

나. 두 개의 스위치를 아래 표 3-6과 같이 순서대로 누를 때 출력(부하)의 상태를 진리표에 기록한다.

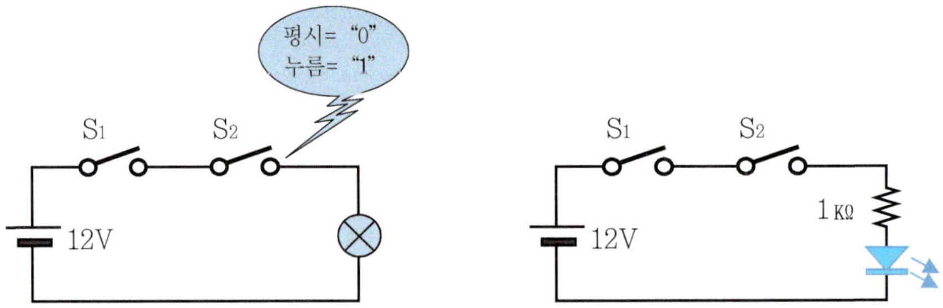

(a) 램프 부하 사용회로 (a) LED 부하 사용회로

그림 3-1 접점 논리-AND회로

표 3-6 AND논리회로의 진리표

입 력			출력 X	비 고
순서	B=S_2	A=S_1	램프/LED	
1	0	0		입력 표시 "0"=초기상태, "1"=누름 출력 표시 "0"=OFF(소등), "1"=ON(점등)
2	0	1		
3	1	1		
4	1	0		

2. 스위치에 의한 OR논리를 실험한다.

가. 그림 3-2와 같이 논리합회로로 변경한다.

☞ (a), (b) 타입 중 하나를 선택한다.

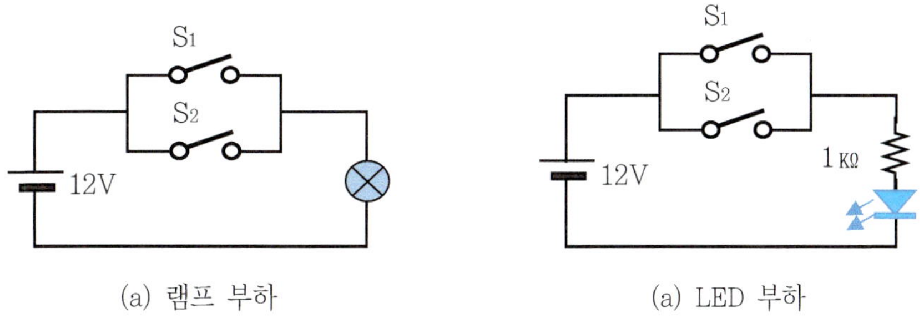

그림 3-2 접점 논리-OR회로

나. 두 스위치를 아래 표 3-7의 입력 순서와 같이 눌렀을 때 출력(부하)의 상태를 진리표에 기록한다.

표 3-7 OR논리회로의 진리표

입 력			출력 X	비 고
순서	B=S_2	A=S_1	램프/LED	
1	0	0		
2	0	1		
3	1	1		
4	1	0		

3. Ex-OR 회로를 실험한다.

가. 그림 3-3과 같이 배타적논리합회로를 구성한다.

사용할 스위치로는 ① PBS(푸시버튼 스위치), ② STDP 슬라이드 스위치 또는 ③ STDP 토글스위치 등 A와 B 접점이 함께 있는 제품을 사용해야 한다.

나. 두 개의 스위치를 아래 표 3-8의 순서와 같이 눌렀을 때 출력(부하)의 상태를 진리표에 기록한다.

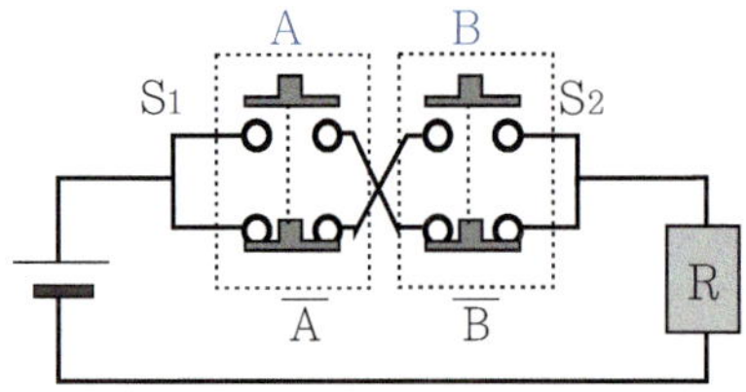

(a) PBS 사용회로

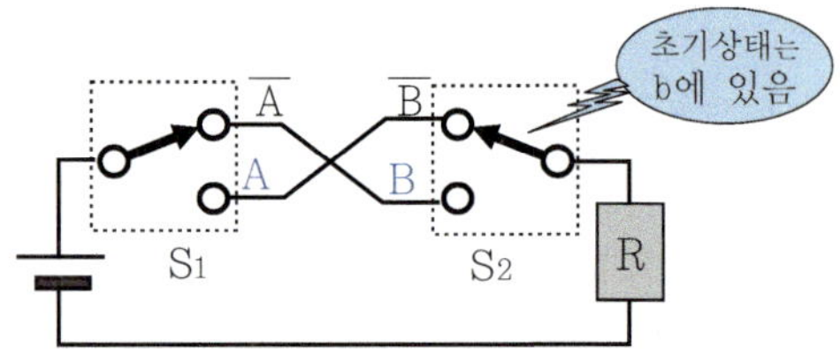

(b) 토글스위치 사용회로

그림 3-3 Ex-OR(배타적 논리합) 회로

표 3-8 Ex-OR 논리회로의 진리표

입력			출력 X	비 고
순서	B=S_2	A=S_1	램프/LED	
1	0	0		
2	0	1		
3	1	1		
4	1	0		

4. Ex-NOR 회로를 실험한다.

가. 그림 3-4와 같이 Ex-NOR 회로로 변경한다.

☞ 스위치는 Ex-OR 실험 때와 같고, 회로결선만 바꾼다.

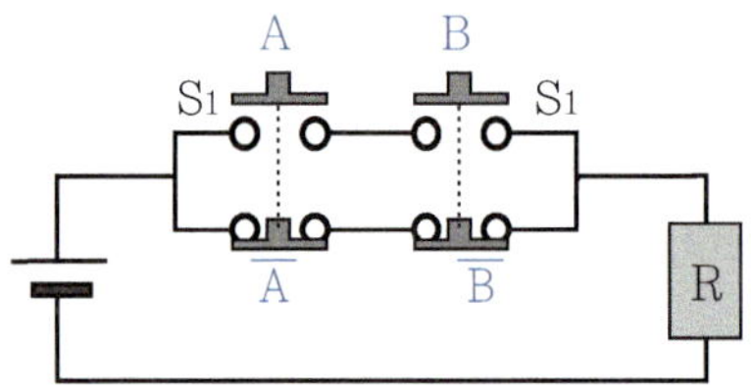

(a) PBS 사용회로

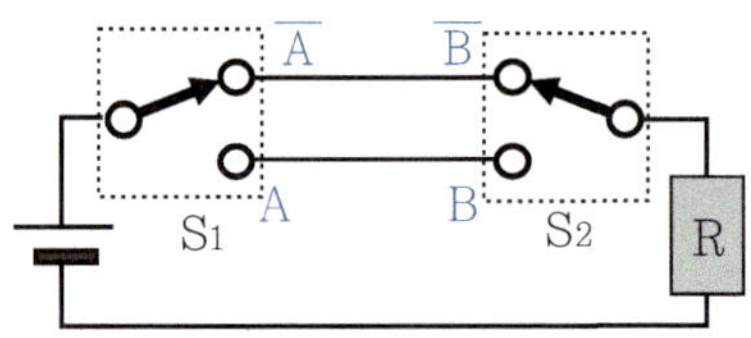

(b) 토글SW 사용회로

그림 3-4 Ex-NOR(배타적 논리합 부정) 회로

나. 두 스위치를 아래 표 3-9의 순서와 같이 눌렀을 때 출력의 상태를 진리표에 기록한다.

표 3-9 Ex-NOR 논리회로의 진리표

입력			출력 X	비 고
순서	B=S_2	A=S_1	램프/LED	
1	0	0		
2	0	1		
3	1	1		
4	1	0		

5. NOR 회로를 실험한다.

NOR는 '논리합의 부정'이다. 그런데 OR의 출력을 부정(반전)하는 것은 릴레이가 있어야 가능하지만 다른 방법으로 같은 결과를 얻을 수 있다. 즉, '반전된 입력의 곱'은 '합의 부정'과 같다. 이 관계를 논리식으로 쓰면 다음과 같다. $X = \overline{A} \cdot \overline{B} = \overline{A+B}$

가. 그림 3-5와 같이 NOR회로를 구성한다.

PBS, 슬라이드 또는 토글스위치 등에서 B 접점만을 사용한다.

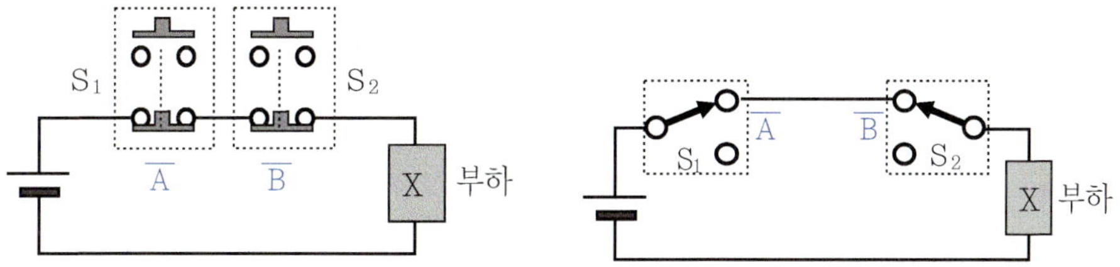

(a) 푸시버튼 스위치 이용 회로 (b) 토글/슬라이드 스위치 이용

그림 3-5 부논리를 응용한 NOR 회로

나. 아래 표 3-10의 순서와 같이 입력할 때 출력(램프)의 상태를 기록한다.

표 3-10 NOR 논리회로의 진리표

입력			출력 X	비 고
순서	B=S_2	A=S_1	램프/LED	
1	0	0		입력 :
2	0	1		누르지 않은 상태를 "0"
3	1	1		누른 상태를 "1"로 표시함.
4	1	0		출력 소등="0", 점등="1"

6. NAND 회로를 실험한다.

가. 그림 3-6과 같이 NAND회로를 구성한다.

PBS, 슬라이드 또는 토글스위치 등에서 B 접점만을 사용한다.

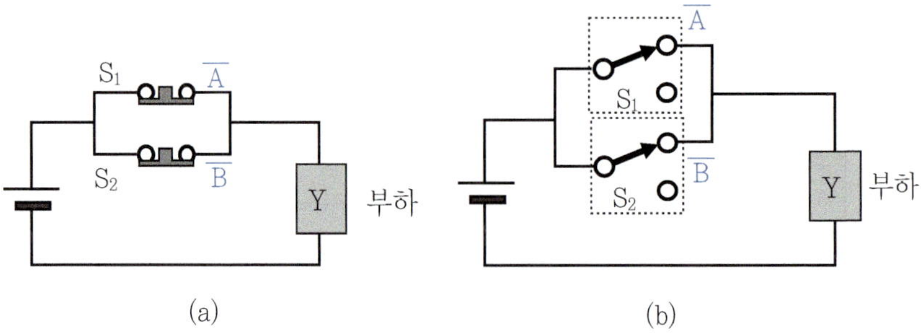

그림 3-6 부논리를 응용한 NAND회로

나. 두 개의 스위치를 아래 표 3-11의 입력순서와 같이 눌렀을 때 출력(부하)의 상태를 기록한다.

표 3-11 NAND 논리회로의 진리표

입력			출력 X	비 고
순서	$\overline{B}=\overline{S}_2$	$\overline{A}=\overline{S}_1$	램프/LED	
1	0	0		입력: 누르지 않은 상태를 "0" 누른 상태를 "1"로 표시함. 출력: 소등="0", 점등="1"
2	0	1		
3	1	1		
4	1	0		

7. 실험의 결과로부터 논리식을 유도해낸다.

가. 실험 1의 결과를 보고 논리곱(AND)의 부울 대수식을 유도한다.

A	B	출력 X
0	0	
0	1	
1	1	
1	0	

X =

나. 실험 2의 결과를 보고 논리합(OR)의 부울 대수식을 유도한다.

A	B	출력 X
0	0	
0	1	
1	1	
1	0	

Y =

다. 실험 3의 결과를 보고 배타적 논리합(Ex-OR)의 부울대수식을 유도한다.

A	B	출력 X
0	0	
0	1	
1	1	
1	0	

X =

라. 실험 4의 결과를 보고 배타적 논리합 부정(Ex-NOR)의 부울 대수식을 유도한다.

A	B	출력 X
0	0	
0	1	
1	1	
1	0	

Y =

마. 실험 5의 결과를 보고 논리합 부정(NOR)의 부울 대수식을 유도한다.

- 이 과정에는 드모르간(De-Morgan)의 정리가 숨어있음에 유의하시오.

A	B	출력 X
0	0	
0	1	
1	1	
1	0	

X =

바. 실험 6의 결과를 보고 논리곱 부정(NAND)의 부울 대수식을 유도한다.

A	B	출력 X
0	0	
0	1	
1	1	
1	0	

Y =

과제 번호 3.1.2	다이오드 논리회로 실험	
준비물	전압계(DMM) DC전원장치	다이오드(1N4148, 1N4004), PCB 릴레이(DC12V), 스위치(SPST, SPDT), 2N3904

다이오드를 이용하여 논리회로를 구성할 수가 있다. 여러 가지 방법이 있는데 이 중 대표적인 회로들을 실험으로 확인해 보자.

1. 다이오드 AND 회로

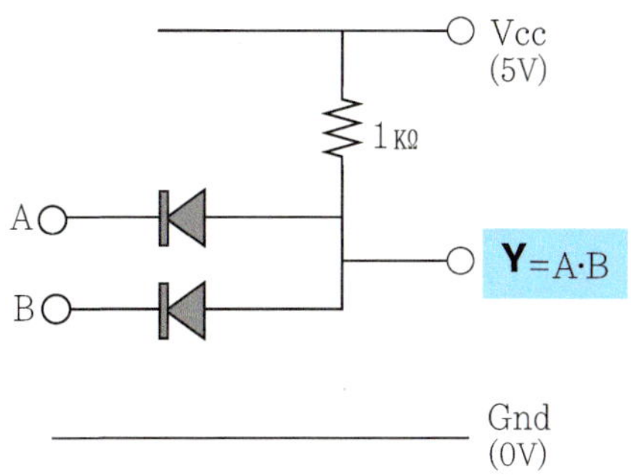

그림 3-7 다이오드 AND 회로

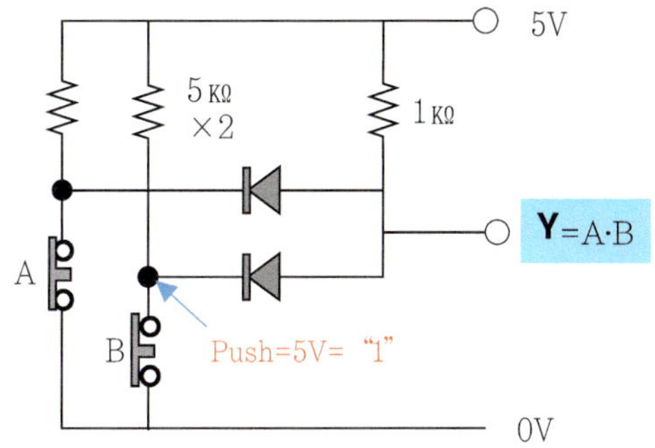

그림 3-8 다이오드 AND 실험회로

가. 그림 3-8과 같이 다이오드 AND 회로를 구성한다.
나. 표 3-12의 순서대로 스위치를 누를 때마다 출력전압을 확인하고 기록한다.
다. 출력단자의 전압이 3~5V이면 논리 "1", 0~0.8V이면 논리 "0"으로 판단한다.

표 3-12 다이오드 AND 회로의 진리표

모드	입력		출력 Y(AND)	
	A	B	전압[V]	논리[0/1]
I	0	0		
II	0	1		
III	1	1		
IV	1	0		
Switch입력 : 평상="0", 누름="1"				

2. 다이오드 NAND 회로

그림 3-9(a)는 다이오드 AND와 트랜지스터를 결합한 NAND회로이고, (b)는 다이오드 AND와 릴레이를 결합하여 만든 NAND회로이다.

가. (a)와 (b)중에서 하나를 선택하여 NAND 회로를 구성한다.

나. 표 3-13의 순서대로 실험하고 진리표를 만든다.

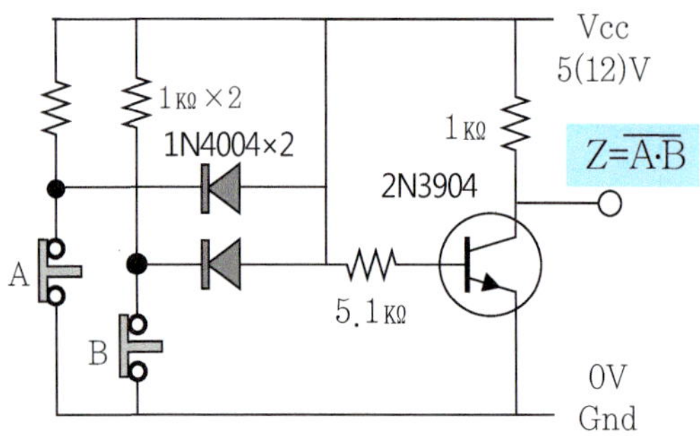

그림 3-9 트랜지스터를 사용한 NAND

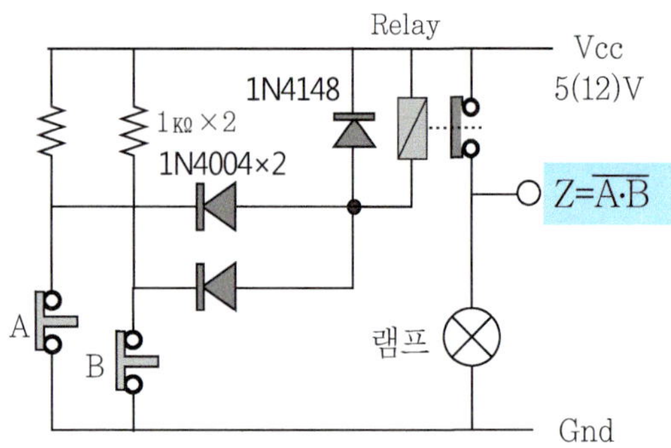

그림 3-10 릴레이를 사용한 NAND

표 3-13 다이오드 NAND 회로의 진리표

모드	입력		출력 Y(NAND)	
	A	B	전압[V]	논리[0/1]
I	0	0		
II	0	1		
III	1	1		
IV	1	0		
Switch입력 : 평상="0", 누름="1"				

3. 다이오드 OR 회로

가. 그림 3-11 또는 3-12와 같이 다이오드 OR 회로를 구성한다.

나. 표 3-14의 순서대로 스위치를 누를 때마다 출력전압을 확인하고 기록하시오.

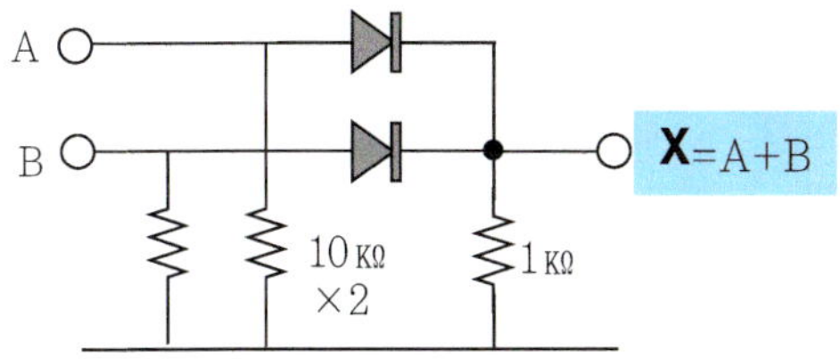

그림 3-11 다이오드 OR

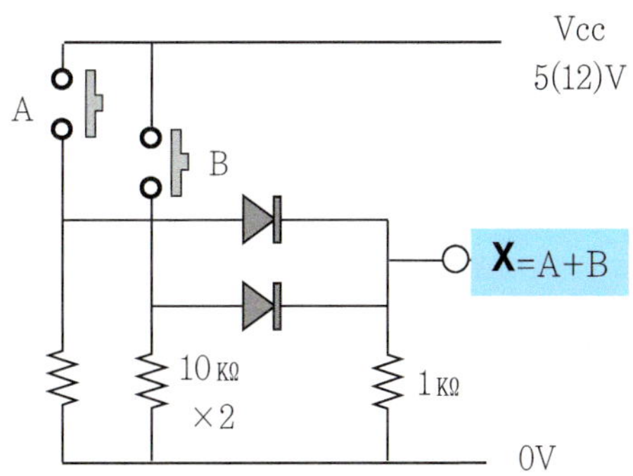

그림 3-12 다이오드 OR 실험회로

표 3-14 다이오드 OR 회로의 진리표

모드	입력		출력 Y (OR)	
	A	B	전압[V]	논리[0/1]
I	0	0		
II	0	1		
III	1	1		
IV	1	0		
Switch입력 : 평상="0", 누름="1"				

4. 다이오드 NOR 회로

NOR회로는 릴레이 b접점을 이용하거나 트랜지스터를 이용하여 만들 수 있다.

가. 그림 3-13의 〈다이오드-릴레이 NOR〉 또는 그림 3-14의 〈다이오드-트랜지스터 NOR〉 회로를 구성한다.

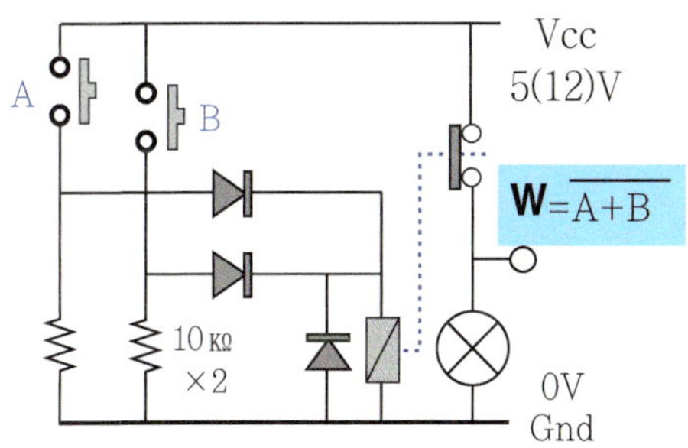

그림 3-13 다이오드-릴레이 NOR

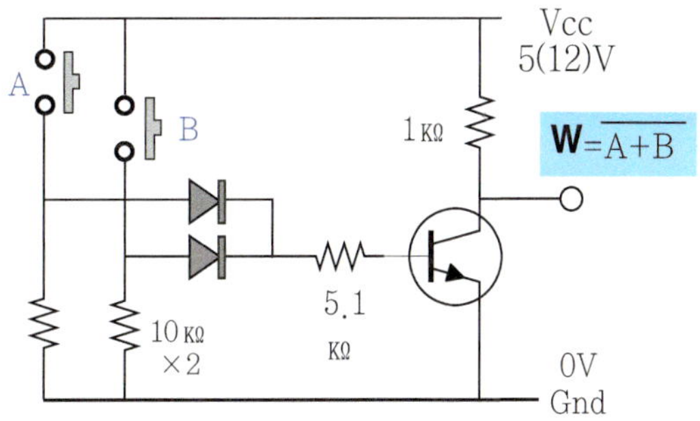

그림 3-14 다이오드-트랜지스터 NOR

나. 표 3-15의 순서대로 스위치를 누를 때마다 출력전압을 확인하고 기록하시오.

다. 출력 전압이 전원전압의 90%이상이면 논리 "1", 10% 이하이면 논리 "0"으로 판단하여 기록한다.

표 3-15 다이오드 NOR 회로의 진리표

모드	입력		출력 Y (NOR)	
	A	B	전압[V]	논리[0/1]
Ⅰ	0	0		
Ⅱ	0	1		
Ⅲ	1	1		
Ⅳ	1	0		
Switch입력 : 평상="0", 누름="1"				

5. 부정(否定 : NOT 또는 Inverter) 회로

부정회로(인버터)는 릴레이나 트랜지스터로 만들 수 있다. 릴레이 부정회로는 단독으로 사용되지 않고 시퀀스회로 속에서 상태반전에 사용된다. 트랜지스터 부정회로는 디지털회로, 특히 IC내부에서 출력의 상태를 반전시킬 때 사용된다.

가. 그림 3-15와 같이 트랜지스터 인버터를 구성한다.

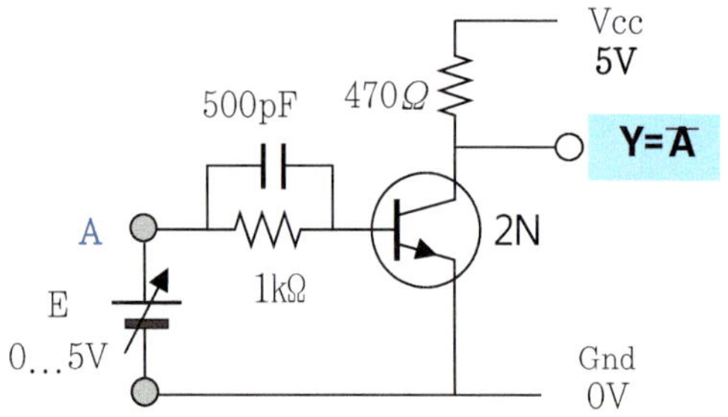

그림 3-15 트랜지스터 NOT 회로

표 3-16 Tr.인버터의 입출력 기록

입력전압	출력전압	논리상태
0V		
0.8V		
1.5V		
3V		
5V		

나. 입력단자 A에 인가하는 전압을 0~5V까지 변화시킬 때 출력전압을 측정하고 그림 3-16의 기록표를 완성하시오.
(전원전압 5V를 사용할 때 0.8V이하를 "L", 3V 이상을 "H"로 정의한다.)

다. 그림 3-16과 같이 릴레이를 이용한 부정회로를 구성한다.

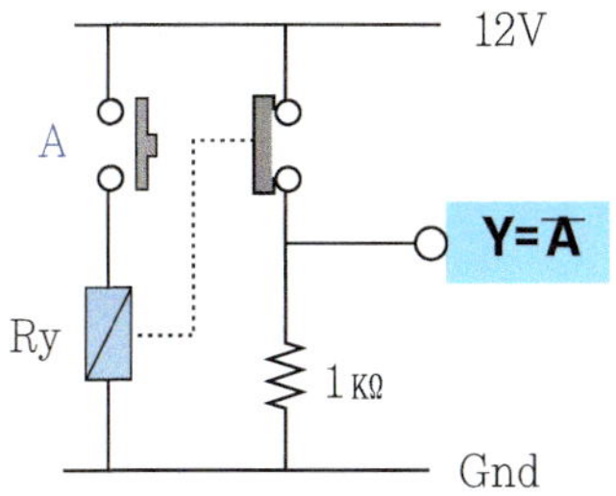

그림 3-16 릴레이 NOT 회로

표 3-17 릴레이 인버터의 입출력 기록

입력 A	출력전압	논리상태
초기 "0"		
누름 "1"		
입력 : 초기="0", 누름="1" 출력 : 0~1.2V="0", 10.8~12V="1"		

라. 스위치의 초기상태와 누름상태일 때의 출력을 확인한다.

6. 논리회로에 사용할 다이오드는 어떤 것이 좋을까?

논리회로에 사용하는 다이오드는 스위칭 다이오드가 적합하고 가격도 저렴하다. 그러나 논리회로와 같이 낮은 전압이나 전류를 취급하는 회로 또는 고속 스위칭회로가 아니라면 일반 정류 다이오드를 사용하는 것도 무방하다.

표 3-18 논리회로에 사용할 수 있는 다이오드들

분류	주용도	제품명	정격 특성	비 고
권장 다이오드	스위칭	1N4148 1S1588	100V, 50mA 100V, 50mA	가격 저렴 유리 패키지
	스위칭 (쇼트키)	1N5819	40V, 1A	낮은 V_F, 가격 저렴 프라스틱 패키지
사용 가능한 다이오드	정류	1N4001 ~ 1N4007	50V, 1A 1,000V, 1A	가격 저렴 프라스틱 패키지
	고속 스위칭	FE1D FE3D	200V, 1A 300V, 3A	가격은 다소 비쌈 세라믹 패키지

3.2.1 IC 논리회로

1. 데이터시트(Data Sheet) 확인하기

논리 게이트의 전기적 특성이나 핀 접속도 등을 기록한 것을 데이터시트라 하는데 확인하는 데는 두 가지 방법이 있다.

가. 데이터 북에서 특성표 확인하기

예전에는 책자로 인쇄된 '논리 IC 데이터 북'이 있었지만 지금은 웹으로 제공된다.

나. 웹에서 확인하기

메이커가 제공하는 인터넷 웹사이트에서 IC의 자료를 확인하는 것이 요즘의 일반적인 추세이다.

예) 텍사스 인스트루먼트의 웹사이트 로직 부문

http://focus.ti.com/docs/logic/logichomepage.jhtml

→ Gates and Inverters 선택 → NAND 선택 → 품명 선택

예) SN7400, SN74LS00, SN5400, CD4011B 등

원하는 데이터를 pdf 파일로 다운받기 또는 열어보기로 확인한다.

http://www.ti.com/product/CD4011B?keyMatch=CD4011&tisearch=Search-EN-everything&usecase=part-number

pdf 파일로 작성된 특성표, 예를 들면 CD4011B를 확인하려면 위의 주소를 클릭한다.

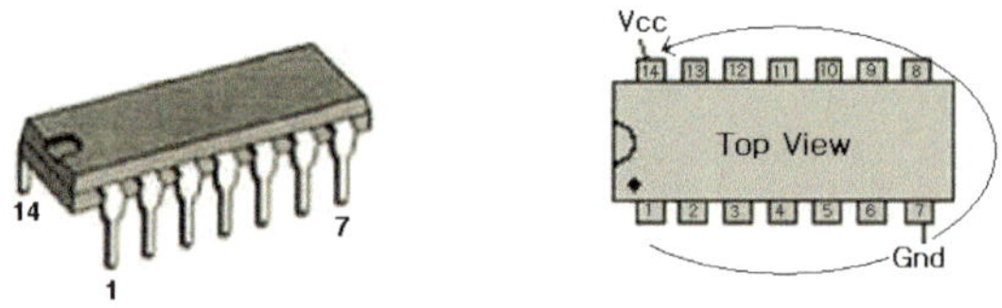

그림 3-17 게이트 IC의 외관과 상면도

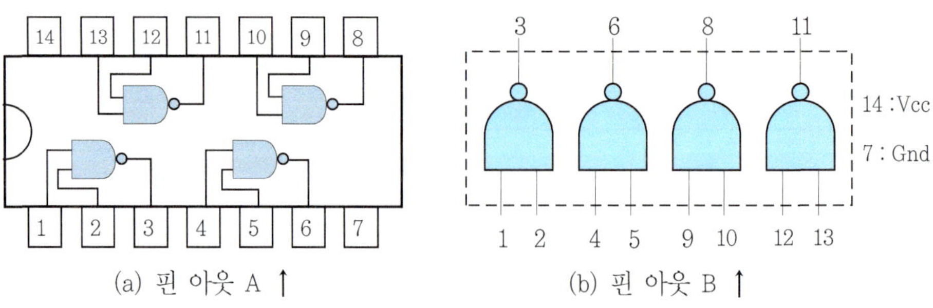

그림 3-18 SN74LS00의 핀 아웃

2. 핀 접속도(Pin Out Diagram)

가. 하나의 IC 패키지 속에 1~6개까지의 게이트 또는 인버터가 들어있다. 이와 같은 핀 접속도를 핀 아웃(Pin Out)이라 하고 데이터시트에서 확인할 수 있다. 핀 접속도에도 그림 3-18(a)와 같이 실체도 모양처럼 그린 것과, 그림 3-18(b)와 같이 논리 기능을 기준으로 그린 것이 있다.

나. 핀 접속도는 IC를 위에서 본 모습(Top View)으로 그린 것이다. 핀 번호는 왼쪽 아래에서부터 반시계 방향(CCW)으로 돌면서 매겨져 있다.

3. 전원전압과 논리레벨

가. TTL IC의 전원전압은 5[V]이고 허용오차는 ±0.25[V]이어서 반드시 안정화 전원회로를 이용해야 한다. TTL에서 논리 "1"은 2~5[V] 범위이고, 논리 "0"은 0~0.8[V]이다.

나. C-MOS IC의 전원전압은 3~18[V]로 매우 유연성이 있다. C-MOS의 논리레벨은 고정되어 있지 않고 전원전압과 연동되어 있다. "1"은 $\frac{2}{3}$Vcc~Vcc 범위이고, 논리 "0"은 0~$\frac{1}{3}$Vcc 범위이다.

표 3-19 TTL & CMOS Gate의 정격

TTL Gate			
전원 전압		5±0.25	V
절대 최대 정격전압		7	V
전류출력(	표준형	16	mA
	LS형	8	mA
Gate당 소비전력		10~2	mW
C-MOS Gate			
전원 전압		3~18	V
절대 최대 정격전압		20	V
전류출력(		0.42~2.8	mA
Gate당 소비전력		0.1~1	mW

표 3-20 TTL Gate의 논리레벨 정의

논리정의 \ 구분	입력측의 논리레벨	출력측의 논리레벨
"1"=High	H (4V, 3V, 2.0V 이상)	H (4V, 3V, 2.4V 이상)
전이영역	전이영역 (0.8V ~ 2.0V)	전이영역 (0.4V ~ 2.4V)
"0"=Low	L (0.8V 이하)	L (0.4V 이하)

4. Gate IC의 종류

가. TTL의 기본 게이트는 NAND이다. 그밖에 AND, NOR, NOT 게이트 등이 있지만 회로구성의 용이성과 속도면에서 NAND가 가장 유리하다. 또 TTL에서도 회로의

특성 및 개량 정도에 따라 표준형, LS, ALS 등의 품종(패밀리 : Family)으로 구분된다.

나. C-MOS의 기본 게이트는 NOR이다. 그 밖에도 OR, AND, NAND, Inverter(NOT), Ex-OR 등의 게이트가 있다.

다. 74HC_시리즈는, 내부회로는 C-MOS로 만들어졌지만 TTL의 기능과 핀 아웃을 그대로 대체해서 사용할 수 있는 핀컴패티블(pin compatible) 제품이다.
(예 : 74HC00은 CMOS 제품이지만 TTL의 7400과 기능은 물론 핀 번호, 전원전압이 일치하기 때문에 대치품으로 사용할 수 있다.)

5. 논리 IC의 메이커와 영문 이니셜

IC제품에 표기된 제품명을 보면 메이커와 제품의 특성을 알 수 있다. 아래의 예를 보자.

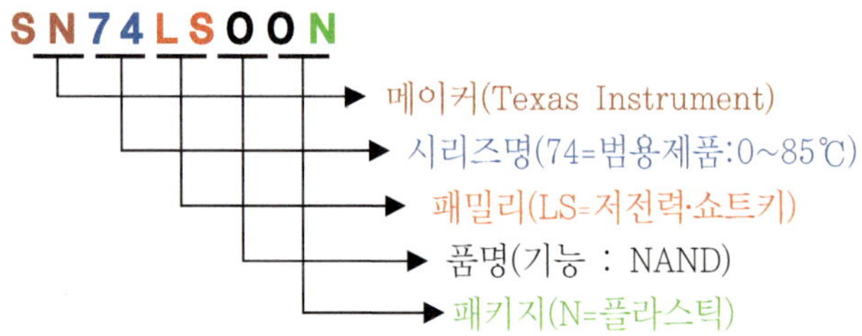

표 3-21 대표적인 Logic IC 제품들

게이트	구분	제품
NAND	TTL	7400, 7410, 7420, 5400
	C-MOS	4011, 4012 4023
AND	TTL	7408, 7411
	C-MOS	4081, 4073, 4082
NOR	TTL	7402, 7427
	C-MOS	4000, 4001, 4002, 4025
OR	TTL	7432
	C-MOS	4071, 4072
Inverter	TTL	7404, 7406(o/c), 7407(o/c)
	C-MOS	4009, 4049, 4069
Buffer	TTL	7407, 7417
	C-MOS	4050, 4041
Ex-OR/NOR	TTL	7486, 74266
	C-MOS	4030, 4070, 4077
AND-OR-Inverter	TTL	7451
	C-MOS	4085, 4086

처음의 두 영문자는 제조회사를 나타내는 약자, 일명 '메이커 이니셜'이다. 대개 회사의 명칭에서 따오는 경우도 있지만 일정하지는 않다. 대표적인 IC메이커들과 그들의 영문 약자를 표 3-21에 나타내었다.

표 3-22 IC제조 메이커별 영문 이니셜 표기

메 이 커	이니셜	보 기
Texas Instrument(TI) TTL의 특허소유	SN	SN74LS00
RCA, Harris Semi. C-MOS의 특허소유	CD	CD4011B
Fairchild(FSC)	- F	4011 F7404
Motorola(MOT)	MC	MC14011
National-Semiconductor(NS)	CD DS LM	CD4011 DS1488 LM324
Hitachi(HIT)	HD	HD4011
Toshiba(TOS)	TC	TC4011
SGS-Ates	HCF	HCF4011
Signetics	N, NE NS	NE555
Samsung Electronics(SEC)	K, SE	

과제 번호	IC 논리게이트 실험하기	
3.2.1		
준비물	DC전원장치 DMM	TTL: 7400, 7402, 7404, 7406, 7407, CMOS: 4002, 4009, 4011, 4050, 4069, PCB Relay(12V), LED, HB LED

1. TTL-NAND Gate 실험하기

가. 논리실험장치 또는 브레드 보드를 이용하여 그림 3-19와 같이 회로를 구성한다.

(1) 회로(a)는 논리실험장치를 사용하는 방식이다. (스위치를 누르면 "1")

(2) 회로(b)는 브레드보드를 사용하는 방식으로, 점퍼선을 5V 라인에 연결하면 "1", 0V라인에 연결하면 "0"이 입력된다.

(3) 그림 3-19(b)와 그림 3-20은 브레드보드 사용자를 위한 접속도이다.

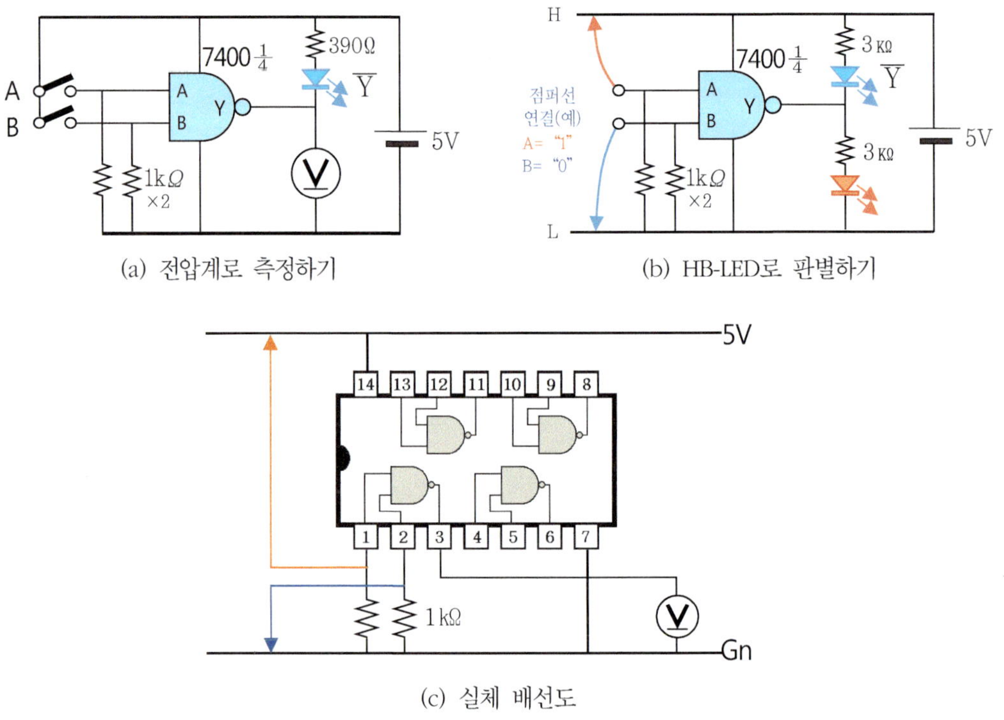

그림 3-19 TTL NAND 게이트 실험

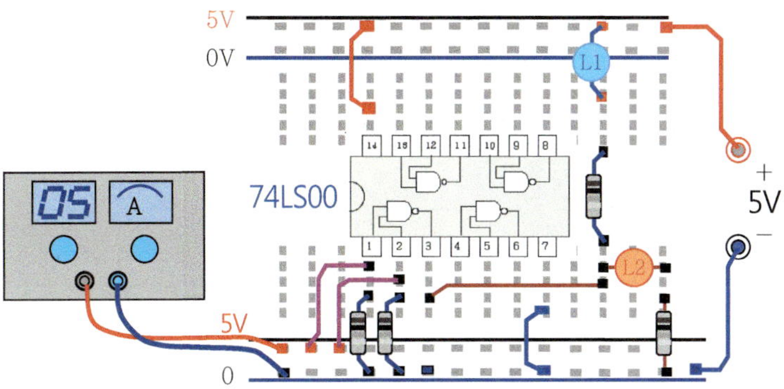

그림 3-20 브레드 보드를 사용한 NAND 논리실험

1) 두 개의 전원 중 하나는 IC전원으로, 다른 하나는 논리입력으로 사용한다.
2) 현재 그림에서는 점퍼선을 이용하여 단자A, B에 모두 "1"이 입력된 상태이다.
3) 전압계 대신 고휘도 LED와 3kΩ을 직렬접속하여 관찰할 수도 있다.

표 3-23 TTL-NAND의 연산실험

모드	입력		출력	
	B	A	Y (전압)	LED 동작
I	0V	0V		
II	0V	5V		
III	5V	0V		
IV	5V	5V		
Y란에는 전압값을 기록하고, LED 란에는 ON=1, OFF=0으로 표기한다.				

2. CMOS-NAND Gate 실험하기

가. 그림 3-21의 실험회로에서 IC를 CD4011로 바꾸어 접속하고 TTL NAND와 같은 방법으로 실험을 하시오.

☞ 다행이도 CMOS 4011의 첫 번째 게이트는 TTL 7400과 동일하다. 그러나 저항은 3kΩ으로 LED는 고휘도 LED로 그리고 전원은 9V로 바꾸어야 한다.

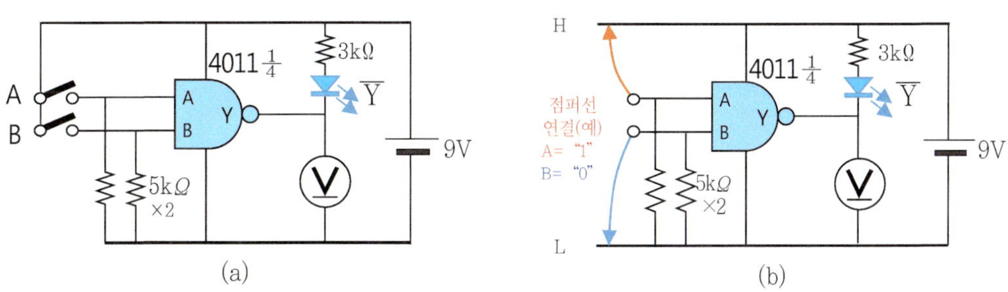

그림 3-21 CMOS NAND 게이트 실험

표 3-24 CMOS-NAND의 연산실험

모드	입력		출력	
	B	A	Y (전압)	LED 동작
Ⅰ	0V	0V		
Ⅱ	0V	9V		
Ⅲ	9V	0V		
Ⅳ	9V	9V		
Y란에는 전압값을 기록하고, LED 란에는 ON=1, OFF=0으로 표기한다.				

3. 입력 개방(Open) 상태의 게이트 동작

가. 그림 3-22와 같이 입력저항을 제거하시오. 그리고 네 가지 입력조합에서 각각의 출력을 확인하시오. 앞의 실험에서 입력스위치를 누르지 않으면 "0"이 입력되었다. 그러나 게이트와 접지사이의 저항이 없는 상태에서 개방된 입력단자가 "0" 또는 "1"로 인식되는지 알아보는 실험이다.

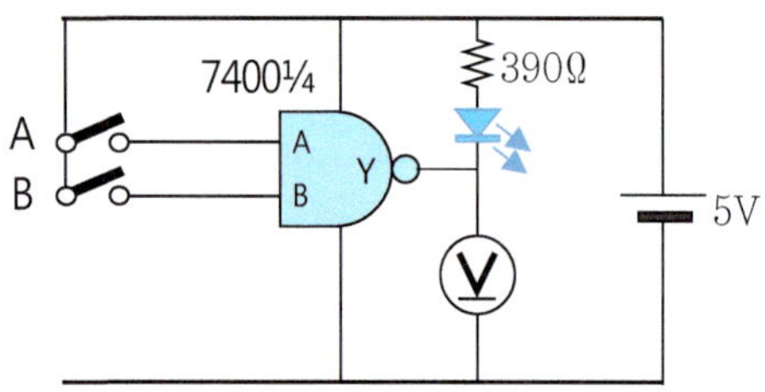

그림 3-22 TTL 입력 개방 실험(1)

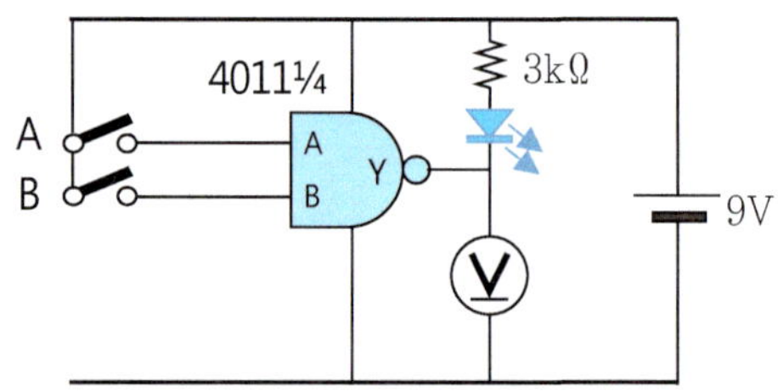

그림 3-23 CMOS 입력 개방 실험(2)

표 3-25 TTL 입력개방 실험 결과

모드	입력		출력	
	B	A	Y (전압)	LED 동작
Ⅰ	0(열림)	0(열림)		
Ⅱ	0(열림)	5V(닫힘)		
Ⅲ	5V(닫힘)	0(열림)		
Ⅳ	5V(닫힘)	5V(닫힘)		

표 3-26 CMOS 입력개방 실험 결과

모드	입력		출력	
	B	A	Y (전압)	LED 동작
Ⅰ	0(열림)	0(열림)		
Ⅱ	0(열림)	5V(닫힘)		
Ⅲ	5V(닫힘)	0(열림)		
Ⅳ	5V(닫힘)	5V(닫힘)		

나. 실험결과에 대해 토의하고 그 원인을 설명하시오.

다. AND나 NAND 게이트에서 사용하지 않는 입력단자가 있다면 (+)전원측에 접속해야하는 이유를 위의 실험을 통해 확인하시오.

4. NOR Gate 실험하기

가. 논리실험장치 또는 브레드 보드를 이용하여 그림 3-24와 같이 회로를 구성한다.

(1) 회로(a)는 논리실험장치를 사용하는 방식이다. (스위치를 누르면 "1")

(2) 회로(b)는 브레드보드를 사용하는 방식으로, 점퍼선을 5V 라인에 연결하면 "1", 0V라인에 연결하면 "0"이 입력된다.

나. 두 입력 S_A, S_B를 조작하여 NOR게이트 입력측에 표 3-27과 같이 입력을 넣었을 때 각각의 출력을 측정하여 기록표를 완성한다.

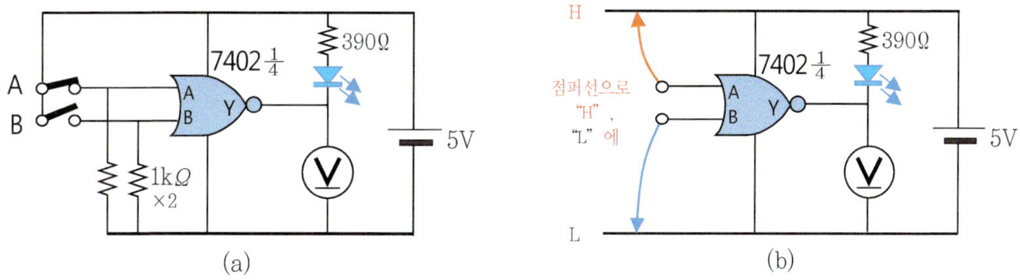

그림 3-24 NOR 게이트 실험 회로도

표 3-27 NOR Gate 실험결과 기록표

모드	입력		출력	
	B	A	Y (전압)	LED 동작
I	0V	0V		
II	0V	5V		
III	5V	0V		
IV	5V	5V		

AND와 NAND, OR와 NOR의 차이는?

7400은 전압출력 기준으로 보면 NAND 동작이지만 전류출력 기준으로 보면 Low Active로 동작하는 AND논리이다. AND조건이 성립할 때 동작전류가 흘러 LED를 밝히기 때문이다. 즉 부하가 동작할 때를 "참"이라 한다면 AND논리라고 할 수 있다.

Low Active동작이란? : 논리출력이 "참"일 때 출력전압이 Low가 되어 부하를 구동하는 동작을 말한다. TTL에서는 High 출력 때보다 Low출력 일 때 부하구동이 쉽기 때문에 Low Active 방식을 많이 사용한다. OR와 NOR의 관계도 위와 같다.

5. NOT Gate 실험하기

가. 논리실험장치 또는 브레드 보드를 이용하여 그림 3-25와 같이 회로를 구성한다.

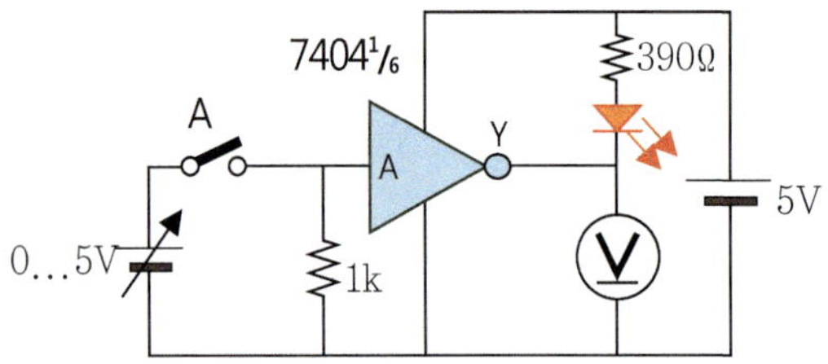

그림 3-25 인버터 실험회로

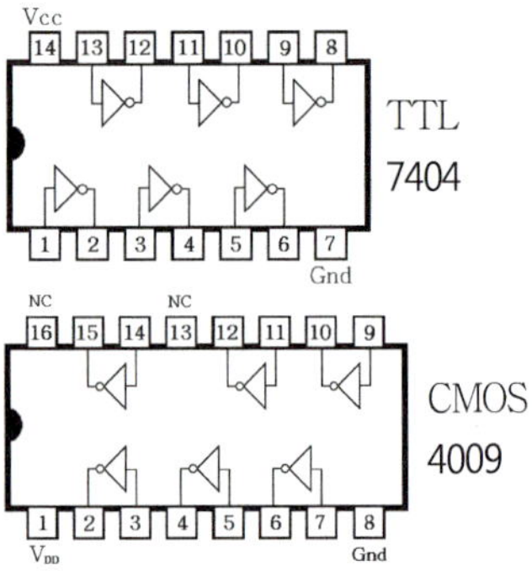

나. 입력측에 연결한 전원장치의 전압을 5V에 고정한 상태에서, 스위치를 ON, OFF할 때 출력이 반전되는 지 확인한다.

다. 입력 스위치는 ON으로 고정한 상태에서 입력전압을 0.5, 1, 1.5, 3, 4V로 조절한 상내에서 출력선압을 측정하고 그 결과를 기록표에 기입한다.

표 3-28 TTL 인버터의 입출력 기록표

입력[V]	0	0.5		1	1.5	3	4	5
출력[V]								
논리판단								

5. 버퍼(Buffer) Gate 실험하기

◉ 버퍼(Buffer)란 논리연산은 하지 않고 전류출력을 크게 한 완충증폭기로 7407(TTL), 4050(CMOS)등이 이에 속한다. 그리고 NOT게이트+버퍼의 기능을 가진 제품도 있는데 예를 들면 7406, 4069 등이다.

◉ 개방 컬렉터(Open collector)란, 게이트 내부 출력 트랜지스터의 컬렉터 저항을 달지 않고 개방한 상태로 만든 제품이다. O/C Gate를 사용하려면 전원과 컬렉터 단자 사이에 부하를 연결해야한다. 전원전압 30V, 부하전류 30mA범위에서 릴레이나 램프 등 사용자가 원하는 임의의 부하를 사용할 수 있도록 만든 제품이다.

가. 논리실험장치 또는 브레드 보드를 이용하여 그림 3-26과 같이 회로를 구성한다.

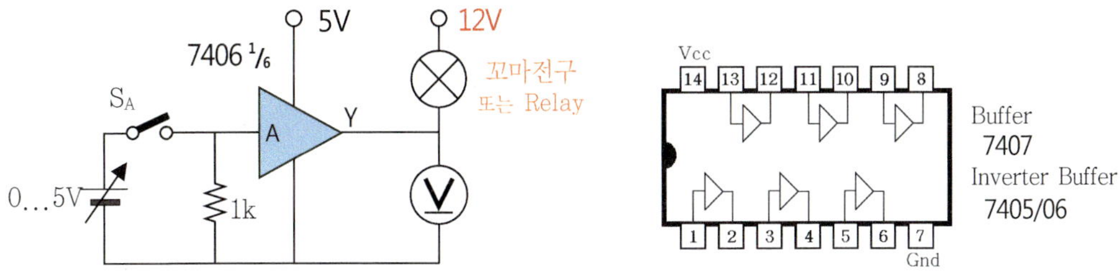

그림 3-26 버퍼 실험회로

나. 입력측에 연결한 전원장치의 전압을 5V에 고정한 상태에서, 스위치를 ON, OFF할 때 출력을 확인한다.

다. 입력 스위치는 ON으로 고정한 상태에서 입력전압을 0.5, 1, 1.5, 3, 4V로 한 상태에서 출력전압을 측정하고 그 결과를 기록표에 기입한다.

표 3-29 오픈 컬렉터 버퍼의 입출력 기록표

입력[V]	0	0.5		1	1.5	3	4	5
출력[V]								
논리판단								

라. 오픈 컬렉터 인버터 7405, 7406 등을 사용하여 부하를 직접 구동할 때 최대전류 한도 30mA이내에서 부하전류가 흐르도록 해야 한다. 그리고 단순히 논리동작을 위해서라면 1kΩ정도의 저항을 전원선과 출력단자 사이에 연결하는데 이 저항을 풀업저항(R_P)이라 부른다.

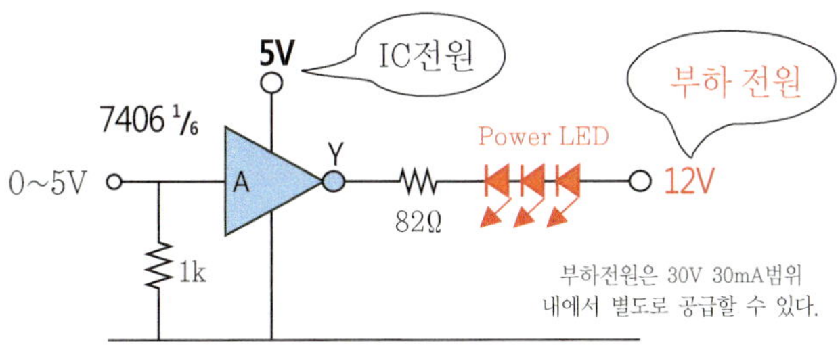

그림 3-27 오픈 컬렉터 인버터의 사용 예

6. 배타적 논리합 회로 실험하기

가. 배타적 논리합 IC에는 TTL의 7486과 C-MOS의 4030이 있다. 둘 중 하나를 이용하여 실험회로를 구성한다.

단 C-MOS CD4030으로 실험할 때는 390Ω 과 LED를 3㏀과 고휘도 LED로 대체하고 전원은 9V를 공급한다.

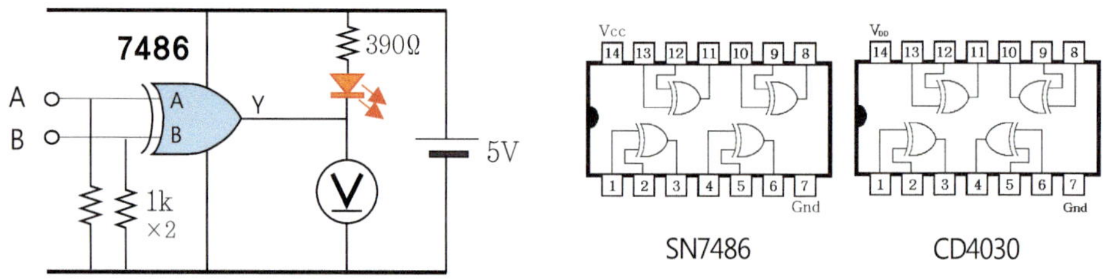

그림 3-28 배타적 논리합 실험회로

다. 표 3-30과 같은 순서로 입력을 주었을 때 출력을 측정하여 기록하시오.

표 3-30 배타적논리합(Ex-OR)의 실험기록

모드	입력		출력		
	B	A	전압	LED 동작	Y(논리판단)
Ⅰ	0	0			
Ⅱ	0	1			
Ⅲ	1	0			
Ⅳ	1	1			

주1) LED 란에는 ON, OFF로 표기한다.
주2) 7486은 “high active”방식이다. 따라서 출력=“1”일 때 LED는 꺼진다.

7. 조합 논리회로 실험하기

가. NAND로 만드는 Ex-OR Gate

그림 3-29와 같이 4개의 NAND를 이용하여 배타적 논리합 회로를 구성하시오.

(1) 두 입력단자에 표 3-31과 같은 입력을 주었을 때 출력의 측정결과를 기록한다.

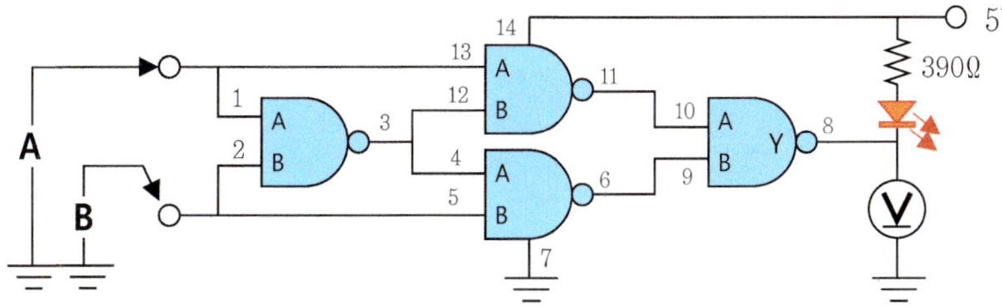

그림 3-29 NAND로 만드는 Ex-OR Gate

표 3-31 조합논리회로의 실험기록

모드	입력		출력		
	B	A	전압	LED 동작	Y(논리판단)
Ⅰ	0	0			
Ⅱ	0	1			
Ⅲ	1	0			
Ⅳ	1	1			

(2) 표 3-31의 결과와 표 3-30의 결과를 비교하시오.

나. 그림 3-31과 같이 AND-OR-Inverter회로를 조립한다.

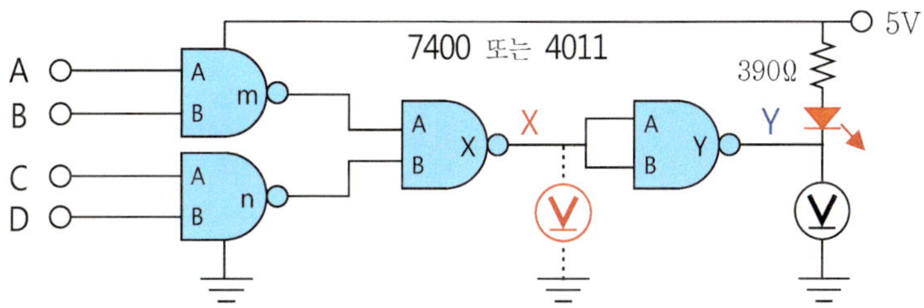

그림 3-30 AND-OR-Inverter 실험회로

(1) 이 회로를 분석하면 그림 3-31의 등가회로와 같다. (a)에서 첫 번째 열의 부정기호를 둘째 단의 입력으로 옮기고, 부논리 AND를 정논리 OR로 변환할 수 있다.

(2) 네 개의 입력단자에 표3-32와 같이 논리입력을 주고 그 결과를 표에 기록한다.

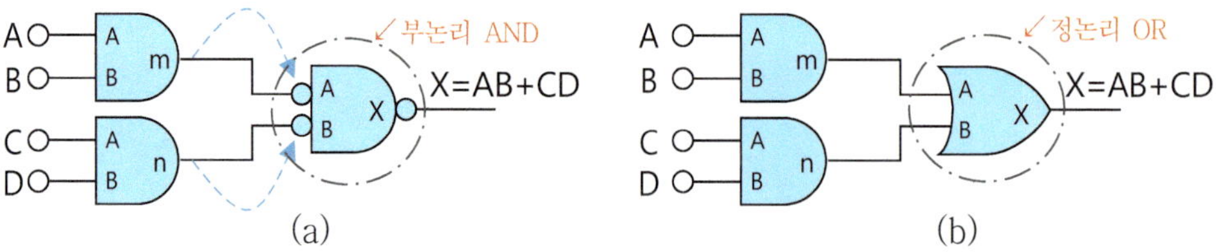

그림 3-31 AND-OR-Inverter 등가회로

표 3-32 AND-OR 논리실험 기록표

모드	입력				출력		
	D	C	B	A	X AND-OR	$Y=\overline{X}$ AND-OR-Inverter	LED=Y
I	0	0	0	0			
II	0	0	0	1			
III	0	0	1	1			
IV	0	1	1	1			
V	1	1	1	1			
VI	1	1	0	0			
전압 5V= "1", 0V= "0", LED는 ON, OFF로 표시한다.							

3.2.2 디지털 IC에 관한 상식들

1. 디지털 IC의 패키지

디지털 IC를 담고 있는 외피를 패키지 또는 하우징이라 부른다. 보통 프라스틱이 많지만 군용 또는 항공기용의 54시리즈 제품은 세라믹(Ceramic) 패키지를 사용한다. 또 패키지와 핀의 구조에는 다음의 네 가지가 있다.

가. DIP(Dual Inline Package) 핀이 두 줄로 배열된 방식의 IC제품. 핀 간격은 2.54mm (1/10인치). 핀을 PCB기판의 홀에 삽입하여 납땜하는 일반적인 제조방식에 알맞다.

나. SOIC(Small Outline Integrated Circuit) 표면실장용으로 만들어진 제품(=SMD)의 일종. DIP 타입에 비하여 가로, 세로, 높이가 모두 반 정도의 크기이다. 핀 간격은 1.27mm(1/20인치). 지금 생산되는 IC제품의 90%가 SOIC패키지이다.
(SMD=Surface mounted devices : 표면부착 방식 무품. 기판에 구멍을 뚫지 않고 한 면에만 접착, 납땜하는 방식의 부품.)

다. PLCC : 플라스틱 패키지의 일종으로 SMD용이며 SOIC보다 공간절약형이다.

2. IC 제품명과 호환성

디지털 IC는 인쇄된 제품명을 보면 대략의 특성과 호환여부를 알 수 있다.

표 3-33 논리 IC 제품의 비교

7400	74LS00	74H00	CD4011	MC14011	74C00, 74LV00
TTL 표준형 최초의 IC	TTL 절전, 쇼트키형 TTL주력제품	TTL고속형 소비전력 큼	CMOS 오리지널 저소비전력	CMOS 모토롤라 저소비전력	CMOS공법으로 만들지만 TTL과 기능 및 핀 번호까지 동일한 제품 (Pin compatible)
TTL 전원 : 5V (±5%)			전원 : 3~18V		전원 :4~15, 2~5.5V

가. Gate IC의 처음의 두 글자는 <u>메이커 식별문자</u>이므로 나머지 숫자만 같으면 성능은 동일하다.
예) SN74191, SN74LS191과 DM74LS191은 동일한 기능의 10진 카운터이다.

(2) 소비전력이 매우 작은 CMOS계열의 IC를 TTL 대신으로 사용하려면 중간 문자가 C, LVT, HCT 등인 제품을 선택하면 된다.
예) SN7490의 CMOS 핀 호환 대치품은 xx74C90, xx74HCT90, xx74LV90 등이다.

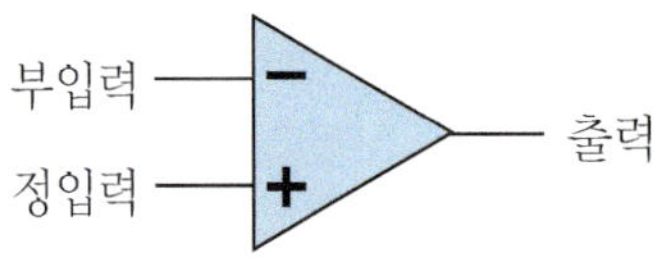

(a)

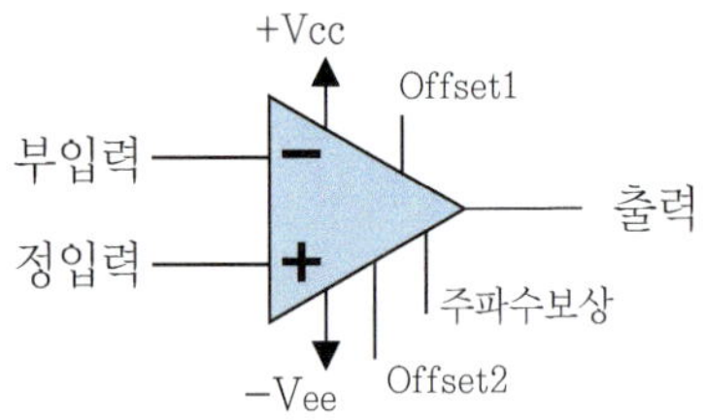

(b)

그림 3-32 OP Amp의 도면기호

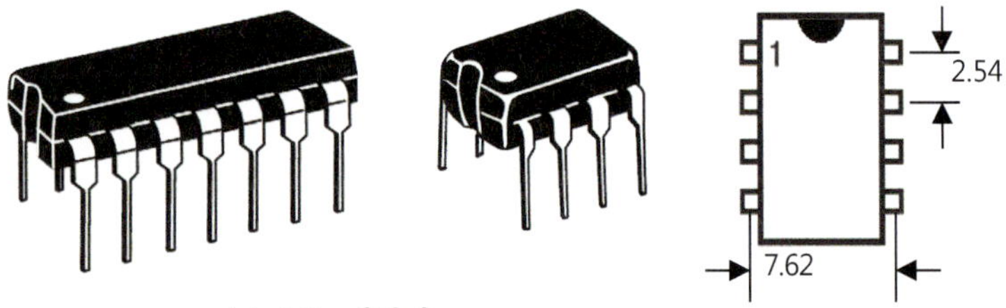

(a) DIP 패키지

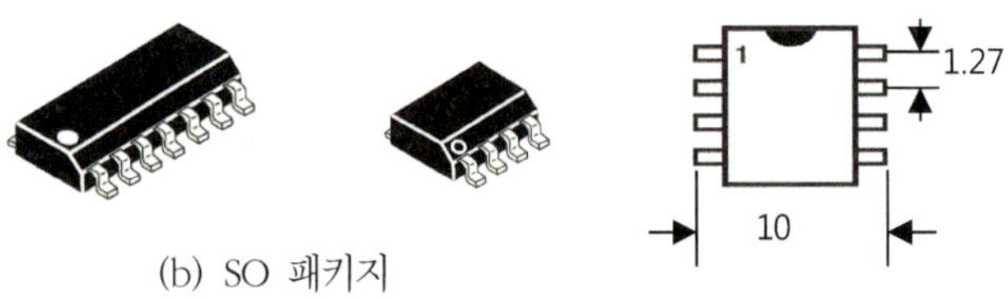

(b) SO 패키지

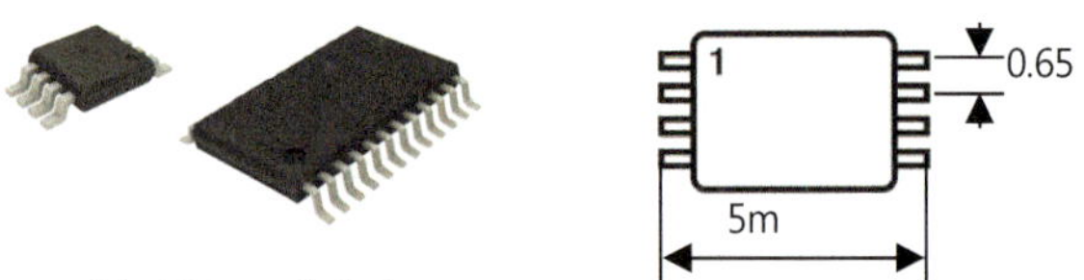

(c) TSSO 패키지

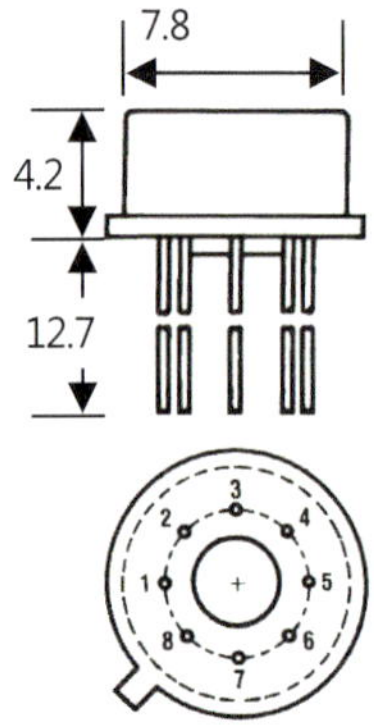

(d) 메탈Can 패키지

그림 3-33 집적회로(IC)의 패키지 형태

3.3.1 연산 증폭기(Operational Amplifier: OP Amp)

1. 연산 증폭기(OP Amp)란?

가. 차동증폭의 원리를 바탕으로 수십 개의 트랜지스터를 IC 형태로 설계한 이상적인 증폭기로 두 개의 입력단자와 하나의 출력단자를 가진다.

나. 증폭도는 외부에 접속되는 입력저항과 궤환저항의 비율로 정해지는데 정확도가 매우 높아 연산회로에 사용된다.

2. OP Amp의 종류

가. 사용온도에 따른 구분 :

① 일반용 : 0 ~ 85℃, ② 항공기 및 군용 : -55~+155℃

나. 제품 등급에 따른 구분

① 범용(General Purpose) ② 정밀급(High grade) ③ 계기용(Instrumentation grade)

다. 패키지 종류

① DIP 프라스틱 패키지, ② DIP 세라믹 패키지, ③ 캔(can)타입 패키지 등

3. OP Amp의 이상적 특성과 실제의 특성값

이상적인 OP Amp가 되려면 증폭도, 입력 임피던스, 주파수 대역폭, 출력 등이 무한대로 커야 하지만 실제로는 표 3-34와 같이 제한적인 값을 가지는데 고성능 제품군으로 갈수록 이상적 특성에 근접함을 알 수 있다

표 3-34 연산증폭기의 특성

항 목	기호	이상값	LM741	OP07
개방단자 전압이득	A_{VOL}	∞	100,000	500,000
입력 저항	R_{in}	∞	2MΩ	50MΩ
출력 저항	R_{out}	0	75Ω	60Ω
입력 바이어스전류	$I_{in(bias)}$	0	80nA	±1.8nA
입력 오프셋전류	$I_{in(off)}$	0	20nA	0.8nA
입력 오프셋전압	$V_{in(off)}$	0	2mV	60μ V
동상신호 제거 비	$CMRR$	∞	90dB	120dB
대역폭	BW	∞	1.5MHz	0.6MHz

4. 활용 빈도가 높은 OP Amp 제품군(표 3-35)

구 분	범용(General Purpose)	고성능 (High Performance)	계기용 등급 (Instrumentation Grade)
Single	μA741 (B/1)	AD741L (B/1)	μA714(Rp20kΩ) (B/3)
	LM307/318 (F/1)	OP-02E/14E (B/1)	OP05E/07E/08E ....
	TL071/081/061 (F/1)	LF355/356...........	..........(Rp20kΩ) (B/3)
	TLC251/271 (F/단/1)	..........Rp(1-5)/25kΩ (F/3)	μA725E(Rp100kΩ) (B/3)
	MC34001 (B/1)	OP-15/16/17..............	AD504L(Rp10kΩ) (B/3)
	CA3160/3140 (F/1)	..........Rp(1-5)/25kΩ (F/3)	AD510L/517L(10kΩ)(F/3)
	LF351(1)/357(3) (F)	AD542/544 (F/1)	AD515L (F/1)
Dual	μA772 (F)	Dual Package제품의 핀 레이아웃 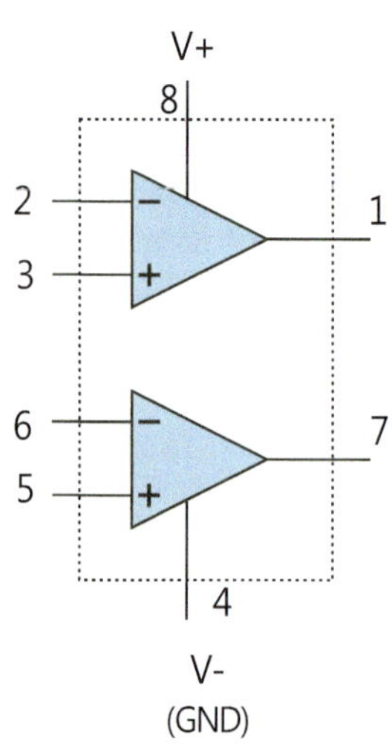	Quad Package 제품의 핀 레이아웃 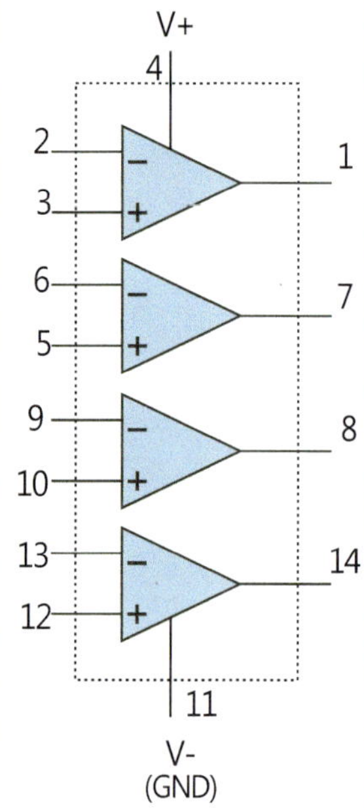
	OP04/14 (B)		
	MC1458 (B)		
	TL082/072 (F)		
	LF353 (F)		
	μA798 (B/단)		
	LM358 (B/단)		
	MC3458 (B/단)		
	CA3240 (F/단)		
Quad	LM348/349 (B)		
	MC4741 (B)		
	OP-11 (B)		
	TL064/074/084 (F)		
	μA774 (F)		
	LF347 (F)		
	LM324 (B/단)		
	NE534 (B/단)		
	MC3403 (B/단)		

주) (B): Bipolar, (F): FET 단: 단전원(V+/GND), (무표시): 양전원(V+/V−), 1/2/3: 오프셋

5. OP-Amp의 오프셋 조절법

OP Amp의 편차를 미세 조정하는 것을 오프셋 조절이라 하는데 제조회사에 따라 다음의 세 가지 방법 중 하나를 사용하며 그 내용을 자사의 데이터시트에 표시한다.

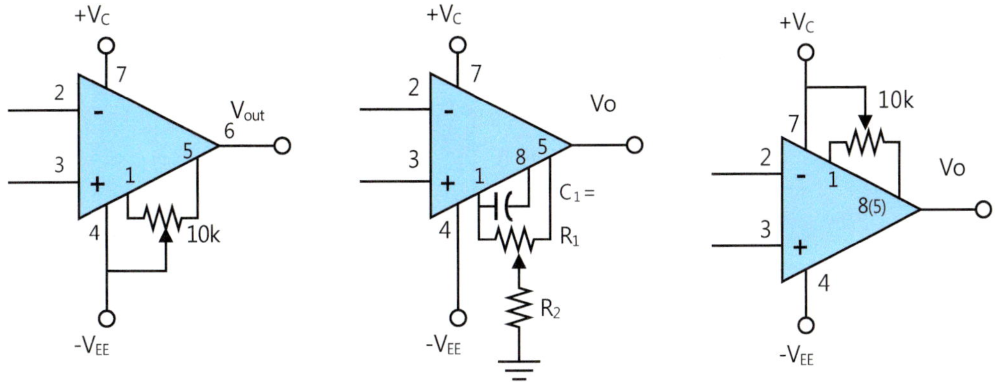

(a) Type A (b) Type B (c) Type C

그림 3-34 오프셋 조정회로의 예

6. 연산 증폭기 회로

가. 비교기 회로(그림 3-35)

두 입력단자에 각각 입력을 가하면 절대값이 큰 입력 쪽 극성에 따라 전원전압과 거의 같은 출력이 나타난다. 크기를 비교 판단하기 위한 목적이므로 부궤환 없는 무한 이득을 사용한다. 그림 3-38에서 V_1=3.1[V]이고 V_2=3[V]라면 V_1의 절대값이 크므로 −15[V]에 가까운 약 −14[V]의 출력전압이 나타난다.

모든 연산증폭기는 비교기로 사용할 수 있지만 비교기 전용으로 만들어진 OP Amp도 있는데 이들을 Comparator(비교기)라 부른다.

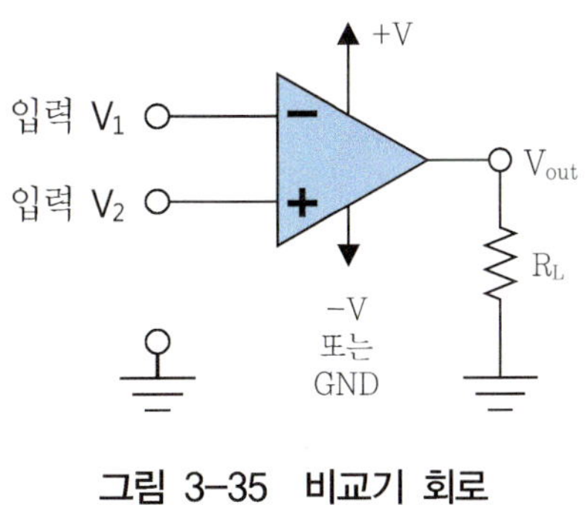

그림 3-35 비교기 회로

나. 비반전 증폭회로(그림 3-36)

정(+)의 입력단자에 신호를 가하고 동일한 극성의 출력을 얻는 방식이다. 증폭도는 궤환율에 따라 좌우된다. 양(±)전원 사용이 기본이지만 정(+)극성의 신호만 취급하는 경우에는 단일전원도 사용 가능하다. 증폭이득은 다음과 같다.

$$A_v = 1 + \frac{R_2}{R_1}$$

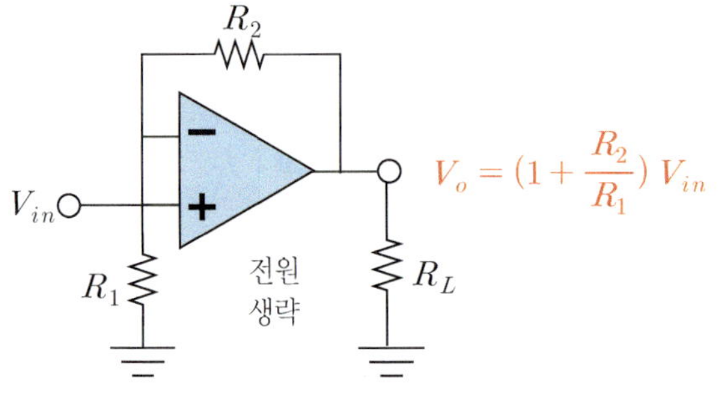

그림 3-36 비반전 증폭기 회로

다. 반전 증폭회로(그림 3-37)

부(-)입력 하나만 사용하며, 입출력의 극성이 반대이므로 반드시 정(+), 부(-)전원을 같이 사용해야 한다. 증폭도는 입력저항과 궤환저항의 비에 따라 정해진다.

$$A_v = -\frac{R_2}{R_1}$$

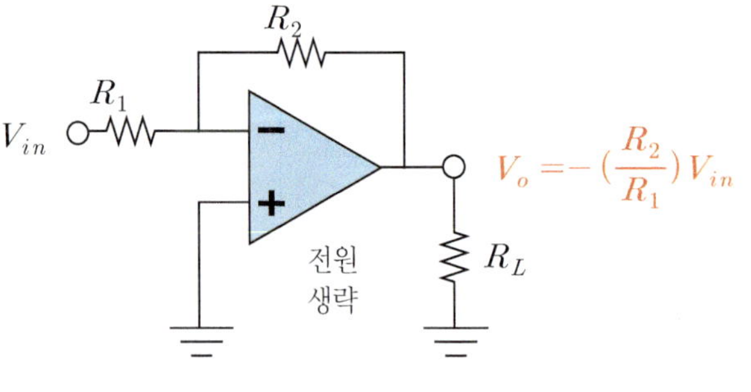

그림 3-37 반전 증폭기 회로

라. 차동증폭회로(그림 3-38)

두 입력의 차이를 증폭하는 회로로 센서 신호의 증폭에 많이 사용한다. 증폭도는 입력저항과 궤환저항의 비로 결정되며 반드시 양전원을 사용해야 한다.

출력전압을 계산하는 기본 식은 다음과 같다.

$$V_o = \left(\frac{R_4}{R_3 + R_4}\right)\left(\frac{R_1 + R_2}{R_1}\right)V_2 - \frac{R_2}{R_1}V_1$$

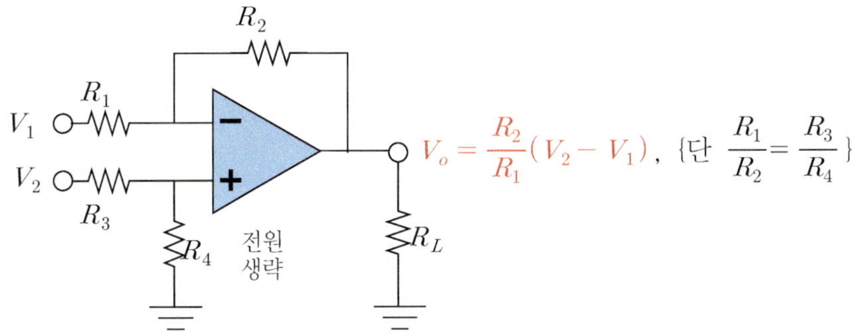

그림 3-38 차동 증폭기 회로

여기서 양측 저항의 비율이 같으면 ($\frac{R_1}{R_2} = \frac{R_3}{R_4}$) 증폭도($A_v$)는 다음과 같이 단순화 된다.

$$V_o = \left(\frac{R_2}{R_1}\right)(V_2 - V_1), \quad \therefore A_v = \frac{R_2}{R_1}$$

과제 번호	OP Amp 실험하기	
3.3.1		
준비물	DC전원장치, DMM	TLC251, μA741, 콘덴서 마이크, 스피커(2.5″, 8Ω) 서미스터(10㏀), SVR(5㏀, 10㏀), LED, 10μF/50V

1. 비교기 실험하기

가. 비교회로를 조립한다.

(1) 브레드 보드에 그림 3-39의 회로를 조립한다.

(2) 서미스터는 상온(25℃)에서 10㏀이 되는지 테스터로 확인하고 사용한다.

(3) VR은 B형 가변저항, 반고정저항 또는 멀티-턴 퍼텐쇼미터 중에서 하나를 사용한다.

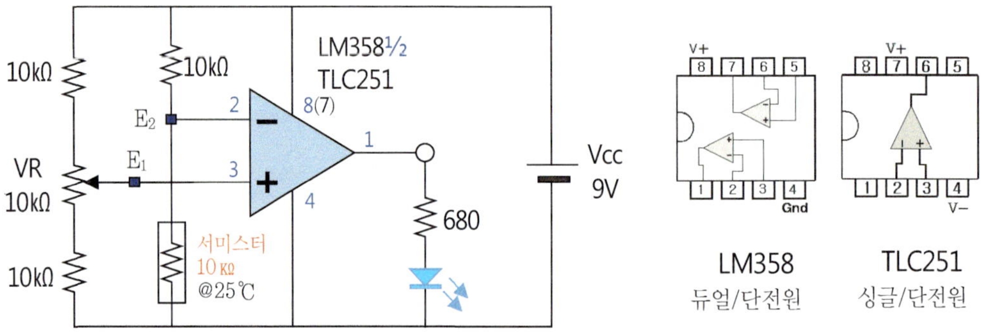

그림 3-39 비교기 회로(단전원 방식)

다. 기준전압을 설정한다.

VR10㏀을 조절하여 설정전압 E_1=4V가 되도록 한다.

라. 온도변화를 시험한다.

서미스터를 손으로 잡고 잠시 기다라면 OP Amp출력이 "H" 상태가 되면서 LED가 점등될 것이다. 이때 점등의 경계점에서 입력전압 E_1, E_2를 측정하시오.

출력반전의 경계점에서 측정한 입력 : E_1=(   )V, E_2= (   )V

마. 비교기의 기준전압을 변경하고 온도에 반응하는 동작을 시험한다.

(1) 가변저항을 조절하여 설정전압 E_1=3.5V가 되도록 한다.

(2) 라이터 또는 전기인두를 이용하여 서미스터를 가열하면서 LED가 점등되는 순간을 확인하고 이때 센서에 걸리는 전압 E_2를 측정한다.

표 3-36 온도 비교기의 동작 기록표

순서＼위치	기준전압 E_1	센서전압 E_2[V]		출력상태 LED
측정 1	4V	초기(가열 전)	① 4.5V	OFF
		손으로 가열하여 점등될 때	②	ON
측정 2	3.5V	초기(가열 전)	③ 4.5V	OFF
		라이터로 가열, 점등될 때	④	ON

※ 서미스터는 온도가 높아지면 저항값이 작아지므로 센서 양단의 전압 E_2는 낮아진다.

2. 비반전 증폭기 실험하기

가. 비반전 증폭회로를 구성한다.

그림 3-40과 같이 조립하고 전압계(또는 오실로스코프)를 준비한다.

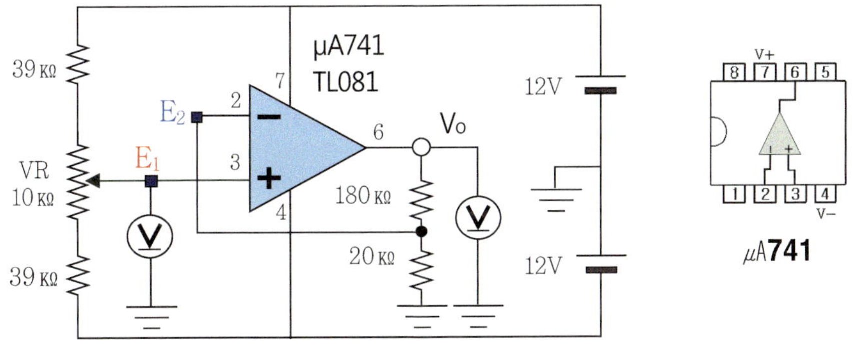

그림 3-40 비반전 증폭기 회로

나. 입력전압의 가변 범위를 측정한다.

가변저항을 최소-최대로 움직일 때, E_1 지점과 접지 사이의 전압 변화 범위를 디지털 전압계로 측정한다. 이론적으로 계산한 E_1의 가변 범위는 1.7V에서 -1.7V이다.

$$\frac{(15+15)\,V}{(39+10+39)k\Omega} \times 10k\Omega = 3.4\,[\mathrm{V}]$$

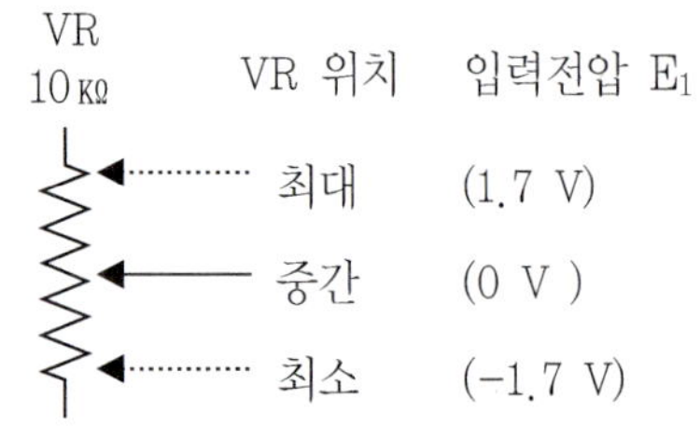

가변저항의 조절과 전압레벨

다. 입력 대 출력의 크기를 측정한다.

(1) 가변저항을 조절하여 표 3-37과 같이 입력을 맞추고 이때의 출력전압을 측정하여 표에 기록한다.

(2) 측정결과에서 (출력전압)을 (입력전압)으로 나누어 전압이득을 계산한다.

표 3-37 비반전 증폭기 출력 기록표

입력전압 E_1	-1.6V	-1.2V	-0.8V	-0.4V	0.4V	0.8V	1.2V	1.6V
출력전압 V_O								
이득($G=\frac{V_o}{E_1}$)								

라. 교류신호 증폭회로를 실험한다.

(1) 가변저항을 사용한 실험용 입력회로를 제거하고 그림 3-41과 같이 마이크 신호 증폭회로를 조립하시오.

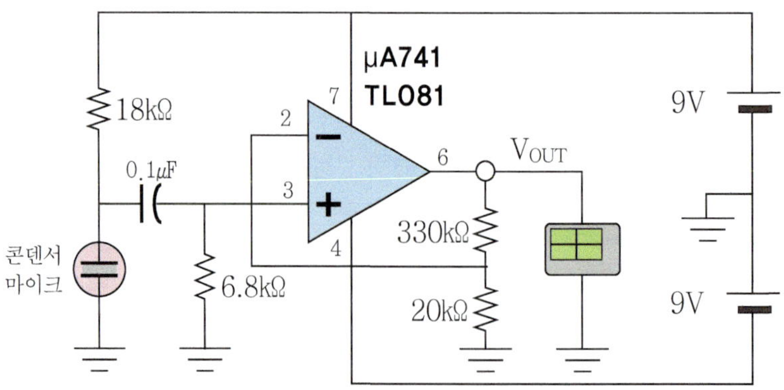

그림 3-41 마이크 증폭회로

(2) 마이크에 음성입력을 가하고 출력신호를 오실로스코프로 관찰한다.

(3) 마이크 대신 저주파발진기 신호(400Hz)를 공급하고 증폭도를 측정할 수 있다.

3. 반전 증폭기 실험하기

가. 반전 증폭회로를 구성한다.

그림 3-42와 같이 조립하고 전압계와 오실로스코프를 준비한다.

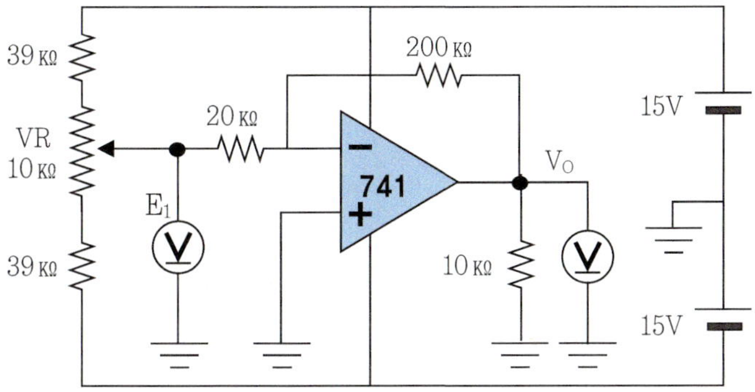

그림 3-42 반전 증폭기 회로

나. 입력 대 출력 전압을 측정한다.

(1) 가변저항을 조절하여 표 3-38과 같이 입력을 0.4V씩 단계적으로 높여갈 때 출력전압을 측정한다.

표 3-38 반전 증폭기 출력 기록표

입력전압 E_1	-1.6V	-1.2V	-0.8V	-0.4V	0.4V	0.8V	1.2V	1.6V
출력전압 V_O								
이득($G=\frac{V_o}{E_1}$)								

다. 그림 3-43과 같이 음성 신호 증폭기로 개조한다.

입력저항 10KΩ, 되먹임저항을 470KΩ으로 선정하면 이득은 47배가 된다. 이 상태에서, 일반적인 콘 스피커를 마이크 대용으로 써서 음성신호를 증폭하고 오실로스코프로 출력파형을 관찰하시오.

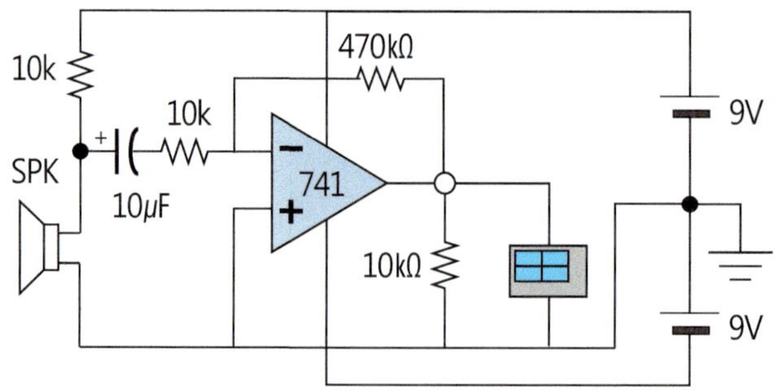

그림 3-43 음성신호 증폭기 회로

4. 차동 증폭회로 실험하기

가. 그림 3-44와 같이 브리지회로의 전압차를 증폭하는 차동 증폭기를 조립한다.

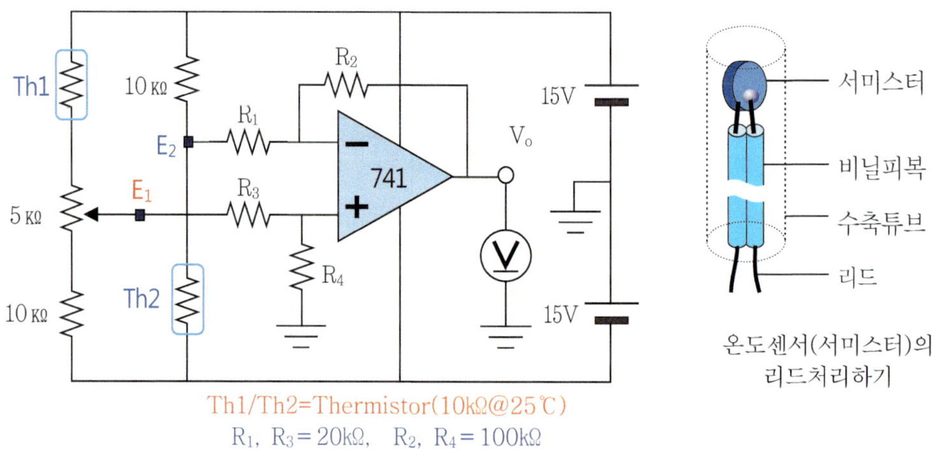

그림 3-44 양전원 차동증폭회로

나. 트리머 저항을 조절하여 출력전압이 0[V]를 지시하는 곳에서 멈춘다. 이때의 두 입력 E1, E2를 측정하여 기록한다.(표 3-39의 조건①)

다. 서미스터 Th1을 손바닥으로 감싸 잡아 온도를 높인다. 이때 출력 전압계 바늘이 (+)방향으로 기우는 것을 확인하시오.(측정조건②)

라. Th1을 놓고 잠시 있다가 Th2를 손으로 잡아 온도를 높인다. 이때도 바늘은 (+)전압을 지시하는지 확인하시오.(측정조건③)

마. Th1과 Th2를 호일로 감싼 후 동시에 가열한다. 이 경우에는 출력의 변화가 거의 두 배인 것을 확인하시오.(측정조건④)

표 3-39 차동 증폭기의 전압증폭측정

측정 조건	입력		출력
	E_1[V]	E_2[V]	V_o[V]
① 초기 조정 후			
② 서미스터 Th1 가열시			
③ 서미스터 Th2 가열시			
④ Th1, Th2 동시가열			

바. 실험의 결과를 정리하고 그 이유를 설명하시오.

과제 번호	OP Amp 응용	
3.3.1		
준비물	DC전원장치 DMM	TLC271, LM393, 2N3904, 1N5231(5.6V), 250Ω (1%), SVR(2k, 10k), LED(5Φ, 적/록/황)

[실험 1] 전압-전류 변환회로

이 회로는 계측현장에서 채취한 전압 신호를 정전류 신호로 변환하고 전송하는 회로이다. 스팬(span)범위는 전압 1~5V, 전류 4~20mA이다. 전류신호를 수신한 곳에서는 250Ω을 이용해서 원래의 전압으로 변환한다.

1. 그림 3-45의 전압-전류 변환회로를 조립하시오.
   - OP Amp는 단전원 제품으로 하되 대치품을 사용할 수 있다.
   - 변환회로와 수신부의 저항 250Ω 은 1%정밀저항으로 한다.

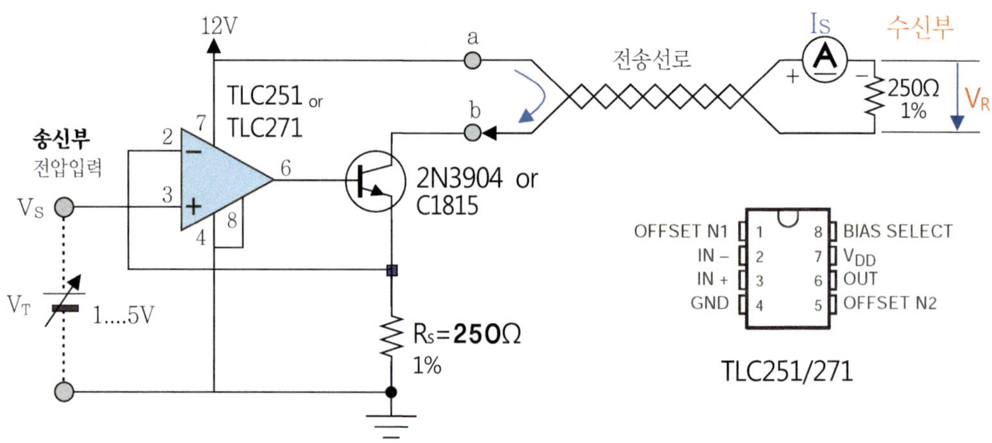

그림 3-45 전압(1~5V) – 전류(4~20mA) 변환회로

2. 출력단자로부터 전송선로(연선 또는 쉴드선)를 통해 수신부 저항 250Ω을 단다.
   ☞ 250Ω 1% 정밀저항을 대신하여 5% 일반저항 240Ω 과 10Ω 을 사용할 수 있다.

3. 안정화 전원장치로부터 1V를 만들어 입력단자에 가한다.(V_T=송신전압⇒안정화 전원장치)

4. 수신부에 흐르는 전류 Is와 수신측 단자전압 V_R을 측정한다.

5. 계속하여 입력전압을 2V, 3V, 4V, 5V로 가할 때 수신부의 전류, 전압을 각각 측정한다.

표 3-40 전압-전류 변환회로의 측정1

송신부	입력전압 V_T[V]	1	2	3	4	5
수신부	수신전류 I_S[mA]					
	수신전압 V_R[V]					

6. 수신부로 가는 회로의 일부를 자르고 선로저항(Rr)을 대신하여 33Ω을 삽입한 다음 위의 실험순서 3~5를 반복하고 결과는 표 3-38에 기록한다.

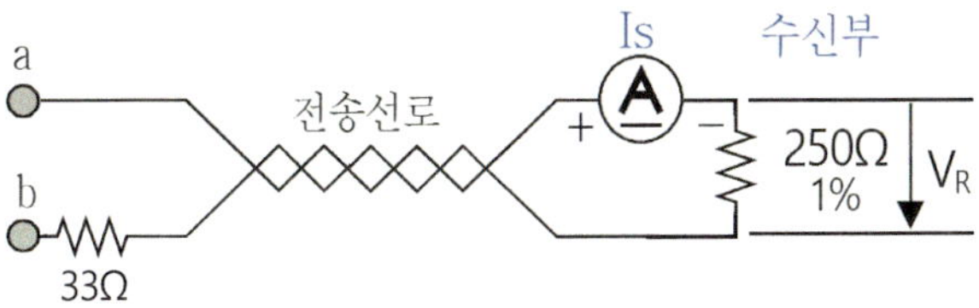

그림 3-46 선로저항의 영향을 알아보는 실험

표 3-41 전압-전류 변환회로 측정2(선로저항 33Ω 삽입 후)

송신부	입력전압 V_T[V]	1	2	3	4	5
수신부	수신전류 I_S[mA]					
	수신전압 V_R[V]					

7. 위의 결과를 비교하고 그 이유를 설명하시오.

선로저항이 있어도 전송전류와 수신전압이 변하지 않는 이유: ________________

[실험 2] 윈도우 컴패레이터(창 비교기) 조립하기

태양광발전 설비 또는 자동차 정비소에는 축전지의 전압을 판정해 주는 장치가 있다. 예를 들면 축전지가 완충상태인지, 사용가능한 범위 내에 있는지, 또는 방전이 불가능한 상태인지를 전압 비교기를 통해 판정하는데, 이것을 '창(窓) 비교기'라 부른다.

1. 그림 3-47의 윈도우 컴패레이터를 조립하시오.

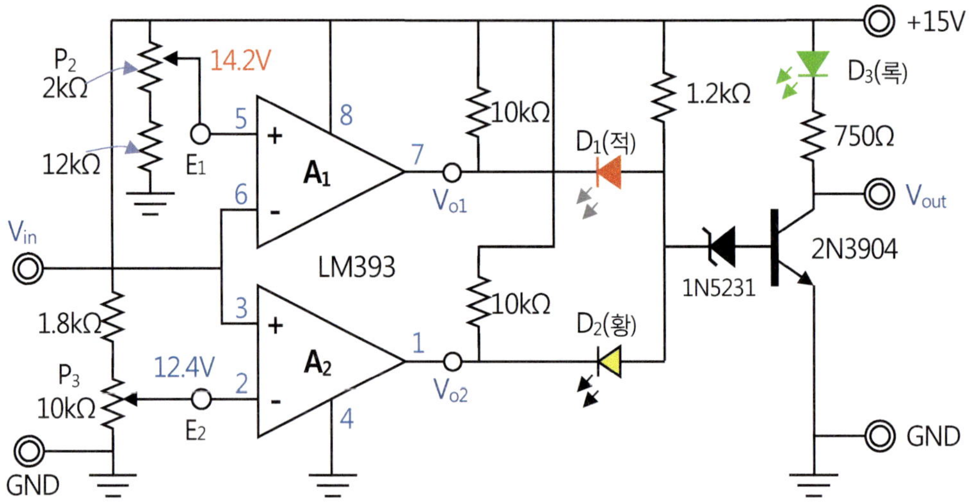

그림 3-47 윈도우 비교기 실험회로

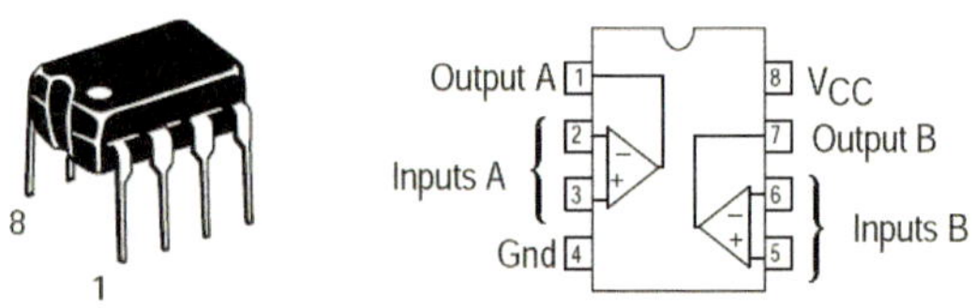

LM393의 핀 접속도

동작 원리

A1은 상한레벨보다 더 높은 전압을 검출해서 빨강 D1을 점등한다. A2는 하한레벨보다 더 낮은 전압을 검출하여 황색 D2를 점등한다. 높지도, 낮지도 않은 중간범위(=창 영역)에선 두 출력이 "H"레벨이 되고 트랜지스터가 ON되어 초록D3가 점등되고 외부로 출력을 보낼 수도 있다.

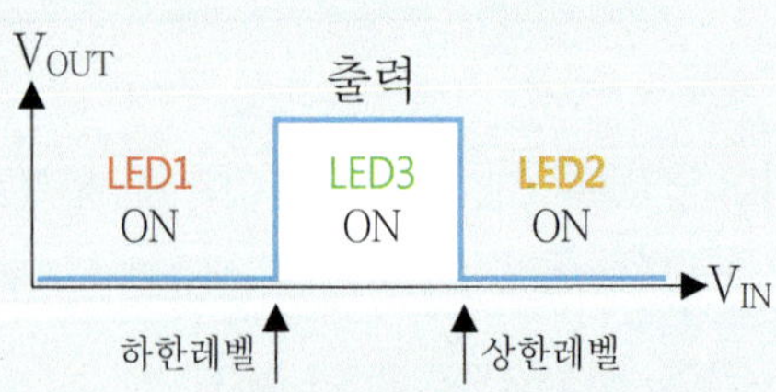

윈도우 비교기의 동작

2. VR_1을 조절하여 E_1=14.2V가 되게 한다.(E_1=상한레벨)
3. VR_2를 조절하여 E_2=12.4V가 되게 한다.(E_2=하한레벨)
4. 안정화 전원장치의 출력을 비교기의 입력(V_{In})단자에 연결하고 0V에서 15V까지 서서히 전압을 증가시킨다.
5. 록색 LED가 점등되는 입력전압의 범위는 몇 [V]에서 몇 [V]까지인가?

   윈도우 범위 : ______________

6. 빨강 및 노랑 LED 램프의 점등 범위는 각각 입력 몇 [V]인지 전원장치를 확인하시오.

   D_1(빨강)의 점등 범위 :__________ D_2(노랑)의 점등 범위 : ___________

7. 윈도우 컴패레이터의 응용

   완성된 윈도우 컴패레이터를 응용하여 보시오.

   가. 연축전지의 무부하(개방단자)전압을 측정해 보면 충전이 필요한지 만충인지 알 수 있다.

   나. 무부하 전압이 12.4V이면 충전율 60%, 12.6V이면 80%, 12.8V이면 100%이다. 일반적으로 충전율 60%선에서 재충전을 시작하는 것이 좋다.

   다. 윈도우 컴패레이터와 배터리 충전기를 결합하여 자동으로 충전 되도록 하려면 아래와 같이 회로를 구성한다. 전원라인과 트랜지스터의 컬렉터 사이에 릴레이를 연결하고 그 접점으로 충전기에서 배터리 사이를 ON/OFF 제어한다.

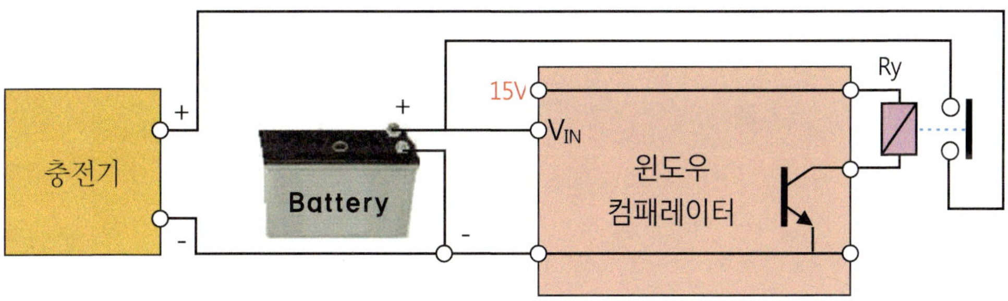

그림 3-48 윈도우 컴패레이터와 배터리 충전기의 결합

3.4.1 온도 센서(Temperature Sensor)

1. 서미스터(thermistor)

가. 명칭

온도 변화에 대응하여 저항이 변하는 소자를 서미스터라 하는데 Thermally sensitive Resisor의 준말이다.

나. 범용성

전 세계에서 사용되는 센서의 약 $\frac{2}{3}$가 온도센서이고 이 중에서 60% 정도가 서미스터이다. 그 이유는 값이 저렴하면서도 감온특성이 우수하기 때문이다.

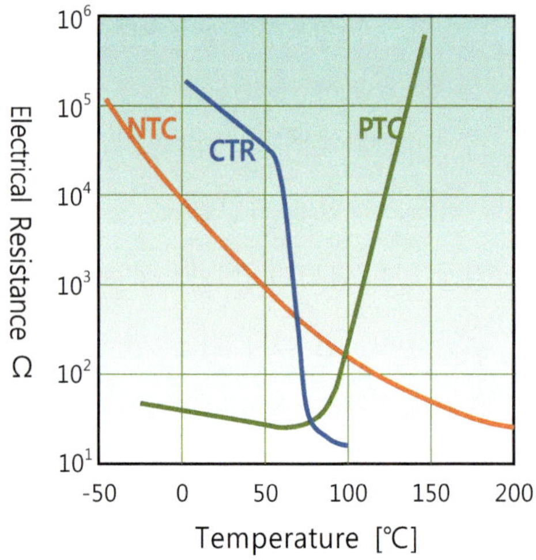

그림 3-49 써미스터의 종류별 온도 특성

다. 종류

써미스터는 온도특성에 따라 세 종류가 있다. (그림 3-49)

(1) NTC : 일반인 들이 말하는 '서미스터'는 전문용어로 NTC라고 말한다. 온도가 상승하면 저항값이 감소하는 부온도 특성을 가졌기 때문이다. 온도계측용으로 널리 사용되며, 값이 싸다.

(2) PTC : 포지스터(Posistor)라고도 부른다. 온도가 상승하면 저항값도 증가한다. 기계장치를 과열 또는 과전류로부터 보호하는 용도로 사용된다. 시중에서 세라믹 히터라 부르는 온풍기는 바로 PTC로 만든 응용제품이다.

(3) CTR : '민감성 써미스터'이다. 특정온도(약 70℃)가 되면 저항값이 급격히 감소하여 거의 단락(쇼트)상태가 된다.

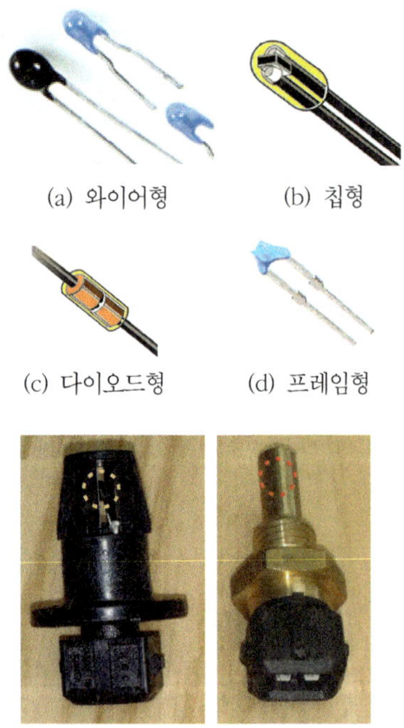

(a) 와이어형 (b) 칩형

(c) 다이오드형 (d) 프레임형

(e) 자동차 온도센서

그림 3-50 NTC의 제품 형태

NTC=Negative Temperature Coefficient of resistor
(부負온도계수 감온 저항기)
PTC=Positive Temperature Coefficient of resistor
(정正온도계수 감온 저항기)
CTR=Critical Temperature Coefficient of resistor
(민감온도계수 감온 저항기)

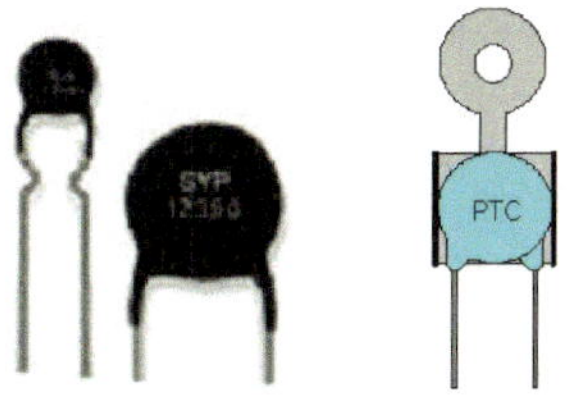

(a) (b)

그림 3-51(a) 디스크형 PTC (b) 홀더에 부착한 모습

라. 서미스터의 특징

(1) 감도가 좋아 신호처리에 유리하다.
(2) 구조가 간단하여 소형화가 가능하다.
(3) 압력, 자기, 기타 요인에 대해 안정적이고 경시 변화가 적다.
(4) 가공성이 좋고 가격이 저렴하다.

NTC의 표기

R25(25℃ 때의 저항값)으로 표기
예 : xxx103F = 10㏀(25℃ 기준)
온도시상수(τ): 측정점 온도의 63.2%에 도달하는데 걸리는 시간(약15초)

마. 주요 용도

-50~200℃ 범위의 온도계측 및 제어가전제품(전자렌지, 전기밥솥, 냉/난방기), OA기기, 자동차, 의료 건강기구, 각종 산업 기계 장치

PTC의 표기

큐리온도 및 R25(25℃저항값)표기
예: xxx05 251JDxx=50℃, 250Ω
그밖에 정격전압, 불감전류, 동작전류, 반응 시간 등이 규격표에 표기된다.

2. 서모 커플(Thermocouple=열전대, 열전쌍 약어 : T/C)

가. 원리

두 종류의 금속을 접합하여 폐회로를 만들고 두 접합점의 온도차를 다르게 유지하면 금속간에 기전력이 발생하여 전류가 흐르는 현상을 제에벡(Zeebeck) 효과라 하고, 이것을 이용하여 온도를 측정하도록 만든 것을 열전대라 한다.(그림 3-69, 3-70)

나. 재질과 종류

접합하는 금속의 종류에 따라 열전대의 형식이 정해진다.

K형 : 크로멜-알루멜　　R형 : 백금/13로듐-백금
E형 : 크로멜-콘스탄탄　　J형 : 철-콘스탄탄

다. 열기전력

K형은 가장 많이 사용하는 열전대로서, 크로멜은 크롬(Cr)과 니켈(Ni)의 합금이고,

알루멜은 알미늄(Al)과 니켈(Ni)의 합금이다. K형 열전대는 접합간의 온도차 1K당 40㎶의 열기전력이 발생한다. 실내온도 25℃일 때 접합부 온도가 125℃라면 온도차는 100° [켈빈]이 되므로 센서의 양 단자간에 발생되는 기전력은 4㎷가 된다.(출력 $V_O = \Delta T \times 40\mu V/k = 100k \times 40\mu V/k = 4000\mu V = 4mV$)

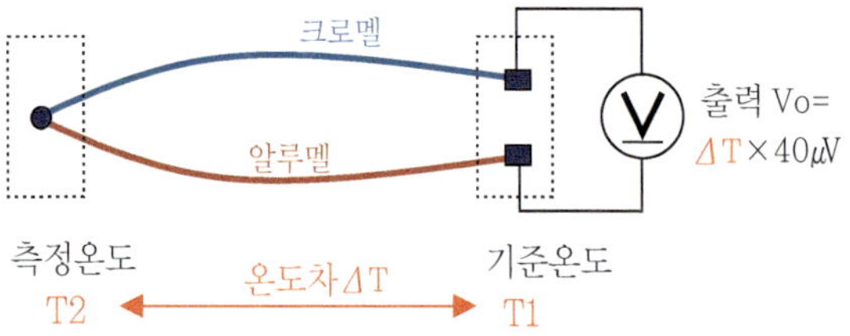

그림 3-52 써모커플(T/C)의 원리

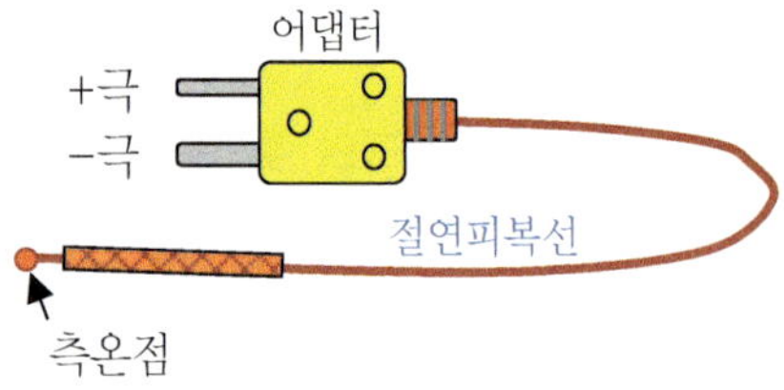

그림 3-53 써모커플(T/C) 프로브

3. 백금 저항체 온도센서

가. 운모틀에 0.1mm 이하의 백금세선(白金細線)을 촘촘히 감아 SUS[1]보호관 속에 넣고 절연처리 한 것을 백금 저항체 온도센서, 일명 Pt100이라 부른다. 이것은 0℃때의 표준 저항값이 100Ω 이기 때문에 붙여진 이름인데 가끔 Pt50이나 Pt25형 제품도 있다.

나. 그림 3-54는 백금센서의 두 가지 제품을 보여준다. (a)는 일반형으로 SUS파이프 속에 백금선만 들어있다. (b)는 트랜스듀서 형으로 위쪽의 헤더에 증폭 변환 등 신호처리를 위한 전자장치가 들어있어 4~20mA의 정전류 신호를 출력하거나 RS232c/485를 통하여 디지털 신호를 출력한다.

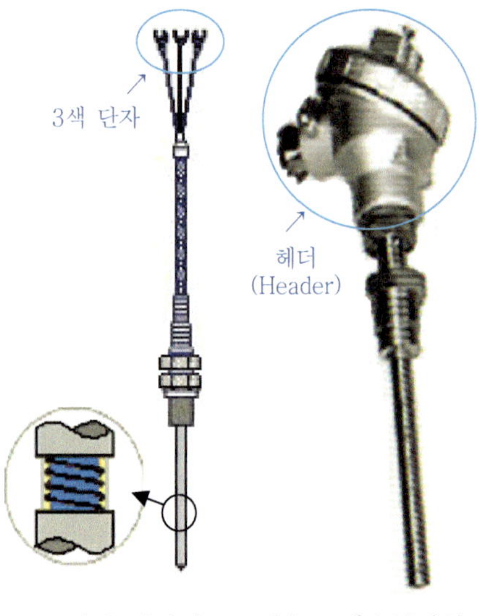

(a) 3선식 일반형 (b) 트랜스듀서형

그림 3-54 Pt100 온도 센서

1) SUS=스테인리스 스틸(stainless steel)

과제 번호 3.4.1	온도센서 실험하기	
준비물	DC전원장치 DMM	서미스터(10㏀), TLC271, 2N3904, SVR(10㏀) PCB릴레이(12V), 1N4148, LED

1. 서미스터의 저항값을 측정한다.

가. 디지털 멀티미터의 저항계를 이용하여 실내온도에서 10㏀ 서미스터의 저항값을 측정한다.

나. 정확한 온도를 알기 위하여 은박지로 디지털미터의 온도 프로브와 서미스터를 묶어서 열을 가한다. (그림 3-55)

다. 표 3-42와 같은 온도조건을 주었을 때 서미스터의 저항값을 측정하고 기록한다.

(1) 얼음사이에 물을 채운 얼음물은 0℃에 가깝다.

(2) 방수를 위해서는 수축튜브 속에 넣고 반을 접으면 된다.

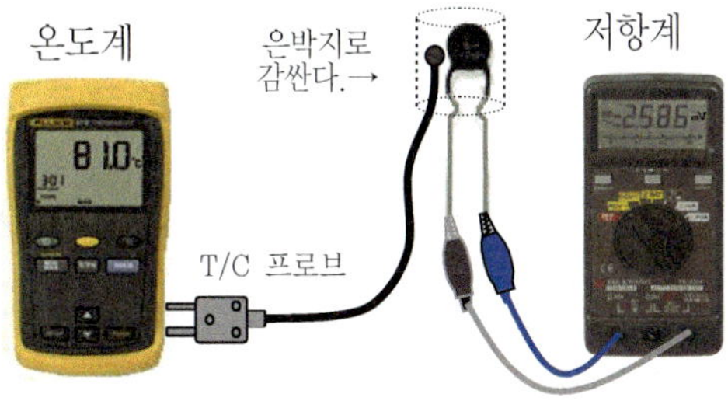

그림 3-55 서미스터의 온도와 저항을 동시에 측정하는 법

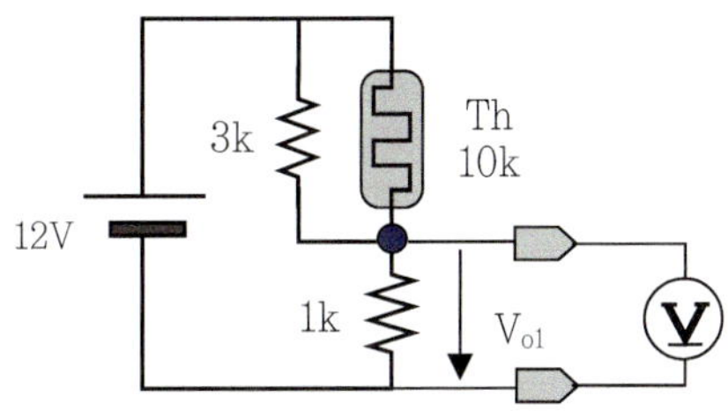

그림 3-56 온도-전압 변환회로

표 3-42 서미스터의 저항값

조건	온도		저항값[Ω]
	기준	실제	
얼음 물	0℃		
실내온도	25℃		
체 온	36℃		
끓는 물	100℃		

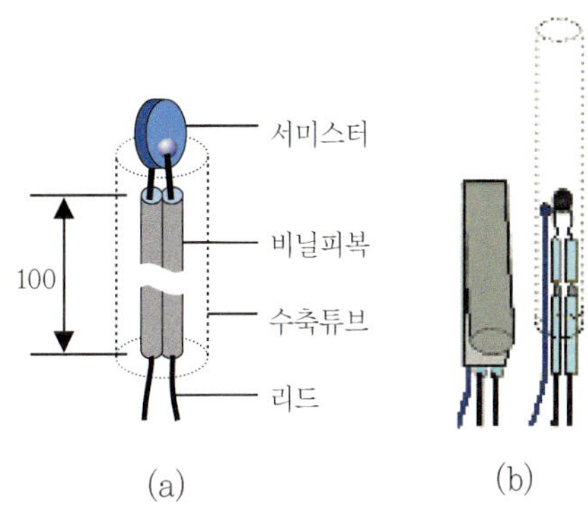

그림 3-57 써미스터의 단자처리와 방수 처리법

2. 온도변화를 전압출력으로 바꾸는 실험

가. 그림 3-73과 같이 회로를 만든다.

나. 서미스터의 온도상승에 따른 저항측정 방법

은 그림 3-58과 같은 방법으로 한다.

다. 온도변화에 따른 전압출력(Vo1)을 측정하여 표 3-43에 기록한다.

라. 출력의 결과를 그래프로 그려서 직선성 정도를 확인하시오.(그림 3-59)

표 3-43 온도 대 전압출력 기록표

온도 (℃)	Vo1 [V]	온도 (℃)	Vo1 [V]
0		20	
40		60	
80		100	

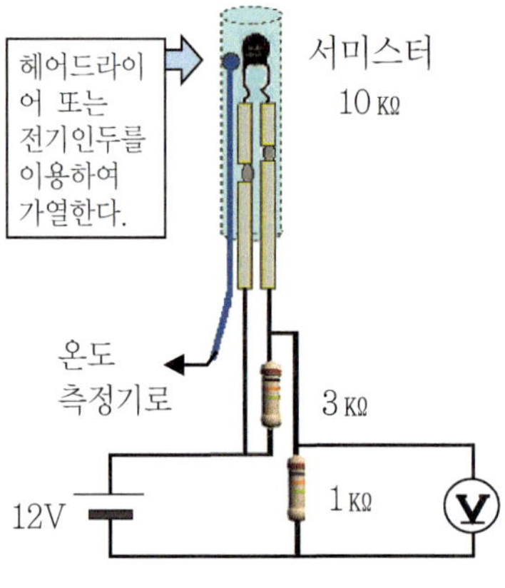

그림 3-58 실체 배선도

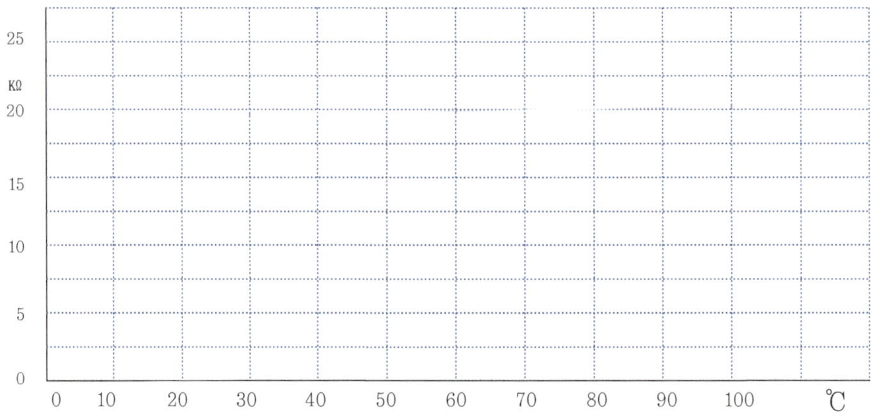

그림 3-59 써미스터의 온도-저항 변화곡선

3. 온도 제어회로를 실험한다.

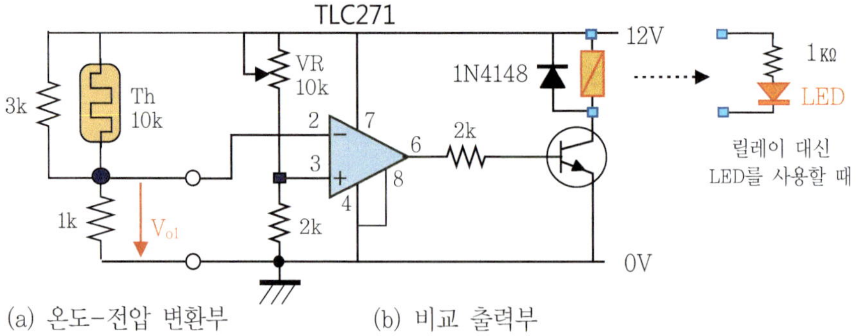

그림 3-60 온도측정 및 제어회로

가. 그림 3-60과 같이 (a) 온도-전압 변환회로와 (b) 비교 출력회로를 연결하여 조립한다.
나. 이 회로의 초기 동작은 다음과 같다.

초기상태=낮은 온도⇨ 온도출력(Vo1) 낮음⇨ OPAmp "H" 출력⇨ 릴레이 ON(점등)

다. 조립을 마치고 전원을 가하면 릴레이(또는 LED)가 ON 되어야 한다. 문제가 있으면 해결하고 다음의 순서를 따른다.
라. OP-Amp의 3번에 기준전압 2[V]가 입력되도록 VR1을 조절하시오.

동작온도 : [℃]

마. 이제, 서미스터를 가열하여 온도가 상승하게 되면 출력 릴레이(또는 LED)가 OFF되는지 확인하시오. 그리고 그 때의 동작온도는 몇 ℃인지 확인하시오
바. 설정온도를 변화시키려면 VR-10㏀을 조절하면 된다.
사. 앞서 실험의 결과인 표 3-40과 전압계로 측정한 온도출력(V_{O1})을 보면 몇℃에서 동작이 되게 할지도 알 수 있다.
아. 센서를 손바닥으로 감싸쥐고 체온에 근접하게 하였을 때 출력(LED)이 반전되도록 가변저항을 설정하고 이때의 V_{O1}을 측정하시오.

체온에서 동작할 때의 기준전압 : [V]

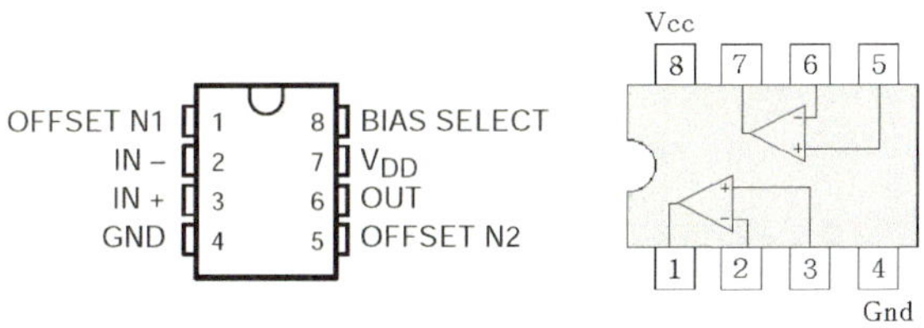

(a) TLC271 (b) LM358

주) 단전원을 사용할 수 있는 OPA에는 싱글팩 TLC271과 듀얼팩 LM358이 있다. 후자의 경우 오프셋 조절단자는 없지만 정밀도가 좋아 널리 사용되는 제품이다.

그림 3-61 실험용 OP Amp의 핀 아웃

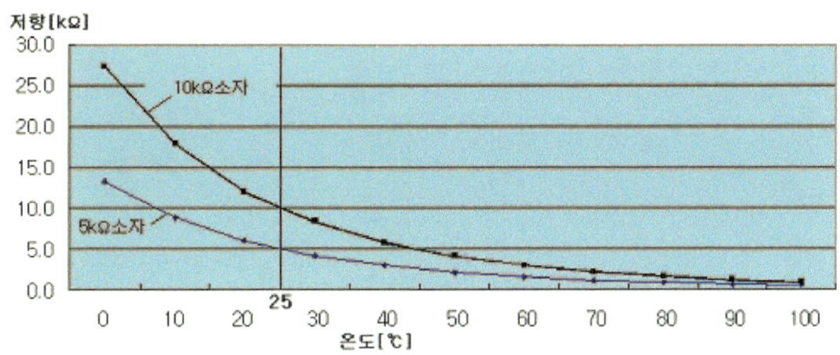

그림 3-62 써미스터의 온도-저항 변화곡선(예)

3.4.2 광센서(Photo Sensor)

1. 빛(光)의 정의

빛은 입자와 파동의 성질을 함께 지닌 에너지의 한 형태로서 전자파의 범주에 속한다.

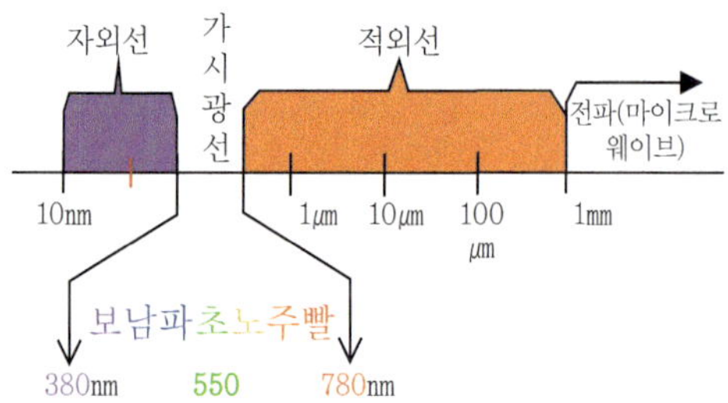

그림 3-63 파장에 따른 빛의 분류

2. 빛의 종류

가. 가시광(Light) :

380~780nm파장 범위의 빛

나. 자외선(UV) :

보라색보다 파장이 짧은 빛

다. 적외선(IR) :

빨강보다 파장이 긴 빛. 범위가 넓어서 근, 중, 원-적외선으로 나눈다.

근적외선은 제어와 통신에 사용되고, 원적외선은 몸에 이로워 치료와 건강용으로 사용된다.

그림 3-64 광도전 셀의 구조와 기호

3. 광센서의 종류

가. 광도전 소자

소재의 이름을 따서 CdS라 부른다.

(1) 소재 : CdS, CdSe, GaP, PbS

(2) 외형과 기호(그림 3-81)

(3) 특성 : 어두운 곳에서는 매우 큰 저항을 가지고 있으나 빛을 받으면 저항이 감소한다.

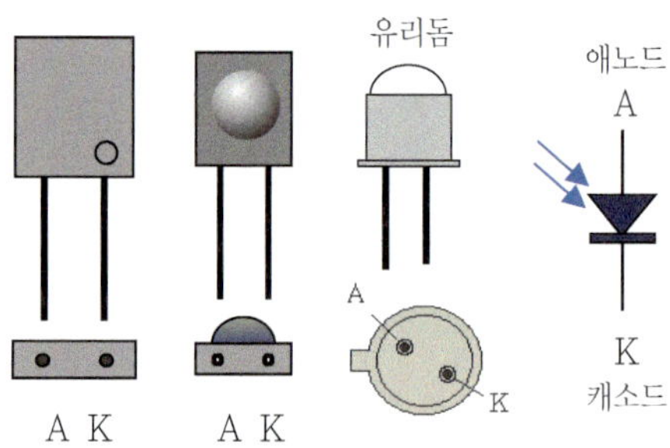

그림 3-65 포토다이오드와 기호

나. 포토 다이오드

빛의 세기에 따라 전기적 성질이 변하는 다이오드.(그림 3-65)

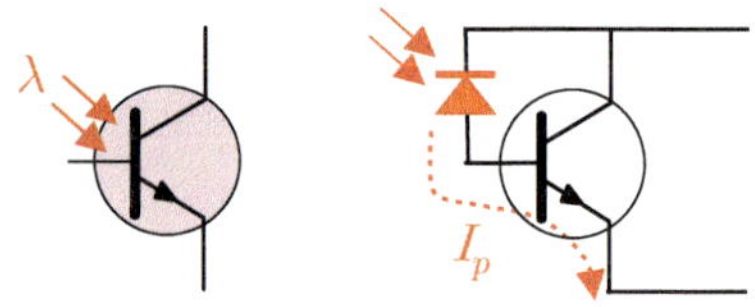

(a) 기호 (b) 등가회로

그림 3-66 Ph-TR의 기호와 등가회로

(1) 광기전력 효과 : 매우 얇은 반도체 PN접합에 빛이 조사되면 기전력이 발생되는 현상

(P형=애노드(+), N형=캐소드(−))

면적을 넓게 하면 Solar Cell이 된다.

(2) 광도전 효과 : 역방향 바이어스 된 포토 다이오드에 전압을 가하면 도전성이 증가하여 전류가 흐르는 현상

(암실⇒ 수MΩ, 직사광⇒수십~KΩ)

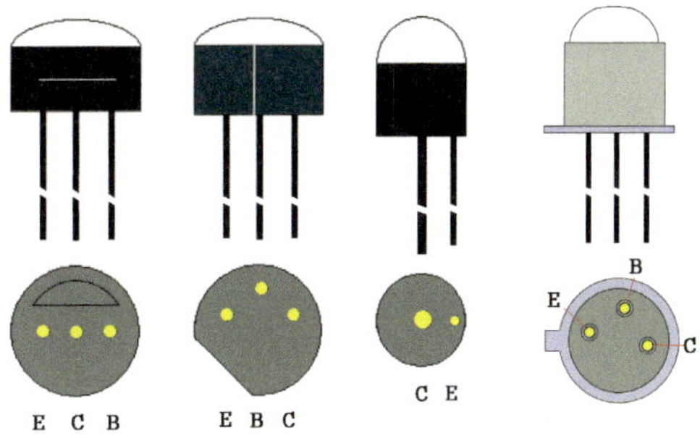

그림 3-67 포토트랜지스터 제품들

다. 포토 트랜지스터

(1) 포토다이오드의 감도를 높이기 위하여 트랜지스터를 결합한 것. 베이스가 없는 것도 있다.(그림 3-67)

(2) 감도는 포토다이오드보다 수십 배 높고 전기적 특성은 트랜지스터와 비슷하다.

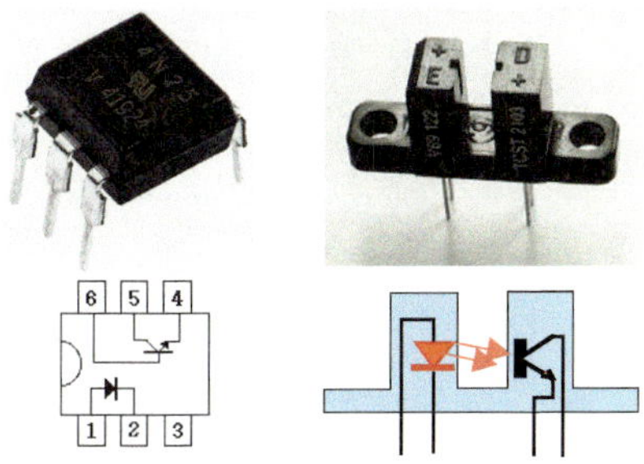

(a) (b)

그림 3-68 포토-커플러(a)와 포토-인터럽터(b)

라. 포토 사이리스터

게이트 입력신호 대신에 빛을 가하면 트리거(점화/동작)되도록 설계된 사이리스터 (SCR 또는 TRIAC)

마. 기타 광전소자

(1) 광전관 : 영화의 음성신호 판별에 사용되는 진공관식 빛-전기 변환장치

(2) 촬상관 : 진공관 방식의 영상카메라

(3) CCD : 고체소자(반도체) 방식의 영상감광판(Charge coupled devices)

(4) 초전센서 : 인체에서 방출되는 원적외선을 검출하는 센서. 현관등, 도난 경보용으로 사용됨

(5) 포토 커플러 : 전기적 절연을 위하여 빛을 매개로 신호를 결합하는 소자. 노이즈가 많은 기계 제어회로나 디지털-아날로그 인터페이스에 사용된다.(그림3-68a)

(6) 포토 인터럽터 : 물체의 이동(통과)을 검출하기 위하여 발광부와 수광부 사이에 공간을 마련한 광검출 소자.(그림3-68b)

과제 번호	광 센서(Photo Sensor) 실험	
3.4.2		
준비물	DC전원장치 DMM	PhD(OSP-1KL), PhTR(OST-1KLA), C1815, TIP31C, CNY17 CdS(12Φ), PCB Relay(12V), LM358, 스위치(SPDT), 1N4148

1. CdS 셀 특성 실험하기

가. 그림 3-69와 같이 100[W]전구, CdS, 테스터 등을 작업대에 설치한다.

나. 전구와 CdS의 거리를 변화시키면서 CdS 양단의 저항을 테스터로 측정한다.

다. 만약 조도계(Lux Meter)가 있다면 조도를 측정하여 표 3-44에 기록한다.

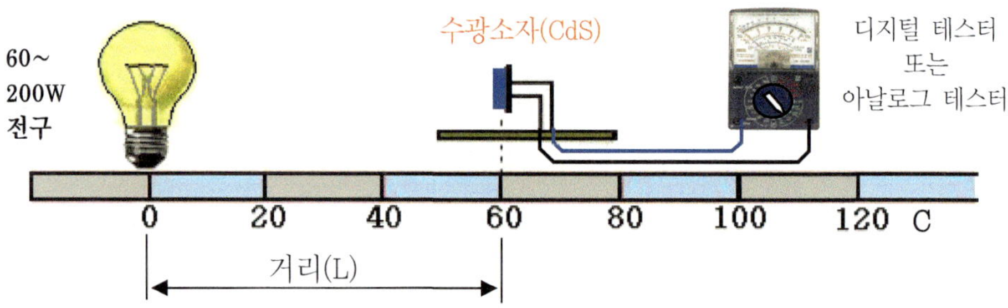

그림 3-69 광전센서 실험을 위한 광원(전구)과 센서의 설치

표 3-44 CdS셀의 저항변화 기록표

거리ℓ [Cm]	0	20	40	60	80	100	120	140
저항[Ω]								
조도[Lx]								

2. CdS 응용회로 조립하기[어두우면 켜지는 조명 제어회로]

가. 그림 3-70과 같이 CdS를 이용한 자동 조명 스위치 회로를 조립하시오.

CdS

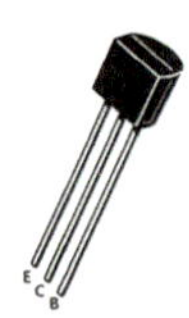

2SC1815

TIP31C

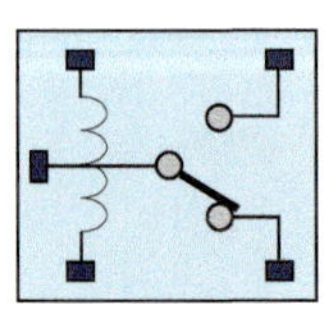

PCB릴레이(SPDT)

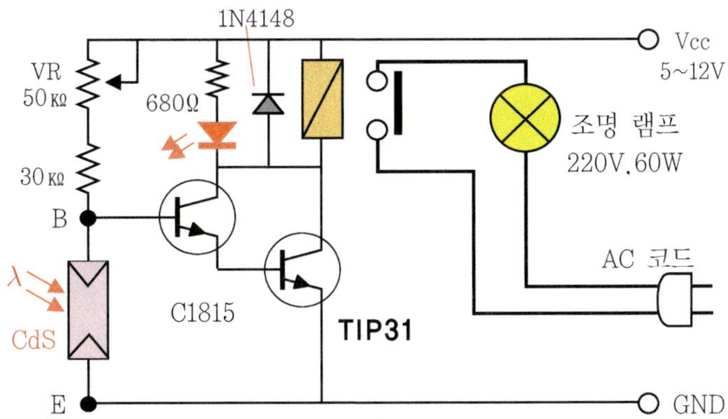

그림 3-70 CdS를 이용한 자동 조명 스위치 회로

나. 조립이 완료되면 전압(Vcc)을 가한다. (릴레이 규격에 따라 5 또는 12V)

다. CdS를 검은 천으로 감싸 빛을 가리면 LED가 점등되는지 확인하시오.

라. 어느 정도 어두워지면 램프가 점등되게 할 것인가? 즉, 동작의 경계점을 임의로 변경하고 싶다면 가변저항 VR50㏀을 조절하면 된다.

마. 위의 동작이 확인되면 220V 전압을 가하여 램프를 구동한다.

> **동작 설명**
>
> 1) 광도전소자(CdS)는 빛이 밝을 때 저항이 작아지고, 어두울 때 저항값이 커진다.
>
> 2) 어두워지면 CdS 저항 증가→VB-E 증가 → 트랜지스터 도통→릴레이 동작→램프점등
>
> 〈주의〉 회로전압을 6~12V 범위에서 선택할 수 있으나 회로의 전원 전압과 릴레이 정격 전압은 같아야 한다.

> **광기전력 효과** : 다이오드에 빛을 가해주면 애노드(+)에서 캐소드(-)쪽으로 기전력이 발생하는 현상

3. Photo Diode 특성실험

가. 광기전력 효과 실험

(1) 그림 3-71과 같이 포토-다이오드와 전압계를 접속하고 빛이 입력될 때 A-K양단의 기전력을 측정한다.

(2) 직사광 하에서 최대 출력전압은 0.6V, 실내조명 아래에서는 수 100㎶ 이내이므로 디지털 전압계는 2V 렌지로 설정한다.

그림 3-71 포토 다이오드의 광기전력 측정법

(3) 전류계로 단락전류를 측정한다.(전류계 내부저항은 거의 0Ω이므로 다이오드 양단에 전류계를 접속하면 단락상태가 되므로 단락전류를 측정할 수 있다.)

(4) 백열등과 포토다이오드 및 테스터를 그림 3-72와 같이 설치하고 거리(밝기)에 따른 광-기전력의 크기를 측정하시오.

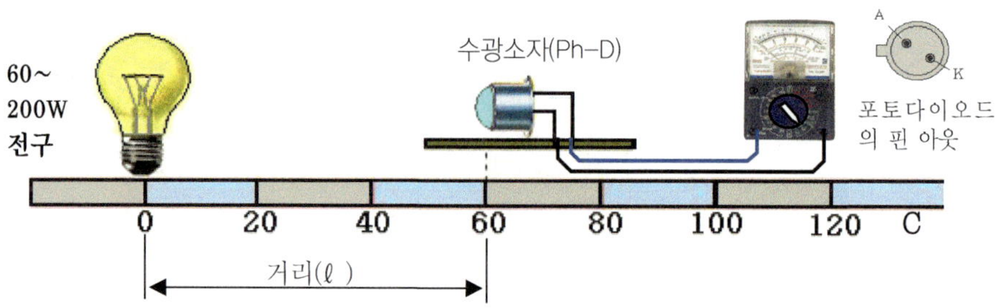

그림 3-72 빛의 세기에 따른 광기전력 측정법

표 3-45 포토 다이오드의 광기전력 및 광전류 측정결과 기록표

거리ℓ [Cm]	0	20	40	60	80	100	120	140
전압계 – 광기전력[mV]								
전류계 – 광 전류[μA]								
조도 [Lx]								

나. 광도전(光導電) 효과 실험

광도전 효과: 다이오드에 역전압을 걸어주면 보통의 다이오드와 같이 전류가 흐르지 않다가 빛을 가해주면 도전성이 증가하여 전류가 흐르는 현상.

(1) 그림 3-90과 같이 회로를 구성하고 입사광에 따른 출력전압의 세기를 측정하시오. 빛을 가하는 방법은 그림과 같이 한다.

(2) 전압을 측정할 때 내부저항이 정밀도에 큰 영향을 미치기 때문에 가능한 디지털형 전압계(DVM)를 사용하는 것이 좋다.

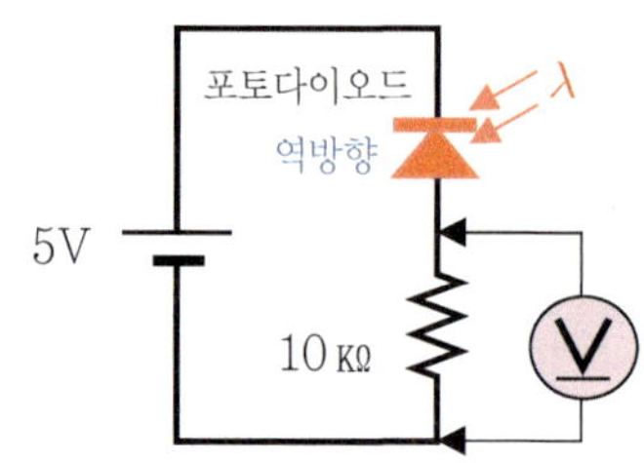

그림 3-73 광도전효과 측정회로
(빛의 세기에 따라 도전성이 증가한다)

표 3-46 포토 다이오드의 전압출력 기록표

거리 [Cm]	0	30	60	90	120
전압출력[V]					
조도[Lx]					

4. Photo Diode 응용회로-조도계(Lux meter) 조립하기

Photo Diode의 전기적 특성을 이용하여 조도계(Lux meter)를 만들어보자.

ⓐ 빛의 세기 대 전압출력 특성 = 0~1000룩스까지 직선적으로 비례.(예 : 0~400mV)

ⓑ 빛의 세기 대 전류출력 특성 = 0~20,000룩스까지 직선적으로 비례함.(예 : 0~35μA)

[설계 사양]

ⓐ 실내 조명 측정 모드 ⇒ 측정범위 : 0~1,000룩스

ⓑ 0~1000룩스 입광시 0~400mV까지 직선비례 출력을 이용한다.

ⓒ High Range : (0~1000Lx)와 Low Range : (0~200Lx)의 두 개로 구분

가. 그림 3-91과 같이 포토다이오드를 이용한 조도계 회로를 조립한다.

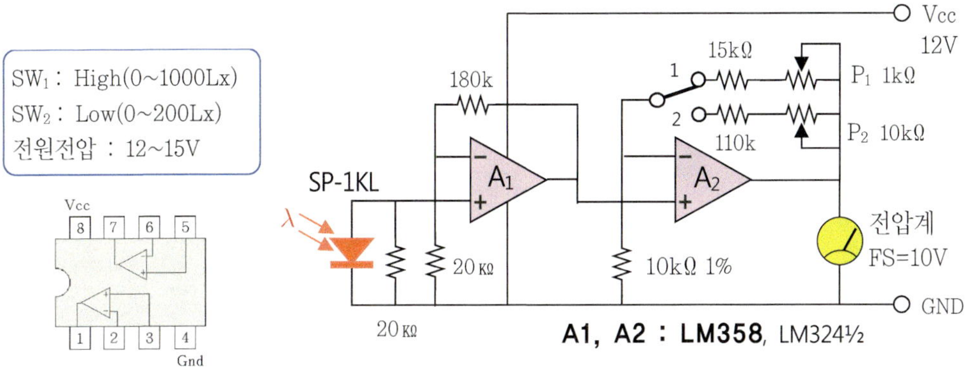

그림 3-74 1,000룩스 이하 조도계 회로도

나. 조정하기

(1) 룩스 미터와 조도계의 센서(포토다이오드)를 나란히 놓고, 조명을 조절 1000룩스가 되게 한다.

☞ 룩스 미터가 없을 때는 DVM으로 포토다이오드의 출력을 측정하여 400mV가 되는 밝기로 한다.

(2) 선택 스위치를 1)번 쪽에 둔다.

(3) 출력이 10V를 지시하도록 가변저항 VR1 1KΩ을 조절한다.

(4) 룩스 미터와 포토다이오드를 나란히 놓고, 조명을 조절하여 100룩스가 되게 만든다.

(· DVM으로 측정한 포토다이오드의 출력이 80mV일 때 100룩스가 된다.)

(5) 선택 스위치를 2)번 쪽에 둔다.

(6) 출력이 10V를 지시하도록 가변저항 VR2 10KΩ을 조절한다.

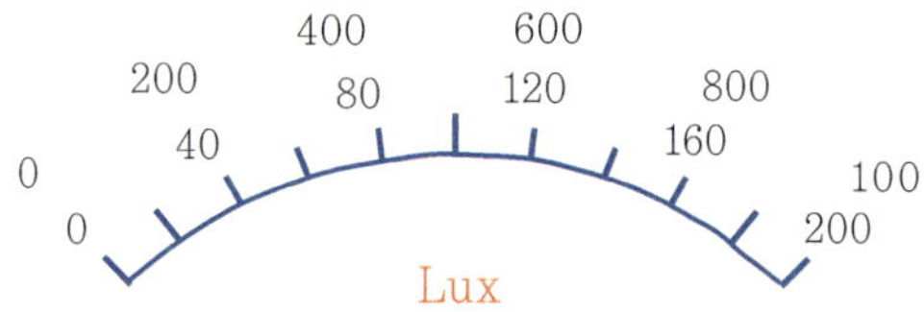

그림 3-75 조도계의 눈금판

다. 눈금판 새기기

전압의 세기를 조도 세기로 바꾸어 읽을 수 있도록 눈금판을 새로 만들어 붙인다.

5. Photo Transistor 특성 실험

가. 그림 3-77과 같이 측정회로를 구성한다.

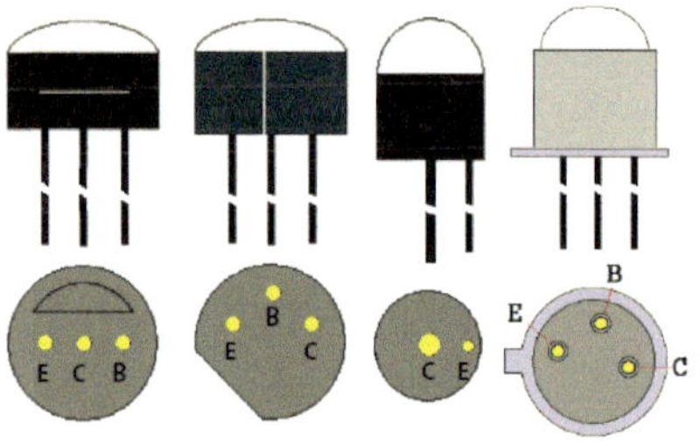

그림 3-76 포토트랜지스터의 핀아웃

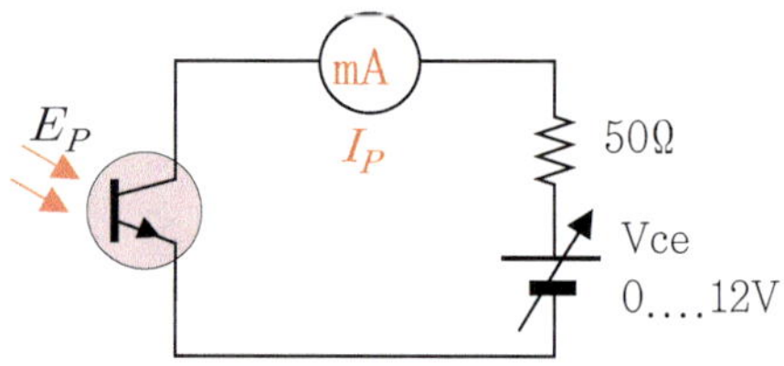

그림 3-77 $V_{CE}-I_C$ 특성실험 회로

나. 다이오드 특성실험 때와 같이 입사광의 세기를 단계적으로 변화시킬 때 출력전류의 세기를 측정한다.

표 3-47 입사광의 세기(E_P)와 출력전류(I_P)

거리 Cm	0	20	40	60	80	100	120
조도 Lx							
광전류							

6. 포토 트랜지스터 응용회로 조립

가. 그림 3-78과 같이 조명제어회로를 수정하여 회로를 구성하시오.

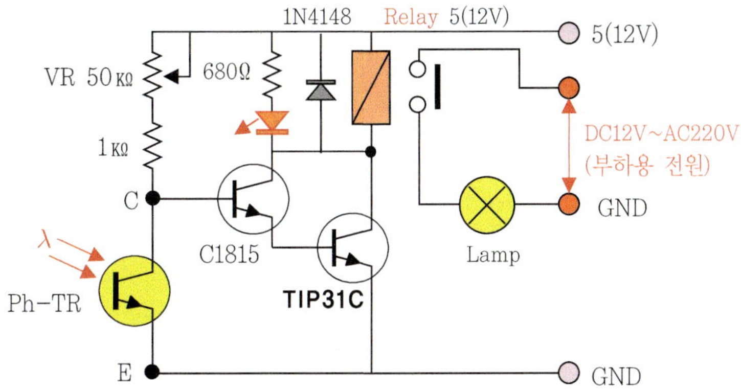

그림 3-78 포토 트랜지스터를 이용한 자동 조명 스위치회로

나. Ph-TR의 유리돔을 까만 종이나 헝겊으로 가리면 릴레이가 동작하고 LED가 점등되는지 확인하시오.

다. VR 50㏀을 이용하여 적절한 밝기에서 동작하도록 감도를 조절하시오.

라. 점등동작이 될 때 C-E간 전압을 측정하시오. (________ [V])

7. 포토 인터럽터 응용회로 조립

가. 그림 3-79와 같이 포토 인터럽터 응용회로를 조립하시오.

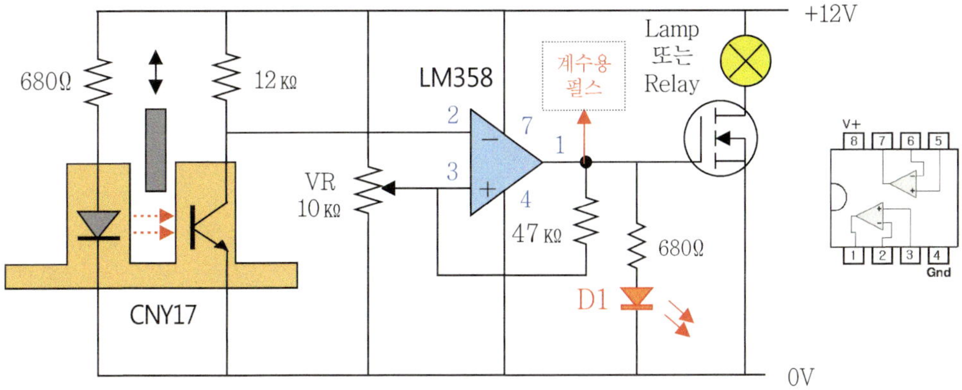

그림 3-79 포토 인터럽터를 검출회로(Bright-ON Type)

☞ 제품의 상면 또는 밑면에 발광소자 및 수광소자의 극성이 표기되어 있다.(그림 3-80참조)

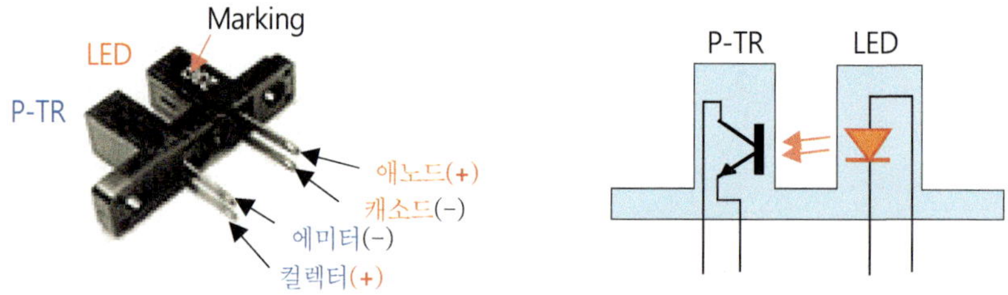

그림 3-79-1 포토 인터럽터의 제품형태와 내부회로

나. 가변저항(VR)은 중간 위치에 두고, 전원을 가하면(차광 되지 않은 상태에서) 모니터 LED(D1)와 메인 램프는 ON되어야 한다.

다. 인터럽터 중간의 홈 사이로 빛을 차단할 수 있는 판자형태의 물체를 상하로 이동시켜 보시오. 빛이 차단될 때마다 LED와 램프가 OFF 되는지 확인하시오.

라. 필요에 따라 출력신호를 카운터나 PLC의 입력으로 활용해 보시오.

마. 포토 인터럽터 내부의 두 소자, 적외선 LED와 Ph-TR은 앞서 배운 발광 다이오드와 포토 TR의 실험방법과 같다. 각자 테스터를 이용하여 도통 실험을 실시해 보시오.

바. 전원을 가한 초기 상태에서 OP Amp의 2번 및 3번 단자의 전압을 측정하고 빛이 차단된 상태에서 다시 한 번 측정하여 표에 기록하시오.

표 3-48 포토 인터럽터 회로의 동작전압 측정결과

측정점 / 측정조건	OPA 입력측 전압		OPA 출력전압
	2번(-) 단자	3번(+) 단자	1번 단자
초기 상태			
차광 된 상태			

사. 만약 차광동작(Dark-ON)형으로 변경하고 싶다면 우측의 그림 3-79-1과 같이 포토트랜지스터의 부하저항 위치를 이미터 쪽으로 옮기면 된다.

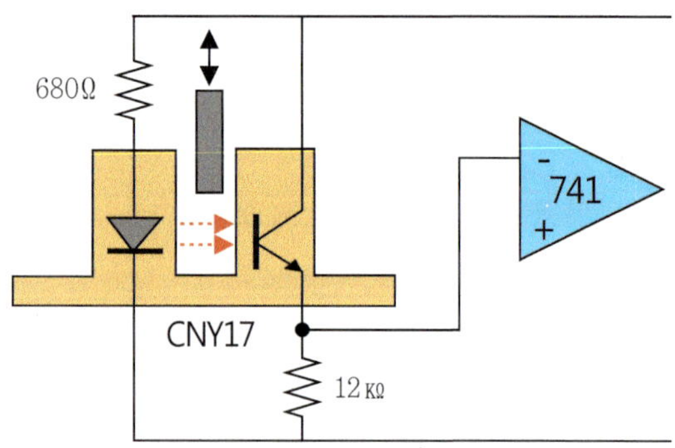

그림 3-80 Dark-ON Type으로 변경하기

3.4.3 공업용 광센서(Photo Sensor)

1. 개요

여러 가지 광전센서의 원리를 이용하여 공장 자동화 등 다양한 용도에 손쉽게 사용할 수 있도록 외형과 전원규격, 검출방식 등을 규격화 한 것을 센서 모듈이라 한다.

센서 모듈의 메이커들 : Festo, Siemens, Sunks, Autonics(www.autonics.co.kr)

2. 검출 방식

가. 투과형(송신-수신 분리형)

투광기(송신부)에서 나온 광 빔이 동일 광축의 맞은편에 설치된 수광기에 입력되게 하고 도중에서 빔을 차단하는 경우 검출신호가 나오게 하는 방식.(기호 : T) 감도가 좋아 15m 정도까지 검출가능하다.

나. 거울 반사형(송수신 일체형)

송신부와 수신부가 한 모듈 속에 설치되어 있다. 송신부에서 나온 광 빔이 맞은편 거울에서 반사되어 수신부에 도달하는 과정에서 차단되는 것을 검출하는 방식. 감도는 직접 반사식보다 작은 5m정도이다.(기호 : M)

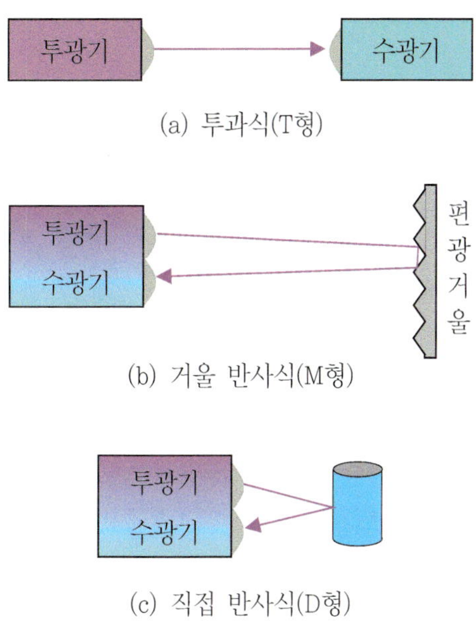

그림 3-81 광센서 모듈의 동작방식

다. 직접 반사형(송수신 일체형)

내부 구성은 거울 반사형과 같으나 투광기의 빛이 피검체 표면에서 반사되어 돌아오는 것을 검출하는 것이 다르다. 반사광의 세기가 약하기 때문에 검출거리가 30Cm 이내로 짧다.(기호 : D)

3. 외형

가. Box형 모듈 :

사각형 구조물속에 송수신 광소자, 렌즈, 증폭회로, 전원부 등을 갖추고 있다. (기호 : S, square의 뜻)

나. 원형 모듈 :

내부 구성은 위와 같으나, 외형을 둥근 나사식으로 만든 것으로 설치가 용이하다. 송수신 분리형에서 많이 쓰는 구조이다.(기호 : R, round의 뜻)

다. U자형 모듈 :

U자형의 날개의 양쪽에 발광, 수광부를 각각 장착한 것으로 소형의 투과형 방식이다.(기호 : U)

라. 광 Fiber 센서 모듈 :

미세한 물체의 유무를 검출하기 위해 유리섬유로 집속시킨 빔을 사용하는 방식. 정밀제품의 가공에 사용한다.(기호 : F, fiber(섬유)의 뜻)

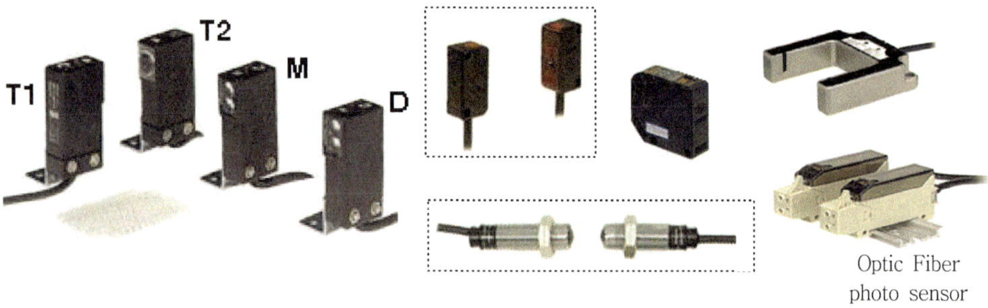

그림 3-82 광센서 모듈 제품의 예

4. 출력회로 방식

센서 모듈의 출력회로가 릴레이 접점일 경우는 사용방법이 매우 간단하다. 그러나 트랜지스터 방식일 경우는 트랜지스터의 극성에 따라 부하 연결법이 완전히 달라진다.

NPN형의 경우 전원에서 부하를 거쳐 센서모듈의 출력단자로 전류가 흘러 들어간다. 그러나 PNP형의 경우는 출력단자에서 전류가 흘러나와 부하를 거쳐 접지로 간다.

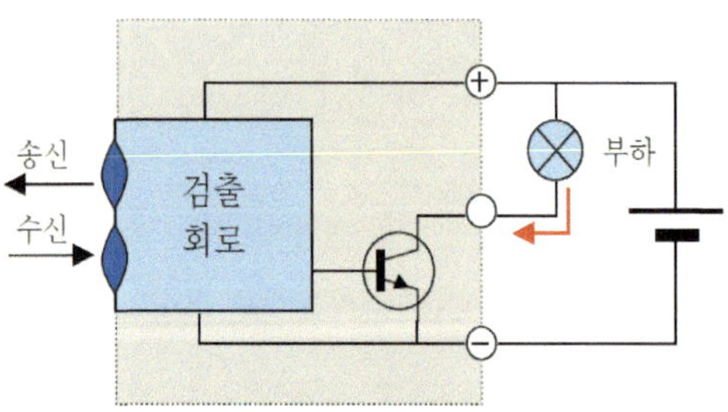

그림 3-83 NPN형 트랜지스터 출력방식

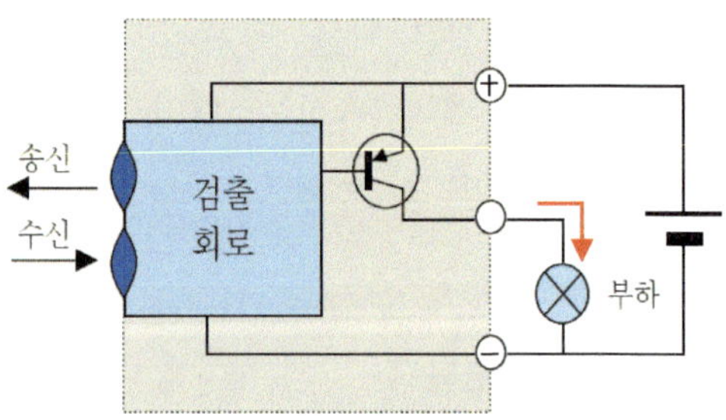

그림 3-84 PNP형 트랜지스터 출력방식

가. NPN TR 출력형=출력단자와 +전원 단자 사이에 부하 연결(그림 3-83)
나. PNP TR 출력형=출력단자와 -(접지)단자 사이에 부하 연결(그림 3-84)

5. 동작 전원

가. DC구동형 : DC 12~24V

① 송신부는 2단자로 되어있다. (전원 +, -)

② 수신부는 최소3 단자에서 5단자까지인 경우가 있다.(전원 +, -, 출력, 조절단자)

나. AC 구동형 : AC 24~240V

송신부 2단자, 수신부 5단자(전원 2개, 릴레이 3개 단자)

6. 동작방식 : Dark ON/ Bright ON

수신부에 도달하는 빛이 차단되는 순간 "H" 출력이 발생하는 방식이면 Dark ON, 빛을 받아들이는 순간 "H" 출력이 발생하는 방식이면 Bright ON 방식이다 부른다.

표 3-49 감광방식의 분류

방식 명 →	Dark ON Type	Bright ON Type
동작 설명	평시(투광 중) OFF, 차광 시 ON	평시(투광 시) ON, 차광시 OFF
사용 예	컨베이어 벨트에서 제품 수량 계수	연속물류 감시(예:단선경보기)
선택법	컨트롤 단자를 (-)단자에 연결	컨트롤 단자를 (+)단자에 연결

7. 빔 센서 제품명 판별법

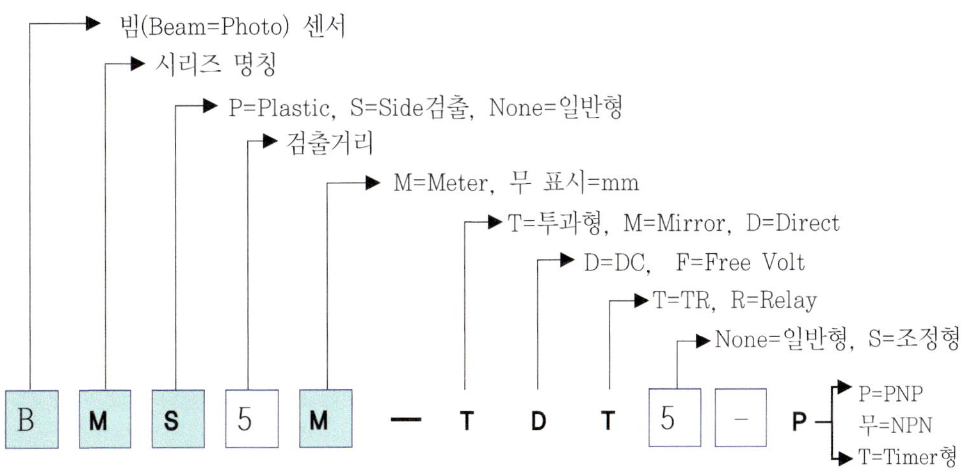

※ 끝자리의 1=송신기, 2=수신기

광센서 사용법 및 전문용어 설명서 찾아보기 :

바로가기(URL) :http://autonics.co.kr/index.php 센서 → 광센서

보기 1) BPS3M-TDT-P: 광센서/PS시리즈(평판4각형)/감도: 3미터/투과형/ 직류전원(24Volt)/TR출력/PNP형, □=Dark ON, □=Light ON

바로가기(URL):

https://www.autonics.com/model/A1650000047

보기 2) BTS200-MDTL: 광센서/TS시리즈/감도: 20cm/거울반사형/ 직류전원(24Volt)/TR출력, □=Dark ON, □=Light ON

https://www.autonics.com/model/A1650000321

(a) 광센서-투과형
BPS3M-TDT□-P

(b) 광센서-반사형
BTS200-MDT□□

그림 3-85 광센서 제품

과제 번호 3.4.3	광센서 모듈 실험	
준비물	DC전원장치, DMM 기본작업공구(드라이버, 조정봉)	포토센서(투과형, 반사형), 광파이버 센서, 근접센서(유도형, 용량형 각1),

1. 데이터시트 판독하기

가. 제품포장 안에 동봉된 데이터 시트를 보고 제품 특성과 사용법을 익히거나,

나. 인터넷 사이트에서 확인한다.

예) https://www.autonics.com/series/3000418?downloadAtch=406398#n

2. 광센서 모듈 제품을 설치한다

가. 네 가지 타입의 광센서 모듈을 현장 용도에 맞게 고정 설치한다.

(1) 투과 형은 피검체 이동공간 양쪽편에 1미터 이상의 거리를 두고 고정한다.

(2) 미러 반사형은 모듈과 거울을 1미터 정도의 거리를 두고 설치한다.

(3) 직접 반사형은 콘베어 벨트 옆에 피검체로부터 30cm 이내에 설치한다.

(4) 광파이버 센서는 그림 3-120과 같이 모듈과 광파이버를 각각 고정한다.

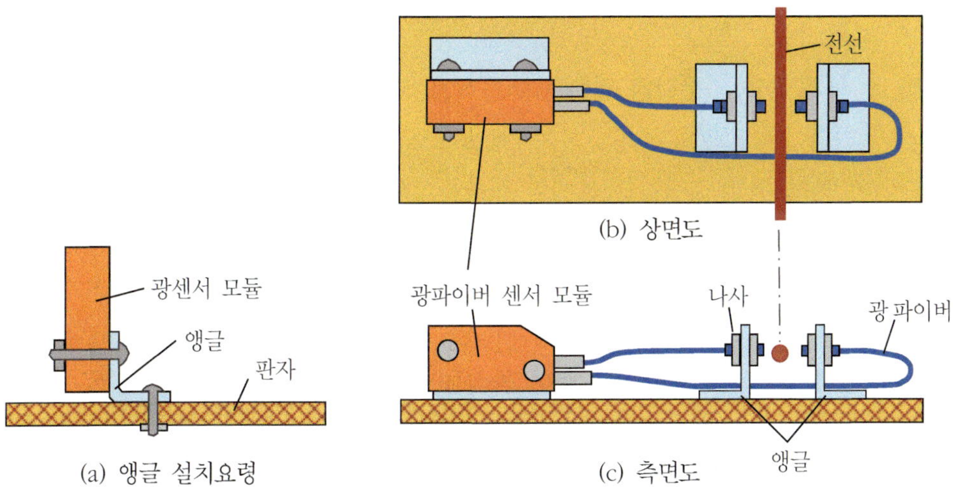

그림 3-86 광센서 모듈의 설치 예

3. 전원과 부하(계수기 등)를 접속한다

가. DC전원 타입은 직류 12V를, AC 또는 Free Volt 타입은 220V 전원을 가한다.

나. 디지털 카운터(계수기)의 입력단자에 센서모듈의 출력을 접속하여 정상적인 계수가 이루어지는지 확인한다.

4. 동작 특성을 실험한다

가. 감도 특성을 측정한다

(1) 투과형의 경우 송신기의 거리를 뒤로 이동하면서 동작 가능한 거리를 확인한다.

(2) 거울 반사형의 경우 거울을 뒤쪽으로 이동하면서 동작 거리를 확인한다.

(3) 직접 반사형의 경우 통조림 캔이나 우유팩을 이용하여 검출거리를 확인한다.

나. 지향특성을 측정한다

(1) 투과형 센서모듈을 2미터 거리에 각각 설치하고 수신모듈의 각도를 광축에 나란히(각도 0°) 하였을 때로부터 5°, 10°, 15°, 20° 등으로 변경하였을 때 동작여부를 확인한다.

(2) 반사형 모듈의 경우 거울을 1미터 거리에 마주보게(광축에 수직되게) 설치한 다음 각도를 10°, 20°, 30°, 40° 등으로 틀었을 때 동작여부를 확인한다.

다. DC 전원 방식제품의 전압 관용도를 확인한다

(1) 전원단자에 12[V]를 가하고 동작시험을 한다.

(2) 전원전압을 24[V]까지 증가시키면서 동작여부를 확인한다.

(3) 전원전압을 12에서 9[V]까지 낮추어 가면서 정상적으로 동작하는지 확인한다.

확실한 동작이 보장되는 전원전압의 범위 = (   )

라. 센서 모듈과 카운터를 결합하여 동작을 시험한다.

카운터의 설명서를 참고하여, 포토 모듈과 카운터를 결합하고, 예를 들면 컨베이어 벨트 위를 지나가는 물체의 개수를 카운트하시오.

(1) 카운터에 내장된 12V 전원공급 단자에 광센서의 Vcc와 Gnd 단자를 접속한다.

(2) 광센서 출력 단자는 카운터 입력단자 CP에 접속한다.(CP='카운터-펄스'의 뜻)

(3) PNP 출력형에는 1㏀ 풀업 저항을 센서 출력단자와 전원단자 사이에 접속한다.

마. 센서 모듈과 PLC를 결합하여 동작을 시험한다.

(1) PLC에 준비된 12V와 접지 단자에 센서모듈의 Vcc와 Gnd 단자를 접속한다.

(2) 센서의 출력단자는 PLC 입력카드의 해당번지에 접속한다.

(3) 센서 모듈은 PNP 출력방식일 경우에는 그림 3-88(a)와 같이 직접 접속하지만 NPN 출력방식일 경우에는 1㏀ 풀업저항을 센서 출력단자와 전원단자 사이에 접속한다. {그림 3-88(b)}

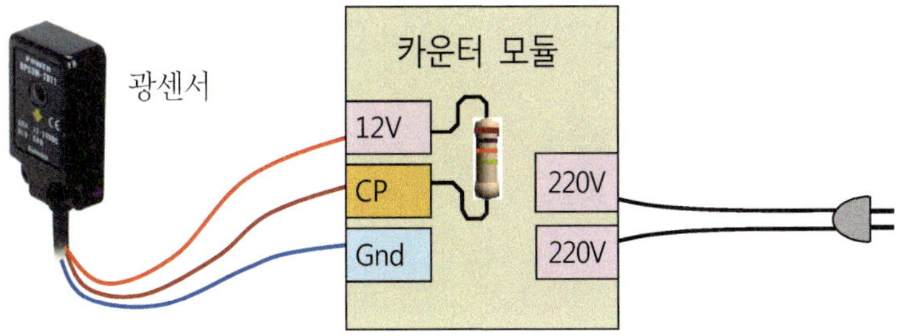

그림 3-87 센서 모듈과 카운터 모듈의 접속

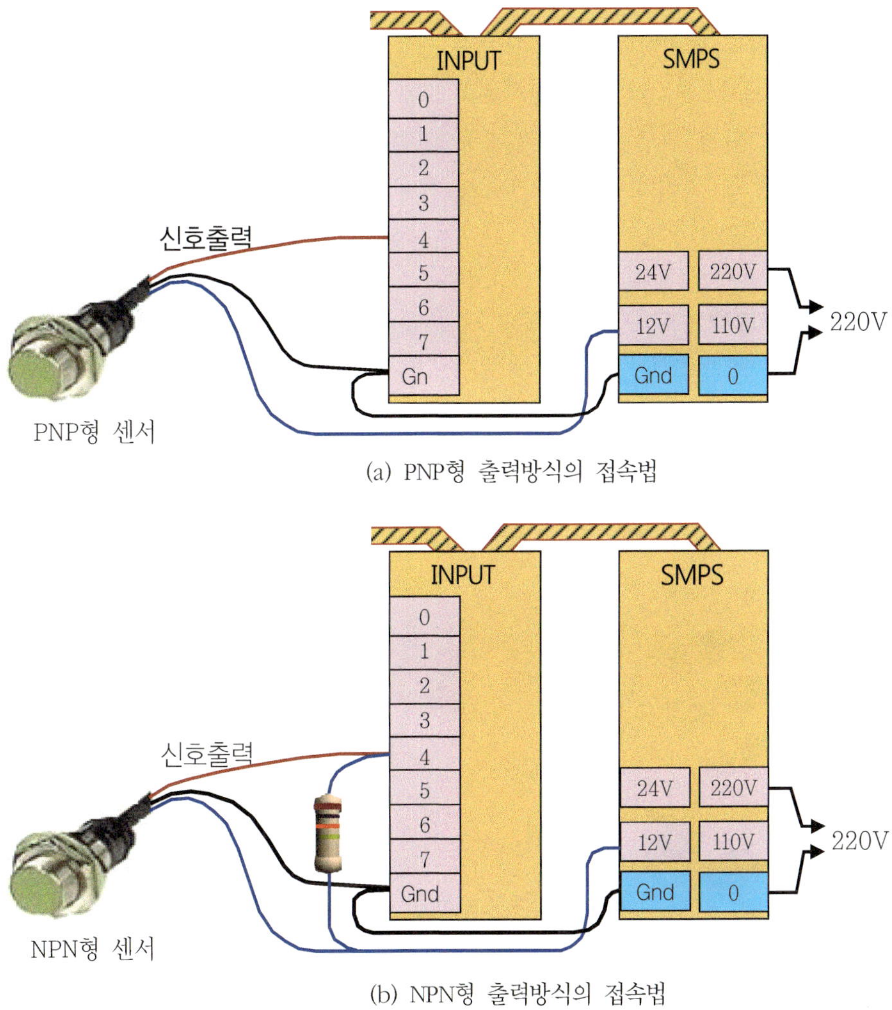

(a) PNP형 출력방식의 접속법

(b) NPN형 출력방식의 접속법

그림 3-88 센서모듈과 PLC의 접속법

3.4.4 근접 센서(Proximity Sensor)

1. 개요

물체가 '가까운 거리에 근접하였는지'를 검출하는 센서. 감응거리 이내로 들어왔는지의 여부를 스위치의 "ON", "OFF"상태와 같이 출력하므로 「근접 스위치」 라고도 부른다.

2. 근접센서의 종류

가. 유도형

LC 공진회로를 구성하여 고주파를 발생시키고 이를 감시하다가 코일(L) 부근에 금속성 물체가 근접하면 발진회로의 주파수가 변하게 되어 판별출력(H 또는 L)을 발생시키는 방식. 자성체 금속의 감도가 가장 높으나 기타 금속성 물체의 검출에도 사용한다.

나. 정전 용량형

유전율이 높은 물체가 전극 가까이 오면 정전용량이 변하고 LC 공진회로에서 발진 주파수가 변하여 판별출력을 발생시키는 방식. 비유전율이 높은 물체, 특히 우유, 인체 등 습기가 많은 물체의 검출에 사용한다.

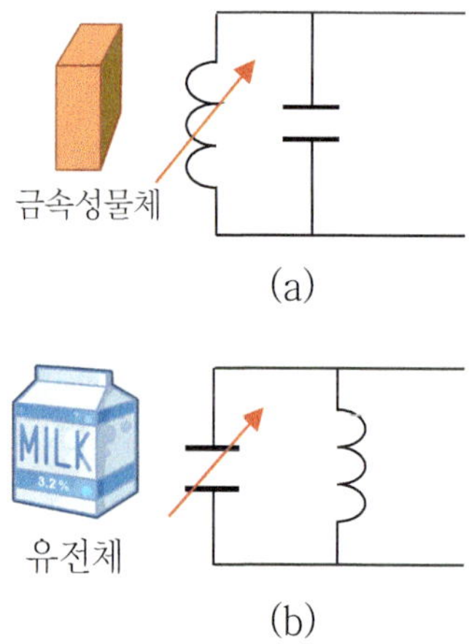

그림 3-89 근접센서의 원리

그림 3-90 여러 가지 형태의 근접 센서들

3. 근접센서 제품명 판별법

오토닉스 제품을 기준으로 설명하면 아래와 같다.

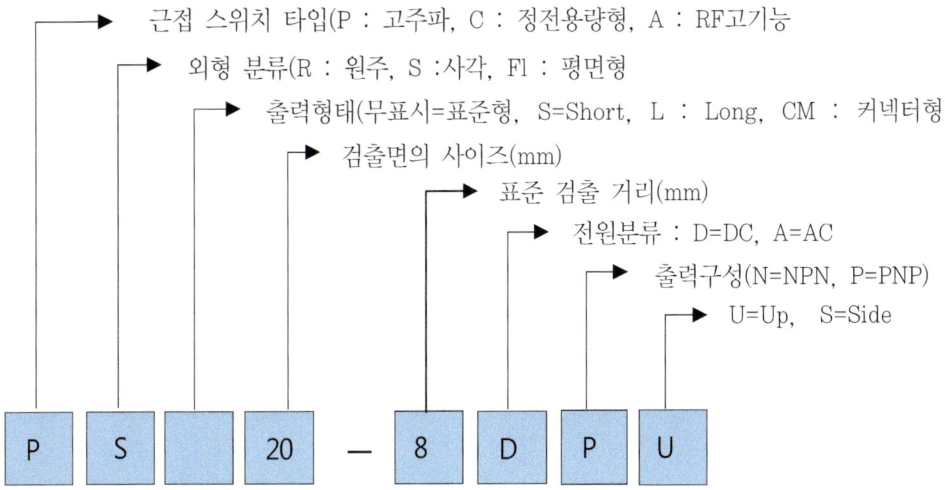

근접 스위치 사용법 및 전문용어 설명서 찾아보기

바로가기(URL) : http://www.autonics.co.kr/ 센서 〉 근접센서

보기 1) PR30-10DP : 근접 스위치/원주형(round)/직경 20mm/검출거리 8mm/직류전원/PNP 출력형

바로가기(URL) :

https://www.autonics.com/series/3000464

그림 3-91 근접센서 제품

<table>
<tr><td>과제 번호</td><td colspan="2" rowspan="2">근접 센서 모듈 실험</td></tr>
<tr><td>3.4.4</td></tr>
<tr><td>준비물</td><td>근접 스위치 모듈</td><td>기본 작업공구(드라이버, 조정봉)</td></tr>
</table>

1. 데이터시트를 판독한다.

가. 제품포장 안에 동봉된 데이터 시트를 보고 제품 특성과 사용법을 익히거나,

나. 인터넷 사이트에서 확인한다.

예) http://www.autonics.com 제품(Product) → 근접센서 (Proximity sensor)

2. 근접센서 모듈 제품을 설치한다.

보유하고 있는 타입의 근접 센서 모듈을 현장 용도와 유사하게 설치한다.

가. 판자 또는 철판에 조립용 앵글을 사용하여 고정한다.(4각형 제품)

나. 합판 또는 알미늄 판에 드릴 구멍을 뚫고 근접 센서를 고정한다.(원통형 제품)

3. 근접센서의 검출감도를 측정한다.

가. 검출 대상물체를 준비한다.

① 철제품(줄, 철자, 가위, 바이트, 통조림 등),

② 구리도선, 알미늄판 등 비철 금속

③ 고무, 플라스틱, 우유팩, 디스켓

나. 근접센서의 전면에 대상물체를 가까이 다가가면서 동작순간의 거리를 측정한다.

표 3-50 근접센서의 실험 결과

근접센서 명칭(제품명)	대상물체(실험한 물체)	동작 여부	검출 거리
1)	철 제품( )		
	알미늄/구리( )		
	인체/우유/( )		
2)	철 제품( )		
	알미늄/구리( )		
	인체/우유/( )		

4. 센서 모듈과 카운터를 결합하여 동작을 시험한다.

근접 센서와 카운터 또는 PLC를 결합하여 사용하는 방법은 광센서의 경우와 같다.

가. 센서와 카운터의 입력단자 접속방법은 그림 3-92와 같다.

아래의 센서 접속 방법은 일반적인 근접센서와 광전센서의 NPN, PNP 타입에 따라 접속하는 방법도 다르기 때문에 정확한 이해가 필요하다.

나. 카운터에 내장된 12[V] 전원공급 단자에 광센서의 Vcc와 GND 단자를 접속한다. (RES=Reset 단자)

다. 근접센서 출력 단자는 카운터 입력단자 CP에 접속한다.(CP='카운터용 펄스')

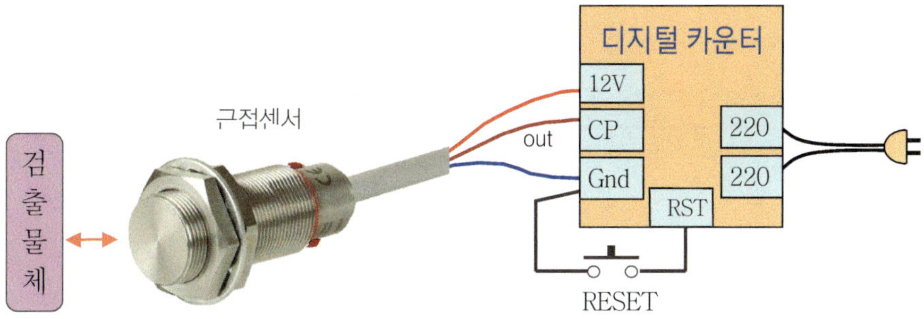

그림 3-92 센서 모듈과 디지털 카운터의 접속

라. PNP 출력형 센서모듈은 카운터에 바로 연결할 수 없다. 카운터의 입력단락저항이 470[Ω]이하로 정격에 표시되어 있으므로 센서 내부저항 R_L과 외부저항 R_1이 병렬 합성되어 그 값이 470[Ω]이하가 되게 R_1을 390~470[Ω/1W] 풀다운 저항을 센서 출력단자와 전원 0V단자 사이에 접속한다. [그림 3-94(d)]

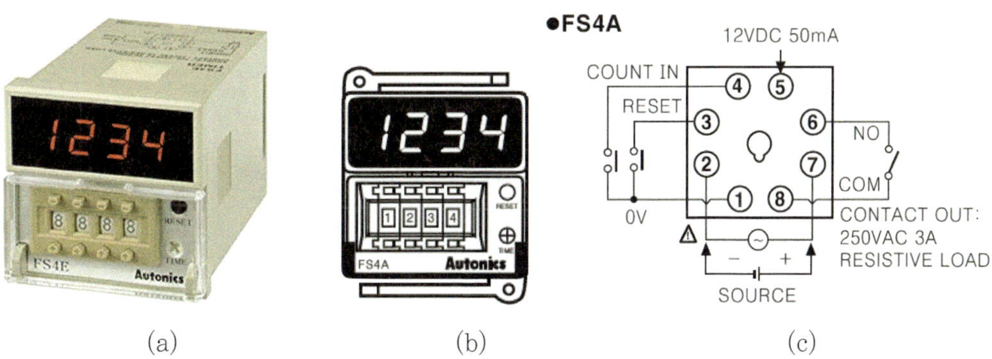

(a) (b) (c)

그림 3-93 디지털 카운터

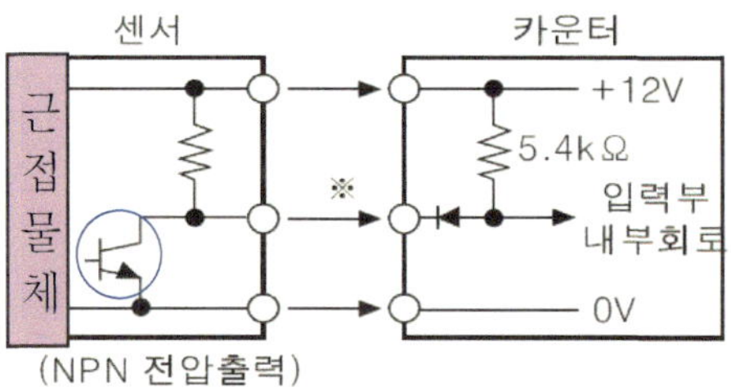

(a) **NPN**형의 접속법

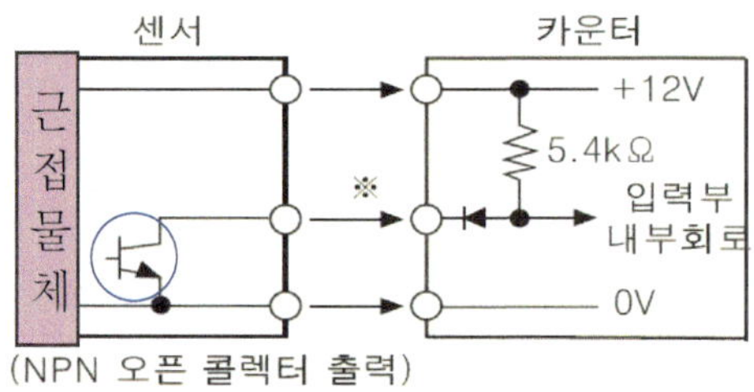

(b) **NPN O/C**형의 접속법

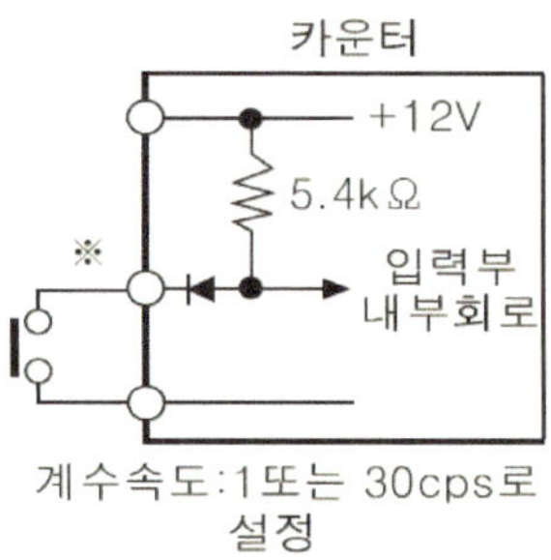

(c) 수동 스위치 계수동작

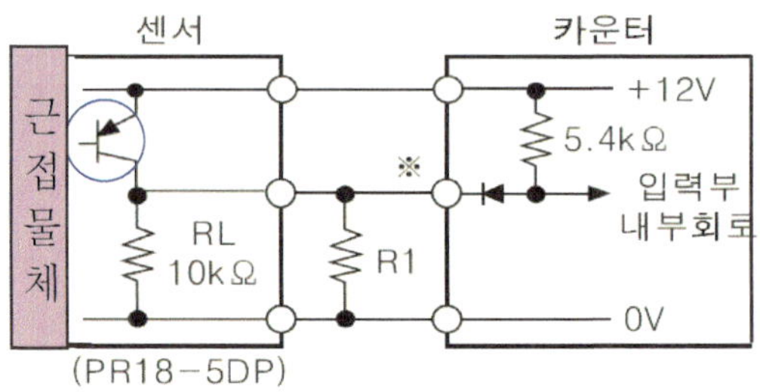

(d) **PNP**형의 풀다운 저항 접속법

그림 3-94 근접센서와 카운터의 접속법

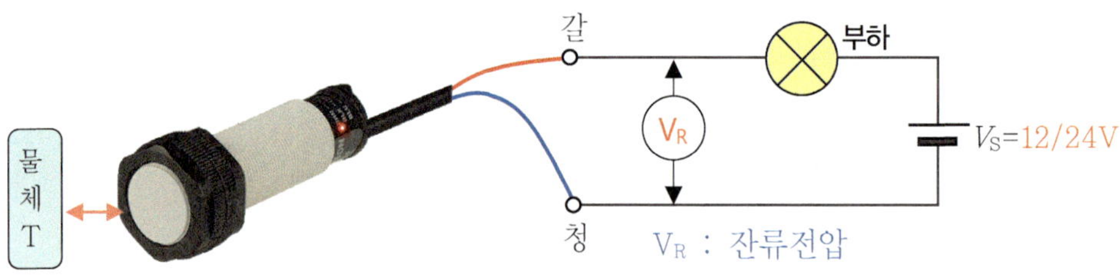

그림 3-95 2선식 근접센서의 부하연결법

(a) 릴레이(12/24V)

(b) 솔레노이드 밸브(24V)

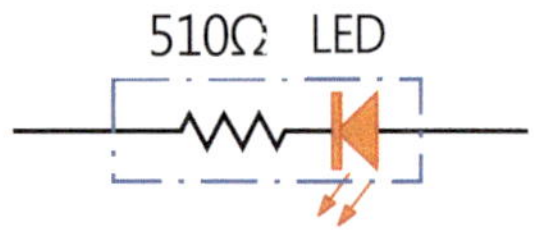

(c) LED(12V, 20mA)

그림 3-96 사용 가능한 부하의 예

3.4.5 자기 센서(Magnetic Sensor)

1. 자기와 전기

전기와 자기는 빛과 그림자처럼 밀접한 관계에 있다.

예를 들면, 전류가 흐르는 도선의 주위에는 자기장이 발생하고, 코일 속을 통과하는 자기장이 변화하면 기전력이 발생한다. 이 원리를 이용하면, 전류가 만드는 자장을 측정함으로서 간접적으로 전류의 크기를 알 수 있다.

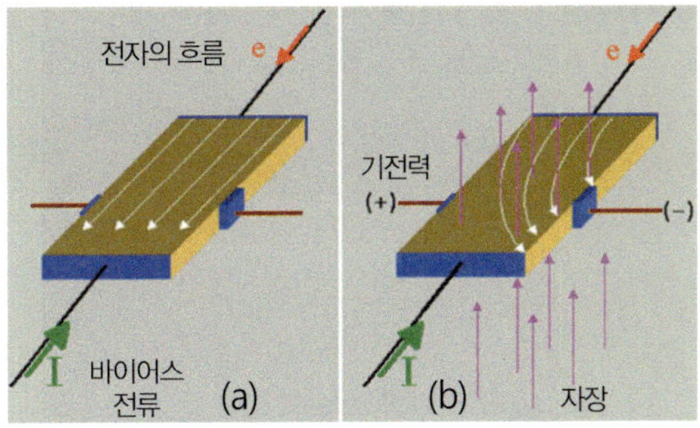

그림 3-97 홀 효과의 설명도

2. 홀 효과(Hall effect)

「홀 효과」란 '자장에 비례하여 기전력이 발생하는 현상'으로 그 원리는 다음과 같다.

그림 3-97(a)과 같은 반도체 기판에 전류(I)를 흘리면 전자(e)는 그 반대방향으로 흐른다. 여기에 자장(H)을 가하면 플레밍의 오른손 법칙에 따라 전자가 힘을 받아 한쪽으로 쏠리게 된다.

그림 3-97(b)에서 전자의 밀도가 큰 쪽이 (-)극, 그 반대편 전극이(+)가 되는 기전력이 생기게 된다.

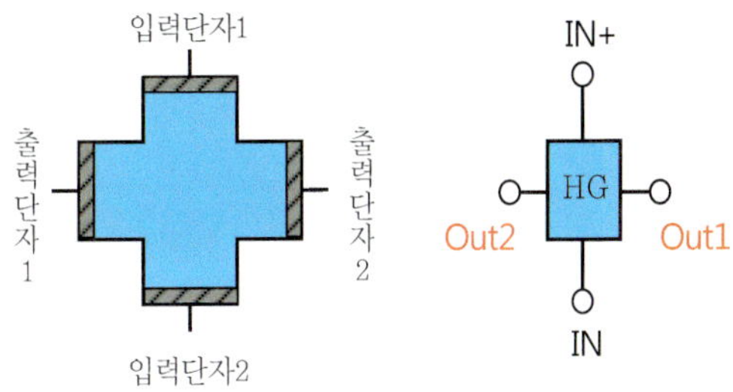

(a) 홀센서의 패턴 (b) 홀센서 기호

그림 3-98 홀 센서(홀 소자)

3. 자기 센서(Magnetic Sensor)

자장의 세기를 검출하도록 고안한 자기 센서에는 두 가지 종류가 있다.

자장의 세기에 비례한 전압출력을 얻는 홀 센서와 일정한 크기 이상의 자속밀도를 감지하는 홀 스위치가 그것이다.

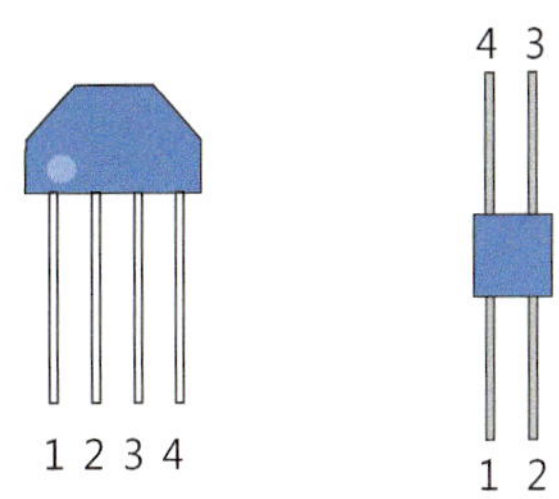

1 : IN+	1 : OUT1
2 : OUT1	2 : IN-
3 : IN-	3 : OUT2
4 : OUT2	4 : IN+

그림 3-99 홀 센서의 핀 아웃

가. 홀 센서 또는 홀 IC

홀 효과를 이용한 자기 센서로서 자장 세기에 비례한 전압을 출력한다. 그리고 N극 자장에 비례하여 (+)전압을 발생한다면 S극 자장에는 (-)전압을 발생한다.

제품 예 : HW200, THS-101 등

용도 : 자계측정, 전류측정, 변위측정

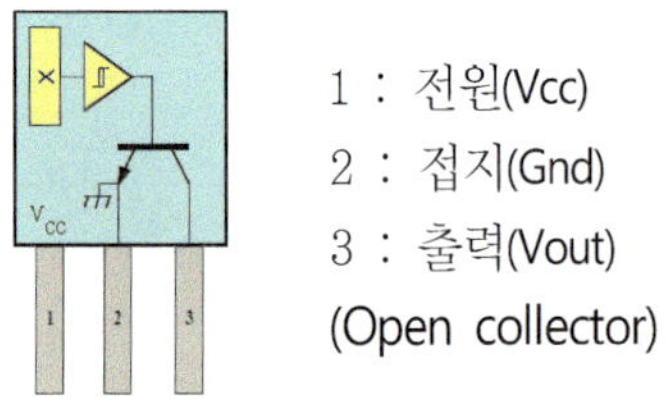

그림 3-100 홀 스위치의 핀 아웃

나. 홀 스위치(Hall Switch)

자기 센서의 일종으로, 일정 세기 이상의 자장 입력이 가해지면 내부의 트랜지스터 스위칭회로가 동작하여 출력이 ON 또는 OFF 되기 때문에 자기 스위치라 부른다. 3단자 IC형태로 회로로 만들어져 있다.(그림 3-100)

용도 : 근접센서, (회전체)속도측정, (기계의)위치 검출 등

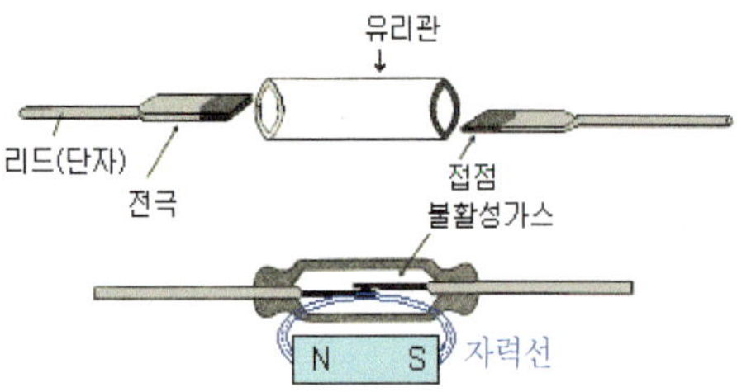

그림 3-101 리드 스위치의 구조와 동작원리

다. 리드 스위치(Reed Switch)

부드러운 기계적 접점에 자장을 가하면 접점이 자화되면서 붙는(ON 되는) 구조를 가졌다. 값이 싸고 사용하기 편리한 장점이 있다.(그림 3-101)

용도 : 기계의 위치검출(실린더), 개폐검출(출입문), 도난경보

라. MR(자기저항) 소자

(1) 어떤 특수한 반도체는 자계 중에 놓여있을 때 저기저항이 변하는 성질이 있는데 이를 이용한 것이 자기저항, 즉 MR소자이다.

(2) 구조는 3-102(a)와 같이 반도체 도선을 빗살무늬처럼 한 방향 또는 양방향으로 배열하였는데 도선과 나란한 방향의 자장변화에 반응한다. 따라서 3-102(b)의 단자 1-2는 수직방향의 자장변화를 검출하고, 단자 2-3은 수평방향의 자장을 검출할 수 있다.

(3) 용도 : 위치 및 각도검출

(4) 검출회로는 그림 3-103과 같다. 직렬저항은 MR의 저항과 비슷한 크기가 적당

하다. 온도나 지자기의 영향을 고려하면 3-103(b) 쪽이 더 신뢰성이 있다.

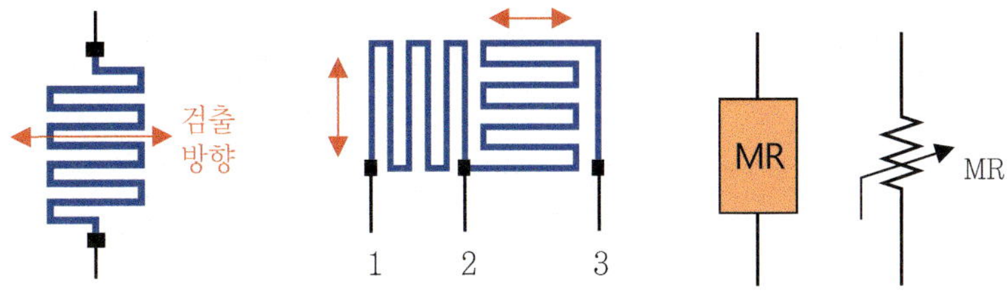

(a) 단방향 MR (b) 양방향성 MR (c) 기호

그림 3-102 자기저항소자의 구조와 기호

마. 홀 센서의 기본회로

(1) 홀센서를 동작시키기 위해서는 기본적으로 입력단자에 전류를 흘려주어야 한다. 전류를 안정적으로 흘리기 위한 방법에는 정전압 바이어스와 정전류 바이어스의 두 종류가 있다.

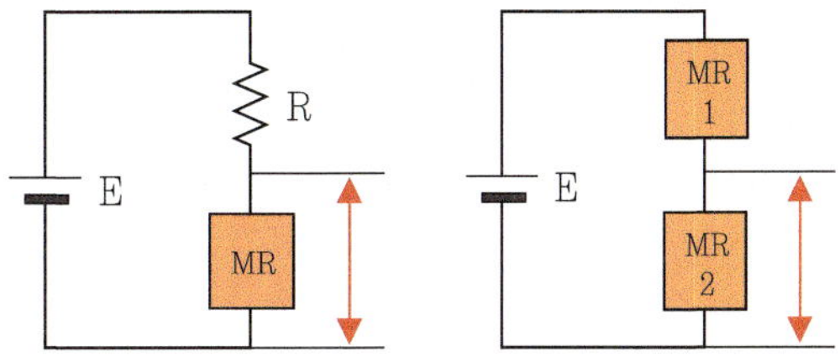

(a) (b)

그림 3-103 자기저항소자의 검출회로

(2) 전류의 세기는 1~3mA가 적당하다. 전류가 클수록 감도는 높아지나 자기발열의 증가로 인하여 오차가 생길 수 있다.

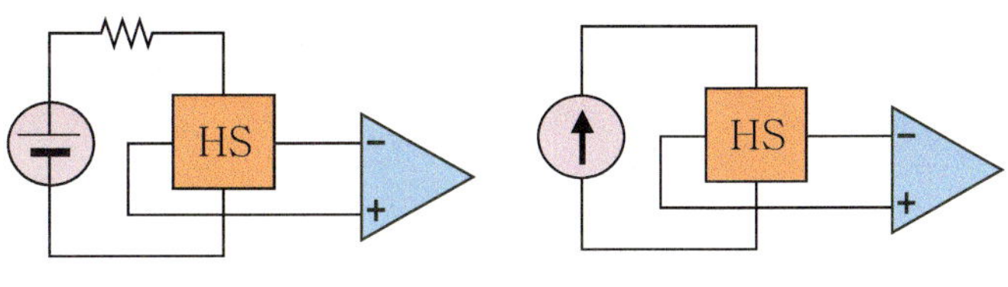

(a) 정전압 바이어스 (b) 정전류 바이어스

그림 3-104 홀센서의 기본 검출회로

과제 번호	자기 센서 실험	
3.4.5		
준비물	DC전원장치 DMM, 자속계	LM741, HW200, A3144, FX4S(카운터), LED(R/G), 자석, SVR(1㏀)

[실험 1] 홀센서를 이용한 자장 측정하기

1. 그림 3-105와 같은 자장측정 회로를 구성하시오.

이 회로는 홀센서가 자장의 세기에 비례하는 전압출력을 발생하면, 차동증폭기로 10배 증폭하고 그 크기를 전압계로 표시하는 회로이다. 자극이 바뀌면 출력의 극성이 바뀌는 것을 볼 수 있을 것이다. 자석이 근접하지 않을 때 출력이 0V가 되도록 VR을 조절해야한다.

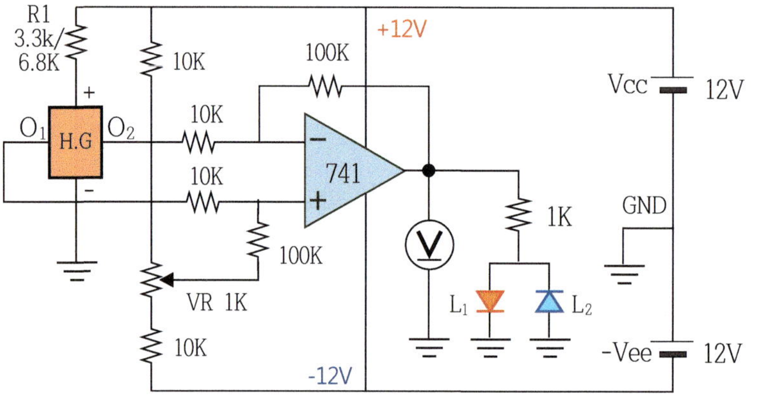

그림 3-105 홀센서를 이용한 자장 측정회로

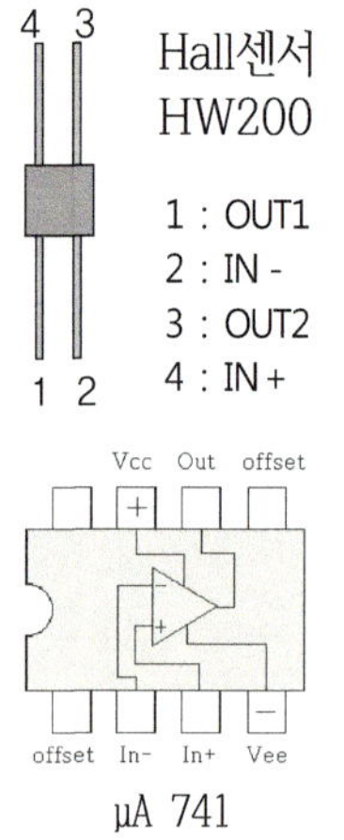

µA 741

가. 전압계는 ±10V 양방향 지시형이거나 디지털 멀티미터로 한다.

☞ 적, 녹 LED 두 개를 추가로 사용한다.

나. 전원전압은 ±6에서 ±12V까지 사용할 수 있다.

☞ 12V에는 R1=6.8㏀, 6V에는 R1=3.3㏀으로 한다.

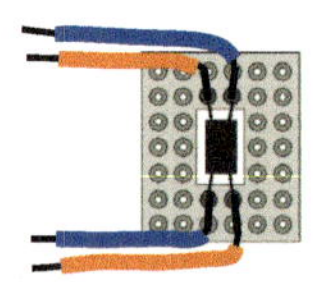

홀센서를 기판에 고정하기

2. DC 전원장치의 전압을 각각 12V로 맞추고 스위치를 꺼둔다.

3. 회로에 전원을 접속한 후 전원장치의 스위치를 켠다.

4. 가변저항 1kΩ을 조절하여 출력전압이 0V가 되게 한다.(이때 LED는 모두 소등된다.)

5. 막대자석의 N극을 홀소자에 정면으로 다가간다.

☞ 이때 출력의 크기가 비례적으로 증가하는지 확인하시오.

6. 막대자석의 S극을 홀소자에 정면으로 다가간다.

☞ 이때 출력의 크기가 N극 때의 반대극성으로 증가하는지 확인하시오.

7. 플라스틱 눈금자를 이용하여 거리에 따른 출력전압의 크기를 측정하여 기록하시오.

표 3-51 홀센서의 출력측정 결과

거리[Cm]	0(밀착)	0.5	1	2	3	4	5
N 극							
S 극							

그림 3-106 실험용 자석

[실험 2] 홀-스위치 실험하기

1. 그림 3-107과 같이 홀 스위치를 이용한 자속검출회로를 구성하시오.

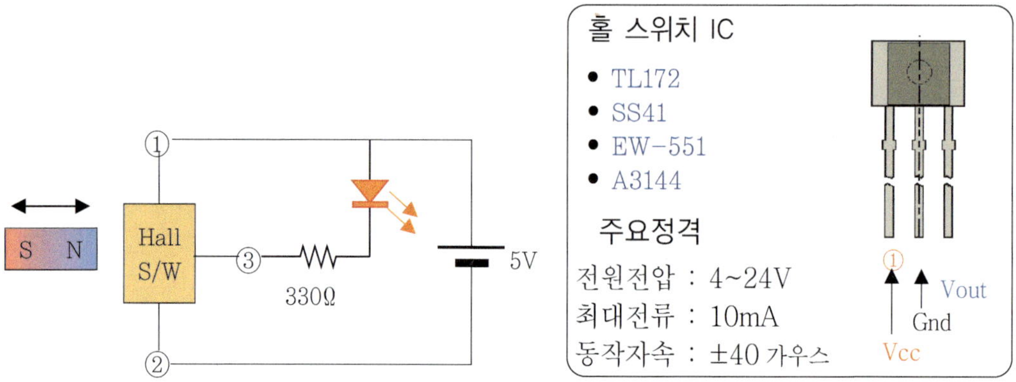

그림 3-107 자속 검출회로

☞ 홀 스위치 IC는 여러 회사에서 만들고 있으나 그 핀 배열(Pin out)은 동일하다.

2. 자석을 몇 mm까지 근접할 때 LED가 점등되는지 측정한다.

   근접스위치 동작거리: ________mm

3. 자석의 방향을 바꾸어서 가까이 근접시킬 경우의 동작여부를 확인한다.

   자석방향을 바꿀 때의 ON/OFF 동작: □ Yes, □ No

4. 그림 3-108과 같이 기어나 회전원반 또는 전동기의 회전축에 자석을 부착하고 홀센서를 근접 위치시켰을 때 단자 ③-② 간의 출력파형을 오실로스코프로 측정한다.

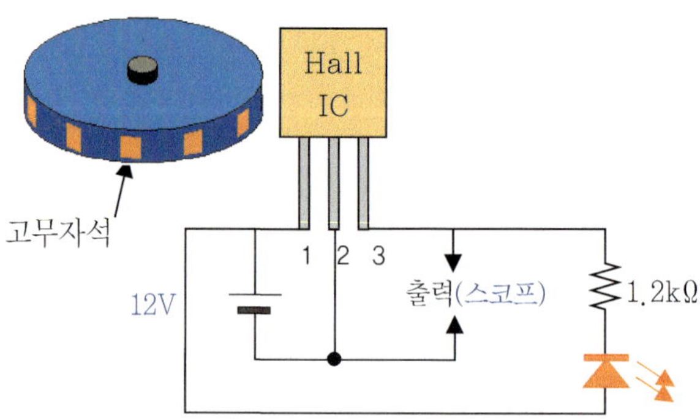

그림 3-108 회전원반의 회전수 검출

5. 디지털 스피드 미터 또는 디지털 카운터의 입력단자에 홀 스위치의 단자 ③과 ②를 접속하여 동작을 확인한다. (그림 3-109)
6. AC220V로 동작하는 디지털 카운터 모듈은 자체에 DC12V 출력단자를 가지고 있으므로 별도의 DC전원을 사용하지 않고 이곳에서 홀센서 전원을 얻으면 된다.(그림 3-109)
   - 주의 : 홀 스위치 IC는 오픈 컬렉터 구조이기 때문에 반드시 컬렉터 단자에 부하를 접속해야 한다. 그리고 부하저항의 크기는 전류가 10mA 이내가 되도록 설계해야 한다.(특성표 참조)

   (예: 5V전압에서 LED+330Ω 부하이면 10mA, 12V 전압에는 1.2㏀ 부하이면 10mA가 된다. 실제로는 풀-다운저항을 1.5kΩ, 전류는 8mA가 되도록 설계한다.)

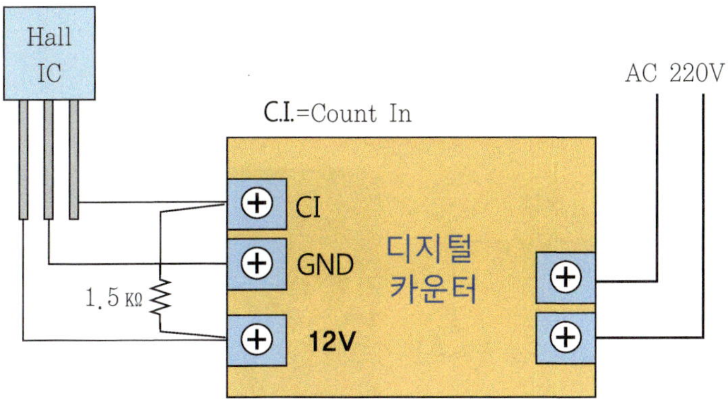

그림 3-109 홀 스위치와 카운터의 접속

공업용 카운터

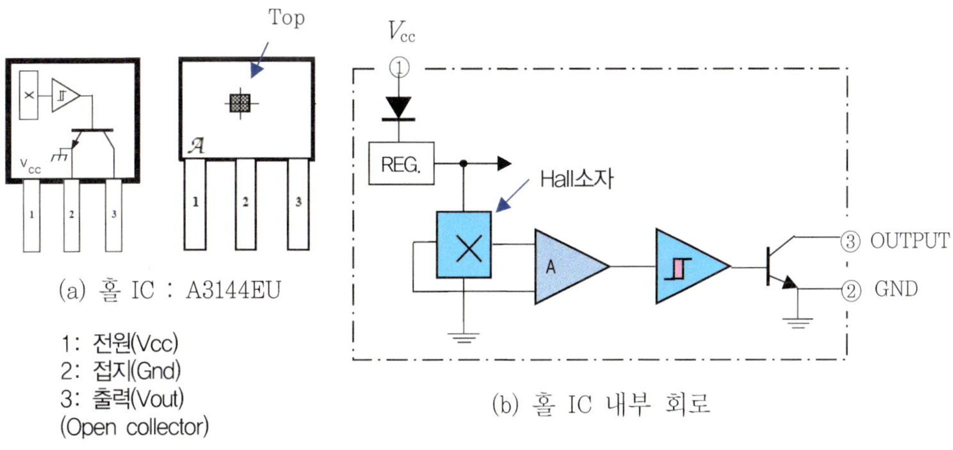

그림 3-110 홀IC의 핀 아웃과 내부회로

3.5.1 표시기(Display)와 LED조명

전기·전자 기기나 기계 제어장치의 입출력부에는 대부분 표시기가 있다. 동작의 On Off 표시에서부터 작업공정을 그래픽으로 표시하는 터치스크린까지 많은 종류의 디스플레이가 있는데 그 중에서 이용 빈도가 높은 몇 가지를 알아보자.

1. 네온램프

가. 네온과 헬륨가스가 들어있는 소형 전구 속에 평판전극을 2mm 정도의 간격으로 띄워놓고 500kΩ 을 통하여 220V 전압을 가하면 주황색 빛을 발생시킨다. 전력 스위치나 배전반의 표시기로 많이 사용된다. 소비전력은 0.1W정도로 매우 적다.

나. 네온관의 모양을 글자형태로 만들고 고압으로 방전시키면 미려한 색상의 네온사인이 되어 장식용 또는 광고용으로 사용하기도 한다.(그림 3-111의 c)

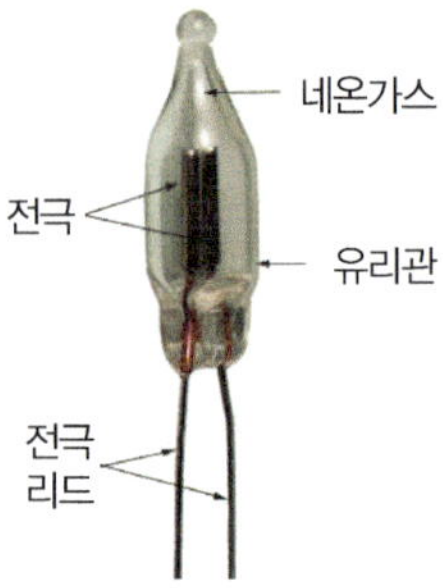

(a) 네온 램프

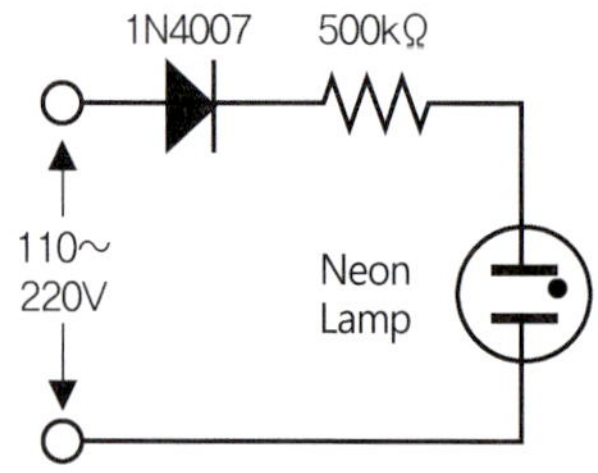

(b) 점등회로

(c) 네온사인

그림 3-111 네온램프/네온사인

2. 발광 다이오드(LED)

가. **(원리)** 갈바늄과 같은 특수 소재로 만든 반도체 다이오드에 전류를 흘리면 접합면에서 빛이 발생되는데 이것을 발광 다이오드(Light Emitting Diode)라 부른다.

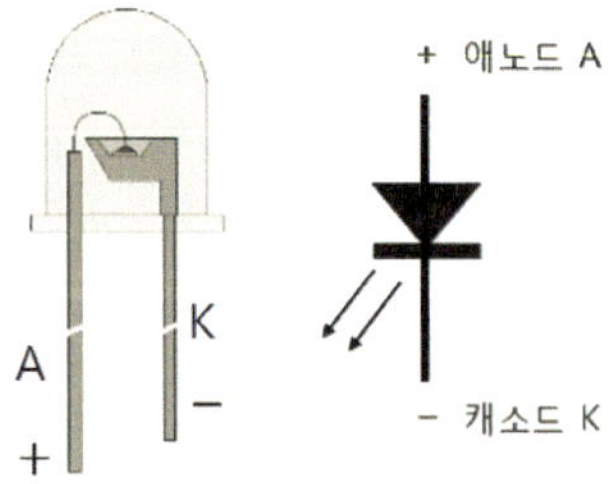

그림 3-112 LED의 구조와 기호

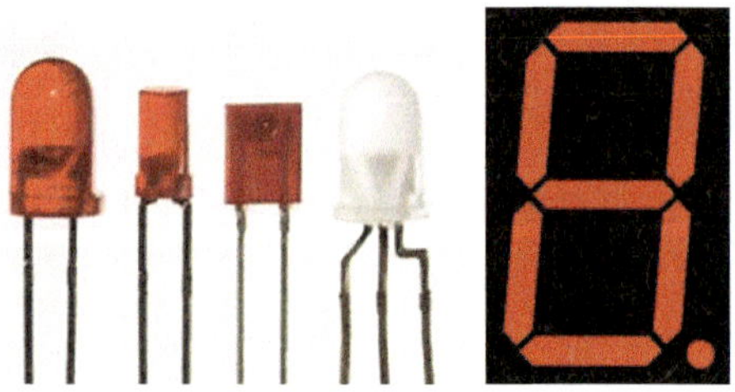
그림 3-113 LED 제품들

표 3-52 LED의 소재와 발광 색

소재	발광 색	파장(nm)
GaAsP	빨강	660
GaAsP, N	주홍~노랑	630~590
GaP, N	초록	560
GaAs, Si	적외선	930

나. **(컬러)** LED의 색은 반도체의 종류에 따라 결정된다. 갈륨-비소-인(GaAsP) 성분은 적색, 갈륨-비소와 아연은 리모컨용 적외선을 낸다.

다. **(극성)** LED도 일종의 다이오드기 때문에 극성이 있다. 애노드(+)에서 캐소드(-) 극 쪽으로 전류가 흐를 때 빛이 난다. 역방향으로 전압을 걸면 파손되므로 주의해야 한다. (내압은 5V정도이다.)

라. **(밝기)** LED는 전류의 세기에 비례하여 밝아진다. 표준전류는 10mA, 밝은 곳에 서는 20mA가 적당하고 최대 50mA까지 흘릴 수 있다.

마. **(고휘도 LED)** 같은 전류에서도 휘도가 3~5배 높은 고휘도 LED가 개발되어 용도가 넓어지고 있으며 머지않은 장래엔 고효율 장수명 조명기기로 각광받을 것으로 기대된다.

바. **(특징)** 낮은 전압으로 동작, 작은 소비전력, 긴 수명(20~50만 시간)

사. **(용도)** 전원 및 동작 표시등, 숫자 표시기, 백라이트(키보드 또는 LCD용), 신호등, 장식등, 비상등, 실내조명, 광통신용(적외선 LED)

아. **(구동회로)** LED를 구동하는 기본회로는 그림 3-114와 같다. R은 전류제한저항. LED에 전류가 흐르면 1.8~2V의 순방향 전압이 걸리고 나머지는 저항에 걸린다.

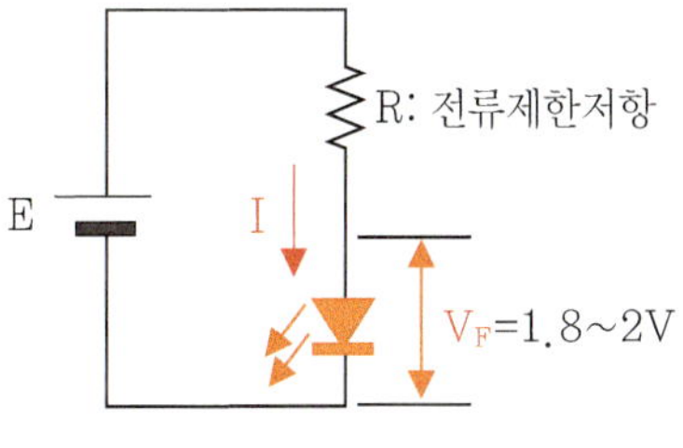

전류제한저항 $R = \frac{E - V_F}{I}$ [Ω]

【예】 10mA를 흘리기 위한 전류제한저항 R은

$$R = \frac{5 - 1.8}{10 \times 10^{-3}} = 320\,[\Omega]$$

∴ 330또는 300[Ω]을 선택함

그림 3-114 LED구동을 위한 회로 설계법

3. 조명용 Chip-LED

LED가 IC제조공정을 이용해서 그림3-115와 같은 Chip-LED의 형태로 만들어지면서 단위면적당 다량의 LED를 밀식할 수 있어 조명소자로서의 역할을 시작하게 되었는데, 그 중 몇 가지 응용제품을 그림 3-116에 소개한다.(규격표시의 예: 5050=5×5mm)

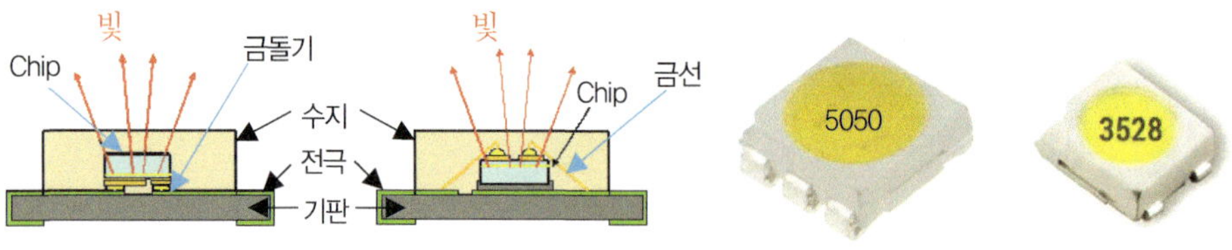

(a) Flip chip구조 (b) Face-up구조 (c) Chip LED 제품

그림 3-115 칩 LED의 구조와 제품형태

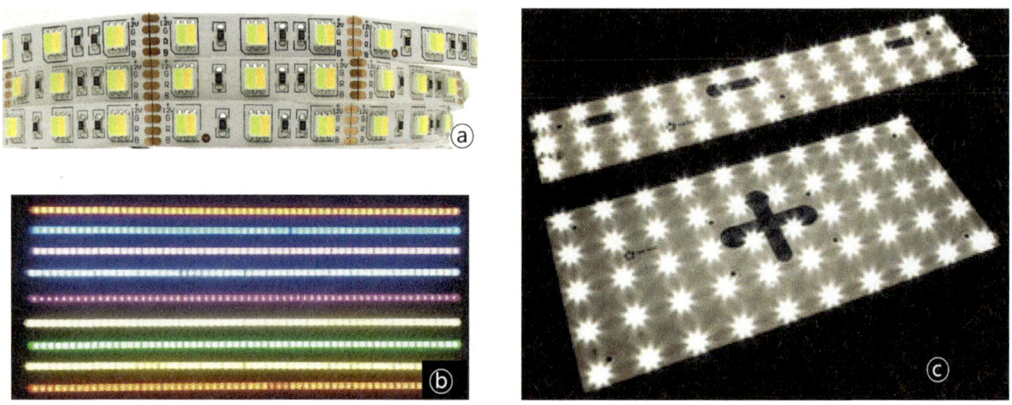

그림 3-116 Chip LED를 응용한 다양한 제품들(ⓐ유연성Strip ⓑ컬러스트립 ⓒ방등용기판)

4. Power LED

고휘도 LED칩의 다이(Die)에 방열판을 결합하여 큰 전류를 흘릴 수 있도록 만든 제품이다. 돔형 고휘도 백색 LED의 구동전류(I_F)는 50mA, 순방향전압(V_F)은 3.3V전후이기 때문에 소비전력은 0.17W, 5050 Chip LED의 경우도 0.25W에 지나지 않는다. 그러나 Power LED의 경우 구동전류 300~900mA, 구동전압 3.3V내외 소비전력은 1~3W에 달한다. 이렇게 큰 전류를 흘리면 광량이 증가하는 만큼 발열도 증가하므로 적절한 방열판을 부착해야한다. 시중에서는 그림 3-117(a)와 같은 Power LED를 (b)와 같은 별모양 방열판에 부착한 상태로 판매하기도 한다.

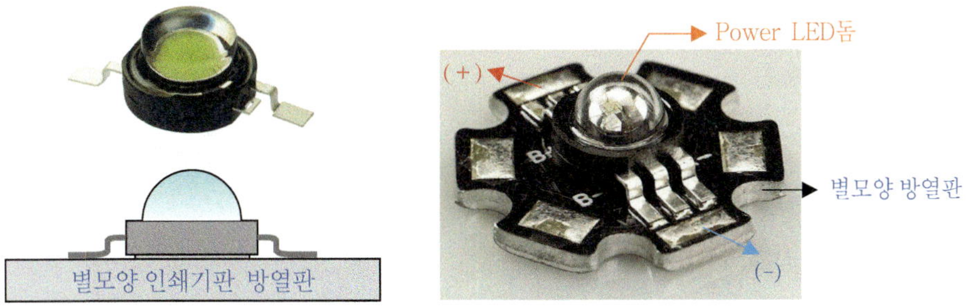

(a) (b)

그림 3-117 조명용 Power LED(a)와 방열판 부착 모습(b)

구동회로 : Power LED의 구동회로는 주로 정전류 구동방식을 사용한다. 제품마다 제조사에서 추천하는 구동전류를 바탕으로 1개에서 5개까지 직렬로 접속하고 정전류 구동하는 방식을 사용한다. 소비자가 구동회로를 설계하는 것이 까다롭기 때문에 구동회로 전용의 집적회로가 널리 사용된다.

5. COB LED (COB=Chip on board)

COB는 조명용 LED의 단위면적 당 발광량을 높이기 위한 목적으로 개발되었다. LED의 칩 다이(chip die)를 넓은 방열용 금속으로 하고 그 위에 수10개의 LED Chip을 밀식하고 직병렬 연결하였다. 칩에서 발생하는 열을 방출하는데 매우 효과적이고 외부에 방열판을 추가로 설치한다면 모듈 한 개당 20~100W까지의 출력도 가능하다.

최근에는 Driverless, 즉 AC-DC컨버터 없이 AC 220V에 동작하도록 만들어진 COB제품도 출시되고 있다.

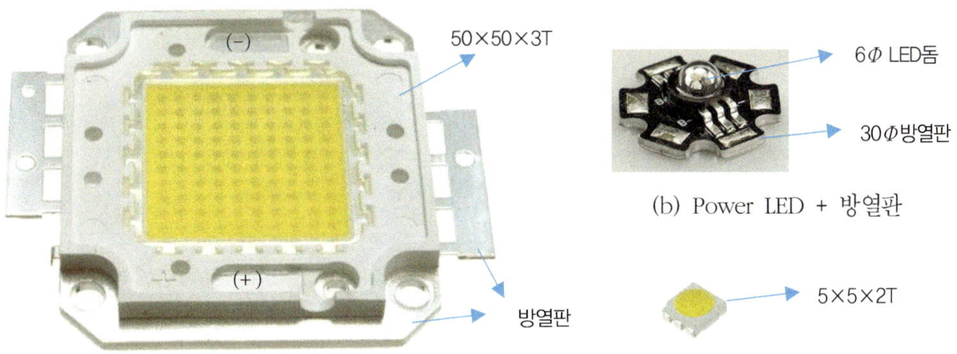

(a) COB LED_20W (c) Chip LED

그림 3-118-1 Chip LED, Power LED & COB LED의 크기 비교

COB LED 사용상의 주의

1) 정전류 전원을 사용할 것.

LED는 전압-전류 특성이 온도에 크게 의존하므로 온도상승에 상관없이 일정한 전류를 흘려주는 정전류 구동법을 사용해야 한다. 물론 정격전압을 공급해도 동작은 가능하겠지만 장시간 하절기 사용, 밀폐공간 사용 등의 경우에는 소비전력은 증가하고 수명은 짧아진다. 최근에는 COB LED와 정전류 전원장치를 세트로 묶어 판매하는 경우도 많다.

2) 충분한 크기의 방열판을 사용할 것.

COB LED가 사용하는 소비전력의 대부분은 열로 변한다. 따라서 전력크기에 합당한 크기의 방열판을 부착해야만 긴 수명이 보장됨을 잊지 말자. 그림 3-118(a)는 20W제품으로 크기가 50×50이므로 방열판은 L:150×W:60×H:40정도의 크기로 선정한다.

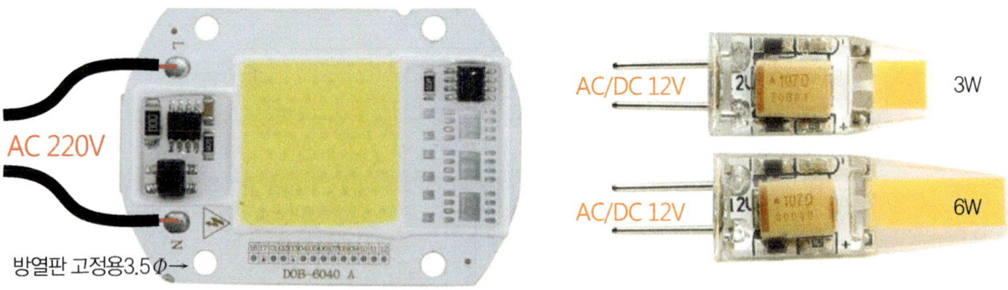

그림 3-118-2 Driverless COB LED 제품들

6. LED 7-세그먼트 표시기(7-Segment Display)

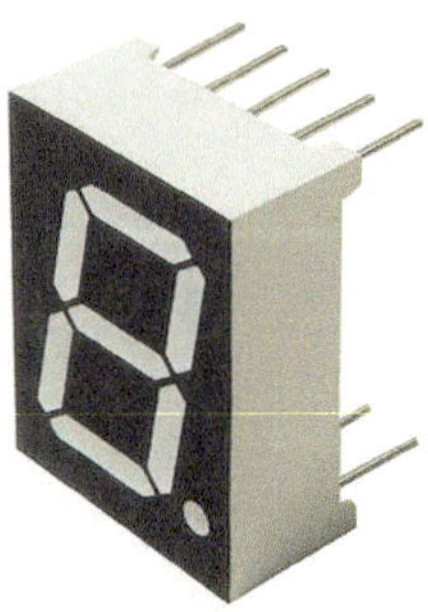

(a) 외형

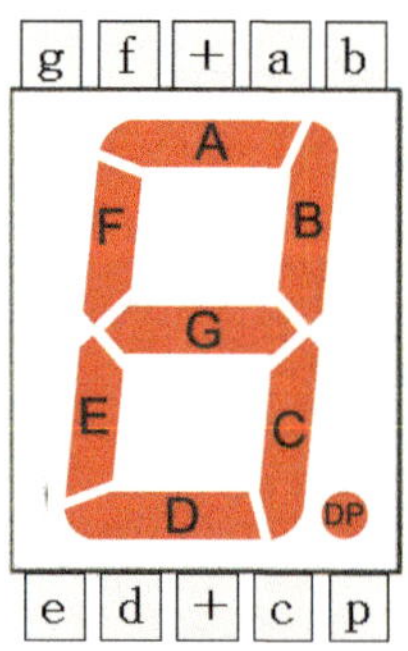

(b) 시그먼트 명칭과 핀아웃

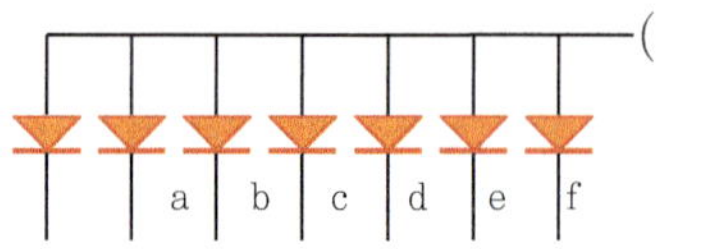

(d) 공통 애노드 방식(CA) 기호

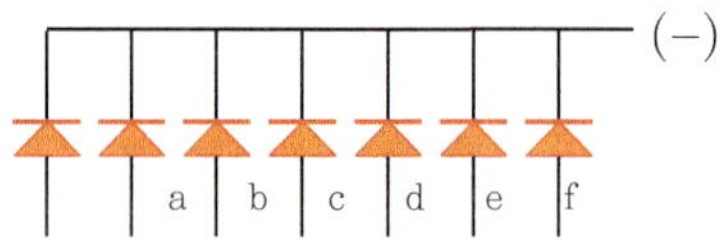

(e) 공통 캐소드 방식(CK) 기호

그림 3-119 7-세그먼트 표시기

가. **(구조. 원리)** 일곱 조각의 세그먼트로 만든 8자 모양의 디지털 숫자표시기. 하나의 세그먼트 속에는 크기에 따라 한 개 이상의 LED가 들어 있다.

또 각각의 세그먼트에는 a부터 g까지 명칭이 붙여져 있고 해당 세그먼트에 전류를 흘리면 원하는 숫자를 나타낼 수 있다. 예를 들어, 세그먼트 b, c가 ON 되면 '1'이 되고, a, b, d, e, g가 ON되면 '2'가 된다.

나. **(기호. 극성)** 7세그먼트의 회로기호는 그림 3-119(d)와 같이 일곱 개의 다이오드로 그리고 a부터 g까지 번호를 부여한다. 극성에 따라 공통 애노드 방식과 공통 캐소드 방식으로 구분된다. (예: FND507=공통 애노드, FND500=공통 캐소드)

다. **(특수형)** 세그먼트의 수를 14개까지 세분하여 영문자와 부호를 표시할 수 있도록 만든 표시기도 있다. (그림 3-120)

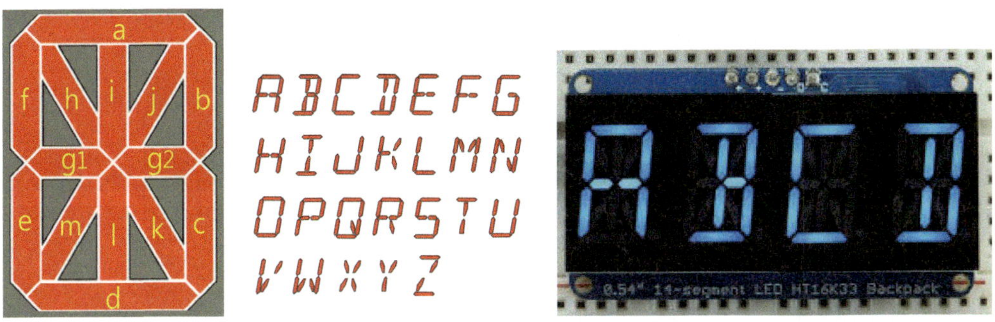

(a) 시그먼트 명칭 (b) 영문표시법 (c) 표시 예

그림 3-120 14-시그먼트 표시기

라. **(페어 IC)** 7세그먼트 표시기를 사용하는 데는 전용의 IC가 있다. TTL 계열로는 7447과 7448, CMOS 계열로는 4055, 4543 등이 있다.

마. **(용도)** 디지털 회로의 숫자 및 문자 표시기

바. **(브랜드)** 7세그먼트 표시기의 최초 특허권자는 페어차일드(Fairchild)회사였다. 당시의 제품명 'FND507'은 유명한 인기 제품이었는데, 지금은 우리나라에서도 세컨드 소스[2])로 많이 생산되고 있다.

사. **(제품명)** 제품명에는 메이커 약자-분류번호-공통단자 등이 약자로 표시된다.

[예 : SR2056A : ⇒고미반도체/2개들이/사이즈 0.56인치/공통 Anode형]

---

2) 세컨드 소스(Second source): 오리지널 제조사의 인가를 받아 동일규격으로 생산되는 제품.

7. 광고용 LED 스트립

백색 또는 RGB LED들을 폭 6~12mm 정도의 PCB막대 또는 유연성 PVC벨트에 연속으로 부착하여 조명보다 광고효과를 연출하는 목적으로 사용하는 제품들을 LED Strip, Rigid Strip((한국식)LED바) 또는 Flexible Strip(유연성 LED롤), RGB Strip(컬러 LED), Addressable Strip(픽셀단위로 제어되는 스트립) 등으로 부른다.

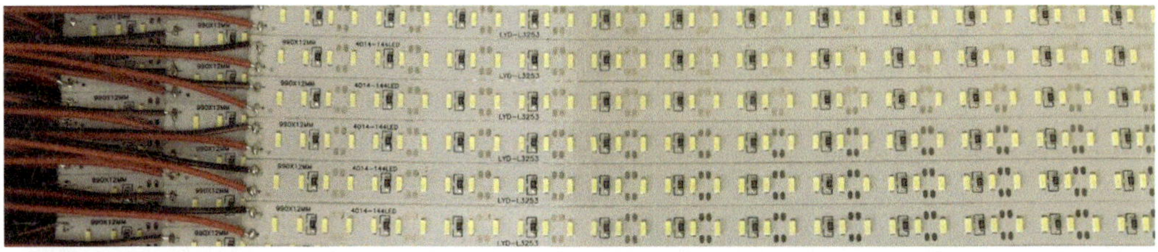

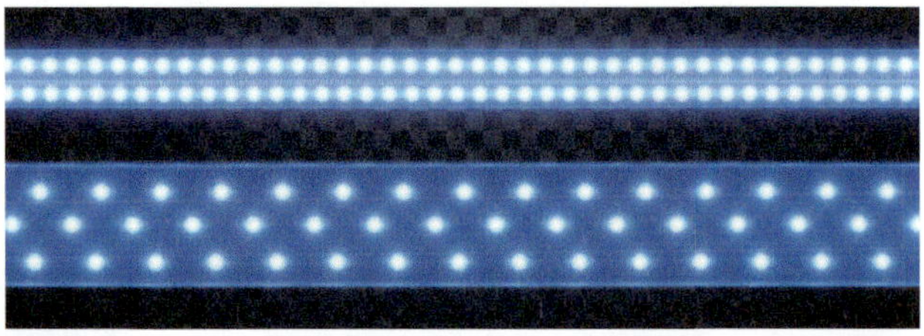

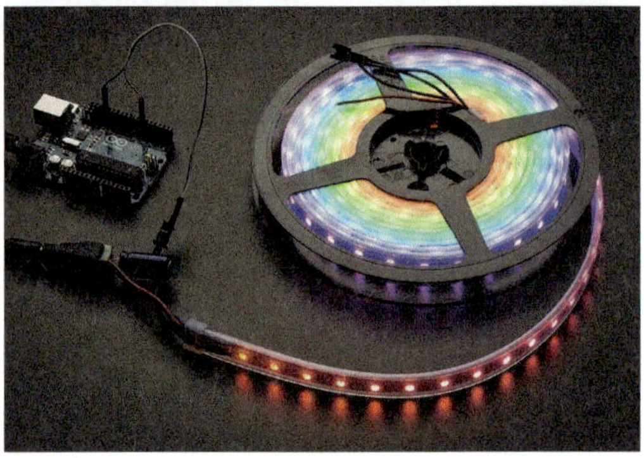

그림 3-121 각종 LED스트립 제품들

ⓐ Rigid Strip(6mm × 500mm × 2T), 백색
ⓑ Rigid Strip(백색/점등상태)
ⓒ Rigid Strip(단색/Blue/2열/3열)
ⓓ Flexible Strip(백색/롤/5m)
ⓔ Addressable RGB Strip(5m/IP67방수) Arduino로 제어하는 모습
ⓕ Addressable RGB Strip(동작 중 모습)

8. 액정 표시기(LCD : Liquid Crystal Display)

가. 액정 표시기는 액체 결정 물질인 액정을 담은 얇은 두 개의 유리판 사이에 전극을 설치하고 전압을 가해주면 그 사이에 있는 액정의 분자 운동 방향에 따라 이를 통과하는 빛의 양에 변화를 주어 도형이나 문자 등을 액정판에 표시하는 장치이다.

나. 전극의 모양을 7세그먼트 모양으로 만들면 전자손목시계의 숫자표시판과 같은 모양이 되고 공학계산기에는 좀더 섬세한 점(dot)으로 구성된 글자모양이 된다.

다. 화소(픽셀 : pixel)를 아주 작게 쪼개고 3색의 필터를 설치한 다음 각각의 색을 제어함으로서 다양한 천연색을 구현하도록 만든 것이 LCD컬러 모니터이다.

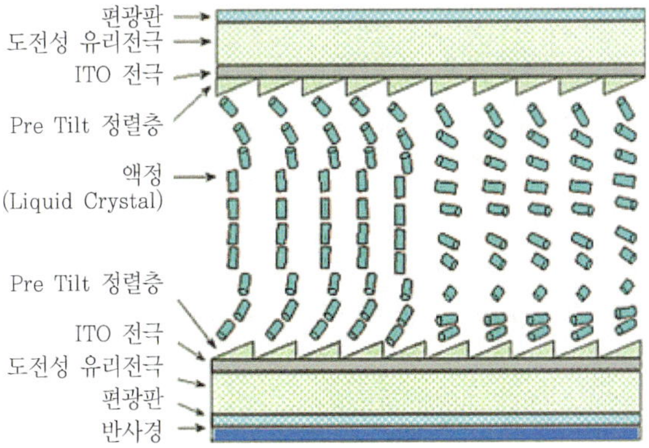

▸LCD 표시기 평판의 위아래에 설치된 ITO전극간에 직류전압이 인가되면 액정이 일렬로 정렬되어 상하공간으로 빛이 잘 투과할 수 있게 된다.

▸ ITO전극간에 빠른 주기의 구형파 교류를 가하면 액정기둥이 불규칙하게 교란되어 빛이 투과할 수 없게 된다.

(a) LCD의 원리적 구조도

(b) LCD 두줄 표시기

(c) LCD 컬러 모니터

그림 3-122 LCD로 만든 숫자 표시기(좌)와 컴퓨터용 컬러 모니터

9. 조명관련 용어 해설

1) 루멘(Lumen) : 발광량의 단위

(정의1) 광원으로부터 단위시간 당 방사되는 가시광(빛)의 총량.

기호 f OR Φ, 단위 [Lm] 관력식: 1[Lm]=cd*sr

(정의2) 1입체각 당 1칸델라의 광도를 가지는 광량을 1루멘이라 한다. 만약 반지름 1m인 구의 표면에 균일한 1칸델라의 광량을 유지한다면 점광원의 총 광량은 12.6루멘이다.

(용어의 사용) 조명기에서 소비전력과 함께 총발광량을 표시할 때 사용

〈보기〉 LED 제품의 의무표시항목: 소비전력 (예: 10W), 총발광량 (예: 950[lm])

〈참고1〉 소비전력 1W당 100루멘 이상의 조명기는 고성능 조명기로 분류된다.

미(美)에너지성의 LED등 개발목표: 100[lm/W]

〈참고2〉 현재 시장에서 판매되는 LED 등의 성능은 대부분 75~95[lm/W]이다.

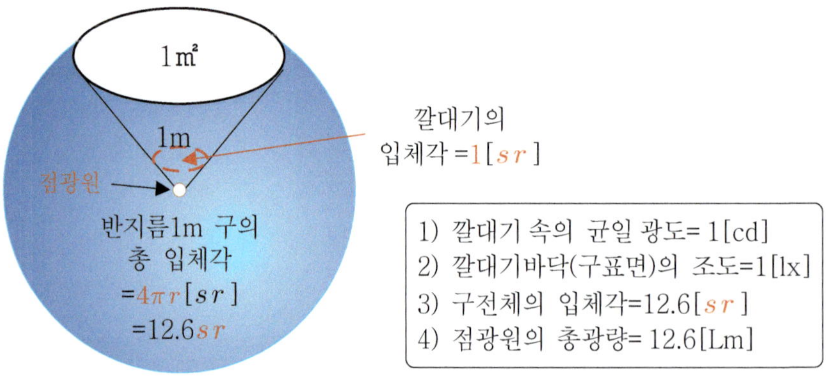

그림 3-123 루멘의 정의와 입체각

2) 럭스(Lux) : 빛 밝기의 단위

(정의1) 촛불로부터 1m 떨어진 지점의 밝기

(정의2) 1루멘의 광속을 발하는 광원으로부터 1m 떨어진 지점의 단위면적(1㎡)을 골고루 비추고 있을 때 그 단위면적 속 한 지점의 조도는 1Lux이다.

$1\,[lx] = 1\,[lm/m^2] = 1\,[cd \cdot sr/m]$

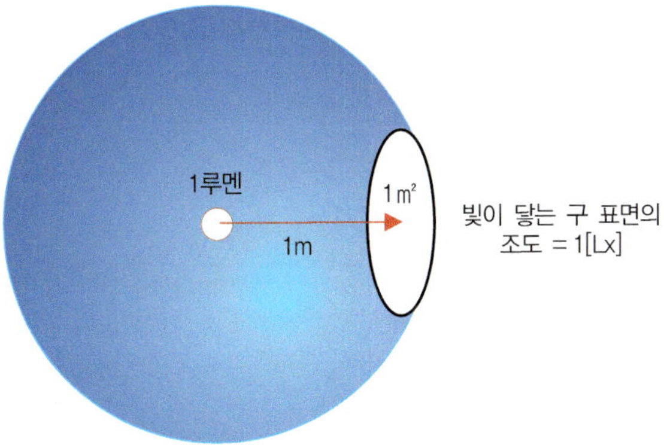

그림 3-124 광량과 조도의 관계

표 3-53 작업 및 거주 공간의 권장 조도

Lux	조명 공간	권장 색온도(K)	비 고
1	촛불에서 1m거리 지점 밝기	1,500	
3	심야의 복도/공원	4,000~5,800	
10	거리, 공원	4,000~5,800	
30	휴식용 거실, 복도, 쇼핑가	3,000~4,500	
100	오락, 컴퓨터 업무, 밝은 거실	4,000~5,800	
300	독서(신문, 잡지, 만화) 공부, 화장, 공예, 사무실	4,500~5,800	
1,000	정밀가공작업(시계, 보석, 항공기)	4,500~5,800	
3,000			

표 3-54 자연광의 조도

광 원	Lux	색온도	비 고
촛불	1	1500K	1m 거리
보름달 뜬 밤	0.25	10,000K	
한낮(정오)	100,000내외	5800K	봄, 가을 기준
약간 흐린 날	40,000내외	6500K	
몹시 흐린 날	10,000내외	7000K	적외선의 감쇄는 작음
해돋이/해넘이 순간	400	2500K	

표 3-55 조명기술의 발달

조명원	발명시기	수명	특징	원 리
1) 백열등	1879년	1,000h	온백색	전류 → 필라멘트 발열 → 가시광
2) 형광등	1938년	10,000h	냉백색	아르곤방전 → 자외선 → 형광물질 자극 → 가시광
3) LED조명	1993년 이후	40,000h	전자제어 감성조명	PN접합에 전류가 흐를 때 단색발광. 백색은 ① RGB 3개 빛을 혼합하거나 ② UV → 형광물질 → 백색발광을 유도함.
4) PLS조명 Plasma Lighting Sys.	개발 완료단계	20,000h	고연색성 자연광	특수가스에 마이크로웨이브 방전 → 플러스마 → 발광(자연광에 근접)

그림 3-125 대표적인 세대별 조명제품들

① 에디슨의 백열등 ② E-27소켓 형광등 ③ LED 예술조명 ④ 플라스마 조명등

과제 번호 3.5.1	LED & 7세그먼트 실험	
준비물	DC전원장치, DMM 오실로스코프	LED(5Φ), HB LED(5Φ백색), FND507, 15Ω (2W), Power LED(N42180), 74LS47, DIP SW(4)

[실험 1] LED 구동회로 실험하기

1. 그림 3-122와 같이 LED 구동회로를 조립하시오.

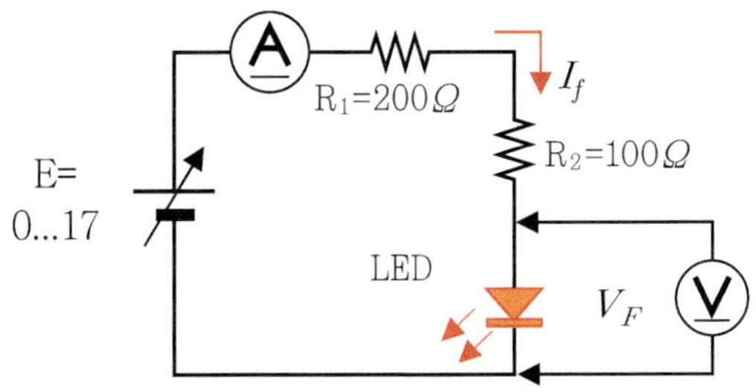

그림 3-126 LED구동 기본회로

2. 전원장치의 전압을 0V에서 서서히 높여갈 때 전류값이 1mA가 되는 순간 LED에 걸리는 순방향전압(V_F)은 얼마인가? 그리고 계속해서 전류 크기를 10mA, 20mA 등으로 증가할 때 각각의 전류에서 다이오드에 걸리는 전압을 측정한다.

표 3-56 LED에 흐르는 순방향전류(I_F)와 순방향전압강하(V_F)의 측정결과 기록표

전원전압 [V]		최소 점등전압					
전류(		1mA	10mA	20mA	30mA	40mA	50mA 최대 점등전류
LED에 걸리는 순방향전압 V_f	일반적색 LED	V	V	V	V	V	V
	고휘도 백색 LED	V	V	V	V	V	V

※ 전압계를 이용한 전류 측정법: 100Ω 양단의 전압을 측정하고 이 값을 100으로 나누면 전류가 된다. 디지털 전압계와 정밀저항을 사용하면 정확한 전류를 측정할 수 있다.

3. 표 3-53의 결과를 바탕으로 순방향전류(I_F)와 순방향전압강하(V_F)의 관계를 그래프로 그리시오.

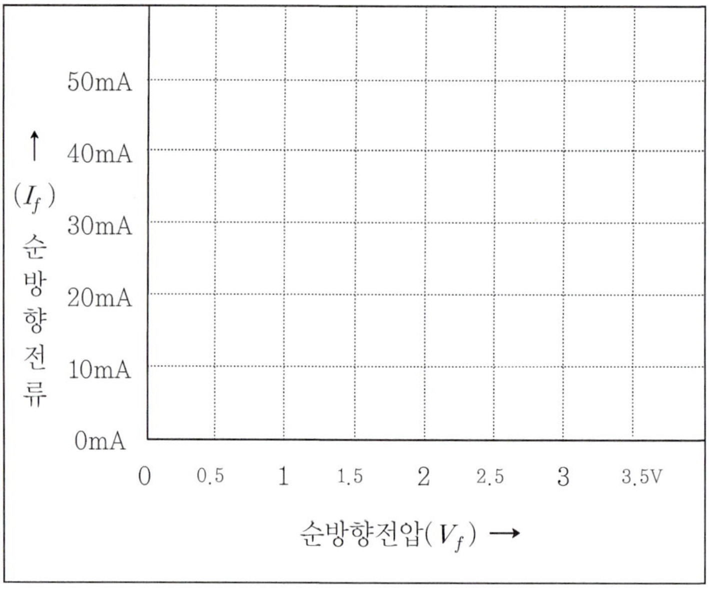

그림 3-127 LED의 순방향 전압 대 전류 특성

4. 그림 3-124 (a), (b)와 같이 일반 LED 5개와 고휘도 LED 3개 직렬회로를 나란히 조립한다.
   가. 일반 LED에 흐르는 전류와 LED 5개에 걸리는 순방향 전압강하(V_{F5})를 측정한다.
   나. 고휘도 LED에 흐르는 전류와 LED 3개에 걸리는 순방향 전압강하(V_{F3})를 측정한다.

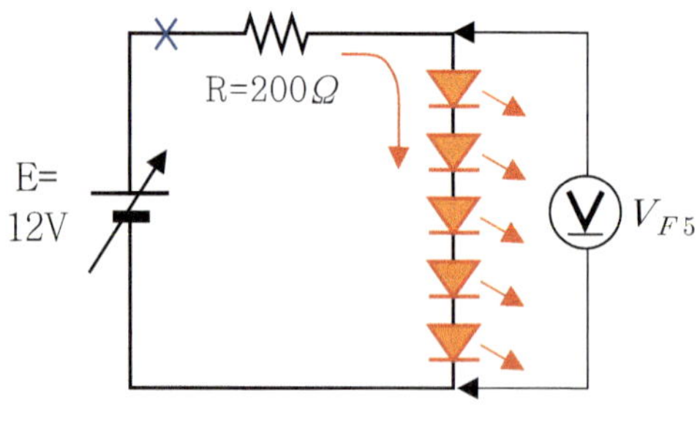

(a) 일반 LED 5개 직렬회로

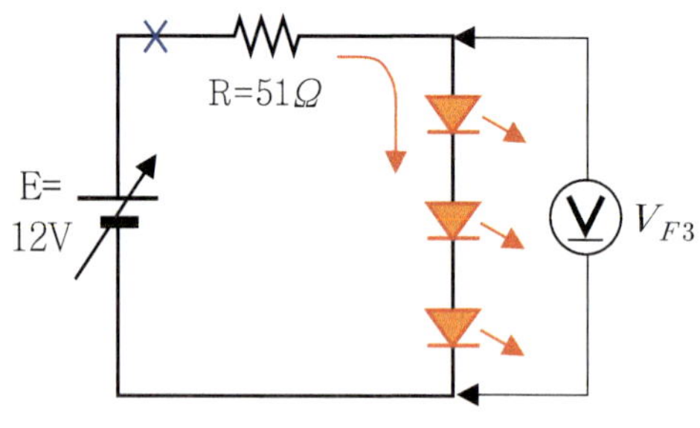

(b) 고휘도 LED 3개 직렬회로

그림 3-128 LED 직렬점등회로

표 3-57 LED 직렬회로의 전류와 전압 측정결과 기록표

구 분	전 류	전체 순방향전압	LED 1개당 전압
일반 LED			
고휘도 LED			

다. (b)에서 고휘도 LED를 4개 또는 5개 직렬접속하면 점등이 되는지 시도해 보시오.

【참고】 고휘도 백색 LED 하나에 걸리는 전압은, 구동전류 50mA에서 3.2~3.5V 정도이다. 고휘도 LED 3개를 구동하려면 최소 9.6~10.5V가 필요하다. 따라서 12V 축전지를 전원으로 사용하는 경우에는 고휘도 LED 3개까지 직렬접속할 수 있다.

[실험 2] Power LED 구동회로 실험하기

1. 그림 3-125와 같이 Power LED 정전류 구동회로를 조립한다.
2. 입력전압 12V를 공급하고, 스위치(SW)는 OFF상태로 둔다.
   이 상태에서 LED는 점등할 것이다.

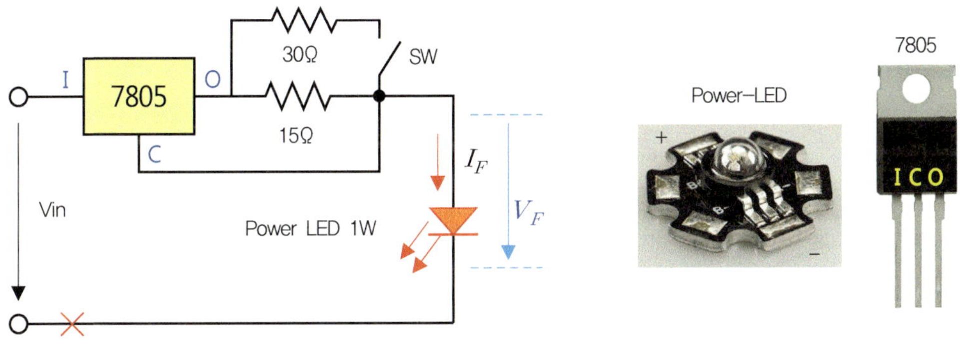

그림 3-129 Power LED 정전류 구동회로

3. (−)전원단자 부근의 X표시 지점에 전류계를 삽입하여 구동전류(I_F)를 측정하고 LED 양단의 전압(V_F)을 측정한다. 그리고 스위치를 닫은 상태에서 다시 한 번 전류와 전압을 측정한다. 스위치를 닫으면 합성저항은 10Ω 이 된다. 그리고 이때의 정전류 크기는

$I_F = \frac{V}{R} = \frac{5V}{10\Omega} = 500\,[mA]$이 된다.

회로 조건	구동전류(I_F)	순방향전압(V_F)	조도(Lx)/1m
15Ω (SW OFF)	340mA		
10Ω (SW ON) (15//30)	500mA		

[실험 3] 7세그먼트 표시기 회로 실험하기

1. 회로시험기로 세그먼트 표시기를 검사한다.

   가. 아날로그 테스터를 저항계×1R렌지로 맞춘다. 흑색 단자가 악어클립이면 편리하다. (그림 3-126 참조)

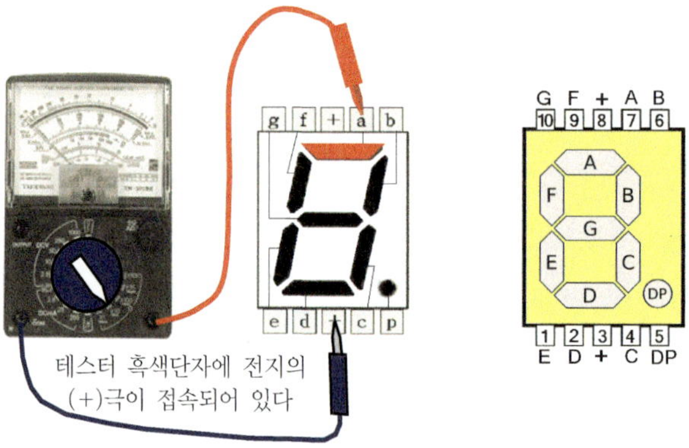

그림 3-130 LED-7세그먼트의 테스트 법

   나. 흑색봉을 세그먼트의 ⊕단자(3과 8번)에 접촉하고, 적색봉을 7번 핀에 접촉하면 세그먼트 a가 점등된다.

   다. 위와 같은 방법으로 세그먼트 b, c, d, e, f, g를 접촉하면서 모든 세그먼트가 정상 점등되는지 확인한다.

2. '10진 디코더 회로'를 조립한다.

   가. 그림 3-127과 같이 10진 디코더회로를 조립한다.

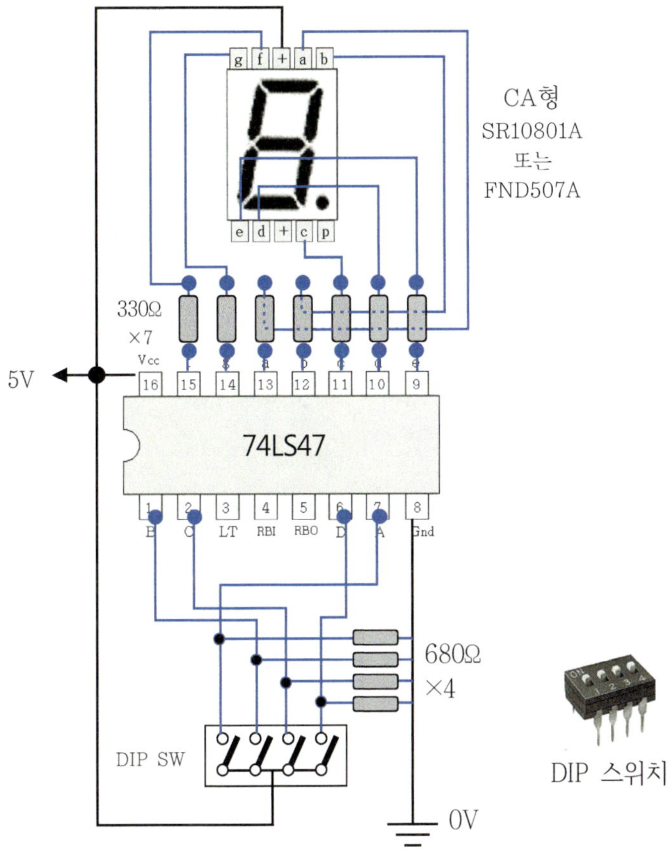

그림 3-131 10진 디코더 회로

나. 조립 완료 후 3번 단자(LT: 램프 테스트)를 접지하면 모든 세그먼트가 점등된다. 각 세그먼트 배선이 정확한지 시험하는 방법으로 활용해 보시오.

다. 전원을 넣고 딥스위치(DIP SW)를 조작하여 '0000'에서부터 '1111'까지 단계별로 입력하고 그 때마다 표시되는 결과를 〈표 3-55〉에 기록하시오.

표 3-58 2진수 입력과 세그먼트 출력

입력 DCBA	표시	입력 DCBA	표시	입력 DCBA	표시
0000	0	0101		1010	
0001		0110		1011	
0010		0111		1100	
0011		1000		1101	
0100		1001		1110	

과제 번호	조명용 LED Strip 실험하기	
3.5.2		
준비물	DC 전원공급기, DMM SMPS(12V, 30W)	고휘도 LED(백색, 5Φ), 저항기(47Ω /1W), LED Strip(12V, 7W, 3셀×10), Power LED(1W)

1. 관련 지식

LED Strip : 칩 형태의 고휘도 발광 다이오드를 막대형 기판에 다수 배치하여 조명기로 사용할 수 있도록 고안한 것이다. 12V전원에 LED 3개가 직렬로 접속되어 하나의 블록이 되고, 모든 블록은 양면 기판을 사용하여 병렬로 연결하였다.

(a) 제품 모습(스트립의 일부)

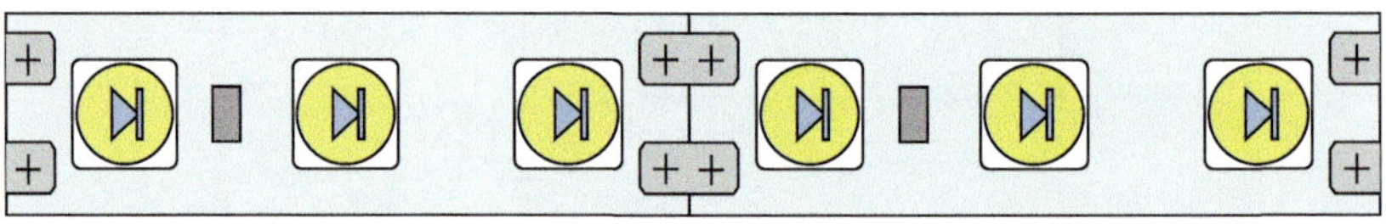

(b) 상면 확대도(2개 블록)

그림 3-132 LED Strip

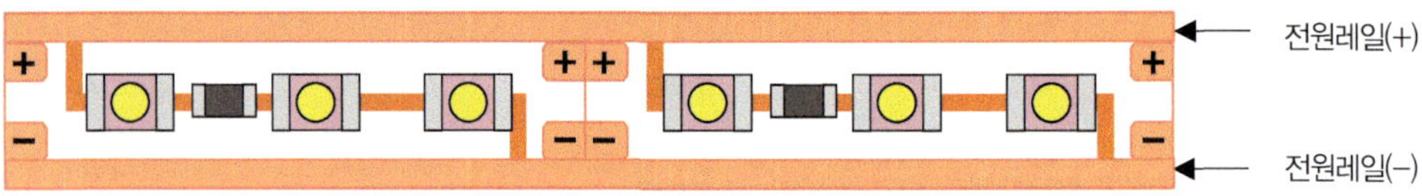

그림 3-133 LED Strip의 등가회로(PCB 패턴도)

2. 사용법

가. LED Strip은 전체를 하나처럼 사용할 수 있고, 한 블록씩 잘라 독립적으로 사용할 수도 있다.

나. 블록 양단에 있는 (+), (–)단자를 통해 12V를 인가하면 된다.

3. LED Strip의 규격

가. 정격전압: 12V, 소비전류: 블록 하나의 소비전류는 58mA, Bar 전체를 사용하면 580mA가 흐르며 소비전력은 7W이다.[3)]

나. (SS Light의 예) Bar의 폭=8mm, 길이=500mm, 두께=기판부 1.4~LED부분 3.0mm

〈실험하기〉

1. LED Strip의 (+), (−) 전원단자에 적당한 길이의 빨강, 파랑 연선을 납땜한다.
2. SMPS의 12V 출력단자에 LED Strip의 (+), (−)단자를 연결한다.

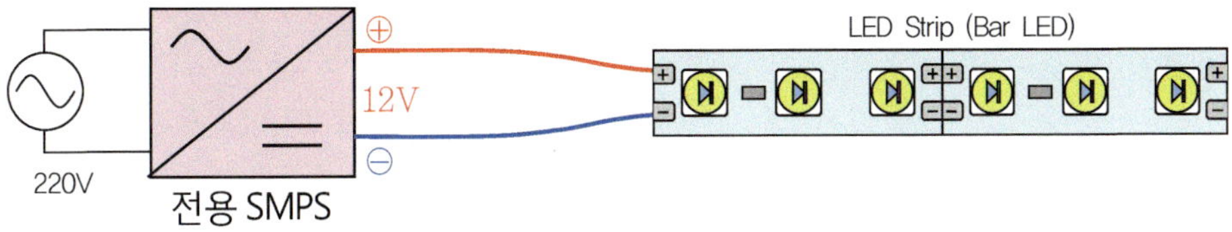

그림 3-134 SMPS를 사용한 LED Strip 점등하기

3. 만약 전용 SMPS가 없을 때는 직류전원장치를 정확히 12V에 맞추어 사용한다.
4. 점등이 확인되면 12V (+)선로에 전류계를 삽입하고 소비전류를 측정한다. 전류계로는 디지털형 멀티테스터가 적합하다.(만약 정밀한 전류계가 없다면 전원장치의 전류계를 이용해도 좋다)

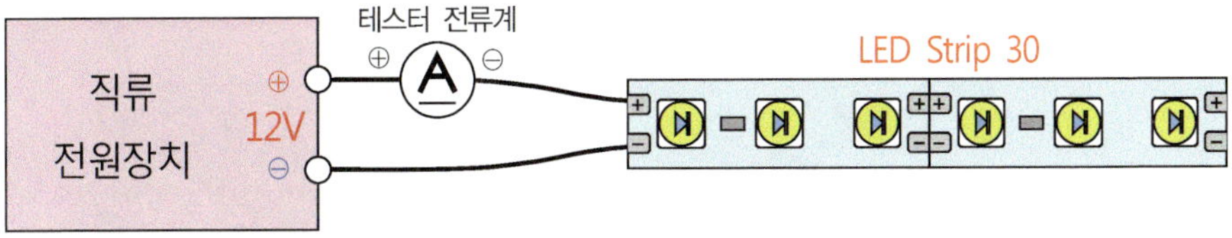

그림 3-135 직류전원장치를 사용한 LED Strip 실험회로

5. 만약 실험용 LED Strip의 수량이 부족하면 LED Strip을 블록단위로 절단하여 사용하여도 좋다. 이 경우 1개 블록의 소비전류는 전체의 1/10이다.

3) 소비전류는 소자 수, 메이커, 그리고 온도에 따라 조금씩 달라진다. 자세한 것은 제품포장에 표기되어 있거나 인터넷으로 공개된다.

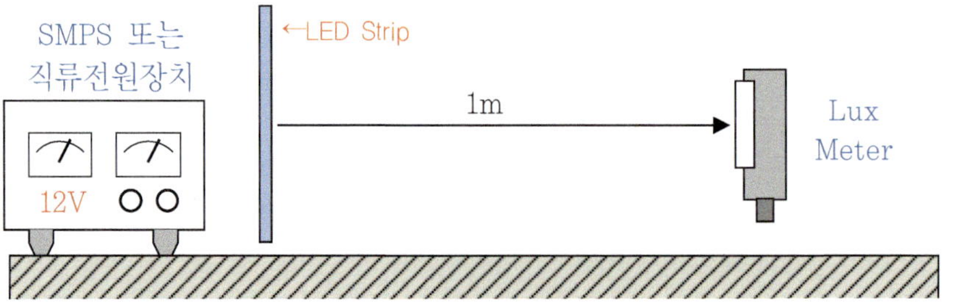

그림 3-136 조도 측정법(외부 광원은 차단한다)

6. LED Strip 전체가 점등될 때의 밝기를 측정한다. 그 방법은, 작업장의 커튼을 닫아 어둡게 한 상태에서 LED Strip에서 수직으로 1m 떨어진 거리에 조도계를 설치한다.
7. LED Strip의 전원은 SMPS외에도 축전지가 널리 사용된다. 축전지의 전압은 12~12.8V 범위[4])이므로 이 경우의 동작상태를 실험해 보자.

   직류전원장치의 출력전압을 11.5V에서 12.5V까지 변화시킬 때 동작전류와 밝기(조도)를 측정하고 그 결과를 〈표 3-59〉에 기록한다.

표 3-59 공급전압에 따른 소비전력과 밝기의 측정 결과

LED Strip 공급전압 [V]	동작 전류 [mA]	소비전력 [W]	밝기 [Lx]
11.5			
12.0			
12.5			

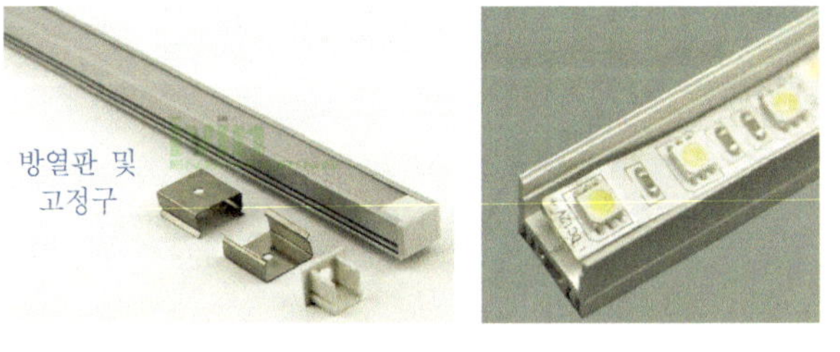

그림 3-137 방열판과 Bar LED 부착 예

(Bar LED뒷면에 접착테이프가 붙어있다.)

4) 납축전지가 100% 충전되어 있을 때 무부하 단자전압은 12.8V, 60%충전상태이면 12.4V, 20%충전상태에서는 12.0V가 된다.

과제 번호	COB LED 정전류 구동 실험하기	
3.5.2		
준비물	DC 전원공급기, DMM SMPS(12V, 30W)	COB LED(20W), 방열판(20W: 150×60×40) IC AMC7140 또는 A711(방열판 5W) 저항기(1kΩ , 2kΩ $\frac{1}{4}$W), 1Ω /1W/1%

관련지식

COB LED를 비롯한 대부분의 조명용 LED제품들은 정전류 구동방식을 사용한다. 물론 앞 과제에서처럼 아마추어들이 7805를 사용하여 정전류회로를 만들어 사용할 수도 있지만 〈그림 3-134〉와 같은 정전류 드라이버 전용의 IC를 사용하는 것이 편리하다.

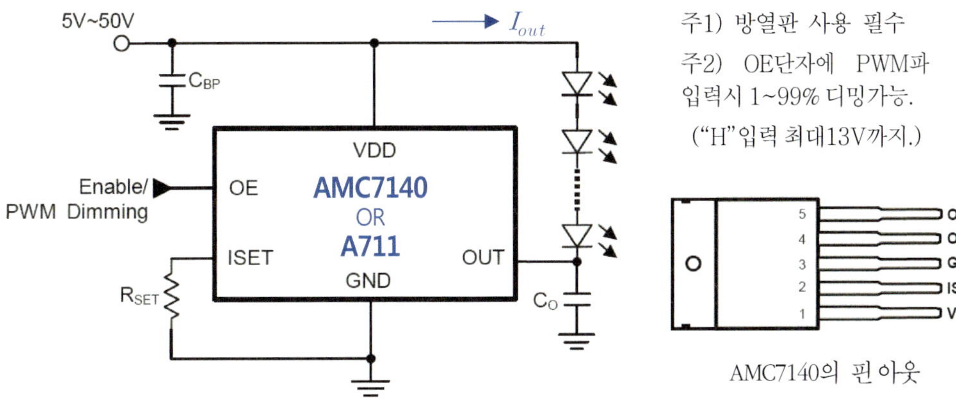

그림 3-138 정전류 방식 LED 구동회로

이 회로는 R_{SET}를 이용하여 정전류출력을 설정할 수 있고, OE Out Enable단자를 통해 1~99%범위의 밝기조절도 가능하다.

LED로 흐르는 출력전류(I_{out})는 다음 식으로 정해진다.

$$I_{out} = \frac{600}{R_{set}\,[k\Omega]}\,[mA]$$

2번 I_{set} 단자와 3번 접지 사이의 저항 R_{set}에 1kΩ을 달면 600mA의 출력전류를 얻을 수 있고, 2kΩ을 달아주면 300mA로 줄어든다. 이 IC의 최대출력전류는 1.1A까지이다.

전원전압(V_{DD})과 LED의 전압강하 차이가 적을수록 IC의 손실전력이 줄어든다. 따라서 전원전압과 LED의 직렬 개수를 적절히 조정하는 것이 요령이다.

실험 순서

1. 그림 3-135와 같이 LED 정전류 구동회로를 조립한다.

   가. 4번 OE단자의 전압을 "H"가 되도록 고정하였다. 이 경우 램프는 상시 점등된다. 만약 디밍조절을 원하면 10㏀저항을 제거하고 4번 OE단자에 PWM파를 입력하시오.

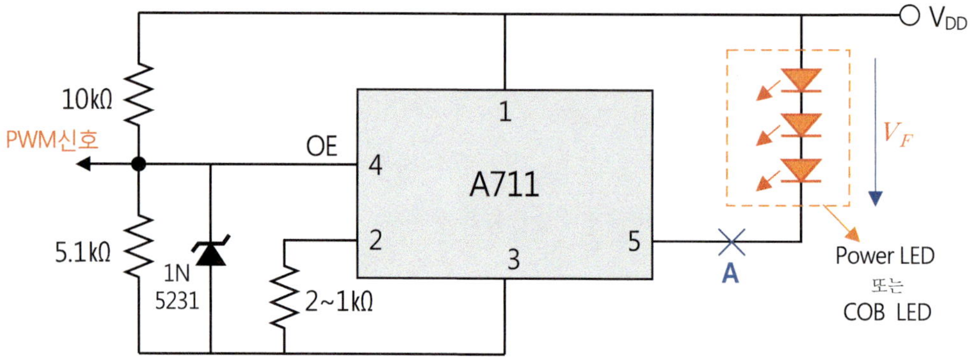

그림 3-139 LED 램프 정전류 구동회로

   나. 20W COB LED를 실험한다면 전원전압을 34V로 공급한다.

   다. 파워LED 3개로 실험하는 경우 전원전압을 12V로 공급한다.〈표 3-57 참조〉

   라. 2번 단자의 R_{SET}는 2㏀을 달아준다.

표 3-60 전원전압과 부하 LED의 결합조건

전원 전압 (V_{DD})	부하 구성		비 고
	COB LED	Power LED	
33~35V	20W 1개	1~3W 10개	1) IC와 LED소자 모두 방열판을 달 것. 2) R_{set}=2㏀에서 I_{out}=300mA R_{set}=1㏀에서 I_{out}=600mA
12~13V	-	1~3W 3개	
5V	-	1W 1개	

2. 전원전압을 공급하고 LED램프에 흐르는 전류와 램프 양단에 걸리는 전압을 측정한다.
   ※ X 표 자리에 1Ω /1W(1%)저항을 삽입하고 전압을 측정하면 그 값이 곧 전류이다.
3. R_{SET}는 1㏀으로 바꾸어 단다.(병렬로 2㏀을 추가하여 합성저항 1㏀을 만들 수도 있다) 다시 한 번 LED램프에 흐르는 전류와 램프 양단에 걸리는 전압을 측정한다.

표 3-61 RSET 설정에 따른 LED전류와 LED전압

전원 전압 V_{DD}	사용 소자	전류 설정 저항값 R_{SET}	LED 전류(I_F)	LED 양단전압(V_F)
		2kΩ		
		1kΩ		

4. 정전류 회로에서 저항 10㏀을 제거하고, 그림 3-136의 3번 출력(PWM신호)을 정전류회로 4번 단자(OE)에 연결한다.

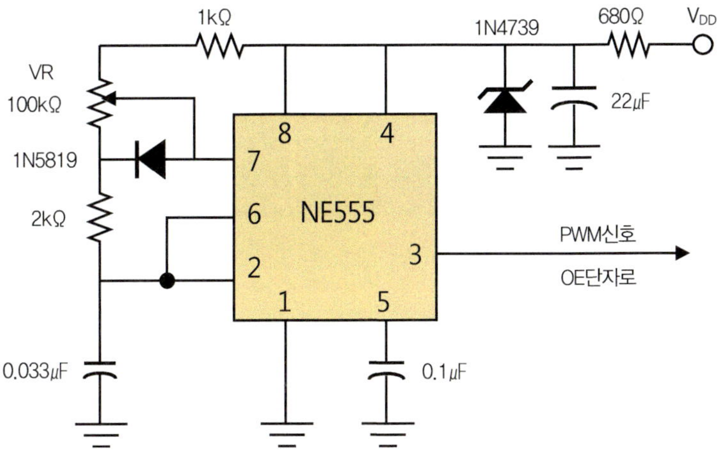

그림 3-140 램프 디밍을 위한 PWM신호 발생회로

5. 가변저항을 조절하면 LED램프의 밝기가 변화되는 지 확인한다.

6. 정전류회로의 A자리에 1Ω 을 삽입하고 그 양단에 오실로스코프를 접속하면 LED에 흐르는 전류의 파형을 관찰할 수 있다. 측정의 결과는 그림 3-137에 기록하시오.

(측정 결과 $V = I$ 이다. 예를 들면, 측정전압이 300mV이면 전류는 300mA이다.)

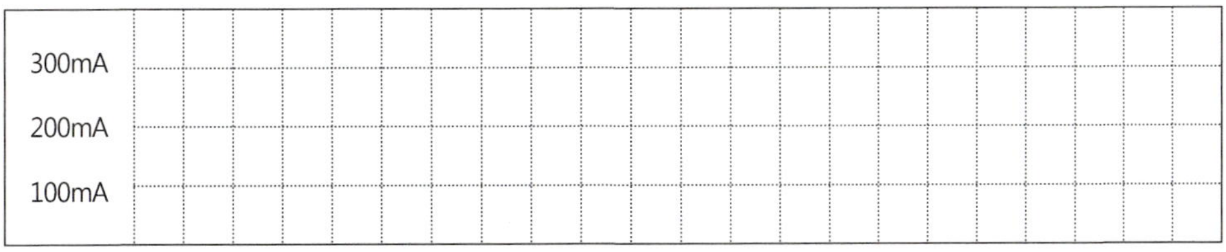

그림 3-137 듀티비 50% 에서 출력전류의 파형(조건:RSET=2kΩ)

3.6.1 태양전지와 태양광발전

1. 태양전지(Solar Cell, PV Module)

솔라 셀이란 태양빛을 받으면 전기를 발생시키는 전자소자이다. 솔라 셀 하나의 기전력은 크기에 관계없이 약 0.5V이고, 전류를 생성하는 능력은 셀의 수광면적과 입사광의 세기에 비례한다. 예를 들면 156×156[mm]의 다결정 셀에서 생산되는 전류는 최대 입사광에서 8.3A이다.

(a) 단결정 솔라셀 (b) 다결정 솔라셀 (c) 솔라 셀 기호 (d) PV 모듈 기호

그림 3-141 태양전지(Solar cell)의 외형과 기호

2. 솔라 셀의 구조와 동작원리

솔라 셀은 반도체 다이오드와 같이 P형 반도체와 N형 반도체의 접합으로 만들어졌는데, 다이오드와 다른 점은 면적이 매우 넓다는 점이다. 〈그림 3-139〉와 같이 빛을 받는 면이 N형 실리콘이다. 입사광에 비례하여 발생되는 광전자가 이곳의 표면에 설치된 도선을 통해 흘러나오기 때문에 전지의 (-)전극이 된다. 그리고 P형 실리콘 아래쪽으로 양전하가 이동하다가 바닥의 (+)전극판을 통해 외부(부하)로 흐르게 된다. 이 동작을 그림 3-139에서 단계별로 나누어 설명하면 아래와 같다.

가. 그림(a) : 솔라 셀은 P형과 N형 반도체의 접합으로 이루어 져 있다. N반도체 속에는 전자가, P반도체 속에는 정공이 다수 존재한다. 반도체 공장에서 PN이 접합되는 순간 전자가 경계면을 넘어 확산 되고 P에 있던 정공과 결합한다. 그 결과 경계면 부근의 N층에는 (+)이온층이, P층에는 (-)이온층이 형성된다. 이들 두 공간전하로 인해 약한 전계(E)가 형성된다.

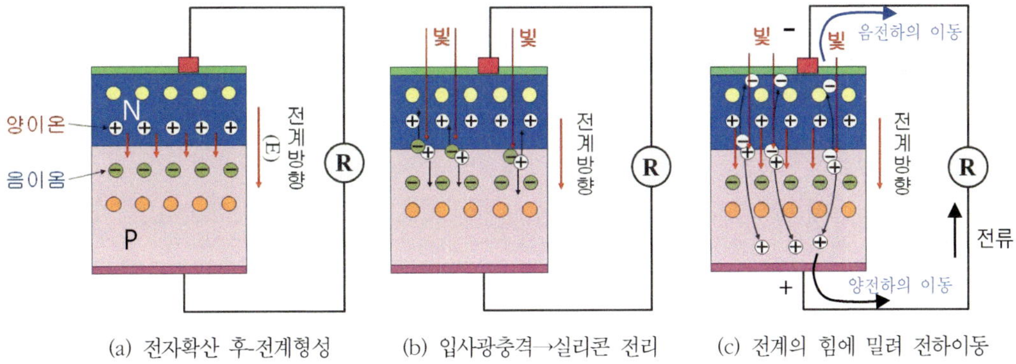

그림 3-142 솔라 셀의 동작원리

나. 그림(b) : N층의 두께가 2μ m정도로 얇기 때문에 태양빛이 N형을 통과해서 경계면에 도달하여 실리콘 원자들을 자극하면 그 중 상당수의 실리콘 원자들이 음이온과 양이온으로 전리된다.

다. 그림(c) : 전리된 이온들 중 음이온들은 (+)전계방향으로 이끌리고 양이온들은 (-)전계방향으로 이끌려 이동한다. 계속되는 입사광으로 생성되는 이온들은 전계의 힘으로 인해서 이동하려는 힘(기전력)이 발생하는데 이것을 광기전력이라 하며 그 크기는 최대 0.6[V]에 달한다. 또 기전력의 극성은 N층 상단이 (-), 하층 P층이 (+)이다. 또 이들 전극을 전선으로 연결하면 음전하(전자)와 양전하(정공)가 이동하여 재결합하는데, 계속되는 이 흐름을 우리는 전류라 부른다.

라. 솔라 셀 제품 : 태양전지 산업의 초기에는 5인치 웨이퍼를 가공하여 만들었기 때문에 셀의 크기도 100×100mm의 크기였지만 지금은 156×156 크기로 만든다.

표 3-62 솔라 셀의 규격과 전기특성

셀 규격	최대전압(V_{mpp})	최대전류(I_{mpp})	최대전력(P_{mpp})	60셀 모듈 출력
156×156	0.5~0.55[V]	8.0~8.5[A]	4~4.3[W]	240~260[W]

3. PV Module(=Solar Panel=태양전지판)

가. 영어에서는 하나의 태양전지를 Solar Cell이라 부른다. 그런데 Cell 하나는 유효 기전력이 0.5V 정도로 너무 작아 다수의 솔라 셀을 평판에 직렬로 조립하여 하나의 규격화된 전지처럼 사용하도록 만들어 사용하는데 이것을 PV모듈 또는 솔라 패널(Solar Panel)이라고 부르며, 우리말로는 태양전지판이라 부른다.

나. **규격화 모듈** : 대규모 태양광발전소를 짓는 데는 큰 규모의 PV모듈을 사용하는 것이 경제적이다. 그래서 기술의 발달에 따라 모듈의 규격도 점점 크게 발전해오고 있는데, 지금은 □156모듈 60장을 직렬 접속한 모듈이 대표적이다. 이 제품의 평균출력은 250Wp, 무게는 15.1kg이다. 이 외에도 독립형 태양광발전을 위한 모듈제품도 있는데 이 경우에는 출력전압은 17.5V(36Cell) 또는 35V(72Cell)이다.

다. **미니 모듈** : 위와 같은 대형 제품 외에도 아마추어들을 위한 소형 비 규격제품들도

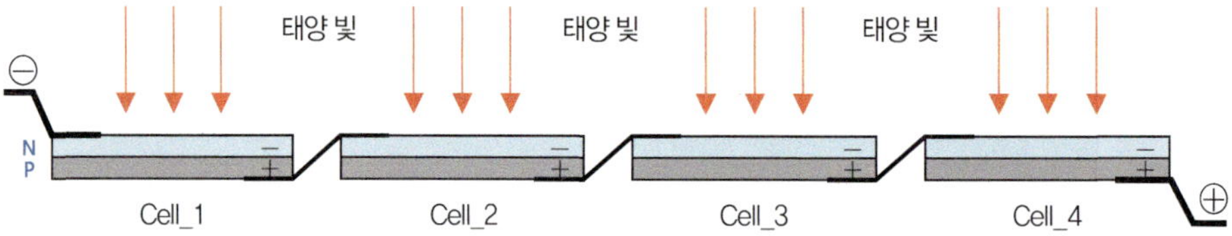

(a) 셀의 직렬연결(0.5V 4개를 직렬연결하면 2V가 된다)

(b) 4-Cell 미니모듈
2V, 267mA 60×110mm

(c) 32-Cell 미니모듈
(16V, 135mA) 110×165

그림 3-143 셀의 직렬연결법과 미니모듈

(a) 단결정 모듈

(b) 다결정 모듈

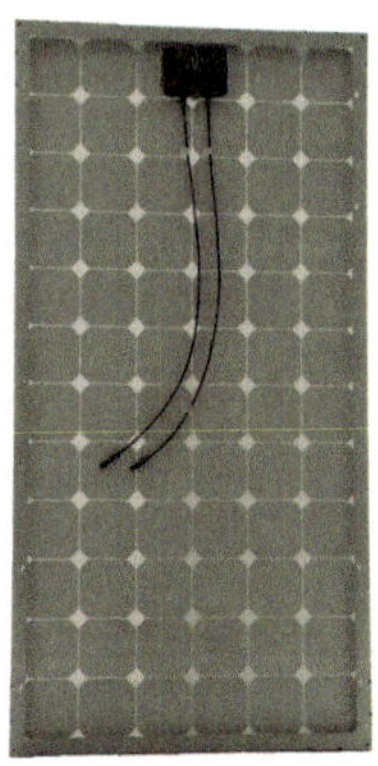

(c) 모듈 뒷면

(d) 옥외 고정용 설치대

그림 3-144 태양광발전용 PV모듈 규격제품

있다. 예를 들면 4셀 2V, 10셀 5V 등 다양한 사양의 제품이 출시되며, 그 외에도 소비자가 원하는 전압이나 전류에 맞추어 주문 제작하기도 한다.

4. PV 어레이(Array)

다수 모듈의 집합체를 PV어레이라고 부른다. 그림 3-138(a)는 220W 모듈 14개를 하나의 설치대에 조립한 3KW용량의 소규모 PV어레이다. 이 어레이는 앙각 35°인 고정식이지만 (b)는 어레이 전체를 전동축에 연결하여 태양을 따라가는 '추적식 어레이'이다.

(a) 고정식 어레이

(b) 양축 추적식 어레이

(c) 단축 추적식 어레이로 구성된 세계최대의 태양광발전소
(전남 신안군 동양태양광발전소)

그림 3-145 PV어레이 & 태양광발전소

과제 번호 3.6.1	태양전지 실험하기	
준비물	DMM, Lux meter	PV미니모듈(5V, 360mA), PV모듈(17.5V, 50W) 줄자, 각도계

태양전지 특성 실험하기

태양전지(Solar Cell 또는 PV-Module)의 주요한 특성에는 ①개방 단자전압, ②최대출력전압, ③단락전류 그리고 ④최대출력전류가 있다. 여기서 ②항과 ④항은 특별한 실험장치가 필요하지만 ①항과 ③항은 멀티테스터 만으로 측정이 가능하다.

그리고 태양전지의 특성에서 ①항(개방단자전압)과 ③항(단락전류)을 알면 일정한 관계식을 통해 나머지 특성을 알 수가 있다.

가. 개방단자전압 측정하기

'개방단자전압'은 출력단자에 부하를 연결하지 않고 개방한 상태에서 측정한 전압이다.

(1) 옥상이나 운동장 등의 평지에 태양전지를 설치한다.

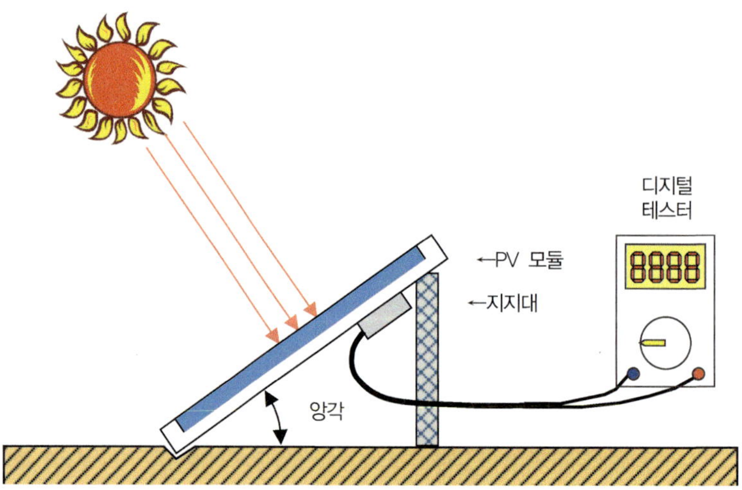

그림 3-146 태양전지 특성실험을 위한 설치 예

(단, 전지의 표면에 햇빛이 수직으로 입사되도록 벽돌이나 나무판자 등으로 고정한다. 그리고 이때의 경사각을 '앙각' 이라 한다.)

(2) 태양전지(PV모듈)의 단자함에서 나온 (+), (−)출력선과 멀티 테스터의 (+), (−)단자를 각각 연결하고, 전압을 측정한다. 이 측정에서 디지털 전압계의 내부 저항은 무한대에 가까우므로 부하가 없는 '개방단자전압'으로 볼 수 있다.

(3) 태양전지의 케이블과 테스터를 분리한다.

나. 단락전류 측정하기

단락전류란 출력단자를 단락(쇼트)한 상태에서 측정한 전류이다.

(1) 디지털 멀티테스터의 측정 렌지를 '전류 10A렌지'로 절환하고, 태양전지의 (+), (−)출력단자와 멀티 테스터의 (+), (−)측정단자를 각각 접속한다.

(2) 태양이 구름에 가려지지 않고 태양전지판에 빛이 수직으로 입사되는 것을 확인한 다음 전류계의 눈금을 확인한다.

(3) 이 측정은 전류계의 내부저항이 0Ω에 가깝기 때문에 부하단자가 쇼트된 '단락전류'가 된다. 이상의 측정 결과를 〈표 3-63〉에 기록한다.

표 3-63 태양전지(PV모듈)의 특성 측정 결과 기록표

측정 항목→ 기호 [단위]	개방 단자전압 V_{oc} [V]	단락 전류 I_s [A]	최대출력전압 V_m [V]	최대출력전압 I_m [A]
측정값	①	③	커브 트레이서와 같은 특수한 측정장치가 필요하다.	
계산값			②=V_{oc}의 약80%	④=Is의 90~95%

(4) 최대 출력전압(V_m)과 최대 출력전류(I_m)를 계산법.

앞서의 측정결과 ①, ②를 바탕으로 최대출력전압과 최대출력전류를 알 수 있다.

최대 출력전압(V_m) = 개방 단자전압(V_{oc}) × 0.8

최대 출력전류(I_m) = 단락전류(I_S) × 0.925

최대 출력전력(P_m) = 최대 출력전압(V_m) × 최대 출력전류(I_m)

= 개방 단자전압(V_{oc}) × 0.8 × 단락전류(I_S) × 0.925

= 0.74 V_{oc} × I_S

(5) 위의 계산식에서 [최대출력전력]은 [개방 단자전압]과 [단락전류]의 곱에다 [비례상수] 0.74를 곱하여 얻을 수 있는데, 이 상수 0.74를 Fill Factor(약어=FF)라 부른다.

다. 빛의 입사각도에 따른 전류, 전압 측정하기

이번 실험은 태양의 위치가 변동됨에 따라 태양전지 표면으로 입사되는 빛의 각도가 바뀔 때마다 출력전압과 전류를 측정하는 것이다. 태양의 위치를 마음대로 바꿀 수 없으므로 태양전지(PV모듈)를 움직여 입사각을 바꾸는 방법을 쓰기로 한다.

(1) 아래 그림을 참고하여 PV모듈의 위치를 바꿀 수 있도록 하고, 그때마다 각도를 측정할 수 있도록 각도계를 준비한다. 멀티미터는 DC전류계(10A)로 맞추어 둔다.

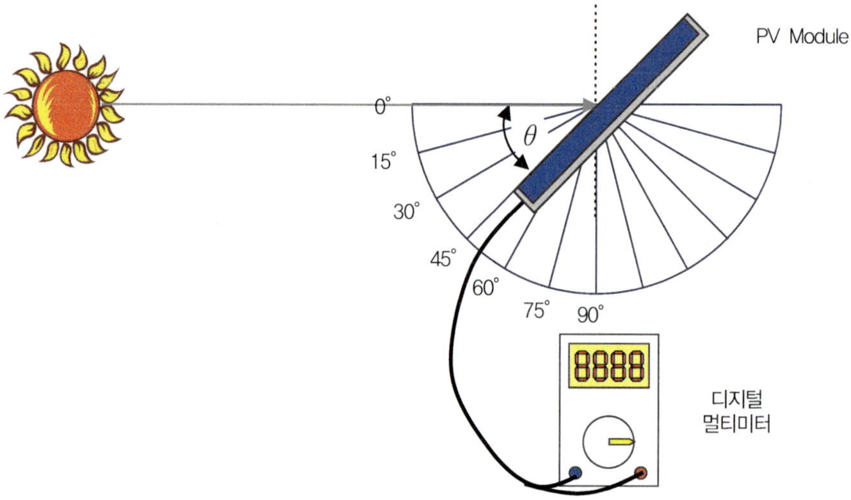

그림 3-147 입사각의 변화에 따른 PV모듈의 출력측정법

(2) 태양빛과 PV 모듈이 수직되게 설치한 다음, 단락전류를 측정한다. 단락전류 측정 요령은 앞 단계를 참고한다.

(3) 입사각(θ)을 75° 로 맞춘 다음 단락전류를 측정한다.

(4) 이상과 같은 방법으로 60°, 45° 등 앙각을 변경하면서 출력전류를 측정한 다.

(5) 디지털 멀티미터의 측정 렌지를 DC전압계로 바꾼다.

(6) 태양빛의 입사각을 90°에서 0°까지 바꾸어가면서 개방단자전압을 측정한다.

표 3-64 빛의 입사각에 따른 전류 및 전압출력 기록표

(입사각)°	90°	75°	60°	45°	30°	15°	0°
단락전류 [mA]							
개방단자전압 [V]							
Sin θ 값	1	0.966	0.866	0.707	0.5	0.259	0

참고1) Solar Cell에서 생산되는 광전류는 입사광의 유효강도에 비례하는데, 유효강도는 입사각의 sin θ에 비례한다. 예를 들어 입사각이 45° 라면 최대 입사광의 0.707배 크기로 감소된 전류가 발생된다.

참고2) **직사광과 산란광**: 지면에 도달하는 빛은 직사광선만 있는 것이 아니라 산란광도 상당비율 포함되어있는데, 직사광 대 산란광의 비율은 대략 69:31(여름)~58:42(겨울) 정도이다.

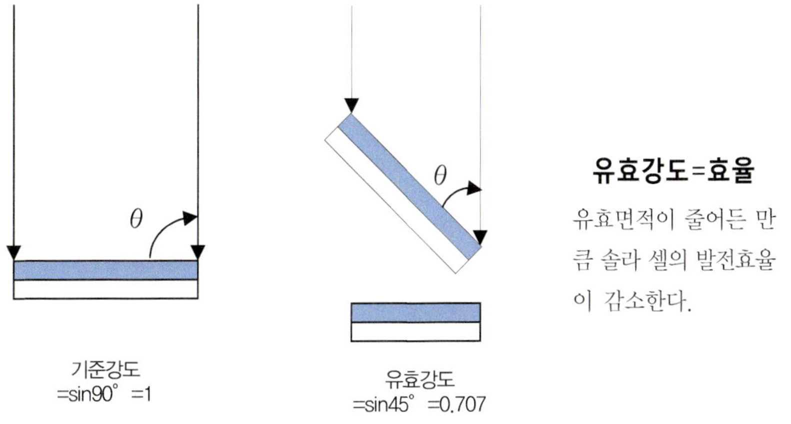

그림 3-148 입사각과 유효면적의 관계

(7) 실험의 결과를 검토한다.

입사각도에 따른 태양전지 출력 기록표에서, 낮은 입사각에서는 편차가 크며, 입사각 0° 에서 출력이 0V, 0mA가 되지 않고 상당한 출력이 발생하는 이유는 무엇인지 토론해 보시오.

그림 3-149　World Solar Car Challenge 대회에 참가한 팀들

(태양에너지만으로 달리는 이 경주대회는 호주에서 격년제로 홀수 해 10월에 열린다)

대회공식 홈 페이지 : http://www.worldsolarchallenge.org/

참가팀 유튜브 블로그: https://youtu.be/ZgZztGSYeKY

과제 번호	독립형 태양광발전 장치 조립하기	
3.6.2		
준비물	멀티테스터, DMM 축전지(12V, 50~100Ah) PV모듈(50~100W)	충전 콘트롤러(12V, 10A형), 단상차단기 DC-AC인버터(220V, 150W), 전압계(계장용) 12V형광램프(20W), LED램프(12V, 7W)

본 과제는 태양전지에서 생산된 전력을 축전지에 저장하였다가 전등이나 소규모 가전기기를 사용할 수 있도록 하는 회로이다.

1. 그림 3-147은 '독립형 태양광발전 시스템'의 회로도이고 그림 3-148은 그것의 실체 배선도이다.
2. 실체 배선도에서와 같이 충전 컨트롤러의 단자에 전압계, 전류계, PV모듈, 배터리 그리고 DC12V전등을 차례로 접속한다. 조립 시 터미널 블록을 이용하고 합판과 같은 패널에 부착하여 배선하기 편리하고 안전하다. (점선----- 내의 회로는 합판에 조립하며 그림 3-148을 참고하여 조립한다.)

☞ 배터리, PV모듈, DC전등을 비롯한 모든 부품들은 극성에 유의한다.

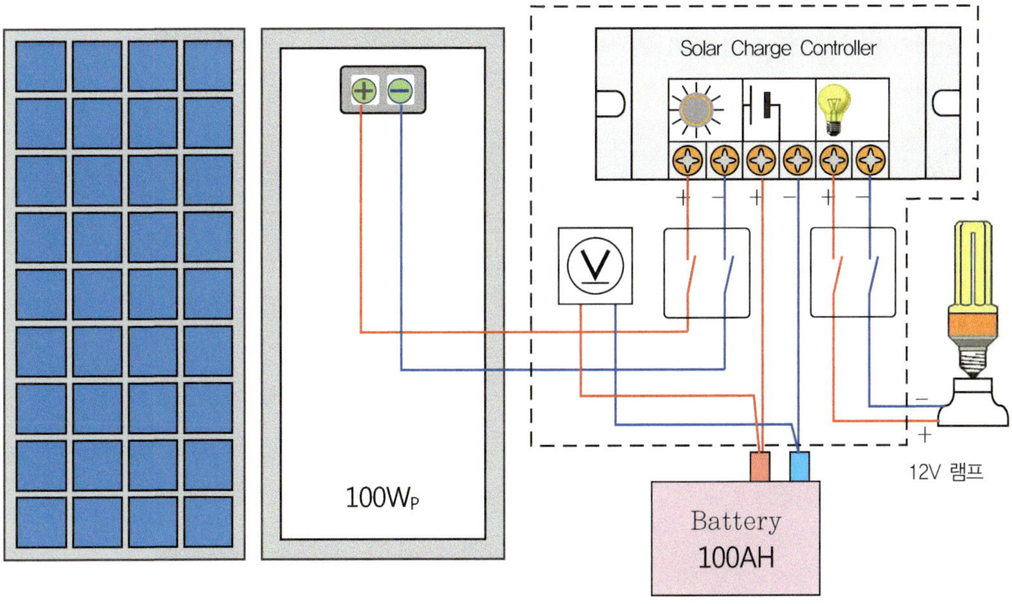

그림 3-150 독립형 태양광발전 시스템 회로도

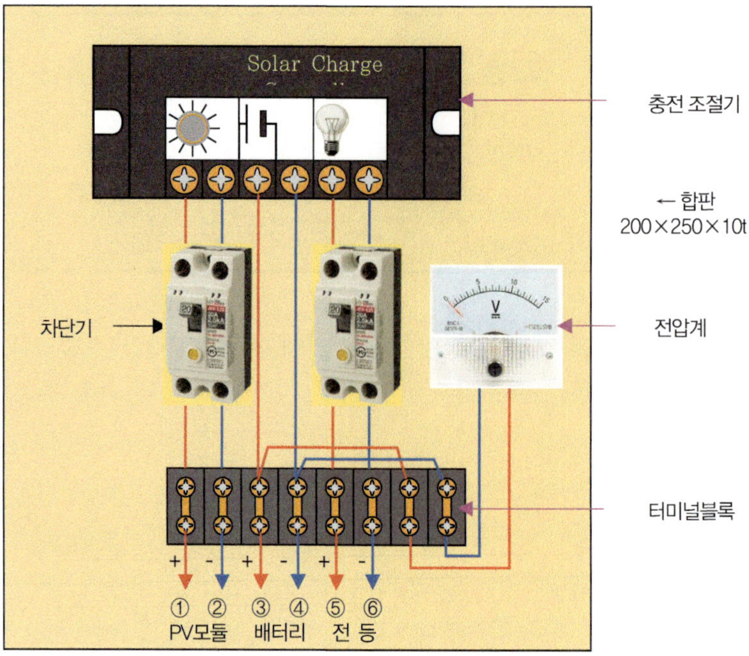

그림 3-151 PV 시스템 제어반(조립도)

3. 전선규격은 솔라 케이블 4mm^2 또는 AWG #11번, 적색 및 청색 연선을 사용한다.
4. 외부 장치를 연결하기 전 차단기 2개는 OFF상태에 둔다.
5. 바닥에 설치한 축전지는 ③, ④번 단자에 연결한다.
6. 옥외에 설치된 태양전지는 터미널블록 ①, ②번 단자에 연결한다.
7. 전등배선은 터미널블록 ⑤, ⑥번 단자에 연결한다.
8. 전압계는 점퍼선을 통해 ⑦, ⑧번 단자에 연결한다. 연결 순간 전압이 표시될 것이다.
9. 외부장치 연결이 끝나면 전등을 차단기를 올리면 시스템이 정상으로 동작한다.

햇빛이 PV모듈에 비치면 충전 표시등이 점등될 것이다. 배터리의 상태에 따라 LED표시등의 색깔이 달라진다. 예를 들면,

● 록색=배터리 정상, ● 황색=충전 필요, ● 적색=저전압(부하사용 불가)

10. PV모듈 측 차단스위치를 내린 상태에서 축전지의 전압을 측정해 보면 충전상태(SOC)를 판단할 수 있다. 그 관계는 〈표 3-62〉에 나타내었다.
11. 부하가 OFF된 상태에서 PV모듈만 연결하여 충전을 시작한다. 충전전류가 흘러 들어가면 축전지의 단자전압은 서서히 올라간다.

(충전 중일 때의 단자전압으로는 현재의 정확한 잔류용량을 알 수는 없다.)

표 3-65 납축전지의 무부하 단자전압과 충전상태(=잔류용량 SOC)

단자 전압[V]	11.8	12.0	12.2	12.4	12.6	12.8	비 고
잔류 용량[%]	0	20	40	60	80	100	25℃기준

단, 충전이 중지되고 30분 이상의 대기시간이 지나야 정확한 충전상태를 알 수 있다.

12. 충전률이 100%에 가까워지면 전압계의 표시값은 14.2V까지 상승한다. 이때부터 컨트롤러는 PWM 제어모드로 동작하면서 저율 충전을 지속한다.
13. (위의 상태와 같이)충전이 거의 완료되면 형광램프 또는 LED전등을 켜서 방전을 진행한다.
14. 축전지 용량이 100Ah라면, 적정한 방전용량은 방전심도[5] 50%에 해당하는 50Ah 정도이다. 방전 전류는 최대 6A로 5시간, 또는 1A로 30시간이다. 그러나 형광등이나 LED전등은 소비전류가 적어서 방전에 걸리는 시간이 매우 길 것이다.

(a) 등대 옥상에 설치된 PV 어레이 (b) 축전지(Ni-MH)저장고

그림 3-152 독도 태양광발전소

(독도에는 등대용 PV용량 15kWp와 경비대용 40kWp 합계설비용량 55kWp이다.)

5) 방전심도='축전지의 총용량 중 몇 [%]까지 사용하였는가.'를 나타내는 비율. 일반적으로 50% 정도까지 사용하는 것을 권장하지만, 솔라 배터리는 70%까지 사용할 수 있다.

여러 가지 계측기 소개

1. 디지털 멀티미터(DMM)

(a) 자동으로 렌지가 선택되는 DMM

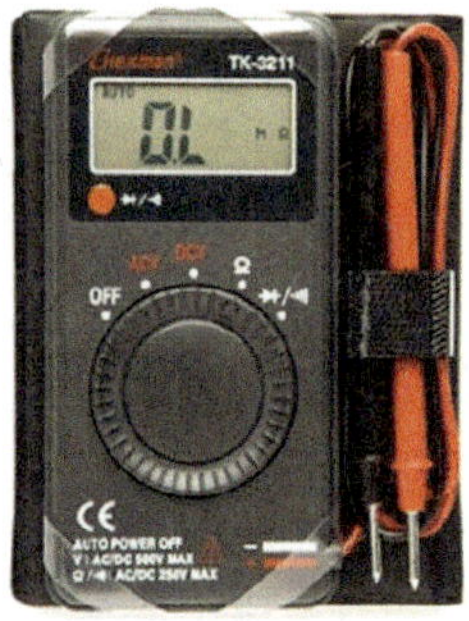

(b) 포킷 테스터

2. 하이엔드 아날로그 멀티테스터

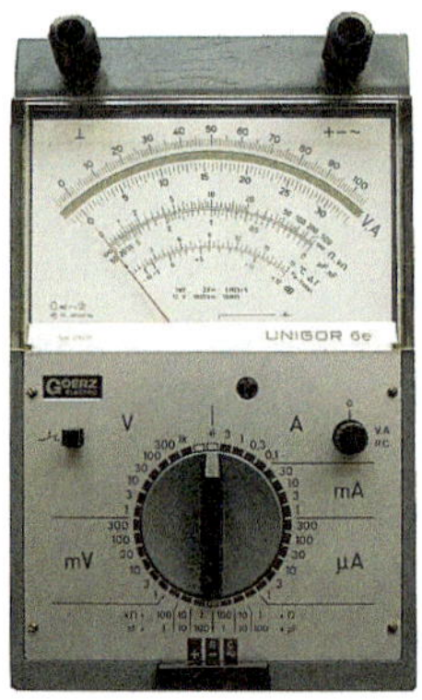

3. 절연 저항계(Megger)

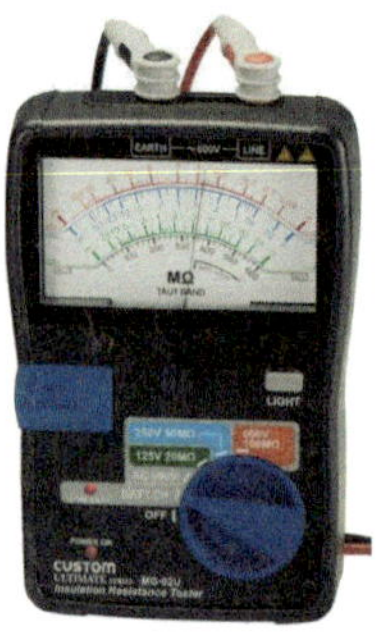

(a) 아날로그 방식

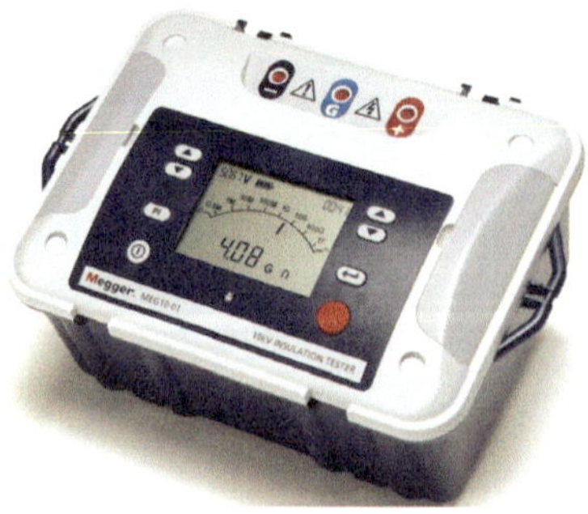

(b) 디지털 방식

4. 안정화 전원장치(DC Power supply)

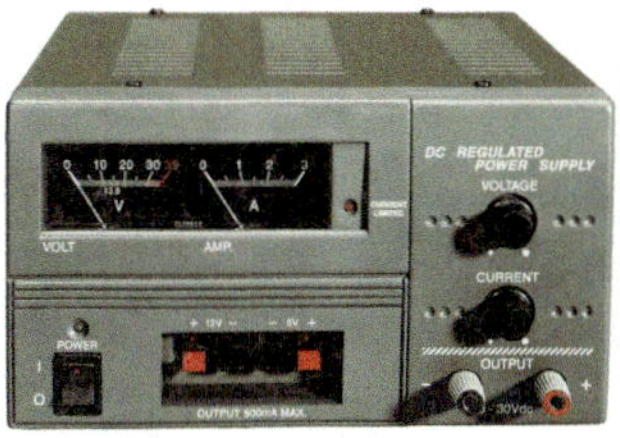

(a) 순 아날로그 방식 1채널

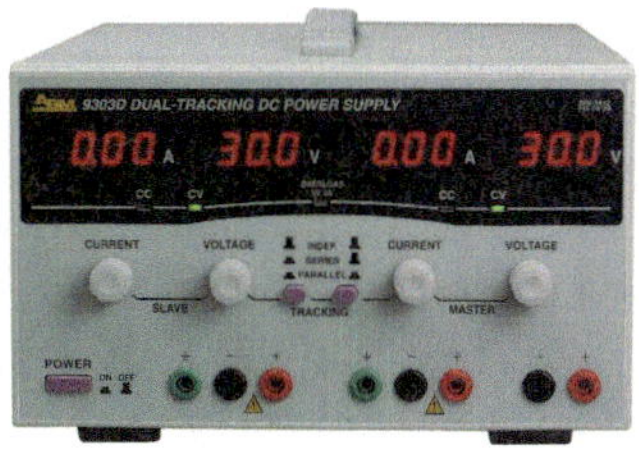

(b) 아날로그 조절-디지털표시 방식/2채널

(c) 완전 디지털식 2채널

5. 오실로스코프(Oscilloscope)

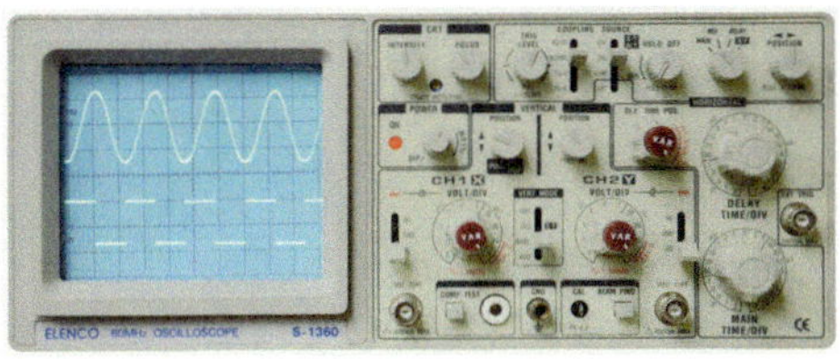

(a) 아날로그 방식(2 Ch)

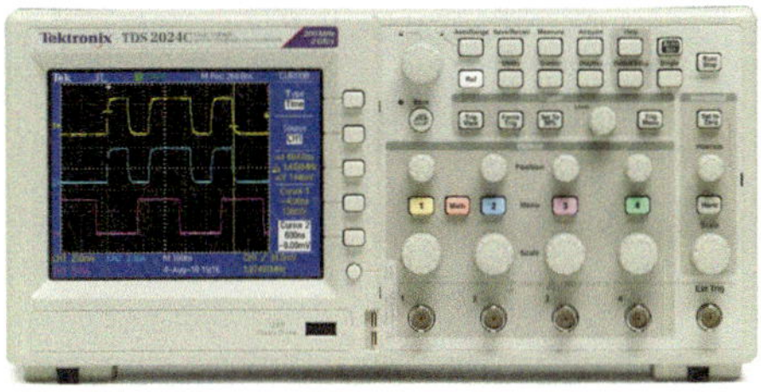

(b) 디지털 방식(4 Ch)

6. 신호 발생기

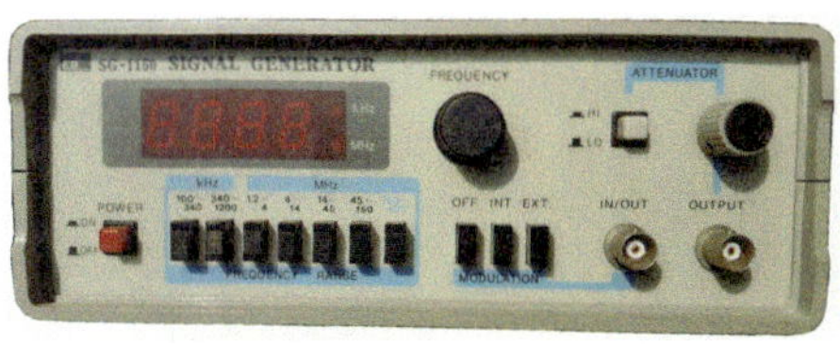

(a) 저주파 신호 발생기

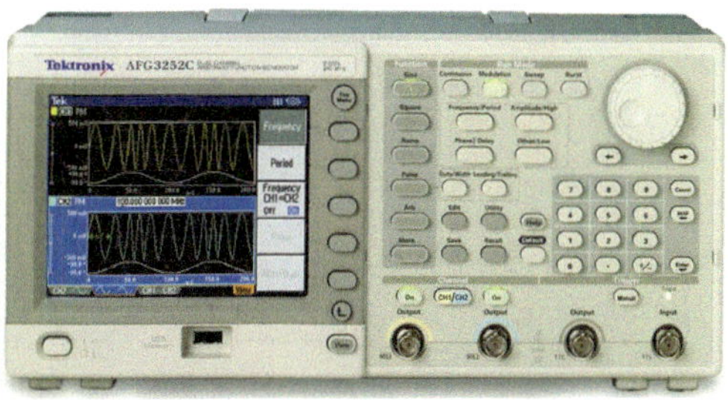

(b) 고주파 신호발생기

7. Spectrum Analyser(고주파신호 분석기)

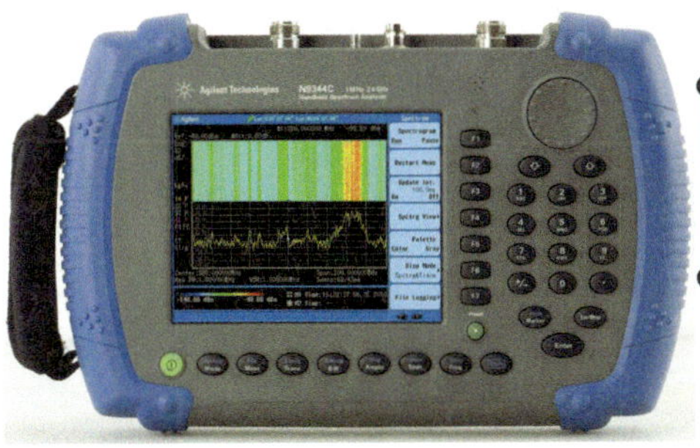

(a) Agilent technology

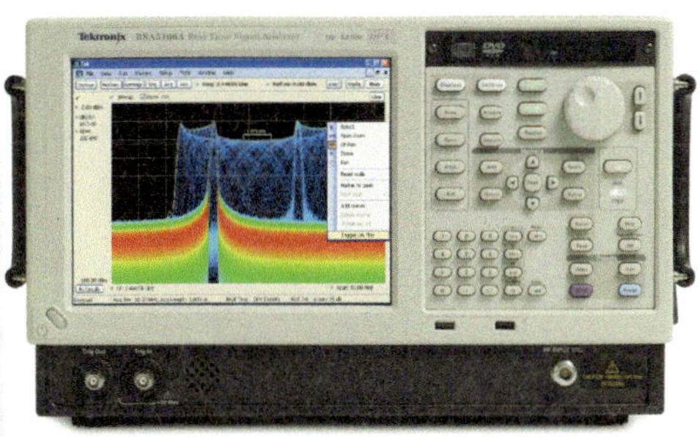

(b) Tektronix

8. 온도 계측기(Thermal Tester)

(a) 열화상 카메라

(b) 적외선 온도측정기

9. 클램프 미터(CT원리를 이용한 활선 전류 측정기 AC/DC)

클램프미터(Clamp meter), 일명 후크미터(Hook meter)는 직류 및 교류전류는 물론이고 600V까지의 전압, 저항 그리고 주파수까지 측정할 수 있다.

10. 조도계(Lux Meter)

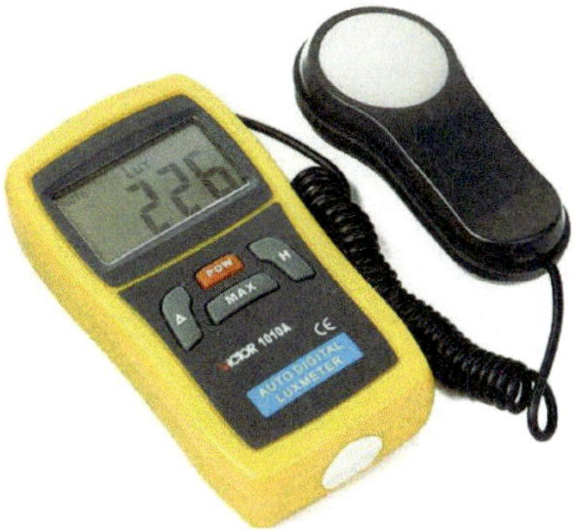

11. 초음파/레이저 거리계(Ultrasonic/Laser Distance Meter)

초음파 또는 레이저를 목표물에 쏘아 반사파가 돌아오는 시간을 측정하여 거리를 판단하는 장치이다. 초음파는 20m내외, 레이저는 100m내외까지 측정이 가능하며 공간의 면적과 체적 계산, 삼각측량법을 이용한 높이 계산이 가능한 제품도 있다.

합본 부록

DIY Funnytronics

1. 멜로디 회로
2. Sound 스위치
3. Touch 스위치
4. 초전센서응용 경보회로
5. 램프 순차점등회로
6. 새소리 발전기

환경친화 휴게소의 풍경

1. 멜로디회로

멜로디 IC는 음악신호가 연주되도록 만든 집적회로로 UMC社의 아이디어 제품이다. 소형 트랜지스터와 같은 모양의 TO-92패키지에 담겨있으며 제품명의 끝에 'L'이 붙으면 레벨홀드(Level-hold)형으로 전원이 정상적인 레벨에 도달하면 연주가 시작된다. 또 끝에 'S'가 붙으면 원숏(One shot)형으로 전원이 ON되는 순간, 또는 공급된 상태에서 OFF-ON 펄스가 가해지면 연주가 시작되는 방식이다.

표 4-1 멜로디 IC의 핀 아웃과 네이밍 판독법

KS, UM 등→	이니셜 영문	메이커 식별문자
537, 11, 68 등	숫자	멜로디의 종류
L, S	동작방식	L=레벨홀드 형(SW ON에서만 동작)
		S=원숏 형(원터치 펄스로 1곡 연주)
핀 단자	Vdd = + V	동작전압: 1.5~4.5V
	Vss = Gnd	MOS회로이기 때문에 압전부저를 쓰거나 (트랜
	Out	지스터+ 스피커)회로를 사용할 것.

가. 레벨 홀드 타입 멜로디회로

이 회로의 베이스측 CdS가 빛을 받으면 저항이 낮아져 베이스전류가 흐르고 트랜지스터가 도통되어 IC에 전원이 공급되면서 노래가 연주된다. 저녁에 잠들기 전 스위치를 켜두면 아침 창가에서 멜로디를 들을 수 있을 것이다.

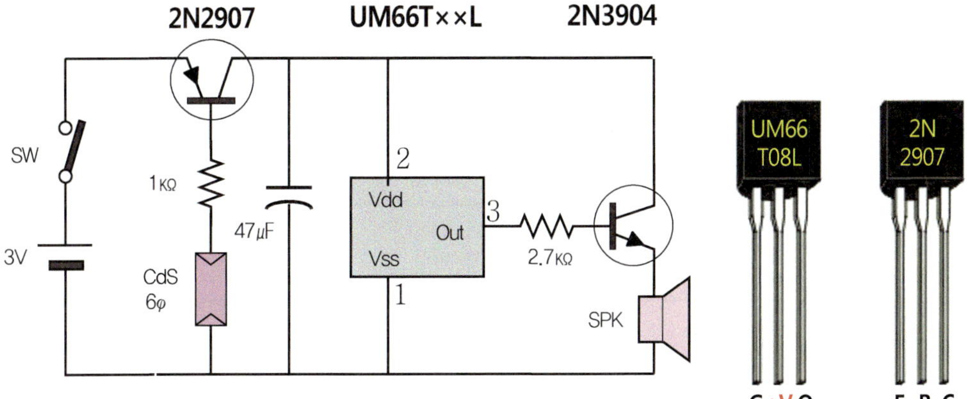

그림 4-1 멜로디회로-1(레벨홀드타입)날이 밝으면 연주함

나. 원숏 타입 멜로디회로

이 회로는 원숏 타입의 IC에 적용할 수 있다. IC엔 항시 전원이 공급되어 대기상태에 있는데, 푸시버튼 스위치를 잠시 눌러 OFF-ON펄스를 인가하면 연주가 시작된다.

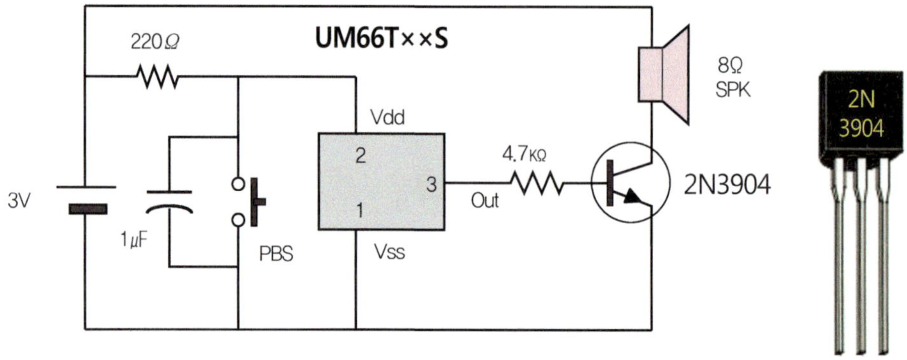

그림 4-2 멜로디회로-2(원숏 타입) SW를 터치할 때 연주함

다. 타이머결합 멜로디회로

이 회로는 레벨홀형 IC에 타이머를 결합하여 정해진 시간동안 연주하는 회로이다.

푸시버튼 스위치를 누르면 퍼텐쇼미터와 100㎌의 시상수에 비례하는 시간동안 "H"출력이 나와 멜로디 IC에 전원을 공급하면서 연주가 시작된다.

.1N5223은 2.7V 제너다이오드로 4.5V전원전압을 3V 이하로 낮추기 위함인데, 구할 수 없으면 1N40시리즈 다이오드 두 개를 직렬로 연결해서 사용해도 좋다.

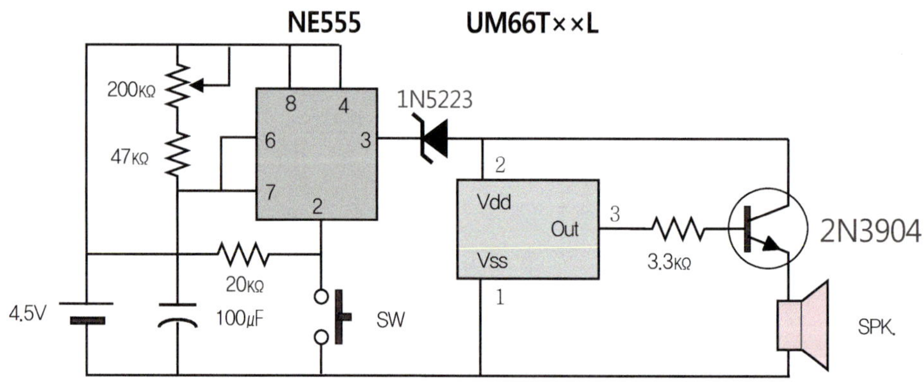

그림 4-3 멜로디회로-3 (타이머+레벨홀드타입) SW누르면 약 5~30초간 연주

2. 새소리 발진기

이 회로는 블로킹발진의 원리를 이용하여 CdS에 가해지는 빛이 밝으면 새소리음색으로 발진하는 회로이다.

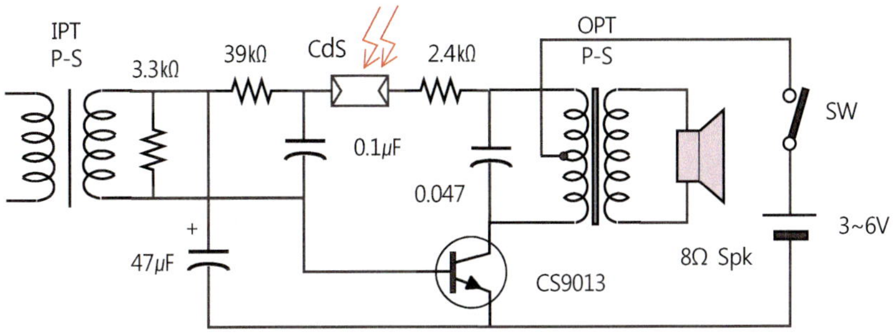

그림 4-4 새소리 발진기

동작해설 : CdS Cell에 빛이 가해지면 전기저항이 작아져서→2.4k→39k를 거쳐 콘덴서 47㎌에 충전된다. 콘덴서 47㎌ 양단의 전압이 0.6V를 넘어서면 트랜지스터는 도통되기 시작하고 증폭된 컬렉터전류가 흐른다. 컬렉터 전류의 역기전력이 출력트랜스(OPT)를 거쳐 베이스에 동위상으로 가해지면 TR은 도통이 촉진되어 콘덴서는 완전 방전된다. 방전된 콘덴서 양단 전압은 제로에서 다시 충전모드로 들어가고 TR은 차단상태가 된다.(한 주기 완성)

충전과 방전을 거치는 동안 컬렉터 전류와 역기전력전류가 트랜스를 교차하면서 수많은 고조파 진동이 일어나는데 이것이 마치 종달새소리의 음색과 비슷한 파형으로 나타나게 되는 것이다. 같은 이름의 트랜지스터와 동일한 RC소자를 사용하여도 전류증폭율의 차이나 부품의 오차율에 따라 음색과 주파수가 달라질 수 있으므로 RC값을 적당히 크게 또는 적게 조절하여 음색과 주파수를 조절할 필요가 있다.

Tip CdS와 직결된 2.4kΩ저항값의 크기를 조절하여 음색을 조절할 수 있다.

3. 소리 스위치(Sound Switch)

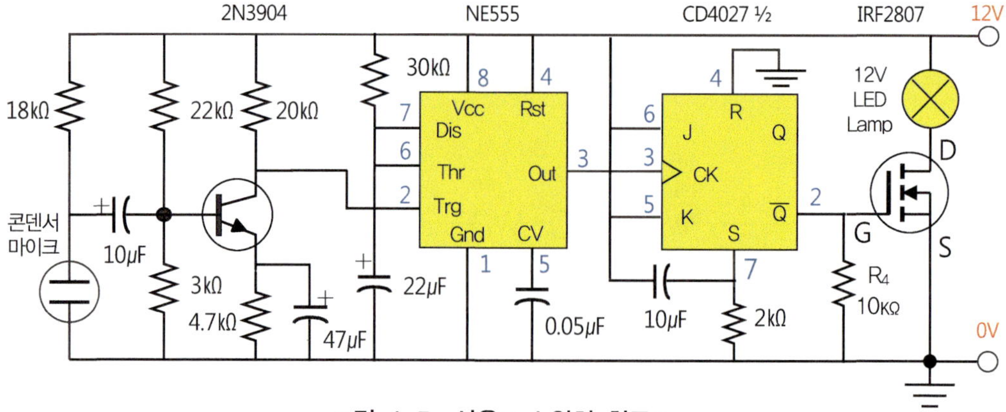

그림 4-5 사운드 스위치 회로도

이 회로는 박수소리와 같은 소리펄스로 전자 스위치를 ON, OFF제어하는 회로이다. 전원과 전등부하가 모두 연결된 상태에서 손벽을 치면 전자 스위치가 ON되어 전등이 켜지고, 또다시 손벽을 치면 꺼지는 토글방식으로 동작한다. 오작동을 막기 위하여 첫 번째 소리자극이 단안정 타이머를 작동시켜 0.7초의 구형파를 만들고 이 신호가 JK플립플롭을 토글 스위칭한다. 첫 번째 소리자극으로 타이머가 출력되면 그동안(0.7초)의 입력신호는 무시된다.

TIP 만약 220V 램프를 사용하고 싶다면 다음 쪽, 터치스위치 회로의 릴레이 출력방식을 이용하시기 바란다.

그림 4-6 주요 부품들의 핀 아웃

4. 터치 스위치(Touch Switch)

이 회로는 전극판을 가볍게 터치하면 릴레이가 작동하여 12V 또는 220V 램프를 ON/OFF할 수 있는 회로이다. 이 회로에서도 소리 스위치와 같이 단안정 펄스의 주기 0.7초 동안에는 오작동 터치에 반응하지 않는다.

터치 스위치회로의 전원은 12V이지만 램프의 전압은 사용자의 선택에 따른다. 예를 들면, 동일한 12V를 사용하여 LED램프(또는 Motor)를 켤 수도 있고, 그림의 예와 같이 220V교류를 사용한 임의의 전등이나 모터를 사용할 수도 있다.

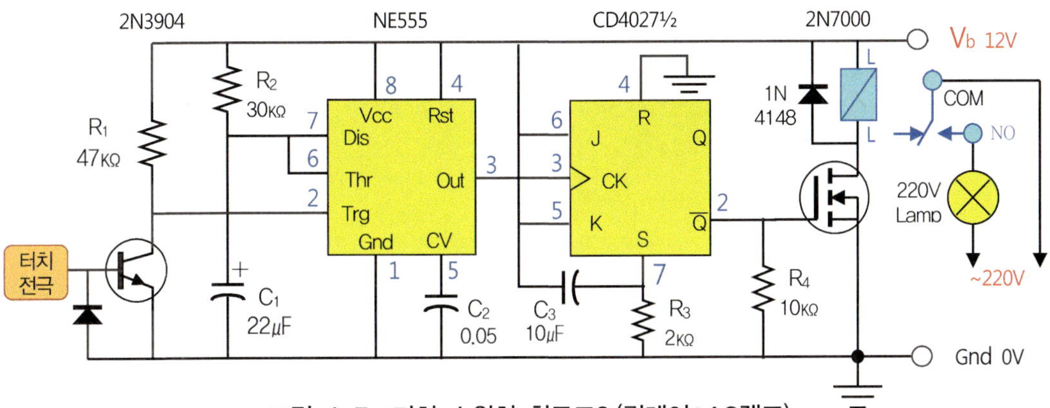

그림 4-7 터치 스위치 회로도2 (릴레이+AC램프)

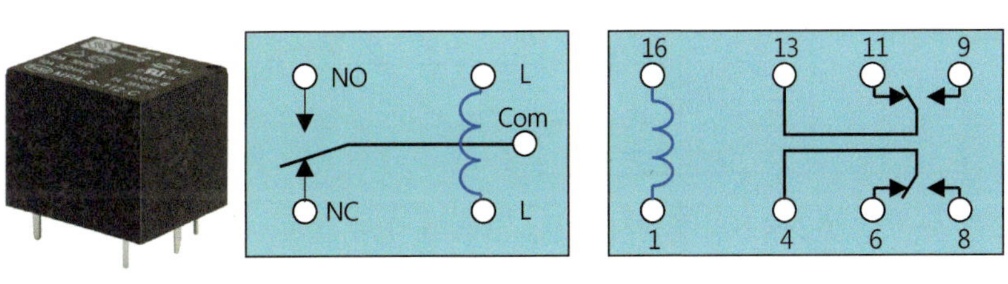

(a) SPDT(A/B접점 1개회로) (b) DPDT(A/B접점 2개회로)

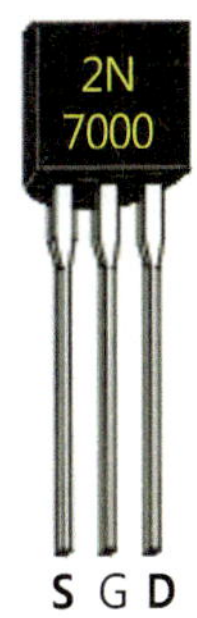

그림 4-8 PCB기판용 릴레이의 핀-레이아웃(Top View)

동작해설 : 전원을 투입하는 순간 C3 10μF를 충전하는 전류로 인해 R3에 큰 전압이 걸리면서 플립플롭을 강제로 "세트"시키므로 $\overline{Q}$="0"이 되고 MOSFET와 램프는 OFF된다. 여기서 전극을 터치하면 (-)펄스가 단안정회로를 트리거하여 약 0.7초간의 구형파를 만들고 이 신호가 JK플립플롭의 출력을 반전시킨다. 즉 Q="0", $\overline{Q}$="1"이 되면서 램프가 ON된다. 또 한 번의 터치로 플립플롭은 반전되고 램프는 OFF된다.

5. 적외선 센서등 회로(Pyroelectric Sensor Lamp)

인체로부터 방사되는 원적외선을 검출, 토글방식으로 전자스위치를 ON/OFF하여 램프를 켜는 회로이다. 이 회로는 초전센서와 OP앰프를 사용하여 만드는데 아마추어가 다루기에는 너무 복잡하고 비용이 많이 든다. 다행히 IC회로 제작비용이 낮아지고, 아두이노 사용자들이 증가하면서 초전센서 모듈만 키트로 만들어 판매하는 업체가 다수 등장하였다. 우리도 이 중 몇 가지 센서모듈을 구해서 센서 점등회로를 만들어 보자.

TIP 센서 모듈에 따라 감도조절, 주야간 동작선택이 가능한 제품들이 있다.

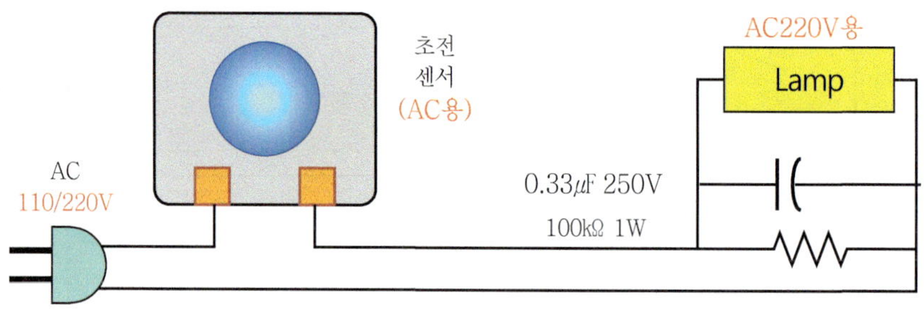

그림 4-9 (AC-2선식)평상시 소등, 인체 검지 시 점등

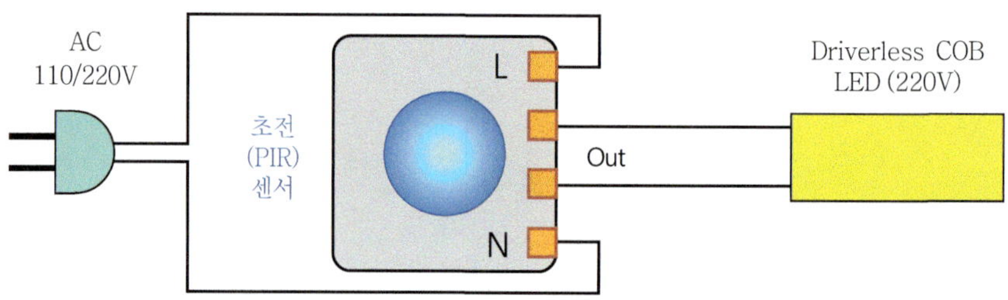

그림 4-10 (AC-4선식)평상시 소등, 인체 검지 시 점등

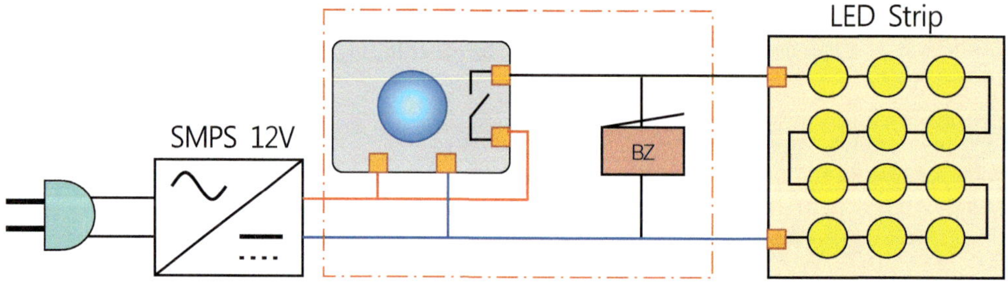

그림 4-11 (릴레이타입/12V부하)평상시 소등, 인체 검지 시 점등+경보음

6. LED 순차 점등회로(LED Sequential Driver)

10진 계수기 CD4017을 이용한 10진 LED점등회로이다. 전원을 투입하는 순간부터 10개의 LED램프가 차례로 점등되고 L9 점등 후에는 처음으로 돌아간다.

10단 점등방식을 5단 LED점등방식으로 바꾸려면, 3, 2, 4, 7, 10번 단자의 출력까지만 이용하고 여섯 번째 출력(1번 단자)을 15번 단자와 연결한다.(15번 접지는 해제함)

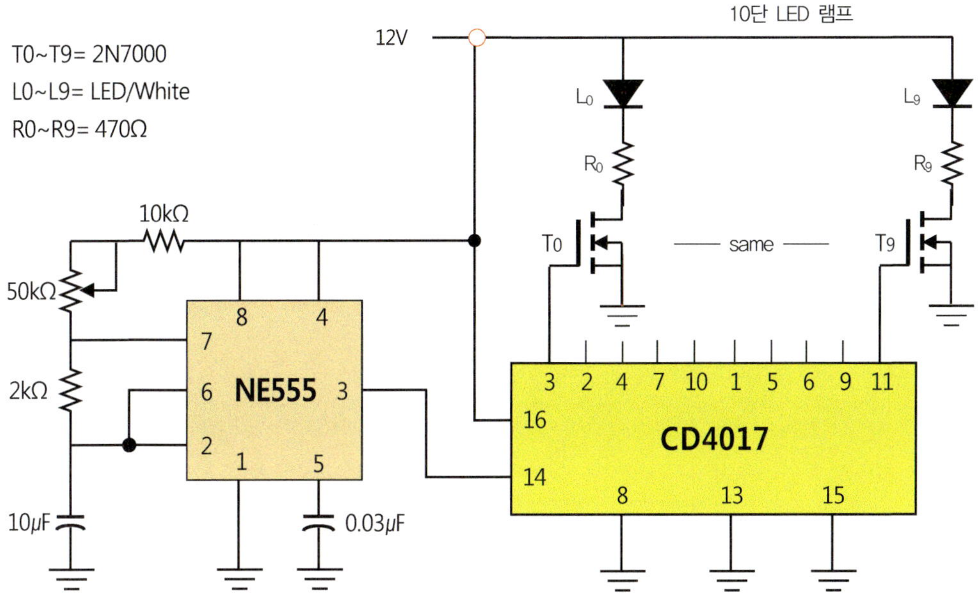

그림 4-12 10진 LED 순차 점등회로

램프를 바꾸려면 : 램프의 종류나 개수를 변경하려면 다음의 요령을 따른다.

1) 고휘도 LED 2개엔 저항 270Ω, 3개일 때 120Ω 2) 적색 LED 5개일 때 100Ω

3) 12V COB LED를 사용할 경우엔 MOSFET를 IRF2807 등 대용량으로 교체한다.

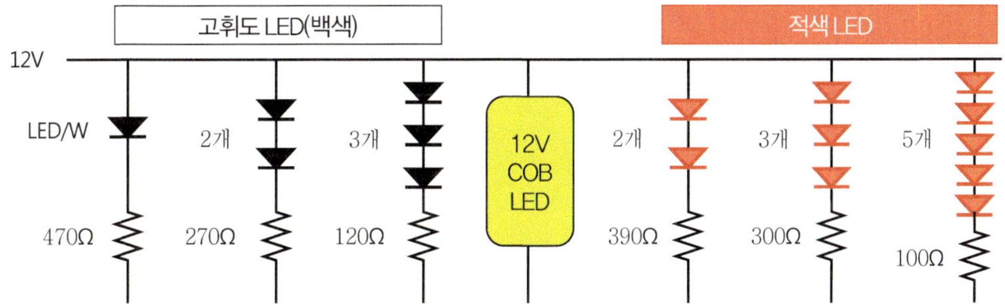

그림 4-13 LED와 저항의 선택

부록

[Datasheets]

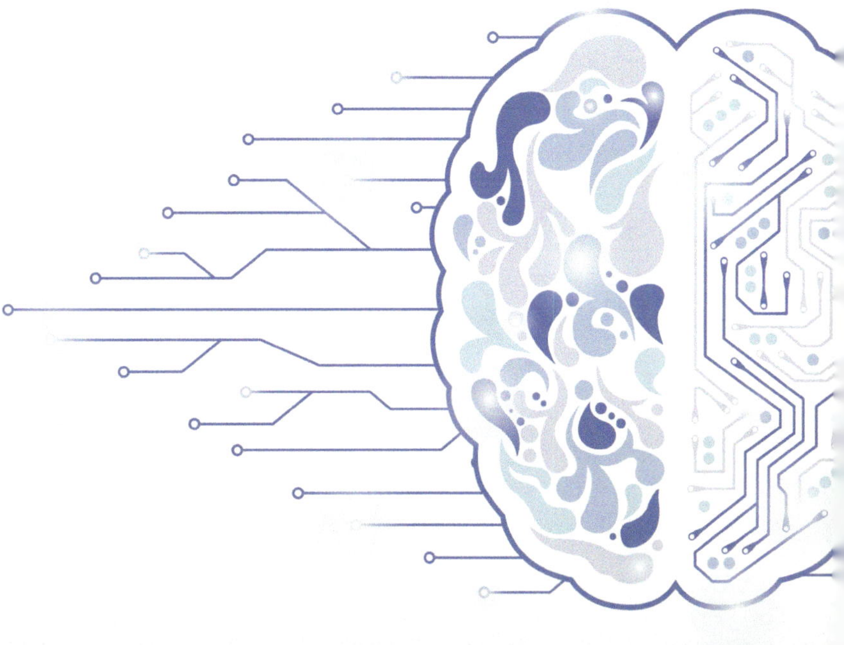

우리집 차고는 자가 충전소

정류 다이오드 규격

1N4000 시리즈(1A)

형 명	1N4001	1N4002	1N4003	1N4004	1N4005	1N4006	1N4007
정격내압	50V	100V	200V	400V	600V	800V	1000V
V_F	1V at 1A						

1N5390 시리즈(1.5A)

형 명	1N5391	5392	5393	5394	5395	5396	5397	5398	5399
정격내압	50V	100V	200V	300V	400V	500V	600V	800V	1000V
V_F	1.1V at 1.5A								

1N5400 시리즈(3A)

형 명	1N5400	5401	5402	5403	5404	5405	5406	5407	5408
정격내압	50V	100V	200V	300V	400V	500V	600V	800V	1000V
V_F	1.2V at 3A								

6A0 시리즈(6A)

형 명	6A05	6A1	6A2	6A4	6A5	6A6	6A10S
정격내압	50V	100V	200V	400V	600V	800V	1000V
V_F	1V at 1A						

Shottky Barrier 다이오드 **MBR**시리즈			Fast Recovery Diode **FEP16AT**시리즈			
형 명	MBR4045 (Dual)	MBR1545 (Dual)	FEP 16BT	FEP 16DT	FEP 16GT	FEP 16JT
정격내압	45V	45V	100V	200V	400V	600V
정격전류	**40A**	**15A**	**16A**	**16A**	**16A**	**16A**
V_F	0.7V at 15A		0.95~1.5V at 16A			

1N4000 시리즈↑
1N5400 시리즈↓

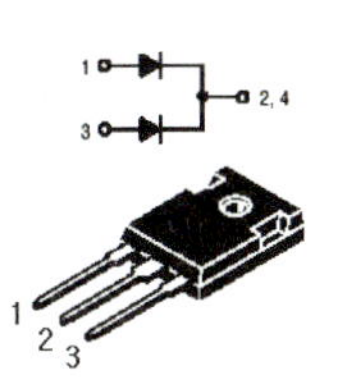

MBR00 시리즈

FEP16 시리즈

정류용 **브리지 다이오드** 규격

W0xG 시리즈 (I_F = 1.5A)

형 명	W01G	W02G	W04G	W06G	W08G	W10G
정격내압	100V	200V	400V	600V	800V	1000V
사용온도	-55~150℃			패키지	플라스틱○	

RB15x 시리즈 (I_F = 1.5A)

형 명	RB151	RB152	RB153	RB154	RB155	RB157
정격내압	50V	100V	200V	400V	600V	1000V
사용온도	-55~150℃			패키지	플라스틱○	

RS20x 시리즈 (I_F = 2A)

형 명	RS201	RS202	RS203	RS204	RS205
정격내압	50V	100V	200V	400V	600V
사용온도	-55~150℃		패키지	플리스틱 인라인(Inline)	

BR30 시리즈 (I_F = 3A)

형 명	BR31	BR32	BR34	BR36
정격내압	100V	200V	400V	600V
사용온도	-55~150℃		패키지	플라스틱 ⊡

GBPCaavv 시리즈 (정격전류 I_F=aa**A**), (정격전압 V_{DDR}=vv**V**)

형 명	GBPC306 KBPC306	GBPC1506 KBPC1506	GBPC2506 KBPC2506	GBPC3510 KBPC3510
정격전류	**3**A	**15**A	**25**A	**35**A
정격전압	600V	600V	600V	1000V
패키지	플라스틱 ⊡	금속 ⊡	금속 ⊡	금속 ⊡
사용온도	-55~150℃			

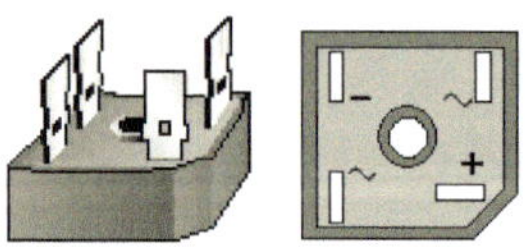

GBPC시리즈

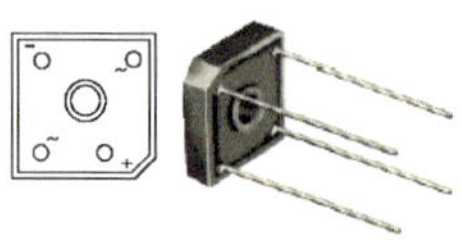

BR30 시리즈

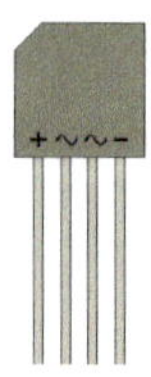

RS200 ←

W0xG ↑
RB150 ↑

제너다이오드(Zener Diodes) 규격

전압(V)	500mW		1W	5W	10W
2.4/2.7	1N4370/*71	1N5221/*23			
3.0	1N4372	1N5225			
3.3	1N746	1N5226	1N4728	1N5333A	
3.6	1N747	1N5227	1N4729	1N5334A	
3.9	1N748	1N5228	1N4730	1N5335A	1N3993
4.3	1N749	1N5229	1N4731	1N5336A	1N3994
4.7	1N750	1N5230	1N4732	1N5337A	1N3995
5.1	1N751	1N5231	1N4733	1N5338A	1N3996
5.6	1N752	1N5232	1N4734	1N5339A	1N3997
6.2	1N753	1N5234	1N4735	1N5341A	1N3998
6.8	1N754	1N5235	1N4736		
7.5	1N755	1N5236	1N4737	1N5342A	1N3999
8.2	1N756	1N5237	1N4738	1N5343A	1N4000/2971A
8.7		1N5238		1N5344A	1N2972A
9.1	1N757	1N5239	1N4739	1N5345A	
10	1N758	1N5240	1N4740	1N5346A	1N2973A
11	1N962	1N5241	1N4741	1N5347A	1N2974A
12	1N759	1N5242	1N4742	1N5348A	1N2975A
13	1N964A	1N5243	1N4743	1N5350A	1N2977A
14		1N5244		1N5351A	1N2978A
15	1N965A	1N5245	1N4744	1N5352A	1N2979A
16	1N966A	1N5246	1N4745	1N5353A	1N2980A
17		1N5247		1N5354A	
18	1N967A	1N5248	1N4746	1N5355A	1N2982A
19		1N5249		1N5356A	1N2983A
20	1N968A	1N5250	1N4747	1N5357A	1N2984A
22	1N969A	1N5251	1N4748	1N5358A	1N2985A
24/25	1N970	1N5252/3	1N4749	1N5359A/60A	1N2986A
27	1N971A	1N5254	1N4750	1N5361A	1N2988A
28		1N5255		1N5362A	
30	1N972A	1N5256	1N4751	1N5363A	1N2989A
33	1N973A	1N5257	1N4752	1N5364A	1N2990A
36	1N974A	1N5258	1N4753	1N5365A	1N2991A
39	1N975A	1N5259	1N4754	1N5366A	1N2992A
43	1N976A	1N5260	1N4755	1N5367A	1N2993A
47	1N977A	1N5261	1N4756	1N5368A	1N2996A
51	1N978A	1N5262	1N4757	1N5369A	1N2997A
56	1N979A	1N5263	1N4758	1N5370A	1N2999A
60		1N5264		1N5371A	
68			1N4760		
75			1N4761		
82			1N4762		
91			1N4763		
100			1N4764		

트랜지스터 규격표

기호해설	LN	AF	RF	drv	Pwr	Ic(max)	Po(max)	Vceo	H_{fe}	기 타
	저잡음	저주파	고주파	드라이브용	전력 증폭용	컬렉터 전류	최대 출력	CE간 허용전압	전류 증폭율	Ic값이(-)이면 PNP형

전류증폭율 등급표시법	표시문자	BN	R	O	Y	GR	BL
	범 위	~50	40~80	70~140	120~240(320)	200~400	350~700

품 명	용 도	Ic(max)/(Po) mA/(W)	Vceo(max) (V)	H_{fe}	패키지	상보기능
2N2102	Power amp	1A(10W)	120		TO39	
2N2222	RF,AF amp	800	75	300	TO18/92	f_t=250㎒
2N2369	RF,AF amp	500	40	120	TO18	f_t=500㎒
2N2907A	RF,AF amp	-600		300	TO92	f_t=200㎒
2N3055	Power amp	15A(115W)	100	200	TO3	
2N3904	RF,AF amp	200	60	300	TO92B	f_t=300㎒
2N5458	N ch FET	Idss=6mA	25	gfs=5.5m℧	TO92	
2SA1011	Power Amp	-1.5A	-80	200	TO220	f_t=100㎒
2SA1015	RF,AF amp	-150	-50	400	TO92	f_t=80㎒
2SA1302	Power Amp	-15A(150W)	-200	100	TO3PL	f_t=30㎒
2SA608	RF,AF amp	-200	-40	560	TO92	f_t=180㎒
2SA817	Power Amp	-12A(100W)	-160		TO3	f_t=30㎒
2SB861	Power Amp	-2A(30W)	-200	200	TO220	f_t=30㎒
2SC1815	RF,AF amp	150	60	150~700	TO92	f_t=80㎒
2SC2334	Power Amp	7A(40W)	150	240	TO220	
2SC3708BL	RF,AF amp	500	100	560	TO92M	f_t=120㎒
2SC930-O	RF,AF amp	250	30	100	TO92	f_t=300㎒
2SC945-Y	RF,AF amp	100	60	300	TO92	
2SJ103	P ch FET	Idss=14mA	Vgds= -50V	gfs=10m℧	TO92	SGD
2SK30	N ch FET	Idss=10mA	Vgds= -50V	gfs=10m℧	TO92	SGD
BC327-16	RF,AF amp	-800	50	100~250	TO92	f_t=100㎒
BC337	RF,AF amp	800	50	100~250	TO92	f_t=100㎒
BC546	RF,AF amp	100	80	200~400	TO92L	f_t=300㎒
BD911	Power Amp	15A(90W)	100	150	TO220	
BD912	Power Amp	-15A(90W)	-100	150	TO220	

품 명	용 도	$Ic_{(max)}/(Po)$ mA/(W)	$Vceo_{(max)}$ (V)	H_{fe}	패키지	상보기능
BDW93C	Darlington Power TR	12A(80W)	100	20,000	TO220	
CS9012	RF,AF amp	-500	-40	246	TO92B	f_t=150㎒
CS9013	RF,AF amp	500	40	246	TO92B	f_t=140㎒
KD1047	Power Amp	12A(100W)	160	200	TO220	
KSA1010Y	Power Amp	-7A(40W)	-100	200	TO220	
KSA1013Y	Drive amp	-1A	-160	320	TO92L	
KSA643	Drive amp	-500	-40	400	TO92	
KSA708	Drive amp	-700	-80	240	TO92A	
KSA709	Drive amp	-700	-160	240	TO92A	f_t=50㎒
KSA733	RF,AF amp	-150	-60	700	TO92B	
KSB546	Power Amp	-3A(25W)	-200	240	TO220	f_t=5㎒
KSB601Y	Power Amp	-5A(30W)	-100	150	TO220	
KSC1008	RF,AF amp	700	80	400	TO92	f_t=50㎒
KSC1009	RF,AF amp	700	160	240	TO92	f_t=50㎒
KSC2316	RF,AF amp	800	120	240	TO92B	f_t=100㎒
KSC5025	Power Amp	15A(100W)	800	50	TO220	
KSC5220	Power Amp	3A(40)	800	50	TO220	
KSC815Y	RF,AF amp	200	60	200	TO92B	f_t=200㎒
KSC945Y	RF,AF amp	150	60	180	TO92B	f_t=300㎒
KSD1691	Power Amp	5A(25W)	60	200	TO220	
KSD288	Power Amp	3A(25W)	80	240	TO220	
KSD362	Power Amp	5A(40W)	150	140	TO220	
KSD560	Power Amp	5A(30W)	150	15000	TO220	
KSD880	Power amp	3A(30W)	60	60~300	TO220	KTB834
KSD882	Power Amp	3A(10W)	40	400	TO220	
KSD986	Power Amp	1.5A(10W)	150	30000	TO92	
KSP2222A	RF,AF amp	600	60	300	TO92B	f_t=250㎒
KTA1015	LN AF amp	-150	50	70~400	TO92	KTC1815
KTA200A	AF amp	-500(0.6W)	50	70~240	TO92	KTC200

품 명	용 도	$Ic_{(max)}/(P_o)$ mA/(W)	$Vceo_{(max)}$ (V)	H_{fe}	패키지	상보기능
KTA817	drive amp	-400(0.8W)	80	70~240	TO92M	KTC1627
KTA950	AF amp	-800(0.6W)	30	100~320	TO92	KTC2120
KTA966	Power amp	-2A(1W)	30	100~320	TO92M	KTC2236
KTA970	LN AF amp	-100(0.3W)	120	200~700	TO92	
KTB595	Power amp	-5A	100	40~240	TO220	KTD525
KTB596	Power amp	-4A	80	40~240	TO220	KTD526
KTB834	Power amp	-3A	60	60~200	TO220	KTD880
KTC1627	drive amp	400	80	70~240	TO92	
KTC1815	AF,RF amp	150	50	70~370	TO92	
KTC1923	FM,RF amp	20	20	20~140	TO92	ft=600MHz
KTC2120	AF amp	800	30	100~320	TO92	KTA950
KTC2236	AF amp	2A	30	100~320	TO92M	KTA966
KTC2240	LN AF amp	100	120	200~700	TO92	
KTC3203Y	drive amp	800	35	320	TO92	f_t=120MHz
KTC3207Y	Drive amp	400	80	150	TO92	f_t=50MHz
KTC3228	Power amp	1000	60	70~240	TO92	
KTC380	RF/IF amp	50	30	40~240	TO92	
KTC732	LN AF amp	150	50	200~700	TO92	
KTD2066	Darlington Power TR	5A(30W)	100	1,500	TO220	f_t=300MHz
KTD525	Power amp	5A(40W)	100	40~240	TO220	KTB595
KTD560	Darlington Power TR	5A(30W)	150	4,000	TO220	
KTK192	N ch FET	Idss=24mA	Vgds =-18V	Tosh.		DSG
MJ15011	Power Amp	-10A(100W)	-250	100	TO92B	f_t=5MHz
MJ2955	Power Amp	-15(115W)	-100	70	TO220	
TIP122	Darlington Power TR	5A(65W)	100	1,000	TO220	
TIP127TU	Darlington Power TR	-5A(65W)	-100	1,000	TO220	
TIP31C	Power Amp	3A(40W)	100	100	TO220	f_t=3MHz
TIP32C	Power Amp	-3A(40W)	-100	100	TO220	f_t=3MHz
TIP41C	Power Amp	6A(65W)	100	75	TO220	f_t=3MHz
TIP42C	Power Amp	-6A(65W)	-100	75	TO220	f_t=3MHz

SCR 규격표

형 명	정격 전압[V]	정격전류[A]	패키지 번호	그 림
MCR100-8	800	0.8	TO-92	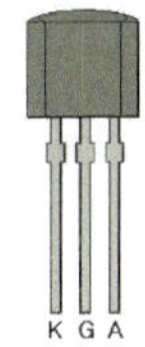
BT169D	400	0.5		
KCR100	400	0.8		
03P4M	400	0.3		
2N5062	100	0.8		
2N5064	200	0.8		
TYN612	600	12	TO-220	
TYN406	400	6		
CS19-12H01	1200	19		
MCR310-6	400	10		
5P4M	400	5		
TYN408	400	8		
TYN610	600	10		
BT151-500R	650	7.5		
BTW69-800	800	50		
2P2M	200	2	TO-202	
4P4M	400	4		
2P6M	600	2		
Photo SCR 4N39/4N40	200/400V	300mA	6핀 DIP	
SG25AA60	600	25	TO-3 FastPak	
CR3DZ-8	400	3	TO-99	
CS20-12(16)	1200(1600)	19	TO-247	
MCO150-12(16)	1200(1600)	149	4핀 모듈	
CS35-08(12)	800(1200)	69	TO-208	

TO-247

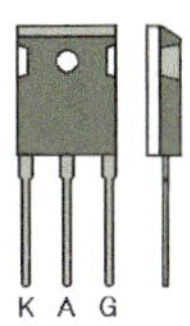

TO-3/99

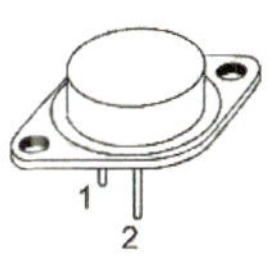

TO-200AB

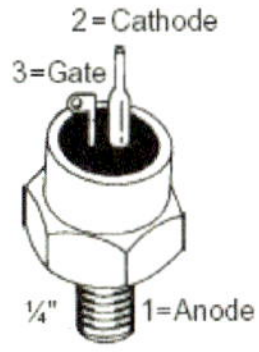

TO-208AC
(TO-65)

Single Type Module

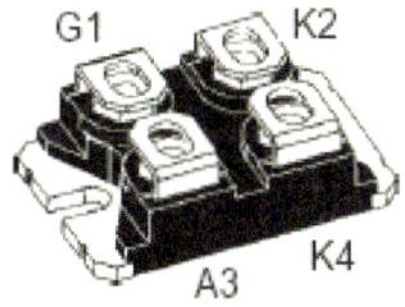

SCR 기호

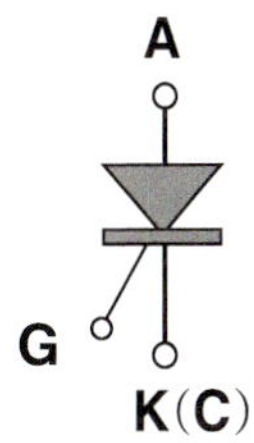

TRIAC 규격표

형　　명	정격전압[V]	정격전류[A]	패키지 번호	그　림
STN1A60	600	1	TO-92	아래 그림 참조
L401E3	400	1		
AC03D	400	3	TO-202	
Q4004F41	400	4		
Q5010F41	500	10		
BTA06-600B	600	6	TO-220	
BTA12-600B	600	12		
Q4015L5	400	15		
BTA08-400B	400	8		
BT134-600	400	4		
BT138-600/800	600(800)	12		
BTA25-600B	600	25	RD91	아래 그림 참조
BTA26-600B	600	26	TOP3	
TG25C60	600	25	TO-3 Fast Pak	
TG35C60	600	35	TO-3 Fast Pak	
TLC226 TLC386	400 700	3	TL	〃

TO-92

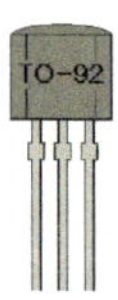

T1.G.T2

TL

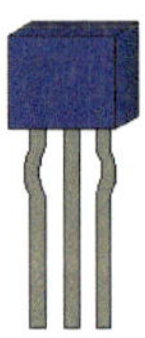

TO-3
FastPak

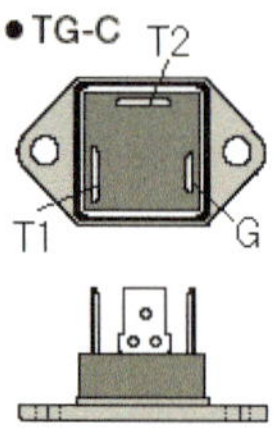

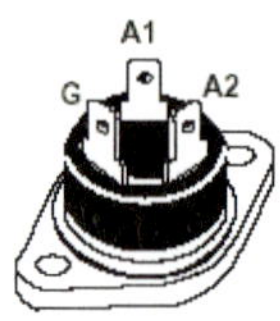

RD91
(BTA25)

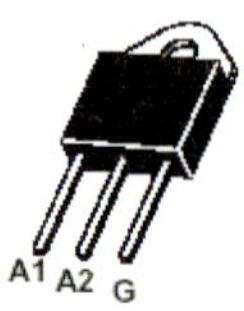

TOP3
Insulated
(BTA26)

Triac 기호

TTL/CMOS IC 리스트

범 례		
7400시리즈= 표준형TTL논리회로 **74LS/ALS**시리즈=저전력쇼트키형TTL **40**00/**44**00/**45**00시리즈=CMOS Logic =**140**00/**145**00시리즈=CMOS Logic **74HC/HCT/ACL**=개량형CMOS Logic	Single=1개들이 Dual=2개들이 Triple=3개들이 Quad=4개들이 Hex=6개들이 Prg.=프로그램식	O.C.=Open Collector O.D.=Open Drain FF=플립플롭(Flip Flop) Seg.=Segment dec.=decoder drv=driver

TTL Logic	논리종류	C-MOS Logic
7400 Quad 2입력 NAND 7401 Quad 2입력 NAND 7410 Triple 3입력 NAND 7412 Triple 3입력 NAND(O.C.) 7420 Dual 4입력 NAND 7422 Dual 4입력 NAND 7430 Single 8입력 NAND 7437 Quad 2입력(High Current)	NAND	4011 Quad 2입력 NAND 4012 D 4입력 NAND 4023 3입력 NAND 4068 Single 8입력 NAND 4073 3입력 NAND 4082 Dual 4입력 NAND 4093 Quad 2입력 NAND/슈미트
7402 Quad 2입력 NAND 7425 Dual 4입력 NAND 7427 Triple 3입력 NAND 7428 Dual 4입력(High Current) 7433 Quad 2입력(High Current) 74128 Quad 2입력 (50Ω driver)	NOR	4000 Triple 3입력 NAND 4001 Quad 2입력 NAND 4002 Dual 4입력 NAND 4025 Triple 3입력 NAND 4078 Single 8입력 NAND
7404 Hex Inverter 7405 Hex Inverter O.C. 7406 Hex Inverter O.C.(30V)	Inverter	4009 Hex Inverter 4049 Hex Inverter 4069 Hex Inverter
7407 Hex Buffer(30V) 7417 Hex Buffer	Buffer	4010 Hex Buffer 4050 Hex Buffer 40097 Hex Buffer
7408 Quad 2입력 AND 7409 Quad 2입력 AND 7411/7415 Triple 3입력 AND 7421 Dual 4입력 AND	AND	4081 Quad 2입력 AND 4082 Dual 4입력 AND 4073 Triple 3입력 AND 4085 Dual AND-OR-Inveter
7432 Quad 2입력 OR	OR	4071 Quad 2입력 OR 4072 Dual 4입력 OR 4075 Triple 3입력 OR

7486 Quad 2입력 Ex-OR	Ex-OR	4030 Quad 2입력 4507 Quad 2입력 4070 Quad 2입력	**Ex-NOR** 4077 Quad 2입력
7490 10진(2×5) 카운터 7492 12진(2×6) 카운터 7493 4Bit 2진 카운터 74160 10진 Prg. 카운터 74161 4Bit 2진 Prg. 카운터 74162 10진 Prg. 카운터 74163 4Bit 2진 Prg. 카운터 74190 10진 Prg. Up/Dn카운터 74191 2진 Prg. Up/Dn카운터 74192 10진 Prg. Up/Dn카운터 74193 2진 Prg. Up/Dn카운터	Counter	4017 10진CNT(1 of 10 Dec) 4018 Prg. 카운터(2...10진) 4020 2진카운터(14단) 4029 10/16진 Prg.Up/Dn 카운터 4518 10진카운터×2개입 4520 2진 카운터(4단 16진) 4521 2진 카운터(14단) 4522 10진 Prg. 카운터 4526 2진 Prg. 카운터 4727 7단 2진 카운터 **4553 10진 3단 카운터**	
7446 BCD-7Seg/dec/drv(30V) 7447 BCD-7Seg/dec/drv(15V) 7448 BCD-7Seg/dec/drv(5.5V) 74246 BCD-7Seg/dec/drv(30V) 7442 BCD-10진(1 of 10)dec/drv	Decoder/ Driver	4513 BCD to 7-Seg. dec. drv 4543 BCD to 7-Seg. dec. drv 4544 BCD to 7-Seg. dec. drv 4547 BCD to 7-Seg. dec. drv 4558 BCD to 7-Seg. dec. drv	
7473 Dual J-K FF 7474 Dual D FF 7475 Dual 2Bit Latch 74174 Hex D FF 74175 Quad Latch 7476 Dual J-K FF 7478 Dual J-K FF	Flip-Flop	4013 Dual D-FF 4027 Dual J-K FF 4043 Quad RS FF, Tri-State 4044 Quad RS FF, Tri-State 4095 Dual J-K MS-FF 4096 Dual J-K MS-FF	
7485 4 Bit 비교기 7483 4 Bit 가산기 7495 4 Bit 시프트레지스터(병렬) 7496 5 Bit 시프트레지스터(병렬) 74164 시프트레지스터(직-병렬) 74165 시프트레지스터(병-직렬) 74126 버스 라인 드라이버	기 타	4016/4066 아날로그 스위치(a접점) 4416 아날로그 스위치(a, b 접점) 4585 4 Bit 비교기 4008 4 Bit 가산기 4527 10진 배율기 4089 2진 배율기 4094 8단 시프트 레지스터 4557 가변 시프트 레지스터 1to64 40107 레벨변환기/Tri-State	

많이 사용하는 논리 IC의 **PIN OUT**

7400

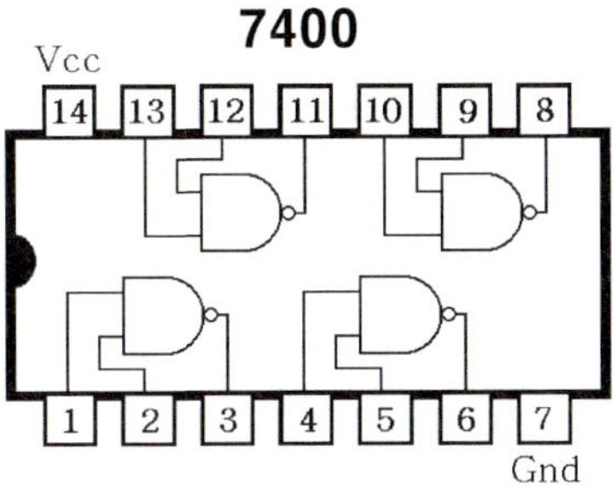

7401

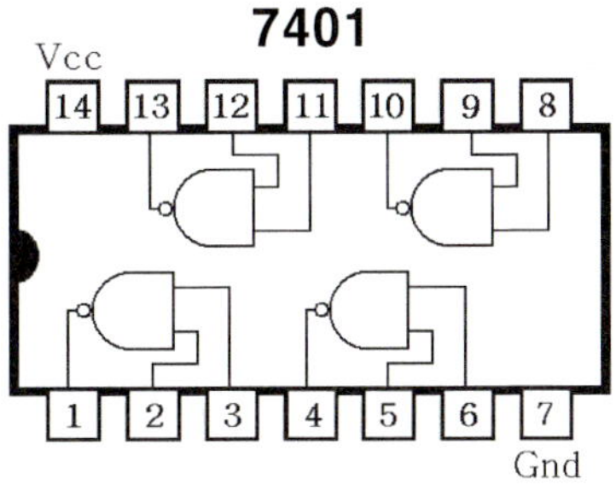

7402

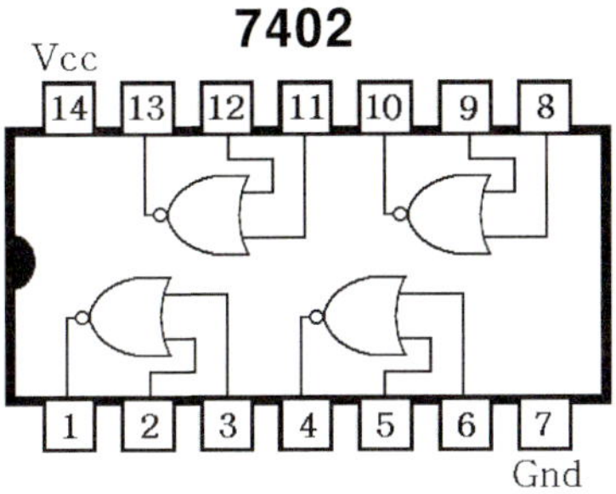

7403(O.C.)

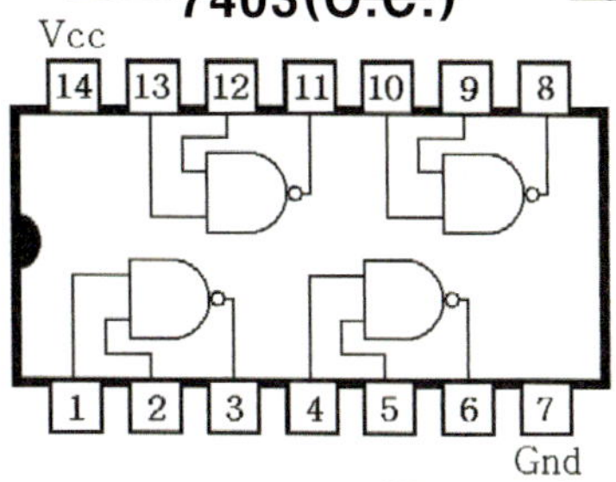

7404

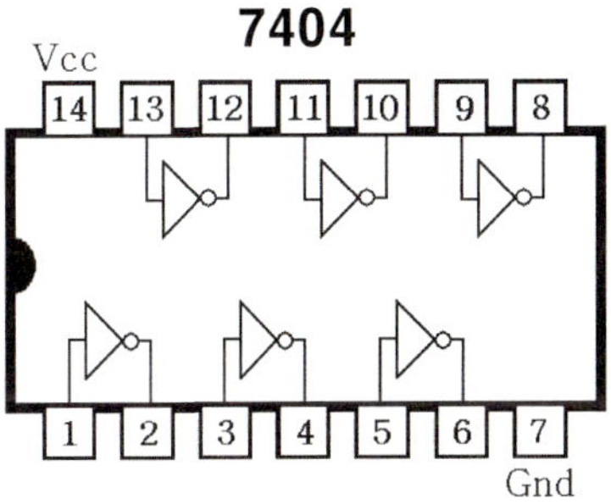

7405/06(O.C.)

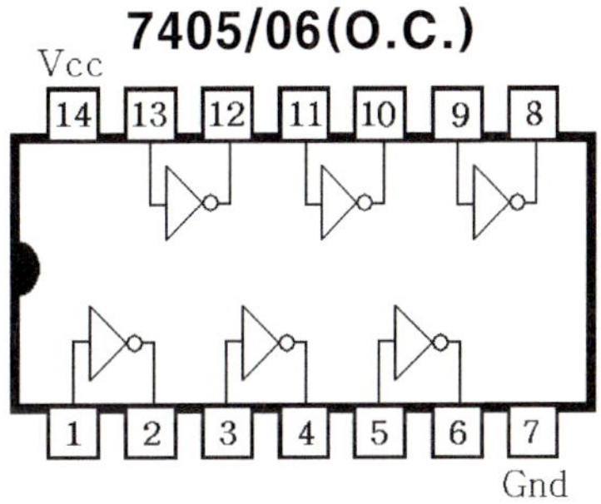

7407(O.C.)

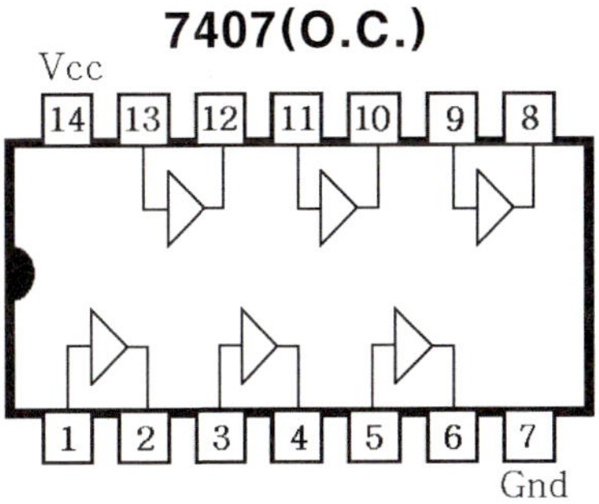

7408

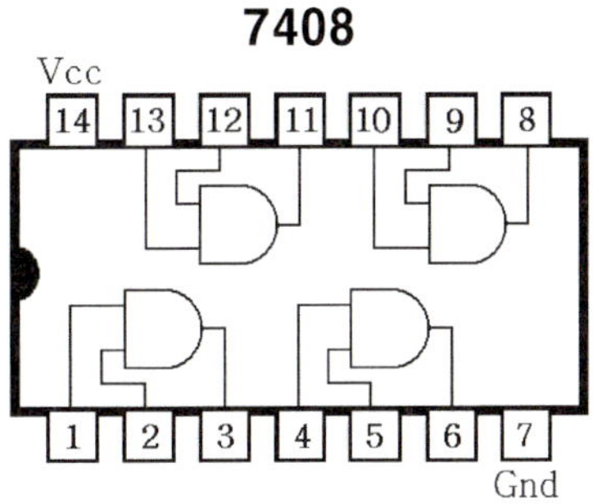

7409(O.C.)

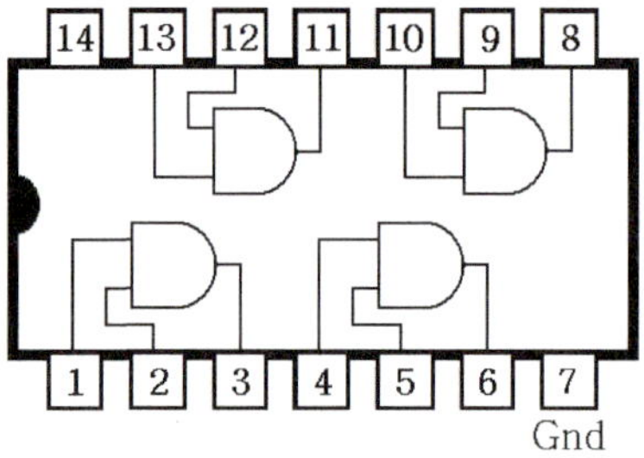

7410

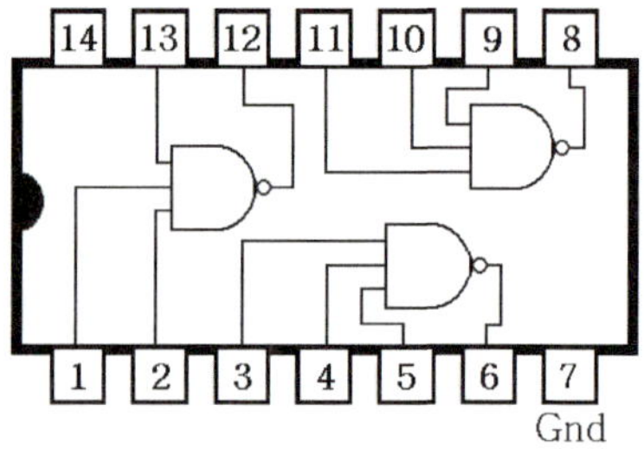

7411

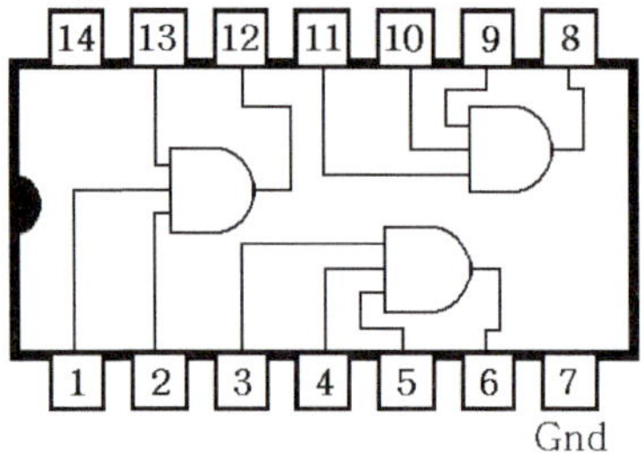

7412

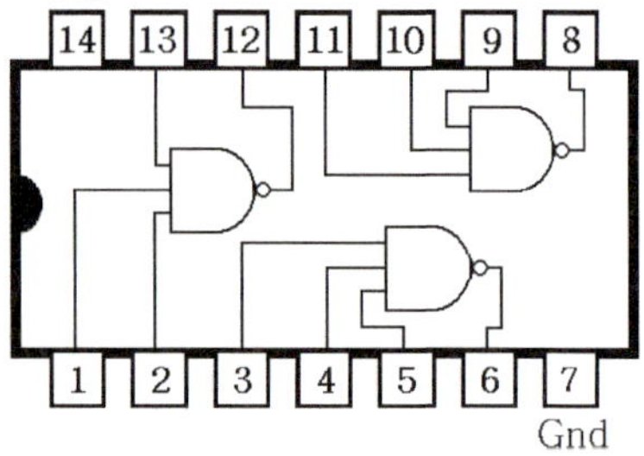

7420

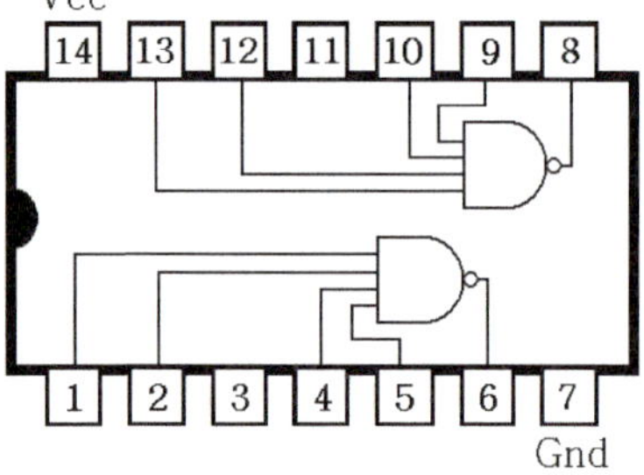

7421

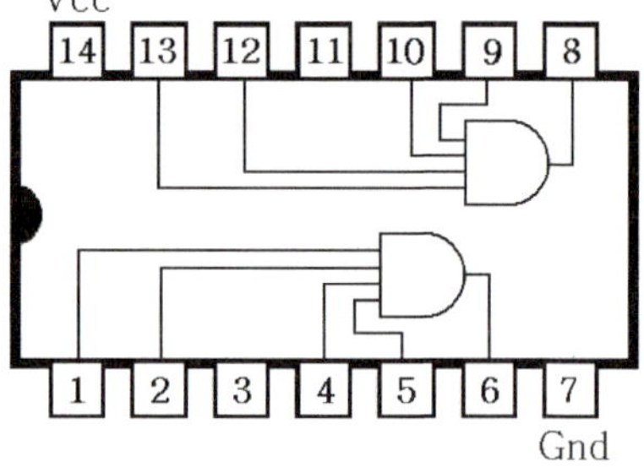

7427

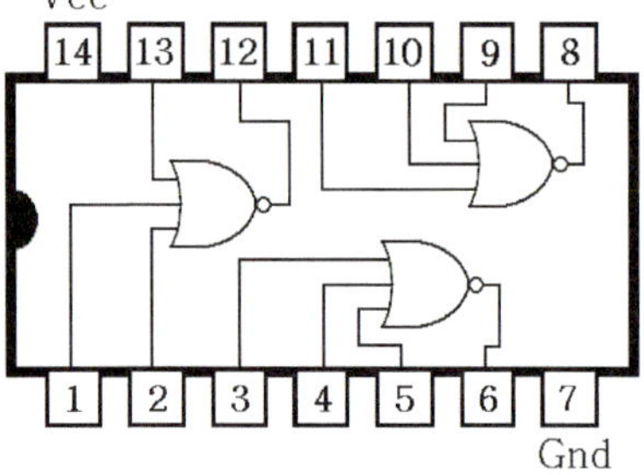

7432

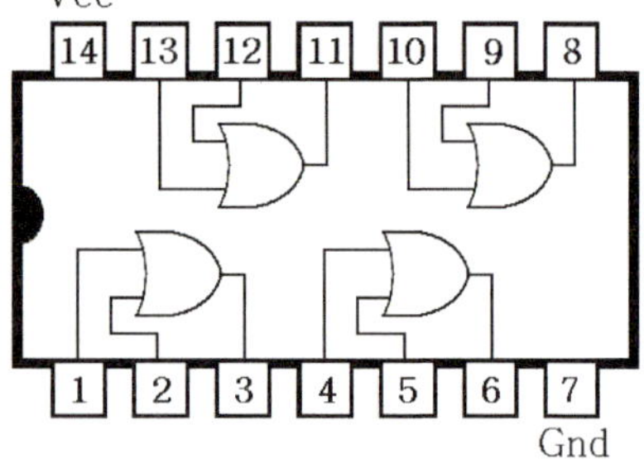

7433

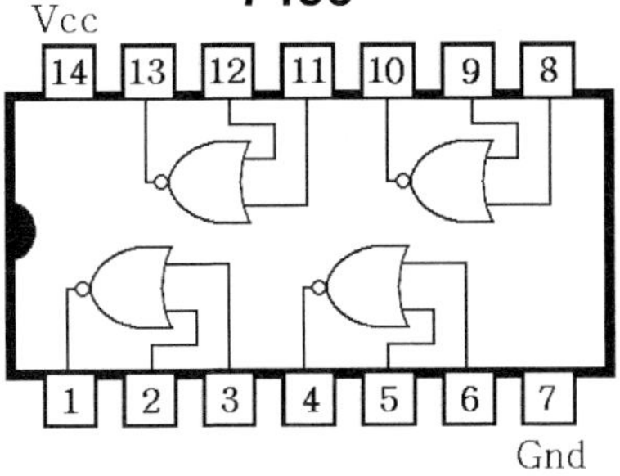

7442

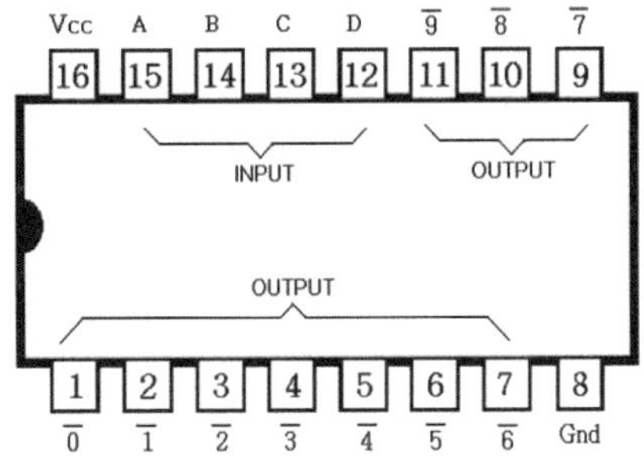

7447(C.A.)/48(C.K.)

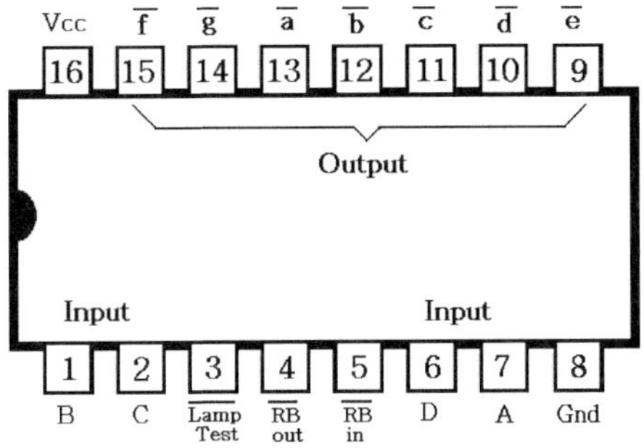

7476

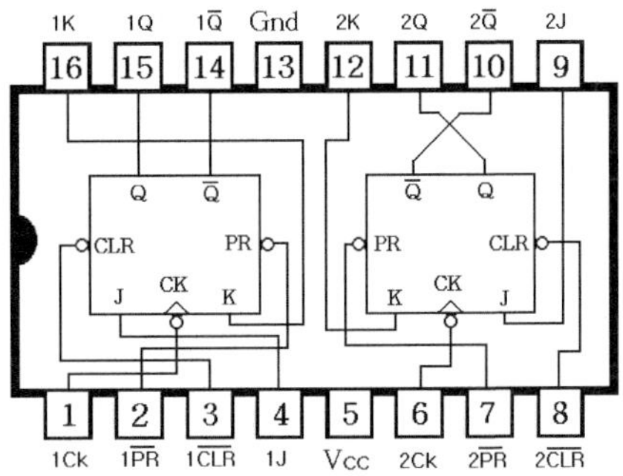

7486

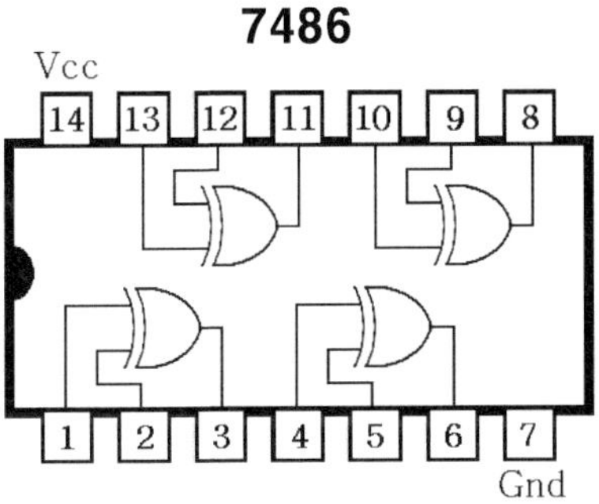

7490

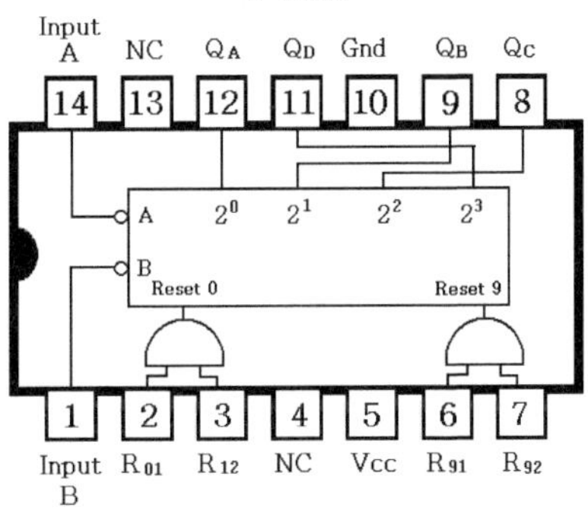

7492

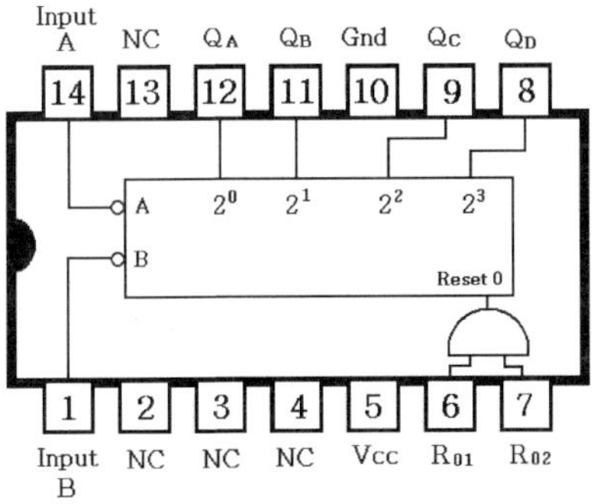

7493

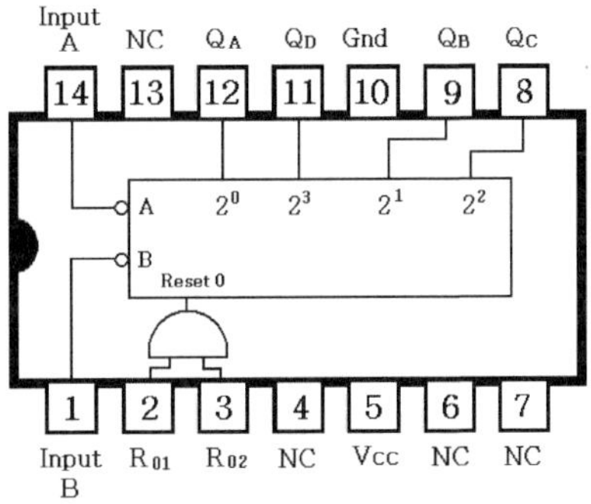

4000

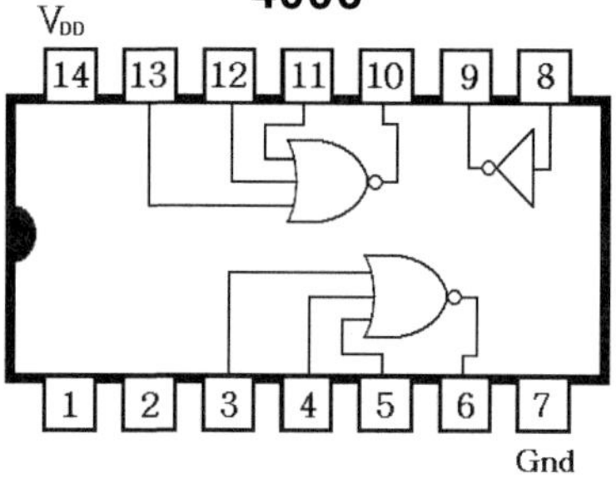

4001

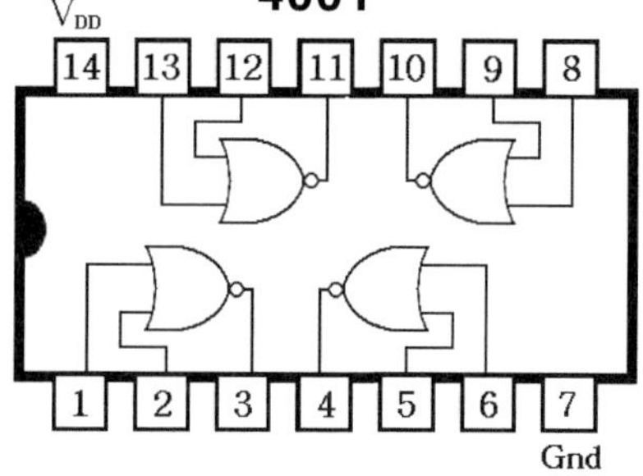

4002

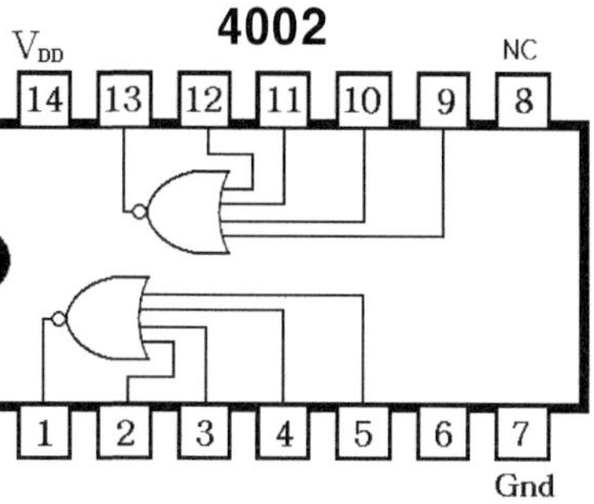

4009

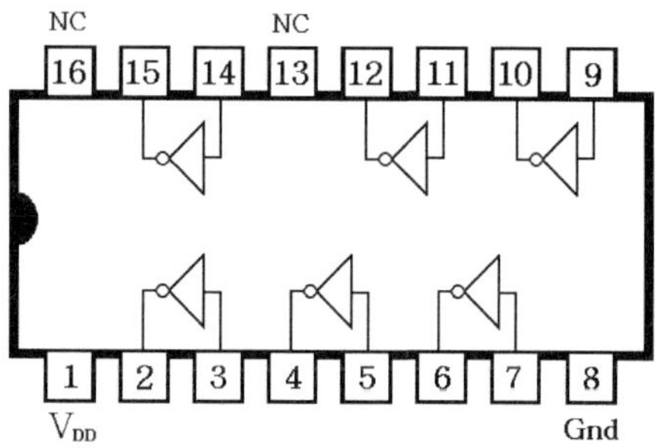

4011

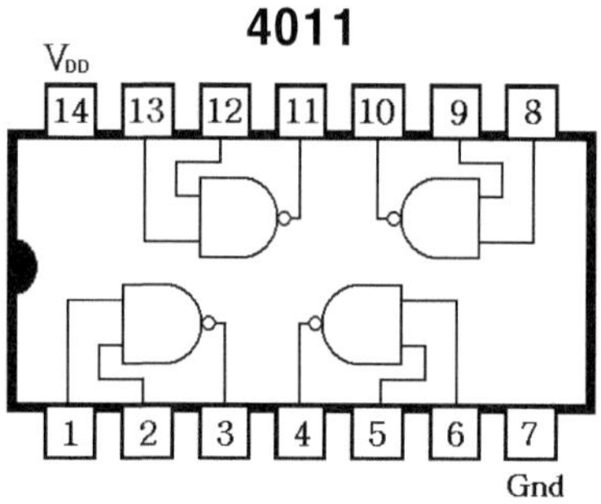

4012

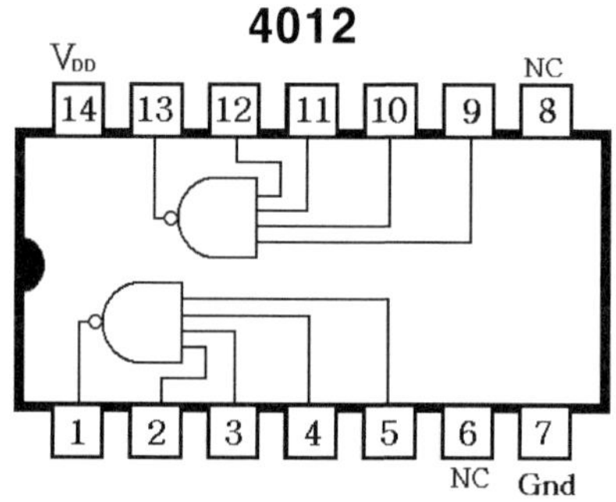

4023

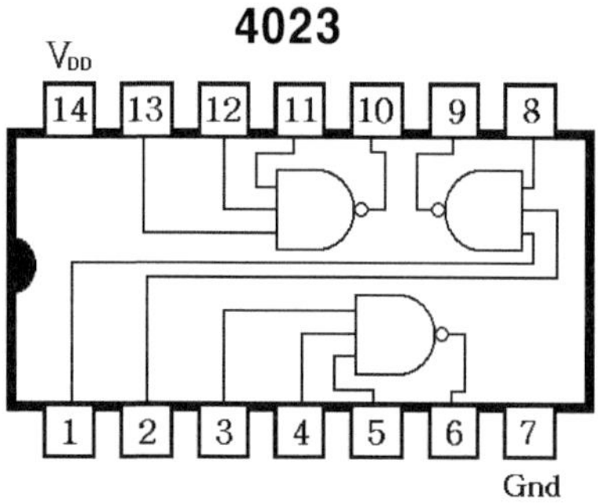

4025

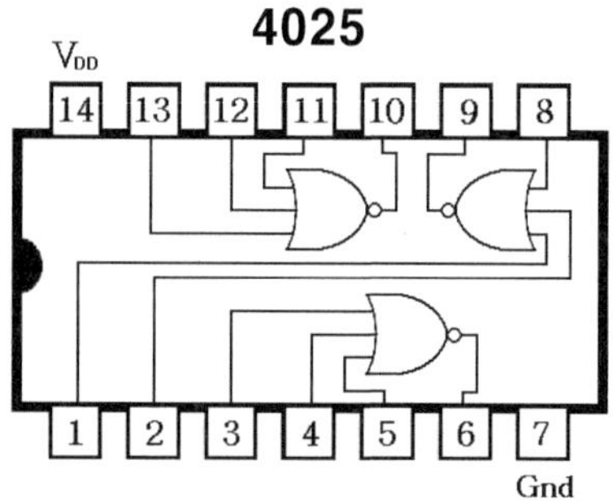

4027

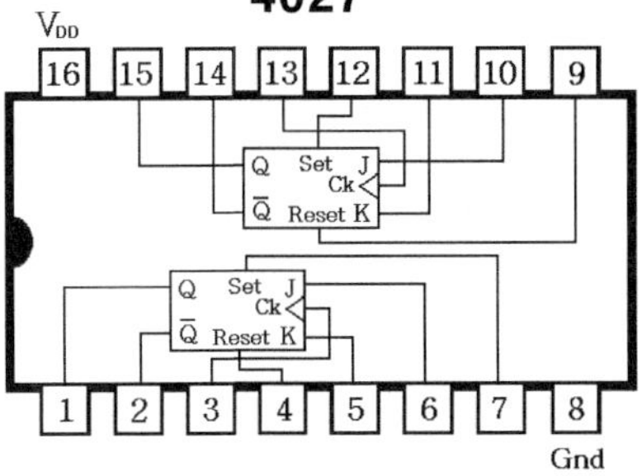

4030

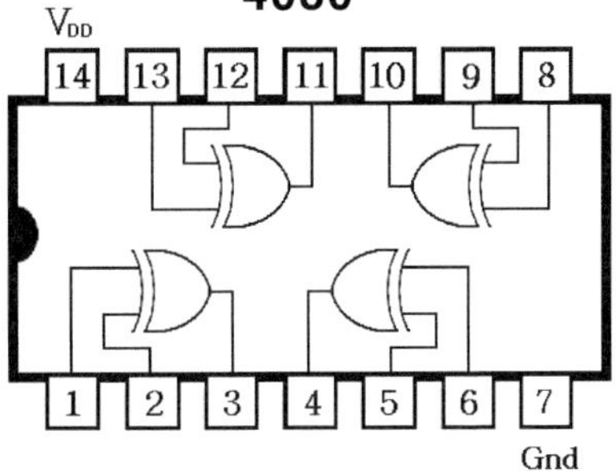

4049

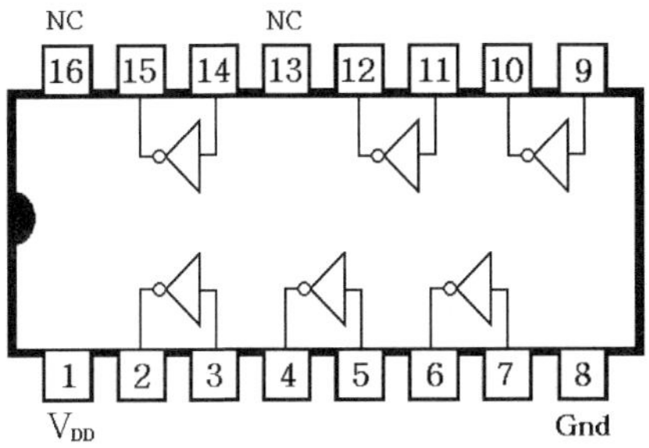

4050

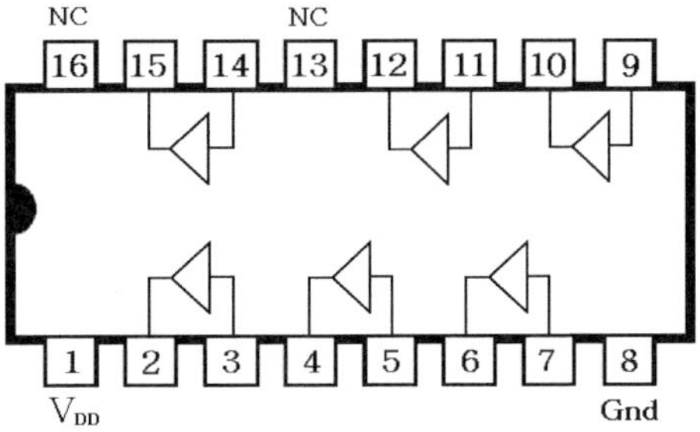

4068

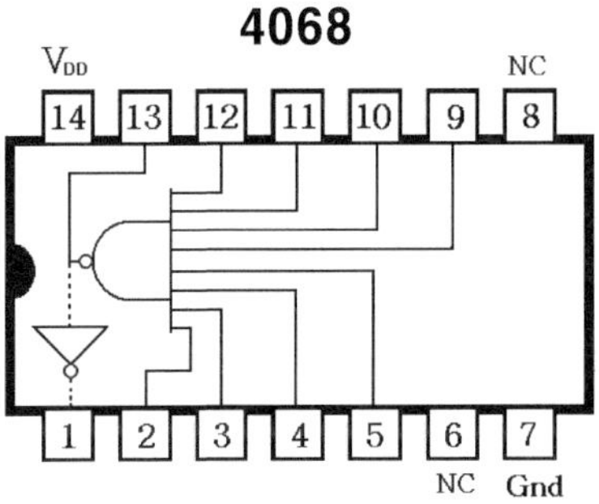

4069

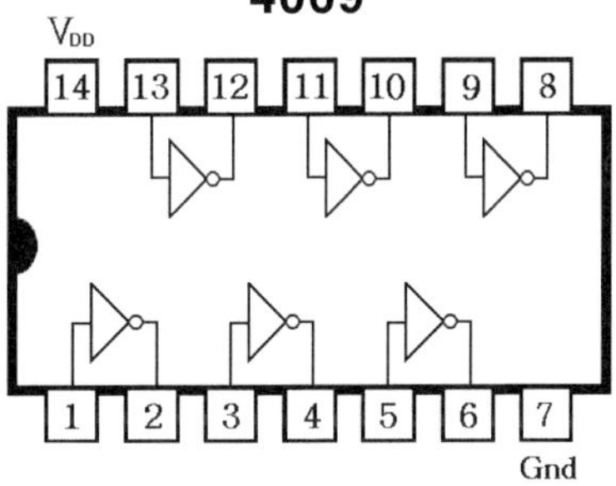

4071

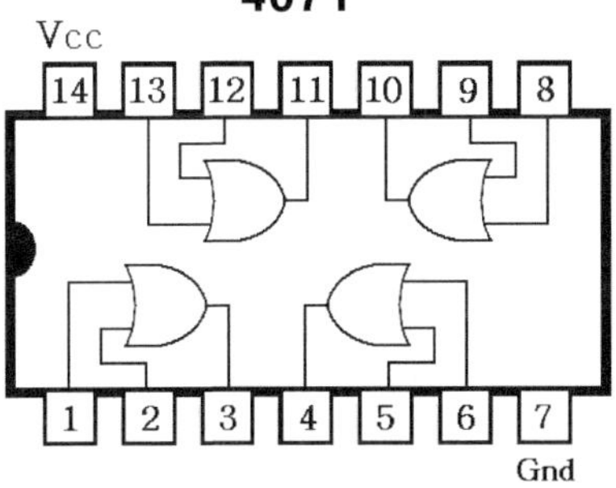

4072

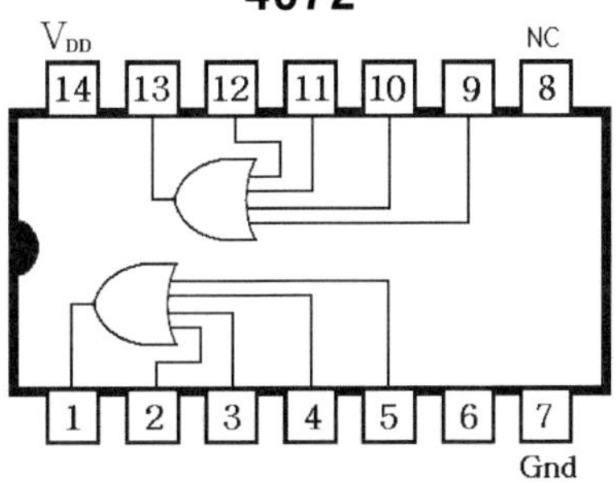

4073

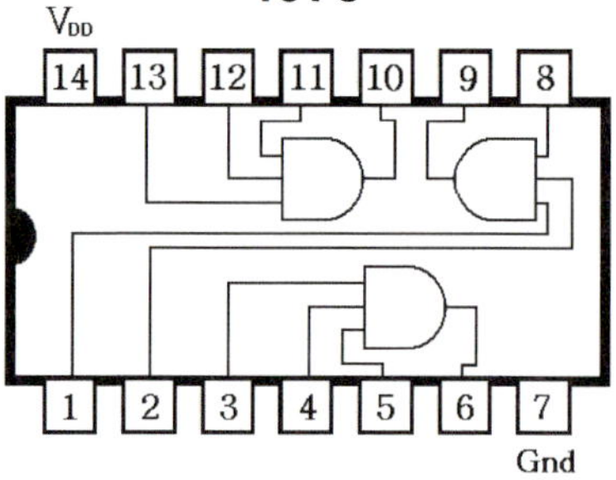

4075

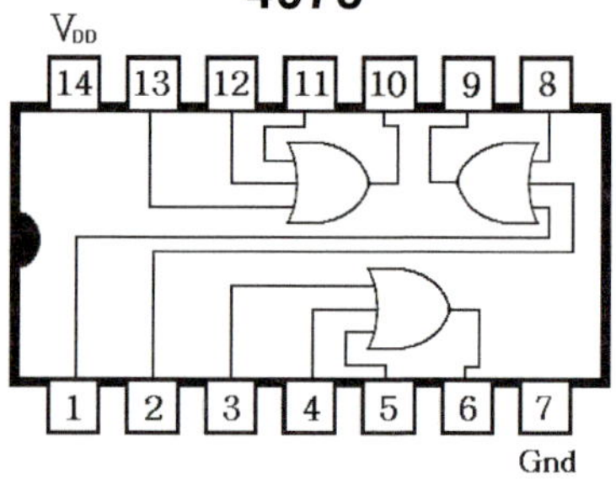

4077

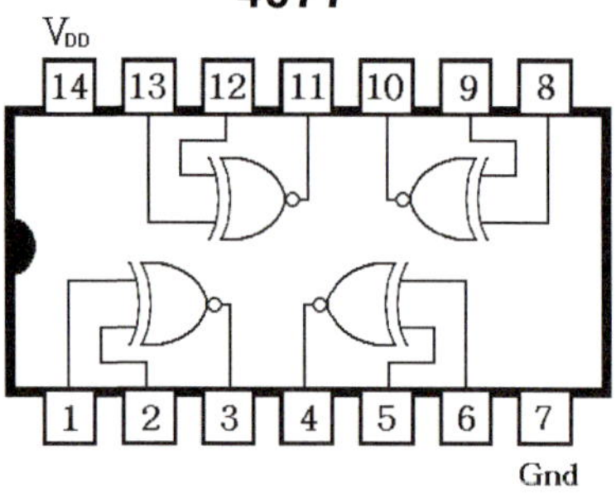

4078

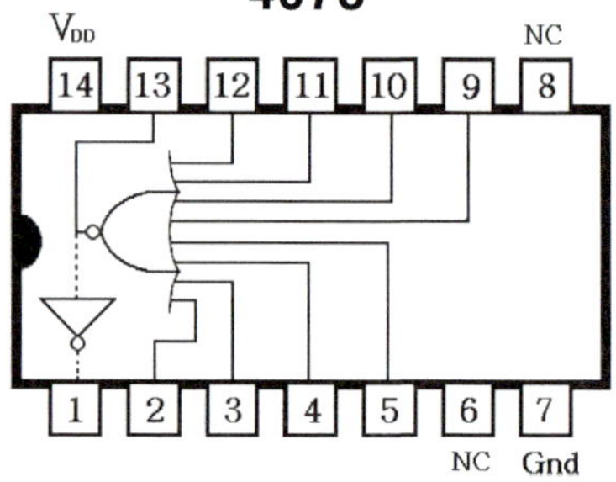

4081

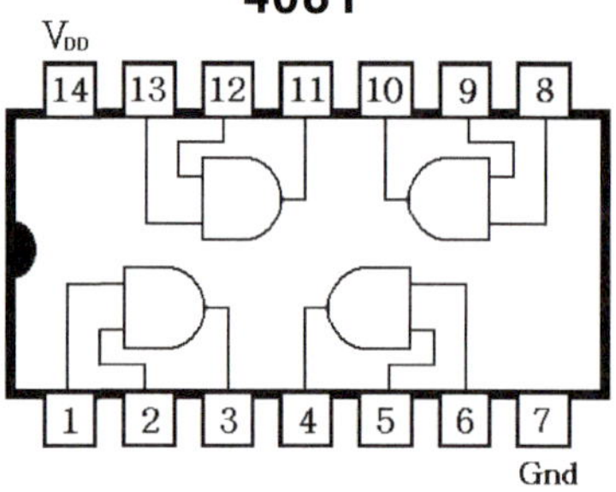

4082

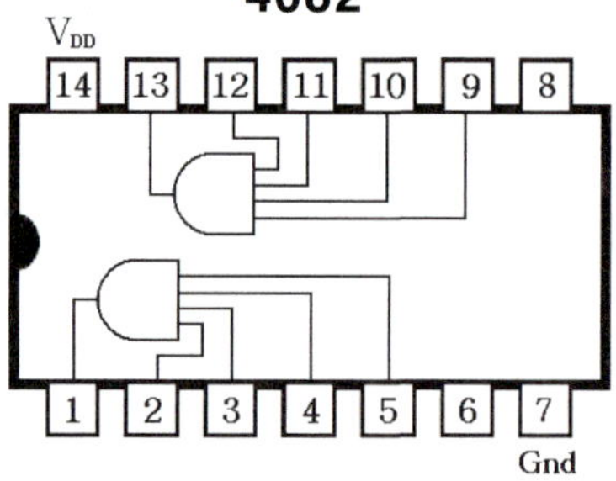

4518

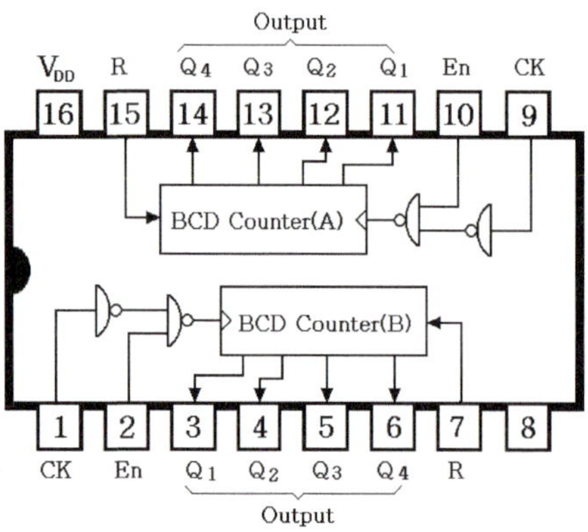

4543

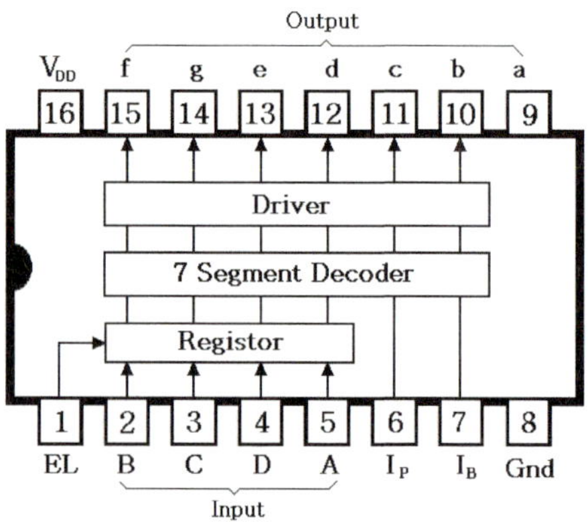

● 단위에 사용되는 접두어와 기호

수	접두어	기호	수	접두어	기호	셈말	
10^{-1}	deci 데시		10^{1}	deca 데카		십(拾)	Ten
10^{-2}	centi 센티		10^{2}	hecto 헥토		백(百)	Hundred
10^{-3}	milli 밀리		10^{3}	kilo 킬로	K	천(仟)	Thousand
10^{-6}	micro 마이크로		10^{6}	mega 메가	M	백만(百萬)	Million
10^{-9}	nano 나노		10^{9}	giga 기가	G	십억(十億)	Billion
10^{-12}	pico 피코		10^{12}	tera 테라	T	조(兆)	Trillion
10^{-15}	femto 펨토		10^{15}	peta 페타	P	천조(仟兆)	Quadrillion
10^{-18}	otto 아토		10^{18}	exa 엑사	E	백경(百京)	Quintillion

● 그리스 문자

대문자	소문자	명칭	대문자	소문자	명칭	대문자	소문자	명칭
A	α	Alpha 알파	I	ι	Iota 이오타(아이오타)	P	ρ	Rho 로
B	β	Beta 베타	K	κ	Kappa 카파	Σ	σ	Sigma 시그마
Γ	γ	Gamma 감마	Λ	λ	Lambda 람다	T	τ	Tau 타우
Δ	δ	Delta 델타	M	μ	Mu 뮤	Y	υ	Upsilon 웁실론(입실런)
E	ϵ	Epsilon 엡실런	N	ν	Nu 뉴	Φ	ϕ	Phi 파이(fai)
Z	ζ	Zeta 제타(지:터)	Ξ	ξ	Xi 크사이(자이)	X	χ	Chi 카이
H	η	Eta 에타(이:터)	O	o	Omicron 오미크론	Ψ	ψ	Psi 프사이(싸이)
Θ	θ	Theta 세타(디:터)	Π	π	Pi 파이(pai)	Ω	ω	Omega 오메가

주) 괄호 속은 미국식 발음법

● R L C 부품의 표준값(IEC Series)

E6 시리즈 ±20%	E12 시리즈 ±10%	E24 시리즈 ±5%	E48 시리즈 ±2%	E96 시리즈 ±1%	
전해콘덴서	마일러, 세라믹	탄소피막 저항기	정밀(금속피막) 저항기		
1.0	1.0	1.0	1.00	1.00	1.02
			1.05	1.05	1.07
		1.1	1.10	1.10	1.13
			1.15	1.15	1.18
	1.2	1.2	1.21	1.21	1.24
			1.27	1.27	1.30
		1.3	1.33	1.33	1.37
			1.40	1.40	1.43
1.5	1.5	1.5	1.47	1.47	1.50
			1.54	1.54	1.58
		1.6	1.62	1.62	1.65
			1.69	1.69	1.74
	1.8	1.8	1.78	1.78	1.82
			1.87	1.87	1.91
		2.0	1.96	1.96	2.00
			2.05	2.05	2.10
2.2	2.2	2.2	2.15	2.15	2.21
			2.26	2.26	2.32
		2.4	2.37	2.37	2.43
			2.49	2.49	2.55
	2.7	2.7	2.61	2.61	2.67
			2.74	2.74	2.80
		3.0	2.87	2.87	2.94
			3.01	3.01	3.09
3.3	3.3	3.3	3.16	3.16	3.24
			3.32	3.32	3.40
		3.6	3.48	3.48	3.57
			3.65	3.65	3.74
	3.9	3.9	3.83	3.83	3.92
			4.02	4.02	4.12
		4.3	4.22	4.22	4.32
			4.42	4.42	4.53
4.7	4.7	4.7	4.64	4.64	4.75
			4.87	4.87	4.99
		5.1	5.11	5.11	5.23
			5.36	5.36	5.49
	5.6	5.6	5.62	5.62	5.76
			5.90	5.90	6.04
		6.2	6.19	6.19	6.34
			6.49	6.49	6.65
6.8	6.8	6.8	6.81	6.81	6.98
			7.15	7.15	7.32
		7.5	7.50	7.50	7.68
			7.87	7.87	8.06
	8.2	8.2	8.25	8.25	8.45
			8.66	8.66	8.87
		9.1	9.09	9.09	9.31
			9.53	9.53	9.76

● 많이 사용되는 특수 관계 숫자들

$\sqrt{0.5}=0.707$	$e=2.71828$	$\pi=3.141593$	$\frac{90}{\pi}=28.64789$
$\sqrt{2}=1.414$	$2e=5.43656$	$2\pi=6.283185$	$\frac{180}{\pi}=57.29578$
$\sqrt{3}=1.732$	$e^2=7.38906$	$3\pi=9.424778$	$\frac{360}{\pi}=114.59156$
$\sqrt{5}=2.236$	$e^3=20.0855$	$\frac{1}{\pi}=0.318310$	$\sqrt[3]{\pi}=1.4645919$
$\sqrt{10}=3.162$	$\sqrt{e}=1.64872$	$\frac{2}{\pi}=0.636620$	$\sqrt[3]{2\pi}=1.845261$
$\sqrt{20}=4.472$	$\log e=0.43429$	$\frac{\pi}{2}=1.570790$	$1[\text{rad}]=57.29578°$
$\sqrt{1000}=31.623$	$\frac{1}{e}=0.36788$	$\frac{\pi}{3}=1.047189$	$\pi[\text{rad}]=180°$
$\frac{1}{\sqrt{2}}=0.707$	$\frac{1}{2e}=0.18394$	$\pi^2=9.869604$	$2\pi[\text{rad}]=360°$
$\frac{1}{\sqrt{3}}=0.577$	$\frac{1}{e^2}=0.13534$	$(2\pi)^2=39.47842$	$\frac{\pi}{2}[\text{rad}]=90°$
$\frac{1}{\sqrt{10}}=0.316$	$\frac{1}{\sqrt{e}}=0.60653$	$\sqrt{\pi}=1.772454$	$\frac{\pi}{4}[\text{rad}]=45°$
$\frac{1}{2\sqrt{2}}=0.354$		$\frac{1}{\pi^2}=0.101321$	$1°=\frac{\pi}{180}=0.01745[\text{rad}]$

상용대수		자연 대수	삼각 함수
$\log 1=0$ $\log 2=0.30103$ $\log 3=0.47712$ $\log 4=0.60206$ $\log 5=0.69897$ $\log 6=0.37781$ $\log 7=0.84510$ $\log 8=0.90309$ $\log 9=0.95424$ $\log 10=1$ $\log 10^2=2$ $\log 10^3=3$	$\log(e)=0.43429$ $\log(\pi)=0.49715$ $\log\left(\frac{1}{2}\right)=-0.301$ $\log\left(\frac{1}{e}\right)=0.3010$ $\log\left(\frac{1}{\pi}\right)=0.3010$ $\log\left(\frac{1}{10}\right)=-1$ $\log\left(\frac{1}{10^2}\right)=-2$ $\log\left(\frac{1}{10^3}\right)=-3$	$\ln 1=0$ $\ln 2=0.69314$ $\ln 3=1.09861$ $\ln 4=1.38629$ $\ln 5=1.60943$ $\ln 6=1.79176$ $\ln 7=1.94591$ $\ln 8=2.07944$ $\ln 9=2.19722$ $\ln 10=2.30259$ $\ln(e)=1$ $\ln(\pi)=1.14473$	$\sin 0°=0$ $\cos 0°=1$ $\tan 0°=0$ $\sin 30°=0.5$ $\cos 30°=0.866=\frac{\sqrt{3}}{2}$ $\tan 30°=0.577=\frac{1}{\sqrt{3}}$ $\sin 45°=0.707=\frac{1}{\sqrt{2}}$ $\cos 45°=0.7071$ $\tan 45°=1$ $\sin 60°=0.866=\frac{\sqrt{3}}{2}$ $\cos 60°=0.5$ $\sin 90°=1$ $\cos 90°=0$ $\tan 90°=\infty$

● 전기적 기술문명 발달사

연도	내 용
1775	피뢰침의 발명(Franklin)
1785	쿨롱의 법칙 발견(Coulomb)
1790	갈바닉 발전기 발명(Galvanic)
1800	볼타전지 발명(Volta)
1820	전자석과 전자기학 이론 확립(Oersted)
1821	전자력의 법칙 발견(Ampere)
1827	옴의 법칙 발견(Ohm)
1833	전기분해에 관한 파라데이의 법칙발견(Faraday)
1835	모르스 전신기 발명(Morse)
1841	전기 발열에 관한 법칙 발견(Joule)
1852	릴레이(계전기) 발명 (Wheatstone)
1860	축전지 발명(Plante)
1861	전화기 실험 성공(Reis) **1876**년 전화기 발명특허 획득(A. G Bell)
1862	맥스웰 방정식 정립(Maxwell)
1877	축음기 발명(Edison)
1877	백열전구 발명(Edison)
1884	열전자 방출효과 발견(Edison)
1886	3상회전자장 이론 발견(Ferraris)
1889	전자파의 발견(Hertz)
1889	3상전동기 1890년 3상변압기 발명(Dolowo-Dobrowolsky
1891	3상송전시스템 가동 Lauffen-Frankfurt간 25,000[V]송전
1892	전자의 성질에 관한 이론 정립(Lorenz)
1895	뢴트겐 선(X-Ray)발견 (Roentgen)
1896	무선전신기 발명(Marconi) 1901년 대서양횡단통신 성공
1899	α, β, γ선의 검출(Rutherford)
1902	수은정류기, 광석검파기 개발
1904	2극진공관 발명(Fleming), 1906년: 3극진공관 발명(De Forest)
1910	6비트 코드 인쇄전신기 발명(Western Electric)
1912	최초의 110KV 송전(독일)
1913	최초의 무선전송기술 개발(미국)
1920	최초의 라디오방송 개시(미국:KDKA), 1927: 한국경성방송 개국
1936	최초의 TV방송 개시(영국:BBC)
1940	최초의 컬러TV방송 개시(미국:컬럼비아사)
1944	전기기계식 컴퓨터 Mark-I 완성
1945	PN접합 반도체 이론 및 실험 완성(Welker)
1946	최초의 전자식컴퓨터 ENIAC완성(Maukley, Eckert)
1947	점접촉형형 트랜지스터 발명(Bardeen, Brattain)
1949	접합형 트랜지스터 발명(Shockley)
1949	프로그램 내장식의 2진 컴퓨터EDSAC 완성(영국, 레밍턴랜드 사)
1950	최초의 상업용 컴퓨터 Univac-I 완성
1953	컬러TV방식 NTSC제정, 1963년 PAL방식 제정
1957	우주선 스푸트니크1호 발사
1959	집적회로(IC) 개발(미국, 텍사스 인스트루먼트 사)
1960	플래너 트랜지스터 제조법 개발. 1963년: FET발명(Hofstein+Heimann)
1964	최초의 IC형 컴퓨터 IBM-360 출시
1965	최초의 상업용 통신위성 발사(얼리버드/대서양), 1967년:인텔새트 발사(태평양)
1969	아폴로우주선 달 착륙
1971	최초의 마이크로프로세서 개발(Hoff)
2007	스마트폰 출현(Steve Jobs)

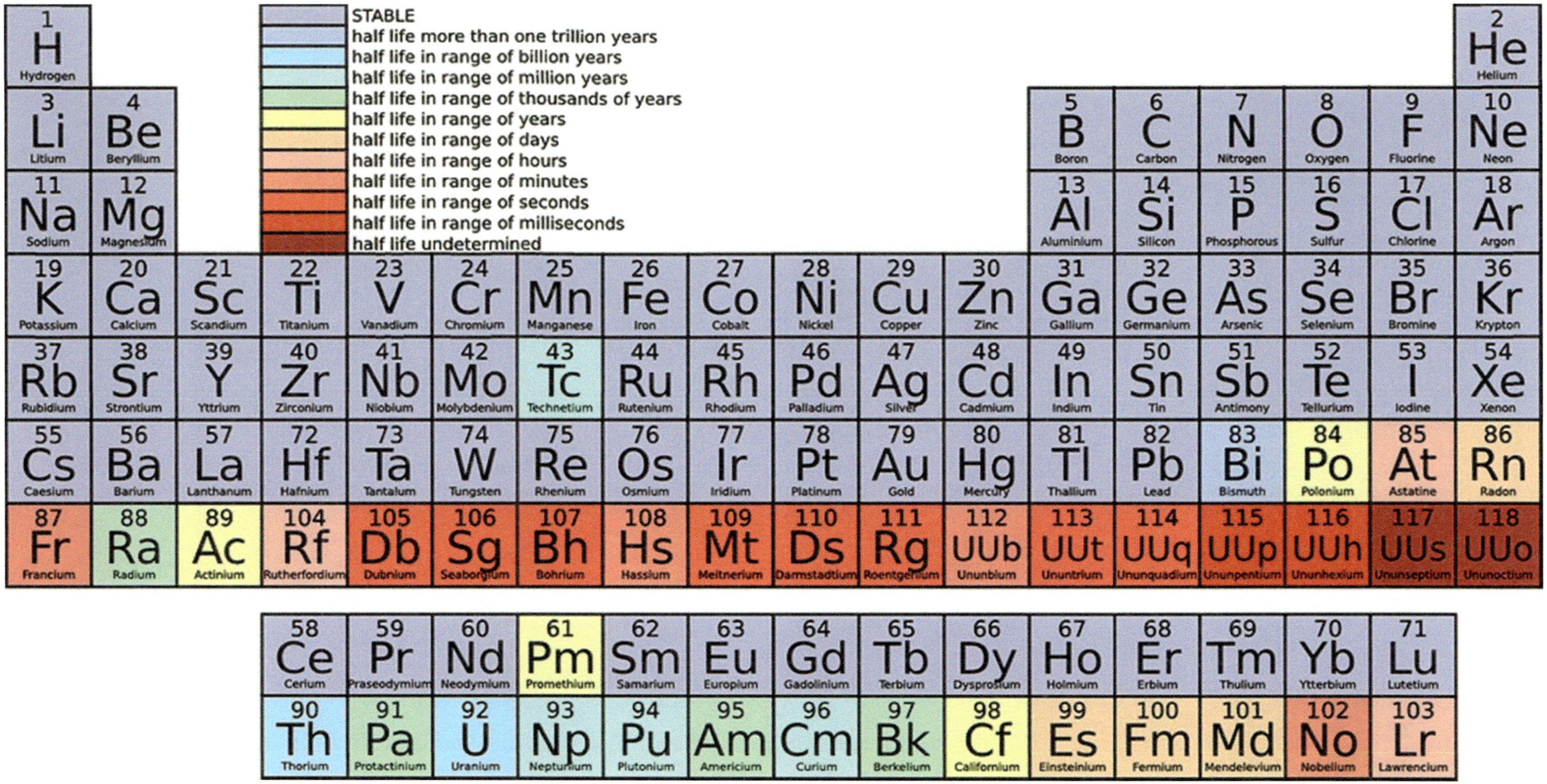
STABLE
half life more than one trillion years
half life in range of billion years
half life in range of million years
half life in range of thousands of years
half life in range of years
half life in range of days
half life in range of hours
half life in range of minutes
half life in range of seconds
half life in range of milliseconds
half life undetermined
1 H Hydrogen
2 He Helium
3 Li Litium
4 Be Beryllium
5 B Boron
6 C Carbon
7 N Nitrogen
8 O Oxygen
9 F Fluorine
10 Ne Neon
11 Na Sodium
12 Mg Magnesium
13 Al Aluminium
14 Si Silicon
15 P Phosphorous
16 S Sulfur
17 Cl Chlorine
18 Ar Argon
19 K Potassium
20 Ca Calcium
21 Sc Scandium
22 Ti Titanium
23 V Vanadium
24 Cr Chromium
25 Mn Manganese
26 Fe Iron
27 Co Cobalt
28 Ni Nickel
29 Cu Copper
30 Zn Zinc
31 Ga Gallium
32 Ge Germanium
33 As Arsenic
34 Se Selenium
35 Br Bromine
36 Kr Krypton
37 Rb Rubidium
38 Sr Strontium
39 Y Yttrium
40 Zr Zirconium
41 Nb Niobium
42 Mo Molybdenium
43 Tc Technetium
44 Ru Rutenium
45 Rh Rhodium
46 Pd Palladium
47 Ag Silver
48 Cd Cadmium
49 In Indium
50 Sn Tin
51 Sb Antimony
52 Te Tellurium
53 I Iodine
54 Xe Xenon
55 Cs Caesium
56 Ba Barium
57 La Lanthanum
72 Hf Hafnium
73 Ta Tantalum
74 W Tungsten
75 Re Rhenium
76 Os Osmium
77 Ir Iridium
78 Pt Platinum
79 Au Gold
80 Hg Mercury
81 Tl Thallium
82 Pb Lead
83 Bi Bismuth
84 Po Polonium
85 At Astatine
86 Rn Radon
87 Fr Francium
88 Ra Radium
89 Ac Actinium
104 Rf Rutherfordium
105 Db Dubnium
106 Sg Seaborgium
107 Bh Bohrium
108 Hs Hassium
109 Mt Meitnerium
110 Ds Darmstadtium
111 Rg Roentgenium
112 UUb Ununbium
113 UUt Ununtrium
114 UUq Ununquadium
115 UUp Ununpentium
116 UUh Ununhexium
117 UUs Ununseptium
118 UUo Ununoctium
58 Ce Cerium
59 Pr Praseodymium
60 Nd Neodymium
61 Pm Promethium
62 Sm Samarium
63 Eu Europium
64 Gd Gadolinium
65 Tb Terbium
66 Dy Dysprosium
67 Ho Holmium
68 Er Erbium
69 Tm Thulium
70 Yb Ytterbium
71 Lu Lutetium
90 Th Thorium
91 Pa Protactinium
92 U Uranium
93 Np Neptunium
94 Pu Plutonium
95 Am Americium
96 Cm Curium
97 Bk Berkelium
98 Cf Californium
99 Es Einsteinium
100 Fm Fermium
101 Md Mendelevium
102 No Nobelium
103 Lr Lawrencium

● 빛과 전자파의 분류

주파수(Hz)	파장(m)	명칭 1	명칭 2	용도
10, 30, 10^2, (Kilo)10^3	10^7, 10^6, 10^5	소리 파장(공기중): 10m, 1m, 0.1m, 0.01m		음파 : 16Hz~20KHz 초음파 : 16KHz이상 교류전력 주파수 : 16⅔~300Hz 전화통신주파 : 300Hz~3.4KHz 저주파(전기신호) : 20KHz이하 고주파(무선주파) : 20KHz이상
10^4	10^4		초장파 (VLF)	고정국간 통신
10^5	10^3	킬로미터 파	장파 (LF)	장파방송, 산악통신 장거리 교통통신
(Mega)10^6	10^2	헥토미터 파	중파 (MF)	일반 중파방송 선박, 아마추어통신
10^7	10^1	데카메터 파	단파 (HF)	단파방송, 아마추어 해안, 항공통신, 의료
10^8	3, 10^0	미터 파	초단파 (VHF)	TV방송, FM방송, 항법, 경찰, 연안통신
(Giga)10^9	0.3, 10^{-1}	데시미터 파	극초단파 (UHF)	UHF 방송, 항법 광전송
10^{10}	10^{-2}	센티미터 파	(SHF) 마이크로웨이브	레이더, 우주통신 항법유도보조
10^{11}	10^{-3}	밀리미터 파	(EHF) 마이크로웨이브	레이더 광통신
(Tera)10^{12}, 10^{13}, 10^{14}	10^{-4}, 10^{-5}, 10^{-6}	마이크로미터 파	적외선 (원, 중, 근)	
			가시광선	780nm=암적색 700nm=적색 중심 546.1nm=초록 중심 435.8nm=청색 중심 380:청색-UV경계
(Peta)10^{15}, 10^{16}	10^{-7}, 10^{-8}	나노미터 파	자외선 (근, 중, 원)	
10^{16}	10^{-9}		X-선	

$$\lambda = \frac{c}{f}$$

λ=전파의 파장[m]
c=광속=3×10^8 [m/sec]

● 전선규격(AWG : 인치단위)과 환산표

AWG 게이지 번호	지름 φ		단면적 S [mm²]	저항[KΩ]	[Ohm/m] 허용전류 [A]
	[Inch]	[mm]			
4/0=0000	0.460	11.7	107(100)	0.000161	298~280
3/0=000	0.410	10.4	85.0	0.000203	257~240
2/0=00	0.365	9.26	67.4(60.0)	0.000256	223
1/0=0	0.325	8.25	53.5	0.000323	190~175
1	0.289	7.35	42.4(38.0)	0.000407	165
2	0.258	6.54	33.6	0.000513	139~130
3	0.229	5.83	26.7(22.0)	0.000647	125
4	0.204	5.19	21.1	0.000815	107~98
5	0.182	4.62	16.8(14.0)	0.00103	94
6	0.162	4.11	13.3	0.00130	81~72
7	0.144	3.66	10.5	0.00163	70
8	0.128	3.26	8.36(8.0)	0.00206	62~55
9	0.114	2.91	6.63	0.00260	55
10	0.102	2.59	5.26(5.5)	0.00328	48~40
11	0.0907	2.30	4.17	0.00413	
12	0.0808	2.05	3.31(3.5)	0.00521	35~28
13	0.0720	1.83	2.62	0.00657	
14	0.0641	1.63	2.08(2.0)	0.00829	27~18
15	0.0571	1.45	1.65	0.0104	
16	0.0508	1.29	1.31	0.0132	19~12
17	0.0453	1.15	1.04	0.0166	
18	0.0403	1.02	0.823	0.0210	16~7
19	0.0359	0.912	0.653	0.0264	5.5
20	0.0320	0.812	0.518	0.0333	4.5
21	0.0285	0.723	0.410	0.0420	

AWG 게이지 번호	지름 φ		단면적S [mm2]	저항[KΩ]	[Ohm/m] 허용전류 [A]
	[Inch]	[mm]			
22	0.0253	0.644	0.326	0.0530	3A
23	0.0226	0.573	0.258	0.0668	
24	0.0201	0.511	0.205	0.0842	588mA
25	0.0179	0.455	0.162	0.106	477
26	0.0159	0.405	0.129	0.134	378
27	0.0142	0.361	0.102	0.169	288
28	0.0126	0.321	0.0810	0.213	
29	0.0113	0.286	0.0642	0.268	212
30	0.0100	0.255	0.0509	0.339	147
31	0.00893	0.227	0.0404	0.427	
32	0.00795	0.202	0.0320	0.538	93
33	0.00708	0.180	0.0254	0.679	75
34	0.00631	0.160	0.0201	0.856	60
35	0.00562	0.143	0.0160	1.08	45
36	0.00500	0.127	0.0127	1.36	40
37	0.00445	0.113	0.0100	1.72	28
38	0.00397	0.101	0.00797	2.16	24
39	0.00353	0.0897	0.00632	2.73	19
40	0.00314	0.0799	0.00501	3.44	15 mA

0) AWG = American Wire Gauge

1) 1 inch = 25.4mm

2) AWG 18번선을 단선 굵기로 환산하면 약 1.0mm이다.

3) AWG의 값이 6단계 감소(증가)하면, 전선의 지름은 배(절반)가 된다.

☞ 예를 들면 : AWG 30번선의 지름은 0.01인치(0.255㎜)이다.
AWG 24번선의 지름은 0.02인치(0.511㎜)이다.
AWG 18번선의 지름은 0.04인치(1.02㎜)이다.

● 캡타이어 케이블 허용전류(최고허용온도 60도)

도체			동일관 몰드 또는 덕트 속에 넣은 전선수													
단선 연선별	공칭 단면적 (mm^2)	소선수 /지름 (본/mm)	3以下		4		5~6		7~15		16~40		41~60		61以下	
			허용 전류(A)													
			동	알루미늄	동	알루미늄	동	알루미늄	동	알루미늄	동	알루미늄	동	알루미늄	동	알루미늄
단선	–	1.2	(13)	(13)	(12)	(9)	(10)	(8)	(9)	(7)	(8)	(6)	(7)	(6)	(6)	(5)
	–	1.6	19	(14)	(17)	(13)	15	(12)	13	(10)	12	(9)	11	(8)	9	(7)
	–	2.0	24	19	22	17	19	15	17	13	15	12	14	11	12	9
	–	2.6	33	26	30	23	27	20	23	18	21	16	19	14	17	13
	–	3.2	43	33	38	30	34	27	30	23	27	21	24	19	21	16
연선	5.5	7/1.0	34	(26)	31	(24)	27	(21)	24	(18)	21	(16)	19	(15)	16	(13)
	8	7/1.2	42	33	38	30	34	27	30	23	26	21	24	19	21	16
	14	7/1.6	61	48	55	43	49	38	43	34	38	30	34	27	30	23
	22	7/2.0	80	63	72	56	64	50	56	44	49	39	45	35	39	31
	30	7/2.3	97	75	87	68	78	60	68	53	60	46	54	42	47	37
	38	7/2.6	113	88	102	79	90	70	79	62	70	54	63	49	55	43
	50	19/1.8	133	103	119	93	106	83	93	72	82	64	74	58	65	50
	60	19/2.0	152	118	136	106	121	94	106	83	93	73	85	66	74	57
	80	19/2.3	180	140	162	126	144	112	126	98	111	86	100	78	87	68
	100	19/2.6	208	162	187	146	167	130	146	113	128	100	116	90	101	79
	125	19/2.9	241	187	216	169	192	150	168	131	148	115	134	105	117	91
	150	37/2.3	276	216	249	194	221	172	193	151	170	132	154	120	134	105
	200	37/2.6	328	256	295	230	292	205	230	179	202	157	183	143	159	124
	200	61/2.3	389	304	350	273	311	243	272	212	239	187	217	169	189	148
	325	61/2.6	455	356	409	319	364	280	318	248	280	218	254	198	221	172
	400	61/2.9	521	407	469	366	417	326	365	285	320	250	291	227	253	198
	500	61/3.2	589	460	530	417	471	368	412	322	362	283	328	256	286	223

● 자동차용 전선 규격(단위길이 : mm, 전류 : A)

1. 전선의 규격과 허용전류

단면적(㎟)	소선 지름 φ	소선 수	전선외경D	허용전류
0.5	0.32	7	2.2	9
0.85	0.32	11	2.4	12
1.25	0.32	16	2.7	15
2	0.32	26	3.1	20
3	0.32	41	3.8	27
5	0.32	65	4.6	37
8	0.45	50	5.5	47
15	0.45	84	7.0	59
20	0.8	41	8.2	84
30	0.8	70	10.8	120
40	0.8	85	11.4	135
50	0.8	108	13.0	160

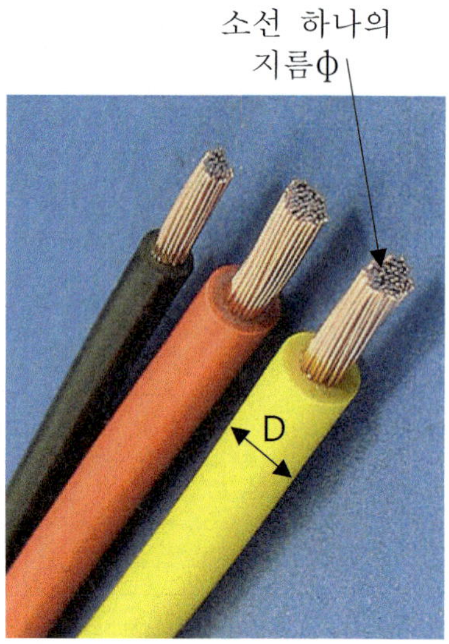

2. 전선의 색깔 구분

회로 이름	기본색	기본색에 대한 예외의 적용	보조색(선색)	비 고
시동회로	B		W, Y, R, L, G	점화 스위치, 코일, 배전기, 시동 전동기
충전회로	W	(Y)	B, R, L G	발전기, 조정기, 경고등
램프회로	R		B, W, G, L, Y	헤드램프, 미등, 후진등
신호회로	G	Lg, Br	B, W, R, G, L	혼, 스톱램프, 비상등
계기회로	Y		B, W, R, G, L	계기판, 게이지
기타회로	L	B, Y, Br, O	B, W, R, G, Y	와이퍼, 워셔, 라디오, 히터, 시거잭
접지회로	B			접지회로

3. 전선의 색기호

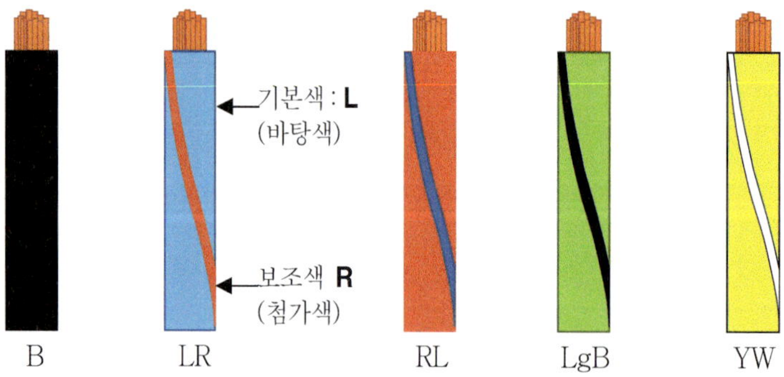

색깔의 문자표시

B(Black)
R(Red)
Y(Yellow)
Lg(Light Green)
W(White)
G(Green)
L(Blue)
O(Orange)

● 1차 전지의 특성과 제원

전지의 전기 화학적 제원							
구분	건전지	알카리-망간 전지	아연-공기 산소전지	산화은 전지	수은 전지	리튬 전지
양극(감극제)	이산화망간 (MnO_2)	이산화망간 (MnO_2)	활성탄(결합제 포함)	산화은 (Ag_2O)	산화수은 (HgO)	크롬 은
음 극	아연	아연(분말)	아연	아연(분말)	아연(분말)	리튬
전해액	약산(염화아연 또는Saimaik)	알카리 (칼리액)	약산(염화 망간)	알카리 (칼리액)	알카리 (칼리액)	산성(CF_4)
기전력	1.5V	1.5V	1.45V	1.55V	1.35V	3V
에너지밀도 [WH/㎤]	0.1	0.3	0.8	0.4	0.5	0.8
표시기호 [직경]	※아래도표 참조	※아래도표 참조	AS4, AR40	SR48:7.9 SR07:11.6	MR9:15.5 NR07:11.6	
사용 예	전등, 완구	휴대용기기,가전 기기,카메라	신호장치 수신기	계산기, 시계, 가전기기 등 긴 수명동안 적은 소비전류를 사용하는 곳에 사용(단추 형태)		

전지의 상품포장과 그 표시법								
	기호화 표시법			크기 (높이)	직경 (mm)	공칭전압 (기전력)	공칭전류 (mA)	전지사용 수명 (알카리전지/ 공칭전류 방전시)
	IEC(유럽)	미국	일본					
원형 전지								
Micro Cell	R03	AAA	UM4	44	10.5	1.5	4	=180시간
Lady Cell	R1	N	UM5	30	12	1.5	4	=145
Mignon	R6	AA	UM3	50	14.5	1.5	30	=50
Halfmignon	R3			25	14.5	1.5	15	=50
Baby Cell	R14	C	UM2	50	26	1.5	30	=150
Mono Cell	R20	D	UM1	61	34	1.5	60	=150
Knob Cell	R9			6	15.5	1.35~1.55		
전지 묶음								
Normal Battery				67	62x22	4.5	50	
Energy Block				48	27x18	9	9	
Compact Battery				81	66x52	9	50	
Post Element				200	83x83	1.5		

전지규격에 관한 IEC 규격 표시법		
제1문자	제2문자	예) 건전지 **3R12**
A: 공기(산소)전지 M,N: 수은전지 L: 알카리-망간전지 S: 산화은 전지 ◉ 문자표시가 없으면 아연-망간 건전지를 나타냄	R: 원형(Round) F: 평판형(Flat) S: 4각형 (Square)	[ ] → 무표시 (건전지) **3** → 셀의 갯수 **R** → 원형 Round **12** → 크기를 표시하는 호칭기호

※전지는 기본적으로 두 가지의 다른 금속전극과 전해액으로 구성된다. 그리고 양극 주위의 수소를 제거하는 데 필요한 감극제도 필수적으로 포함된다.

전지의 구조상 양극과 감극제는 같이 결합되어 있다. 전해액은 농축되어서 마분지나 양모 패드 층에 증착된 상태로 양쪽 전극사이에 끼워진다. 전지가 사용되는 동안 감극제에서 수분이 계속 증가하여 전해액의 농도가 묽어진다. 따라서 전해액의 유출방지를 위해 음극 바깥에 절연된 금속외피를 씌운다.

● 2차 전지의 특성과 제원

1. 전기적 특성

구 분	설 명	납 축전지	Ni-Fe전지	Ni-Cd전지
공칭전압[V]	정상적인 방전하에서, 거의 고정된 평상전압	2.0	1.2	1.2
무부하 전압[V]	만 충전된 전지가 무부하로 개방된 상태일 때의 전압	2.05~2.1	1.3~1.5	1.3~1.5
충전 전압[V]	충전시 양단자간에 걸리는 전압	2.1~2.75	1.45~1.85	1.35~1.8
충전 한계전압[V]	충전시 넘어서는 안 되는 최고전압	2.65	1.8	1.8
방전 종지전압[V]	방전시, 내려가서는 아니 되는 전압. 이 아래로 가면 전지가 손상된다.	1.7	1.0	1.0
충전 전류[A]	정상적인 충전일 때의 평균전류	C/10	C/5	C/5
공칭 용량[AH]	만 충전된 전지를 10시간에 걸쳐 5[A]로 균일하게 방전할 수 있으면 공칭용량 C_{10}=50[AH]라 한다.			
운전 용량	공칭용량의 80% 수준으로, 방전종지전압에 까지 이르지 않도록 하기 위함.	0.8C	0.8C	0.8C
WH효율(에너지 효율)	인가된 에너지에 대한 반환 에너지의 비율	0.75	0.5~0.8	0.5~0.8
AH효율(충전효율)	충전인가 된 전하량에 내한 반환 선하량의 비율	0.9	0.7	0.7
충전율	AH효율의 역수	1.1	1.4	1.4
자가 방전율/日	무부하 상태에서 화학 반응의 진행으로 소실되는 전하의 비율	1%	1%	0.3%
전지 수명	충방전 반복 횟수	1000~1500	2000~4000	2000~4000

2. 충방전시의 화학 반응식

종 류	음극 양극 전해액 음극 양극
납축전지	$Pb + PbO_2 + 2H_2SO_4 \underset{충전}{\overset{방전}{\rightleftharpoons}} PbSO_4 + PbSO_4 + 2H_2O$
니켈-철 축전지	$Fe + 2NiO(OH) + H_2O \underset{충전}{\overset{방전}{\rightleftharpoons}} Fe(OH)_2 + 2Ni(OH)_2$
니켈-카드뮴 전지	$Cd + 2NiO(OH) + H_2O \underset{충전}{\overset{방전}{\rightleftharpoons}} Cd(OH)_2 + 2Ni(OH)_2$

3. 납축전지의 충전상태와 전해액

충전상태	전해액 밀도	전해액 성분	물 성분	전기적 변화
만 충전시 반 충전시 방전 상태	1.28 kg/ℓ 1.21 kg/ℓ 1.14 kg/ℓ	26% 19% 15%	74% 81% 85%	전해액 농도는 방전될수록 낮아지고 충전하면 다시 높아진다. 또 충전시 용해가스의 영향으로 전해액손실이 생긴다. 전해액이 줄어들면 황산용액대신 반드시 증류수로 보충해야 한다.

4. 축전지의 표시법

납축전지

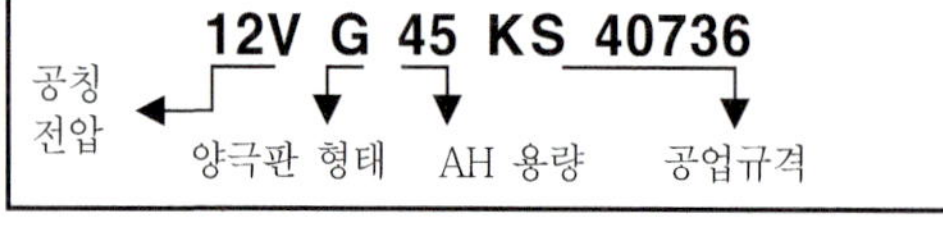

금속 축전지

● SSR(Solid State Relay)

1. 개요

SSR이란 반도체로 만들어진 릴레이로서 기존의 릴레이가 지닌 사용상의 편리성을 그대로 유지하면서 접점에서 발생하는 노이즈와 접점고장, 수명제한 등의 부작용을 없앤 반도체로 만든 『무접점 릴레이』 이다.

(a) PCB용 (b) 단상용 (c) 3상용

그림1 여러 가지 SSR 제품들

2. SSR의 원리적 구조

아래 그림은 SSR을 기존의 릴레이와 비교한 것이다. 단자 ①-②는 입력, ③-④에는 출력 접점이 연결되는 등 외형상의 구조와 입력 인가방법, 출력회로 연결법 등이 매우 유사하도록 만들어져 있다.

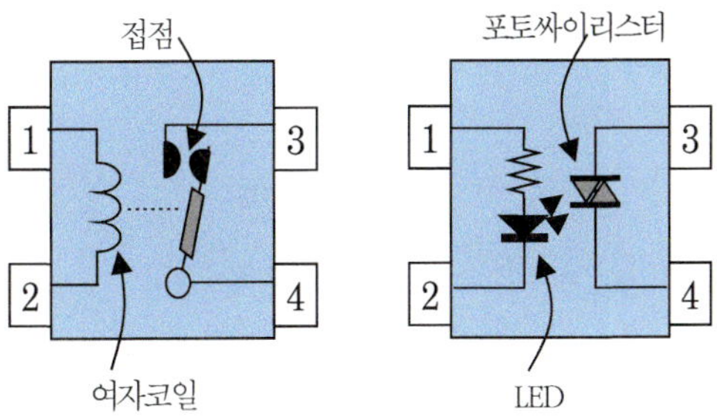

(a) 릴레이의 원리 (b) SSR의 원리

그림2 릴레이와 SSR의 비교

3. SSR의 회로 구성

가. 광결합회로 : 입력과 출력을 전기적으로 완전히 분리하기 위하여 Photo-Coupler를 사용한다. 1차측에는 LED가, 2차측에는 Ph-TR이 사용된다.

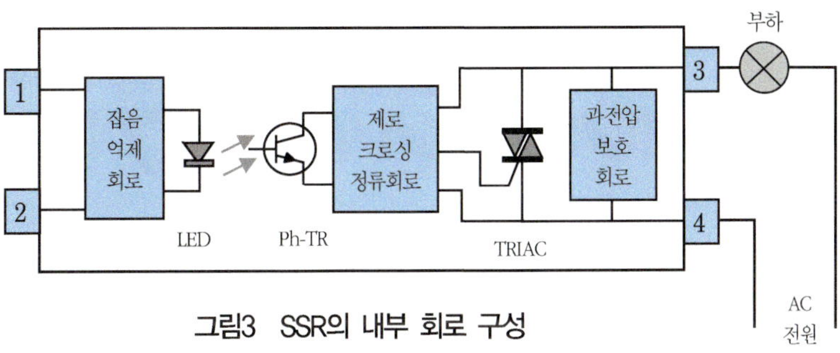

그림3 SSR의 내부 회로 구성

나. Zero-Crossing 제어회로

입력이 들어오는 임의의 순간부터 교류전력을 ON/OFF한다면 사인파의 피크점에서 도통될 수가 있다. 만약 이와 같은 경우라면 부하 또는 선로에 상당한 부담과 노이즈의 발생을 유발할 수가 있기 때문에 사인파의 기립순간 부근에서만 도통하게끔 제어하는 회로를 Zero-Crossing 정류회로라 부른다.

4. 제품의 종류

SSR은 직류용과 교류용으로 구분되고, 교류용에는 단상과 3상용이 있다. 입력의 인가방법으로는 직류(3~24V)를 가하는 것과 교류(85~250V)를 가할 수 있는 제품으로 구분된다. 그리고 안정적인 사용을 위해서는 통풍이 좋은 위치에 충분한 용량의 방열판을 부착하여 설치해야 한다.

● 반도체/전자부품/전력/자동화 관련 제품 메이커의 URL과 Logo

ABB : http://www.abb.com

주)유럽최대급의 다국적 전기전자그룹. 계측기, 전력, 자동화 등

ATMEL : http://www.atmel.com/products/

주) 마이크로세서 부문의 새로운 강자(미국)

IR(International Rectifier) : http://www.irf.com/

주) 전력반도체 전문회사(미)

IXYS : http://www.ixys.com/

주) 전력반도체 전문회사(미)

ST 마이크로닉스 : http://www.st.com/

주) 통신에서 의료기기, 자동차전장까지 종합적인 반도체제품 취급

내셔날 세미콘덕터:http://www.national.com/design/index.html

주) 세계 최대급의 전문 반도체 그룹(미)

달라스 세미콘덕터 : http://www.dalsemi.com/ 또는 http://www.maxim-ic.com/

주) 반도체 전문회사. 특히 전력 컨트롤 부문이 강함(미)

리니어 테크놀러지 : http://www.linear-tech.com/

주) 아날로그 및 DSP 분야의 전문회사 (미)

마이크로세미콘덕터 : http://www.microsemi.com/catalog/partbrowse.asp

주) 특수반도체 및 전력용IC 전문회사 (미)

모토롤라(Motorola) : http://www.motorola.com 또는 http://e-www.motorola.com/

주) 세계 최대급 종합 전자 통신 그룹 (미)

삼성전자 반도체부문 :주) 세계적인 종합전자 그룹. 메모리분야의 절대 강자 (한국)

http://www.samsung.com/us/Products/Semiconductor/index.htm

선크스(Sunx) : http://www.sunx.co.jp/index_e.html

주) 자동화 분야에서 세계적인 명성을 얻은 회사(일본)

시그네틱스 : http://www.signetics.com/st_sigkor.html

주) 한국에도 진출한 반도체 전문회사(미)

아날로그 디바이스 : http://www.analog.com/ 또는

http://www.analog.com/Analog_Root/sitePage/productCategoryTree/

주) 아날로그 신호처리용 IC 및 DSP 전문회사 (미)

엘지산전 : http://www.lgis.co.kr/

주) 전력, 자동화 분야의 전문회사 (한국)

오므론(Omron) : http://www.omron.co.kr/

주) 자동화 부품 전문회사 (일본)

오토닉스 : http://www.autonics.co.kr

주) 센서, 컨트롤러 등 자동화기기 전문회사 (한국)

인터넷 자동화부품 샵 : http://www.fa114.com/ & http://www.poorum.com/ & http://www.controlmart.co.kr/

인터넷 전자부품 샵 : http://www.ic114.com/ & http://www.icdevice.co.kr

인터실(Intersil) : http://www.intersil.com/cda/home/

주) 종합 반도체 회사. CMOS IC의 특허권자인 RCA의 반도체사업부는 Harris 반도체를 거쳐 Intersil에 합병되었음.

인텔(Intel) : 주) 세계최대급의 소형컴퓨터 관련제품 전문회사(미국)

http://www.intel.com/products/index.htm?iid=HPAGE+header_products&

일본전기(NEC) : http://www.nec.com/global/prod/pro-ed.html

주) 전통적인 전기전자 종합 회사(일본)

제네랄 일렉트릭 : http://www.ge.com/en/product

주) 에너지, 가전, 조명, 의료기기 전문업체

지멘스 반도체 부문 : http://www.siemens.com/index.jsp

주) 유럽최대의 전기전자 종합 그룹. 발전소건설에서 고속철, 의료기기, 통신까지의 토탈 솔루션 제공

텍서스 인스트루먼트 : http://www.ti.com

주) 디지털IC(TTL)의 특허를 가진 전통의 IC전문회사

토시바 반도체 부문 : 전통적인 전기전자 종합 회사(일본)

http://www.toshiba.com/tai-new/Services.jsp

파나소닉(마쓰시타) 반도체 부문 :

http://www.panasonic.com/industrial/semi/

주) 전통적인 전기전자 종합 그룹(일본)

페어차일드 반도체 : http://www.fairchildsemi.com/

주) 전통적인 반도체 전문회사(미국)

필립스 반도체 부문 :

http://www.semiconductors.philips.com/products/

주) 세계적인 전기전자 종합회사 (네덜랜드)

하니웰(Honeywell) : http://www.honeywell.co.kr/

주) 자동화부문의 세계적 브랜드 (미국) 성역 자동화의 토탈솔루션 제공

훼스토(Festo) : http://www.festo.com

주) 자동화 부문의 전문회사(독일). 공유압 분야의 절대 강자

히다치 반도체 부문 : 전통적인 전기전자 종합회사 (일본)

http://www.hitachi.com/product/elec/index.html

● 칩 저항기의 표시법

1. 칩 저항기란?

기존의 탄소피막저항이나 금속피막저항기 대신 판상형태의 세라믹 기판에 산화물저항재질을 입혀서 만든 저항기이다. 칩저항기의 특징이 작고, 가볍고, 전기적 특성이 우수하기 때문에 최근의 소형화 전자제품 추세에 따라 그 수요가 급격하게 증가하고 있다.

구조

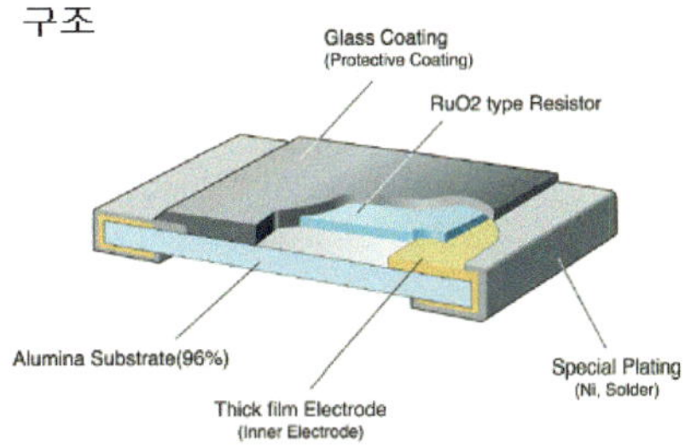

2. 칩 저항기의 표시법

메이커마다 다소 차이가 있으나 저항값의 표시법은 대체로 비슷하다.
삼성전기(주)의 표기법을 기준으로 설명하면 다음과 같다.

칩 저항기 표면에 | F1021 | 라고 표기되어 있으면 1%오차, 102×101=1.02㏀을 의미한다.
그리고 포장지에 RC3216 F1021 CS라고 표기되어 있다면 다음과 같이 읽으면 된다.

RC 3216 F **1021** CS

- CS → 제품포장형태(예 : 릴 Type)
- 1021 → **저항값**= $102\times10^1[\Omega]$ (예)1.02kΩ
- F → 허용오차 F=1%, G=0.5% D=2%, J=5%
- 3216 → 길이×폭(mm) 예 : 3.2×1.6
- RC → 메이커가 정한 분류기호(저항R/칩C)

■ 저항체 표면에는 저항값(3~4자리수)만 표기한다.
5~20% 저항일 때 : 3자리 수, 2% 이하 저항일 때 : 4자리 수

전기/전자/통신/자동화시스템 그리고 메카트로닉스를 위한

기초전기전자 + 전자회로실습

16판 2쇄 2026년 1월 20일

저 자	박종화/고수복/김용규/김우성/김종겸/권영훈
발행인	송광헌
발행처	**복두(더)**
주 소	서울특별시 영등포구 경인로82길 3-4 센터플러스 807호 (우) 07371
전 화	02-2164-2580
FAX	02-2164-2584
등 록	1993. 11. 22. 제 10-902 호

정가 : 29,000원

ISBN : 979-11-6675-208-7 93560

한국과학기술출판협회 회원사